Tableau comparatif des cordages en fil de fer et chanvre de même résistance.

Cordages en fil de fer					Cordages en chanvre					Résistance pratique à la traction kilogram.
Diamètre		Circonférence		Poids approximatif du mètre de longueur	Diamètre		Circonférence		Poids approximatif du mètre de longueur	
en millimètres	en pouces et décimales de pouce	en millimètres	en pouces et décimales de pouce		en millimètres	en pouces et décimales de pouce	en millimètres	en pouces et décimales de pouce		
				kilogr.					kilogr.	
6	0.21	18.9	0.74	0.20	13.3	0.52	41 8	1.65	0.18	142
8	0.31	25.1	0.99	0.30	17 7	0 70	55 6	2.19	0.28	251
10	0.39	31.4	1.24	0.38	22 2	0.87	69.7	2.74	0.36	393
12	0.47	37.7	1.48	0.53	26.6	1 05	83.6	3.29	0 58	566
14	0.55	44.0	1.73	0.65	31.1	1.22	97.7	3.85	0.78	772
16	0.63	50 3	1.98	0.85	35.6	1.40	111.8	4.40	0.95	1009
18	0.71	56.6	2 22	1.07	39.9	1.57	125.3	4.93	1.20	1274
20	0.79	62.8	2.47	1.28	44.4	1.75	139.5	5.49	1.55	1573
22	0.87	69 1	2 72	1.53	48.8	1.92	153.8	6.03	1.90	1903
24	0.94	75.4	2.97	1.80	53.3	2.10	167.4	6.59	2.20	2270
26	1.02	81 7	3.22	2.10	57.7	2.27	181 3	7.14	2.60	2660
28	1.10	88.0	3.46	2.35	62.2	2.45	195.4	7.69	3.15	3090
30	1.18	94.3	3 71	2.65	66.7	2.63	209.5	8.25	3.70	3550
32	1.26	100.5	3.96	3.05	71.0	2.80	223.1	8.78	4.30	4030
34	1 34	106.8	4.20	3.55	75.5	2.97	237.2	9.33	4.80	4550
36	1.42	113.1	4.45	4.05	79.9	3 15	251.0	9.88	5.30	5100
38	1.50	119.4	4.70	4.60	84.4	3 32	265.2	10.44	5.80	5685
40	1.57	125 7	4.94	5.40	88 9	3.50	279.3	10 99	6.30	6300
42	1 65	131.9	5.19	6.50	93.2	3.67	292.8	11 52	6.90	6940
44	1.73	138.2	5.44	7.20	97.7	3 85	306 9	12.08	7.70	7625
46	1.81	144 5	5.69	8.00	102.1	4.02	320.6	12.62	8.40	8330
48	1.90	150.8	5.93	8.85	106.6	4.19	334.8	13 18	9.20	9065
50	1.97	157.1	6.18	9.80	111.1	4.37	348.9	13.74	10.00	9845
52	2.05	163.4	6.43	10.75	115.4	4.54	362.4	14.27	10.90	10640
54	2.13	169.6	6 67	11.70	119.9	4 71	376.5	14.82	11.70	11465
56	2 20	175 9	6.92	12.60	124.3	4.89	390.3	15.36	12.60	12330
58	2.28	182 2	7.18	13.50	128.8	5.07	404.4	15.92	13.50	13230
60	2.36	188 5	7.42	14.40	133.2	5 24	418 2	16.46	14.45	14150

Résistance des manœuvres dormantes en fil d'acier.
Règles du Lloyd Register

Échantillons		Épreuves de rupture en tonnes	Échantillons		Épreuves de rupture en tonnes
Pouces	Millim.		Pouces	Millim.	
5 1/2	140	59	3 1/8	79	17,5
5 1/4	133	54	3	76	16
5	127	49	2 7/8	73	14,5
4 7/8	124	45	2 3/4	70	13
4 3/4	121	43	2 5/8	67	12
4 5/8	118	41	2 1/2	64	11
4 1/2	114	39	2 3/8	60	10
4 3/8	111	37	2 1/4	57	9
4 1/4	108	35	2 1/8	54	8
4 1/8	105	33	2	51	7
4	102	30	1 7/8	48	6
3 7/8	98	28	1 3/4	44	5,5
3 3/4	95	26	1 5/8	41	5
3 5/8	92	24	1 1/2	38	4
3 1/2	89	22	1 3/8	35	3,5
3 3/8	86	20,5	1 1/4	32	3
3 1/4	83	19	»	»	»

Formation des Apparaux ([1]).

Caliornes.

Théoriquement, l'effort fait sur le garant d'une *caliorne* est multiplié par le nombre de cordons; mais on sait que dans la pratique il n'en est pas de même, et qu'avant de produire le mouvement, il faut vaincre les résistances dues aux frottements et à la raideur des cordes. Ces résistances, souvent considérables, varient : avec le diamètre du filin que l'on emploie, le nombre des clans dans lesquels on le fait passer, l'épaisseur et le diamètre des réas, le diamètre de l'essieu.

Il y a donc intérêt à connaître : quelles sont, pour un travail donné, les dimensions relatives des diverses parties des poulies qui composent les caliornes; qui rendront minimum les résistances dues au frottement et à la raideur des cordes; le genre d'appareil qu'il y aura, dans ce cas, le plus d'avantage à employer; la gros-

---

1, Extrait du *Cours de manœuvre*, de M. Gaultier.

seur du filin qui sera capable de résister à l'effort ; la force nécessaire pour exécuter le travail dans un temps déterminé.

En appelant E l'épaisseur du réa ; D son diamètre ; d celui de l'essieu ; N le rapport $\dfrac{D}{E}$; c la circonférence du filin en chanvre ; δ son diamètre ; L la longueur de la poulie, s sa largeur,

On a, si le cordage est nu : E $= 0,4c$;
si le cordage est fourré : E $= 0,452c$.

Pour la plupart des poulies simples : N $= 4$ ou 5 ; $l = $ E$(N + 1)$ L $= \dfrac{4}{3} l$.

Pour les poulies de capon et de traversière : N $= 7$; il est égal à 2,5 pour les baraquettes, et à 1,4 pour les poulies de tournevire.

Si N $= 4$, on a $d = 0,6$E ; et si N > 4, $d = 0,7$ E.

Pour les poulies triples, d est toujours égal à 0,8E.

Pour les poulies coupées, L $= \dfrac{5}{3} l$, et $2l$ pour les galoches.

La gorge du réa est au maximum égale à $\dfrac{1}{5}$ E.

La circonférence du filin de l'estrope c' est de 1,20c, 1,30c, 1,40c, 1,50c, 1,60c, suivant qu'il y a 3, 4, 5, 6 ou 7 cordons. Les poulies de retour ont pour leur estrope un filin de même grosseur que celui qui y passe. Le ringot qui sert à faire le dormant du garant a la moitié de la circonférence de ce garant.

Dimension du filin à employer ; force nécessaire pour exécuter un travail donné, en un temps donné.

Soient : n le nombre de cordons, φ la résistance à vaincre par cordon, P la force à développer dans ce but sur le garant, b un coefficient, fonction des diamètres du filin, du réa et de son essieu exprimés en centimètres, et d'un coefficient de frottement f égal, en général, à 0,16 et 0,12 s'il s'agit de réas avec dés à roulettes.

On a les relations :

$$b = 1 + 0,26 \frac{\delta^2}{D} + 2f \frac{d}{D} \tag{1}$$

$$\frac{P}{2} = \frac{b^n(b-1)}{b^n - 1} \text{ si le courant part de la poulie fixe.} \tag{2}$$

$$\frac{P}{2} = \frac{b^n(b-1)}{b^n + b - 1} \text{ si le courant part de la poulie mobile.} \tag{3}$$

ÉLÉM. DE MÉCAN.   36

L'examen des formules (2) et (3) montre que P (effort à faire) augmente quand la valeur de b augmente ; et dans la formule (1) b devient plus grand quand le diamètre du filin δ devient plus grand. Car ce diamètre entre au carré au numérateur de la valeur de b, tandis que D (diamètre du réa qui croît avec δ) n'entre au dénominateur qu'à la première puissance. On voit aussi que l'augmentation de diamètre de l'essieu rend b plus grand, et est par conséquent nuisible.

Si l'on emploie palan sur garant, il faut calculer quelle force il serait nécessaire d'employer si le premier palan agissait seul.

Le nombre ainsi trouvé devra être considéré comme exprimant la résistance à vaincre par le second palan, et une seconde application des formules donnera la solution cherchée.

On admet qu'un homme, marchant à raison de $0^m,60$ par seconde, produit sur un garant horizontal un effort moyen de 12 kilogrammes. La force produite sur le garant est multipliée par le nombre de *brins* qui soutiennent la poulie mobile. On en déduit facilement le nombre d'hommes nécessaire pour soulever un poids donné.

Dans une poulie, on distingue trois parties principales : la *caisse*, le *réa* ou *rouet* et l'*essieu*.

La *caisse* est le bloc de bois qui constitue la poulie. Le bois employé pour les caisses est l'orme. Les faces extérieures de la caisse s'appellent *joues* ; celles-ci portent une ou plusieurs rainures appelées *engoujures*, destinées à recevoir l'estrope en filin ou en fer de la poulie.

Le *réa* est une roulette en bois de gaïac ou en bronze, portant sur sa circonférence une gorge destinée à recevoir le cordage.

L'*essieu* est une tige cylindrique en fer ou en acier traversant le réa au centre et les deux joues de la poulie. L'essieu porte une tête carrée. Les réas en gaïac sont munis d'une garniture en métal ou en cuir, appelée *dé*, autour de l'essieu, pour empêcher le réa de s'user en tournant. Sur les grandes poulies, le dé est en cuivre ; on se contente de placer des dés en cuir sur les petites poulies.

Una poulie est *simple*, si elle n'a qu'un réa ; *double*, si elle en a deux ; *triple*, si elle en a trois.

Une poulie à *émerillon* est une poulie estropée en fer, qui se termine par un croc à émerillon. En tournant autour de l'émerillon, la poulie peut être placée dans la direction du cordage.

Une poulie estropée en filin peut aussi recevoir un croc à émerillon ; la *cosse* de l'estrope porte alors une maille en fer dans laquelle tourne le croc.

La *cosse* est un anneau de fer ou de cuivre portant à sa circonférence extérieure une gorge destinée à recevoir un cordage.

Tableau de M. Gadaud pour les efforts produits au moyen de divers appareils de cordages en chanvre (Force des palans).

Circonférence du garant en millimètres	Cartahus doubles 2 poulies simples — dormant sur la poulie		Palans 1 poulie double 1 poulie simple — Poulie		Palans en quatre 2 poulies doubles — dormant sur la poulie	
	fixe	mobile	simple mobile	double mobile	fixe	mobile

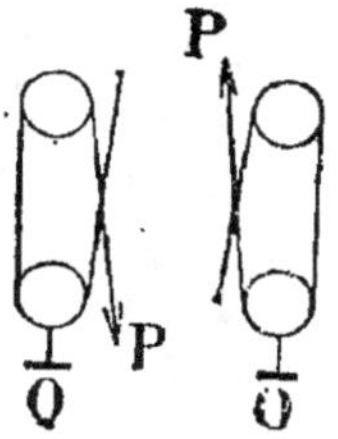

Fig. 361   Fig. 362   Fig. 363

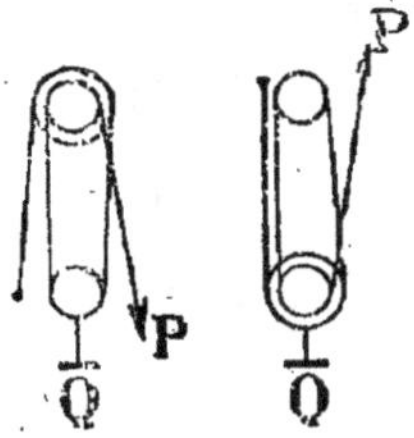

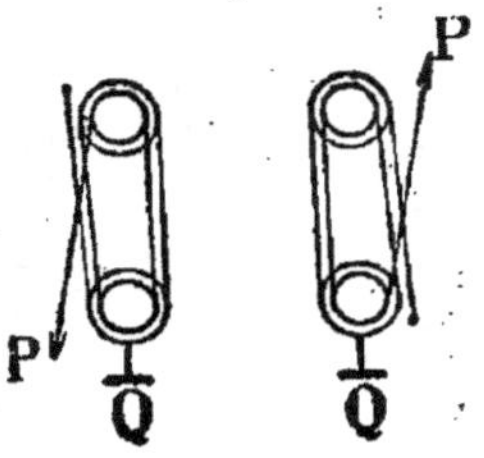

Poids que peut supporter l'appareil avec le cordage correspondant

Circonférence	fixe (kilos)	mobile (kilos)	simple mobile (kilos)	double mobile (kilos)	fixe (kilos)	mobile (kilos)
40	»		»		400	500
45	»		400	500	»	
50	»		»		600	800
55	»		600	800	»	
60	500	800	»		900	1200
65	»		800	1100	»	
70	700	1100	»		1200	1600
75	»		1050	1500	»	
80	900	1400	»		1500	2000
85	»		1300	1900	»	
90	1100	1700	»		1800	2500
95	»		»		»	
100	1300	2100	»		2200	3000
110	1600	2500	»		2600	3600
115	»		»		»	
120	»		»		3100	4200
125	»		»		»	
130	»		»		»	
135	»		»		»	
140	»		»		»	
145	»		»		»	
155	»		»		»	
165	»		»		»	
175	»		»		»	
185	»		»		»	
200	»		»		»	

Tableau de M. Gadaud pour les efforts produits au moyen de divers appareils de cordages en chanvre (Force des palans).

Circonférence du garant en millimètres	Caliornes 1 poulie double 1 poulie triple		Caliornes 2 poulies triples		Caliornes d'apparaux d'arsenaux Essieux à roulettes	
	Poulie		dormant sur la poulie		dormant sur la poulie	
	double mobile	triple mobile	fixe	mobile	fixe	mobile
	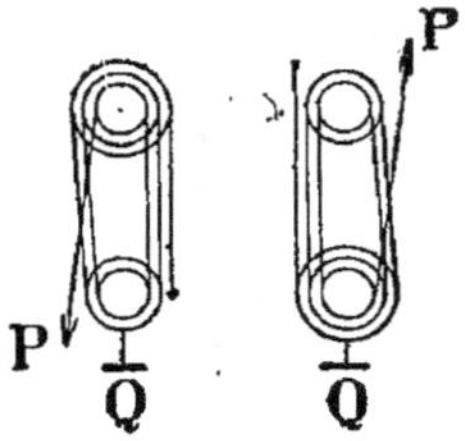 Fig. 364		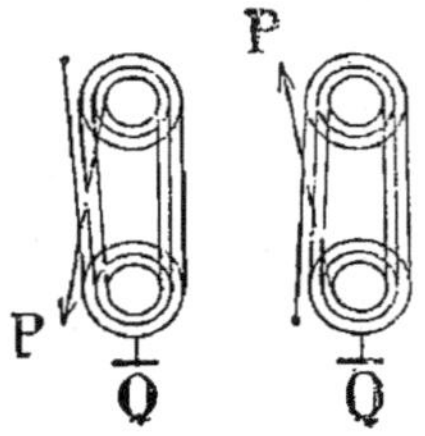 Fig. 365		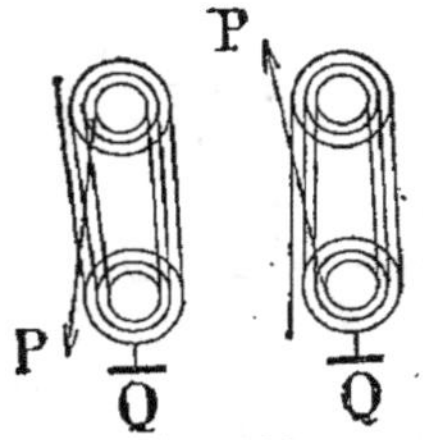 Fig. 366	

Poids que peut supporter l'appareil avec le cordage correspondant

Circonférence du garant en millimètres	kilos		kilos		kilos	
40	»		»		»	
45	»		»		»	
50	»		»		»	
55	•		»		»	
60	»		»		»	
65	»		»		»	
70	»		»		»	
75	»		»		»	
80	1900	2400	•		»	
85	»		»		»	
90	2800	3000	»		»	
95	»		»		2500	3200
100	2800	3600	»		»	
110	3300	4300	3800	4700	»	
115	»		4100	5100	3400	4500
120	3900	5000	4400	5500	»	
125	»		4700	5900	3900	5200
130	4500	5800	5000	6300	»	
135	»		5300	6700	4400	5900
140	»		5700	7200	»	
145	»		6000	7600	5000	6700
155	»			»	5500	7400
165	»			»	6100	8200
175	»			»	6700	9100
185	»			»	7300	10000
200	»			»	7900	10900

Tableau donnant les dimensions des poulies ferrées ordinaires

Poulies ferrées à croc	Repères	Rapports

Pour le poids de la poulie, l'épaisseur du rouet est prise pour unité. Cette épaisseur a est égale aux $\frac{4}{10}$ de la circonférence du cordage en chanvre.

Pour la ferrure, le plus grand diamètre A du croc est pris pour unité. Le grand diamètre s'obtient en multipliant la circonférence du cordage par 0,46.

Le rapport N du diamètre R du rouet à son épaisseur a est :

$$N = \frac{R}{a} = 4$$

Le rouet est en gaïac.

A la portée de l'essieu, la double largeur de la ferrure surpasse de $\frac{1}{5}$ la largeur des autres parties.

L'essieu en fer a un diamètre égal aux $\frac{6}{10}$ de l'épaisseur du rouet. L'essieu en acier est les $\frac{5}{7}$ de celui en fer.

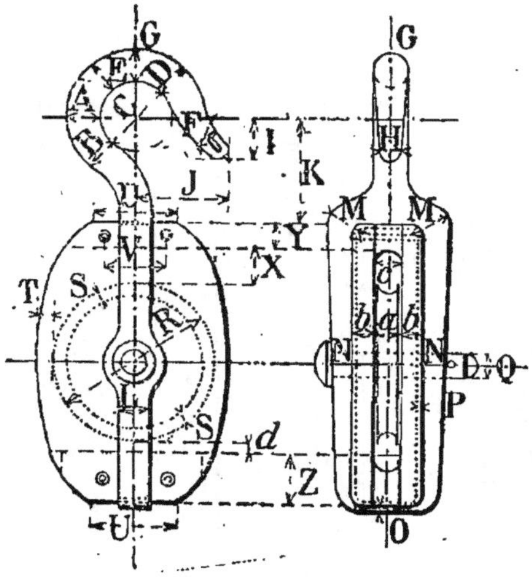

Repères	Rapports
A	1.00
B	0.94
C	variable
D	0.79
E	0.94
F	0.55
G	0.85
H	variable
I	0,40 à 0,50
J	variable
K	variable
L	0.86
M	0 52
N	0.29
O	0.20
P	0.18
Q	0.60
R	4 fois a
S	0.20
T	0.50
U	2.40
V	2.00
X	0.80
Y	0.66
Z	1.00
a	1.00
b	1.00
c	1 + 2 m/m
d	0.20

Fig. 367.

Tableau donnant les dimensions des poulies coupées

Poulies coupées ferrées à croc.	Repères	Rapports
Pour le bois de la poulie, l'épaisseur du rouet est prise pour unité.	a	1.00
	b	0.94
Cette épaisseur A est égale aux $\frac{4}{10}$ de la circonférence du cordage en chanvre.	c	0.94
Pour la ferrure, le plus grand diamètre *a* du croc est pris pour unité. Ce grand diamètre	d	0.85
s'obtient en multipliant la circonférence du cordage par 0,41	e	0.79
Le rapport N du diamètre R du rouet, à son	f	1.92
épaisseur A, est :	g	1.81
$$N = \frac{R}{A} = 5$$	h	0.50
Le rouet est en gaïac.	i	0.30
A la portée de l'essieu, la double largeur de	j	3 10
la ferrure surpasse de $\frac{1}{5}$ la largeur des autres	k	1.30
parties.	l	1 00
L'épaisseur *q* du fer à l'essieu, au côté opposée	m	0 20
à la fenêtre, est égale à 0,32.	n	1.30
L'essieu en fer a un diamètre égal aux $\frac{7}{10}$ de	o	0.96
l'épaisseur du rouet. L'essieu en acier est les	p	0.50
$\frac{5}{8}$ de celui en fer.	q	0.32
	r	0.18
	s	0.20
	t	0.70
	u	2.00
	v	0.73
	x	3.00
	y	2 00
	z	0.26
	A	1.00
	B	1 00
	C	1 + 2 m/m
	D	0.50
	R	5 A
	S	0.20

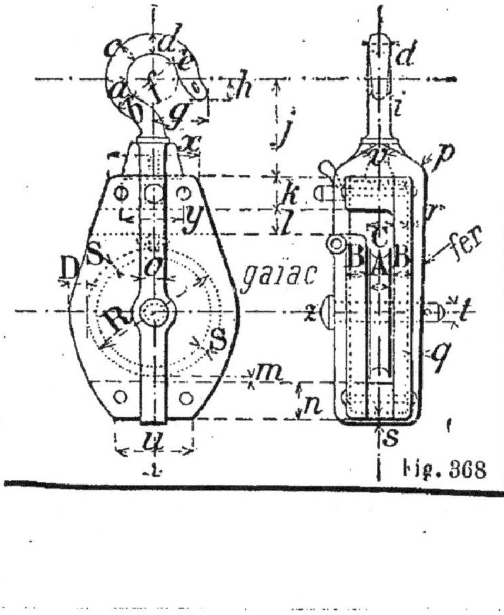

Fig. 368

Dimensions des rouets en bronze pour poulies
Rouets à cloison pleine

Fig 369.

Rapport du diamètre D du rouet à son épaisseur E: $\dfrac{D}{E} = N$	Repères	Valeurs du rapport caractéristique N			
		2 5	4	5	6
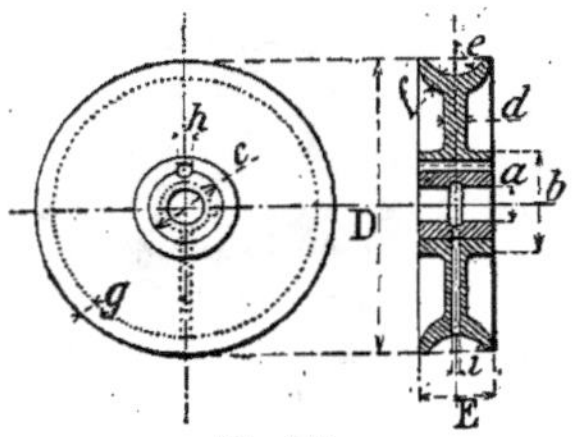	a	0.5 E	0.6 E	0 7 E	0.7 E
	b	$c + 0.3$ E	$c + 0\,4$ E	$c + 0.4$ E	$c + 0\,4$ E
	c	$a + 0\,4$ E	$a + 0.4$ E	$a + 0.6$ E	$a + 0\,6$ E
	d	0.25 E	0.25 E	0.25 E	0.25 E
	e	0 5 E	0.5 E	0 5 E	0.6 E
	f	0.2 E	0.25 E	0.25 E	0.25 E
	g	0.2 E	0.20 E	0.20 E	0.20 E
	h	0.1 E	0.15 E	0.15 E	0.20 E
	i	0.11 E	0.11 E	0.11 E	0.11 E

Rouets à évidement circulaire.

Rapport du diamètre D du rouet à son épaisseur E :

$$\frac{D}{E} = N$$

Fig. 370.

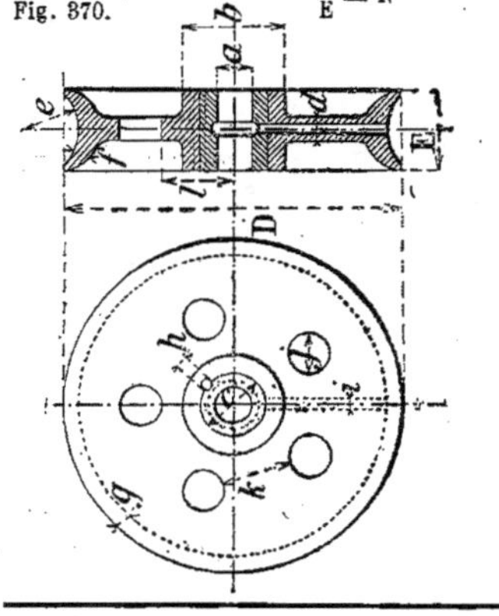

Repères	Valeurs du rapport caractéristique N			
	4	5	6	7
a	0,6 E	0,7 E	0,7 E	0,7 E
b	$c + 0,3$ E	$c + 0,4$ E	$c + 0,5$ E	$c + 0,5$ E
c	$a + 0,4$ E	$a + 0,4$ E	$a + 0,6$ E	$a + 0,6$ E
d	0,25 E	0,25 E	0,25 E	0,25 E
e	0,5 E	0,5 E	0,5 E	0,5 E
f	0,25 E	0,25 E	0,30 E	0,33 E
g	0,20 E	0,20 E	0,20 E	0,20 E
h	0,15 E	0,15 E	0,20 E	0,20 E
i	0,11 E	0,11 E	0,11 E	0,11 E
j	0,738 E	1,10 E	1,32 E	1,58 E
k	0,56 E	0,54 E	0,68 E	0,68 E
l	$0,5\, c + 0,435$ E	$0,5\, c + 0,395$ E	$0,5\, c + 0,3$ E	$0,5\, c + 0,2$ E

Ridoirs en fer, à lanterne, pour chaînes.
(Type de la Marine).

Fig. 371

Type de ridoir à lanterne	Repères	Rapport au diamètre du fer de l'anneau
	A	1.00
	B	1.80
	C	1.00
	D	1.35
	E	1.00
	F	2.28
	G	3.33
	H	2.70
	I	0.32
	J	1.28
	K	1.71
	L	2.84 + 89
	M	1.5
	M'	1.25
	N	1.27
	O	2.10
	P	1.00
	Q	1.20
	R	1.21
	S	0.50
	T	0.88
	U	1.57
	V	4.00 + 85

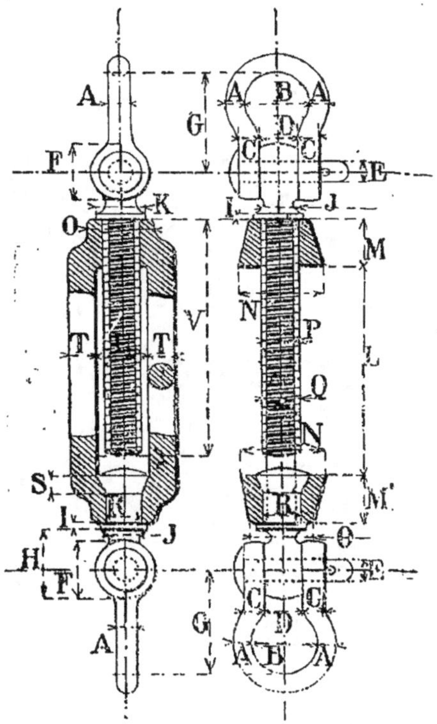

	milli.	milli.	milli.	milli.	milli.	milli.
Diamètre du fer de l'anneau égal au calibre	46	40	34	28	20	14
Diamètre du fer de la chaîne des maillons correspondants . .	30 28	26 24	22 20	18 12	14 12	10 8
Pas de la vis en millimètres.	4	4	4	3.5	3	3

Ridoir en fer pour haubans et galhau-

RIDOIR

Le diamètre de la vis au fond des filets est pris pour unité ; c'est le calibre. Le diamètre du fer de l'anneau h, à la position de la cosse, est égal au calibre.

Valeurs de h en millimètres

40	86	32	28	24	20	16	14

Circonférence des cordages en fil de fer correspondants :

160	141	123	104	85	68	56	40
151	132	113	94	76	52	51	34

Pas de la vis, en millimètres

5	4.5	4	3.5	3	2.5	2	2

La circonférence des cordages est exprimée en millimètres.

bans en filin de fer (Type de la Marine)

	Repères	Rapports
Diamètre de la vis au fond des filets triangulaires		1.00
Diamètre de la vis en dehors des filets	A	1.20
Diamètre intérieur du manchon écrou	B	1.50
Diamètre extérieur du manchon écrou	C	2.07
Diamètre extérieur du fourreau en laiton	D	2.28
Epaisseur du fourreau	E	0.07
Largeur de l'étrier d'arrêt de la barre de manœuvre	F	1.64
Epaisseur — — —	G	0.14
Diamètre de la noix de la manille inférieure	H	2.28
Diamètre du fer — —	I	1.00
Ouverture — —	J	1 80
Hauteur intérieure — —	K	3.35
Diamètre du boulon — —	L	1.00
Epaisseur des flasques — —	M	1 00
Distance de l'axe de la manille inférieure au ridoir	N	1.56
Epaisseur de la matière à la partie inférieure du manchon	O	1.00
Longueur intérieure du manchon écrou	P	6 + 215
Epaisseur de la partie du manchon formant écrou	Q	1.50
Diamètre de la barre de manœuvre	R	0.80
Distance de l'extérieur de la barre à l'intérieur de la cannelure	S	1.50
Epaisseur de la partie supérieure du ridoir	T	1.87
Largeur du collier de la barre de manœuvre	U	1.57
Distance de l'axe de la barre à l'axe de la manille supérieure	V	2.28
Distance de l'axe de la manille supérieure au-dessous de l'anneau	X	2.28
Diamètre de la noix de la manille supérieure	Y	2.28
Epaisseur du ridoir au-dessous des manilles	Z	1.28
Hauteur de l'étrier de la barre de manœuvre	a	1.14
Largeur de la cannelure de la barre de manœuvre	b	0 30
Diamètre de la rondelle de l'axe du collier de la barre de manœuvre	d	0.86
Diamètre de l'axe du collier de la barre	e	0.71
Epaisseur inférieure de l'anneau de la cosse	f	1.25
Largeur — — —	g	2.67
Diamètre du fer de l'anneau de la cosse	h	1.00
Epaisseur de la matière de la cosse	i	0.25
Largeur des flasques de la cosse	j	0.58
Hauteur de la cosse	l	3 00
Epaisseur de la cosse	m	1.00
Diamètre intérieur de la cosse	n	1 50
Diamètre de l'émerillon de l'anneau	p	1.21
Largeur de la manille supérieure	q	3.35
Diamètre du boulon de la manille supérieure	r	1.00
Longueur du fourreau en laiton	x	7.5 + 215

RIDOIR

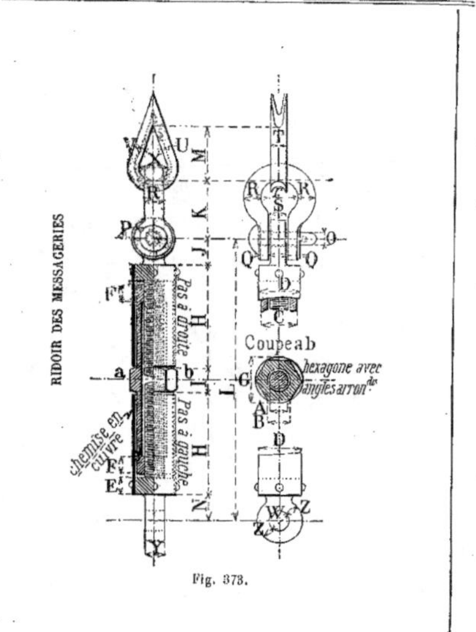

Fig. 373.

	Repères	Circonférence du filin en fer				
		40 mill.	55 mill.	70 mill.	90 mill.	100 mill.
		mill.	mill.	mill.	mill.	mill.
Diamètre de la vis au fond des filets triangulaires .	A	18	21	24	30	33
Pas de la vis.		2.2	2.5	2.9	·3.5	4
Diamètre intérieur du manchon écrou.	B	24	28	31	38	42
Diamètre extérieur du manchon écrou	C	39	46	53	66	72
Diamètre extérieur de la chemise en cuivre ou en laiton	D	42	49	57	70	76
Epaisseur de la chemise en cuivre ou en laiton. . .		1	1	1.5	1 5	1.5
Epaisseur de la partie sur laquelle se visse la chemise	E	11	12	13	15	16
Epaisseur des parties du manchon formant écrous.	F	27	31	36	45	49
Diamètre du cercle circonscrit de l'hexagone servant à manœuvrer	G	42	49	57	70	76
Distance de l'hexagone aux extrémités du ridoir proprement dit.	H	131	136	141	114	156
Hauteur de l'hexagone . .	I	18	21	24	30	33
Distance de l'axe de la manille à la chemise du ridoir	J	22	26	29	38	41
Hauteur de la manille . .	K	61	72	88	105	115
Longueur totale du ridoir à bloc.	L	324	345	364	392	427
Hauteur de la cosse . . .	M	56	66	74	95	104
Distance de l'axe de l'œil inférieur à la chemise du ridoir	N	22	26	29	38	41
Diamètre du boulon de la manille	O	15	19	21	27	30
Diamètre de la noix de la manille.	P	41	49	55	70	76
Epaisseur des flasques de la noix de la manille. . .	Q	11	13	15	18	20
Diamètre du fer de la manille	R	16	20	23	29	32
Diam. intérieur de la manille	r	28	34	40	50	55
Epaisseur de la tête du ridoir	S	19	22	26	32	35
Largeur de la cosse. . .	T	17	19	23	30	32
Larg. des flasques de la cosse	U	9	11	13	16	19
Epaisseur de la matière de la cosse.	V	3	4	5	6	8
Diamètre intérieur de l'œil inférieur.	W	16	20	22	28	31
Diamètre intérieur de la cosse	X	27	32	37	48	52
Epaisseur de l'œil inférieur.	Y	19	22	26	32	35
Largeur de l'œil . . .	Z	13	15	17	21	23

Pitons pour barres de manœuvre

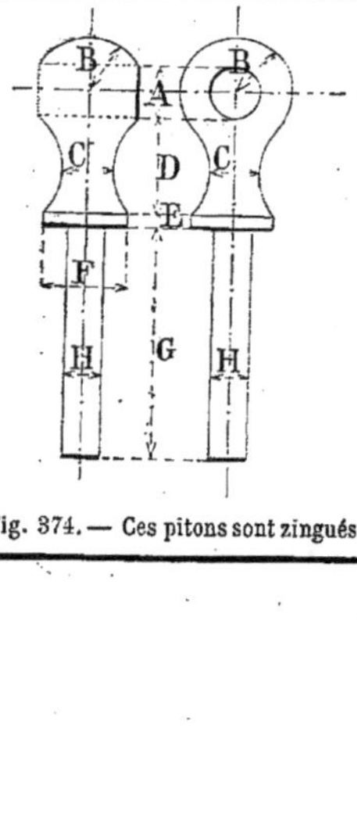

Pitons (Type de la Marine)	Repères	Dimensions des barres de manœuvre	50 m/m	45 m/m	40 m/m	35 m/m	30 m/m
			m/m	m/m	m/m	m/m	m/m
	A	Diamè're pour le passage de la barre	51	46	41	36	31
	B	Rayon de la tête (sphérique) .	56	50	45	39	34
	C	Diamètre de la gorge . . .	55	50	44	39	33
	D	Hauteur de l'embase au-dessus de la gorge	120	120	120	120	120
	E	Hauteur de l'embase. . .	10	9	8	7	6
	F	Diamètre	110	100	88	78	66
	G	Longueur de la tige . . .	400	360	320	280	240
	H	Diamètre de la tige. . .	48	42	38	82	28
		Poids approximatif. . .	12k,60	9k,70	7k,00	4k,90	3k,10

Fig. 374. — Ces pitons sont zingués.

— 650 —

Margouillet en gaïac (Type Marine).

L'unité de mesure est le diamètre du trou percé dans l'objet.

A — Diamètre du trou.......................... = 1,0
B — Diamètre de l'objet........................ = 3,0
C — Gorge, profondeur......................... = 0,2
D — Epaisseur................................ = 1,8
E — Largeur de la gorge...................... = 0,6
F — Epaisseur des flasques.................... = 0,6
R — Rayon.................................... = 0,6
r — Rayon................................... = 0,3

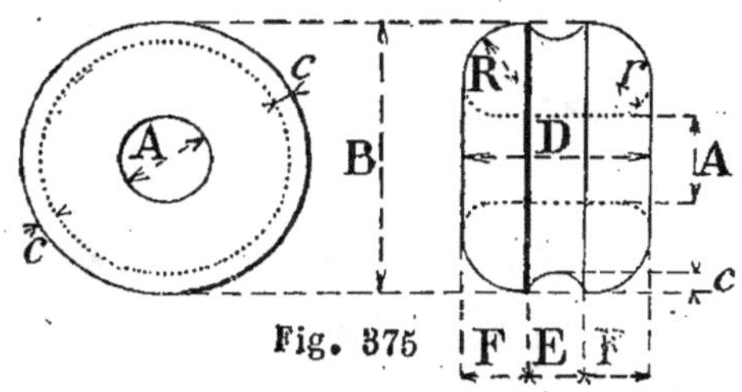

Taquet en orme ou frêne (Type Marine).

L'unité de mesure est l'épaisseur du taquet à la base.

A — Epaisseur à la base....................... = 1,00
B — Largeur à la base......................... = 2,66
C — Longueur................................. = 6,00
D — Hauteur.................................. = 1,50
E — Diamètre des bouts....................... = 0,50
F — Flèche................................... = 0,12
G — Epaisseur au sommet...................... = 0,80
R — Rayon................................... = 0,25
r — Rayon................................... = 0,25

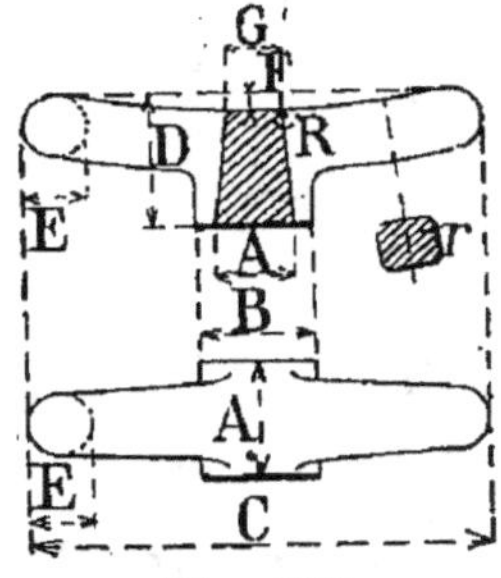

Manille pour hauban

Le diamètre du maillon de la chaîne multiplié par 1,2 = A.

A — .... = 1,00
B — .... = 1,00 + 2 millimètres

```
C — ....................... = 0,80
D — ....................... = 1,50
E — ....................... = 2,40
F — ....................... = 3,80
```

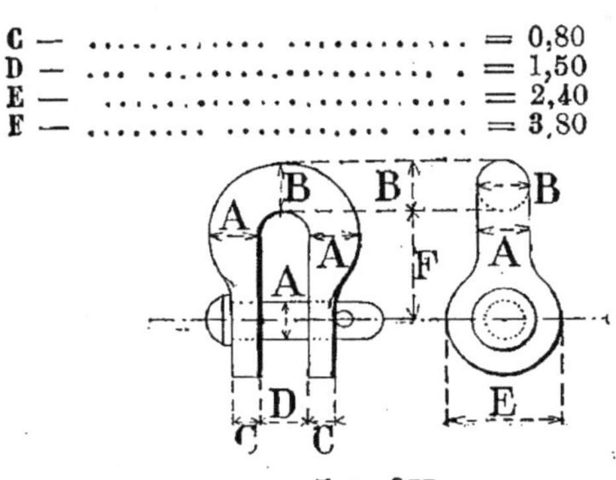

Fig. 377

Cabillot en chêne ou frêne (Type Marine).

L'unité de mesure est le diamètre à la portée du collier.

```
A — Diamètre au collier........................... = 1,00
B — Petit diamètre de la poignée................. = 0,84
C — Grand diamètre de la poignée................ = 1,00
D — Diamètre de la tige légèrement conique ..... = 0,84
E — Hauteur de la poignée....................... = 3,80
F — Hauteur de la tige.......................... = 5,80
L — Longueur totale du cabillot................. = 9,60
```

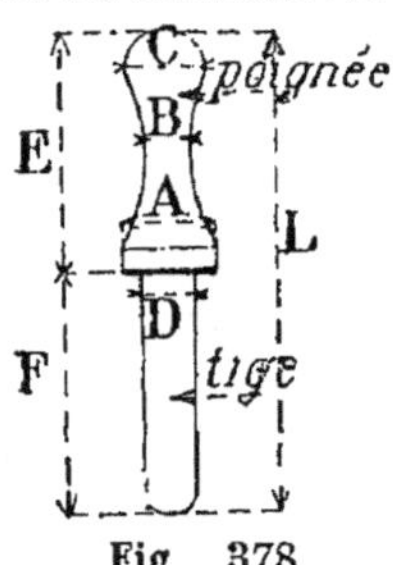

Fig. 378

Voilure des petits navires.

Goëlettes.

Les *goëlettes* ont un beaupré avec bout dehors à flèche, un mât de misaine avec mât de hune à flèche destiné à porter un hunier et un perroquet, et un grand mât avec mât de flèche qui porte la grand'voile et le flèche.

Le *beaupré* est très peu incliné, et les deux mâts sont inclinés sur l'arrière.

Le *mât de misaine* porte un cercle à cabillots, un cercle de drosse et de trélingage, des barres percées d'un trou à chaque extrémité pour le passage des haubans de hune, 2 paires de haubans de chaque bord, un étai double, les drailles des focs, les pitons pour poulies de drisses de pic de goëlette, le chouquet avec pitons pour balancine et étais de grand mât et de mât de flèche.

Le *petit mât de hune* porte 2 haubans et 2 galhaubans de chaque bord et les poulies et pitons des manœuvres.

Le *grand mât* porte, comme le mât de misaine, les cercles et manœuvres ci-dessus.

Le *mât de flèche* porte les clans et les rouets pour guinderesse et drisses, 2 galhaubans et étai qui sert de draille à la voile d'étai.

La *vergue de misaine* ou *vergue barrée* a, au centre, l'estrope de poulie double pour cartahus de fortune. Elle porte une drosse en fer, le clan pour écoute de hune, le cercle de capelage avec piton pour la balancine.

La *vergue de hune* a, au centre, le matagot et son cercle; les clans de cargue-point, palanquin et écoute de perroquet. Au bout, elle a un piton pour poulie de drisse de bonnette de hune.

La *vergue de perroquet* porte un cercle pour drisse, l'estrope de poulie de cargue-point et les cercles pour bras et balancines.

La *corne de goëlette* se hisse et s'amène le long du mât de misaine. Elle porte les pitons pour drisse de mât, halebas ou cargue-point, les cercles d'envergure.

La *corne de grand'voile* porte un racage à pommes, les pitons pour poulies d'écoute, de cargue-point et de halebas; les cercles pour poulies de drisse de pic.

Le *gui* a un piton ou une mâchoire avec racage, un cercle avec 4 pitons pour dormants de balancines et écoutes de gui.

La *drisse de trinquette*, qu'on appelle aussi voile d'étai, est double et sans itague; elle vient sur le pont à tribord.

La *drisse du petit foc* est double et vient à bâbord près du premier hauban.

La *drisse du grand foc* est à itague et passe dans une poulie ou dans un clan de la caisse du mât de hune.

La *drisse de clin-foc* est simple, passe dans une poulie au capelage du mât de hune, et vient à bâbord à l'arrière du dernier hauban.

. La *voile d'étai* a une bouline qui fait dormant à une patte sur la ralingue de chute à 2 mètres du pont.

La *misaine goëlette* a une drisse, un halebas, deux ou trois cargues de chaque bord et un lève-nez ou cargue-point. L'écoute est triple.

La *fortune* s'établit sur la vergue de misaine ou vergue barrée; on la hisse au moyen de deux cartahus doubles. Les écoutes sont simples.

Le *hunier* a deux écoutes, deux cargues-points, deux fonds et deux palanquins. Ces manœuvres ont des conduits aux barres pour éviter le ballotement.

Le *perroquet* a ses bras simples, ses balancines capelées au bout de la vergue et au mât par dessus tout. La drisse est à itague simple. Il a deux écoutes simples, deux cargues-points et un fond.

Si le perroquet est *volant*, il n'a n'y écoutes, ni cargues-points, ni cargue-fond. Les écoutes sont remplacées par une empointure prise comme celle du hunier.

La *grand'voile* n'a qu'une seule cargue : le capucin ou cargue du point d'armure ; c'est un carlahu double.

La *vergue* de grand'voile a une drisse de mât, une drisse de pic et un halebas de pic.

La *voile de flèche* ou *flèche en cul* est enverguée sur une petite vergue de 1 m.être à 1ᵐ,50 de long, sur laquelle l'itague de la drisse est frappée au tiers. La ralingue de chute au mât est enverguée sur des bagues le long du mât de flèche. La vergue est à bâbord.

Les goëlettes établissent de chaque bord une *bonnette* basse, une *bonnette de hune* et quelquefois une *bonnette de perroquet*.

La bonnette basse est enverguée des deux tiers de sa ralingue de têtière sur une vergue, et porte sur la ralingue une vergue de bordure qui n'a pas plus de 1 ou 2 mètres de long. La vergue inférieure porte une patte d'oie dont le bout s'amarre sur l'arrière des haubans.

La drisse de bonnette de hune part du pont, monte sur l'arrière des haubans, passe dans une poulie estropée au capelage du mât de hune, passe ensuite sur l'avant de la vergue dans une poulie, et fait dormant au milieu de la vergue par un nœud de drisse. L'amure et l'écoute sont disposées comme celles des trois mâts.

(—Certaines embarcations portent une voilure goëlette composée de 2 voiles quadrangulaires enverguées sur corne et de 2 focs. La grand'voile goëlette borde sur gui. Le grand foc amure sur un bout dehors, la trinquette amure sur l'étrave.)

Sloops. — Cutters. — Côtres.

Ces petits navires ont un mât portant une voile aurique. Ils ont un *beaupré* ou *bout-dehors* reposant dans un blin à charnière sur l'étrave à tribord, et sa caisse est supportée par une bitte dans laquelle on peut le faire glisser pour le rentrer.

Le *mât* est formé du *bas-mât* et d'un *mât de hune*. Il porte une *vergue de fortune*, une *vergue de hune*, une *corne* et un *gui*.

Le *bas-mât* porte, de chaque bord, deux haubans et une pantoire ; le *mât de hune* a deux galhaubans de chaque bord.

Ces navires, et principalement les côtres, ont plusieurs *focs*, qu'on établit sur le beaupré plus ou moins rentré, ainsi qu'une *trinquette* ou *voile d'étai.*

La *voile de fortune* a deux écoutes simples et un ris.

La *grand'voile* est enverguée à la corne par un transfilage, et au mât par des cercles en corde et à pommes. Elle a généralement quatre ris.

La *voile de cape,* semblable à la grand'voile, mais plus petite, s'établit dans le grand mauvais temps. Elle est enverguée sur la corne de cape et au mât par un transfilage. Elle a deux écoutes et un ris.

Le *flèche* est envergué sur une petite vergue. Le drisse est à itague. Le flèche a deux amures formées par le même bout.

La *bonnette de hune* est enverguée sur la vergue de hune.

Quelques *sloops* ont un *hunier volant,* d'autres un *hunier* établi entre la barre et le chouquet, au-dessus des écoutes de foc.

Quelques *yachts,* mâtés comme les sloops, ont une *bonnette de grand'voile* enverguée sur une petite vergue que l'on hisse au bout du pic au moyen de halebas.

La *vergue de fortune* a pour drisse un palan dont la poulie double est estropée à un piton sous la barre, et dont le garant vient près du deuxième hauban de bâbord. Quelquefois elle a un racage formé par une moque estropée au centre de la vergue. A chaque bout, un clan vertical pour cartahu double ou simple de fortune. Ces cartahus se crochent au centre de la vergue quand on ne s'en sert pas et servent ainsi de balancine.

La *vergue de hune* est volante, et ne se met en place que lorsqu'on établit le hunier. Les sloops l'établissent souvent. Les côtres établissent à la place le flèche sous le vent et la bonnette de hune au vent.

La vergue de hune a une drisse simple.

La *corne* est disposée comme celle des goëlettes. La drisse de mât est une caliorne à poulies doubles haut et bas. La drisse de pic part du pont à tribord. La corde porte une savate, les pitons pour drisse de mât, estropes des poulies d'écoute de flèche et de capucin.

Elle est tenue au mât par un racage à pommes.

Le *gui* a une mâchoire qui repose sur un croissant en bois cloué à l'arrière du bas mât. Il porte les cercles à pitons pour balancines, écoutes et itagues de ris.

Les *côtres* ont un *grand foc* qu'on établit sur le beaupré tout à fait poussé; un *deuxième foc* sur le beaupré rentré au deuxième clan; un *troisième foc* sur le beaupré rentré au troisième clan. Le 4e et le 5e foc s'établissent en mettant l'amure au 1/3 ou au 1/2 du bâton. Les écoutes des trois premiers focs sont doubles; celles du quatrième et du cinquième sont simples. La même drisse sert pour tous; elle est double et a le retour à bâbord, et l'étarquois à tribord. Le point d'amure est croché au croc du rocambeau ; le hale-bas est un petit bout de quarantenier estropé à patte d'oie sur le cercle du rocambeau.

Bateaux-pilotes. — Goëlettes sans huniers.

Ces navires ont beaucoup de ressemblance ; leur tonnage varie de 80 à 150 tonneaux.

Les *bateaux-pilotes* ont lo *beaupré* disposé comme le bout dehors des côtres, mais il est moins long et ne se rentre pas ; il porte une sous-barbe et deux haubans sur le cercle du bout. Le *grand foc* s'établit dessus avec un rocambeau.

Les *goëlettes sans huniers* ont un beaupré ordinaire avec bout dehors de foc comme les navires carrés, mais plus léger.

Le *mât de misaine* est gréé comme le grand mât des côtres, et le *grand mât* est gréé comme celui des goëlettes à huniers.

Les mâts de flèche ont généralement deux capelages.

La *vergue* et la *voile de fortune* sont semblables à celles des côtres.

Chasse-marées. — Lougres.

Ces navires sont gréés à peu près de la même manière.

Le *chasse-marée* a l'arrière rond ; il porte un foc, une misaine, une grand'voile en été ou un taille-vent en hiver, enfin un tape-cul et un hunier très petit au grand mât. Les voiles s'amurent près du mât.

Les *lougres* ont l'arrière carré et la même voilure que les chasse-marées.

Ces navires ont des voiles à bourcet ou au tiers et le même gréement.

Le *beaupré* ou *bout-dehors de foc* est à tribord ; il passe dans un trou du pavois et repose sur des bittes. Dans les ports on le rentre ou on le mâte le long du mât de misaine.

Le *mât de misaine* porte le racage de la vergue de misaine disposé avec trois ou quatre rangs de pommes de rake, les clans pour itagues et pantoires, deux et quelquefois trois haubans de chaque bord.

Le *grand mât* porte un racage double ou triple à pommes de rake pour la grand'vergue, les clans pour itagues, pantoires, deux ou trois haubans de chaque bord, un ou deux étais qu'on croche ou décroche à volonté au pied du mât de misaine, le racage à pommes pour le hunier.

Les chasse-marées n'ont généralement pas de *mât de hune* ; le bas mât est à flèche.

Le *tapecul* est à bâbord, il est tenu par son emplanture et par des bittes. Il porte un racage à pommes pour la vergue.

La *vergue de misaine* est à bâbord du mât et le point de drisse est au tiers de la longueur, à partir de l'avant.

La *grand'vergue* est à tribord du mât; la poulie inférieure de la drisse est crochée à un piton au pied du mât.

La *vergue de hune* est à tribord du mât. L'itague de la drisse fait dormant sur la vergue au tiers de la longueur. La poulie inférieure de la drisse est simple.

La *vergue de tapecul* est à tribord.

L'*arc-boutant de tapecul* est du même bord que la vergue. Son emplanture est en fer et à pivot pour qu'on puisse le relever facilement.

Ces navires ont généralement trois *focs*. On amure le *grand foc* au bout du bout-dehors, ainsi que le *deuxième foc*; on met le *petit foc* à mi-bâton. Les écoutes sont doubles pour le grand foc et simples pour les deux autres.

La *misaine* est enverguée sur la vergue au moyen des commandes; l'empointure de la chute au mât se met à toucher le bout de la vergue; l'autre empointure se raidit de manière à raidir la ralingue. La misaine a trois ris garnis de garcettes en filin à chaque couture.

La bonnette prend les deux premiers ris. L'écoute est double et il y a de chaque côté, une, deux ou trois cargues.

La *grand'voile* est disposée comme la misaine. Elle a quatre ris; les deux d'en bas sont sur une bonnette qu'on démaille quand on veut prendre le deuxième ris.

Les *voiles de cape* ont la forme de la misaine et de la grand'-voile; elles ont deux ris et leur vergue est toute petite. On les hisse au moyen des drisses de misaine et de grand'voile.

Le *tapecul* a deux ris et une cargue de chaque bord. Il s'amure au pied du mât.

Bateaux provençaux ([1]).

Les bateaux de la côte de Provence ont un beaupré et un mât un peu sur l'avant du milieu du navire. Ils établissent un foc et une immense voile latine dont l'antenne est suspendue au tiers. On fait des bateaux de 120 tonneaux de port.

Le *beaupré* est maintenu sur la guibre et est soutenu de chaque bord par les bras de serre. Son gréement se compose d'une sous-barbe en chaine avec palan au bout, et quelquefois en outre un hauban de chaque bord, raidi par un palan croché à l'avant, en dehors du navire.

Le *mât* porte les clans, taquets et pitons pour poulies de drisses, d'itagues et palans. Il a, de chaque bord, deux haubans et un palan.

Le *mât de perroquet* est sur l'avant du mât et est maintenu par

---

1. Voir l'ouvrage de M. Jules Vence, Ingénieur, *Construction et manœuvre des bateaux et embarcations à voilure latine.* — Challamel, éditeur, à Paris.

ÉLÉM. DE MÉCAN. 37.

deux blins et une clef. Il porte à la tête une poulie estropée pour la drisse de perroquet.

La *vergue* ou *antenne* se compose de deux parties mariées ensemble par des veltures, faites à environ 75 centimètres l'une de l'autre. Celle d'en-dessous va le plus de l'avant et se nomme le *car* ou *carnal*; celle d'en dessus est un peu plus longue et se nomme la *mère* ou la *penne*. Généralement on appelle *car* la partie de la vergue qui est sur l'avant du mât, et *penne* la partie qui est sur l'arrière. Au bas du car est l'empointure de la voile.

Le *penon* est un espar qui a en longueur la distance du mât au bout du beaupré; il sert à établir le foc pour le vent arrière. On place le pied dans l'emplanture qui est au pied du mât.

Ces navires ont généralement trois focs. Le *grand foc* s'appelle *polacre*; son point d'amure se capelle au bout du beaupré. Les écoutes sont doubles. Le *petit foc* est disposé comme la polacre; il a une cargue et quelquefois un ris. Le *mange-vent* s'établit de la même manière; les écoutes sont simples. La polacre s'établit sur le penon pour le vent arrière.

La *voile* ou *mestre* est triangulaire; elle a un ris qui se prend sur la vergue au moyen de hanets. La bande de ris s'étend du point d'amure à la ralingue de chute, sur laquelle il y a une cosse pour l'empointure. On prend le ris sans amener la voile, mais on la cargue. On prend l'empointure au moyen d'un bout de garcette. La voile a 5 cargues.

Le *perroquet* est volant.

Le *maraboutin* ou voile de cape, est triangulaire et a deux ris qui se prennent l'un sur l'antenne et l'autre sur la ralingue de fond. La vergue est à bâbord et se hisse au moyen d'une candelette supplémentaire. Il n'y a pas de cargues.

Tartanes.

Les *tartanes* sont des navires plus naviguants que les bateaux ci-dessus. Elles n'ont pas de guibre et leur arrière est carré ou à cul de poule. Le pont a beaucoup de bouge pour faciliter l'écoulement des eaux. Le bout-dehors de foc passe sur l'étrave au-dessous de la lisse et a un gréement complet. Le mât est plus léger et plus élevé que celui des bateaux. Elles ont un tapecul de petites dimensions. L'antenne est suspendue à peu près à la moitié de sa longueur et la voile porte en bas une bonnette qui s'amure au vent, et peut avoir un mètre de chute au point d'amure et un ou deux mètres de chute au point d'écoute.

Le *bout-dehors* est supporté par des bittes, à sa caisse. Son gréement se compose d'un rocambeau, une amure de foc, un hâle à bord, une sous-barbe en chaîne, deux haubans et une aiguillette sur la chaîne.

Le *grand mât* porte les taquets, clans et estropes des poulies et palans de drisses, de drosse, d'itagues et de pantoires des haubans. A la tête est le blin du mât de perroquet.

Le *mât de perroquet* repose sur le blin inférieur du mât et est maintenu par le blin supérieur. Il porte à la tête une poulie pour drisse de perroquet.

Le *mât de tapecul* a son emplanture sur le pont et un étambrai à la dunette. Il est au milieu du navire et à un mètre environ du couronnement, il porte deux haubans de chaque bord.

Le *bout-dehors de tapecul* est à bâbord du mât; son emplanture à pivot est un peu sur l'avant du mât; il déborde à l'arrière du mât, d'une quantité à peu près égale à la hauteur du mât au-dessus du pont. Son gréement se compose de deux haubans formés du même bout.

L'antenne est beaucoup moins longue et plus légère que celle des bateaux. Elle se compose de deux espars : celui d'en dessous est le plus long. L'antenne porte au pied l'empointure de la voile, un cercle de capelage, les estropes pour palans, drisses, orses, cargues en itaques. On l'amure sur le pont à bâbord.

L'antenne de tapecul porte les palans et estropes pour car, drisses et cargues.

Le *grand foc*, le *petit foc* et le *foc de cape* s'établissent au moyen du rocambeau qu'on met aux deux tiers ou à mi-bâton. On installe le grand foc en coutelas pour le vent arrière sur le penon, comme les bateaux.

La *grand'voile* est triangulaire ; elle porte un ris qu'on prend sur la vergue et en bas un autre ris en bonnette.

La bonnette est gancée à la voile comme celle des chasse-marées On l'amure sur le pont à bâbord.

La voile a les cargues disposées comme celles des bateaux.

Le *perroquet* ou *flèche* s'installe comme à bord des bateaux et s'amure sur le penon. Beaucoup de tartanes ont un flèche.

Le *tapecul* est envergué sur l'antenne au moyen de jarretières, comme la grand'voile ; son écoute est double et crochée au point. Il a une cargue de chaque bord.

Les tartanes, surtout celles de Livourne, naviguent très bien et tiennent bien la mer.

Balancelles.

Les *balancelles* sont de petits navires du port de 60 à 120 tonneaux. Elles naviguent très bien et tiennent la mer par tous les temps.

Elles ont un immense beaupré, qui a, de la caisse au bout, à peu près la longueur du navire. Le grand mât est très incliné sur l'avant, et placé un peu sur l'avant du milieu de la flottaison ; il porte une antenne suspendue par le milieu. Elles ont un grand tapecul dont le mât est vertical et le bout-dehors très saillant. Le bouge du pont est très fort.

Le *beaupré* est à tribord et fixe. On ne le rentre que dans le port.

La sous-barbe est en chaîne et fixée à l'étrave sous la flottaison.

Le mât porte les taquets, clans et estropes des drisses, palans, drosses et pantoires. Il a deux haubans de chaque bord et un palan sur l'arrière qui sert à soutenir l'antenne pour le chargement.

L'*antenne* se compose de deux parties : le *car* en dessous, et la *penne* en-dessus. Le car déborde la penne d'environ 2 mètres. L'antenne est suspendue à peu près à la moitié quand la voile est sans ris. Le car est marié avec la penne par huit ou neuf veltures. Les deux drosses sont disposées comme celles des bateaux, mais elles prennent le mât et la vergue ; on raidit celle du vent.

Le *mât de tapecul* porte deux haubans et au-dessus du capelage un clan ou une poulie de chaque bord pour balancine de gui.

Le *gui* ou *bout-dehors de tapecul* a en longueur un peu plus que le tapecul. Il a au bout un piton à charnière qui le maintient au mât d'artimon, et il repose sur un croissant au couronnement. Il a au bout un clan pour écoute double et les pantoires des deux haubans.

L'*antenne* ou *vergue de tapecul* a en longueur près de deux fois la longueur du mât de tapecul ; son point de suspension est presqu'à la moitié de la longueur, mais plus près du car. A l'extrémité de l'antenne il y a un clan dans lequel passe la drisse du pavillon.

Les balancelles ont *4 focs* qui se placent au bout du bâton, aux deux tiers ou à demi-bâton. Leur point de drisse porte un cabillot sur lequel on capèle l'estrope du palan de drisse.

Le *grand foc* a une écoute simple, et s'établit quand la voile est haute.

Le *deuxième foc* a une écoute double et s'établit quand la voile a un ris.

Le *troisième foc* a une écoute double et s'établit quand la voile a deux ris.

Le *petit foc* a également son écoute double et s'établit avec le maraboutin.

La *grand'voile* est enverguée au moyen des deux empointures et de garcettes cousues à la voile, qui font tour mort à la vergue et sont nouées ensemble. La voile n'a pas de cargues. Elle se borde par une écoute simple sur une bitte à gueule. Elle a deux ris qui se prennent sur la vergue au moyen de garcettes.

Le *maraboutin* est une voile triangulaire comme la grand'-voile ; il a deux ris.

La *voile de tapecul* a deux ris qui se prennent sur l'antenne. On amène la voile sur le pont pour les prendre. Cette voile a une cargue et une écoute double. Elle est triangulaire.

Yachts ([1]).

On désigne sous le nom générique de *yachts* les bateaux de course et de plaisance, pourvus d'une grande voilure et par suite présentant des particularités dans la construction de leur coque.

Tous les yachts de course ont le maître-couple en arrière du milieu de la longueur, et le déplacement de l'arrière plus fort que celui de l'avant. Pour augmenter leur stabilité on place dans la quille et dans les varangues un lest en plomb placé au milieu et sur un tiers de la longueur du navire. La position de ce lest vers le milieu permet de porter un excès de voilure, sans altérer les qualités nautiques.

Il est reconnu que les voiles plates conviennent mieux à la vitesse que les voiles creuses, excellentes pour le largue.

Les yachts de course se divisent en *schooners, cutters* et *yawls.*

Les *schooners* ont la mâture droite, avec deux mâts. Le grand mât est placé juste au maître-couple et le mât du misaine est très sur l'avant. Certains constructeurs placent le centre de carène, le centre de dérive et le centre vélique sur la même verticale et passant par le maître couple.

Les *cutters* sont par excellence les bateaux de course. A ce point de vue le gréement de cutter et celui de schooner sont seuls considérés comme ayant une valeur réelle.

Les *yawls* sont des cutters gréés à l'arrière d'un mât de tapecul. Les *sloops,* qui ont un gréement semblable à celui des cutters, s'emploient également aux courses. On en construit à *dérive.*

(Extrait des *Etudes sur la manœuvre* de M. Thomassin).

---

1. Voir pour les yachts, les ouvrages *Yacht architecture* et *Yacht and Boat sailing,* de M. Dixon Kemp, traduction française de MM. Boyer et Martinenq. — E. Bernard et Cie, éditeurs, 29, quai des Grands-Augustins, Paris.

TROISIÈME PARTIE

MACHINES ET CHAUDIÈRES MARINES

Principes de la théorie mécanique de la chaleur.

L'expérience a montré qu'une certaine quantité de *chaleur* était produite par une certaine quantité de *travail*, et réciproquement. Ce qui revient à dire que « la chaleur et le travail sont équivalents » : c'est la loi fondamentale du la thermodynamique.

L'*unité de travail* est la quantité d'énergie qui doit être exercée afin d'élever un kilogramme à un mètre de hauteur : cette unité s'appelle le kilogrammètre (kgm.).

L'*unité de chaleur*, ou *unité thermique*, ou *calorie*, est la quantité de chaleur qui doit être communiquée à un kilogramme d'eau afin d'élever sa température de 0° à 1 degré centigrade.

D'après les expériences de Joule, on a :

$$\text{Une unité thermique} = 424 \text{ kilogrammètres.} \tag{1}$$

Ce travail mécanique de 424 kilogrammètres que peut fournir l'unité de chaleur, ou calorie, est appelé l'*équivalent mécanique de la chaleur*.

De la relation (1) on peut déduire :

$$\frac{1}{424} \text{ d'unité thermique} = 1 \text{ kilogrammètre} = A.$$

A, est la chaleur équivalente de l'unité de travail, ou l'*équivalent calorifique du travail*.

La quantité de chaleur, c'est-à-dire, le nombre d'unités de chaleur, ou de calories, qu'il est nécessaire de communiquer à un kilogramme d'une matière quelconque pour élever de un degré sa température, est appelée sa *chaleur spécifique* ou sa *capacité calorifique*.

Chaleurs spécifiques des liquides. (Eau = 1,000)

Alcool (de 23° à 43°)	0,605	Etain	0,0637
Acide azotique. . .	0,6614	Ether sulfurique . .	0,5157
Acide chlorhydrique .	0,600	Huile d'olive . . .	0,3096
Acide sulfurique . .	0,335	Iode.	0,1082
Azotate de potasse .	0,3319	Mercure.	0,0333
Azotate de soude . .	0,4130	Phosphore	0,2041
Benzine { de 15° à 20°	0,3932	Plomb	0,0402
Benzine } de 19° à 46°	0,450	Soufre	0,2340
Bismuth	0,0363	Térébenthine . . .	0,4265
Esprit { de 15° à 20°	0,6009	Vinaigre	0,920
de bois } de 23° à 43°	0,645		

Chaleurs spécifiques des corps solides. (Eau = 1,000)

Acier dur	0,1175	Fer de 0° à 1000°. .	0,1710
Acier doux. . . .	0,1165	Fonte blanche. , .	0,1298
Aluminium. . . .	0,2181	Graphite des cornues.	0,2036
Antimoine	0,0508	Iode.	0,0541
Argent	0,0570	Laiton	0,0939
Argile et silicates. .	0,210	Magnésie	0,2439
Argile de 0° à 110°.	0,260	Marbre sacchar. blanc	0,2159
Arsenic.	0,0814	Marbre sacchar. gris.	0,2099
Azotate de potasse .	0,2388	Mercure.	0,0333
Azotate de soude . .	0,2782	Nickel	0,1103
Bismuth	0,0308	Noir animal . . .	0,2609
Bois de chêne. . .	0,570	Or	0,0324
Bois de pin . . .	0,650	Phosphore	0,1788
Briques, 0,1890 à .	0,2410	Platine	0,0324
Carbonate de chaux		Plomb	0,0314
(craie)	0,2149	Pyrite de fer . . .	0,1301
Carbonate de soude .	0,2728	Soudure (pl. 1 et ét. 1)	0,0407
Charbon de bois . .	0,2415	Soudure (pl. 1 et ét. 2)	0,0451
Chaux vive . . .	0,2169	Soufre	0,2026
Chlorure de calcium .	0,1642	Sulf. de chaux anhyd.	0,1966
Chlorure de sodium .	0,2140	Sulf. de potasse anhyd.	0,1901
Coke	0,2009	Sulf. de soude anhyd.	0,2312
Cuivre	0,0951	Verre { de 0° à 100°.	0,177
Eau (glace) . . .	0,5040	Verre } de 100° à 300°	0,190
Etain	0,0562	Zinc	0,0955
Fer forgé . . .	0,1138		

Chaleurs spécifiques des gaz et vapeurs. (Eau = 1,000)

Gaz et vapeurs	Sous pression constante Cp	Sous volume constant Cv	Rapport $\dfrac{Cp}{Cv} = x$
Air atmosphérique	0,2375	0,1684	1,41
Oxygène	0,2175	0,1550	1,403
Azote.	0,2438	0,1727	1,412
Hydrogène	3,4090	2,4119	1,413
Acide carbonique { à 0° . . .	0,1870		
{ à 100° . . .	0,2145	0,1714 moyenne	1,265
{ à 200° . . .	0,2896		
Oxyde de carbone	0,2450	0,1736	1,411
Vapeur d'eau	0,4750	0,3337	1,423
Vapeur modérément surchauffée . .	0,4804	0,3694	1,301
Chlore	0,1214	0,0983	1,235
Ammoniaque	0,5080	0,391	1,300
Hydrog. protocarboné (gaz des marais)	0,5929	0,468	1,267
Alcool	0,4518	0,410	1,100
Ether sulfurique	0,481	0,453	1,062
Benzine	0,3754	0,350	1,073
Essence de térébenthine	0,5061	»	»
Gaz oléfiant	0,4804	0,3694	1,115

Par le tableau ci-dessus, on voit que le rapport $\dfrac{C_p}{C_v}$ est sensiblement constant pour les gaz parfaits.

Evaluation des températures élevées, d'après la coloration du fer

Rouge naissant.	.525° centg.		Orange foncé.	. 1100 centg.
Rouge sombre.	. 700° —		Orange clair.	. 1200 —
Cerise naissant.	. 800 —		Blanc . . .	. 1300 —
Cerise . . .	900 —		Blanc soudant	. 1400 —
Cerise clair.	. . 1000 —		Blanc éblouis	. 1500 —

Lois des changements d'état des gaz parfaits.

Loi de Gay-Lussac. — Tous les gaz parfaits se dilatent également quand ils sont chauffés sous une pression constante.

Si un volume v_o d'un gaz parfait, sous une pression atmosphérique égale à 760 millimètres de la colonne de mercure du baromètre, est chauffé de 0° à t°, il se dilate d'environ $\dfrac{1}{273}$ v_o pour chaque degré d'élévation de température.

Le nombre $\dfrac{1}{273} = \alpha = 0,003665$ est appelé *coefficient de dilatation des gaz parfaits*. C'est celui de l'air atmosphérique pour une augmentation de la température de 1° centigrade.

Si le même volume v_o est refroidi à une température inférieure à 0°, il diminue de $\dfrac{1}{273}$ v_o par degré, et il atteint la limite zéro de son volume à — 273°. On dit alors, qu'à cette limite, la température cesse totalement d'exister, et — 273° représente le *zéro absolu de température*.

La température d'un corps mesurée de ce zéro est égale, si sa température à l'échelle centigrade est t, à :

$$T = 273 + t$$

Les volumes de tous les gaz parfaits sont, sous une pression constante, directement proportionnels à leurs températures absolues.

Le travail extérieur (travail d'expansion ou de dilatation) qu'un gaz parfait accomplit pendant qu'il se dilate suivant la loi de Gay-Lussac de v à v_1 par suite de l'élévation de sa température de T° à T°$_1$, est donné par la formule :

$$L = p\,(v_1 - v) \text{ kilogrammètres.}$$

= pression en kilogrammes par centimètre carré.

La quantité de chaleur qui doit être communiquée à chaque kilogramme du gaz afin qu'il puisse accomplir le travail ci-dessus, suivant la loi de Gay-Lussac, est donnée par la formule :

$$Q = \frac{x}{x - 1} \, Ap \, (v_1 - v) \text{ unités de chaleur ou calories.}$$

La valeur de x est celle de 1,41 du rapport $\dfrac{Cp}{Cv}$ des gaz parfaits. (Voir le tableau ci-dessus, p. 665) ; A $= 1$ kilogrammètre (p. 663) ; p est la pression.

Loi de Mariotte. — Les volumes de tous les gaz parfaits à des températures constantes sont inversement proportionnels à leurs pressions.

Le travail extérieur qu'un gaz parfait accomplit en se dilatant sous une température constante T^o de v à v_1, suivant la loi de Mariotte, est donné par la formule :

$$L = R.T \text{ log. nat. } \frac{v_1}{v} = R.T. \text{ log. nat. } \frac{p}{p_1} \text{ kilogrammètres}$$

R est un coefficient dont la valeur est donnée ci-après.

La quantité de chaleur qu'il est nécessaire de communiquer à chaque kilogramme du gaz afin qu'il puisse accomplir ce travail, est donnée par la formule :

$$Q = A.R.T \text{ log. nat. } \frac{v_1}{v} \text{ unités de chaleur ou calories.}$$

En combinant les deux lois de Gay-Lussac et Mariotte, on obtient la loi combinée suivante :

Dans tous les gaz parfaits, le travail extérieur, produit en chauffant 1 kilogramme : 1° sous une pression constante, est constant.

Si un kilogramme d'un gaz parfait à t^o, sous la pression atmosphérique, a un volume $v = v_0 \, (1 + \alpha t)$, à une pression p son volume devient :

$$v = \frac{v_0}{p} \, (1 + \alpha t)$$

et le volume v_1 de 1 kilogramme d'un gaz parfait à t^o_1 et à une pression p_1 est :

$$v_1 = \frac{v_0}{p_1} \, (1 + \alpha t_1)$$

de sorte que :

$$\frac{v}{v_1} = \frac{p_1\,(1 + \alpha t)}{p\,(1 + \alpha t_1)} = \frac{p_1 T}{p T_1}$$

ou :

$$\frac{pv}{T} = \frac{p_1 v_1}{T_1} = \text{constante} = R$$

Enfin :

$$p\,v = R\,T$$

Cette dernière relation est appelée : *l'équation d'état des gaz parfaits*.

Elle exprime que lorsque 1 kilogramme d'un gaz parfait est chauffé de la température zéro à T^o sous une pression constante p, il produit un travail d'expansion de $p\,v$ kilogrammètres ou de $\frac{p\,v}{T} = R$ kilogrammètres par degré.

R est un coefficient désigné sous le nom de *constante de la loi de Gay-Lussac et Mariotte*.

La valeur de R pour l'air atmosphérique pur et sec, dont la densité, à $t^o = 0^o$ sous la pression barométrique de 760 millimètres de mercure, est $0,0012932 = \frac{1}{773}$ (la densité de l'eau étant 1), est égale à : 29,272.

Pour d'autres gaz ou mélanges de gaz, dont la densité est comparée à celle de l'air, à la même température et à la même pression, la valeur de R est la suivante, d'après Regnault :

Azote	R =	30,134	Densité = 0,9714
Oxygène	R =	26,475	— = 1,1056
Hydrogène	R =	422,612	— = 0,0693
Acide carbonique à 0° . .	R =	19,143	— = 1,5291
Vapeur à la pression atmosphérique	R =	47,023	— = 0,6235
Air atmosphérique . . .	R =	29,272	— = 1,0000

Pour une température de t^o centigrades et une pression de p atmosphères, le poids de 1 mètre cube d'air est :

$$\frac{1,293 p}{1 + 0,00366 t}\,,\ \text{en kilogrammes}$$

1,293 est le poids de 1 mètre cube d'air à 0°, et à $p = 1 = 760$ millimètres de mercure.

Propriétés de la vapeur d'eau.

On entend par *vapeur* une sorte de gaz qui peut être formé d'un fluide auquel on a communiqué de la chaleur ou abaissé la pression, et qui peut, d'un autre côté, devenir fluide en lui retirant sa chaleur ou en élevant la pression.

La vapeur se présente sous deux états de température, savoir : *la vapeur saturée* et *la vapeur surchauffée*.

La vapeur est dite *saturée* lorsqu'elle est en contact avec le liquide qui l'a formée, quelle qu'en soit la quantité. Elle possède, pour chaque pression, la plus basse température, le plus petit volume spécifique et le plus grand poids spécifique ; en d'autres termes elle est toujours à son maximum de densité. Sa température correspondant à une pression quelconque est appelée *température de saturation*. La pression de la vapeur saturée ne dépend que de la température quel que soit le volume offert à cette vapeur.

La vapeur saturée peut être *sèche*, *humide* ou *mouillée*.

La *vapeur sèche* est celle qui est exactement à son point de condensation, au moment où la dernière particule du fluide vient d'être vaporisée.

La *vapeur humide* est un mélange de vapeur et d'eau. La pression et la température sont les mêmes que pour la vapeur sèche, mais la densité peut être quelconque.

En pratique, la vapeur sèche se désigne simplement sous le nom de *vapeur saturée*.

Si l'on prend de la vapeur saturée sèche et qu'on l'échauffe en maintenant constante la pression de saturation, cette vapeur atteindra un état dont la pression n'aura pas changé, mais dont la température et le volume seront différents : ce sera ce qu'on appelle de la *vapeur surchauffée*.

La vapeur surchauffée possède une plus haute température que la vapeur saturée d'égale pression ; elle cesse dès qu'on la met en contact avec le liquide qui l'a formée.

Un mélange de vapeur saturée et de vapeur surchauffée se désigne en pratique, sous le nom de *mélange de vapeur*.

La pression en kilogrammes exercée par la vapeur sur chaque centimètre carré des parois du vase qui la contient est appelée *pression spécifique* ou force expansive p. Si la pression de la vapeur est mesurée du vide, c'est-à-dire, de zéro, on la désigne par *pression absolue* ; si elle est mesurée de la pression atmosphérique on l'appelle *surpression*, ou *pression effective*. C'est cette dernière pression qui est indiquée sur les manomètres.

La pression effective égale la pression absolue moins la pression atmosphérique.

La pression atmosphérique, évaluée en colonne de mercure, a pour valeurs moyennes :

760, 750,5, 741,2, 732, 721,9, 713,9 millimètres, pour des hauteurs au-dessus de la mer respectivement égales à 0, 100, 200, 300, 400, 500 mètres.

La colonne d'eau qui fait équilibre à la pression atmosphérique a $10^m,334$ de hauteur, ce qui correspond à une pression de $1^k,0331$ par centimètre carré ; de sorte que :

1 atmosphère $= 1^k,0334$ par centimètre carré $= 760$ millimètres de mercure $= 10^m,334$ d'eau.

On en déduit :

1 kilogramme par centimètre carré $= 0^{atm},9677 = 735^{m/m},43$ de mercure $= 10$ mètres d'eau.

1 millimètre de mercure $= 0^k,00136$ par centimètre carré $= 0^{atm},001316 = 13^{m/m},6$ d'eau.

La pression de la vapeur peut être exprimée soit en atmosphères, soit en kilogrammes par centimètre carré.

Pour amener à $t^o{}_1$ une quantité d'eau de P kilogrammes à t^o, il faut employer :

$$P_1 = P \frac{t_1 - t}{t_2 - t_1} \text{ kilogrammes d'eau à } t_2{}^o$$

Pour condenser à $t^o{}_1$ une quantité de vapeur d'eau de P kilogrammes, il faut :

$$P_1 = P \frac{637 - t_1}{t_1 - t_2} \text{ kilogrammes d'eau à } t_2{}^o$$

En mélangeant P kilogrammes d'eau à t^o et P_1 kilogrammes à $t^o{}_1$, on obtient $(P + P_1)$ kilogrammes d'eau à une température :

$$t_2{}^o = \frac{Pt + P_1 t_1}{P + P_1}$$

En faisant condenser P kilogrammes de vapeur d'eau par P_1 kilogrammes d'eau à $t_1{}^o$, la température finale est :

$$t_2{}^o = \frac{637P + P_1 t_1}{P + P_1}$$

D'après la théorie mécanique de la chaleur, la chaleur totale λ, nécessaire pour transformer 1 kilogramme d'eau à 0° en vapeur saturée à une température de t^o, se compose de deux parties : la chaleur q, nécessaire à échauffer l'eau de 0° à t^o, et la chaleur de vaporisation r employée à faire passer l'eau à t^o à l'état de vapeur à t^o également :

$$\lambda = q +$$

La somme λ de la chaleur *latente* et de la chaleur *sensible* est d'après Regnault :

$$\lambda = 606,5 + 0,305\ t,\text{ en calories} ;$$

t étant la température de la vapeur.

Pour $t = 100^o$, on a :

$$\lambda = 606,5 + 30,5 = 637\text{ calories}.$$

La chaleur q nécessaire pour porter 1 kilogramme d'eau de 0° à t^o est, d'après Regnault :

$$q = t + 0,00002\ t^2 + 0,0000003\ t^3.$$

Pour $t = 100^o$, on a :

$$q = 100 + 0,2 + 0,3 = 100\text{ calories } 5.$$

En conséquence, on a pour la *chaleur de vaporisation* :

$$r = \lambda - q = 606,5 - 0,695\ t - 0,00002\ t^2 - 0,0000003\ t^3$$

D'après la théorie mécanique de la chaleur, la *chaleur de vaporisation* r se compose de la quantité de chaleur employée à produire le travail de désagrégation des molécules, c'est la *chaleur latente intérieure* ρ, et de la quantité de chaleur dépensée pour accomplir le travail extérieur, c'est la *chaleur latente extérieure* $A\,pu$.

$$r = \rho + A\,p\,u.$$

D'où :
$$\lambda = q + \rho + A\,p\,u.$$

D'après Zeuner : $\rho = 575,4 - 0,791\ t$;

pour $t = 100^o$:

$$\rho = 575,4 - 79,1 = 496\text{ calories } 3 ;$$

$$A\,p\,u = 31,1 + 1,096\ t - q ;$$

pour $t = 100^o$:

$$A\,p\,u = 31,1 + 109,6 - 100,5 = 40\text{ calories } 2.$$

De ce qui précède, on obtient, pour $t = 100^o$:

$$\lambda = 100,5 + 496,3 + 40,2 = 637\text{ calories}.$$

Comme la quantité de chaleur $A\,p\,u$ est immédiatement transformée en travail, il s'en suit qu'il n'y a que la *chaleur du liquide* q et la chaleur intérieure latente ρ qui soient contenues dans la vapeur quand elle est formée. Ces deux parties q et ρ sont généralement combinées sous le terme *chaleur intérieure* ou *chaleur de vapeur I*.

$$I = q + \rho = \lambda - A p u.$$

Pour $t = 100^\circ$:

$$I = 100,5 + 496,3 = 637 - 40,2 = 596 \text{ calories } 8.$$

La chaleur de vaporisation r, donnée plus haut, est égale à :

$$r = \rho + A p u = \lambda - q.$$

pour $t = 100^\circ$:

$$r = 496,3 + 40,2 = 637 - 100,5 = 536 \text{ calories } 5$$

En résumant ce qui vient d'être dit, on a, pour 100 degrés de température :

Chaleur totale λ. . . . . . . 637 calories ; $\lambda = q + r$
Chaleur du liquide q . . . . . 100 cal., 5
Chaleur latente intérieure ρ . . 496 — 3 $\Big\{ r = \rho + A p u$
Chaleur latente extérieure $A p u$. 40 — 2
Chaleur de vaporisation r . . . 536 — 5
Chaleur de vapeur I. . . . . . 596 — 8

Frigorie. — Pour fondre 1 ki ogramme de glace à 0° centigrade il faut absorber 80 calories, ou fournir 80 *frigories* à 1 kilogramme d'eau pour le congeler à 0° centigrade. Il faut, de même, fournir 100 frigories, c'est-à-dire, enlever 100 calories à 1 kilogramme d'eau à + 10°, pour obtenir de la glace à — 10° : ce nombre 100 se décomposant en 10,80 et 10 frigories partiellement groupées.

Le *volume spécifique* de 1 kilogramme de vapeur, exprimé en litres, c'est-à-dire le volume de vapeur produit par 1 volume d'eau, est, d'après les lois de Mariotte et de Gay-Lussac :

$$4,543 \, \frac{273+t}{p}$$

p étant la pression en atmosphères et t la température.

Nous donnons ci-après un tableau relatif à la vapeur saturée d'après Zeuner.

Dans ce tableau on désigne par σ le volume spécifique de l'eau, c'est-à-dire le volume de 1 kilogramme d'eau $= 0^{mc},001 = \sigma$; et par v le volume spécifique de 1 kilogramme de vapeur saturée, en mètres cubes ; $v = \dfrac{1}{\gamma}$, γ étant le poids spécifique de 1 mètre cube.

$v = u + \sigma$, formule dans laquelle la valeur de u est donnée par le même tableau :

Tableau relatif à la vapeur saturée, d'après Zeuner.

Tension absolue de la vapeur p		Tempé-rature t (en degrés centi-grades)	Chaleur totale $\lambda = q + \rho + Apu$			$u = v - \sigma$	Densité $\gamma =$ Poids du $mc.$ de vapeur en kilo-grammes
en atmos-phères de 760mm de mer-cure	en kilo-gram-mes par $mq.$		Chaleur conte-nue dans le liquide $= q$	Chaleur de vaporisation r Chaleur latente inté-rieure ρ	Chaleur latente extér. Apu		
			en calories par kilogramme				
0,1	1033	46,2	46.282	538,848	35,464	14,5508	0,0687
0,2	2067	60,5	60,589	527,584	36,764	7,5421	0,1326
0,3	3100	69,5	69,687	520,433	37,574	5,1388	0,1945
0,4	4133	76,3	76,499	515,086	38,171	3,9154	0,2553
0,5	5167	81,7	82,017	510.767	38 037	3,1705	0,3153
0,6	6200	86,3	86,662	507.121	39,045	2,6700	0,3744
0,7	7234	90,3	90,704	503,957	39,387	2,3086	0,4230
0,8	8267	93,9	94,304	501,141	39,688	2,0355	0 4910
0,9	9300	97,1	97,543	498,610	39,957	1,8216	0 5487
1,0	10334	100,0	100,500	496,300	40,200	1,6494	0,6059
1,1	11367	102,7	103,216	494,180	40,421	1,5077	0,6628
1,2	12400	105,2	105,740	492,210	40,626	1 3891	0,7194
1,3	13434	107.5	108.104	490.367	40,816	1,2882	0,7757
1,4	14467	109,7	110,316	488,643	40,993	1,2014	0,8317
1,5	15501	111,7	112,408	487,014	41,159	1,1258	0,8874
1,6	16534	113,7	114,389	485.471	41,315	1,0595	0,9430
1,7	17568	115,5	116.269	484.008	41,463	1,0007	0.9983
1,8	18601	117,3	118,059	482.616	41,602	0,9483	1,0534
1,9	19635	119,0	119,779	481.279	41,734	0,9012	1,1084
2,0	20668	120,6	121,417	480,005	41,861	0,8588	1,1631
2,2	22734	123,6	124,513	477,601	42,096	0,7851	1 2721
2,5	25835	127,8	128,753	474.310	42,416	0.6961	1,4345
2,7	27901	130,4	131,354	472,293	42,610	0,6475	1,5420
3,0	31002	133,9	134,989	469,477	42.876	0,5864	1.7024
3,2	33068	136,1	137,247	467,729	43,040	0,5518	1,8088
3,5	36169	139,2	140,438	465,261	43,269	0,5072	1,9676
3,7	38236	141,2	142.453	463.703	43,413	0,4814	2,0729
4,0	41336	144,0	145,310	461,496	43,614	0,4474	2,2303
4,2	43403	145,8	147,114	460,104	46,739	0,4273	2 3349
4,5	46503	148.3	149,708	458.103	43,918	0,4004	2,4911
4,7	48570	150,0	151,360	456,829	43,030	0,3844	2,5949
5,0	51670	152,2	153,741	454.994	44,192	0,3626	2,7500
5,2	53737	153,7	155,262	453,823	44,293	0,3495	2,8531
5,5	56837	155,8	157,471	452.123	44,441	0,3315	3,0073
5,7	58904	157,2	158 880	451,039	44,533	0,3205	3,1098
6,0	62004	159,3	160,938	449,457	44,667	0,3054	3,2632
6,2	64071	160,5	162.255	448,444	44,753	0,2962	3,3652
6,5	67171	162,4	164,181	446,965	44,876	0,2833	3,5178
6,7	69238	163,6	165,428	446.008	44,956	0,2753	3,6192
7,0	72338	165,3	167,243	444,616	45,070	0,2642	3,7711
7,5	77505	168,1	170,142	442,393	45,250	0,2475	4,0234
8,0	82672	170,8	172,888	440,289	45,420	0,2329	4,2745
8,5	87839	173,4	175,514	438,280	45 578	0,2200	4.5248
9,0	93006	175,8	178,017	436,366	45,727	0,2085	4,7741
9,5	98173	178,1	180,408	434,539	45,868	0,1981	5,0226
10,0	103340	180,3	182,719	432 775	46.001	0,1887	5,2704
10,5	108507	182,4	184,927	431,090	46,127	0,1802	5,5174
11,0	113674	184,5	187,065	429,460	46,247	0,1725	5,7636
11,5	118841	186,5	189,131	427,886	46.362	0,1654	6,0092
12,0	124008	188,4	191.126	426,368	46,471	0,1589	6,2543
12,5	129175	190,3	193 060	424,896	46,576	0,1529	6,4986
13,0	134342	192,1	194,944	423,465	46,676	0,1473	6,7424
13,5	139509	193.8	196,766	422,080	46,772	0,1421	6,9857
14,0	144766	195,5	198,537	420,736	46,864	0,1373	7,2283

Table des forces élastiques de la vapeur d'eau, de 100° à 200°, d'après les expériences de Regnault; du poids γ d'un mètre cube, et du volume v d'un kilogramme de vapeur; du poids d'un mètre cube d'air aux mêmes température et pression.

| Température t | Force élastique de la vapeur | | | Vapeur | | Air |
	en atmosphères	en hauteur de mercure	en hauteur d'eau	poids d'un m. cube γ	Volume d'un kilog. v	Poids d'un mètre cube.
	atm.	mèt.	mèt.	kilogr.	m.c.	kilogr.
100	1.0000	0.76000	10.3329	0.58841	1.6995	0.94600
101	1.0363	0.78759	10.7080	0.60814	1.6444	0.97772
102	1.0737	0.81601	11.095	0.62840	1.5913	1.01030
103	1.1122	0.84528	11.492	0.64921	1.5403	1.04576
104	1.1518	0.87541	11.902	0.67057	1.4913	1.07808
105	1.1926	0.90641	12.323	0.69247	1.4441	1.1133
106	1.2346	0.93831	12.757	0.71495	1.3987	1.1494
106.36	1.25	0.95000	12.916	0.72317	1.3828	1.1627
107	1.2778	0.97114	13.204	0.73802	1.3550	1.1865
108	1.3222	1.00491	13.663	0.76167	1.3129	1.2246
109	1.3680	1.03965	14.138	0 78594	1.2724	1.2636
110	1.4150	1.07537	14.621	0.81082	1.2333	1.3036
111	1.4636	1.11209	15.120	0.83631	1.1957	1.3446
111.74	1.50	1.14000	15.499	0 85565	1.1687	1.3757
112	1.5129	1.14983	15.633	0 86245	1.1595	1.3866
113	1.5640	1.18861	16.160	0 88922	1.1246	1.4296
114	1.6164	1.22847	16.702	0 91666	1.0969	1.4737
115	1.6703	1.26941	17.259	0 94477	1.0585	1.5189
116	1.7256	1.31147	17.831	0 97356	1.02716	1.5652
116.43	1.75	1.33000	18.083	0 98622	1.01397	1.5856
117	1.7824	1 35466	18.418	1 00304	0.99697	1.6126
118	1.8408	1.39902	19.021	1 03323	0.96784	1.6611
119	1.9007	1.44455	19.640	1 06413	0.93973	1.7108
120	1.9622	1.49128	20.275	1 0958	0.91261	1.7617
120.60	2.00	1.52000	20.656	1 1151	0.89674	1.7929
121	2.0253	1.53925	20.928	1 1281	0.88642	1.8137
122	2.0901	1.58847	21.597	1 1613	0.86114	1.8670
123	2.1565	1.63896	22.283	1 1951	0.83673	1.9214
124	2.2247	1.69076	22.987	1 2298	0.81314	1.9772
124.36	2 25	1.71000	23.249	1 2427	0.80472	1.9978
125	2.2946	1.74388	23.710	1 2652	0.79036	2.0342
126	2.3663	1.79835	24.450	1 3012	0.76853	2.0919
127	2.4397	1.85420	25.210	1 3385	0.74708	2.1520
127.80	2.50	1.90000	25.832	1 3689	0.73053	2.2008
128	2 5151	1.91147	25.988	1 3765	0.72651	2.2129
129	2.5923	1.97015	26.786	1 4152	0.70663	2.2752
130	2.6714	2.03028	27.604	1 4547	0.68741	2.3388
130.97	2.75	2.09000	28.415	1 4939	0.66938	2.4018
131	2.7525	2.09194	28.442	1 4952	0.66881	2.4039
132	2.8356	2.15503	29.300	1 5365	0.65084	2.4702
133	2.9206	2.21969	30.179	1 5787	0.63344	2.5381
133.91	3.00	2.28000	30.999	1 6179	0.61807	2.6012
134	3.0078	2.28592	31.079	1 6218	0.61660	2.6074
135	3.0970	2.35373	32.001	1 6658	0.60031	2.6781
136	3.1884	2.42316	32.945	1 7107	0.58454	2.7504
136.66	3.25	2.47000	33.582	1 7410	0.57438	2.7990
137	3.2819	2.49423	33.911	1 7566	9.56928	2.8241
138	3.3776	2.56700	34.901	1 8035	0.55449	2.8995
139	3.4753	2.64144	35.913	1 8555	0.53893	2.9831

Température t	Force élastique de la vapeur			Vapeur		Air
	en atmosphères	en hauteur de mercure	en hauteur d'eau	Poids d'un m. cube γ	Volume d'un kilogr. v	Poids d'un mètre cube
	atm.	mèt.	mèt.	kilogr.	m. c.	kilogr.
139.25	3.50	2.66000	36.165	1.8631	0.53683	2.9954
140	3.5758	2.71763	36.949	1 9044	0.52510	3.0617
141	3.6784	2.79557	38.008	1.9498	0.51288	3.1347
141.63	3.75	2.85000	38.748	1.9845	0.50391	3.1905
142	3.7833	2.87530	39.092	2.0006	0.49986	3.2163
143	3.8904	2.95686	40.201	2.0524	0.48724	3.2996
144	4.0003	3.04026	41.335	2.1052	0.47502	3.3845
145	4.1126	3.12555	42.495	2.1591	0.46317	3.4712
146	4.2273	3.21274	43.680	2.2140	0.45168	3.5595
146.19	4.25	3.23000	43.915	2.2249	0.44947	3.4770
147	4.3446	3.30187	44.892	2.2700	0.44053	3.6495
148	4.4644	3.39298	46.131	2.3271	0.42973	3.7413
148.29	4.50	3.42000	46.498	2.3440	0.42662	3.7685
149	4.5870	3.48609	47.396	2.3852	0.41924	3.8348
150	4.7121	3.58123	48.690	2.4445	0.40908	3.9301
150.30	4.75	3.61000	49.081	2.4624	0.40610	3.9589
151	4.8400	3.67843	50.012	2.5050	0.39921	4.0278
152	4.9707	3.77774	51.362	2.5665	0.38968	4.1203
152.22	5.00	3.80000	51.665	2.5893	0.38755	4.1484
153	5.1042	3.87918	52.741	2.6293	0.38034	4.1271
154	5.2405	3.98277	54.150	2.6931	0.37131	4.3298
154.07	5.25	3.99000	54.248	2.6976	0.37070	4.3370
155	5.3707	4.08856	55.588	2.7582	0.36256	4.4344
155.85	5.50	4.18000	56.831	2 8143	0.35533	4.5246
156	5.5218	4.19659	57.057	2.8245	0.35405	4.5410
157	5.6669	4.30688	58.556	2.8920	0.34579	4.6495
157.64	5.75	4.37000	59.414	2.9305	0.34124	4.7114
158	5.8151	4.41945	60.086	2.9606	0.33776	4.7599
159	5.9663	4.53436	61.649	3.0306	0.32997	4.8723
159.22	6.00	4.56000	61.997	3.0462	0.32828	4.8974
160	6.1206	4.65162	63.243	3.1018	0.32240	4.9863
161	6.2780	4.77128	64.870	3.1742	0.31504	5.1033
162	6.4386	4.89336	66.530	3.2479	0.30789	5.2218
162.37	6.50	4.94000	67.164	3.2761	0.30524	5.2671
163	6.6025	5.01791	68.223	3.3230	0.30094	5.3424
164	6.7697	5.14497	69.951	3.3993	0.29418	5.4651
165	6.9402	5.27454	71.712	3.4770	0.28761	5.5900
165.34	7.00	5.32000	72.330	3.5042	0.28535	5.6338
166	7.1141	5.40669	73.509	3.5549	0.28122	5.7169
167	7.2913	5.54143	75.341	3.6363	0.27501	5.8461
168	7.4721	5.67882	77.209	3.7171	0.26908	5.9760
168.15	7.50	5.70000	77.497	3.7306	0.26806	5.9977
169	7.6564	5.81890	79.113	3.8011	0.26300	6.1110
170	7.8443	5.96166	81.054	3.8855	0.25737	6.2468
170.81	8.00	6.08000	82.663	3.9554	0.25282	6.3591
171	8.0358	6.10719	83.033	3.9714	0.25180	6.3848
172	8.2309	6.25548	85.049	4.0586	0.24639	6.5252
173	8.4297	6.40660	87.104	4.1474	0.24112	6.6978
173.35	8.50	6.46000	87.830	4.1786	0.23931	6.7181

Voir suite page suivante.

Température t	Force élastique de la vapeur			Vapeur		Air
	en atmosphères	en hauteur de mercure	en hauteur d'eau	Poids d'un m. cube γ	Volume d'un kilog. v	Poids d'un mètre cube
	atm.	mèt.	mèt.	kilogr.	m.c.	kilogr.
174	8.6323	6.56055	89.197	4.2375	0.23599	6.8127
175	8.8387	6.71743	91 330	4.3292	0.23099	6.9600
175.77	9.00	6.84000	92.996	4.4006	0.22724	7.0749
176	9.0490	6.87722	93.502	4.7222	0.22613	7.1097
177	9.2631	7.03997	95.715	4.5168	0.22140	7.2618
178	9.4812	7 20572	97.968	4.6129	0.21678	7.4162
178.08	9.50	7.22000	98.163	4.6212	0.21639	7.4296
179	9.7033	7 37452	100.263	4.7105	0.21229	7.5732
180	9.9295	7 54639	102.600	4.8096	0.20790	7.7325
180 31	10.00	7.60000	103.329	4.8406	0.20659	7.7821
181	10.1597	7.72137	104.980	4.9103	0.20365	7.8944
182	10.3941	7 89952	107.402	5.0125	0.19950	8.0588
183	10.6327	8 08084	109.87	5.1163	0.19545	8.2256
184	10.8755	8.26540	112.37	5.2217	0.19151	8.3951
184.50	11.00	8.36000	113.66	5.2757	0.18955	8.4819
185	11.1226	8.45323	114.93	5.3287	0.18766	8.5671
186	11.3741	8 64435	117.53	5.4373	0.18391	8.7417
187	11.6300	8.83882	120.17	5.5475	0.18026	8.9189
188	11.8903	9.03668	122.86	5.6594	0.17670	9.0987
188.41	12.00	9.12000	123.99	5.7065	0.17523	9.1744
189	12.1542	9.23725	125.59	5.7725	0.17324	9.2805
190	12.4246	9.44270	128.38	5.8881	0.16983	9.4664
191	12.6986	9 65093	131.22	6.0050	0.16653	9.6543
192	12 9772	9.86271	134.09	6.1235	0.16331	9.8449
192.08	13.00	9.88000	134.33	6.1332	0.16305	9.8605
193	13 2605	10.07804	137.02	6.2438	0.16016	10.0389
194	13.5487	10.29701	140.00	6.3658	0.15709	10.2344
195	13.8416	10 51963	143.02	6.4895	0.15410	10.4332
195.53	14.00	10.64000	144.66	6.5563	0.15253	10.5407
196	14.1394	10.74593	146.10	6.6149	0.15117	10.6349
197	14.4408	10.97597	149.22	6.7415	0.14834	10.8396
198	14.7498	11.20979	152.41	6.8712	0.14554	11.047
198.80	15.00	11.40000	154.89	6.9759	0.14335	11.215
199	15.0625	11.44643	155.64	7.0020	0.14282	11.257
200	15.3802	11.68690	158 92	7.1345	0.14016	11.470

t	cm	t	cm	t	cm	t	cm	t	cm
0°	0,46	21°	1,85	41°	5,79	61°	15,58	81°	36,93
1	0,49	22	1,97	42	6,11	62	16,32	82	38,44
2	0,53	23	2,09	43	6,43	63	17,08	83	40,01
3	0,57	24	2,22	44	6,78	64	17,87	84	41,63
4	0,61	25	2,36	45	7,14	65	18,69	85	43,30
5	0,65	26	2,50	46	7,52	66	19,55	86	45,03
6	0,70	27	2,65	47	7,91	67	20,44	87	46,82
7	0,75	28	2,81	48	8,32	68	21,36	88	48,67
8	0,80	29	2,98	49	8,75	69	22,32	89	50,58
9	0,86	30	3,15	50	9,20	70	23,31	90	52,55
10	0,92	31	3,34	51	9,67	71	24,34	91	54,58
11	0,98	32	3,51	52	10,15	72	25,41	92	56,68
12	1,05	33	3,74	53	10,66	73	26,51	93	58,84
13	1,12	34	3,96	54	11,19	74	27,66	94	61,07
14	1,19	35	4,18	55	11,75	75	28,85	95	63,38
15	1,27	36	4,42	56	12,32	76	30,08	96	65,75
16	1,35	37	4,67	57	12,93	77	31,36	97	68,20
17	1,44	38	4,93	58	13,55	78	32,68	98	70,73
18	1,54	39	5,20	59	14,20	79	34,05	99	73,33
19	1,63	40	5,49	60	14,88	80	35,46	100	76,00
20	1,74								

Tableau indiquant la quantité de chaleur nécessaire pour porter de 0° à t° un kilogramme d'eau, et la transformer, à cette température, en vapeur saturée et sèche aux diverses pressions en usage.

Pression en kg. par cm²	Température t	Différences Δ	Nombre de calories Q	Différences ΔQ
1	99°09		636°72	
		20,°48		6,°25
2	119,57		642,97	
		13,23		4,03
3	132,80		647,00	
		10,02		3,06
4	142,82		650,06	
		8,17		2,49
5	150,99		652,55	
		6,95		2,12
6	157,94		654,67	
		6,09		1,86
7	164,03		656,53	
		5,43		1,65
8	169,46		658,18	
		4,92		1,51
9	174,38		659,69	
		4,51		1,37
10	178,89		661,06	
		4,16		1,27
11	183,05		662,33	
		3,88		1,18
12	186,93		663,51	
		3,64		1,11
13	190,57		664,62	
		3,43		1,05
14	194,00		665,67	
		3,24		0,99
15	197,24		666,66	
		3,07		0,93
16	200,31		667,59	
		2,93		0,90
17	203,24		668,49	
		2,81		0,85
18	206,05		669,34	
		2,70		0,83
19	208,75		670,17	
		2,59		0,79
20	211,34		670,96	
		2,49		0,76
21	213,83		671,72	
		2,40		0,73
22	216,23		672,45	
		2,32		0,71
23	218,55		673,16	
		2,24		0,68
24	220,79		673,84	
		2,17		0,66
25	222,96		674,50	

Exposé du jeu d'une machine à vapeur avec ou sans condensation.

Les *machines marines* sont des appareils destinés à faire mouvoir un propulseur : soit des *roues*, soit des *hélices*.

Dans une machine, en général, on considère : le *moteur*, le *récepteur*, les *intermédiaires*, l'*outil*.

Dans les machines marines, le moteur est la *vapeur d'eau*; le récepteur est un *piston* se mouvant dans un *cylindre*; les intermédiaires sont la *bielle*, l'*arbre*, etc.; l'outil est le *propulseur*.

La vapeur est produite dans l'*appareil générateur* composé d'un ou de plusieurs corps de *chaudières* où l'eau est transformée en vapeur sous l'action du calorique.

Cette vapeur se rend dans un cylindre où elle vient presser alternativement les deux faces d'un piston qui se meut suivant l'axe.

Un organe spécial appelé *tiroir*, peut, d'après sa position par rapport à un orifice pratiqué à chaque extrémité du cylindre, mettre celui-ci en communication avec la *boîte à tiroir* où se rend la vapeur venant de la chaudière, et le mettre aussi en communication avec l'air libre ou avec un récipient spécial, nommé *condenseur*, où la vapeur se rend après avoir poussé le piston dans un sens, pour ne pas empêcher le mouvement de retour de ce dernier.

Le condenseur est un vase clos où la vapeur se trouve mélangée à une certaine quantité d'eau froide suffisante pour rendre la température, et, par suite, la pression de cette vapeur, excessivement faible.

Ces condenseurs se nomment *condenseurs par mélange*.

Certains condenseurs, nommés *condenseurs par surface* ou *condenseurs tubulaires*, sont garnis intérieurement de tubes dans lesquels circule l'eau froide; la vapeur se condense au contact de ces tubes.

Dans l'un et l'autre cas, la condensation a pour but de diminuer la pression exercée sur le piston, dans le sens opposé à sa marche.

La vapeur condensée et l'eau d'injection (condenseur par mélange) remplissant rapidement le récipient, sont enlevées par une pompe, pour faire place à une nouvelle vapeur et une nouvelle eau. Cette pompe est appelée *pompe à air* parce qu'en même temps qu'elle enlève l'eau et la vapeur condensée, elle aspire l'air qui s'est introduit dans le condenseur.

Le *condenseur par surface*, ou condenseur tubulaire, nécessite l'emploi d'une pompe de circulation qui a pour but d'entretenir un courant d'eau froide dans les tubes.

La *bâche* est un récipient dans lequel se rend l'eau de la condensation des condenseurs par surface, et l'eau d'injection des condenseurs par mélange. Dans les deux cas, c'est dans la bâche que se fait l'aspiration des *pompes alimentaires*, dont le but est de remplacer dans les chaudières, l'eau vaporisée ou enlevée par l'extraction.

Classification des machines.

On classe les machines à vapeur sous quatre points de vue différents.

1° Au point de vue de la pression de la vapeur.

2° Au point de vue du mode de travail de la vapeur.

3° Au point de vue du mode de transmission du mouvement au piston et à l'arbre de couche.

4° Au point de vue du propulseur.

Au point de vue de la pression, les machines sont à *basse,* à *moyenne* ou à *haute pression.*

Dans les *machines à basse pression,* la pression initiale ne dépasse pas 1 atmosphère 5 absolue.

Dans les *machines à moyenne pression,* elle varie de 1 atmosphère 5 à 3 atmosphères absolues.

Dans les *machines à haute pression* la pression initiale est supérieure à 3 atmosphères.

Au point de vue du mode de travail de la vapeur dans les cylindres, les machines sont *avec* ou *sans détente.* Dans le premier cas, la durée de l'introduction est variable; dans le deuxième cas, elle est fixe et généralement égale à 0.7 de la course du piston.

Elles sont *avec* ou *sans condensation.* Dans le premier cas, la vapeur après avoir agi dans le cylindre, se rend dans un condenseur pour y être liquéfiée; dans le deuxième cas, elle s'évacue dans l'atmosphère.

Elles sont à *introduction directe* ou à *introduction successive.*

Dans le premier cas, la vapeur en sortant de la chaudière se rend dans tous les cylindres. Ces machines sont dites aussi à *cylindres indépendants.* Dans le deuxième cas, la vapeur en sortant de la chaudière se rend dans un ou plusieurs cylindres, appelés *cylindres admetteurs,* où après avoir travaillé elle se rend dans un ou plusieurs cylindres, appelés *cylindres détendeurs,* où elle travaille comme dans une machine à moyenne ou basse pression; ces machines sont dites du *système Wolff* et *Compound.*

Au point de vue de la transmission du mouvement au piston et à l'arbre de couche, on distingue :

1° Les *machines oscillantes* dont le cylindre oscille sur deux tourillons; la tige du piston est articulée directement sur la manivelle, l'un des tourillons sert à l'introduction de la vapeur dans la boîte à tiroir, l'autre sert à l'évacuation.

2° Les *machines à bielles directes,* dans lesquelles le piston porte une tige qui vient se relier à une traverse guidée dans des glissières. Sur cette traverse s'articule le pied de bielle dont la tête est articulée sur la manivelle.

3° Les *machines à fourreau,* dans lesquelles le piston porte un fourreau qui lui sert de guide. La bielle s'articule directement sur le piston par une extrémité et l'autre extrémité s'articule sur la manivelle.

4° Les *machines à bielle en retour*, dans lesquelles le piston porte deux longues tiges reliées à une traverse guidées par des glissières. L'arbre de couche se trouve placé entre cette traverse et le cylindre, de sorte que la bielle articulée sur la traverse revient sur le cylindre pour s'articuler sur la manivelle.

Au point de vue du propulseur, les machines se divisent en *machines à roues* et *machines à hélice*.

On construit aujourd'hui beaucoup de machines compound à *triple expansion*, qui ont l'avantage de réduire notablement les efforts initiaux sur les pistons et les couples de torsion sur les arbres, de diminuer les frottements des portées dans leurs coussinets et de régulariser la rotation.

Machines à triple expansion ([1])

Dans ces machines, la détente de la vapeur est opérée successivement en deux cascades distinctes dans *au moins trois cylindres*.

La vapeur de la chaudière est admise dans le premier cylindre où elle subit une détente assez faible variant de 2 à $\frac{4}{3}$, elle passe ensuite dans un cylindre, dit *cylindre à moyenne pression*, de plus grande capacité que le premier, y subit une seconde détente, généralement la même que la précédente, et se rend finalement dans un troisième cylindre, dit *cylindre à basse pression*, dont le volume est supérieur au second, d'où elle s'échappe pour aller au condenseur.

Ces machines fonctionnent soit en *Woolf*, soit en *compound*, soit *suivant les deux systèmes à la fois*. Leur nombre de cylindres est fréquemment supérieur à trois. Beaucoup de machines à triple expansion ont quatre et même six cylindres; dans le cas de quatre cylindres, *deux* sont à *basse pression*; dans le cas de six cylindres, *deux* sont à *moyenne pression* et *trois à basse pression*.

Tous ces cylindres sont groupés de façons différentes, suivant les dispositions schématiques suivantes :

(a) *Machines à trois cylindres et à deux bielles*. — Dans cette disposition, il y a un *cylindre à haute pression*, un à *moyenne* et un à *basse pression*.

Ces deux derniers sont placés côte à côte (fig. 379) comme dans une machine compound.

Le cylindre HP se place généralement en tandem avec le cylindre MP. Les manivelles font un angle variant de 90 à 105°.

Les cylindres HP et MP fonctionnent en *Woolf* et les cylindres MP et BP fonctionnent en *compound*.

---

1. Laharpe. — *Notes et formules*.

On reproche à cette disposition de donner lieu à un manque de régularité dans la transmission des efforts, les pressions initiales dans les cylindres en tandem étant plus considérables que celles développées dans le cylindre BP.

De plus, les cylindres HP et MP ont généralement un fond commun, la garniture de la tige du cylindre HP est alors inaccessible et il n'est pas possible de constater en marche les fuites qui peuvent s'y

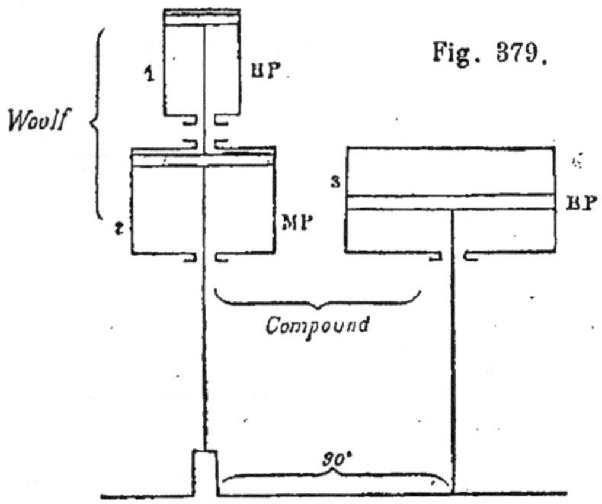

Fig. 379.

produire. Il faut absolument, quand il est possible de le faire, séparer les deux cylindres de façon à rendre visibles les presse-étoupes.

(b) *Machines à 4 cylindres et à 2 bielles*. — La figure 380

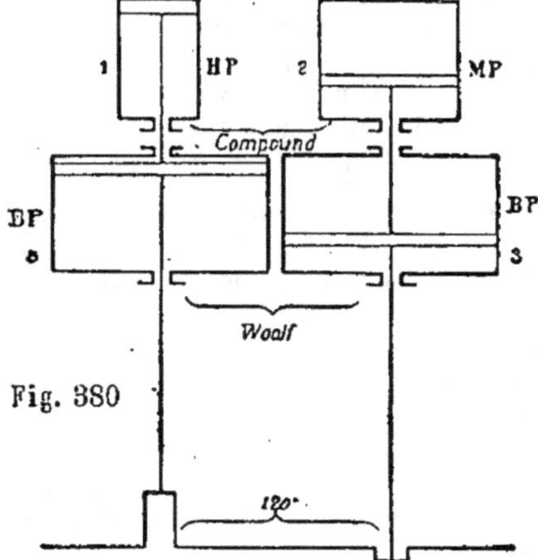

Fig. 380

donne la disposition suivie pour cette machine. Les cylindres BP sont placés côte à côte et surmontés, l'un du cylindre HP, l'autre du cylindre MP. Ces deux derniers cylindres fonctionnent en *compound*, alors que les deux autres fonctionnent en *Woolf*.

(c) *Machines à 3 cylindres et à 3 bielles.* — La disposition adoptée pour ce genre de machine est représentée figure 381. Les trois cylindres sont disposés côte à côte, les manivelles étant calées à 120° l'une par rapport à l'autre.

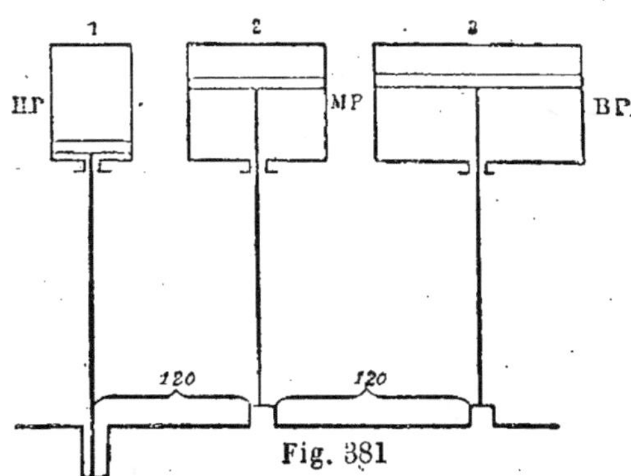

Fig. 381

Il résulte de cette disposition un meilleur équilibre des moments moteurs, une réduction des efforts initiaux sur l'arbre et, par suite, une grande régularité de marche et une atténuation notable des trépidations.

Comme inconvénients, on ne peut guère reprocher à cette machine que la longueur assez considérable qu'elle présente, et encore l'importance de cette considération est-elle réduite par l'emploi des distributions genre Marshall qui, en permettant de placer les tiroirs sur le côté des cylindres, ont permis de rapprocher ceux-ci aussi près que possible les uns des autres.

(d) *Machines tandem à 6 cylindres et 3 manivelles.* — Ce type de machine, qui n'est employée que dans le cas d'appareils à très grande puissance, est celui des paquebots *City-of-Rome*, *City-of-Paris* et des quatre grands paquebots de la Compagnie Générale Transatlantique : *Champagne, Gascogne, Normandie* et *Bretagne*.

Ces moteurs comportent trois groupes de cylindres disposés deux à deux, en tandem, et placés dans l'axe du navire. Les manivelles sont calées à 120°; le cylindre HP est placé au milieu et en haut; les deux autres du même rang sont les cylindres MP et les cylindres inférieurs sont ceux BP. Chaque groupe constitue pour ainsi dire une machine indépendante ayant son bâti spécial (fig. 382).

Il résulte de cette disposition qu'en cas d'avaries à un cylindre, la machine n'est pas immobilisée ainsi qu'elle le serait dans le cas

de trois cylindres et de trois manivelles et qu'il est toujours possible
de marcher à allure réduite en isolant le groupe hors de service.

De plus, les tiges des tiroirs supérieurs sont formées par le pro-

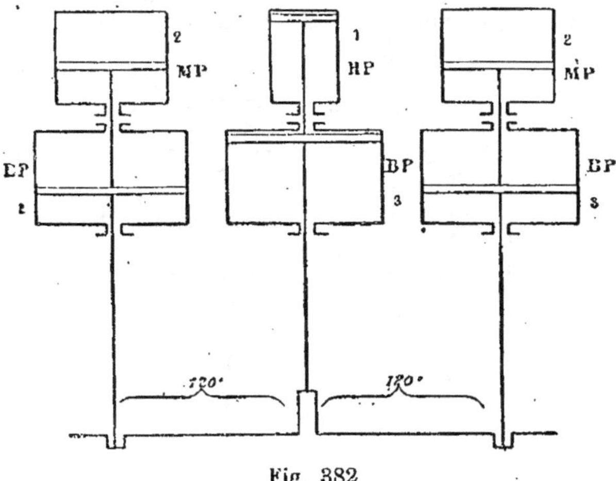

Fig. 382

longement des tiges des tiroirs inférieurs ; il n'y a donc lieu d'employer que trois coulisses pour le relevage commun.

Le mécanisme présente peut-être une grande complication, mais
la machine possède cet avantage de ne pas nécessiter des cylindres
de dimensions exagérées et d'avoir un mouvement aussi régulier
que possible.

On peut critiquer, et c'est un inconvénient commun à toutes les
machines tandem, l'élévation du centre de gravité qui, pendant
les mouvements de roulis peut être cause d'un ébranlement des
boulons de fondation et d'une fatigue de la coque. Mais tout bien
considéré, les avantages l'emportent sur les inconvénients et ces
machines sont certainement les plus parfaites que l'on ait à employer de nos jours, sur les grands navires rapides.

Machines à quadruple expansion

Le nombre des cylindres dans les machines à quadruple expansion varie de quatre à six, suivant que l'appareil comporte deux
ou trois manivelles.

La figure 383 donne la disposition généralement adoptée dans le
cas de quatre cylindres ; il y a alors un cylindre HP, deux MP et
un BP dans lesquels la vapeur se détend en quatre cascades distinctes et successives.

Il a été créé pour les grands torpilleurs, en vue de leur donner une vitesse considérable pendant un temps plus ou moins long, un type spécial de machine à quadruple expansion représenté figure 384

Cet appareil se compose de 4 cylindres dont deux, celui BP et un MP, sont disposés dans l'axe du navire, commandant chacun une manivelle. Le cylindre HP et le premier MP sont inclinés à

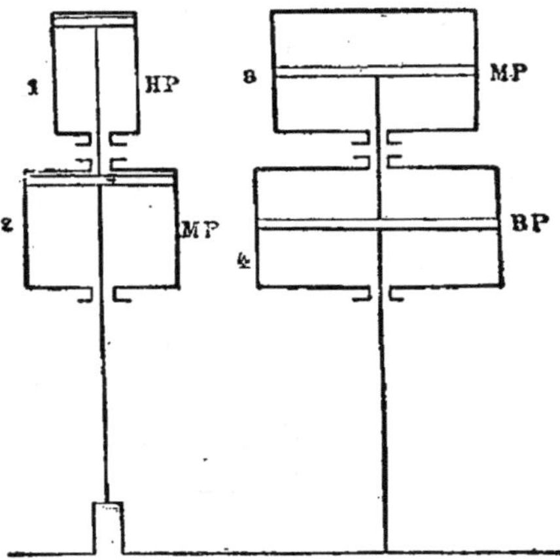

Fig. 383

angle droit l'un par rapport à l'autre et attaquent une manivelle commune.

En marche normale, la vapeur introduite dans le premier cylindre se détend successivement dans les trois autres. Lorsqu'il est

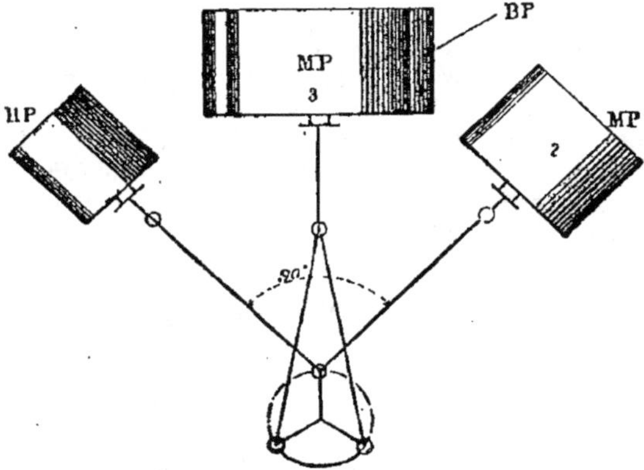

Fig. 384

nécessaire d'obtenir le maximum de vitesse, la vapeur de la chaudière est introduite à la fois dans les deux premiers cylindres et se détend successivement dans les deux autres : la machine fonctionne alors à triple expansion avec deux cylindres à haute pression et sa puissance est considérablement augmentée.

Dispositions d'ensemble. — La figure 385 représente une machine marine du type le plus répandu. Sur la plaque de fondation A sont montées deux jambes portant glissières, et supportant le petit cylindre. Pour le moyen et le grand cylindre, le condenseur C sert de bâti et supporte l'une des jambes. P est la pompe à air, conduite par la crosse du grand piston. Les tiroirs sont tous

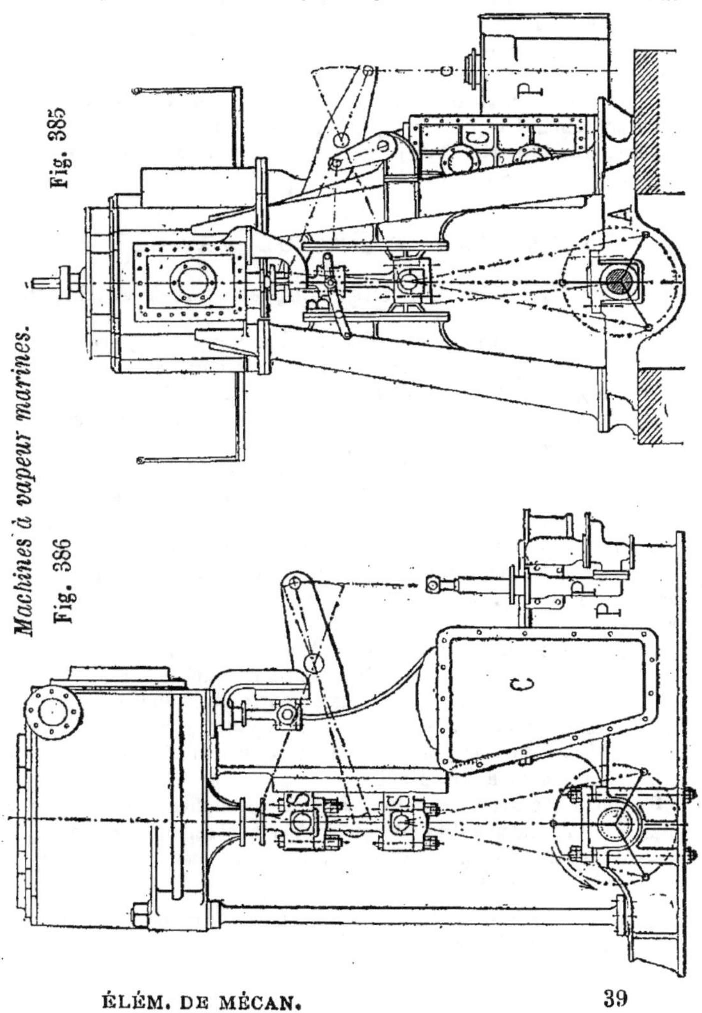

conduits par des coulisses de Stephenson B, et se trouvent dans l'axe de la machine, ce qui est gênant, tant pour la visite des tiroirs placés entre les cylindres, que pour le placement des chariots d'excentrique sur l'arbre à manivelles; cet arbre se fait souvent en autant de pièces que de manivelles, et les manchons de raccord, les paliers et manivelles y laissent peu de place disponible.

La figure 386 représente une machine d'un type plus dégagé, les jambes d'un côté sont remplacées par des colonnes en fer, les crosses n'ayant plus qu'un coulisseau à savate S. La marche normale doit alors se faire suivant la flèche. La jambe unique du bâti est ici fondue avec le condenseur C et la pompe à air P. Dans l'exemple choisi, le mouvement des tiroirs est renvoyé latéralement, en sorte que toutes les boîtes à tiroir s'ouvrent du même bord et sont faciles à visiter. Généralement la pompe à air est commandée par le grand cylindre, et elle porte deux pompes d'alimentation P', attelées par un joug sur la tête de sa tige.

De la détente fixe ou variable.

Son emploi, ses avantages et ses inconvénients.

On appelle *détente*, l'augmentation de volume que prend la vapeur lorsque, séparée de son liquide générateur, elle continue à pousser le piston en vertu de son expansibilité.

La *détente fixe* ou *naturelle* est celle que l'on obtient à l'aide de *distributeur* ou *tiroir*, en augmentant la hauteur des barrettes d'une certaine quantité appelée *recouvrement*.

La détente a pour but de diminuer l'effort de poussée sur le piston au moment où ce dernier arrive à fin de course et d'éviter les chocs du changement de portage des articulations. Mais son but principal est de produire une certaine quantité de travail sans dépense de vapeur. Elle produit donc une économie notable de vapeur.

Avec la détente, la pression à fin de course est moindre que lors d'une introduction en plein ; le volume de vapeur est aussi plus petit, par suite l'équilibre de tension entre le cylindre et le condenseur est plus vite établi, et lorsque le piston revient, la contre-pression étant moindre, la pression effective sera plus grande et le travail sera augmenté d'autant.

Un autre avantage de la détente est de diminuer le travail de la pompe à air. La quantité de vapeur à condenser étant moindre, la quantité d'eau à injecter est diminuée dans la même proportion, ce qui réduit le travail de la pompe.

Inconvénients de la détente. — La vapeur, comme tous les gaz, absorbe de la chaleur en augmentant de volume. Cette absorption de chaleur se fait aux dépens de la vapeur elle-même, et de la paroi du cylindre ; elle abaissera d'autant plus la température de la vapeur, que cette quantité de vapeur sera moindre.

D'un autre côté, la présence continuelle d'une certaine quantité d'eau dans le cylindre fait que pendant la détente une partie de cetle eau se vaporise, et ce changement d'état produit encore un abaissement de température. Passé certaines limites le bénéfice résultant de l'emploi de la détente devient nul ; mais plus la température initiale est forte, plus cette limite peut être reculée.

La détente poussée trop loin, nuit à la régularité du mouvement. Il y a des variations dans l'intensité de la pression et par suite irrégularité dans la rotation.

Il importe également qu'au moment de l'avance à l'évacuation, la pression au cylindre soit encore supérieure à la tension au condenseur, sans cela on marcherait à contre-vapeur pendant le reste de la course.

La détente rend les machines plus lourdes.

Limite de la détente fixe. — L'introduction fixe est presque toujours inférieure à 0,80 de la course, car au delà, il y a perte de travail effectif. Les expériences ont prouvé que le maximum de travail pour une machine, correspondait à une introduction pendant 0,83 de la course.

Dans la plupart des machines marines, la période d'introduction varie entre 0,66 et 0,70 de la course. Pour une semblable introduction on obtient presque le même travail qu'en introduisant pendant les 0,80 et l'économie de vapeur est notable.

L'introduction fixe n'est jamais au-dessus de 0,60, à cause des irrégularités de la rotation, et aussi pour que dans certaines circonstances la machine puisse développer toute sa puissance. De plus, avec un renversement de marche sans déclanche, la manœuvre de la machine deviendrait incertaine, même avec des manivelles conjuguées.

Quand on veut avoir une introduction moindre, il faut employer un organe spécial placé entre le registre et la boîte à tiroir ; ce dernier est appelé *organe de détente variable.*

Dans une machine, l'*organe de détente* a pour but de supprimer l'arrivée de la vapeur dans le cylindre à différents points donnés de la course du piston. Les organes de détente variable se divisent :

1o Au point de vue de l'organe lui-même, en *détentes à soupapes* ou *pistons équilibrés,* en détentes à *plaques frottantes,* à *papillon,* à *pistons pleins* et à *pistons creux.*

2o Au point de vue du mouvement, en *détente à mouvement incessant,* celle mue par des excentriques, et en *détente à mouvement intermittent,* celle mue par des cames.

Ce dernier système est à peu près abandonné en marine, à cause des secousses et des bruits qu'elle occasionne.

Tout appareil de détente variable comporte deux mécanismes distincts : celui qui sert à modifier le degré d'introduction et celui qui sert à supprimer l'action de la détente.

Théorie et régulation des tiroirs et des détentes variables

Tiroirs.

Les *tiroirs* sont des organes destinés à distribuer la vapeur sur les deux faces du piston et à la laisser évacuer en temps opportun.

Les tiroirs sont dits *à coquille* ou en D, selon que le mode de distribution a lieu par les arêtes extérieures ou intérieures.

Le tiroir à coquille présente la forme : *à coquille ordinaire*, à *dos percé*, à *double orifice*.

Le tiroir en D présente cinq variétés : en D long ; en D court ; système Dupuy-de-Lôme ; en D long d'Indret ; cylindrique.

Le tiroir n'est pas le seul organe employé pour distribuer la vapeur, on emploie aussi les soupapes équilibrées.

Les tiroirs à *double orifice*, employés aujourd'hui sur toutes les nouvelles machines dans le but d'avoir une petite course de tiroir, sont tous munis de *compensateurs*. La porte de ce dernier est percée d'un trou servant à établir sa communication avec le condenseur ou l'atmosphère.

Les *tiroirs à coquille* présentent l'avantage d'une grande simplicité et ne comportent pas en général des garnitures qui donnent lieu à des fuites : par contre ils supportent des pressions considérables, qui, dans certains cas, absorbent $\frac{1}{50}$ de la pression totale. Au départ ils sont d'une manœuvre difficile ; la vapeur qui arrive et celle qui évacue au condenseur sont séparées par la mince épaisseur du tiroir, d'où résultent des refroidissements.

Pour diminuer l'effort supporté par le tiroir, on fait la coquille la plus petite possible, et dans ce cas on rapproche les orifices ; il en résulte que les conduits de vapeur sont très longs, ce qui augmente le volume des espaces neutres.

Le tiroir à *dos percé*, supporte moins de pression, mais il a des garnitures qui le rendent plus compliqué. Le serrage des garnitures est très délicat, et peut amener, par l'inexpérience du mécanicien, des faits assez graves.

Le tiroir à *double orifice*, permet d'introduire une quantité double de vapeur pour une même ouverture ; sa course est deux fois plus petite et le travail de frottement diminue dans les mêmes proportions. Le diamètre des excentriques se trouve aussi diminué. Par contre, il est plus lourd, plus encombrant, les parties exposées au contact de la vapeur refroidissante sont plus grandes, et il exige un *compensateur*.

L'adoption de ce dernier diminue, en outre, de beaucoup la pression qu'a à supporter le tiroir.

Les *tiroirs en* D ont les conduits très courts et, comme conséquence, les espaces neutres moins grands; ils appuient sur la glace avec une faible pression et à un certain moment de la course, ils ont tendance à être soulevés. Les parties en communication avec le condenseur sont découvertes et des rentrées d'air sont à craindre par les portes et les presse-étoupes des tiroirs. Ils peuvent se soulager aux environs de la mi-course, car à ce moment l'avance à l'évacuation commence, il y a pression sur le tiroir, tandis que le vide est au-dessus. Cet effet se présente aussi au moment de la compression à bout de course. Ces deux tensions sont un peu compensées par la pression de la vapeur sur les bandes d'introduction.

Le frottement s'effectue d'une manière désavantageuse, l'usure se faisant sentir sur l'arête d'introduction.

Ces tiroirs présentent, en général, l'inconvénient suivant : si on modifie une seule partie de la régulation, toutes les fonctions du tiroir sont altérées. C'est pour éviter cet inconvénient qu'on tend aujourd'hui à remplacer ces tiroirs par des soupapes équilibrées.

Les *tiroirs cylindriques*, dont la boîte est un petit cylindre, reçoivent aux extrémités intérieures bien dressées en face des orifices, deux pistons à garnitures métalliques emmanchés sur la tige du tiroir ; la vapeur est entre les deux pistons, et l'évacuation a lieu par les extrémités. Les orifices sont prolongés tout autour de la boîte à tiroir, et pour qu'il n'y ait pas manque de soutien des garnitures, ni solution trop grande de continuité dans la paroi intérieure de la boîte, on réserve des barrettes inclinées sur les génératrices et suffisamment rapprochées.

Avec ce genre de tiroir, l'espace mort est souvent moins grand qu'avec les tiroirs à coquille ; ils ont le précieux avantage d'offrir peu de résistance, au mouvement, vu leur équilibration quant à la vapeur. L'étanchéité des garnitures métalliques doit être parfaite, et l'on voit combien seraient actives les fuites de vapeur.

Régulation des tiroirs.

Soit un tiroir à coquille AB conduit par un excentrique ; ce dernier fait un tour d'un mouvement uniforme pendant que la manivelle de l'arbre du piston en fait autant (fig. 387).

En admettant le tiroir placé dans sa position de mi-course,

On a : a, recouvrement du côté de l'admission de la vapeur ;

b, recouvrement du côté de l'évacuation de la vapeur.

Si le piston P est à fin de course, prêt à repartir, il faut, pour que la vapeur s'introduise dans le cylindre, que le tiroir ne soit pas à mi-course, mais qu'il ait dépassé, dans le sens de la flèche, cette position d'une quantité au moins égale au recouvrement a.

Quand le tiroir est à mi-course, son excentrique a décrit 90° à partir du point mort qu'il vient de rencontrer ; la vapeur n'arrivera donc au cylindre que si, le piston étant au point mort P, l'excentrique du tiroir a décrit, à partir de son point mort correspondant, un angle égal à 90°, plus l'angle qui correspond à la longueur du re-

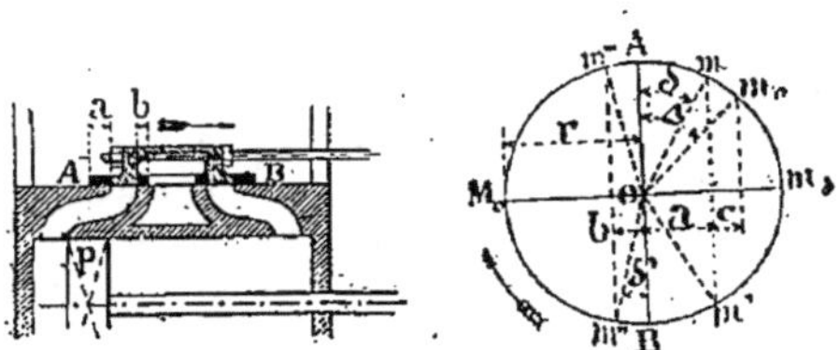

Fig. 387

couvrement a, plus l'angle destiné à fournir l'avance à l'admission. La somme de ces deux derniers angle forme l'*angle d'avance* qui définit la situation de l'excentrique du tiroir par rapport à la manivelle de l'arbre du piston,

La grande manivelle étant en M_0 (fig. 387) quand le piston est à son point mort bas, l'excentrique du tiroir est en m_0 ; l'angle $M_0 O m_0$ est l'*angle de calage*, AOm_0 est l'*angle d'avance*, et l'on voit que l'excentrique du tiroir précède la manivelle du piston d'un angle égal à l'angle de calage, lequel vaut $\dfrac{\pi}{2} + AOm_0$. (¹).

Le *haut* du cylindre est le côté qui fait face à l'arbre, et le *bas* l'autre côté. Faisons $AOm_0 = \Delta$; $AOm = \delta$; $BOm'' = \delta'$.

En appelant c la valeur de l'avance à l'admission mesurée sur la course du tiroir, soit ce qu'on appelle l'avance linéaire à l'admission, on a, en négligeant l'obliquité de la bielle :

$$\text{Sin } \Delta = \frac{c + a}{r}$$

$$\text{Sin } \delta = \frac{a}{r}; \quad \text{Sin } \delta' = \frac{b}{r}$$

L'orifice qui s'ouvre à la vapeur quand la manivelle est en m, se refermera de même quand celle-ci sera en m' ; de la sorte, le tiroir ne laisse passer la vapeur que pendant un arc égal à $\pi - 2\delta$, et semblablement on aura pour la sortie de la vapeur un arc d'évacuation égal à $\pi - 2\delta'$. L'excentrique du tiroir et la manivelle du piston ayant par hypothèse des mouvements angulaires égaux en valeur absolue, il s'ensuit que le cylindre ne pourra recevoir et évacuer la vapeur que pendant des arcs égaux aux arcs précités, et

---

1 Bienaymé. — *Les Machines marines.*

telles seront au plus les durées angulaires de l'introduction et de l'évacuation qui pourront y être faites. Puisqu'il existe une avance à l'admission et que l'introduction proprement dite commencera seulement quand l'excentrique du tiroir sera en m_0 qui correspond à un déplacement égal à $a + c$, et puisque, d'autre part, la fermeture de l'orifice aura toujours lieu en m', il en résulte que l'arc d'introduction pour le piston sera égal à :

$$\pi - (\Delta + \delta)$$

Le tiroir ouvrira l'évacuation quand la manivelle sera en m'' à une distance angulaire du point M_0 égale à $\frac{3\pi}{2} + \delta'$. A cet instant le piston qui est en retard de $\frac{\pi}{2} + \Delta$, est à l'angle $\pi - (\Delta - \delta')$; il en résulte que $\Delta - \delta'$ est l'avance à l'évacuation.

La fermeture de l'orifice d'évacuation a lieu pour la position m'' de l'excentrique du tiroir avec un arc $M_0Om''' = \frac{\pi}{2} - \delta'$; et comme l'angle $m'''Om_0$ égal à $\Delta + \delta'$, est tout ce qu'il reste à parcourir à l'excentrique du tiroir jusqu'à ce que la grande manivelle ramène le piston au point mort de départ, il s'ensuit que $\Delta + \delta'$ est la période angulaire pendant laquelle il y aura refoulement.

En résumé :

Les principales circonstances de la régulation sont commandée par les relations suivantes :

1º Arc d'avance à l'admission = angle d'avance — angle qui correspond au recouvrement x du côté de la vapeur ;

2º Arc d'introduction = π — (angle d'avance + angle correspondant au recouvrement a) ;

3º Arc d'avance à l'évacuation = angle d'avance — angle qui correspond au recouvrement b du côté du vide ;

4º Arc de refoulement (compté depuis la fermeture à l'évacuation jusqu'à la fin de la course) = angle d'avance + angle correspondant au recouvrement b.

Les modifications que la variation d'un ou plusieurs éléments du tiroir fait éprouver à la régulation, sont les suivantes :

1º Si la course augmente :

L'avance à l'admission augmente ; l'introduction augmente ; la détente diminue ; l'avance à l'évacuation augmente ; le refoulement diminue.

2º Si la course diminue :

L'avance à l'admission diminue ; l'introduction diminue ; la détente augmente ; l'avance à l'évacuation diminue ; le refoulement augmente.

3º L'effet d'une variation des recouvrements est, pour le côté que ce recouvrement intéresse, de même sens que l'effet produit par la variation inverse de la course.

Ainsi donc, augmenter les recouvrements revient à diminuer la course, etc.

Par l'augmentation du recouvrement vapeur seul : l'avance à l'introduction diminue, se change même promptement en retard, pour peu que le recouvrement grandisse ; l'introduction diminue ; la détente augmente ; l'avance à l'évacuation demeure la même ; le refoulement jusqu'à la fin de la course demeure le même.

4° Si on diminue le recouvrement à l'évacuation : l'avance à l'admission, l'introduction et la détente restent les mêmes ; l'avance à l'évacuation augmente ; le refoulement diminue.

5° Si le calage change, c'est l'angle d'avance qui varie. Quand l'angle de calage augmente : l'avance à l'admission augmente très rapidement ; l'introduction diminue ; la détente augmente ; l'avance à l'évacuation et le refoulement augmentent.

6° Si l'angle d'avance diminue :

L'avance à l'admission diminue, et devient promptement négative ; l'introduction augmente, mais en fait, l'arc d'avance à l'admission devenant négatif, il y aura des retards à l'admission ; la détente, l'avance à l'évacuation et le refoulement diminuent.

En touchant à la fois à la course et à l'angle de calage, on peut faire demeurer constante, ou à peu près telle, l'avance à l'admission, puisque les deux effets produits sont en sens inverse : il en est de même pour l'avance à l'évacuation. Mais les deux causes tendent à accroître le refoulement.

Epure circulaire.

On parvient à connaître comment s'opèrent les fonctions du tiroir, par un tracé géométrique de son mouvement relativement à celui du piston. On compare pour cela le mouvement circulaire de la manivelle à celui de va-et-vient en ligne droite du tiroir.

Soit une machine dont tous les éléments de la régulation sont connus, le tiroir est à coquille. Nous appellerons HV ou haut vapeur le côté de l'arbre ; BV ou bas vapeur le côté opposé ; HC ou haut condenseur, l'évacuation de HV ; BC ou bas condenseur, l'évacuation du BV ; PH, piston haut ; PB, piston bas ; TH, tiroir haut ; TB, tiroir bas (fig. 388).

OA est la manivelle du piston au point mort bas.

Portons OB égal au recouvrement à l'introduction du bas et BC égal à l'ouverture de l'orifice quand le piston est au point mort ; menons CD perpendiculaire à OA et joignons OD.

L'angle AOD est l'angle de calage du tiroir à coquille ; OD est la position de la manivelle du tiroir pour la position de la manivelle du piston au point mort. Menons le diamètre xy perpendiculaire au diamètre AK des points morts.

Prenons l'arc xD' $=$ arc xD, et joignons OD'. Le diamètre D'D"
sera la direction de la course du tiroir lorsque sa manivelle OD
sera ramenée sur celle du piston, en OA. Il résulte en effet de la
construction, que l'angle D'OA $=$ DOK; par suite, la manivelle du
tiroir prise en OA arrivera au point mort en D', en même temps
que le rayon OD de la position primitive de cette manivelle, arrivera au point mort en OK.

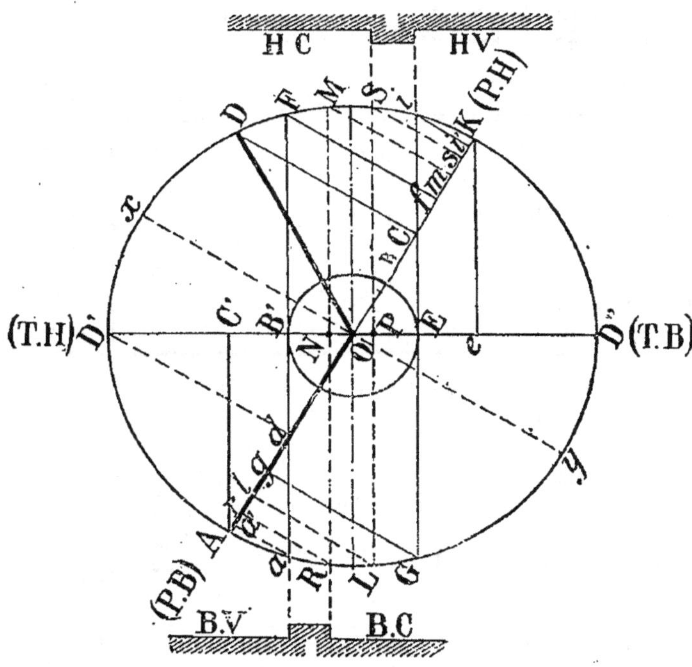

Fig. 388

L'angle D'OK des deux courses est égal à l'angle de calage.

Menons AC' perpendiculaire à D'D"; on a OC' $=$ OC; donc si
nous décrivons la circonférence qui passe par le point B et qui
coupe OD' en B', la longueur B'C' sera égale à BC, et mesurera,
comme cette dernière, l'ouverture de l'orifice d'introduction du bas
quand le piston est au point mort. Par suite, si nous menons B' a
perpendiculaire à la direction D'D" de la course du tiroir, le
point a sera, sur la circonférence, la position commune des boutons
des deux manivelles au moment où l'orifice du bas commence à
s'ouvrir, et Oa sera la position des manivelles.

L'angle aOA est l'avance angulaire à l'introduction, et si nous

ÉLÉM. DE MÉCAN.   39.

menons aa' perpendiculaire sur AK, le rapport $\dfrac{Aa'}{AK}$ mesure l'avance à l'introduction du bas, en fraction de la course du piston.

La ligne aB' prolongée, coupe la circonférence au point F, et la manivelle du piston sera en OF, comme celle du tiroir, au moment de la fermeture de l'introduction du bas. La durée de l'introduction, en fraction de la course, est $\dfrac{Af}{AK}$ et la détente vaut $\dfrac{fK}{AK}$.

On a donc les éléments de régulation suivants :

Désignation		Valeur angulaire	Ouverture de l'orifice	Sur la course du piston
Avance à l'introduction...	bas	aA	B'C'	A'a'
	haut	iK	Ee	Ki'
Durée de l'introduction....	bas	»	»	Af
	haut	»	»	Kg
Avance à l'évacuation.....	bas	MK	Ne	mK
	haut	LA	PC'	lA
Compression............	bas	RA	»	Ar
	haut	SK	»	sK

Angle de calage D'OK $=$ D''OA

De plus :

Recouvrements
- à l'introduction
  - bas... $+$ OB'
  - haut... $+$ OE
- à l'évacuation
  - bas... $-$ ON
  - haut... $-$ OP

Ouverture maximum des orifices
- à l'introduction
  - bas ...B'D'
  - haut ..ED''
- à l'évacuation
  - bas ....ND''
  - haut...PD'

Renversons maintenant le problème, et proposons-nous de trouver les éléments d'un tiroir devant procurer des avances et des introductions données, savoir :

Avance à l'introduction, bas et haut $= 0,01$.
Avance à l'évacuation, bas et haut $= 0,10$.
Durée de l'introduction, bas et haut $= 0,75$.

Prenons dans la figure ci-dessus, Af égal à $0,75$ de AK, et menons fF perpendiculaire au diamètre des points morts. D'autre part, prenons $Aa' = 0,01$ de AK, menons $a'a$ perpendiculaire à AK et joignons aF ; menons enfin du centre O, le diamètre D'D'' perpendiculaire à Fa. L'angle D'OK sera l'angle de calage.

Une construction semblable, faite sur le point mort haut, donnerait le même diamètre D'D'' perpendiculaire à iG, et l'angle D''OA égal à l'angle D'OK pour angle de calage. On en déduira que le recouvrement à l'introduction du bas est OB', et que le recouvrement à l'introduction du haut est OE.

Pour l'évacuation, prenons $Al = mK = 0,1$ de AK, menons MR et LS perpendiculaires à D'D", nous en déduirons les recouvrements à l'évacuation qui sont ON pour le haut et OP pour le bas. Ces deux recouvrements sont négatifs, parce que ces points P et N sont avant la demi-course du tiroir.

Exemple de régulation de tiroirs

Soit une machine à deux cylindres, ayant deux tiroirs de distribution et un tiroir de détente.

L'angle de calage des manivelles entre elles est de 90°.

La manivelle du petit cylindre (M.PC) est en avance sur celle du grand cylindre (M.GC) pour la marche avant. Nous remarquerons que les angles de calage varient pour les deux cylindres avec les introductions et les avances.

Excentrique GC

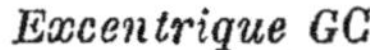

Fig. 389

Excentrique PC

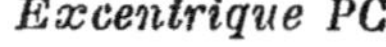

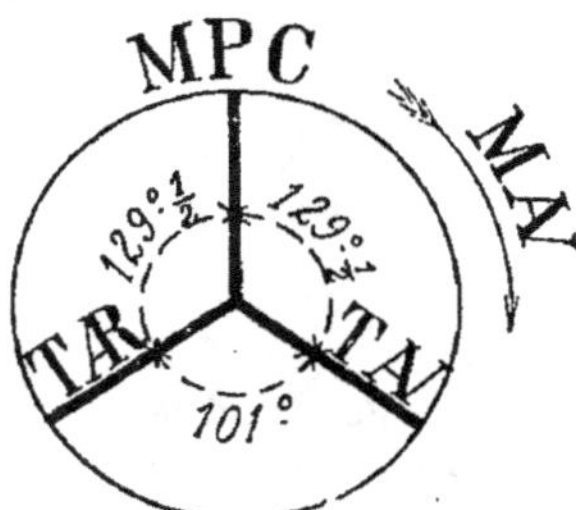

Fig. 390

Course du piston = 560 millimètres. — Course des tiroirs de distribution = 155 millimètres. — Course du tiroir de détente = 120 millimètres.

Angle de calage des manivelles

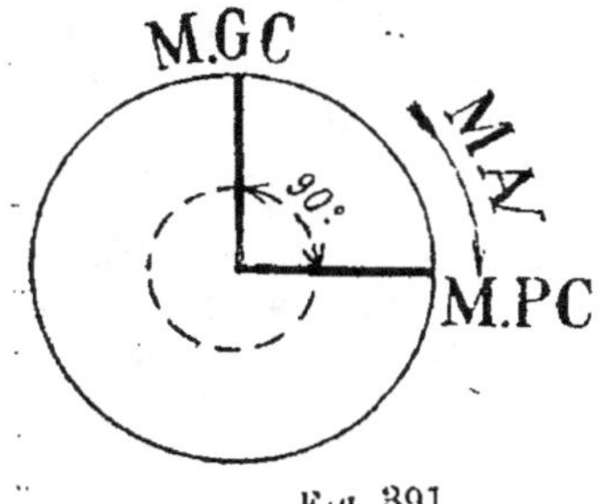

Fig. 391

On remarquera sur l'épure sinusoïdale que la course des tiroirs n'est pas exactement la même pour la marche avant que pour la marche arrière ; cela provient de la suspension de la coulisse.

L'angle de calage des excentriques est de 131° et demi pour le grand cylindre et de 129° et demi pour le petit.

L'angle de renversement est de 97° pour le grand cylindre et de 101° pour le petit.

Tiroir de détente. — L'angle de calage du toc et de la manivelle est de 154° et demi. Il y a une variation de calage de 18. pour obtenir deux introductions différentes.

Nous allons nous occuper de ce changement par le calage, en remarquant que le plus grand calage augmente les avances et diminue l'introduction.

Considérons, figure 392, l'angle de calage du toc et de la manivelle. Cet angle est invariable et égal à 154° et demi. Suppo-

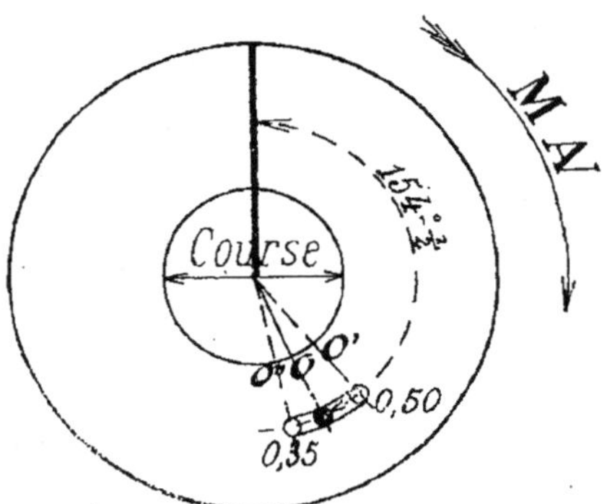

Fig. 392

sons que l'on veuille obtenir une détente de 0.50 et une autre de 0,35 d'introduction. Par l'épure circulaire on trouve que les angles de calage de l'excentrique de détente, correspondant à des introductions de 0,50 et 0,35, sont de 145° et demi et 173° et demi. La plus grande introduction correspondant au plus petit calage il faut donc obtenir un calage de 145° et demi pour une détente de 0,50.

Le centre de l'excentrique, en marchant sans détente, est en O; il faut le faire varier par rapport à la manivelle, pour avoir une détente. Si on le fait aller en O', le toc n'ayant pas bougé, le fond de la gorge de la coulisse viendra buter contre le toc à la position marquée 0,50. De même en faisant passer le centre de l'excentrique en O'' le fond de la gorge marquée 0,35 viendra buter contre le toc. Dans l'exemple qui nous occupe, les tiroirs sont à coquille et introduisent par les arêtes extérieures.

La régulation des tiroirs que l'on obtient au moyen de l'épure circulaire n'est pas correcte, à cause de l'obliquité des bielles qu'on suppose être de longueur infinie et se mouvoir parallèlement.

On est conduit à tracer une courbe donnant pour toutes les positions de la manivelle, la position du piston à vapeur et la position correspondante du tiroir.

On décrit, pour cela, une circonférence ayant pour diamètre AB la course du piston (fig. 393). On divise cette circonférence en un certain nombre de parties égales, vingt-quatre par exemple, et de chacun des points de division, avec un rayon CD égal à la longueur

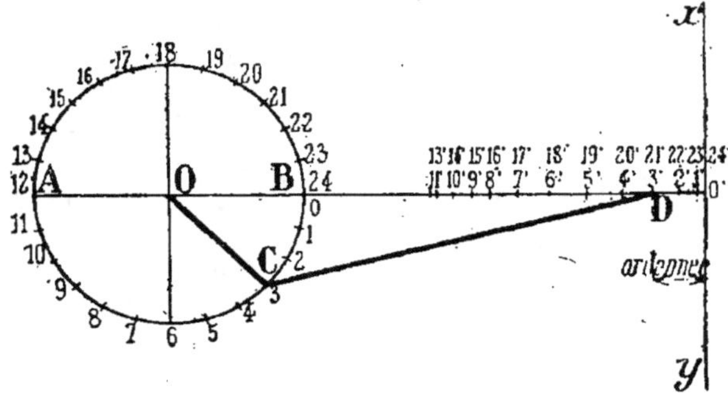

Fig. 393

de la bielle, on coupe le prolongement du diamètre AB aux points 0', 1', 2', 3', 4', 5', etc. Ces points sont les positions qu'occupe le piston lorsque la manivelle est aux points correspondants 0, 1, 2, 3, 4, 5, etc.

En pratique on fait tourner la manivelle, dont la course est préalablement divisée en un certain nombre de parties égales, et l'on s'arrête à tous les points de division en pointant chaque fois la position du piston sur l'axe AB. On relève les distances ou ordonnées des points 1', 2', 3', 4', 5', à la ligne xy. Dans l'exemple qui nous occupe, les ordonnées des courses de pistons et de tiroirs sont consignées dans les tableaux ci-après. Tous les éléments de la régulation doivent être relevés en même temps, en faisant un seul tour de la machine. Avoir bien soin avant toute opération, de déterminer exactement les points morts haut et bas.

Dans la marine, et chez certains constructeurs, on est convenu d'appeler *haut vapeur* (HV) l'admission de la vapeur dans la partie du cylindre la plus rapprochée de l'arbre; et *bas vapeur* (BV) l'admission dans la partie opposée, ce qui place, dans les machines verticales à pilon, le HV au bas du cylindre et le BV au haut du cylindre par rapport à l'observateur placé au pied de l'arbre et ayant les cylindres au-dessus de lui.

Si maintenant nous traçons une ligne indéfinie x' y' (voir figures 394-395) sur laquelle nous portons arbitrairement vingt-quatre parties égales, chacune de ces parties représentera un angle de 15° et la ligne entière 360°, ou une révolution complète de la manivelle. Par les points de division nous élèverons des perpendiculaires sur les-

Tableau du relevé d'ordonnées des courses de piston et de tiroirs

Grand cylindre				Petit cylindre			
Nos des ord.	Piston	Tiroir	Avances	Nos des ord.	Piston	Tiroir	Avances
Marche avant							mm.
0	PB	131^{mm}	6,5BV^{mm}	6	312^{mm}	143^{mm}	
1	12^{mm}	143		7	383	129	
2	46	152		8	444	112	
3	99	156		9	495	92	
4	165	154		10	531	72	
5	239	148		11	553	51	
6	313	138		12	560	32	6,5 PH
7	383	124		13	552	17	
8	445	106		14	530	6	
9	495	86		15	493	1	
10	532	66		16	443	0	
11	554	47		17	381	6	
12	560	29	6 HV	18	311	16	
13	553	14		19	236	31	
14	531	5		20	162	50	
15	494	0		21	97	70	
16	443	1		22	45	91	
17	382	8		23	11	111	
18	311	19		24	0	129	6,5 PB
19	237	35		1	12	143	
20	163	53		2	45	153	
21	98	74		3	98	156	
22	45	94		4	164	154	
23	12	114		5	237	150	
24	0	131		6	312	143	
Marche arrière							
0	BP	130	6 BV	18	311	8	
1	12	144		19	238	24	
2	45	153		20	165	40	
3	98	156		21	97	62	
4	163	155		22	46	85	
5	236	149		23	12	107	
6	311	138		24	0	127	5 HV
7	382	123		1	11	142	
8	444	105		2	45	151	
9	494	85		3	97	154	
10	531	65		4	162	153	
11	553	46		5	235	147	
12	561	30	5 HV	6	310	136	
13	554	15		7	392	122	
14	532	7		8	412	104	
15	495	1		9	492	85	
16	445	0		10	530	65	
17	583	4		11	552	45	
18	313	12		12	560	29	10 PB
19	238	26		13	553	15	
20	164	44		14	551	5	
21	99	66		15	494	1	
22	46	89		16	445	0	
23	12	111		17	383	2	
24	0	130		18	311	8	

Ordonnées du tiroir de détente, marche avant.

Numéros des ordon.	Introduction à 0.50			Introduction à 0.35		
	Petit piston	Tiroir de détente	Avances	Petit piston	Tiroir de détente	Avances
	mm.	mm.	mm.	mm.	mm.	mm.
0	PB.0	109	15.5 PB	PB 0	117	23.5 PB
1	12	116		12	120	
2	45	120		45	119	
3	98	119		98	113	
4	164	114		164	105	
5	237	106		237	93	
6	312	95		312	79	
7	383	81		383	64	
8	444	66		444	48	
9	495	51		495	34	
10	531	36		531	21	
11	553	22		553	10	
12	560	11	14 PH	560	3	22.5 PH
13	552	3		552	1	
14	530	1		530	2	
15	493	2		493	7	
16	443	6		443	16	
17	381	15		381	29	
18	311	26		311	43	
19	236	40		236	58	
20	162	56		162	74	
21	97	71		97	88	
22	45	86		45	101	
23	11	99		11	111	
24	0	109		0	117	

quelles nous porterons, à partir de $x'\,y'$, les ordonnées de la course des pistons et des tiroirs relevées dans les tableaux ci-dessus. Par les points obtenus nous ferons passer des courbes qui, pour un angle quelconque de la manivelle, donneront le chemin parcouru ou la position des pistons et des tiroirs au même moment.

Dans les épures ci-après il n'est tracé qu'une course de piston : celle de la marche avant et celle de la marche arrière se confondant sensiblement.

Considérons d'abord le grand cylindre, et soient tracées les courbes des chemins parcourus du piston et du tiroir pour un tour de machine.

Suivons sur l'épure sinusoïdale, la marche du piston et du tiroir pour la marche avant. Partons du point o piston bas (PB); prenons comme avance 8°. Le tiroir étant en a, l'orifice est en a'.

Le tiroir marche dans le sens de la flèche. Il monte d'abord et redescend ensuite jusqu'en b où l'orifice commence à fermer. Le pis-

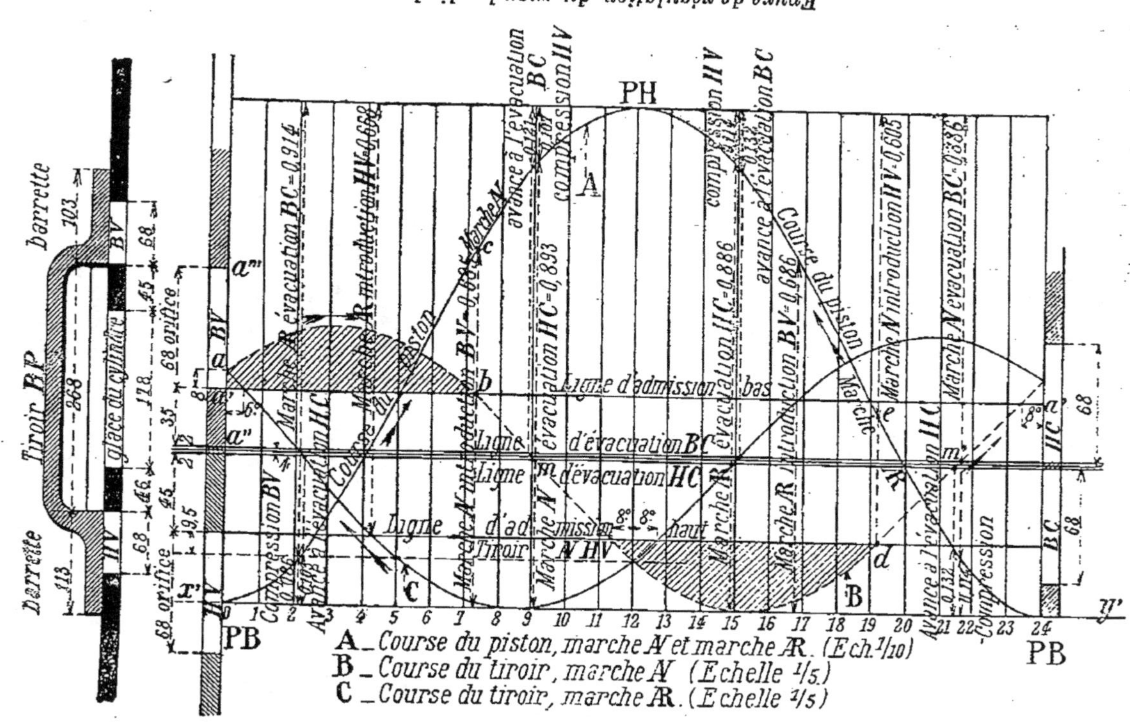

Epure de régulation du grand cylindre.
PH
PB
PB
barrette
barrette
Tiroir BP
glace du cylindre
103
368
113
68 orifice
68 orifice
128
35
45
46
45
19,5
68
68
BV
HV
Compression BV
Compression BV
Marche R évacuation BC=0.914
Marche R introduction HV=0.688
Marche R introduction BV=0.606
Avance à l'évacuation HC
Avance à l'évacuation
Course du piston
Course du tiroir
Course du piston
Marche
Marche
avance à l'évacuation BC
compression HV
évacuation HC=0.893
évacuation BV
Ligne d'admission bas
Ligne d'évacuation BC
Ligne d'évacuation HC
Ligne d'admission haut
Tiroir
Marche N HV
Marche R introduction HC=0.886
Marche R introduction BV=0.686
avance à l'évacuation BC
Marche N introduction HV=0.605
Marche N évacuation BC=0.886
compression HV
avance à l'évacuation BC
Compression
Compression
8°
8°
8°
8°
A
B
C
BC
HC
PH
a'''
a''
b
c
d
m'
R
0.132
a
A — Course du piston, marche AV et marche AR. (Ech. 1/10)
B — Course du tiroir, marche AV (Echelle 1/5.)
C — Course du tiroir, marche AR. (Echelle 1/5.)
Fig. 394
— 700 —

Epure de régulation du petit cylindre.
HP
Course du piston marche N
Course du piston marche R
Course du tiroir de détente marche R
Tiroir de distribution
Ligne d'admission bas
Tiroir de détente
Course du tiroir de détente marche R
admission
distribution
Introduction 0.35
Introduction 0.50
marche R
haut
Tiroir N
Ligne HV
Course du tiroir
BP
BP
x'
y'
0 1 2 3 4 5 6 7 8 9 10 11 12 13 14 15 16 17 18 19 20 21 22 23 24
Courbe du piston — Echelle de 1/10.
Courbes des tiroirs de distribution. Echelle 2/5.
Courbes des tiroirs de détente — Echelle 4/5.
Tiroir de détente
Tiroir de distribution
glace du cylindre
Introduction 0.50
avance
HV
BV
103
194
56 46 46 61
78
51
56
9.6
avance

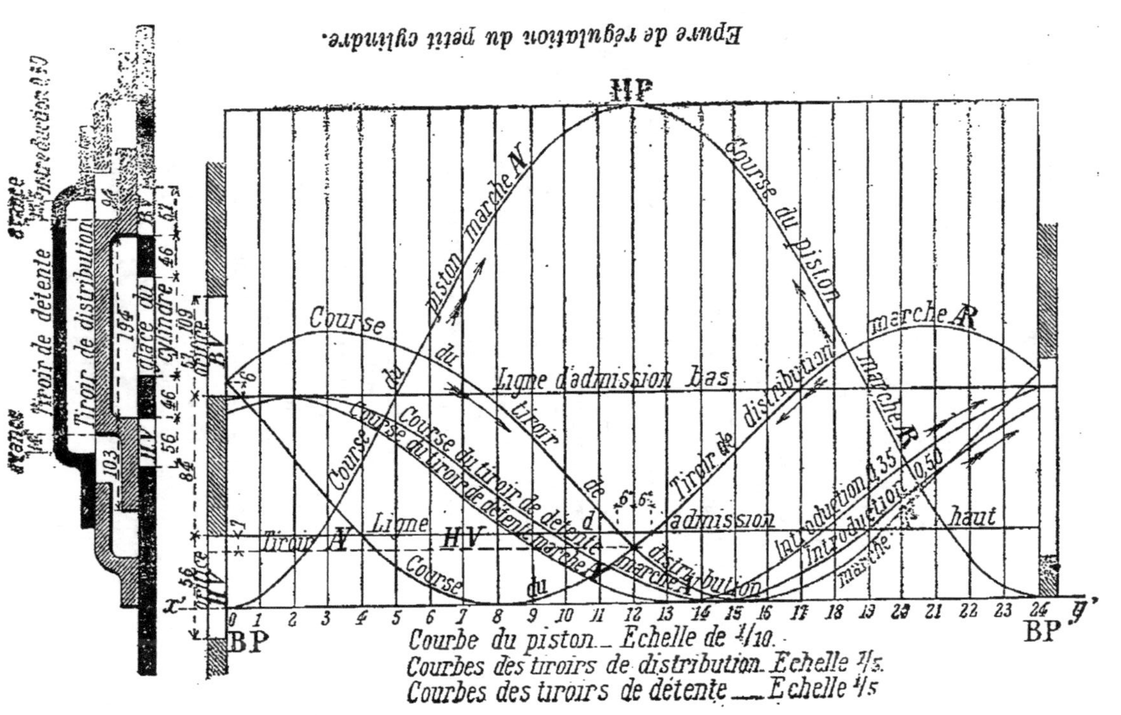

Fig. 395

ton est en *c*. On a donc introduit pendant une fraction de course du piston, de *o* en *c*. Cette fraction est égale à 0,685 de la course du piston, prise à l'échelle sur la courbe. En partant de PH, piston haut, au point 12, avec une avance de 8° et en faisant le même raisonnement, nous voyons que nous venons fermer en *d* ; à ce moment le piston est en *e*. Nous avons donc introduit de PH en *e*, c'est-à-dire, pendant une fraction de la course du piston égale à 0,605 de la course totale.

Nous avons par suite comme introduction : marche avant, BV = 0,685 et HV = 0,605, et comme moyenne 0,645.

Nous déterminerons ensuite la ligne d'orifice du condenseur, c'est-à-dire en quel point de la course du tiroir on commence à évacuer. Cette ligne est déterminée d'une façon telle que les compressions HV et BV (haut vapeur, bas vapeur) soient sensiblement les mêmes.

Dans le cas qui nous occupe on a donné du découvrement à l'évacuation, 2 millimètres, afin d'augmenter la période d'évacuation. Nous avons donc deux lignes d'évacuation, une pour HC (haut condenseur), l'autre pour BC (bas condenseur).

Recommençons à partir de *o*, piston bas, marche avant. Suivons la courbe du tiroir. Introduction de *a* en *b*, détente de *b* en *m*; on commence à évacuer jusqu'en *m'*, à ce point l'évacuation étant fermée, la compression commence et elle dure jusqu'à la fin de la course. Nous mesurons chacune de ces périodes sur la ligne des chemins parcourus du piston, et nous obtiendrons les introductions, évacuations et compressions, en fraction de la course du piston. Pour la marche avant et la marche arrière, la méthode à suivre est la même pour les deux cylindres Pour la détente on n'aura qu'à s'occuper des introductions HV et BV, pour la marche avant seulement.

Cherchons maintenant quelles seront les hauteurs des barrettes. Dans notre exemple la hauteur de l'orifice est de 68 millimètres. Nous voyons sur l'épure que nous commençons à évacuer quand l'arête *a* du tiroir est en *a''*, nous serons donc arête pour arête en *a'''*. La hauteur de la barrette (BV) sera donc égale à *a''a'''*, soit 103 millimètres. On détermine de la même façon la hauteur de la barrette HV, qui est de 113 millimètres.

Observation : Tous les chiffres donnés ci-dessus sont le produit du relevé à l'atelier d'une machine. La concordance entre certains éléments semblables et devant être quelquefois mathématiquement égaux, n'est pas toujours rigoureusement exacte: cela provient du jeu dans les organes et des orifices du cylindre plus ou moins bien venus de fonte.

Résultats des calculs et des opérations

	Petit cylindre			Grand cylindre		
	BV	HV	Moyennes	BV	HV	Moyennes
Marche avant						
Introduction en fraction do course.........	0.725	0.635	0.680	0.685	0 605	0.645
Avance angulaire.................	6°	6°	6°	8°	8°	8°
Avance linéaire....	6 mm	7 mm	6.5	8 mm	9.50	8.75
Compression...........	0.100	0.093	0.096	0.114	0.110	0.112
Avance à l'évacuation..........	0 093	0.100	0.096	0.125	0.132	0.128
Marche arrière						
Introduction en fraction de course.........	0.678	0.708	0.693	0.686	0.668	0 677
Avance angulaire.....................	3°5	9°5	6°5	6°	8°	7°
Avance linéaire..	4 mm 5	10.5	7.5	7.5	9 mm	8 25
Compression..................	0.078	0.125	0.102	0.086	0.114	0.100
Avance à l'évacuation....................	0.125	0.078	0.102	0.132	0.103	0.118

	Introduction à 0,50			Introduction à 0,35		
	BV	HV	Moyennes	BV	HV	Moyennes
Tiroir de détente						
Introduction en fraction de course.........	0.571	0.429	0.500	0.414	0.286	0.350
Avance linéaire,.................••........	15 mm 5	14 mm	14.75	23.5	22.5	23
Avance angulaire..............••..........	21°	19°	20°	38°	35°	36°30'

Observations sur la régulation des machines (¹). — Dans l'établissement d'une régulation, il y a lieu de ne pas perdre de vue les considérations élémentaires suivantes :

Toutes les fois qu'un refoulement suffisant pourra être pratiqué, il n'y aura pas d'intérêt à faire de l'avance à l'admission ; celle-ci n'aurait plus en effet de raison d'être. En tout cas, plus il y aura de compression, moins on devra faire d'avance. Une avance trop forte peut donner des chocs, aussi bien que le manque d'avance. Les machines rapides demandent plus d'avance que les autres ; le temps est ici en effet un élément de la question, et soit pour le changement des portages du côté de l'admission, soit pour l'établissement du vide du côté de l'évacuation, le temps nécessaire est évidemment indépendant de la vitesse de la machine.

Plus les orifices sont étroits, plus il faut donner d'importance aux avances. A volume égal de cylindre, une machine à longue course a besoin de plus d'avance à l'admission ; l'effort de renversement diminue en effet avec la section du cylindre, tandis que la masse des pièces à mouvoir reste sensiblement la même, ou diminue en tout cas bien moins que la section.

Il semble, sous le bénéfice de ces observations, qu'avec les proportions usuellement données aux orifices, on puisse faire varier l'avance à l'admission entre 0,005 et 0,01 de la course du piston, et l'avance à l'évacuation entre 0,05 et 0,15. On notera que l'usure des articulations, dans le mécanisme qui conduit le tiroir, entraîne souvent, par suite de la reprise des serrages, un déplacement du tiroir vers l'arbre ; il y a donc là une certaine raison de donner, du côté opposé à l'arbre, un peu moins d'avance à l'admission et un peu plus d'avance à l'évacuation que de l'autre côté.

Indicateur de pression.
Relevé et analyse des diagrammes.

L'indicateur de pression est un instrument destiné à relevé des *diagrammes* ou *courbes* des efforts exercés par la vapeur sur le travail des pistons.

Ces diagrammes permettent alors d'évaluer la puissance de la machine, la consommation de la vapeur et la régulation des tiroirs.

Le principe des indicateurs consiste à faire supporter à un petit piston de l'appareil des efforts proportionnels à ceux exercés sur les pistons de la machine, et de relever sur une feuille de papier les intensités de ces efforts aux divers points de la course du piston, représentée par une droite proportionnelle à cette course, et de direction perpendiculaire à celle de la tige de l'appareil.

Il existe plusieurs genres d'indicateurs : le type primitif de Watt,

---

1. Bienaymé. — *Les Machines marines.*

l'indicateur Garnier, l'indicateur Martin, l'indicateur Mazeline, l'indicateur Richard, etc. Ce dernier est le plus généralement employé, surtout pour les machines à grande vitesse.

Le tracé des diagrammes par l'indicateur Richard se fait de la manière suivante : Un crayon se mouvant haut et bas, suivant les variations de pression de la vapeur, trace une ligne sur une feuille de papier enroulée sur un tambour qui a un mouvement de rotation à gauche et à droite coïncidant avec la course du piston. Le tambour est relié par une corde à un des organes mobiles de la machine mu par le va-et-vient du piston. Le mouvement transmis au tambour fait faire à ce dernier trois-quarts de tour environ, et lorsque le piston revient, un ressort de rappel ramène le tambour à sa première position.

Le crayon est attaché à un levier fixé sur le petit piston de l'appareil et se mouvant sans friction dans un cylindre. Ce piston agit sur un ressort de force élastique connue.

Un robinet permet d'établir ou d'interrompre la communication de la vapeur avec l'appareil.

Relevé des diagrammes. — L'indicateur en place, on doit s'assurer, avant de le faire fonctionner, que le fil n'est pas trop tendu au moment du point mort haut, et qu'il ne prend pas trop de mou au point mort bas ; car, dans ce cas, le tambour qui porte le papier éprouverait des temps d'arrêt trop prolongés aux points morts, ce qui fausserait les courbes. On ouvre ensuite le robinet du cylindre et celui de l'indicateur pour laisser chauffer toutes les parties de l'instrument, on purge tous les endroits où la vapeur circule et où il peut y avoir de l'air ou de l'eau provenant de la vapeur condensée. Cela fait, on procède au relevé de la courbe. Après avoir croché le fil à l'organe mobile de transmission, on tient tous les robinets fermés, le tambour seul en mouvement, et on trace la ligne atmosphérique, qui est une ligne droite. On ouvre ensuite les robinets de vapeur, on met l'instrument en communication alternativement avec les extrémités du cylindre de la machine, et on trace les courbes en poussant le crayon sur le papier et l'appuyant légèrement.

Analyse des diagrammes. — Les diagrammes permettent de déterminer.

1º L'effort moyen et le travail sur les pistons ;

2º La puissance développée par la machine ;

3º La dépense de vapeur, la contre-pression, le vide moyen aux cylindres ;

4º La pression dans le cylindre comparée à la pression d'origine ;

5º A quel point de la course des pistons correspond la plus haute pression ;

6º A quel point et à quelle pression la vapeur s'évacue.

Soit par exemple, à analyser les courbes suivantes d'une machine compound à 2 cylindres :

Petit cylindre. (Fig. 396).

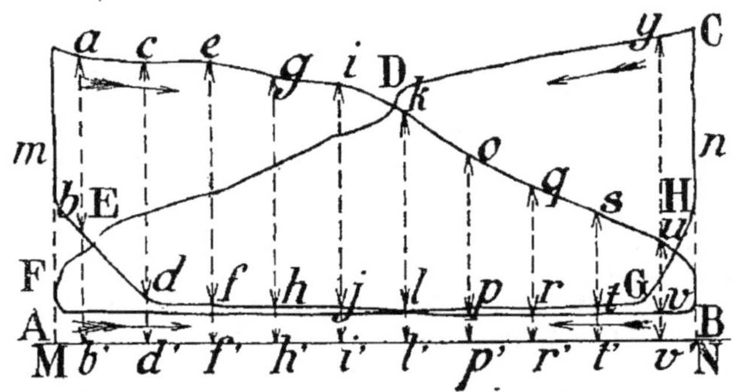

Grand cylindre (Fig. 397).

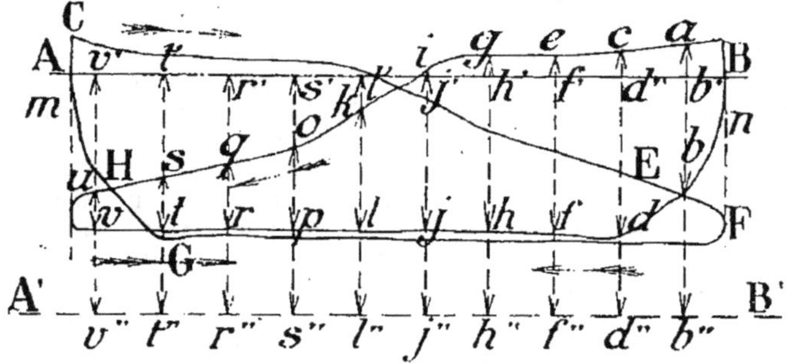

La ligne AB est la *ligne atmosphérique*. Elle est tracée, tous les robinets fermés, alors que la pression atmosphérique agit seule sur les deux faces du piston de l'indicateur.

Pour la courbe *m*, le piston descend dans le sens de A en B et remonte de B en A.

Dans le petit cylindre, la pression de la vapeur est, tout le temps de la course, supérieure à 1 atmosphère, puisque les 2 courbes sont au-dessus de la ligne atmosphérique.

Dans le grand cylindre, la portion de courbe au-dessus de AB a été tracée pendant que la pression était au-dessus de 1 atmosphère, la portion au-dessous de AB indique que la pression est au-dessous de 1 atmosphère.

La distance *m n* représente la course du piston.

Dans ces courbes il y a : de C en D, *introduction*; de D en E, *détente* ; de E en F, *avance à l'évacuation ;* de F en G, *évacuation ;* de G en H, *compression* ; de H en C, *avance à l'introduction*.

Résultats des diagrammes. — Dans l'exemple ci-dessus, la flexion du ressort de l'indicateur est de $13^{m}/^{m}$,03 par kilogramme pour le petit cylindre, et de $22^{m}/^{m}$,49 par kilogramme pour le grand; ce qui donne par millimètre de flexion :

$$\frac{1 \text{ k.}}{13,03} = 0 \text{ k. } 0767 \text{ et } \frac{1 \text{k.}}{22,49} = 0 \text{ k. } 0444$$

L'effort moyen et le travail sur les pistons se déduisent des courbes.

On divise, pour cela, la longueur *mn* en un certain nombre de parties égales, suffisamment rapprochées pour que les portions de courbes, comprises entre les divisions, puissent être considérées comme des lignes droites.

La division de cette ligne se fait en 10 parties d'habitude. On prend ensuite le milieu de chaque division et de ces points on élève des perpendiculaires à AB, ligne atmosphérique. On mesure, à chaque courbe, les longueurs *ab, cd, ef. gh...* etc., de ces perpendiculaires, comprises entre les contours de la courbe, et le quotient de la somme de ces ordonnées par 10 donne l'ordonnée moyenne. Dans l'exemple, la somme des ordonnées de la courbe *m* est de 348 millimètres ; celle de la courbe *n*, 344 millimètres, pour le petit cylindre.

L'ordonnée moyenne de chacune d'elles est $34^{m}/^{m}$,8 et $34^{m/m}$,4, soit moyenne générale $34^{m/m}$,6.

Pour le grand cylindre, les ordonnées moyennes sont $15^{m}/^{m}$,75 pour la courbe *n*, et $15^{m}/^{m}$,85 pour la courbe *m*, soit moyenne générale $15^{m/m}$,80.

Le ressort de l'indicateur du petit cylindre donne 0^{k},0767 par millimètre de flexion ; $34^{m}/^{m}$,6 donne donc $34,6 \times 0,0767 = 2^{k}$,653 = *Effort moyen sur le petit piston, par centimètre carré de sa surface*.

Pour le grand cylindre, le ressort d'indicateur donne 0^{k},0444 par millimètre de flexion ; $15^{m}/^{m}$,80 donneront $15,80 \times 0,0444 = 0^{k}$,702 = *effort moyen sur le grand piston, par centimètre carré de sa surface*.

Le travail sur les pistons donne la puissance développée par la machine.

L'effort moyen ou *pression moyenne* sur le piston, en kilogrammes par centimètre carré, multiplié par la surface du piston donne la *pression sur le piston*, pendant la course. La pression exercée sur le piston multipliée par la vitesse de ce dernier, donne le *travail sur le piston*. En divisant ce dernier par 75 on a la force développée en chevaux de 75 kilogrammètres. [1]

D'où la formule générale :

$$F = \frac{\frac{\pi D^2}{4} \times \frac{2Cn}{60} \times p}{75} = \frac{\pi D^2 Cnp}{9000}$$

dans laquelle :

F, est la force développée sur le piston, en chevaux de 75 kilogrammètres.

D, le diamètre du piston en centimètres.

C, course du piston en mètres, (2 C $=$ course ascendante et course descendante).

n, nombre de tours par minute.

p, pression moyenne sur le piston en kilogrammes par centimètre carré.

Dans notre exemple nous avons :

pour le grand cylindre, D $= 203$ c. 2 ; $c = 1^m,219$; $n = 69$; $p = 0^k,702$
pour le petit cylindre, D $= 106$ c. 7 ; $c = 1^m,219$; $n = 69$; $p = 2^k,653$

$$\text{d'où } F = \frac{3,1416 \times \overline{203,2}^2 \times 1,219 \times 69 \times 0,702}{9000} = 851 \text{ chevaux.}$$

$$F = \frac{3,1416 \times \overline{106,7}^2 \times 1,219 \times 69 \times 2,653}{9000} = 885 \text{ chevaux}$$

$$\text{Total} \quad 1736 \text{ chevaux}$$

de 75 kilogrammètres.

Le travail de la *contre-pression* qui s'oppose au mouvement du piston, est représenté sur les diagrammes par la surface MFGHN, pour la courbe *n* du petit cylindre par exemple. La *contre-pression moyenne* se déduit du relevé des ordonnées *bb'*, *dd'*, *ff'*, *hh'*... des points inférieurs des courbes à la ligne atmosphérique et après avoir fait la moyenne de ces distances. On appelle *vide moyen aux cylindres*, la différence entre la pression atmosphérique et la contre-pression moyenne.

Dans le petit cylindre de notre exemple, l'ordonnée moyenne de contre-pression relevée sur les courbes *m* et *n*, est de $4^{m}/^{m},70$,

---

1. Le mot *force* ne devrait être employé que comme synonyme d'effort. En théorie :

La *force* a pour unité de mesure le *kilogramme*.

Le *travail*, produit d'une force par une longueur, a pour unité le *kilogrammètre*.

La *puissance*, travail rapporté au temps, se mesure en *kilogrammètres par seconde*.

qui, multipliée par $0^k,0767$, la flexion par millimètre du ressort de l'indicateur, donne $0^k,36$ par centimètre carré de la surface du piston.

Cette contre-pression doit être augmentée de $1^k,033$, pression atmosphérique sur le vide parfait. La contre-pression sur le piston du petit cylindre est donc de $1^k,033 + 0^k,360 = 1^k,393$ par centimètre carré de la surface de ce piston. Il n'y a pas de vide dans le petit cylindre.

Dans le grand cylindre, l'ordonnée moyenne de contre-pression déduite des distances bb', dd', ff', hh'... de la ligne atmosphérique AB, au bas des courbes, est de $18^{mm},15$, qui, multipliée par $0^k,04437$, flexion par millimètre du ressort de l'indicateur, donne $0^k,807$. Le bas des courbes étant au-dessous de la pression atmosphérique, il faut retrancher $0^k,807$ de $1^k,033$ pression atmosphérique, puisque l'évacuation se fait au condenseur.

$1^k,033 — 0^k,807 = 0^k,226 =$ contre-pression sous le piston du grand cylindre par centimètre de la surface de ce piston.

Pour avoir le vide moyen dans le grand cylindre on détermine la contre-pression en centimètres de mercure ou :

$$\frac{76 \times 0,226}{1,033} = 16^c,62.$$

En retranchant ce chiffre, de 76 centimètres, pression atmosphérique, on a : $76 — 16,62 = 59^c,38 = $ *Vide moyen dans le grand cylindre.*

La contre-pression en centimètres de mercure, sous le piston du grand cylindre peut se déterminer en relevant les ordonnées bb'', dd'', ff'', hh''... par rapport à une ligne A'B', représentant le vide absolu et placée à une distance de A B égale à 76 centimètres, pression atmosphérique, à l'échelle des pressions.

La *pression à l'origine* de la course du piston, soit ascendante, soit descendante, se détermine en mesurant le point le plus élevé de la courbe à la ligne atmosphérique.

Dans l'exemple, pour le petit cylindre et pour la courbe n, on relève la distance yv', soit $55^{mm},5$, et on la multiplie par $0^k,0767$, flexion du ressort en kilogrammes et on a :

$55,5 \times 0^k,0767 = 4^k,257 =$ pression à l'origine pour la courbe n.

Pour le grand cylindre, l'ordonnée est CA, soit 8 millimètres, la flexion du ressort est $0^k,0444$, d'où $8 \times 0,0444 = 0^k,36668 =$ pression à l'origine pour la courbe m.

Résumé des règles qui ont successivement servi pour qualifier la force des machines. [1]

Règle de Watt. — Soient : S, la section du piston d'un cylindre à vapeur ; V, la vitesse moyenne du piston ; E, l'effort moyen pendant toute la course ; le travail développé pendant l'unité de temps sera :

$$S \times E \times V ;$$

S est donné par le canevas de la machine, et V se déduit de la connaissance de la course C et du nombre de tours N par minute, puisqu'on a toujours :

$$V = \frac{2CN}{60} ;$$

quant à E, effort moyen qui pousse le piston, la connaissance en résulte de la quadrature des diagrammes fournis par l'indicateur de Watt placé sur le cylindre.

Watt avait trouvé que, pour ses machines, E valait 9 livres anglaises par pouce carré, soit $0^k,63$ par centimètre carré. L'effort e qui représentait l'ensemble des résistances passives et des servitudes de la machine (frottements, travail des pompes à air, alimentations, etc.) avait été trouvé de 2 livres environ, $(0^k,14)$. Le travail était donc en réalité :

$$S (E - e) V = 7 \times S \times V$$

en mesures anglaises, exprimé en livres-pieds par minute : la vitesse V se rapportait à la minute et non à la seconde. Comme des essais sérieux l'avaient conduit à admettre que les plus forts chevaux de brasserie fournissaient, au plus, en eau élevée, un travail de 33.000 livres-pieds par minute, il avait adopté ce dernier nombre comme équivalent du cheval-vapeur, et exprimait la force en chevaux pratiquement fournie par sa machine, en écrivant :

$$F = \frac{7SV}{33000} ,$$

formule où S est en pouces carrés.

Watt admettait qu'aux essais, la machine poussée autant que possible, devait développer environ une fois et demie sa force nominale.

C'est encore la règle de Watt dont se sert aujourd'hui l'Amirauté anglaise. Toutefois, on met le diamètre en évidence au lieu de la section, ce qui, réductions faites, donne la formule :

$$F = D^2 V \frac{1}{6000}$$

connue sous le nom de « Règle de l'Amirauté ».

---

1. — Bienaymé. — *Les Machines marines.*

En mesures françaises, la formule de Watt, si l'on met en évidence la course et le nombre de tours, s'écrit :

$$F = \frac{D^2CN}{0,59},$$

et cette formule, où le cheval est toujours de 33.000 livres-pieds par minute, soit de 76 kilogrammètres par seconde, a servi pendant longtemps à qualifier nos machines marines.

Vers 1840, l'usage de l'indicateur se vulgarisant, on avait des machines où l'ordonnée moyenne du diagramme relevé aux essais sur les pistons était de 63 centimètres de mercure; on prit ces machines pour point de départ, ainsi que leur ordonnée. Appelant alors p l'ordonnée d'une autre machine, la formule :

$$F = \frac{D^2CN}{0,59} \times \frac{p^{cm}}{63}$$

donnait la force de celle-ci en chevaux des autres; et c'est là ce qu'on appela *force en chevaux de basse pression* : application usitée jusqu'en 1857.

Parallèlement au cheval de basse pression, on employa aussi le *cheval de trente litres*, parce que l'on considérait que les machines de Watt avaient consommé, par cheval, cette quantité de vapeur.

En 1850, Moll et Bourgois reprirent la formule primitive de Watt qui, pour une machine à deux cylindres, donnait, en mesures françaises, T_u étant le travail utile, et $p - x$ représentant $E - e$:

$$T_u = 7,117\, D^2CN\, (p-x).$$

On adopta $x = 6$ comme une valeur plus appropriée à la généralité des appareils.

A cette époque, on introduisit souvent des chevaux de 200 à 300 kilogrammètres sur les pistons, de manière à demeurer à peu près d'accord avec les anglais qui avaient conservé la force nominale, et qui commençaient, sur leurs machines, à obtenir un travail indiqué de 3 à 4 fois la puissance nominale.

En 1867, une circulaire ministérielle, préparée sous l'inspiration de Dupuy de Lôme, prescrivit que la force nominale des machines serait le quart de la force indiquée en vue de laquelle elles auraient été construites; il fut en même temps prescrit de n'employer que la force indiquée réalisée, pour tous les calculs auxquels donnent lieu les essais des machines et des navires.

Aujourd'hui, c'est encore la règle de 1867 qui est en vigueur, aucune décision ne l'ayant abrogée.

Diverses expressions de la force indiquée.

La force indiquée, en appelant p l'ordonnée moyenne du diagramme, est généralement, en chevaux de 75 kilogrammètres :

$$F = \frac{S \times V \times p}{75} = 0,013333\,SVp$$

S, V et p s'exprimant en unités naturelles.

Si la section est en mètres carrés, et p exprimé en kilogrammes par centimètre carré :

$$F = 133,33\ SVp.$$

En exprimant p en kilogrammes et en mettant en évidence le diamètre et la course exprimés en mètres :

$$F = \frac{D^2\,C\,N\,p}{0,28647}$$

Si p est en centimètres de mercure, le diamètre et la course restant comme ci-dessus :

$$F = \frac{D^2CN p^{cm}}{21,075}$$

S'il y a A cylindres identiques, p sera alors l'ordonnée *moyenne des moyennes*, et on aura, par exemple, en multipliant par A les formules précédentes :

$$F = 133,33\ ASVp$$

ou bien :

$$F = \frac{AD^2CNp}{0,28647}$$

Dans les machines Wolff et Compound où les cylindres sont inégaux, si S, p' et V se rapportent au cylindre de détente, et s, v, p'' au cylindre d'admission, l'expression générale de la force indiquée est :

$$F = \frac{1}{75}\,(SVp' + svp'')$$

ou :

$$F = \frac{SV}{75}\left(p' + p'' \frac{sv}{SV}\right)$$

Et si l'on désigne par n le rapport $\dfrac{SV}{sv}$ des volumes engendrés dans l'unité de temps par les pistons des deux cylindres, on voit que la force s'obtiendra en considérant le grand cylindre seul et en lui appliquant une ordonnée représentée par :

$$p = p' \times \frac{p''}{n}$$

qui est ce qu'on appelle l'*ordonnée totalisée*.

Dans les machines Compound à 3 cylindres, avec deux cylindres détendeurs égaux, si S caractérise un des pistons de détente, on aura :

$$F = 133,33 \times 2SV \left(p' + \frac{p''}{n} \right)$$

ou bien encore :

$$F = 3,4907 \times 2D^2CN \left(p' + \frac{p''}{n} \right)$$

Roues à aubes.

Les *roues à aubes* faisant fonction de rames tournantes, sont formées de moyeux en fonte portant des rayons en fer plat aux extrémités desquels sont fixés deux cercles en fer, appelés *jantes*. Entre les deux jantes se trouvent les *pales*, ou *aubes en bois*, de forme rectangulaire (¹).

Dans le mouvement de rotation, les pales viennent frapper l'eau, et il se produit alors sur ces dernières une réaction qui est transmise à l'arbre et qui fait avancer le navire.

Mode d'action. L'action des aubes sur l'eau n'est pas entièrement utilisée. Soit A le centre de l'arbre, MN la ligne de flottaison (fig. 398).

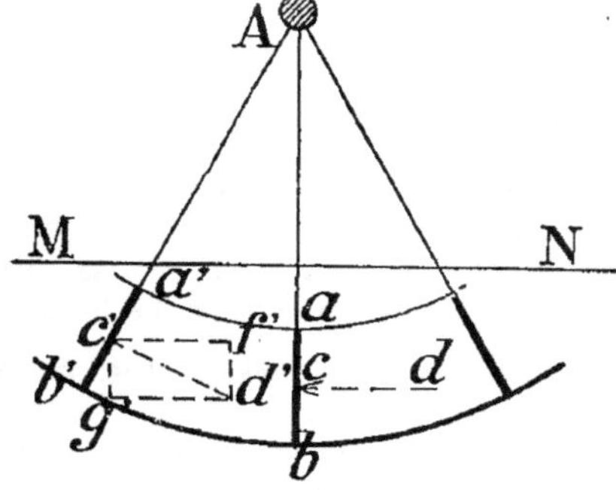

Fig. 398

1. Voir le *Traité général des propulseurs employés dans la navigation à vapeur*, de M. B. Martinenq. Un volume grand in-4, de 200 pages, 65 figures et un atlas de 35 planches. E. Bernard et Cie, éditeurs, 29, quai des Grands-Augustins, Paris.

Considérons la position $a'b'$ d'une pale, et représentons par $c'd'$ la réaction exercée par l'eau sur cette pale. Cette réaction est normale à la surface de la pale et se décompose en deux autres : $c'f'$, qui est seule employée à la propulsion, et $c'g'$ qui tend à faire soulever le navire. C'est seulement lorsque la pale est dans la position ab, que la réaction cd, due à l'effort de poussée, est utilisée en entier pour la propulsion. Donc en raison de l'obliquité de la pale à l'entrée et à la sortie, il y a du travail perdu ; il faut, par conséquent, diminuer autant que possible cette obliquité.

Centre d'action. — On appelle *centre d'action* d'une pale, le point d'application de la résultante des efforts de poussée que reçoivent les différents points de cette pale. Les efforts sur chaque tranche horizontale augmentent à mesure qu'on s'éloigne de la surface de l'eau. La résultante des efforts exercés en deux points symétriques sera plus rapprochée du plus grand effort, c'est-à-dire plus près du point inférieur.

Le point d'application de la résultante totale, ou *centre d'action*, sera un peu plus bas que le centre de la pale. Il est généralement situé aux $\frac{4}{10}$ du bord extérieur.

Causes de perte de travail. — Le mode d'action des roues à aubes constitue plusieurs pertes de travail qui s'ajoutent pour diminuer le rendement des roues.

Les causes de perte de travail peuvent se résumer ainsi :

1º L'action oblique des pales rend inefficace pour la propulsion, une notable partie de l'effort de poussée.

2º Les pales attaquant l'eau avec choc produisent à l'entrée un éclaboussement, et à la sortie soulèvent une certaine colonne d'eau, qui occasionnent une perte d'autant plus grande que la pale rentre ou sort plus à plat.

3º Pendant leur mouvement dans la masse liquide, les pales éprouvent un frottement qui occasionne aussi une perte de travail.

4º L'eau attaquée par les pales, cède sous leur action, et la quantité de travail nécessaire pour déplacer ainsi la masse d'eau, est dépensée en pure perte.

Le rendement des roues à aubes établies dans les meilleures conditions vaut 0,6 à 0,7 du travail moteur sur l'arbre.

Éléments des roues à aubes. — Dans les roues à aubes on distingue :

1º Le *diamètre* ; c'est celui du cercle décrit par le bord extérieur des pales. Le diamètre varie avec le tirant d'eau ; on le fait aussi grand que possible pour pouvoir diminuer la vitesse de rotation.

2º Les *angles d'entrée et de sortie* ; ce sont les angles que font les pales avec le niveau de l'eau au moment où le bord extérieur vient attaquer.

Ces angles varient en moyenne de 38 à 45 degrés pour les roues à aubes fixes, et 70 degrés pour les roues à aubes articulées.

3° *L'immersion* ; c'est la hauteur comprise entre le niveau de l'eau et le bord intérieur des pales dans la position verticale. Cette hauteur ne doit pas être inférieure à 0,04 du diamètre.

4° Le *pas* ; c'est la distance qui sépare les milieux de deux pales consécutives. Cet espace doit être suffisamment grand pour que l'eau puisse se dégager de la roue sans frapper la pale suivante.

Le pas vaut en moyenne 1 mètre dans les roues ordinaires et $1^m,70$ dans les roues à aubes articulées.

5° *Le nombre des aubes trempantes.* — Ce nombre est une conséquence forcée du pas et des angles d'entrée et de sortie. Il varie entre 3 et 10. La surface totale des pales trempantes des deux roues, doit être comprise entre 0,40 et 0,50 de la surface immergée du maître-couple.

Dimensions des pales. — La dimension des pales, mesurée dans le sens du rayon, se nomme la *hauteur* ou la *largeur*. La dimension perpendiculaire au plan du bâtiment se nomme la *longueur*. La hauteur de la pale est 0,125 du diamètre de la roue pour les pales fixes et 0,10 du diamètre pour les pales articulées.

Avance. — L'avance d'un bâtiment à roues est le chemin parcouru par le navire pour un tour de roue.

Recul. — Si l'eau ne cédait pas sous l'action des pales, le navire serait animé d'une vitesse égale à celle de ses pales, c'est-à-dire pour un tour de propulseur, il parcourrait un chemin égal à la circonférence décrite par le centre d'action. Mais la mobilité de l'eau fait que le bâtiment avance d'une quantité inférieure à cette circonférence. La différence entre ces deux chemins parcourus est ce qu'on appelle *recul*.

Coefficient de recul. — On appelle coefficient de recul ou simplement *recul*, le rapport de cette différence à la circonférence décrite par le milieu des pales. On a ainsi :

$$\text{Recul} = \frac{\text{circ. du centre d'action — Avance}}{\text{circonférence du centre d'action}}$$

Soient : V la vitesse en nœuds du bâtiment ;
    N le nombre de tours de la machine en une minute ;
    D le diamètre de la roue au milieu des pales ;
    A l'avance, et r le coefficient de recul.

Si le navire filait 1 nœud, le chemin parcouru pendant une seconde serait $0^m,514$, et par minute $0,514 \times 60$. Le bâtiment filant V nœuds, la vitesse sera $0,514 \times 60 \times V$; le chemin parcouru par un tour, ou *l'avance*, sera $A = \dfrac{0,514 \times 60 \times V}{N}$.

Le coefficient r est égal à :

$$r = \frac{\pi D - A}{\pi D} = 1 - \frac{A}{\pi D}.$$

En remplaçant A par sa valeur, il vient :

$$r = 1 - \frac{0,514 \times 60 \times V}{\pi D \times N}.$$

La valeur du coefficient de recul est de 0,25 à 0,30 avec les pales fixes et 0,20 avec les pales articulées.

Types de roues à aubes fixes.

Roue en porte-à-faux.

Fig. 399

Roue avec chaise.

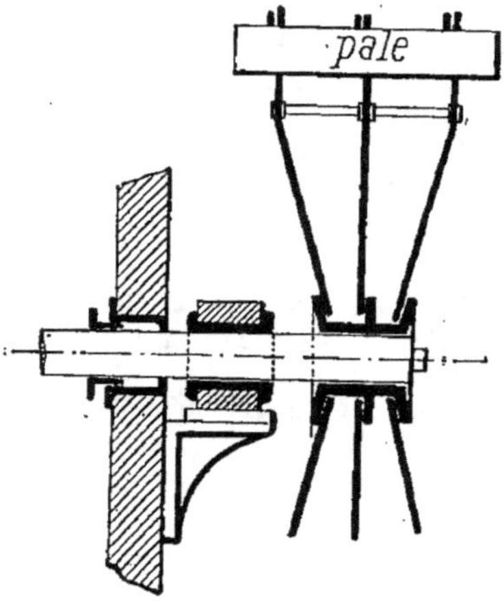

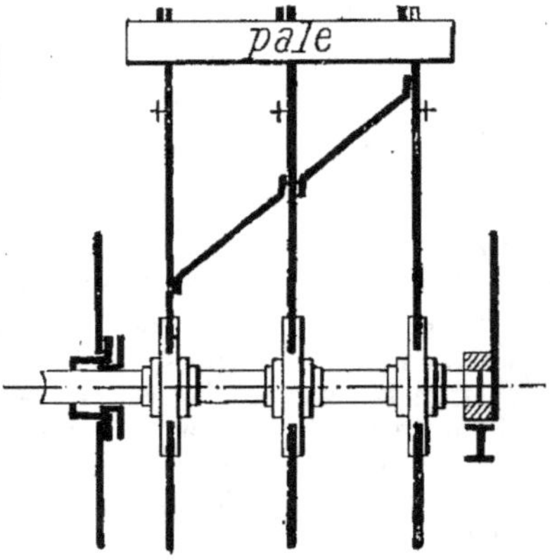

Fig. 400

Roues à aubes articulées. Lorsque les pales sont fixes, elles produisent, à leur entrée dans l'eau, un éclaboussement, et lorsqu'elles sortent, un soulèvement de liquide ; et cet effet est d'autant plus grand que l'angle d'entrée et de sortie est plus petit. Il y a donc intérêt à faire l'angle le plus grand possible.

On a pensé caler les pales avec un angle différent de celui que fait le rayon avec la flottaison ; mais alors, si d'un côté l'angle d'entrée était augmenté, celui de la sortie était diminué. La pale produisant le plus d'effet lorsqu'elle est verticale, on a songé à la faire entrer verticalement, mais à un moment elle scierait. Entre les deux installations, on s'est arrêté à une moyenne entre l'angle que font les pales fixes et la position verticale. La meilleure valeur de cet angle a été trouvée égale à 70°.

Soient donc : O le centre de l'arbre ; FL la flottaison (fig. 401).

Prenons la pale ab dans la disposition verticale ; faisons avec les pales d'entrée et de sortie deux angles de 70° avec la flottaison.

Sur la pale ab élevons à son milieu le bras cd, plus long que la moitié de la pale pour que celle-ci ne vienne pas toucher le rayon pendant son mouvement. Sur les deux pales $a'b'$ et $a''b''$ élevons également les bras $c'd'$, $c''d''$ perpendiculaires aux pales en leur milieu, et de même longueur que cd.

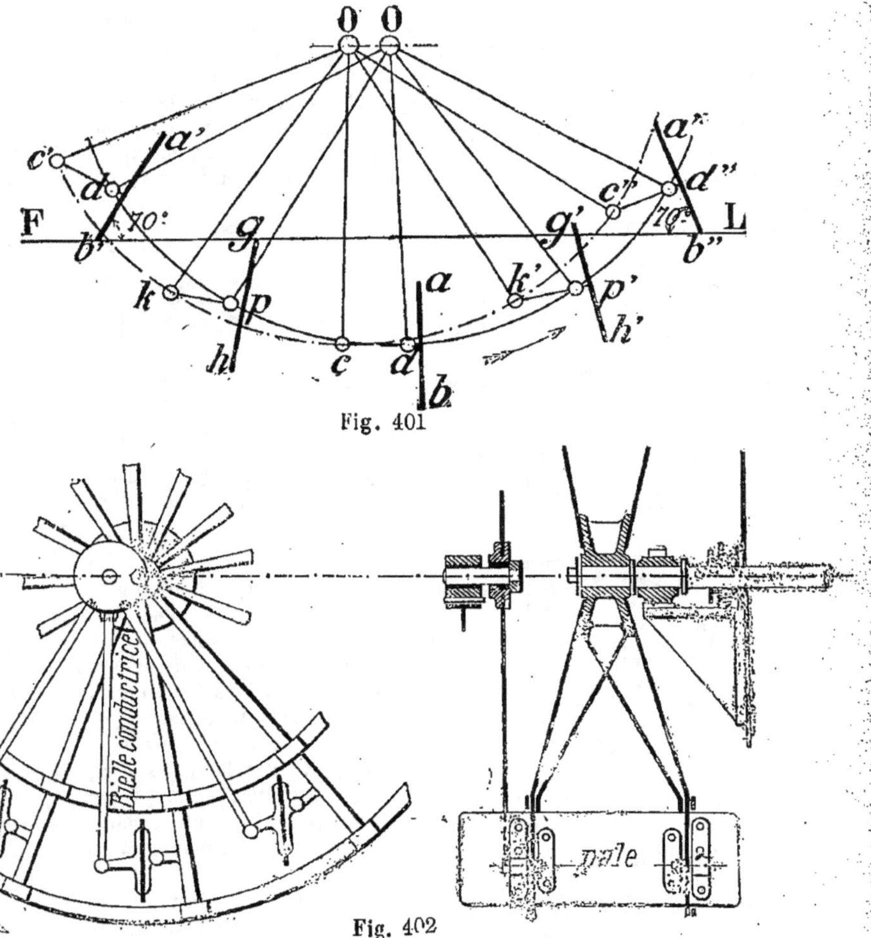

Fig. 401

Fig. 402

Cherchons le centre O' des points c, c' et c''. Ce point O' est le centre de toutes les bielles. En décrivant des points O et O' des circonférences avec des rayons respectivement égaux à Od et O'c, on trouvera sur elles les points p et k des pales intermédiaires gh.

Hélice.

L'*hélice* géométrique est une courbe tracée à l'extérieur d'un cylindre par un point qui se meut en s'élevant de quantités proportionnelles aux arcs décrits.

Soit un cylindre autour duquel on veut enrouler la ligne droite AB, faisant avec AC un angle quelconque BAC (fig. 403). On divisera la circonférence de la base du cylindre en un certain nombre de parties égales, et par les points de division on mènera des parallèles à l'axe. Si l'on représente par la ligne AC le développement de la circonférence du cylindre, on divisera AC en autant de parties égales que l'a été la circonférence ; puis on élèvera par chaque point

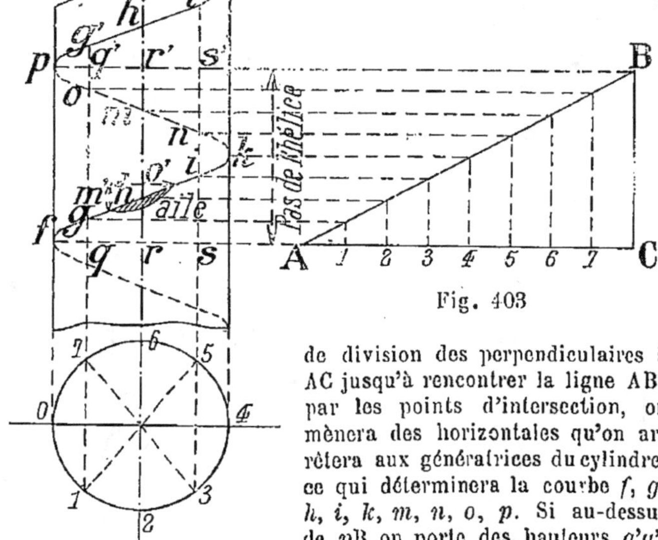

de division des perpendiculaires à AC jusqu'à rencontrer la ligne AB ; par les points d'intersection, on mènera des horizontales qu'on arrêtera aux génératrices du cylindre, ce qui déterminera la courbe f, g, h, i, k, m, n, o, p. Si au-dessus de pB on porte des hauteurs $q'y'$, $r'h'$, $s'i' = qg$, rh, si, on aura la courbe $fhknph'i'$, etc., qu'on appelle *hélice*. Les portions $fhknp$ et $pg'n'i'$.... de l'hélice s'appellent *spires*. La hauteur fp d'une spire se nomme *pas de l'hélice*.

On appelle *hélicoïde* la surface engendrée par une droite qui se meut parallèlement à elle-même en s'appuyant sur une hélice et sur l'axe de cette hélice auquel elle demeure perpendiculaire ; l'hélice est dite la *directrice* de l'héliçoïde. En coupant l'héliçoïde par des cylindres concentriques à l'axe, on obtient des hélices de même pas que la directrice; projetées sur des plans parallèles à l'axe, ces hélices donnent des sinusoïdes.

Hélice-propulseur. Si l'on suppose une surface héliçoïdale formée d'une spire complète, clavetée à l'extrémité d'un arbre sortant à l'arrière d'un navire et recevant de la machine un mouvement de rotation, l'héliçoïde agira dans l'eau comme une vis dans son écrou, et fera avancer ou reculer le navire suivant le sens du mouvement.

L'expérience a prouvé qu'il était préférable de n'employer que des fractions d'héliçoïdes. Ces fractions, appelées *ailes*, sont implantées sur un cylindre appelé *moyeu*, et constituent l'*hélice propulsive* employée en marine.

Éléments d'une hélice. On distingue le *diamètre*, le *pas*, la *fraction de pas partielle*, la *fraction de pas totale* et le *nombre d'ailes*.

Le *diamètre de l'hélice* est celui de la circonférence décrite par un point des extrémités des ailes. Les grands diamètres sont avantageux, car la surface d'appui de l'aile est plus grande; mais on est limité par l'immersion de l'hélice, c'est-à-dire par la distance entre la flottaison et l'extrémité supérieure de l'aile, l'hélice étant verticale. Cette distance doit être égale au $\frac{1}{6}$ du diamètre.

Le *pas* d'une hélice est la longueur de l'axe qui correspond à une spire complète de l'héliçoïde. Le pas doit être proportionné au diamètre. L'expérience a montré que ce pas doit être une fois et demie le diamètre. Sur quelques navires à grande vitesse, on a fait le pas égal au diamètre.

La *fraction de pas partielle* est le rapport entre le pas et la longueur comprise entre deux plans parallèles et perpendiculaires à l'axe formant ailes d'hélice. La fraction de pas partielle constitue la longueur de l'aile dans le sens de l'axe. La fraction de pas n'est généralement pas la même sur toute la longueur de l'aile; celle-ci est en effet rétrécie vers l'extrémité. Les bords de l'aile ne sont donc pas des rayons. Cette disposition a pour but de donner à la naissance une résistance suffisante.

La *fraction de pas totale* est la somme des fractions de pas partielles de toutes les ailes; elle est en moyenne de 0,25. quel que soit le nombre d'ailes.

Le *nombre d'ailes* varie de 2 à 6. Les hélices à quatre ailes donnent les meilleurs résultats. Il n'y a pas de trépidations et le rendement est bon.

Inclinaison des ailes. L'inclinaison des ailes est d'autant plus grande qu'on se rapproche du moyeu. Elle se détermine au $\frac{1}{4}$, à la $\frac{1}{2}$ aux $\frac{3}{4}$ à l'extrémité du rayon.

Avance. Si l'eau dans laquelle se meut l'hélice était immobile, le bâtiment avancerait, pour chaque tour d'hélice, d'une quantité égale au pas. Mais cette eau étant mobile, la quantité dont le bâtiment avance pour un tour est inférieure au pas, et c'est cette quantité qu'on appelle *avance* du bâtiment. (Voir aussi page 730).

Recul. On appelle *recul* la différence entre le pas et l'avance.

Le *coefficient de recul* est le rapport entre le recul et l'avance. Ce coefficient vaut en moyenne et par calme de 0,10 à 0,15 ; il varie en sens contraire du diamètre ; plus ce dernier est grand, moins le recul est important. Le recul croît comme la *résistance relative*.

On appelle *résistance relative* le rapport entre la résistance élémentaire du navire et la surface de l'hélice. La *résistance élémentaire* est exprimée par KB^2, dans laquelle K est un coefficient de résistance propre à la carène du navire, et exercée par mètre carré de la surface immergée du maître couple, pour une vitesse de 1 mètre par seconde ; B^2 est, en mètres carrés, cette surface immergée. La *surface de l'hélice* est exprimée par $\dfrac{\pi D^2}{4} \times$ fraction de pas totale ; D étant le diamètre de l'hélice.

$$\text{Le rapport}: \frac{KB^2}{\dfrac{\pi D^2}{4} \times \text{fraction de pas totale}} = \text{résistance relative.}$$

Dans cette expression $\dfrac{\pi}{4}$ se retrouve pour toutes les hélices ; la fraction de pas est aussi à peu près toujours la même. Il ne reste donc de variable que $\dfrac{KB^2}{D^2}$; et le recul sera proportionné à cette quantité. Si D augmente, la résistance diminue, et par suite le recul aussi. Si K augmente, ce qui a lieu quand la carène est sale, quand le bâtiment remorque, quand on a grosse mer debout, le rapport augmente, et par suite le recul aussi. Il en est de même si B^2 augmente par suite d'un plus grand tirant d'eau.

$$\text{Avance} = \frac{V \times 0^m,514 \times 60}{N}$$

$$\text{Recul} = \frac{\text{pas} - \text{avance}}{\text{pas}}$$

V = vitesse du navire en nœuds ;
N = nombre de tours par minute ;
$0^m,514$ = vitesse par seconde pour un nœud à l'heure ;
60 = secondes.

Classification des hélices. On classe les hélices : 1º au point de vue de la *directrice ;* — 2º au point de vue de la *génératrice ;* — 3º à celui de la *forme des ailes ;* — 4º de la *disposition* et de la *conjugaison* de l'hélice avec l'arbre de la machine.

Au point de vue de la *directrice*, on distingue les hélices à pas *constant* et celle à pas *variable*. Le pas est *constant* lorsque la génératrice, pour des angles égaux décrits autour du moyeu, s'élève de quantités égales le long de l'axe, en développant l'extrémité d'une

aile. En prenant une ligne *ab* égale à πD $\times$ fract. de pas partielle
(fig. 404) et portant sur une perpendiculaire élevée à l'extrémité
de *ab*, une hauteur *bc* égale à pas $\times$ fract. de pas partielle, on
obtient une ligne *ac*, directrice, qui est une ligne droite.

Le pas est *variable* ou *croissant* lorsque la génératrice, par des
angles égaux décrits autour du moyeu, s'élève de quantités qui vont
en augmentant de l'avant à l'arrière. Dans ces hélices, le *pas d'entrée* correspond à l'arête d'entrée de l'hélice, et le *pas de sortie* à
l'arête de sortie.

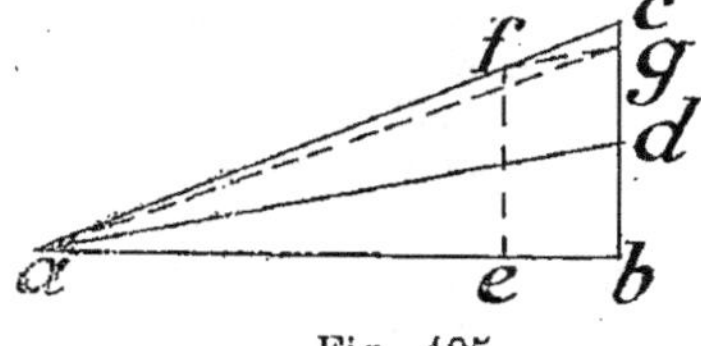

Fig. 404   Fig. 405

Le *pas moyen* correspond à la *corde* de la directrice. Pour obtenir la directrice de ces ailes, dans le cas le plus général, on prend
$ab = \pi$D $\times$ fraction de pas partielle, puis $bc =$ pas de sortie $\times$
fraction de pas partielle; on joint *ac* (fig. 405). On prend $bd =$
pas d'entrée $\times$ fraction de pas partielle, et on joint *ad*. Alors *ac*
est le développement de l'aile du pas de sortie, et *ad* celui du pas
d'entrée.

Le pas d'entrée vaut en moyenne $\frac{1}{5}$ de la longueur de l'arc à

l'extrémité de l'aile. Prenons donc $be = \frac{1}{5}$ de *ab*, élevons au point

e une perpendiculaire *ef*; par le point *f* menons *fg* parallèle à *ad*
et la ligne *afg* représentera la directrice de l'aile. En joignant *ag*,
on a la directrice du pas moyen; donc $dg =$ pas moyen $\times$ fraction
de pas partielle.

Au point de vûe de la génératrice, on distingue les hélices à
génératrices droites et celles à *génératrices courbes*.

Les hélices à génératrices droites sont celles dont l'héliçoïde a été
engendrée par une *ligne droite*; les hélices à génératrices courbes
sont celles où l'héliçoïde a été engendrée par une *ligne courbe*.
Ces hélices peuvent être à pas constant, ou à pas variable.

Au point de vue de la forme des ailes, les hélices se divisent
en *ailes droites* et *ailes courbes*.

Les hélices à ailes droites sont celles dont les ailes sont déterminées dans l'héliçoïde par des *plans*. Dans celles à ailes courbes, la
génératrice est droite, et la directrice à pas constant; seulement les
ailes, au lieu d'être découpées par des plans, sont limitées par l'intersection de l'héliçoïde avec des surfaces courbes.

Au point de vue de la disposition des ailes sur le moyeu,

ÉLÉM. DE MÉCAN.   41

les hélices se divisent en 2 *ailes simples*, 2 *ailes doubles*, 3 ou 4 *ailes déployées*.

Au point de vue de la conjugaison avec l'arbre de la machine, elles se divisent en *hélices fixes* et en *hélices amovibles*.

Tracé d'une hélice à pas constant.

Soient : D, le diamètre $= 3^m,20$.
    R, le rayon $= 1^m,60$.
    P, le pas $= 4^m,50$.
    f, la fraction de pas totale $= 0,40$.
    f', la fraction de pas par aile $= 0^m,10$.

    Hélice à 4 ailes à génératrice droite perpendiculaire à l'axe. (Fig. 406).

La fraction de pas partielle, ou d'une aile, est la longueur f' de l'aile dans le sens de l'axe MN du moyeu ; elle est de 0,10, d'après les données, c'est-à-dire qu'elle est égale au dixième du pas : soit $0^m,45$.

Le bord *ac* de l'aile, sur l'avant, est l'arête d'entrée ; le bord *as* sur l'arrière, est l'arête de sortie, en considérant le navire dans la marche en avant.

ABCD représente le moyeu. L'hélice étant à génératrice droite, perpendiculaire à l'axe du moyeu, et ayant une fraction de pas uniforme sur toute la surface de l'aile, les deux arêtes d'entrée et de sortie sont déterminées dans le plan longitudinal par deux droites EF et GH perpendiculaires à l'axe MN et dont l'espacement GE représente la fraction de pas partielle f' égale à $0^m,45$.

Le bord extérieur de l'aile, de rayon R, décrit dans un tour complet une spire de pas donné P, égal à $4^m,50$. Pour déterminer la fraction de spire qui doit limiter l'extrémité de l'aile dans la vue longitudinale, on trace du centre O, plan transversal, des angles égaux, assez petits pour apporter à l'exécution le plus de justesse possible, 5 degrés, par exemple. Comme pour tracer le pas il faut une révolution complète de l'aile, soit 360 degrés, lorsque cette dernière aura décrit un angle de 5 degrés seulement, la fraction de pas parcourue sera égale à : $\dfrac{P \times 5^o}{360^o}$ ou $x = \dfrac{4^m,50 \times 5^o}{360^o} = 0^m,0625$.

On porte sur l'axe MN, à partir de Q" et de chaque côté, des distances x égales à $0^m,0625$ jusqu'à ce que l'on ait dépassé le bord des ailes. Par les points de division on élève des perpendiculaires à MN sur lesquelles on projette horizontalement les points de division correspondant aux angles de 5 degrés de l'arc I' O' J'. Les intersections de ces droites déterminent la portion de spire GP'E décrite par l'extrémité de l'aile de rayon R, pour la fraction de pas f'.

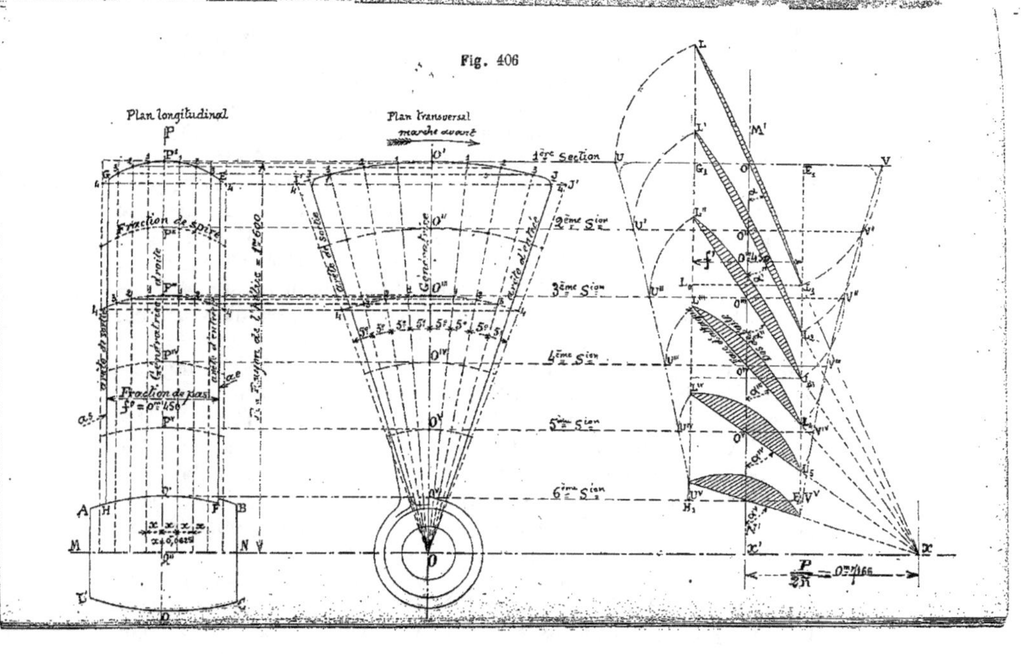

Fig. 406
Plan longitudinal
Plan transversal
marche avant
1ère Section
2ème Sion
3ème Sion
4ème Sion
5ème Sion
6ème Sion
Fraction de spire
Fraction de pas
Génératrice
arête d'attaque
arête d'entrée
arête de sortie

Fig. 406

La projection des points G et E sur l'arc de cercle I'O'J' donne l'arc IO'J qui est la projection de l'extrémité de l'aile en plan transversal, pour la fraction de pas GE ou f'.

On opère de la même façon pour d'autres sections O", O'", O^{IV}, O^V... et l'on obtient de nouvelles fractions de spires P", P'", P^{IV}, P^V... pour la même fraction de pas f'.

La figure IOJ, en plan transversal, représente la surface projetée de l'aile. Pour avoir la surface développée de l'aile, ainsi que les largeurs développées de cette dernière aux points des sections, on opère comme il suit :

En construisant le triangle rectangle ABC (fig. 407), ayant pour base AB le développement $2\pi R$ de la circonférence du cylindre de rayon R, circonscrit à l'aile de l'hélice, et pour hauteur BC le pas P, l'hypoténuse AC représente le développement de la spire tracée par l'extrémité de l'aile dans un tour complet. Sur AB, à partir de B, on porte des distances A'B, A"B, A'"B égales aux développements de la circonférence des cylindres concentriques à l'axe, correspondant aux points des sections faites sur la longueur de l'aile dans le sens du rayon, et ayant respectivement pour rayons : R', R", R'"... En joignant les points A', A", A'" à C, on obtient de nouveaux triangles rectangles de même hauteur BC, et dont les hypoténuses respectives sont les développements des spires tracées dans un tour complet par la fraction de l'aile qui correspond aux sections.

Si, parallèlement à AB, on mène MN à une distance NB égale à la fraction de pas f' de l'aile, les intersections de cette ligne avec les droites CA, CA', CA", CA'", donnent les quantités AM, A'M' A"M", A'"M'", qui sont les développements des fractions de spires correspondant aux sections, pour la fraction de pas constante f'. Ces développements sont, par suite, ceux de la largeur de l'aile aux points de sections, suivant l'arc de cercle qui est la projection horizontale des fractions de spires correspondantes.

En reproduisant sur la figure 406, les triangles rectangles ABC, A'BC, A"BC, A'"BC et la ligne MN, on a la représentation géométrique des développements cherchés AM, A'M', A"M"... des longueurs de l'aile aux différentes sections. Seulement ce tracé prend beaucoup de place sur le dessin et on le simplifie de la manière suivante :

On mène parallèlement à AB (fig. 407) une droite DE égale au rayon R de l'hélice. En portant de DE, par moitié d'un côté et de l'autre, la fraction de pas f' et en menant mn et an' parallèles à DE, on obtient des quantités am, $a'm'$, $a"m"$, $a'"m'"$ qui, par construction, sont égales à AM, A'M', A"M", A'"M'", et représentent encore les développements cherchés des largeurs de l'aile aux sections.

En traçant ensuite un axe vertical M'N' (fig. 406), sur lequel on projette les points o', $o"$, $o'"$, o^{IV}... des sections, en prenant x' $x"$, sur l'axe horizontal égal à CE ou x de la figure 407, et en joignant x'' aux points des sections, on reproduit les triangles de DEC de cette dernière figure, et il suffit de mener deux parallèles G_1H_1 et E_1F_1 à M'N', espacées de f', par moitié à partir de M'N', pour avoir par leurs intersections avec les droites inclinées menées de x'' (fig. 406), les développements $LL_1\ldots$ de la largeur de l'aile aux sections.

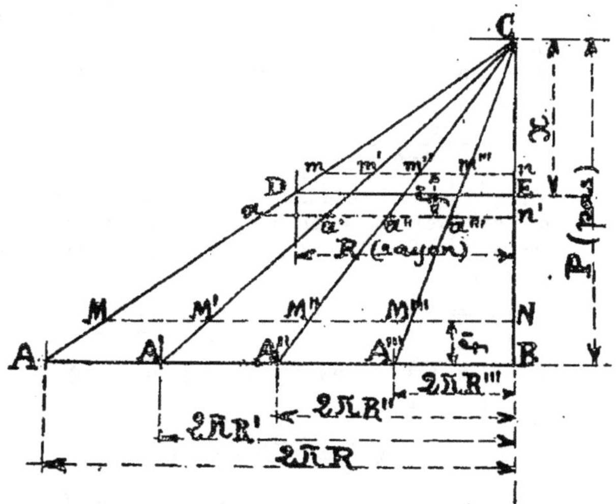

Fig. 407

La distance $x'\,x''$ (fig. 406) se détermine en fonction de quantités connues, en remarquant que les deux triangles ABC et DEC (fig. 407) sont semblables et donnent la proportion :

$$\frac{CE}{DE} = \frac{CB}{AB};$$

d'où :

$$CE = \frac{DE \times CB}{AB};$$

mais $CE = x$, $DE = P$, $CB = R$, $AB = 2\pi R$
alors :

$$x = \frac{P \times R}{2\pi R} = \frac{P}{2\pi}$$

Dans l'exemple :

$$x, \text{ ou la distance } x'x'' = \frac{P}{2\pi} = \frac{4^m,50}{2 \times 3,1416} = 0^m,7166$$

Les droites inclinées $x"$L, $x"$L', $x"$L"... donnent la direction de l'angle des hélices aux sections, α, α', α'', α'''... pour lesquelles on a : tang $\alpha = 2\pi$R ; tang $\alpha' = 2\pi$R' ; tang $\alpha'' = 2\pi$R", etc.

Dans le triangle rectangle LL$_0$L$_1$ (fig. 406) de la section à l'extrémité de l'aile, L$_0$L$_1$ est la fraction de pas f', ou la projection de l'aile sur un plan parallèle à l'axe, égale à GE ; LL$_0$ est la largeur projetée de l'aile, ou la projection de l'aile sur un plan perpendiculaire à l'axe, égale à IO'J ; et LL$_1$ la largeur développée de l'aile à cette section.

Les fractions de pas sont proportionnelles aux arcs décrits, de sorte que l'on a :

$$\frac{\text{arc}}{\text{circonférence}} = \frac{\text{fraction de pas}}{\text{pas total}}$$

Dans l'exemple, le rapport de la fraction de pas au pas total étant 0,1, le rapport de l'arc à la circonférence de l'hélice, pour cette fraction correspondante de pas, est aussi de 0,1, et l'on a alors dans le triangle LL$_0$L$_1$.

$$L_0 L_1 = P \times 0,1 ; \text{ et } LL_0 = 2\pi R \times 0,1$$

et

$$\overline{LL_1^2} = \overline{LL_0^2} + \overline{L_0L_1^2} = \left(\overline{2\pi R \times 0,1}\right)^2 + \left(\overline{P \times 0,1}\right)^2$$

d'où :

$$LL_1 = \sqrt{\overline{1,005^2} + \overline{0,45^2}} = 1^m,100$$

$1^m,100$ est la largeur développée de l'aile à l'extrémité. On opère ainsi pour toutes les autres sections.

Le développement de la surface de l'aile se détermine en rabattant des points O', O", O"', O^{IV}... (fig. 406) sur les horizontales des sections, les extrémités L, L$_1$, L', L$_2$, etc., des largeurs d'aile : on obtient ainsi les points U, U', U"... du côté de la sortie, et V, V', V"... du côté de l'entrée, par lesquels on fait passer une courbe qui donne la surface U U^V V^V V, laquelle est la *surface développée de l'aile*.

Tracé d'une hélice à pas variable

Soient : D, le diamètre $= 3^m,00$ Hélice à 4 ailes
R, le rayon $= 1^m,50$ à génératrice droite
P', le pas d'entrée $= 4^m,00$ perpendiculaire
P", le pas de sortie $= 4^m,50$ à l'axe.
P, le pas moyen $= 4^m,25$ (Fig. 408).

La fraction de pas varie du moyeu à l'extrémité de l'aile : elle est par aile, au moyeu 0,120 ; au milieu de la longueur 0,088 ; à l'extrémité, 0,018.

Soit en mesures métriques : $4^m,25 \times 0,120 = 0^m,510$ au moyeu,

$4^m,25 \times 0,088 = 0^m,375$ au milieu de l'aile,

$4^m,25 \times 0,018 = 0^m,0765$ à l'extrémité.

À l'extrémité de l'aile, on porte (vue 1, fig. 408) la distance aa' égale à $0^m,0765$, fraction de pas, et par moitié, à droite et à gauche de la génératrice PP' ; à $0^m,625$ de cette extrémité, c'est-à-dire au milieu de la longueur de l'aile, on porte de la même façon $0^m,375$ fraction de pas à ce point, et ensuite, au moyeu, $0^m,510$. Par les trois points ainsi marqués de la fraction de pas, on fait passer les courbes aa_1a_2 et $a'a'_1a'_2$ qui déterminent les arêtes d'entrée et de sortie de l'aile.

Sur la vue 2, après avoir tracé le moyeu vu de l'arrière du navire, on mène du centre O des rayons vecteurs équidistants, de 5 degrés par exemple, et on prend, sur l'axe OO', des divisions de sections O'', O''', O^{IV}... par lesquelles on fait passer des arcs de cercle décrits du point O comme centre.

Pour tracer les fractions de spires qui doivent déterminer les arêtes d'entrée et de sortie de l'aile dans la vue 2, on porte sur l'axe MN du moyeu, à partir du point P de la génératrice de la surface hélicoïdale (vue 1), qui est aussi la ligne de démarcation des pas, les distances y et y' qui ont pour valeurs : l'une y, du côté de l'entrée : $\dfrac{4^m \times 5^0}{360^0} = 0^m,0556$; l'autre y' du côté de la sortie : $\dfrac{4^m,50 \times 5^0}{360^0} = 0^m,0625$.

Ces quantités sont les fractions de pas pour un arc parcouru de 5 degrés.

Par les points de division de y et de y' on élève des perpendiculaires à MN, parallèles, par conséquent, à la génératrice PP', sur lesquelles on projette les points d'intersection correspondants des rayons vecteurs et des arcs de cercle de la vue 2. Ces points déterminent, par leur réunion, les fractions de spires correspondantes, dont les intersections a, b, c. d, e avec l'arête d'entrée et a', b', c', d', e' avec l'arête de sortie de la vue 1, projetées sur la vue 2, donnent les points K, K_1, K_2... et K', K'_1 K'_2... par lesquels on fait passer deux courbes qui sont les arêtes d'entrée et de sortie de l'aile dans la vue 2.

Sur la vue 3, on porte $x\,x' = \dfrac{P'}{2\,\pi} =$

$$= \dfrac{4^m,00}{6^m,28} = 0^m,637 \text{ pour le pas d'entrée}$$

et $x\,x'' = \dfrac{P''}{2\,\pi} = \dfrac{4^m,50}{6^m,28} = 0,7166$, pour le pas de sortie.

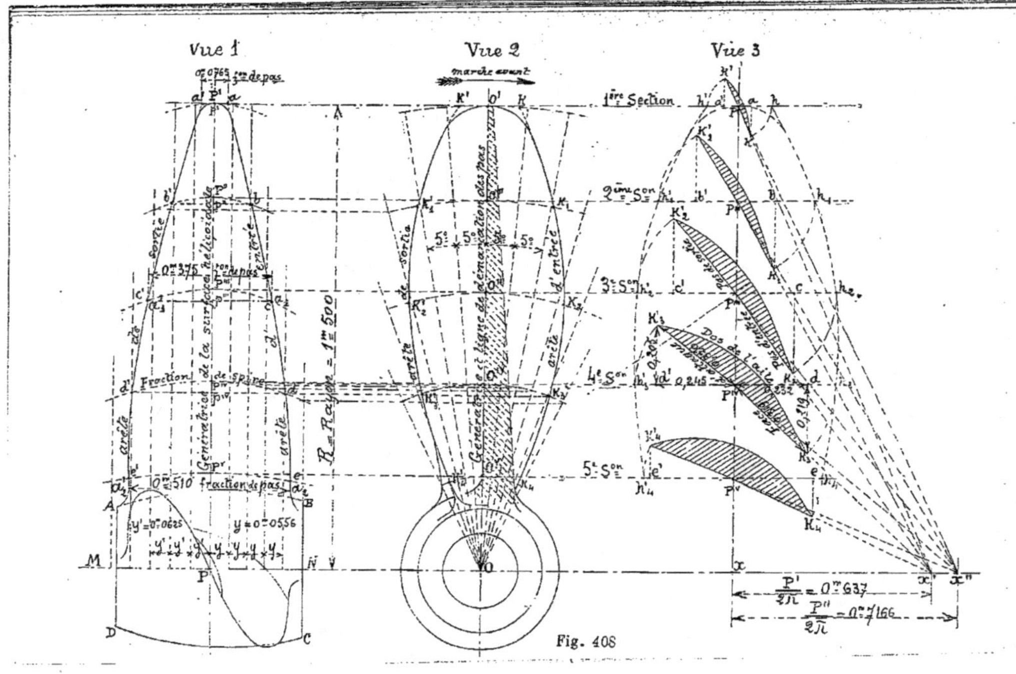

Vue 1
Vue 2
Vue 3
marche avant
1ère Section
2ème Section
3e Section
4e Section
5e Section
R = Rayon = 1ᵐ500
Fig. 408

Par les points x' et x'' on mène des droites aux points des sections P', P'', P'''... A partir de ces derniers points, on porte sur les horizontales, vers l'entrée et vers la sortie, des distances P'a, P''b, P'''c... et P'a', P''b', P'''c'... respectivement égales à $p'a$, $p''b$, $p'''c$ .. et $p'a'$, $p''b'$, $p'''c'$... des fractions de pas à l'entrée et à la sortie, correspondant aux sections, et indiquées sur la vue 1. Par la différence des valeurs de y et y', fractions de pas pour 5 degrés d'arc, les quantités ci-dessus ne sont plus égales par rapport à la génératrice PP'.

Des points a, b, c .. et a', b', c'... (vue 3), on élève des perpendiculaires aux horizontales des sections, et les points de rencontre de ces perpendiculaires avec les droites menées de x' et x'' sur les sections P', P''... déterminent les arêtes d'entrée et de sortie de l'aile, pour chacune des coupes développées.

Les directrices de ces dernières sont donc les lignes brisées K_4 P'' K'_4 ..., etc. En rabattant sur les horizontales des sections les points K des extrémités des coupes de l'aile, et en faisant passer les courbes hh_4 et $h'h'_4$ par les points de rabattement, on obtient la surface développée de l'aile.

Les valeurs numériques de ces largeurs développées se calculent de la manière suivante :

On relève, à l'échelle du dessin, et à toutes les sections, les fractions de pas sur la vue 1, du côté de l'entrée et du côté de la sortie. On a ainsi, pour la quatrième section, par exemple :

du côté de l'entrée: $p^{\mathrm{IV}}d = 0^m,232$; du côté de la sortie: $p^{\mathrm{IV}}d' = 0^m,245$.

En fonction des pas, ces valeurs donnent :

$$4^o \text{ section : fraction de pas d'entrée} = \frac{0^m,232}{4^m00} = 0,058$$

$$\text{—} \qquad \text{—} \qquad \text{de sortie} = \frac{0^m,245}{4^m,50} = 0,0544$$

La longueur développée de l'arc de cercle correspondant à cette fraction de pas, dans la vue 2, est :

4° section : du côté de l'entrée : $0^{\mathrm{IV}}K_2 = 2\pi R''' \times 0,058 = 0^m,249$
du côté de la sortie : $0^{\mathrm{IV}}K'_3 = 2\pi R''' \times 0,0544 = 0,205$.

Les fractions de pas et les longueurs développées des arcs, donnent les côtés des triangles rectangles dont l'hypoténuse est la largeur développée des ailes aux coupes de sections. Pour la quatrième section, par exemple, vue 3, on a :

Du côté du pas d'entrée :

triangle $\mathrm{P}^{\mathrm{IV}} d\,\mathrm{K}_3$ { $\mathrm{P}^{\mathrm{IV}}\mathrm{K}_3 = \sqrt{\overline{0,232}^2 + \overline{0,219}^2} = 0319.$

Du côté du pas de sortie :

triangle $\mathrm{P}^{\mathrm{IV}} d'\mathrm{K}'_3$ { $\mathrm{P}^{\mathrm{IV}}\mathrm{K}'_3 = \sqrt{\overline{0,245}^2 + \overline{0,205}^2} = 0,320.$

La représentation géométrique de l'hélice est complète par le tracé des trois vues des figures 406 et 408. La vue 1 est la projection de l'aile sur un plan parallèle à l'axe longitudinal du navire; la vue 2 est la projection de l'aile sur un plan perpendiculaire à ce même axe, elle est par conséquent vue en plan transversal par rapport au navire; la vue 3 est une vue auxiliaire du tracé.

Détermination des éléments constitutifs de l'hélice

Diamètre. — On fait le diamètre aussi grand que le permettent le tirant d'eau arrière du navire, la hauteur de la cage d'étambot et les formes de la carène. On le prend généralement égal aux $\frac{6}{7}$ du tirant d'eau arrière, en ayant soin de laisser, dans le cas d'une hélice dans une cage, une distance de 10 centimètres environ, pour les grandes hélices, entre le dessus de quille, ou partie inférieure de la cage d'étambot, et la circonférence décrite par l'extrémité des ailes dans la rotation, afin d'atténuer les chocs produits par l'eau projetée en ce point par le passage des ailes.

Lorsque l'on peut on doit immerger l'hélice le plus possible, afin de la faire travailler dans une eau plus résistante et de la mieux protéger. Dans la position verticale de l'aile, l'extrémité supérieure ne doit jamais être immergée à moins de $\frac{1}{6}$ à $\frac{1}{7}$ du diamètre de l'hélice.

Pas. — Le pas a comme valeur moyenne, *grosso modo*, 1,2 à 1 fois 5 le diamètre de l'hélice. Le pas est fonction des dimensions ou de la puissance de la machine et de la vitesse du navire.

Fraction de pas. — En pratique, la fraction de pas totale vaut en moyenne 0,25 à 0,30 du pas. Elle varie de 30 à 44 % au demi-rayon; de 8 à 14 % à l'extrémité de l'aile et de 50 à 70 % a moyeu.

Nombre d'ailes. — Les hélices se font généralement à 4 ailes. Sur les grands paquebots à deux machines et sur les torpilleurs les hélices ont souvent 3 ailes.

Surface projetée des ailes. — La surface des ailes, projetée sur un plan transversal perpendiculaire à l'axe longitudinal du navire, se proportionne à la surface du cercle circonscrit de l'hélice au diamètre D. Cette surface comprend toutes les ailes. Elle varie, dans les grandes hélices, de 0,145 à 0,250 du cercle circonscrit. Dans les hélices de petit diamètre, elle va de 0,30 à 0,40.

Les éléments constitutifs de l'hélice propulsive dépendent les uns des autres, et sont fonctions des dimensions de la machine.

Nombre de tours de l'hélice par minute. — Le nombre de tours N de l'hélice dépend à la fois de la puissance de la machine et de la résistance de l'hélice. Cette dernière résistance dépend, de son côté, des dimensions du propulseur.

Le nombre de tours N par minute peut se déterminer ainsi :

On a, page 720 :

$$\text{Avance} = \frac{\text{Vitesse en nœuds} \times 0^m,5144 \times 60}{\text{Nombre de tours par minute}} = \frac{V \times 0^m,5144 \times 60}{N}$$

et $N \times \text{avance} = V \times 0^m,5144 \times 60.$ (1)

d'un autre côté, on a :

$$\text{Recul} = 1 - \frac{\text{avance}}{\text{pas}}.$$

ou :   avance = pas (1 — recul)

Si P est le pas, on a : en substituant dans (1) cette dernière valeur :

$$N \times P \,(1 - \text{recul}) = 0^m,5144 \times 60 \times V$$

d'où :

$$N = \frac{0^m 5144 \times V \times 60}{P\,(1 - \text{recul})}$$

Le recul positif d'une hélice est lié au pas ; on doit le prendre égal à 0,1.

Rendement de l'hélice. — En pratique, on évalue le rendement de l'hélice, ou coefficient de rendement f', de 0,70 à 0,75 du travail que lui transmet l'arbre de la machine. D'autre part, le rendement du moteur, ou coefficient de rendement f, vaut 0,75 à 0,80 de la puissance développée sur les pistons. Le travail utilisé par le propulseur n'est donc que de 0,60 au maximum du travail moteur.

D'après Seaton, le pas P et le diamètre D exprimés en mètres, peuvent être déterminés par les formules suivantes, lorsque l'on connaît la force F de la machine en chevaux indiqués, et le nombre N de tours par minute.

$$D = 1.025 \sqrt{\frac{F}{P^3\,N^3}} \qquad\qquad P = \frac{102}{N} \sqrt[3]{\frac{F}{D^2}}$$

pour des navires marchands ordinaires ;

$$D = 1.282 \sqrt{\frac{F}{P^3\,N^3}} \qquad\qquad P = \frac{118}{N} \sqrt[3]{\frac{F}{D^2}}$$

pour des petits navires légers ;

$$D = 871 \sqrt{\dfrac{F}{P^3 N^3}} \qquad P = \dfrac{91}{N} \sqrt[3]{\dfrac{F}{D^2}}$$

pour des cargo-boats ou navires à marchandises.

Le diamètre D peut aussi être tel que la surface du cercle, décrit par l'extrémité des ailes, soit égale au quart ou à la moitié de la surface immergée du maître-couple, et la surface projetée des ailes sur le plan transversal du navire soit 0,3 environ de ce cercle, pour les hélices à 4 ailes.

La surface des ailes en mètres carrés peut s'obtenir par la formule suivante, due à Seaton :

$$S = K \sqrt{\dfrac{F}{N}}$$

dans laquelle K est un coefficient égal à 1,39 pour les hélices à 4 ailes, à 1,21 pour les hélices à 3 ailes, et à 0,93 pour les hélices à 2 ailes.

Le diamètre du moyeu sphérique, pour les hélices à ailes rapportées, se fait d'ordinaire égal aux 20 ou 25 centièmes du diamètre de l'hélice.

Construction des hélices

Les hélices se font en fonte, en bronze ou en acier, selon leurs dimensions, leur service, la nature du bâtiment et leur disposition à bord. Elles sont à ailes fixes ou à ailes rapportées.

Quand elles sont en bronze, la composition du métal est généralement la suivante :

Cuivre : 90 parties
Etain : 10 —
Zinc : 2 —
Total : 102 parties

On emploie pour la coulée au moins 50 % de matière neuve.

On emploie quelquefois du bronze au manganèse et du bronze phosphoreux, très résistants, qui donnent de bons résultats comme dureté et conservation.

Les hélices à ailes fixes sont coulées d'un seul jet. Les ailes en acier des hélices de certains torpilleurs sont forgées à l'aide d'étampes.

L'épaisseur maximum de l'aile est donnée par certaines formules pratiques. Elle se détermine généralement à une distance de l'axe de l'hélice égale au quart du rayon, position considérée de la section la plus chargée. La formule qui donne cette épaisseur au quart du rayon, sur la longueur développée de l'aile suivant la circonférence, est la suivante :

$$e^2 = \frac{K\,F}{l\,N\,m}$$

dans laquelle : e est l'épaisseur de l'aile en mètres ;

F, la force de la machine en chevaux de 75 kilogrammètres ;

l, la longueur réelle de la section développée de l'aile ;

N, le nombre de tours de l'hélice par minute ;

m, le nombre d'ailes ;

K, un coefficient de la valeur suivante :

Pour la fonte   :   K = 0, 0055 à 0, 0065
Pour le bronze :   K = 0, 0025 à 0, 0035
Pour l'acier   :   K = 0,00045 à 0,00060 (Torpilleurs)

Une autre formule également employée en pratique est la suivante :

$$e^2 = \frac{K\,F\,D}{N\,l\,P}$$

dans laquelle : e, F, N et l ont les significations de la formule précédente ; D, est le diamètre de l'hélice en mètres, et P, le pas en mètres.

La valeur de K se fait, au quart du rayon :

Pour la fonte   :   K = 0,0020 à 0,0025
Pour le bronze :   K = 0,0009 à 0,0011

L'épaisseur des autres sections de l'aile se détermine d'après l'épaisseur e donnée au quart du rayon, par la proportion :

$$\frac{e'^2}{e^2} = \frac{L'}{L}$$

e' étant l'épaisseur d'une section distante de L' de l'extrémité de l'aile, et L la distance à cette extrémité de la section au quart du rayon.

En Angleterre, l'épaisseur e de l'aile au milieu de la largeur, à son point d'attache au moyeu, est donnée par la formule :

$$e^2 = \frac{c\,F\,(D - d)}{P\,N\,l}$$

dans laquelle :

e, F, P, N, L et D ont les significations données ci-dessus ; d est le diamètre du moyeu et c un coefficient égal à 230 pour le bronze, et variant de 90 à 100 pour des ailes en acier forgé.

Dans cette formule P, D et d sont exprimés en pieds, et e et l en pouces.

On trouve encore chez certains constructeurs les données suivantes pour déterminer les épaisseurs intermédiaires de l'aile :

Dans la formule :

$$e^2 = \frac{K\,F\,D}{N\,l\,P}$$

on fait, pour les hélices en bronze :

$$K = 0,00060 \text{ à } 0,00070 \text{ au } 1/2 \text{ rayon}$$
$$K = 0,00030 \text{ à } 0,00035 \text{ aux } 3/4 \text{ du rayon}$$

Plus simplement, on prend au milieu de l'aile l'épaisseur $e' = 0,73\,e$.

On fait aussi l'épaisseur de l'aile en bronze égale aux 2/3 de l'aile en fonte.

A l'extrémité de l'aile on peut donner l'épaisseur suivante :

Pour les hélices en fonte.
| de 1^m,00 à 2^m,00 de diamètre : 10 à 12 millim. |
| de 2^m,00 à 3^m,00 — : 12 à 15 — |
| de 3^m,00 à 5^m,00 — : 15 à 20 — |
| de 5^m,00 à 7^m,00 — : 20 à 35 — |

Pour les hélices en bronze.
| de 1^m,00 à 2^m,00 de diamètre : 6 à 8 millim. |
| de 2^m,00 à 3^m,00 — : 8 à 12 — |
| de 3^m,00 à 5^m,00 — : 12 à 15 — |
| de 5^m,00 à 7^m,00 — : 15 à 25 — |

Moulage d'une hélice. — Pour la confection d'une hélice en fonderie, on se sert de deux procédés : le premier consiste à découper le sable à mouler suivant la forme du propulseur, au moyen d'une *planche à trousser* ; le second à confectionner un *modèle en bois* pour mouler l'hélice comme une pièce de fonte quelconque.

Pour indiquer la manière de procéder dans le moulage au moyen d'une *trousse*, nous prendrons un exemple, figure 409. Cette hélice est en bronze ; le pas est constant et à droite ; la génératrice de la surface hélicoïdale est une droite perpendiculaire à l'axe ; la ligne médiane de l'aile est une spirale d'Archimède de 30° d'ouverture. Les dimensions sont les suivantes :

Diamètre : 1^m,200   Pas constant : 1^m,450

Fraction de pas totale des 4 ailes
| au moyeu : 0,56 |
| au milieu : 0,34 |
| à l'extrémité : 0,12 |

Surface développée des 4 ailes . . . . 0^{m}245.

Le tracé géométrique de cette hélice est semblable à celui donné plus haut pour la figure 406. Le tableau suivant résume les dimensions des éléments nécessaires au moulage des ailes.

Sections au	Diamètres correspondant aux sections	Circonférences correspondantes	Pas	Fraction de pas		Projections de l'aile		Largeurs de l'aile aux sections	Épaisseur de l'aile
				pour les 4 ailes	pour une aile	parallèle à l'axe	perpendiculaire à l'axe.		
1/6 du rayon	0, 200	0, 628	$1,^m45$	0,56	0, 14	$1,45 \times 0,14 = 0^m,203$	$0,628 \times 0,14 = 0^m,088$	$\sqrt{0,203^2+0,088^2}=0^m,2215$	37mm
1/3 do	0, 400	1, 257	do	0,17	0, 117	$1.45 \times 0,117 = 0,170$	$1,257 \times 0,117 = 0,147$	$\sqrt{0,170^2+0,147^2}=0^m,225$	33
1/2 do	0, 600	1, 885	do	0,38	0, 095	$1,45 \times 0,095 = 0,138$	$1,885 \times 0,095 = 0,179$	$\sqrt{0,138^2+0,179^2}=0^m,226$	28
2/3 do	0, 800	2, 513	do	0,30	0, 075	$1,45 \times 0,075 = 0,109$	$2,513 \times 0,075 = 0,188$	$\sqrt{0,109^2+0,188^2}=0^m,2175$	22
5/6 do	1, 000	3, 142	do	0,21	0, 0525	$1,45 \times 0,0525 = 0,076$	$3,142 \times 0,0525 = 0,165$	$\sqrt{0,076^2+0,165^2}=0^m,1815$	15
Extrémité	1, 200	3, 770	do	0,12	0, 03	$1,45 \times 0,03 = 0,0435$	$3,770 \times 0,03 = 0,1131$	$\sqrt{0,0435^2+0,1131^2}=0,121$	8

Gabarit directeur 731
Marche N
30°
113,1
5° 5° 5° 5° 5° 5°
Générate de la surface hélicoïdale
Génératrice
165
168
188
138
170
170
170
203
202
62°
Rayon 1m 676
Rayon
180,8
143,5
Diamètre 1m 200
D = 1m 200
D = 0m 800
D = 0m 600
D = 0m 400
D = 0m 200
Pas / 2π = 230,8

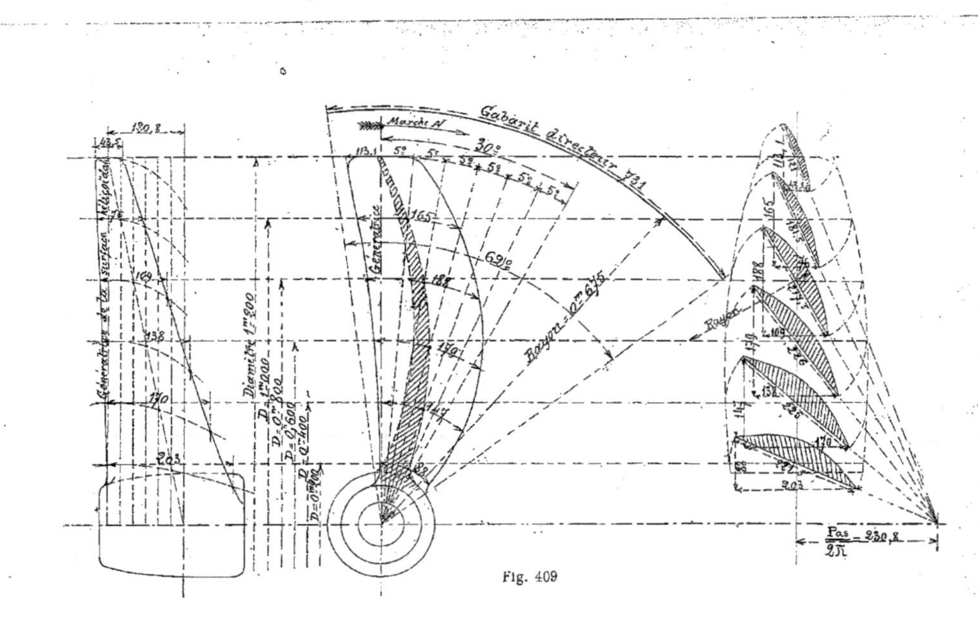

Fig. 409

Pour l'opération du moulage, on construit, pour chaque aile, un gabarit en tôle mince, appelé *gabarit directeur*, figure 410, qui sert de point d'appui à la ligne directrice pour engendrer la surface héliçoïdale sur laquelle est moulée l'aile de l'hélice. Ce gabarit directeur doit être tracé de façon telle que la surface héliçoïdale qu'il engendrera avec la planche à trousser, soit suffisante pour comprendre toute l'aile. La forme de ce gabarit est celle d'un triangle rectangle ayant pour côtés de l'angle droit la fraction de pas et le contour du cylindre correspondant à l'aile. On place le gabarit à une certaine distance de l'extrémité de l'aile pour laisser la place au châssis du moulage ; on le cintre suivant le rayon adopté, et on le fixe solidement au sol par des équerres. (Voir figure 411).

Dans l'exemple, le gabarit directeur, pour comprendre dans son secteur toute la surface de l'aile, doit faire un angle au centre de 62° (fig. 409). Son rayon de cintrage est égal à $0^m,600$ (rayon de l'hélice), plus 75 millimètres, distance en dehors de l'extrémité de l'aile, soit 675 millimètres (fig. 409). La circonférence, au diamètre de $0^m,675 \times 2 = 1^m,350$, est $4^m,241$; la longueur de l'arc de 62°, qui correspond à un rayon de $0^m,675$ est :

$$\frac{4^m,241 \times 62°}{360°} = 0^m,731$$

La fraction de pas qui correspond à un arc de 62° est :

$$\frac{1^m,45 \times 62°}{360°} = 0^m,250$$

Le gabarit (fig. 410), cintré suivant un rayon de $0^m,675$, est donc un triangle rectangle dont l'hypoténuse représente la *directrice de l'héliçoïde*. Au-dessous de la base du triangle on porte une largeur supplémentaire de 5 à 10 centimètres permettant de fixer le gabarit au sol.

Il y a autant de gabarits directeurs que d'ailes. Dans la fosse de moulage on les raccorde tous au centre ainsi qu'entre eux, de manière à conserver leurs distances respectives (fig. 411). Si la génératrice est droite et perpendiculaire à l'axe, la planche à trousser reste constamment horizontale ; si la génératrice est inclinée la planche est inclinée de la même

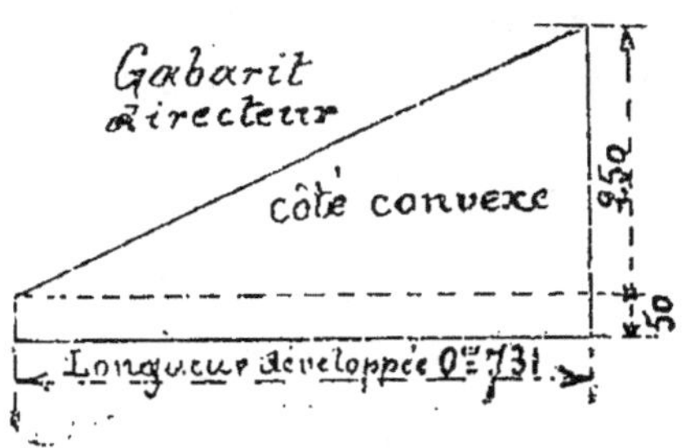

Fig. 410

quantité sur l'axe. Si la génératrice est courbe, la planche à trousser affecte cette forme.

Après avoir bien réglé la position des gabarits directeurs et de la trousse, on remplit l'intérieur des tôles, dans le secteur AOB, de briques recouvertes de sable à mouler, puis on fait tourner la planche en l'appuyant sur le bord de la tôle du gabarit (fig. 411), ce qui la force à monter successivement, et à découper ainsi le

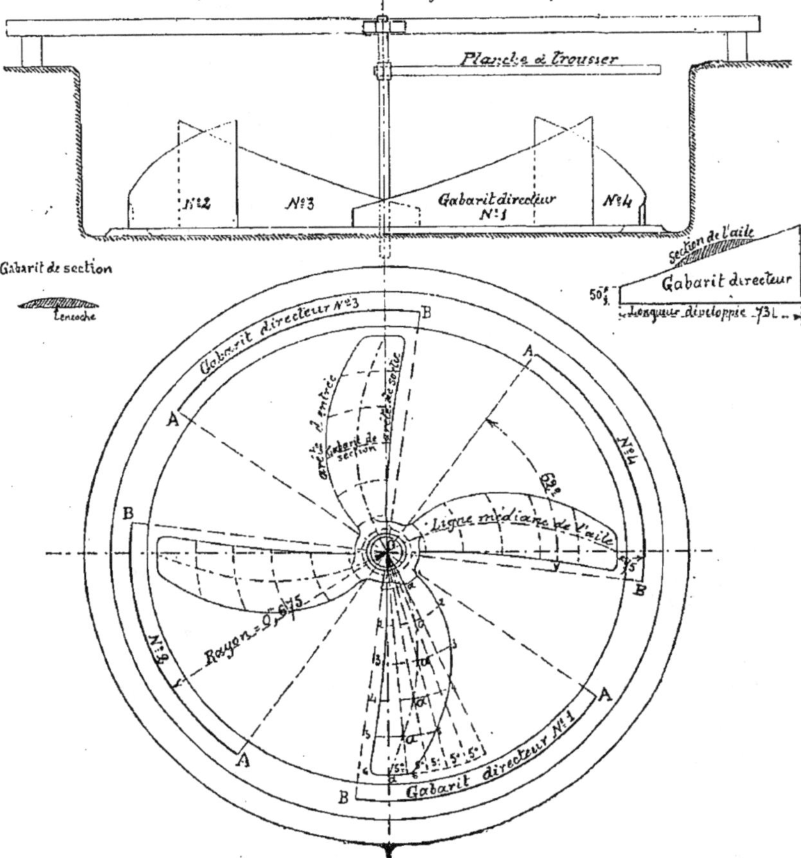

Fig. 411

sable suivant la surface d'une hélice. Cette règle est bien la génératrice de la surface hélicoïdale, puisqu'elle suit la courbure de l'hélice tracée sur le cylindre en restant perpendiculaire à l'axe, ou suivant une direction donnée, pendant tout le temps de sa rotation: la surface du sable est donc exactement celle de l'hélicoïde gauche à plan directeur de pas donné.

O'
118,1
6
5
4
3
2
1
766
788
779
747
88
arête de sortie
R = 0ᵐ600
R' = 0,500
R'' = 0,400
R''' = 0,300
Rᴵⱽ = 0,200
Rⱽ = 0,100
r = 0ᵐ6888
A
a
b
c
d
e
B
C
α
P = 2308
A' 2π
a'
b'
c'
d'
e'
O
Gabarit de la 3ᵉ Section
dos de l'aile
Tôle de 2 à 3ᵐ/ₘ
226
longⁿ développée
Rayon de cintrage
CC' = 0,ᵐ773

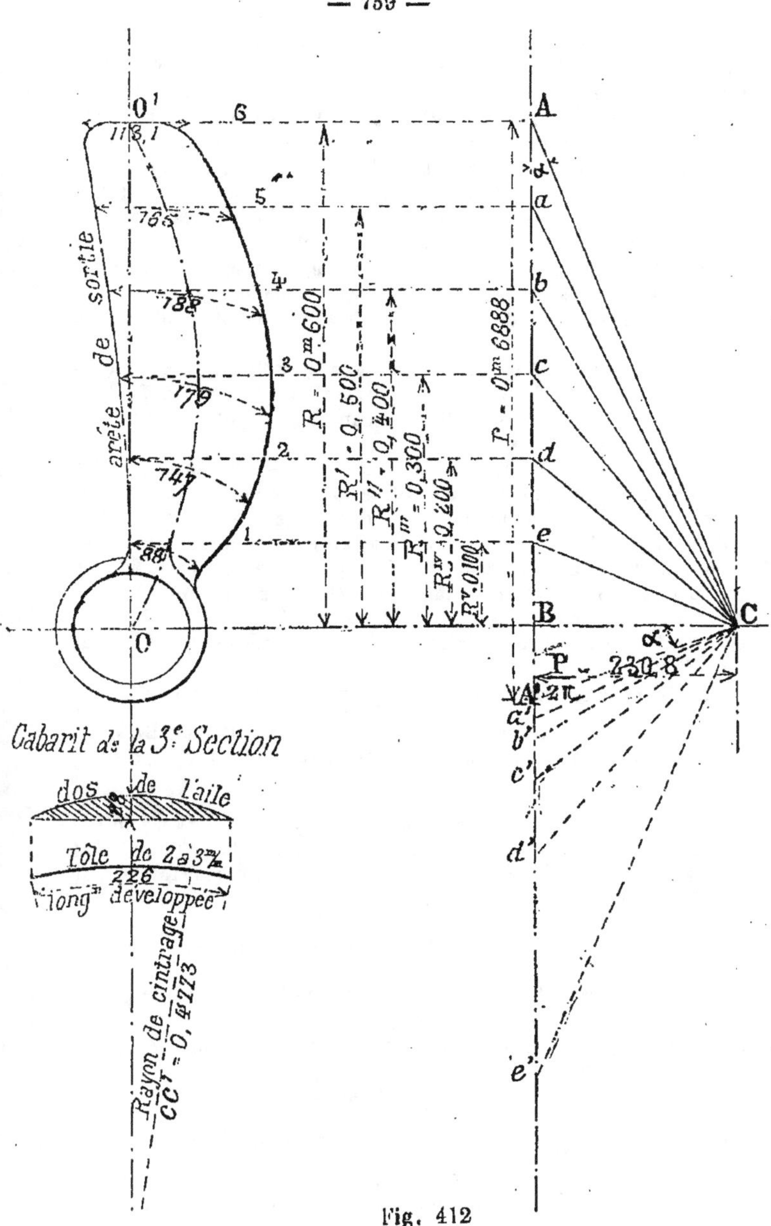

Fig. 412

Cette opération terminée aux 4 ailes, on procède au moulage proprement dit du propulseur. On marque sur la surface héliçoïdale la trace des sections avec lesquelles on a déterminé les épaisseurs et la forme du dos des ailes. Cette trace est obtenue en piquant sur la planche à trousser, à des distances de l'axe égales aux rayons des sections, de petites pointes de fer qui, dans le mouvement de rotation et ascensionnel de la planche, marquent sur la surface héliçoïdale moulée les arcs de cercle correspondant à ces sections. Sur ces traces, ainsi déterminées, on place de petits gabarits de section, flexibles, en zinc ou en tôle mince, cintrés suivant le développement de ces arcs, d'après le dessin de construction.

Le rayon de cintrage de ces petits gabarits de section s'obtient de la manière suivante :

Dans la figure 412 les arcs de cercle aux sections, décrits de O comme centre, sont la projection de ceux tracés sur la face de l'aile par la trousse, puisque l'aile est inclinée et qu'elle est figurée en projection sur le dessin.

La longueur développée de ces arcs est celle indiquée par les coupes aux sections, figures 406, 408 et 409, et leur rayon de cintrage est égal à l'hypoténuse du triangle rectangle obtenu en élevant du point C une perpendiculaire à la direction du pas, pour les différentes sections. Le rayon de cintrage du gabarit de la 6e section, par exemple, correspondant à l'extrémité de l'aile est AA, CA' étant perpendiculaire à AC ; celui du gabarit de la 5e section est aa', Ca' étant perpendiculaire à Ca ; de même pour les autres (fig. 412).

La valeur de ces rayons s'obtient de la manière suivante :

Dans le triangle rectangle ADC, on a : BC = AB tang BAC.

AB est le rayon R de l'hélice ; si l'on fait l'angle BAC égal à α, on a : BC = R tang α.

Dans le triangle rectangle CBA', on a BA' = BC tang BCA'. Mais les deux triangles ABC et CBA' étant semblables, l'angle BCA' est égal à BAC, est d'où BA' = BC tang α ; et en remplaçant BC par sa valeur ci-dessus, on a :

$$BA' = R \text{ tang } \alpha \times \text{tang } \alpha = R \text{ tang}^2 \alpha.$$

AA', rayon de cintrage du gabarit de section à l'extrémité de l'aile, est égal à AB + BA' ou R + BA', ou R + R tang² α. Ce qui donne enfin, on faisant AB + BA' = r, la formule générale :

$$r = R (1 + \text{tang}^2 \alpha)$$

Pour le gabarit correspondant aux autres sections, on a :

Rayon de cintrage aa' = R' (1 + tang² BaC).

— $\quad$ bb' = R" (1 + tang² BbC), et ainsi de suite.

Connaissant donc la valeur de l'angle que fait avec la verticale la direction du pas aux différentes sections, on a facilement la valeur du rayon de cintrage des petits gabarits. Ces angles se déterminent par le calcul, en remarquant que dans le triangle BAC on a :

$$\text{Tang. BAC} = \frac{BC}{AB}; \quad \text{ou tang. } \alpha = \frac{P}{2\pi} : R = \frac{P}{2\pi R}$$

Pour les autres sections on a :

$$\text{Tang. } BaC = \frac{P}{2\pi R'}; \quad \text{tang. } BbC = \frac{P}{2\pi R''}, \text{ etc.}$$

De sorte que l'on a, pour l'exemple de la figure 409.

$$\text{Tang. BAC} = \frac{P}{2\pi R} = \frac{1^m,45}{6^m,28 \times 0^m,600} = 0^m,385 = 21^\circ$$

$$\text{Tang. } BaC = \frac{P}{2\pi R'} = \frac{1^m,45}{6^m,28 \times 0^m,500} = 0^m,461 = 24^\circ45'$$

$$\text{Tang. } BbC = \frac{P}{2\pi R''} = \frac{1^m,45}{6^m,28 \times 0^m,400} = 0^m,578 = 30^\circ, \text{ etc.}$$

La valeur de l'angle α étant ainsi déterminée, on peut constituer le tableau suivant pour la détermination du rayon de cintrage des gabarits de section, d'après la formule générale : $r = R(1 + \tan^2\alpha)$.

N^os des sections	Distance des sections au centre R	Angle de la direction du pas avec la verticale α	Tangente de l'angle α	Tangente² α	Rayon de cintrage des gabarits de section r
1	0^m,100	66°,25'	2,309	5,331	0^m,6331 = ee'
2	0^m,200	48°,55	1 154	1,332	0^m,4664 = dd'
3	0^m,300	37°,35	0,769	0,591	0^m,4773 = cc'
4	0^m,400	30°,00	0,578	0,334	0^m,5336 = bb'
5	0^m,500	24°,45	0,461	0,213	0^m,6065 = aa'
6	0m,600	21°,00	0,385	0,148	0^m,6880 = AA'

Ces gabarits, construits en tôle de 2 à 5 millimètres, sont donc la reproduction des coupes aux sections de l'aile.

Avant de les mettre en place dans la fosse de la fonderie (fig. 411), on trace sur la surface héliçoïdale moulée, la ligne médiane de l'aile qui doit guider la mise en place de ces gabarits. On fait tourner la trousse suivant des angles de 5°, par exemple, et l'on pointe successivement les intersections a, a, a, des rayons vecteurs avec les arcs de cercle tracés sur la surface héliçoïdale. A l'aide d'une latte on fait passer, par ces points, une courbe qui est la ligne médiane de l'aile. On met ensuite les gabarits en place suivant les arcs tracés, en faisant correspondre l'encoche, préalablement faite dans la tôle, avec la ligne médiane de l'aile.

Puis l'on remplit le vide entre les gabarits avec des briques et du sable, et l'on donne aux arêtes d'entrée et de sortie des ailes une courbe régulière. Le dos de l'aile ainsi moulé et soigneusement repassé à la truelle pour corriger les imperfections, est séché et recouvert de feuilles de papier ou de sable sec.

L'opération terminée pour les 4 ailes, on met le moyeu en place en le raccordant aux ailes par des congés, et on fait les châssis supérieurs qui prennent la forme du dos des ailes. Ce nouveau moulage terminé, on détruit la construction en briques et sable faite pour la construction des ailes. L'hélice est alors prête à être fondue, car il reste entre les châssis et la surface inférieure un creux qui est égal aux ailes que l'on veut couler.

Comme l'indique la figure 411, l'hélice est tournée dos en l'air, la face d'attaque, dans la marche avant, sur la surface hélicoïdale faite dans le sable.

Le moulage d'une hélice à pas variable se fait de la même façon.

Les rayons de cintrage r des gabarits de section se font en deux : un pour l'entrée et un pour la sortie, les calculs sont les mêmes que pour l'hélice à pas constant.

Relevé d'une hélice: — Les éléments de relevé d'une hélice sont le pas et le diamètre.

On place l'hélice parfaitement horizontale, l'extrados au-dessous (fig. 413).

Au centre du moyeu on installe un pivot sur lequel tourne une règle AB. On prend sur la longueur des ailes, des sections ab, cd, ef à des distances $r_1 r_2 r_3$ de l'axe, et l'on mesure de dessous la

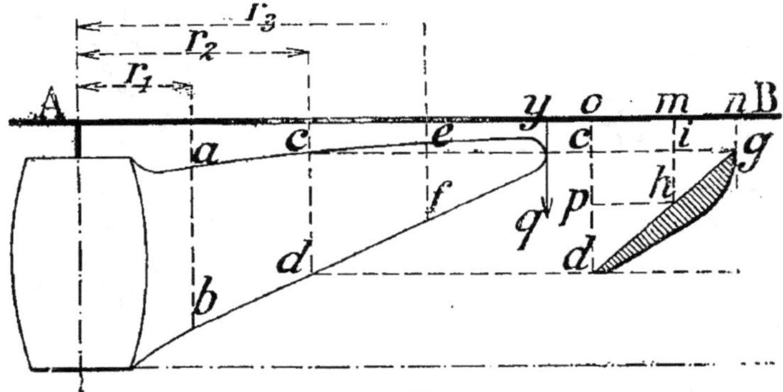

Fig. 413

règle, à l'aide d'un fil à plomb q que l'on fait glisser le long de cette dernière, les distances od, ng et cg, si l'hélice est à pas constant ; mh, ng, ig, od et ph si l'hélice est à pas variable.

On obtient ainsi les dimensions du triangle dcg pour le calcul du pas dans l'hélice à pas constant ; des triangles hig du pas de sortie, et dph du pas d'entrée, dans l'hélice à pas variable. Les hauteurs cd, ih et pd sont des fractions de pas ; les distances cg, ig et ph sont les cordes sous-tendant les arcs, fractions de la circonférence circonscrite au diamètre des différentes sections.

Après avoir mesuré les cordes, on détermine la longueur des arcs sous-tendus.

On peut alors, avec ces éléments, poser la proportion suivante :

$$\frac{\text{arc}}{\text{circonférence}} = \frac{\text{fraction de pas}}{\text{pas total}}$$

Pour la section cd, par exemple, on poserait, en appelant x le pas total :

1° Pour l'hélice à pas constant :

$$\frac{\text{arc } cg}{2\pi r_2} = \frac{cd}{x}\,; \quad \text{d'où} \quad x = \frac{cd \times 2\pi r_2}{\text{arc } cg}$$

2° Pour l'hélice à pas variable :
au pas d'entrée :

$$\frac{\text{arc } ph}{2\pi r_2} = \frac{pd}{x}\,; \quad \text{d'où} \quad x = \frac{pd \times 2\pi r_2}{\text{arc } ph}$$

au pas de sortie :

$$\frac{\text{arc } ig}{2\pi r_2} = \frac{ih}{x}\,; \quad \text{d'où} \quad x = \frac{ih \times 2\pi r_2}{\text{arc } ig}\,.$$

Ayant répété cette opération à toutes les sections et à toutes les ailes, on fait la moyenne de tous les pas et l'on a le *pas total relevé*.

Lorsque d'une hélice à pas variable, on veut avoir une hélice à pas constant et que pour cela on mesure seulement le triangle dcg, le pas que l'on obtient se nomme le *pas de la corde*.

Le diamètre de l'hélice s'obtient facilement en plaçant le fil à plomb à l'extrémité de l'aile et en mesurant la distance Ay à toutes les ailes, pour en déduire une moyenne.

Chaudières.

On appelle *surface de chauffe* dans les chaudières, la surface qui transmet à l'eau la chaleur dégagée par le combustible. De cette surface on ne considère comme *efficace* que la partie léchée par la flamme et baignée par l'eau. Cette partie comprend généralement les foyers, les boîtes à feu et les tubes.

Classification des chaudières marines. — Cette classification se fait :

1º *Au point de vue de la tension de la vapeur;*
2º *Au point de vue de la disposition intérieure.*

Dans le premier cas, les chaudières marines se divisent en chaudières à *basse,* à *moyenne* et à *haute pression.* Dans les premières, la vapeur ne dépasse pas 1 atmosphère 5 ; dans les secondes, la tension de la vapeur est de 1 atm. 5 à 3 atmosphères ; dans les troisièmes la vapeur atteint 4 atmosphères et au-dessus.

Au point de vue de leur disposition intérieure les chaudières marines se classent en deux systèmes principaux : les chaudières à *tubes de fumée* et les chaudières à *tubes d'eau.*

Les chaudières à *tubes de fumée,* appelées généralement chaudières *tubulaires,* sont cylindriques ou elliptiques, à un, deux, trois ou quatre foyers. Elles sont à simple ou double façade, et à retour de flamme (Voir fig. 414). Sur les navires de guerre, les chaudières tubulaires ont souvent les tubes placés dans le prolongement des foyers, pour diminuer le diamètre de l'enveloppe et par suite, leur encombrement à bord (Voir fig. 416). Sur les torpilleurs, les chaudières tubulaires sont du type locomotive : le foyer unique est entouré d'une lame d'eau et la boîte à feu ou chambre de combustion est supprimée.

Les chaudières à *tubes d'eau,* appelées *aquatubulaires* ou *tubuleuses* se divisent en trois séries distinctes :

1º *Les chaudières à circulation limitée,* ou chaudières à serpentins, dans lesquelles il n'y a pas d'autre mouvement de l'eau que celui nécessaire pour remplacer l'eau vaporisée (Voir Bertin, *Les Chaudières marines*).

Le faisceau de tubes bouilleurs reçoit l'eau d'alimentation à l'une de ses extrémités et décharge la vapeur à l'autre.

Les chaudières Belleville sont le modèle le plus répandu.

2º *Les chaudières à circulation libre,* ou chaudières à lames de tête, caractérisées par l'existence de deux réservoirs verticaux régnant sur toute la hauteur de la chaudière, réunis entre eux par le faisceau de tubes, qui est horizontal ou peu incliné.

Les tubes prennent l'eau dans un des réservoirs et déchargent la vapeur dans l'autre. Tels sont les modèles Oriolle, D'Allest, Niclausse etc.

3º *Les chaudières à circulation accélérée,* ou chaudières à réservoirs horizontaux placés à des niveaux différents.

Ce genre de chaudière est caractérisé par la direction, aussi voisine que possible de la verticale, donne au mouvement de bas en haut, de l'eau chauffée, sur son parcours entre les réservoirs d'eau et de vapeur. De gros tuyaux de retour ramène l'eau non vaporisée des réservoirs de vapeur aux réservoirs d'eau.

Le type est la chaudière Du Temple, d'où sont dérivées les chaudières Normand, Thornycroft etc.

Construction. — Les chaudières marines se font en tôle de fer ou d'acier. Le système de construction est assez bien établi par les règlements du bureau « Veritas » que l'on trouvera un peu plus loin.

Dans la marine militaire, la chaudière cylindrique réglementaire a son enveloppe formée de trois anneaux en tôle. Les jonctions transversales sont à deux rangs de rivets, celles longitudinales à trois rangs. Les tôles chanfreinées soigneusement doivent, pour le rivetage, porter bien exactement l'une contre l'autre ; les rivets sont disposés en quinconce. (Voir plus loin les détails de construction).

Barreaux de grille. — Les barreaux de grille sont des barres en fer forgé ou en fonte, sur lesquelles on brûle le combustible. Un vide de 14 à 15 millimètres de large est laissé entre les barreaux, contre 25 millimètres de plein. En longueur, deux barreaux consécutifs sont espacés de 16 à 17 millimètres.

La marine emploie, pour ses chaudières cylindriques réglementaires, trois longueurs de barreaux : $0^m,55$, $0^m,75$, $0^m,83$. On met ainsi en largeur : 24 barreaux aux foyers de 1 mètre ; 25 barreaux aux foyers de $1^m,05$; 27 barreaux aux foyers de $1^m,11$,

L'ensemble des barreaux constitue la *grille*, inclinée d'environ 10 0/0. La partie du foyer située au-dessous de la grille se nomme le *cendrier*.

Tubes. — Les tubes sont généralement en fer et quelquefois en laiton. Leur diamètre varie suivant le genre de chaudières. Ils sont fixes ou démontables.

La marine militaire n'admet guère que des tubes en laiton comprenant au moins 68 0/0 du meilleur cuivre. Les tubes des chaudières réglementaires ont 75 millimètres de diamètre extérieur, 70 de diamètre intérieur, $2^m,20$ de long et pèsent chacun $10^k,58$.

Dans ces chaudières, il y a généralement un tube tirant sur cinq tubes.

Dimensions et données principales des chaudières réglementaires de la Marine militaire. ([1]) — Ces chaudières sont de trois types dits : haut, moyen et bas. Dans le tableau, page 746, les poids sont calculés dans le cas de l'acier, en n'employant ce métal que pour l'enveloppe cylindrique, la virure basse de la façade et le fond.

---

1. Bienaymé. — *Les Machines marines*. 1887.

ÉLÉM. DE MÉCAN.   42

	Type haut	Type moyen	Type bas
Diamètre hors tôle	3ᵐ60	3ᵐ48	3ᵐ25
Largeur dᵒ	2,90	2,90	2,90
Nombre de foyers par corps	2	2	2
Diamètre intérieur du foyer	1ᵐ11	1ᵐ05	1ᵐ00
Surface de grilles par corps	4ᵐ²72	4,31	3,88
Surface de chauffe	122ᵐ²95	112,75	101,06
Rapport de la surface de chauffe à celle de grilles	26	26	26
Poids d'un corps avec supports de grilles et autoclaves { fer...	20100 ᵏ	18583ᵏ	16559 ᵏ
acier.	19065	17583	15512
Poids d'un corps avec autoclaves, grilles, supports de grilles, autels, boîte à fumée { fer...	23579	21684	19441
Acier	22544	20684	18394
— Id. — par mètre carré de grilles { fer...	5000	5000	5000
Acier.	4760	4800	4740
Poids de l'eau pour un corps	11815	11058	10418
— Id. — par mètre carré de grilles	2500	2560	2670
Poids total, eau comprise { fer...	35394	32742	29859
Acier.	34359	31742	28812
Poids total par mètre carré de chauffe { fer..	7500	7560	7670
acier	7260	7360	7410
Poids sans eau par mètre carré de chauffe.	192 ᵏ	192	193
Poids de l'eau dᵒ	96	97	103
Poids total dᵒ	288	289	296
Timbre	4ᵏ250	4ᵏ250	4ᵏ250

La figure 414 représente les chaudières à trois foyers des grands paquebots transatlantiques récemment construits. Le timbre est de 8 kilogrammes ; l'épaisseur des tôles de l'enveloppe, en acier doux, est de 29 millimètres ; celle des fonds et des plaques tubulaires 20 millimètres. Les rivures de ces tôles fort épaisses ne peuvent se bien faire que par les riveuses hydrauliques. Les foyers ont 14 millimètres. Il y a 328 tubes en fer de 84 millimètres extérieur, dont 67 sont des tubes tirants de 8 millimètres d'épaisseur, à deux écrous sur la façade. Les grands fonds plats sont entretoisés par des tirants en acier, de 54 millimètres à quatre écrous, et par deux goussets en tôle, à l'arrière. Les rivures longitudinales sont à double couvre-joints de 20 millimètres d'épaisseur, rivés à triple rangs ; les rivets ont 34 millimètres de diamètre (1).

Chaque foyer a sa boîte à feu et son tubage séparé, ce qui facilite les réparations. Les parois de ces trois ensembles de pièces

---

1. Laharpe. *Notes et formules.*

Tableau des échantillons des chaudières réglementaires pour la pression de 4ᵏ,250, modèle 1880.

Echantillons		Type haut Epaisseur		Type moyen Epaisseur		Type bas Epaisseur	
		fer	acier	fer	acier	fer	acier
		Dimensions en millimètres					
Tôle fine	Plaques à tubes { avant ...	20	»	20	»	20	»
	arrière...	20	»	20	»	20	»
	Arrière de boîtes à feu	16	»	16	»	16	»
	Contours de boîtes à feu...	16	»	16	»	16	»
	Foyers (parties cylindriques)	14	»	13	»	13	»
	Faces (avant bas).........	16	»	16	»	16	»
Tôle fine ou tôle d'acier	Faces verticales { haut, avant et arrière	16	15	16	15	16	15
	milieu arrière .	16	15	16	15	16	15
	bas arrière	16	15	16	15	16	15
Tôle supérieure ou tôle d'acier	Enveloppes cylindriques ...	22	19	21	18	20	17
Tôle ordinaire et tôle commune	Boîtes à fumée.........	7	»	7	»	7	»
Tôle commune.	Portes et contre-portes { des tubes	5	»	5	»	5	»
	des foyers	10	»	10	»	10	»
	Portes de cendriers	5	»	5	»	5	»
	Cheminées...............	5	»	5	»	5	»
	Gueulards..............	10	»	10	»	10	»

Diamètre des rivets		
pour enveloppe du type haut ...	en tôle de fer..	28 m/m
pour enveloppes du type M et du type B...................	en tôle d'acier.	25 »
des faces avant et des faces arrière des 3 types	en tôle de fer ou d'acier..	26 »
pour les foyers des 3 types,....	en tôle de fer.	24 »

Tableau donnant les éléments principaux des types de chaudières pour embarcations à vapeur de 8ᵐ85 dont la Marine fait usage.

	Belleville	Du Temple	Bigot	Penelle
Timbre	8^k	9^k	7^k	7^k
Surface de grilles	0m2,260	0m2,324	0m2,225	0m2,220
Surface de chauffe	5,80	6,00	6,22	5,31
Rapport de la chauffe à la grille	22,30	18,50	27,50	24,20
Volume d'eau	58ˡ	32ˡ	204ˡ	177ˡ
Volume de vapeur	67	20	123	122
Poids de la chaudière — complète sans eau	1348ᵏ	544ᵏ	1090ᵏ	1117ᵏ
Poids de la chaudière — complète avec eau	1400	576	1294	1294
Poids par mètre carré de grilles — complet sans eau	5200	1700	4840	5300
Poids par mètre carré de grilles — complet avec eau	5423	1800	5745	6100

sont entretoisées entre elles et avec les parois voisines du fond et de l'enveloppe, par des entretoises filetées, en fer, de 36 millimètres de diamètre extérieur, rivées en dedans, à écrou par dehors, et écartées en moyenne de 0ᵐ,180.

Les foyers sont assemblés à la devanture par des collerettes relevées dans celle-ci. La marine de l'État préfère des collerettes en cornière. La boîte à fumée, en tôle mince, est rapportée en avant de la chaudière; sa façade s'ouvre par les portes, en face des tubages. Elle est représentée en pointillé sur la figure 414.

On emploie aussi des chaudières doubles, c'est-à-dire renfermant deux séries de foyer dos à dos, une sur chaque fond. Il faut alors deux cheminées, et deux chaufferies, mais il y a économie de poids.

Le rapport de la surface de chauffe à la surface de grilles varie entre 33 et 25 : ce dernier chiffre est celui de la marine nationale. La production de vapeur, quand les chaudières sont en bon état de propreté, est de 8^k,4 de vapeur par kilogramme de bonne houille. Ce chiffre correspond à une combustion de 100 kilogrammes environ par mètre carré de grilles, ce qui est normal avec le tirage naturel de 8 à 10 millimètres de dépression, que donnent les cheminées de 15 à 16 mètres de hauteur totale (depuis la grille). Par chaque mètre carré de surface de chauffe, on admet une production de vapeur de 36 kilogrammes environ, dans les conditions qui pré-

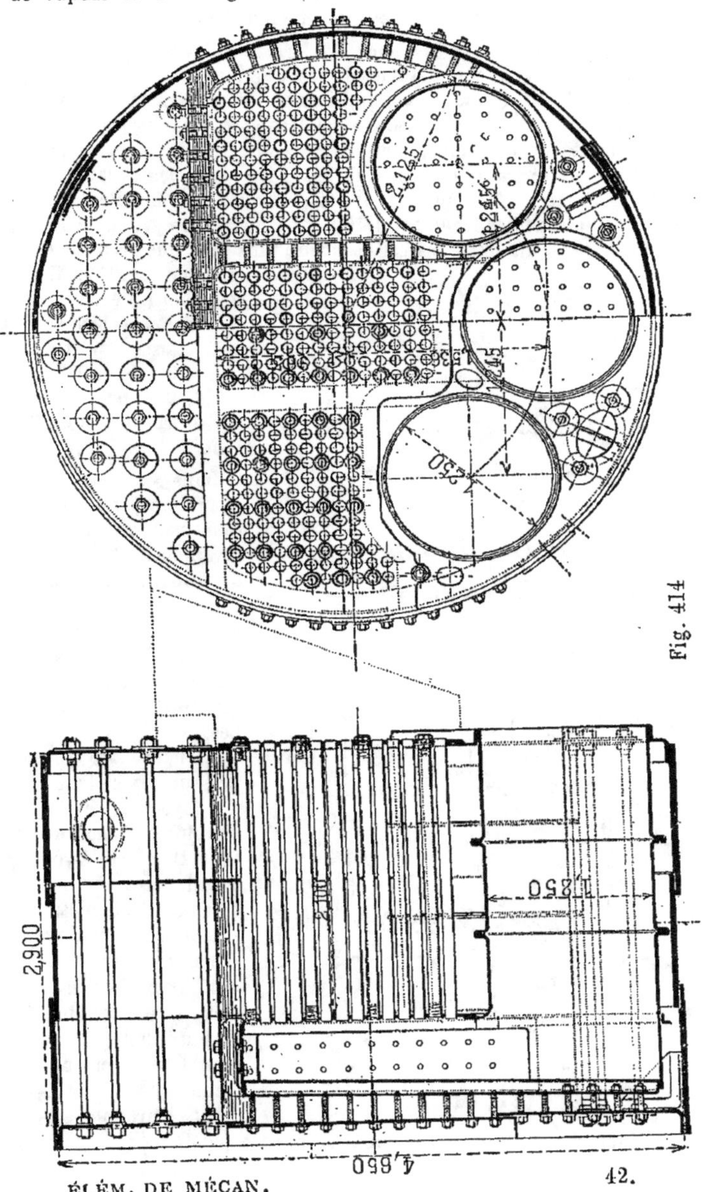

cèdent. Les chaudières sont d'ailleurs recouvertes d'enveloppes isolantes pour les proléger contre le refroidissement extérieur.

Sur quelques navires, spécialement les croiseurs à grande vitesse, on emploie des chaudières à tubes directs (figure 416). Ces chaudières sont à deux foyers, et une arche en briques réfractaires, située au milieu de la chambre de combustion, préserve les tubes de l'action directe de la flamme, en même temps qu'elle favorise la combustion, en opérant un brassage des gaz, et en les rabattant sur des jets d'air, admis par des trous pratiqués derrière l'autel ; la section totale de ces trous est 1/100 de la surface de grilles. A la partie inférieure, un des tubes est beaucoup plus gros que les autres (environ $0^m,25$) ; il sert tant à l'évacuation des escarbilles, qu'à laisser partir l'eau chaude vers la boîte à fumée, en cas de rupture d'un tube.

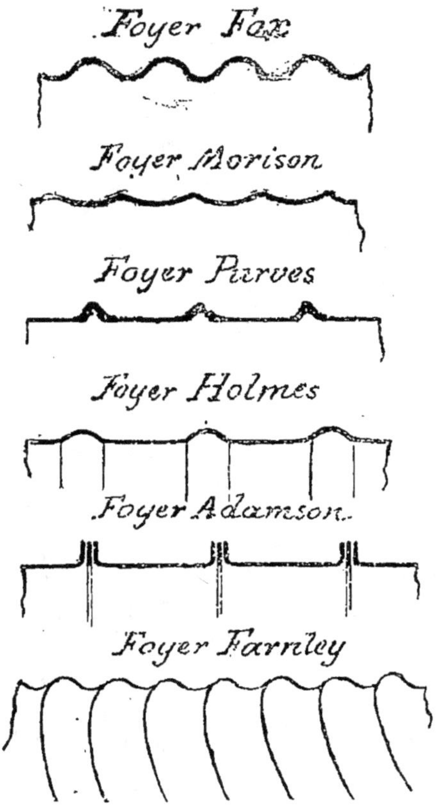

Dans ce type de chaudières, il est indispensable que les foyers, ou la chambre de combustion, soient faits en tôle ondulée transversalement, afin de céder aux dilatations longitudinales des tubes.

La figure 415 représente divers types de foyers : foyers ondulés et à nervures. Dans le foyer Farnley les ondulations au lieu d'être circulaires, comme dans le foyer Fox, sont inclinées sur l'axe et affectent une forme héliçoïdale. Ces foyers en une seule pièce, reçoivent leurs ondulations dans des laminoirs spéciaux de grande puissance.

Fig. 415

En outre des chaudières à corps cylindrique précitées, on emploie de plus en plus, comme générateurs de navigation, les chaudières multitubulaires décrites précédemment, qui subissent alors quelques changements dans les détails de la construction.

Parmi les chaudières multitubulaires dont l'application se fait sur une grande échelle, nous devons citer spécialement celles établies par les maisons Belleville, Niclausse, etc. (Voir 4º partie.)

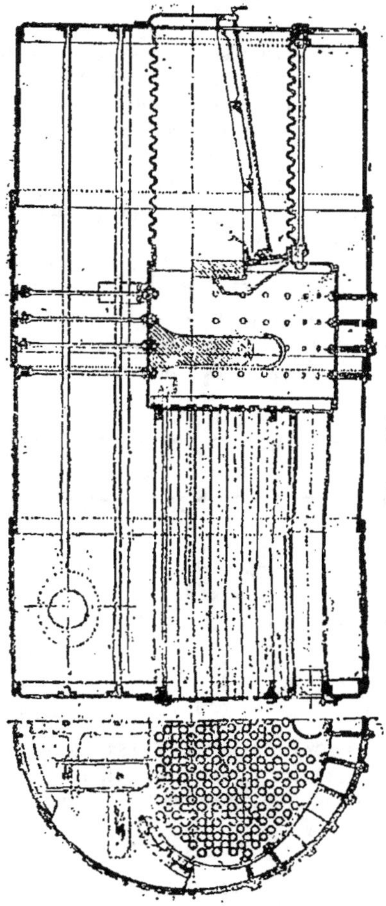

La chaudière de la fig. 416 est souvent désignée sous le nom de *type de l'Amirauté*. Voici les dimensions principales de celles du *Condor* :

Diam. moyen : 2ᵐ,879 ; longueur 5ᵐ,80 ; diamètre des foyers 1,210 ; surface de grilles 4ᵐ2,50 ; surface de chauffe totale 215ᵐ2,90 ; surface de chauffe totale des tubes 189ᵐ2,89 ; longueur des tubes 2ᵐ,54 ; section de passage à l'intérieur des bagues et des tubes tirants 0ᵐ2,856 ; nombre des tubes, 340, dont 54 tirants et 286 en laiton. Volume d'eau, 16ᵐ3,665. Volume de vapeur 8ᵐ3,806. Timbre 7 kilogrammes.

Pour compenser la dilatation on place autour de la chambre de combustion un demi-tore, convexe vers le feu.

Cheminées. — Les cheminées destinées à conduire la fumée au dessus du pont, se font en tôle mince et peuvent être *fixes*, tenues avec des haubans, *mobiles à télescope* ou *mobiles à rabattement.*

Prises de vapeur. — La vapeur se prend à la partie la plus élevée de la chaudière ou dans un coffre, réservoir de vapeur, quand il s'en trouve un.

Fig. 416

Les *soupapes d'arrêt* ont pour objet d'établir ou d'intercepter à volonté la communication des chaudières avec le tuyau de vapeur qui va à la machine.

Soupapes de sûreté. — Les soupapes de sûreté ont pour but de limiter la pression de la vapeur dans la chaudière, pour prévenir les explosions. Elles sont ordinairement à *levier*, avec contrepoids, ou à *ressort*.

Les règlements sur les chaudières fixes ordonnent de mettre deux soupapes de sûreté sur chaque corps de chaudière; la marine militaire se conforme à cette prescription pour les petites chaudières et pour les chaudières à pression très élevée telles que celles des torpilleurs; mais elle ne place qu'une soupape de sûreté double sur les grands corps cylindriques.

Soupapes de sûreté à levier et contrepoids (fig. 417). — Soient AB, levier; S, soupape; A, axe de rotation; B, contrepoids; g, centre de gravité du levier; d, diamètre moyen de la soupape, en centimètres.; p, poids en kilogrammes; p' poids du levier; P, poids du contrepoids; l, distance du centre de gravité g au centre de rotation en centimètres; B, grand bras de levier en centimètres; b, petit bras de levier en centimètres. Si T est le timbre de la chaudière en kilogrammes par centimètre carré de surface, on a :

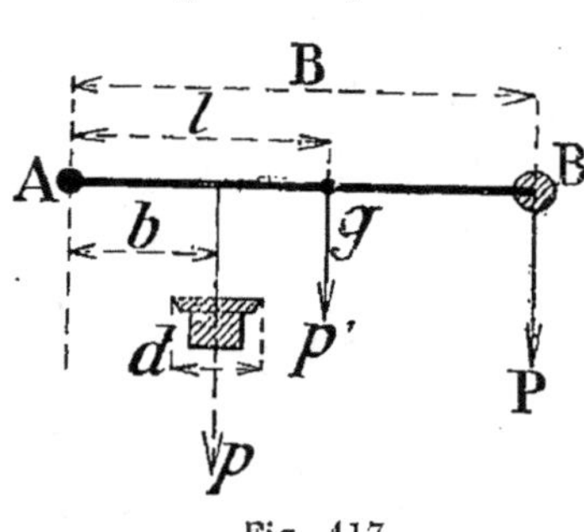

Fig. 417

Charge sur la soupape $= \dfrac{\pi d^2}{4} \times T.$

Cette charge est égale à :

$$p + \left(p' \times \frac{l}{b}\right) + \left(P \times \frac{B}{b}\right)$$

Nota. — Il serait préférable de prendre le diamètre de la partie inférieure du cône de portage.

Soupapes de sûreté à ressort. — Si la soupape de sûreté est chargée au moyen d'un ressort, on a :

1° La charge directe sur le clapet, en tenant compte du poids du clapet et du ressort, $\left(\dfrac{\pi d^2}{4} \times T\right) - \left(p + p''\right) =$ flexion du ressort en kilogrammes par centimètre carré.

p est le poids du clapet, p'' le poids du ressort.

Dans le cas où la soupape serait renversée, il faudrait ajouter

$$\left(p + p''\right) \text{ à } \left(\frac{\pi d^2}{4} \times T\right).$$

2° La charge par levier et par ressort s'obtient de la même façon que pour la soupape à contrepoids : le ressort est accroché à la place de ce dernier et sa flexion ou sa tension remplace le poids.

Calcul des ressorts en acier pour soupapes de sûreté.

Soient : T, la pression sur la soupape en kilogrammes par centimètre carré ;
   D, le diamètre de l'orifice de la soupape en centimètres ;
   P, la charge sur la soupape en kilogrammes ;
   d, le diamètre du ressort en centimètres, mesuré d'axe en axe de
   la section de l'acier (fig. 418) ;
   e, le côté du carré ou le diamètre de la section du ressort, en
   centimètres ;
   F, la flexion du ressort en centimètres ;
   L, la longueur développée du ressort en mètres ;
   N, le nombre de spires.

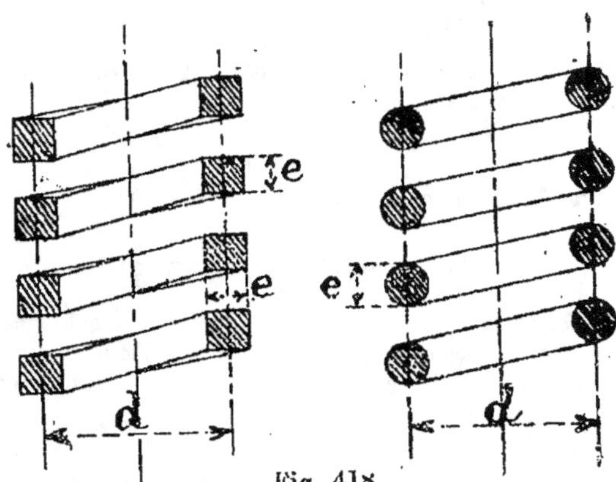

Fig. 418

On a (fig. 418) :

$$P = \frac{\pi D^2}{4} T = \frac{c \times e^3}{d} ;$$

$$T = \frac{P}{\frac{\pi D^2}{4}} = \frac{P}{0,7854 \, D^2} ;$$

$$d = \frac{c \times e^3}{P} = \frac{c \times e^3}{\frac{\pi D^2}{4} T} = \frac{c \times e^3}{0,7854 \, D^2 \times T} ;$$

$$e = \sqrt[3]{\frac{Pd}{c}} = \sqrt[3]{\frac{0,7854 \, D^2 \times T \times d}{c}} .$$

Dans les formules ci-dessus, c est un coefficient égal à 755 pour un ressort à section carrée, et à 575 pour un ressort à section ronde.

On a ensuite
$$F = \frac{c' \times P \times d^2 \times L}{e^4},$$

dans laquelle c' est un coefficient égal à 0,0001875 pour un ressort à section carrée, et à 0,0002340 pour un ressort à section ronde.

Ou :
$$F = \frac{P \times d^3 \times N}{e^4 \times c''},$$

dans laquelle c'' est un coefficient égal à 140.000 pour un ressort à section carrée, et à 110.000 pour un ressort à section ronde.

On trouve encore les formules suivantes :

$$(1) \qquad P = \frac{2}{9} \frac{b^2 h}{r} t,$$

pour ressort à section rectangulaire, dans laquelle b est la base et h la hauteur de la section rectangulaire, en centimètres ; r est le rayon du ressort $\left(\dfrac{d}{2} \text{ de la figure } 418\right)$, et t un coefficient de résistance au cisaillement, variant de 1600 à 2000 kilogrammes par centimètre carré de la section.

$$(2) \qquad F = \alpha \, 6 \, \pi \, N \, r^3 \, \frac{b^2 + h^2}{b^3 h^3} \frac{P}{g}$$

ou, en remplaçant P par sa valeur ci-dessus (1) :

$$(3) \qquad F = \alpha \, \frac{4}{3} \, \pi \, N \, r^2 \, \frac{b^2 + h^2}{b h^2} \frac{t}{g}.$$

Dans ces formules (2) et (3), $\alpha = 1,5$ pour ressort rectangulaire, et 1,2 pour ressort à section carrée. g est un module d'élasticité pour le cisaillement, égal à 750.000, lorsque les dimensions sont exprimées en centimètres.

Dans le cas d'un ressort à section ronde on a :

$$(4) \qquad P = \frac{\pi e^3}{16 \, r} t \quad \text{et} \quad F = \frac{64 \, N \, r^3}{e^4} \frac{t}{g} = \frac{4 \, \pi \, N \, r^2}{e} \frac{t}{g}.$$

En Angleterre, les règlements du " Board of Trade " donnent les formules suivantes pour le calcul des ressorts des soupapes de sûreté :

$$P = \frac{c \times e^3}{d} \; ; \quad d = \frac{c \times e^3}{P} \; ; \quad e = \sqrt[3]{\frac{Pd}{c}}$$

avec d et e exprimées en pouces, P en livres, et c, coefficient, égal à 8.000 pour l'acier rond et à 11.000 pour l'acier carré.

En exprimant P en kilogrammes et e et d en millimètres, tout en conservant à c ses valeurs de 8.000 et 11.000, on peut écrire :

$$e = 11,234 \sqrt[3]{\frac{Pd}{c}}$$

Pour la valeur de F, flexion du ressort, le " Board of Trade "
donne :

$$F = \frac{P \times d^3 \times N}{e^4 \times G}$$

dans laquelle, F est en pouces, P en livres, d en pouces et e en
seizièmes de pouce. N est le nombre de spires, et G un coefficient
égal à 30 pour l'acier carré et à 22,8 pour l'acier rond.

La hauteur h à laquelle doit se lever la soupape pour permettre
à la vapeur de s'échapper librement est égale au *quart* du diamètre
de la soupape. En effet, la surface de la couronne d'échappement
doit être égale à la surface de l'orifice de la soupape. Si d est le
diamètre de l'orifice, on a :

Surface de la couronne d'échappement $= h \times \pi d$;

Surface de l'orifice de la soupape $= \dfrac{\pi d^2}{4}$

Or, comme :

$$h \times \pi d = \frac{\pi d^2}{4}, \quad \text{il en résulte que :} \quad h = \frac{\pi d^2}{4 \pi d} = \frac{d}{4}.$$

Type de soupapes de sûreté à levier et à contrepoids.

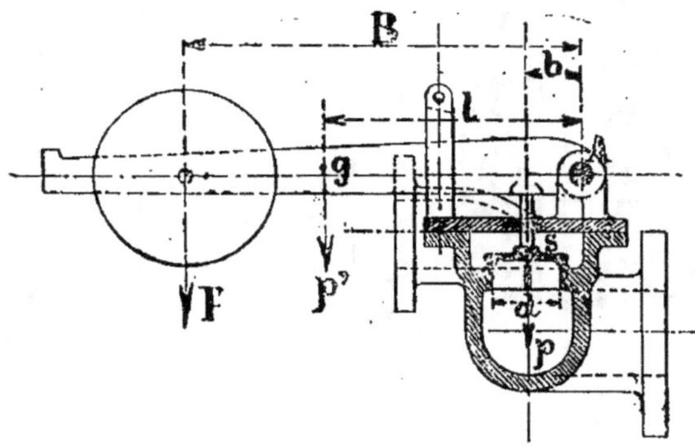

Fig. 419.

Type de soupapes de sûreté à ressort (fig. 420).

B est une bague d'arrêt qui a pour effet d'empêcher de tendre le
ressort au-dessus de la pression de régime.

Pressions dans les chaudières. — Dans les chaudières à vapeur
on distingue deux sortes de pression :

1° La *pression absolue*; c'est la tension qui s'exerce réellement
sur les faces intérieures des parois de la chaudière.

2° La *pression effective*, qui est égale à la pression absolue diminuée de la pression atmosphérique. C'est la force qui tend à
rompre les parois du générateur de dedans en dehors ; en d'autres
termes, de le faire éclater.

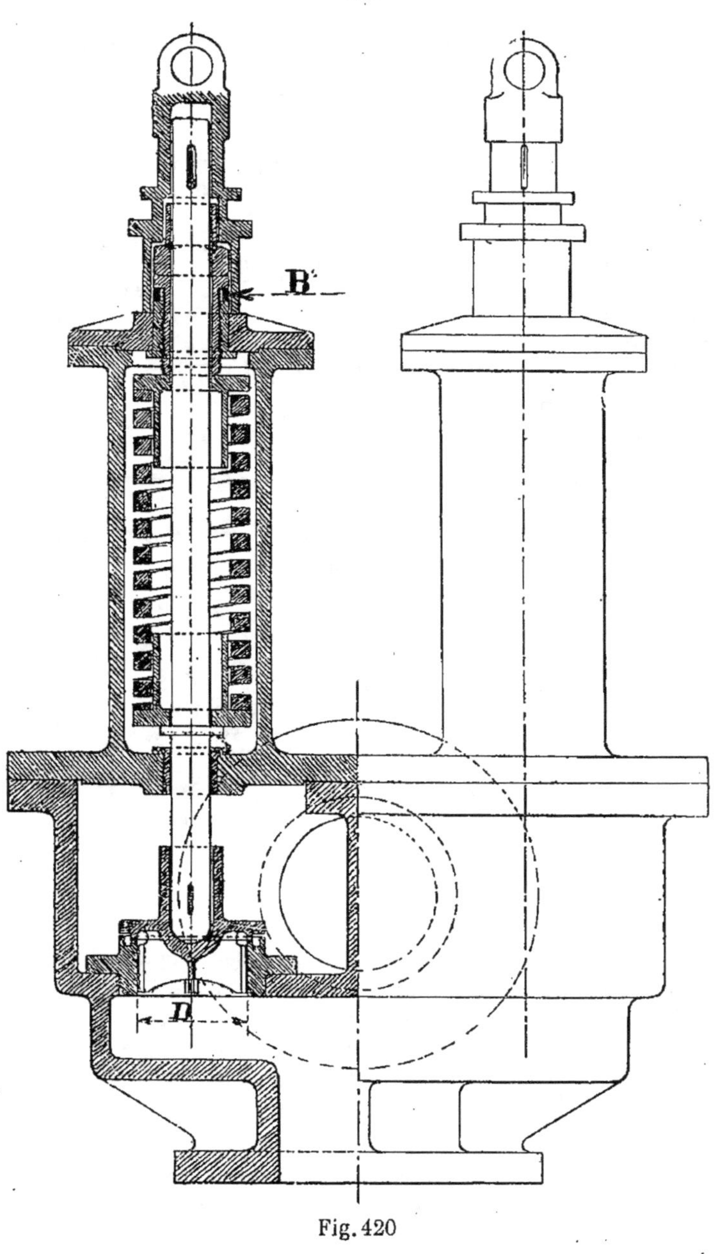

Fig. 420

La *pression effective* totale C de la vapeur sous une soupape de sûreté est donnée par la formule :

$$C = 1{,}033\, n\, \frac{\pi d^2}{4} = 0{,}8113\, n\, d^2 = 0{,}7854\, n'\, d^2$$

dans laquelle :

n, représente la pression *effective* de la vapeur en atmosphères ;
n' le timbre en kilogrammes par centimètre carré ;
d, le diamètre de l'orifice de la soupape en centimètres.

Le *procès-verbal de visite* des bateaux à vapeur dressé par la Commission de Surveillance, instituée par ordonnance royale réglementaire du 17 Janvier 1846 et d'après les instructions et arrêtés postérieurs à cette ordonnance, établit les règles suivantes pour les soupapes de sûreté des chaudières.

Diamètre minimum en centimètres, à donner à un orifice libre pour évacuer toute la vapeur produite au maximum de tension n.

$$1{,}3\ \sqrt{\frac{S}{n - 0{,}412}} = \Delta$$

dans laquelle :

S est la surface de chauffe de la chaudière en mètres carrés.
n est la tension de la vapeur en atmosphères.

On obtient cette valeur de n en divisant le timbre en kilogrammes par 1,033 et en ajoutant 1 au quotient. Ainsi, une chaudière timbrée à 5 kilogrammes donne pour tension de la vapeur : $1 + \dfrac{5}{1{,}033}$ = 5 atmosphères 840.

Ces ordonnances relatives à la marine marchande exigent qu'il y ait deux soupapes par corps de chaudières.

Diamètre que devraient avoir les orifices des soupapes de sûreté, pour qu'une soupape étant accidentellement fermée, il reste à la vapeur un débouché quadruple du précédent :

Pour 2 soupapes : 2 Δ ;
Pour 3 soupapes : 1,414 Δ ;
Pour 4 soupapes : 1,155 Δ :

Diamètre constaté en centimètres des orifices des soupapes de sûreté : d.

Poids maximum en kilogrammes, à placer sur les orifices d'après le timbre n de la chaudière, en atmosphères $= (n - 1)(0{,}9 \times d)^2$.

Poids constaté, en kilogrammes, des soupapes proprement dites et de leur charge directe : p.

Dimensions des leviers : grand bras B ; petit bras b ; distance l du centre de gravité du levier au point de rotation ; poids des leviers p' ; leur charge sur les soupapes $= \dfrac{p'l}{b}$

Poids maximum pouvant être suspendu à l'extrémité des leviers:

$$= \frac{b}{B} \left[\left(n-1 \right) \left(0,9 \times d \right)^2 - \left(p + p' \, \frac{l}{b} \right) \right] \qquad (1)$$

Poids constatés supportés à l'extrémité des leviers : P.

Leur charge sur les soupapes $= \dfrac{BP}{b}$

Tension exprimée en nombre d'atmosphères, capable de lever les soupapes avec leurs charges constatées :

$$1 + \frac{p + p' \, \dfrac{l}{b} + P \, \dfrac{B}{b}}{(0,9 \times d)^2} \qquad (2)$$

Cette dernière formule (2) doit donner comme résultat la valeur de n, timbre de la chaudière en atmosphères.

Le poids déterminé par la formule (1) doit être égal au poids constaté P.

Observation. — Dans ces formules c'est le diamètre de *l'orifice* des soupapes qui est en jeu, et non le diamètre moyen du clapet à la zone de contact.

De nouveaux règlements administratifs ont établi les formules suivantes qui tiennent compte de la pression de la vapeur en kilogrammes par centimètre carré, d'après le timbre T de la chaudière :

Diamètre minimum Δ en centimètres, à donner à un orifice libre pour évacuer toute la vapeur produite au maximum de tension T :

$$\Delta = 1,3 \, \sqrt{\frac{S}{T + 1 - T \times 0,033 - 0,412}}$$

S est la surface de chauffe de la chaudière en mètres carrés.

Diamètre que devraient avoir les orifices des soupapes de sûreté pour qu'une soupape étant accidentellement fermée, il reste à la vapeur un débouché quadruple du précédent :

Pour deux soupapes : $\Delta = 2,6 \, \sqrt{\dfrac{S}{T + 1 - T \times 0,033 - 0,412}}$

Pour trois soupapes : $\Delta = 1,8382 \, \sqrt{\dfrac{S}{T + 1 - T \times 0,033 - 0,412}}$

Pour quatre soupapes : $\Delta = 1,5015 \, \sqrt{\dfrac{S}{T + 1 - T \times 0,033 - 0,412}}$

Diamètre constaté des orifices des soupapes de sûreté. . . d

Poids maximum en kilogrammes à placer sur les orifices d'après le timbre T de la chaudière $= $ T $(1 - 0,033) (0,9d)^2$

Poids constaté en kilogrammes des soupapes proprement dites et de leur charge directe . . . . p

Dimensions des leviers
- Grand bras. . . . . B
- Petit bras . . . . b
- Distance du centre de gravité du levier au point de rotation. l

Poids des leviers. . . . . Q

Leur charge sur les soupapes. . . . . $\dfrac{Ql}{b}$

Poids maximum pouvant être suspendu à l'extrémité des leviers :

$$= \frac{b}{B}\left[T(1 - 0,033)(0,9d)^2 - \left(p + \frac{Ql}{b} \right) \right]$$

Poids constatés en kilogrammes, supportés à l'extrémité des leviers. . . . . P

Leur charge sur les soupapes . . . . $\dfrac{PB}{b}$

Tension effective, exprimée en kilogrammes, capable de lever les soupapes avec les charges constatées :

$$= \frac{p + \dfrac{Ql}{b} + P\dfrac{B}{b}}{(0,9d)^2}$$

M. Bertin, directeur des constructions navales, dans son Cours de machines à vapeur, dit au sujet des formules ci-dessus :

Les ingénieurs des mines sont arrivés, par expérience, à la formule empirique suivante, dans laquelle la pression est évaluée en atmosphères :

$$D = 1,3 \sqrt{\frac{S}{p_o + 0,588}}$$

dans laquelle D est le diamètre de l'orifice de la soupape en centimètres, S la surface de chauffe de la chaudière en mètres carrés et p_o la pression de la vapeur en atmosphères.

Cette formule s'écrit, en appelant P_o la pression absolue $p_o + 1$.

$$D = 1,3 \sqrt{\frac{S}{P_o - 0,412}}.$$

On double par précaution le diamètre D, ce qui quadruple la section, et on prend, comme valeur réglementaire :

$$D = 2,6 \sqrt{\frac{S}{P_o - 0,412}} \qquad (1)$$

On assure ainsi la possibilité de faire toujours tomber rapidement la pression.

La formule (1) a été longtemps suivie dans la Marine militaire, et sert encore quelquefois ; mais, indépendamment du peu de valeur des principes théoriques sur lesquels elle est fondée, elle donne la valeur de D en fonction de la surface de chauffe qui, dans les chaudières marines, représente très mal la puissance de production de vapeur.

Actuellement, on se sert à Indret, d'une formule différente, établie par M. Brosser, en prenant pour le débit de vapeur π, en kilogrammes par seconde, d'un orifice du section Ω, l'expression :

$$\pi = \Omega\,(25,5 + 144,5\,P_0)$$

ou :

$$\pi = \Omega\,(170 + 144,5\,p_0)$$

P_0 et p_0 étant comptés en atmosphères ; cette expression, due à M. Hugoniot, tient assez bien compte des lois de l'écoulement des gaz suivant la théorie mécanique de la chaleur [1].

La production de vapeur de la chaudière, par seconde, est toujours très sensiblement :

$$\pi = \frac{8GC}{3600}$$

G étant la surface de grilles, et C la combustion de charbon par heure et par mètre carré de grilles ; M. Brosser estime ainsi la vaporisation à 8 kilogrammes d'eau par kilogramme de charbon

L'équation :

$$\Omega(170 + 144,5\,p_0) = \frac{8GC}{3600}$$

donne pour le diamètre D, exprimé en mètres, la valeur :

$$D = \sqrt{\frac{32}{3600\pi}}\;\sqrt{\frac{GC}{170 + 144,5\,p_0}}$$

M. Brosser prend pour C une valeur constante égale à 80 kilogrammes, en supposant que le tirage forcé peut être arrêté instantanément quand on doit se débarrasser de la vapeur. En donnant à C cette valeur et en remplaçant la pression effective p_0 en atmosphères par la pression p_1 en kilogrammes par centimètre carré, la formule devient :

$$D = 0,242\;\sqrt{\frac{G}{175,61 + 144,5\,p_0}}$$

Comme il importe, pour avoir un bon portage, de réduire le diamètre D, on fait les soupapes doubles, c'est-à-dire que l'on met deux soupapes juxtaposées pour une seule prise de vapeur et un seul tuyau d'échappement.

En Angleterre, les règlements du « Board of Trade » proportionnent la surface des soupapes de sûreté à la surface de grilles de la chaudière.

---

[1] L. E. Bertin. *Chaudières Marines*. — E. Bernard et Cie, Editeurs à Paris.

Le tableau suivant donne des indications dans ce sens.

Pression de la chaudière		Surface de soupape		Pression de la chaudière		Surface de soupape	
En livres par pouce carré	En kilogrammes par centimètre carré	En pouces carrés par pied carré de surface de grilles	En centimètres carrés par mètre carré de surface de grilles	En livres par pouce carré	En kilogrammes par centimètre carré	En pouces carrés par pied carré de surface de grilles	En centimètres carrés par mètre carré de surface de grilles
15	1,056	1,250	86,79	110	7 744	0,300	20,83
20	1,408	1,071	74,36	115	8,096	0,288	20,00
25	1,760	0,937	65,05	120	8,448	0,277	19,23
30	2,112	0,833	57,83	125	8,800	0,267	18,54
35	2,464	0,750	52,07	130	9,451	0,258	17,91
40	2,8.6	0,681	47,28	135	9,503	0,250	17,36
45	3,168	0,625	43 39	140	9,855	0,241	16,73
50	3,520	0,576	39,99	145	10,207	0,234	16,25
55	3,872	0,535	37,14	150	10,559	0,227	15,76
60	4,224	0,500	34,71	155	10,911	0,220	15,27
65	4,576	0,468	32,49	160	11.263	0.214	14,86
70	4,928	0,441	30,62	165	11,615	0,208	14,44
75	5,280	0,416	28,88	170	11,967	0,202	14,02
80	5,632	0,394	27,35	175	12,319	0,197	13,68
85	5,984	0,375	26,04	180	12,671	0,192	13,33
90	6,336	0,357	24,79	185	13,023	0,187	12,98
95	6,688	0,340	23,61	190	13,375	0,182	12,64
100	7,040	0.326	22,63	195	13,727	0,178	12,36
105	7,392	0,312	21,66	200	14,079	0.174	12,08

La surface de soupape donnée dans le tableau du «Board of Trade» est totale, quel que soit le nombre de soupapes sur une même boîte. Dans le cas d'une soupape double, par exemple, le chiffre du tableau est à diviser par 2. La surface de grilles est mesurée : en longueur, de la face intérieure de la sole jusqu'à la face de l'autel, et en largeur, des parois du foyer au-dessus du plan de grilles et au milieu de la longueur.

Ce tableau n'est relatif qu'aux chaudières fonctionnant au tirage naturel ; pour celles avec tirage forcé, il y a lieu de soumettre à l'approbation du comité du «Board of Trade» le dessin des soupapes ainsi que la consommation de charbon estimée par pied carré de surface de grilles.

Dans aucun cas, les soupapes ne doivent avoir moins de 2 pouces (5 centimètres environ) de diamètre.

Tubes de niveau et *robinets de jauge.* — Les chaudières marines sont munies de deux appareils pour accuser le niveau de l'eau : les *tubes de niveau* ou *tubes indicateurs* et les *robinets de jauge*.

Les *tubes de niveau*, au nombre de deux par corps de chaudière, et placés de chaque côté sur la face antérieure, sont composés d'une garniture G, métallique, en communication avec la chaudière, d'un tube creux en verre, N, de 18 à 20 millimètres de diamètre intérieur et 5 à 6 millimètres d'épaisseur, d'armatures et de robinets de purge et d'interruption (fig. 421).

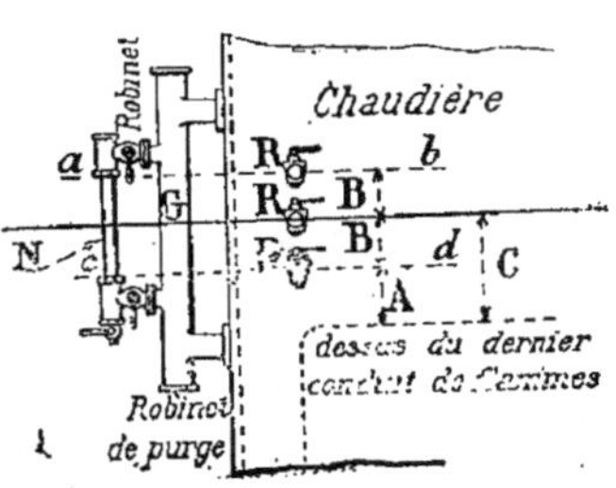

Fig. 421

Les *robinets de jauge* R sont au nombre de 3, et étagés. Celui du milieu doit être au niveau de l'eau ; celui du bas doit laisser au-dessus du dernier conduit de flammes, une lame d'eau A, d'au moins 6 centimètres ; celui du haut doit être placé à une distance B du niveau de l'eau égale à celui du bas. En marche, le robinet du milieu doit donner de l'eau ou de la vapeur ; celui du haut *toujours* de la vapeur ; celui du bas *toujours* de l'eau.

La loi du 17 janvier 1846, dit :

« Le niveau que l'eau doit avoir habituellement dans la chau-
« dière, sera indiqué, à l'extérieur, par une ligne tracée de manière
« très apparente sur le corps de chaudière Cette ligne sera d'un
« décimètre au-moins au-dessus de la partie la plus élevée du dernier
« conduit de flammes.»

Cette hauteur C est portée généralement de 18 à 22 centimètres. La commission de surveillance des bateaux à vapeur du port de Marseille, exige que les extrémités des tubes de niveau correspondent aux robinets de jauge haut et bas, sur les mêmes lignes *ab* et *cd*, de manière qu'en cas de rupture du tube en verre, les robinets de jauge puissent donner les indications nécessaires pour la continuation de la chauffe.

Dans ce cas, le niveau de l'eau est au milieu du tube en verre.

Petits chevaux. — On appelle en général *petit cheval*, une machine à vapeur auxiliaire de faibles dimensions, sans condensation ordinairement, et destinée à mouvoir une pompe indépendante de l'appareil moteur du navire.

Le tuyautage des petits chevaux est disposé de façon telle qu'avec ces appareils on peut : alimenter les chaudières avec l'eau de mer; vider les chaudières et en refouler l'eau à la mer, prendre l'eau à la mer et l'envoyer sur le pont ou dans un tuyautage spécial pour le service du lavage et d'incendie; épuiser l'eau des cales et la rejeter au dehors.

Cubage des soutes à charbon

Les soutes à charbon occupent dans les navires des emplacements divers, de formes géométriques ou autres

Dans le premier cas, leur volume s'obtient par le calcul ordinaire. Mais si la soute occupe dans le navire une tranche transversale ou longitudinale, comprenant une partie des formes de la carène, on obtient sa capacité de la manière suivante :

Soit une soute ayant la forme de la figure 422.

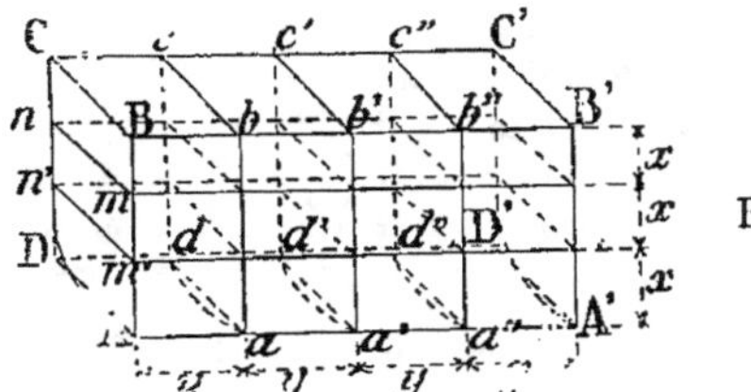

Fig. 422

On la décompose en tranches verticales équidistantes y, assez rapprochées pour que les portions de la surface courbe longitudinale DD', puissent être considérées comme planes.

On divise chaque section transversale ABCD, $abcd$, $a'b'c'd'$ en un certain nombre de parties égales x par des droites parallèles mn, $m'n$ assez rapprochées, pour qu'également les portions de la courbe CDA, comprises entre deux divisions consécutives de la hauteur, puissent être considérées comme droites. On mesure les ordonnées BB, mn, $m'n'$, AD (cette dernière prolongée de manière à compenser la surface laissée au-dessous d'elle), et on a la surface S de la section ABCD, en posant :

$$S = \left(\frac{AD + BC}{2} + mn + m'n' \right) x.$$

On en fait de même pour les autres sections $abcd$, $a'b'c'd'$, $a''b''c''d''$, A'B'C'D'.

On obtient ensuite le volume V de la soute en posant :

$$V = \left[\left(\frac{\text{surface A B C D} + \text{surface A' B' C' D'}}{2} \right) + \text{surf. } abcd + \text{surface } a'b'c'd' + \text{surface } a''b''c''d'' \right] y$$

La capacité t, en tonnes de charbon, se détermine en multipliant le volume de la soute par la densité du charbon, que l'on fait d'habitude égale à 900 kilogrammes le mètre cube. Alors $t = V \times 0,9$.

Calculs
d'établissement des machines marines.

Résistance des carènes.

La résistance théorique que rencontre un corps totalement immergé, qui se meut à travers un fluide, suivant une direction normale à son plan transversal perpendiculaire à l'axe longitudinal, est donnée par la formule :

$$R = \frac{p}{2\,g}\, A\, v^2 \tag{1}$$

dans laquelle :

R, représente la résistance théorique en kilogrammes ;

p, le poids en kilogrammes d'un mètre cube du fluide ;

g, l'accélération due à la gravité, en mètres, et égale à $9^m,81$.

A, la surface du plan transversal, en mètres carrés ;

v, la vitesse du corps en mètres, par seconde.

Si le corps est immergé dans l'eau de mer, le poids p du mètre cube est égal à 1026 kilogrammes ; alors : $\frac{p}{2\,g} = 52.290$, et la formule (1) devient :

$$R = 52,290\ A v^2.$$

Si le plan transversal du corps fait avec la direction du mouvement un angle α, la résistance suivant cette direction est :

$$R = \frac{p}{2\,g}\, A\, v^2 \sin^3 \alpha$$

et la résistance normale au plan est :

$$R = \frac{p}{2\,g}\, A\, v^2 \sin^2 \alpha$$

$\frac{p}{2g}$ s'exprime en pratique par le coefficient K.

On a alors les formules générales de résistance pratique pour un corps de forme quelconque :

$$R = KA\, v^2 \text{ et } R = KA\, v^2 \sin^2 \alpha.$$

La valeur de K a été trouvée expérimentalement de 58 à 63 kilogrammes, pour un corps complètement immergé dans l'eau de mer, à une profondeur au-dessous du niveau du liquide variant de $0^m,915$ à $2^m,743$. Pour les plans minces, K serait environ de 80 kilogrammes.

L'expérience faite en vue de déterminer le degré d'approximation de la formule $KAv^2 \sin^2 \alpha$, pour la résistance normale d'un corps qui se meut suivant une direction oblique au plan transversal, montre que les valeurs de K, données ci-dessus, sont suffisamment exactes pour des corps totalement immergés et pour des grandes valeurs de α; mais, pour des angles au-dessous de 15°, il est préférable de substituer $\sin \alpha$ de l'angle d'incidence à $\sin^2 \alpha$.

Dans le cas d'un navire, la résistance de l'eau sur la marche de la carène a été déterminée de la manière suivante :

$$(2) \quad R = KB^2 (v^2 + 0{,}145\, v^3) + K'S \sqrt[3]{r}, \text{ d'après M. Dupuy de Lôme}$$

$$(3) \quad R = B^2 v^2 \left(K_1 + K_2 \frac{l v^2}{B^2} + K_3 \frac{S}{B^2 v} \right), \text{ d'après M. Bourgois.}$$

$$(4) \quad R = KLC\, v^2 (1 + 4 \sin^2 \alpha + \sin^4 \alpha), \text{ d'après M. Rankine.}$$

$$(5) \quad R = KB^2 v^2 + K_1 B^2 v^4, \text{ d'après MM. Jay et Guède.}$$

Dans ces expressions, R est la résistance en kilogrammes ;
B^2 est la section immergée au maître-couple, en mètres carrés ;
v est la vitesse en mètres, par seconde.

Dans la formule (2) de Dupuy de Lôme, S est la *surface mouillée* ou *surface de frottement* de la carène sur l'eau, obtenue en multipliant la longueur de la carène par le périmètre moyen des sections transversales immergées. K est un coefficient qui varie suivant les formes de la carène, et diminuant en raison inverse de la racine carrée des rayons de courbure des sections longitudinales. Ce coefficient diminue également selon la finesse des formes.

Comme résultat moyen, M. Dupuy de Lôme a pu constater une diminution de 15 % environ dans les résistances, lorsque l'angle moyen des lignes d'eau de l'avant avec le plan longitudinal passe de 45° à 15°.

K' est un coefficient indépendant des formes, mais variant selon le degré de propreté de la carène. Il peut passer de 0 kil. 300 pour des carènes très propres, à 3 kilogrammes pour des carènes pleines d'herbes et d'incrustations de coquillages.

Pour le vaisseau *Napoléon*, M. Dupuy de Lôme a trouvé K=1,96 et K'=0,44. M. l'amiral Bourgois donne K=3 kil. à 3 kil. 4 pour navires à 11 nœuds et K=3 kil. 8 à 4 kil. 6 pour navires à 10 nœuds.

Dans la formule (3) de M. Bourgois, K_1 est un coefficient qui dépend de la forme de la carène et du frottement de l'eau ;

K_2 est un coefficient relatif aux formes extrêmes du navire, et qui tient compte de la résistance de l'eau bouillonnant sur la proue, et de la dépression à l'arrière ;

K_3 est un coefficient de cohésion du liquide ;

l est la largeur maximum du navire ;

S est la surface mouillée que l'on obtient en faisant la somme

ÉLÉM. DE MÉCAN.   43.

des produits de tous les éléments de la surface de la carène par le cosinus de l'angle variable formé avec la direction du mouvement.

M. Bourgois a déterminé la formule empirique suivante qui, dans la plupart des cas, peut servir à évaluer la valeur de S :

$$S = 0,6\ L\ (l + 2i)$$

dans laquelle, L, est la longueur, l, la largeur maximum et i, la profondeur de la carène.

Des expériences sur des embarcations à carène propre, ont donné pour valeurs, de K_1, 2 à 3 kil , y compris la résistance de l'air sur les œuvres mortes; de K_2, 0 k. 120 à 0 k.228; de K_3, de 0 k. 050 à 0 k. 120 (1).

Pour des navires à voiles et en bois, en bon état, dont la longueur ne dépasse pas quatre fois la largeur, $K_1 = 2,20$; $K_2 = 0,16$, $K_3 = 0,08$.

Pour des navires à vapeur, en bois ou en fer, en bon état, dont la longueur est comprise entre cinq et six fois la largeur; $K_1 = 2,00$; $K_2 = 0,14$; $K_3 = 0,08$.

Pour des navires à formes très fines dont la longueur n'excède pas quatre fois et demie la largeur, $K_1 = 1,80$; $K_2 = 0,14$; $K_3 = 0,08$.

Pour tenir compte de la résistance de l'air sur les œuvres mortes et les superstructures, M. Bourgois augmente la quantité entre les parenthèses de la formule (3) de R, d'une quantité variant de 0 k.20 à 0 k. 45 suivant la nature du bâtiment.

Dans la formule (4) de sir Rankine, α est l'angle moyen des lignes d'eau de l'avant avec le plan longitudinal.

L est la longueur du bâtiment à la flottaison et C le contour moyen des couples de carène. LC est donc la surface mouillée du navire.

K est un coefficient égal à 0,1847 pour carène de navire en fer, peinte et propre.

Dans la formule (5) de MM. Guède et Jay, les valeurs de K et de K_1, ont été trouvées pour le navire « *Elorn* », respectivement égales à 2 k. 6 et 0 k. 15.

D'après la méthode de Froude,

$$R = Rf + Rr + Rv.$$

Rf est la résistance due au frottement de l'eau sur la carène ;
Rr est la résistance due au remous;
Rv est celle produite par les vagues.

La résistance due au frottement se calcule par la formule :

$$Rf = KSv^m p.$$

dans laquelle :

K et m sont, l'un un coefficient et l'autre un exposant empiriques.

---

1. Settimio Manasse, *Teoria della nave*, Livorno, 1885.

S est la surface mouillée de la carène, en mètres carrés.

v est la vitesse du navire, en mètres, par seconde.

p, le poids du mètre cube d'eau de mer.

D'après des expériences, on prend on moyenne K = 0,155 et m = 1,83.

La résistance Rr due au remous, est évaluée à 8 ou 10 % de la résistance due au frottement.

La résistance Rv, produite par les vagues, dépend du rapport de la longueur du navire à sa vitesse. Elle est égale à 28 % de la résistance totale, pour la vitesse maximum V du navire :

à 18 % lorsque la vitesse est les $\dfrac{7}{8}$ de V ;

à 13 % — — $\dfrac{3}{4}$ de V ;

à 8 % — — $\dfrac{1}{2}$ de V ;

<h2 style="text-align:center">Marche à la vapeur.
Détermination de la force de la machine.
Navires à hélice.</h2>

La résistance que présente un navire à l'action de son propulseur peut s'exprimer en fonction de trois éléments de sa carène :

1º par rapport à la surface de son maître couple,

2º   —   à son déplacement.

3º   —   à la surface de sa carène.

Dans le premier cas, la formule de résistance, comme on l'a vu plus haut, est R = KB² v², dans laquelle K est le coefficient de résistance élémentaire, B² est la surface immergée du maître couple, et V la vitesse du navire en mètres par seconde.

Le travail effectif produit pour imprimer au navire la vitesse V est :

$$R \times v = K\,B^2\,v^2 \times v = K\,B^2\,v^3.$$

Le coefficient K peut se remplacer par un autre qui tient compte des considérations suivantes :

Le travail sur les pistons de la machine nécessaire pour imprimer au navire une vitesse déterminée, dépend des *dimensions et des formes de la carène*, du *rendement de la machine*, de *l'utilisation de l'hélice* et de *l'importance de la vitesse à obtenir*.

Le *rendement de la machine* n'est pas tel que le donne le travail brut sur les pistons. En raison des efforts à exercer sur les organes, tels que pompes à air, pompes alimentaires, de circulation, de cale, etc., la transmission du travail sur le propulseur est diminuée dans une certaine proportion, et c'est cette dernière que l'on nomme *coefficient de rendement de la machine.*

Le travail sur les pistons multiplié par le coefficient de rendement donne la *force vraie* transmise au propulseur. Ce dernier, devant lui-même transmettre cette force au navire, ne peut l'utiliser en entier, en raison de la résistance de l'eau sur la marche du bâtiment. Il y a donc nouvelle perte de travail dans une certaine proportion, et celle-ci constitue le *coefficient a'utilisation de l'hélice.*

Si on appelle F, le travail brut sur les pistons, en chevaux indiqués de 75 kilogrammètres, par seconde de temps; f, le coefficient de rendement de la machine ; f_1 le coefficient d'utilisation de l'hélice ; R, la résistance de l'eau sur la carène en kilogrammes et déterminée d'après des formules données plus haut ; v, la vitesse du navire en mètres par seconde, on a pour *équation fondamentale du travail :*

$$75\,\mathrm{F} \times f \times f_1 = \mathrm{R}v \qquad (6)$$

Si l'on exprime la vitesse du navire en nœuds de 1852 mètres par heure, on a par seconde de temps : $\dfrac{1852}{3600} = 0^\mathrm{m},5144.$

L'équation ci-dessus (6) devient, en désignant par V la vitesse en nœuds :

$$75\,\mathrm{F} \times f \times f_1 = \mathrm{R}\mathrm{V} \times 0,5144$$

$$\text{d'où } \mathrm{F} \times ff_1 = \frac{\mathrm{R}\mathrm{V} \times 0,5144}{75}$$

$$\text{ou } \mathrm{F} = \frac{\mathrm{R}\mathrm{V} \times 0,5144}{75\,ff_1}$$

En remplaçant R par $\mathrm{K}\,\mathrm{B}^2\,\mathrm{V}^2$, on a :

$$\mathrm{F} = \frac{\mathrm{K}\mathrm{B}^2\,\mathrm{V}^3 \times (0,5144)^3}{75\,ff_1} = \frac{\mathrm{K}\mathrm{B}^2\,\mathrm{V}^3 \times 0,136}{75\,ff_1} \qquad (7)$$

D'où l'on tire :

$$\mathrm{V} = \sqrt[3]{\frac{\mathrm{F} \times 75 \times ff_1}{\mathrm{K} \times \mathrm{B}^2 \times 0,136}} \qquad (8)$$

Le produit ff_1 ne peut être obtenu qu'à l'aide de l'équation lorsque les autres éléments sont connus. En pratique, on a fait $\dfrac{ff_1}{\mathrm{K}} = m$, que l'on appelle coefficient d'utilisation.

$$\text{alors } \mathrm{V} = \sqrt[3]{\frac{\mathrm{F} \times 75 \times m}{\mathrm{B}^2 \times 0,136}} \qquad (9)$$

$\sqrt[3]{\dfrac{75}{0,136}} = 8,204.$ Le produit de 8,204 par $\sqrt[3]{m}$ est représenté

en pratique par M, que l'on appelle *coefficient de vitesse du navire*.
La formule (9) devient alors :

$$V = M \sqrt[3]{\frac{F}{B^2}}$$

d'où finalement :

$$V = M \sqrt[3]{\frac{F}{B^2}} \quad \text{et} \quad M = \frac{V}{\sqrt[3]{\frac{F}{B^2}}}$$

Le coefficient M doit être le plus grand possible. Il varie de 3,60 à 4,00 pour des navires à formes ordinaires et de 10 à 13 nœuds de vitesse.

Dans les navires à formes fines et à grande vitesse, M atteint 4,10 et même 4,20. Généralement on prend 3,90 comme moyenne. Sur les canots et les petits bâtiments de 10 à 15 tonnes de déplacement, il va de 2,50 à 2,80. Il varie de 3,00 à 3,50 sur les navires de 100 à 200 tonnes de déplacement.

En résumé, la force F, en chevaux de 75 kilogrammètres, nécessaire pour imprimer à un navire de section B^2 immergée au maître couple, une vitesse V en nœuds de 1852 mètres, par heure, est :

$$F = \frac{V^3 B^2}{M^3} \quad \text{(Formule française)}.$$

Cette formule, basée sur la surface immergée du maître-couple, ne tient pas compte des formes de la carène, car deux navires peuvent avoir la même surface immergée de M. C tout en ayant des formes bien différentes. L'influence de ces dernières sur la résistance du navire est donc à considérer et l'on emploie alors la formule suivante qui tient compte du déplacement D. Celui-ci est considéré comme un cube dont un des côtés est $\sqrt[3]{D}$; la surface de ce côté est égale à $\left(\sqrt[3]{D}\right)^2 = D^{\frac{2}{3}}$

Cette surface transversale imaginaire est substituée à celle du maître couple, et la formule devient :

$$F = \frac{V^3 D^{\frac{2}{3}}}{C} = \frac{V^3 \sqrt[3]{D^2}}{C}$$

C est un coefficient égal à 180 pour les petits navires, à 200 pour les cargo-boats et les gros cuirassés, et variant de 220 à 250 pour les navires à grande vitesse.

Une autre forme de la formule ci-dessus est la suivante :
M_1 coefficient d'utilisation tiré de la formule :

$$V = M_1 \sqrt[3]{\frac{F}{P^{\frac{2}{3}}}}$$

dans laquelle V et F ont les valeurs de la formule du coefficient M, et P est le déplacement du navire, en tonneaux. Cette valeur de M_1 varie de 5,3 à 5,5 pour les petits bâtiments et de 5,6 à 8,0 pour les grands, en service courant.

De la formule ci-dessus, on tire :

$$M_1 = \frac{V}{\sqrt[3]{\dfrac{F}{P^{\frac{2}{3}}}}} \; ; \; \text{et } F = \frac{\overline{V}^3 \times P^{\frac{2}{3}}}{\overline{M_1}^3} = \frac{\overline{V}^3 \times \sqrt[3]{P^2}}{\overline{M_1}^3}$$

La formule basée sur la surface de carène est :

$$F = \frac{V^3 S}{P}$$

dans laquelle S est la surface de carène corrigée par un coefficient qui tient compte des formes de l'avant du navire et de l'angle d'attaque.

P est un coefficient numérique.

Sir Maquom-Rankine a développé cette formule de la manière suivante :

La résistance du navire, en livres anglaises, est :

$$R = f \frac{\omega}{2g} \, v^2 \, LC \, (1 + 4 \sin^2 \alpha + \sin^4 \alpha)$$

dans laquelle, f est un coefficient de frottement égal à 0,0036 ; ω est le poids en livres d'un pied cube d'eau $= 64$ livres ; g est l'accélération due à la gravité $= 32$ pieds 2 ; v, la vitesse en nœuds $= 1689 \, v$ en pieds par seconde ; L, est la longueur du navire à la flottaison en pieds, et C le développement ou périmètre moyen des couples de carène, en pieds.

On a alors :

$$f \frac{\omega}{2g} v^2 = 0{,}0036 \, \frac{64}{2 \times 32{,}2} \times 1689^2 \, v^2 = 0{,}01 \, v^2 \text{ environ.}$$

La formule ci-dessus (1) devient donc :

$$R = 0{,}01 \, v^2 \, LC \, (1 + 4 \sin^2 \alpha + \sin^4 \alpha) \qquad\qquad (2)$$

α est l'angle moyen des lignes d'eau de l'avant avec l'axe longitudinal du navire.

Rankine calcule la puissance F en chevaux indiqués en multipliant la résistance R en livres anglaises par la vitesse du navire $101{,}3 \, v$ en pieds par minute, et en divisant ce produit par 33.000 n, rendement de la machine.

On a alors :

$$F = \frac{101{,}3 \, R \, v}{33000 \, n} \; ; \; \text{et } R = \frac{F \times 33000 \, n}{101{,}3 \, v}$$

Rankine attribue à n une valeur de 0,63 pour de bonnes machines. En substituant dans (2) la valeur de R ci-dessus, on a :

$$F = \frac{0,01 \times 101,3}{33000 \times 0,63}\, v^3\, L\, C\, (1 + 4 \sin^2 \alpha + \sin^4 \alpha). \qquad (3)$$

Le coefficient numérique $\frac{0,01 \times 101,3}{33000 \times 0,63}$ est égal à $\frac{1}{20823}$ ou, en chiffre rond $\frac{1}{20000}$. La formule (3) devient par suite :

$$F = \frac{v^3\, L\, C}{20000}\, (1 + 4 \sin^2 \alpha + \sin^4 \alpha).$$

Le coefficient $\frac{1}{20000}$ peut descendre jusqu'à $\frac{1}{17000}$ pour des navires de formes pleines, ou dont la carène est en mauvais état.

D'après Froude, le travail nécessaire pour vaincre la résistance propre d'un navire, exprimé en chevaux indiqués, est :

$$F = 2,7 \times \frac{R\, v}{75}$$

R est la résistance qu'éprouve le navire à se mouvoir et dont la valeur a été déterminée plus haut. v est la vitesse du navire en mètres par seconde.

Le début de toute étude de projet de machine à vapeur consiste dans la détermination des dimensions des cylindres et du nombre de coups de piston ou de tours par minute. Le choix de ces éléments principaux dépend de considérations multiples (1).

Le nombre de tours dépend principalement du diamètre de l'hélice, et se trouve, par suite, à peu près déterminé par les données mêmes de la coque du navire, attendu que l'hélice doit toujours être aussi grande que le permettent le tirant d'eau et les formes de l'arrière. Le nombre de tours une fois fixé, on connaît le travail en kilogrammètres qu'il faut réaliser par coup de piston pour développer une force en chevaux donnée.

Ce travail étant équivalent au produit de la surface du piston par sa course et par la *pression moyenne* (p) que la vapeur exerce sur chaque unité de la surface du piston, on voit que le volume d'un cylindre développant un travail donné se trouve inversement proportionnel à la pression moyenne (p). Cette dernière est fonction de la pression sous laquelle la vapeur est admise dans le cylindre et du degré de détente qui s'y effectue après que l'orifice d'admission est fermé.

Si l'on voulait réduire au minimum les dimensions des cylindres, on devrait adopter pour (p) la plus grande valeur possible, mais,

---

(1) M. Widmann, *Etude des Principes de la Construction des Machines marines*, 1890.— E, Bernard et Cie, éditeurs, Paris.

d'un autre côté, si l'on veut que la machine soit économique, il importe de prolonger le travail de détente, de telle manière que la pression moyenne (p) ne soit qu'une fraction assez faible de la pression d'admission. On comprend, par suite, qu'il est essentiel de connaître la relation qui lie la pression moyenne à la pression initiale et au degré de détente. Cette relation est mise en évidence par le tracé du diagramme prévu du cylindre, tracé qui ne peut être établi *a priori* par des considérations uniquement théoriques, mais auquel l'observation et l'analyse de résultats d'expérience donnent une approximation suffisante pour la pratique.

Bateaux à roues.

La force nécessaire pour faire avancer un bateau dans une eau tranquille d'un espace indéfini, est, d'après ce qui a été dit ci-dessus, donnée par la formule :

$$F = K \frac{B^2 V^2}{2g}$$

dans laquelle :

F est la force qui sollicite le bateau dans la direction du mouvement, exprimée en unités de 1000 kilogrammes;

B^2 la surface du maître couple;

V la vitesse du bateau en mètres par seconde;

g l'accélération due à la pesanteur et égale à $9^m,81$;

K, coefficient variable dépendant de la forme du bateau et égal, en pratique, de 0,15 à 0,20 pour des bateaux de dimensions ordinaires et assez fins qui naviguent dans les fleuves et rivières.

Impulsion au moyen de roues à palettes. — Si F' est la résistance que l'eau oppose au mouvement des palettes, on a, d'après Coriolis :

$$F' = K' \frac{a V}{2 g} (v - V)$$

F' est la résistance de l'eau exprimée en unités de 1000 kilogrammes.

a, est la section des roues à palettes, ou plutôt la surface d'une aube, s'il n'y a qu'une roue, et surface de deux aubes s'il y a deux roues.

V, la vitesse du bateau en mètres par seconde;

v la vitesse de rotation du centre de gravité des palettes;

(v-V), la vitesse avec laquelle les palettes frappent l'eau;

K', coefficient égal de 1 à 1,10 pour les palettes fixes, et de 1,25 à 1,30 pour les palettes articulées ou mobiles. Dans le cas de $F = F'$, $v = \dfrac{V(K'a + KB^2)}{K'a}$.

Le travail moteur Tp absorbé par seconde pour communiquer la vitesse relative aux palettes, est donné par la formule :

$$Tp = F' (v - V) = K' \frac{a V}{2g} (v - V) (v - V) = K' \frac{a V}{2g} (v - V)^2$$

Le travail moteur Tm produit par la machine en une seconde est égal au travail Tu absorbé par la résistance que le bateau éprouve à avancer, et qui est le travail utile, plus le travail Tp absorbé par la résistance que les roues éprouvent à se mouvoir, et qui est le travail perdu. On a donc la formule suivante :

$$\mathrm{T}m = \mathrm{T}u + \mathrm{T}p = \mathrm{K}\,\frac{\mathrm{B^2V^3}}{2y} + \frac{\mathrm{K'}a\mathrm{V}}{2g}\,(v - \mathrm{V})^2,$$

ou : $\mathrm{T}m = \dfrac{\mathrm{V}^3}{2g}\,\mathrm{KB^2}\left(1 + \dfrac{\mathrm{KB^2}}{\mathrm{K'}a}\right)$ si F égale F', et $v = \dfrac{\mathrm{V(K'}a + \mathrm{KB^2})}{\mathrm{K'}a}$

La force sur l'arbre de la machine, en chevaux de 75 kilogrammètres, est donnée par la formule :

$$\mathrm{F} = \frac{p\,\dfrac{\pi \mathrm{D^2}}{4}\,10000\,\dfrac{c \times 2 \times n}{60}\,a\,\mathrm{K}}{75} = \frac{523,5\,\dfrac{a}{2}\,\mathrm{D^2}\,c\,n\,p\,\mathrm{K}}{75}.$$

dans laquelle :

F est la force de la machine en chevaux de 75 kilogrammètres en une seconde de temps ;

D, le diamètre, C la course des pistons ;

n, le nombre de tours par minute ;

a, le nombre de pistons, supposés de même diamètre D ;

p, la pression moyenne effective sur le piston en kilogrammes par centimètre carré ;

K, coefficient dépendant du service des organes de la machine et des frottements, variant de 0,50 à 0,75.

Formule du travail Tm nécessaire pour faire remonter une rivière par un bateau :

$$\mathrm{T}\,m = \frac{\mathrm{(V} + u)^3}{2g}\,\mathrm{KB^2}\left(1 + \frac{\mathrm{KB^2}}{\mathrm{K'}a}\right)$$

Formule pour faire descendre la rivière par ce même bateau :

$$\mathrm{T}\,m = \frac{\mathrm{(V} - u)^3}{2g}\,\mathrm{KB^2}\left(1 + \frac{\mathrm{KB^2}}{\mathrm{K'}a}\right)$$

Dans ces formules :

u est la vitesse de l'eau par seconde :

(V$+u$) est la vitesse relative du bateau par rapport à l'eau ;

(V$-u$) a la même signification.

La force à appliquer sur le propulseur peut se déduire de la formule $\mathrm{V} = \mathrm{M}\sqrt[3]{\dfrac{\mathrm{F}}{\mathrm{B^2}}}.$

Dans cette formule, $\mathrm{M} = \sqrt[3]{\dfrac{ff_1}{\mathrm{K}}}$, dans laquelle f est le coefficient de rendement des pistons à l'arbre, f_1 le coefficient de rendement du propulseur, K le coefficient de résistance de la carène. Le produit

π_1 se fait généralement égal à 0,680. En pratique, la valeur de M est tirée de comparaisons avec d'autres navires. Elle varie de 2,90 à 4,00, selon le nombre de pales et les dimensions des roues.

Frein de Prony pour déterminer la puissance d'une machine

Soient : P, le poids en kilogrammes porté par le plateau du frein + le poids propre du frein, réduit à la distance l (fig. 423).

l, la longueur du bras de levier;

n, le nombre de tours de l'arbre par minute.

Le travail effectif N en chevaux-vapeur sera par seconde:

$$N = \frac{2\,\pi\,P\,l\,n}{60 \times 75^k} = 0,001395\ P\,l\,n.$$

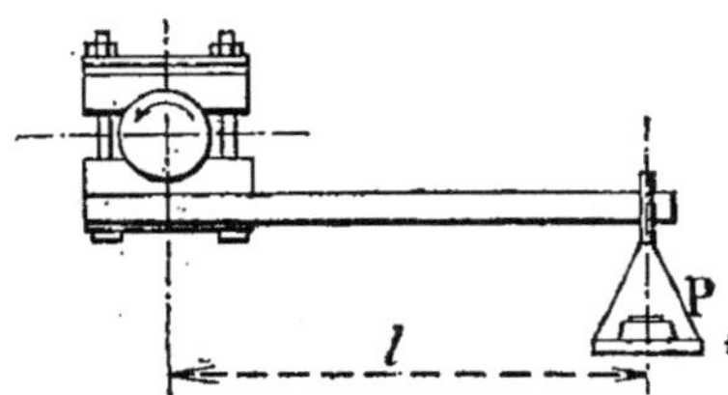

Fig. 423

Relations entre la puissance de la machine, la consommation de charbon et la vitesse d'un navire.

Pour un même navire, la puissance en chevaux F est proportionnelle au cube de la vitesse v.

C'est-à-dire que l'on a :

$$\frac{F}{F_1} = \frac{v^3}{v_1^3}$$

Pour un même navire et pour le même temps, la consommation de charbon C varie comme le cube de la vitesse v.

C'est-à-dire que l'on a :

$$\frac{C}{C_1} = \frac{v^3}{v_1^3}$$

A égales vitesses, la résistance R d'un navire est à celle R_1 d'un autre navire pris comme exemple comme le carré du rapport n de leurs dimensions linéaires est à l'unité.

C'est-à-dire que l'on a :

$$\frac{R}{R_1} = \frac{n^2}{1}$$

ou encore, comme la puissance deux tiers de leurs déplacements D, soit :

$$\frac{R}{R_1} = \frac{D^{\frac{2}{3}}}{D_1^{\frac{2}{3}}}$$

Pour deux navires de formes semblables et animés de la même vitesse, la puissance en chevaux et la consommation de charbon varient comme la puissance deux tiers de leurs déplacements.

C'est-à-dire que l'on a :

$$\frac{F}{F_1} = \frac{C}{C_1} = \frac{D^{\frac{2}{3}}}{D_1^{\frac{2}{3}}}$$

Pour un même navire, la consommation de charbon, pour des parcours égaux, varie comme le carré des vitesses.

C'est-à-dire que l'on a :

$$\frac{C}{C_1} = \frac{v^2}{v_1^2}$$

Exemples pour les cas ci-dessus. — La machine d'un navire développe 600 chevaux à la vitesse de 10 nœuds. A 13 nœuds la force F_1 devra être :

$$\frac{F}{F_1} = \frac{v^3}{v_1^3} ; \ F_1 = \frac{v_1^3 F}{v^3} = \frac{13^3 \times 600}{10^3} = 1318 \text{ chevaux.}$$

Un navire consomme 45 tonnes de charbon par jour à la vitesse de 10 nœuds. A 13 nœuds la consommation quotidienne C_1 sera :

$$\frac{C}{C_1} = \frac{v^3}{v_1^3} : C_1 = \frac{v_1^3 C}{v^3} = \frac{13^3 \times 45}{10^3} = 99 \text{ tonnes}$$

Un navire consomme 300 tonnes de charbon pour faire un parcours de 1100 milles à la vitesse de 11 nœuds. Pour une vitesse réduite à 10 nœuds la consommation de charbon C_1 pour le même parcours sera :

$$\frac{C}{C_1} = \frac{v^2}{v_1^2} ; \ C_1 = \frac{v_1^2 C}{v^2} = \frac{13^2 \times 300}{11^2} = 248 \text{ tonnes}$$

Comme suite aux indications ci-dessus, il est résulté d'expériences faites avec des petits modèles de navires la règle suivante :

Lorsqu'un navire et son modèle sont mus dans le même fluide, leurs vitesses respectives sont entre elles comme la racine carrée de leurs dimensions linéaires ou comme la racine sixième de leurs déplacements ; c'est-à-dire que l'on a :

$$\frac{v}{V} = \sqrt{n} = \sqrt{\frac{l}{L}} = \sqrt[6]{\frac{d}{D}}$$

Leurs résistances sont entre elles comme les cubes de leurs dimensions homologues ou directement comme leurs déplacements :

$$\frac{r}{R} = \frac{l^3}{L^3} = \frac{d}{D}.$$

Proportions générales des machines.

Cylindre à vapeur.

Soient : F, la force proposée de la machine, en chevaux de 75 kilogrammètres ;
S, la section du cylindre en mètres carrés ;
V, la vitesse moyenne du piston en mètres par seconde ;
p, l'effort moyen, ou l'ordonnée moyenne que permet le
régime de la machine, en kilogrammes par mètre
carré.

On a :

$$F = \frac{pSV}{75}$$

Si l'on fait p en kilogrammes par centimètre carré on a :

$$\frac{F}{10000} = \frac{p\,SV}{75} \; ; \text{ d'où } F \times 0,0075 = pSV$$

S'il s'agit d'une machine à un cylindre, S est la section de ce cylindre ; s'il y a plusieurs cylindres égaux et à introduction directe,
S, est la somme des sections de ces cylindres ; s'il y a des cylindres
admetteurs et n derniers cylindres détendeurs, S est la section totale
de ces derniers réunis. Dans une machine à triple expansion, par
exemple, comprenant 3 cylindres successifs, S est la section du dernier cylindre. Dans ce cas, p est l'ordonnée du diagramme
totalisé.

La valeur de p peut s'obtenir par la formule suivante :

$$p = \beta \, \frac{p_1}{mn} \, (1 + \log.\ \text{nép. } m.\ n.)$$

Dans laquelle : β représente la fraction du diagramme total que
l'on peut compter utiliser. Cette fraction varie :
de 0,60 à 0,66 pour les machines à simple expansion ;
de 0,65 à 0,68 pour les machines Woolf ;
de 0,66 à 0,70 pour les machines Compound ;
de 0.68 à 0,70 pour les machines à triple expansion ;
de 0,65 à 0,71 pour les machines à quadruple expansion ;
$mn = \Delta$ est le coefficient de détente, variant de 1 à 20 ;
p_1 est la pression aux chaudières.

La valeur de SV est :

$$SV = \frac{F}{p}\, 0,0075$$

Mais comme $V = \dfrac{CN}{30}$, puisque C représente la course du piston et

N le nombre de tours par minute, on a :

$$SCN = \frac{F}{p} \times 0,0075 \times 30 = \frac{F}{p} \times 0,225$$

Le volume théorique du cylindre est donc :

$$S \times C = \frac{F}{p \times N} \times 0,225 ; \text{c'est le volume engendré par le piston.}$$

Le volume définitif du cylindre s'obtient en faisant le produit de S par la hauteur H. Cette hauteur est égale à :

$$H = C + \text{deux hauteurs d'espace mort} + \text{hauteur du piston.}$$

La hauteur de l'espace mort varie de 6 à 10 millimètres. Dans les machines à pilon on donne quelquefois 15 millimètres à l'espace mort du côté de l'arbre.

Le rapport des volumes des cylindres est généralement égal à 3 pour les machines compound. Pour les machines à triple expansion, le rapport du dernier détendeur à l'admetteur est en moyenne 6 à 7, celui de l'intermédiaire à l'admetteur, 2,2 à 2,6

Course des pistons.

La proportion relative de course au diamètre varie entre 1,9 et 1,2 pour les petits cylindres, entre 0,70 et 0,90 pour les grands.

Vitesse des pistons.

Les pistons les plus lourds des machines marines peuvent sans inconvénients être animés de vitesses atteignant 3^m,50 à 4 mètres par seconde. Les pistons des torpilleurs atteignent 4^m,40 à 6 mètres.

Nombre de tours par minute.

En général, on a : 70 à 80 tours pour les grandes machines ;
90 à 100 tours pour les moyennes ;
250 à 400 tours pour les petites.

Epaisseur à donner aux parois des cylindres.

Les parois des cylindres doivent être suffisamment résistantes pour supporter dans des conditions parfaites de sécurité la pression de la vapeur, pour résister à l'usure, aux chocs.

On peut calculer leur épaisseur par la formule :

$$R = \frac{PD}{20e} \text{ perpendiculairement aux génératrices.}$$

$$R = \frac{PD}{40e} \text{ suivant les génératrices.}$$

Dans laquelle :

P est la pression maximum à l'intérieur du cylindre, en kilogrammes par centimètre carré ; D, le diamètre du cylindre en centimètres; e l'épaisseur des parois en millimètres; R la résistance pratique de la fonte par millimètre carré. La valeur de R ne doit pas dépasser $0^k,800$ pour les machines ordinaires ; dans les appareils très légers, comme ceux des torpilleurs, on peut prendre $R = 1^k,200$; mais c'est un maximum. [1]

Ces cylindres sont essayés à la presse hydraulique.

Dans la marine, on détermine cette épaisseur par les formules suivantes où e et D sont exprimés en mètres :

Cylindres détendeurs $\begin{cases} e = 0^m,015 + 0,012 \text{ D au cylindre extérieur.} \\ e' = 0^m,017 + 0,012 \text{ D au corps intérieur.} \end{cases}$

Cylindres admetteurs $\begin{cases} e = 0^m,010 + 0,005 \text{ PD cylindre.} \\ e' = 0^m,012 + 0,005 \text{ PD corps extérieur.} \end{cases}$

En Angleterre la plupart des constructeurs emploient les formules suivantes :

Soient D le diamètre du cylindre en pouces ;
P, la charge des soupapes de sûreté en livres par pouce carré ;
K, un coefficient égal à $e + 0,006$;
e, l'épaisseur des parois du cylindre proprement dit (en pouces) ;
e', l'épaisseur des parois de la chemise intérieure (en pouces).

$$e = \frac{PD}{2500} + 0,5 \qquad e' = 0,8 \text{ K}$$

Si la chemise est en acier, $e' = \dfrac{PD}{3000}$.

Les épaisseurs des autres parties du cylindre seront :

Conduits de vapeur	0,60 K
Parois des boîtes à tiroir	0,65
Parois des couvercles des boîtes à tiroir .	0,70
Fonds simples.	1,10
Fonds creux	0,65
Couvercles simples	1,00
Couvercles creux.	0,60
Brides du cylindre	1,40
Brides du couvercle	1,30
Brides de la boîte à tiroir	1,00
Glace du tiroir	1,20

1. Maurice Dumoulin. — *Nouvelles machines Marines*

Prisonniers des couvercles des cylindres et des boîtes à tiroir.

Les constructeurs anglais emploient les formules suivantes :

Soient E, l'écartement de deux prisonniers, de centre à centre, en pouces ;

e, l'épaisseur de la bride du couvercle en seizièmes de pouce ;

P, la pression maximum qui s'exerce sur ce couvercle, exprimée en livres par pouce carré ; on a :

$$E = \sqrt{\frac{100\,e}{P}}$$

Suivant les usages de notre Marine, l'écartement des prisonniers de centre en centre, varie de 4 à 5 fois leur diamètre pour les pressions supérieures à 2 kilogrammes.

Le diamètre se calcule en admettant, comme maximum, un effort de 2 kilogrammes par millimètre carré au fond des filets. On peut se donner le diamètre des prisonniers qui est sensiblement proportionnel à l'épaisseur des brides, et on en calcule le nombre.

(M. Normand fait travailler à $4^k,4$ les boulons d'acier de ses torpilleurs).

Pistons.

Soient, D le diamètre du piston en pouces ;

p la pression maximum en livres par pouce carré ;

K, une constante.

On posera d'abord :

$$K = \frac{D}{50}\sqrt{p+1}$$

Les différents éléments du piston devront être proportionnés comme suit, si on les suppose constitués en bonne fonte, au moins de seconde fusion.

Epaisseur de la souche supérieure du piston près du moyeu	0,20 K
— — de la jante	0,17
— inférieure — —	0,18
Epaisseur du moyeu.	0,30
Epaisseur de la jante	0,23
Epaisseur de la bague	0,15
Epaisseur de la couronne mobile, au bord	0,23
— — par le travers des boulons.	0,35
Largeur de la bague	0,63
Hauteur du piston au milieu	1,40
Diamètre des boulons de la couronne.	0,10
Ecartement de ces boulons.	10 diamètres.
Nombre de nervures rayonnantes du piston. .	$\dfrac{D+20}{12}$
Epaisseur de ces nervures	0,18 K

Toutes ces dimensions sont données en pouces.

D'après les usages de la Marine française, la hauteur des pistons se détermine par la formule suivante :

$$h = 0,08 \ \mathrm{D} \ \sqrt{\mathrm{P}} + 0,03$$

D, est le diamètre du piston en mètres ;

P, est la pression aux chaudières pour le cylindre HP.

P = 1 pour le cylindre BP.

En pratique, on donne la même hauteur aux deux pistons.

Soupapes de sûreté des cylindres.

Le diamètre d est donné par la relation :

$$d = \mathrm{D} \ \frac{0,05}{\sqrt{\mathrm{V}}}$$

D, diamètre du cylindre en mètres ;

V, la vitesse du piston en mètres par seconde.

La charge des soupapes est de $(P + 1)$ kil. pour le petit cylindre, de 2 kilogrammes pour le cylindre de détente.

On peut comme diamètre leur donner les 0,070 à 0,076 du diamètre du cylindre.

Proportions des orifices et tuyaux de vapeur.

Les anglais ont une formule empirique qui permet de calculer, *a priori*, le diamètre du tuyau de vapeur d'une machine donnée.

Soient, D ce diamètre en pouces ;

V, la vitesse moyenne du piston, en pieds, par minute ;

d, le diamètre du cylindre,

il vient :

$$\mathrm{D} = \frac{d}{90} \sqrt{\mathrm{V}}$$

Dans la Marine, on emploie généralement la formule d'Indret : $\sigma = 0,038$ SV, dans laquelle : σ est la section du tuyau ; V la vitesse du piston par seconde ; S, la surface du piston : le tout exprimé en mètres.

La vitesse de la vapeur ne doit pas dépasser, autant que possible, 30 mètres par seconde.

D'après les règles de l'établissement d'Indret, la section σ' des orifices est donnée par la formule

$$\sigma' = 0,035 \ \mathrm{S} \ \mathrm{V}.$$

D étant le diamètre du cylindre et S la surface du piston, on a, d'après ces formules, le tableau suivant :

Vitesse du piston en mètres par seconde	Diamètre du tuyau de vapeur	Diamètre du tuyau d'échappement	Section d'ouverture maximum de l'orifice d'admission	Section de l'orifice d'échappement
2^m80	0.262 × D	0.302 × D	0.0458 × S	0.0917 × S
3.00	0.274 × D	0.316 × D	0.0500 × S	0.1000 × S
3.30	0.285 × D	0.329 × D	0.0541 × S	0.1083 × S
3.50	0.296 × D	0 341 × D	0.0583 × S	0.1167 × S
3.80	0.306 × D	0.353 × D	0.0625 × S	0.1250 × S
4.10	0.316 × D	0.365 × D	0.0667 × S	0.1333 × S
4.30	0.326 × D	0.376 × D	0.0708 × S	0.1417 × S
4.60	0.335 × D	0.387 × D	0.0750 × S	0.1500 × S
4.80	0.314 × D	0.397 × D	0.0791 × S	0.1583 × S

Condenseurs

Condenseur par mélange [1]

Le condenseur à injection, ou par mélange, est généralement une boîte de forme rectangulaire, venue de fonte d'une seule pièce, où débouchent, en face l'un de l'autre, le tuyau d'évacuation de vapeur librement ouvert et le tuyau d'injection terminé par une lanterne percée de fentes ou de trous, pour diviser la gerbe d'eau lancée au milieu de la vapeur. Le mélange d'eau d'injection et d'eau condensée est constamment extrait par la pompe à air.

La vapeur, à son entrée dans le condenseur, doit perdre 600 calories environ par kilogramme pour se condenser, ce qui exige une injection de 20 kilogrammes d'eau de mer subissant un échauffement de 30o. Pour ne pas être en défaut, on donne à l'arrivée d'eau une section de 20 millimètres carrés par cheval indiqué, et l'on admet que le débit fourni par cet orifice est de 25 à 30 kilogrammes par kilogramme de vapeur.

Le débit de la pompe à air se calcule sur la base d'un volume engendré par son piston de 100 litres par kilogramme de vapeur ; on compte sur un rendement en volume de 0,75 ; on attribue 25 litres à l'eau et 50 litres à l'air à extraire.

Le vide s'établit ainsi dans les conditions suivantes :

Indépendamment des rentrées par les presse-étoupes de la machine, l'air provient de l'eau d'injection, qui en contient le vingtième de son volume à la pression atmosphérique. Cet air ce dégage à peu près complètement dans le condenseur ; il y établit l'équilibre de

1. L.-E. Bertin, *Les Machines marines.*

pression permanente, dans laquelle le poids extrait par la pompe à air est égal au poids introduit. A poids égal, les pressions étant inversement proportionnelles aux volumes, et l'air, introduit sous le volume $\frac{1}{20}$, étant extrait sous le volume 2 par rapport à l'eau, la pression ω dans le condenseur est donnée par l'équation :

$$1^k \times \frac{1}{20} = \omega \times 2$$

d'où :

$$\omega = \frac{1}{20} \times \frac{1}{2} = \frac{1}{40} = 0^k 025$$

En tenant compte des rentrées d'air de la machine et des imperfections de la pompe, on admet que la pression de l'air dans un condenseur à injection ne peut guère être inférieure à $0^k,05$; elle s'élève souvent en fait à $0^k,12$.

A cette pression s'ajoute celle de la vapeur d'eau, qui est de $0^k,075$ à 40° et de $0^k,097$ à 45°.

La somme concorde avec les contre-pressions totales observées qui varient entre $0^k,12$ et $0^k,22$ et sont en moyenne de $0^k,17$.

Le volume des condenseurs à injection se détermine surtout par la considération d'éviter l'envahissement brusque de l'eau d'injection qui pourrait gagner les cylindres pendant un stoppage subit, la pompe à air, toujours conduite par la machine, s'arrêtant en même temps que celle-ci. Dans la marine française, on a généralement donné au condenseur un volume égal à celui des deux cylindres à introduction directe qu'il desservait généralement. Des exemples assez nombreux prouvent que le tiers de ce volume peut suffire.

Condenseur par surface

Le condenseur à surface se compose, dans la forme la plus usuelle, d'un réservoir cylindrique traversé par un faisceau de tubes, où circule l'eau réfrigérante. Tous les principes relatifs à la conductibilité des parois, tous ceux qui concernent la transmission de la chaleur dans les chaudières, sont applicables au fonctionnement du condenseur à surface.

Le condenseur à surface exige deux pompes : l'une pour extraire l'eau et faire le vide, l'autre pour faire circuler l'eau réfrigérante.

Les échanges de calorique entre la vapeur et l'eau conduisent à considérer quatre quantités :

A, quantité de chaleur par kilogramme de vapeur à condenser.

t, température de l'eau condensée, à sa sortie du condenseur.

T_1, température d'entrée de l'eau réfrigérante,

T_2, température de sortie   —

Entre ces quatre quantités et le poids d'eau réfrigérante P par kilogramme de vapeur, on a l'équation fondamentale :

$$P\ (T_2 - T_1) = \Lambda - t \qquad (1)$$

Les données assez habituelles, pour une machine marchant à pleine puissance, sont :

$\Lambda = 622$ calories 9, correspondant à $0^k,15$ de contre-pression,

$t = 53°7$, correspondant à $0^k,15$ de contre-pression,

$P = 50$ kilogrammes.

D'après ces chiffres, l'équation (1) donne.

$$T_2 - T_1 = 11°4.$$

Il est d'usage de calculer la surface réfrigérante des condenseurs à raison de $0^{m2},10$ par cheval, ce qui équivaut à $0^{m2}015$ par kilogramme de vapeur et par heure.

Le travail nécessaire pour faire circuler l'eau dans un condenseur à surface étant beaucoup moindre que pour l'extraire d'un condenseur par mélange, on proportionne l'eau de circulation plus largement que l'eau d'injection au poids de vapeur à condenser.

La règle usuelle, dans la marine française, est de faire circuler 50 litres d'eau par kilogramme de vapeur à condenser, ce qui, dans un condenseur présentant une surface S de $0^{m2},015$ par kilogramme de vapeur et par heure, revient à établir une circulation par heure de :

$$\frac{0,05}{0,015} = 0^{m3},333 \text{ par mètre carré de surface réfrigérante.}$$

L'action de l'eau réfrigérante ne dépend pas seulement de son poids P et de la surface de condensation S par kilogramme de vapeur. La durée du séjour de l'eau dans le condenseur doit, de plus, être suffisante pour que son échauffement se produise au degré prévu :

Soit V le volume de l'eau dans les tubes du condenseur par kilog. de vapeur et par heure ; le nombre de fois que l'eau se renouvelle par heure est représenté par le rapport $\frac{P}{V}$ dans lequel les deux termes P et V peuvent être rapportés au cheval ou au kilogramme de vapeur par heure, indifféremment. Ce rapport varie de 600 à 1400 ; une valeur assez voisine de la moyenne est $\frac{P}{V} = 1000$, qui correspond à une durée de séjour de l'eau dans le condenseur égale à 3 secondes 6.

Le débit de la pompe à air, avec les condenseurs à surface, est de 1 litre d'eau et 30 litres d'air très raréfié par kilogramme de vapeur condensée, tandis qu'il est de 25 litres d'eau et 50 litres d'air avec le condenseur à injection.

La surface refroidissante utile, pour les grandes machines de commerce, doit être comprise entre 15 et 18 décimètres carrés par cheval indiqué (1).

La longueur totale de la circulation ne doit pas être inférieure à 4m,50.

Dans les machines des croiseurs et torpilleurs, on descend, à cause des poids, à 13 ou 14 décimètres carrés par cheval indiqué à l'allure forcée ; c'est la limite inférieure en pratique.

Le poids de l'eau de circulation doit être environ de 40 fois celui de la vapeur débitée par la machine, pour les bâtiments qui naviguent dans les mers froides, et de 50 fois pour ceux qui trafiquent sous les tropiques.

On peut déterminer ce volume d'eau en fonction de la puissance indiquée : 400 à 500 litres par cheval et par heure.

Dans les appareils où la pompe de circulation à double effet, est menée par le même balancier que la pompe à air à simple effet, on donne généralement à la première un volume égal à 0,30 ou 0,32 de celui de la seconde.

La section des tuyaux de refoulement et d'aspiration des pompes de circulation, doit être telle que la vitesse de l'eau dans ces conduits n'excède pas 3m,50.

L'établissement d'Indret détermine ces sections par la formule suivante :

$$\frac{n\,S}{F} = 0{,}000075$$

dans laquelle :

n, est le nombre de tuyaux d'aspiration et de refoulement pour l'appareil entier ;

S, la section de l'un des tuyaux ci-dessus, en mètres carrés ;

F, la force prévue de l'appareil en chevaux de 75 kilogrammètres.

Pompes à air.

Le volume engendré par le piston de la pompe à air doit être compris entre les 0,08 et les 0,12 du volume engendré par le piston du cylindre de détente, pour les pompes à air du système vertical à simple effet.

Si les pompes à air sont mues par une machine indépendante, il faut faire intervenir, pour le calcul de ces volumes, le nombre de tours des deux appareils.

S'il s'agit de pompes à air horizontales à double effet, on devra

---

(1) M. Dumoulin. *Les Nouvelles machines marines.*

choisir des dimensions telles que le rapport des volumes définis ci-dessus soit compris entre 0,045 et 0,055.

Les pompes à air sont en général à simple effet quand elles ne sont pas directement attelées sur les pistons, et à double effet dans le cas contraire.

Dans le premier cas, la pompe comporte 3 jeux de clapets, savoir :

Les clapets de pied ou d'aspiration, les clapets de piston et les clapets de tête ou de refoulement.

Dans le second cas, il n'y a pas de clapets de piston, mais il y a, à chaque bout de la pompe, clapets de pied et clapets de tête.

On donne généralement aux clapets de pied une section totale ω égale à 0,60 de S V, (S étant la section du piston de pompe à air et V sa vitesse).

Les clapets de piston reçoivent, autant que possible, même section que les clapets de pied. Les clapets de refoulement peuvent être de moindre surface que ces derniers. (Bienaymé).

Pompes alimentaires.

Le volume total débité par les pompes, varie entre 25 et 35 litres par cheval indiqué et par heure. La même proportion est adoptée pour les pompes de cale.

Les tuyaux d'aspiration et de refoulement doivent avoir une section telle, que la vitesse de l'eau n'y dépasse pas 2ᵐ,50 pour les pompes de grandes dimensions, et 2 mètres pour les petites, par seconde.

La résistance opposée à la marche d'un fluide dans une conduite, étant en grande partie due au frottement du fluide sur les parois, laquelle varie comme le diamètre du tuyau, tandis que la section de passage croît comme le carré du diamètre, on peut réduire la section des tuyaux d'alimentation dans lequel refoulent deux pompes et lui donner seulement une valeur égale aux 0,8 de la somme des sections des deux tuyaux provenant de chacune des pompes.

Arbres à manivelles.

On calcule ordinairement le diamètre des arbres par la formule

$$D = 0{,}1 \sqrt[3]{\frac{F}{N}}$$

où D est le diamètre de l'arbre en mètres ; F, la puissance en chevaux de 75 kilogrammètres ; et N le nombre de tours de la machine par minute.

En ce qui concerne les machines compound, certains établissements forcent un peu les chiffres donnés par cette formule et les augmentent de 5 à 10 % environ.

ÉLÉM. DE MÉCAN.   44.

Arbres d'hélice et de transmission.

Quelques constructeurs anglais donnent à l'arbre porte hélice un diamètre supérieur de 10 % à celui de l'arbre à manivelles, à cause de la gravité que présenterait une rupture de cette portion de l'arbre.

Arbres en acier.

On admet généralement que le rapport de la résistance d'un arbre en fer à celle d'un arbre en acier est de $\dfrac{1}{1,28}$. Pour les arbres en acier, le rapport des diamètres sera égal à $\sqrt[3]{\dfrac{1}{1,28}} = 0,921$ soit une réduction de 8 %.

Au delà de $0^m,400$ de diamètre, on a tout intérêt à composer les vilebrequins de différentes pièces réunies à chaud ; l'arbre est alors dit *built up* et se compose de cinq parties : deux fûts, une soie, deux joues. L'épaisseur de ces dernières, constante en tous leurs points, varie entre les 0,7 et 0,8 du diamètre de l'arbre.

Manchons d'accouplement.

Ces manchons sont toujours venus de forge avec l'arbre. Leur épaisseur ne doit pas être inférieure à celle des boulons de jonction et on la prend ordinairement égale à 0,30 du diamètre de l'arbre.

Dans la Marine, on calcule les éléments de ces tourteaux de jonction par la formule

$$Rd^2n = 0,00038 \frac{F}{N}$$

dans laquelle :

n, est le nombre des boulons de jonction ; d, leur diamètre.

R, la distance de ces boulons au centre ; D, diamètre de l'arbre.

Tiges de pistons et bielles.

Dans les conditions ordinaires, il suffit de calculer les tiges de pistons à la traction, à raison de 1 kil. 8 à 2 kilogrammes par millimètre carré.

Si ces tiges avaient une longueur inusitée, il faudrait les calculer directement à la compression. Le calcul donne des résultats un peu exagérés, si l'on ne tient pas compte de l'action du presse-étoupes, qui guide la tige et diminue sa flexion.

On les calcule souvent par la formule

$$d = 0,03 + 0,05 \ D\sqrt{P}$$

où, D est le diamètre du cylindre considéré, et P la pression effective qui y existe au commencement de la course.

Le diamètre minimum des bielles est généralement égal à 1,05 de celui de la tige du piston ; le diamètre maximum à 1,1 de ce même diamètre.

En Angleterre, on calcule souvent les bielles par la formule :

$$d = \sqrt{\frac{L \times K}{4}}$$

où : d, est le diamètre maximum de la bielle et L, sa longueur, tous les deux exprimés en pouces.

$$K = 0,03 \sqrt{\text{charge réelle sur le piston, en livres.}}$$

Les constructeurs anglais emploient souvent la formule suivante, pour déterminer le diamètre des tiges de piston :

$$d = \frac{D}{F} \sqrt{p}$$

dans laquelle,

d, est le diamètre de la tige, en pouces ;
D, le diamètre du piston, en pouces ;
p, la pression effective, par pouce carré.
F est un coefficient variant comme suit :

Appareils des bâtiments de guerre, à action directe	F = 60	
— commerce, course ordinaire	F = 50	
— — course longue	F = 48	
— — course très longue	F = 45	

Boulons de têtes et pieds de bielles.

Les boulons de têtes et pieds de bielles peuvent être calculés à la traction, à raison de 3 à 4 kil. 500 par millimètre carré, au fond des filets.

Dans les grandes machines de construction anglaise et récente les boulons de pieds de bielle sont calculés par la formule suivante :

$$d = D \sqrt{\frac{p}{a}}$$

dans laquelle :

d, est le diamètre du boulon au fond des filets, en pouces ;
D, le diamètre du cylindre en pouces ;
p, la pression effective sur le piston, en livres par pouce carré.
a, est un coefficient égal à 10,000, quand il y a deux boulons en fer ; à 13,000 quand ces boulons sont en acier ; et s'il y a quatre boulons, ces deux valeurs de a deviennent 18,000 et 24,500.

Il est généralement d'usage aujourd'hui, de donner les mêmes dimensions aux boulons des têtes et des pieds de bielles ; ils devront alors être calculés d'après la pression exercée sur la bielle.

Pour les têtes de bielles à paliers, on donne aux chapeaux en acier, par le travers des boulons, une épaisseur égale au diamètre de ces boulons, au fond des filets.

Les tourillons des pieds de bielle auront un diamètre égal à 1,25 du diamètre de la tige du piston, et une longueur égale à 1,40 du même diamètre. Pour les grandes machines de paquebots, il sera nécessaire de vérifier que le produit de la longueur par le diamètre de ce tourillon soit telle, que la pression n'y excède pas 90 kilos par centimètre carré.

Tiges de tiroirs.

Pour calculer l'effort auquel donne lieu le frottement d'un tiroir on multiplie par la pression *absolue* de la vapeur dans la boîte correspondante, sa surface entière diminuée d'un conduit de vapeur et d'un conduit de détente, s'il porte sur son dos un tiroir de détente : soit S. On retranche de cet effort, celui qui est dû à la contre-pression au réservoir ou au condenseur, qui s'exerce sur une surface S'.

L'effort F à exercer pour mettre le tiroir en mouvement, sera :

$$F = (SP - S'P')\,f :$$

f est le coefficient de frottement qui sera égal à 0,100 si on suppose les surfaces convenablement lubrifiées. Si l'on veut parer à l'éventualité d'un manque de graissage ou d'un commencement de grippement, il faut prendre :

$$f = 0,200 \text{ ou } 0,150.$$

On calculera la tige, si elle est en acier, pour résister à un effort de traction de 4 k. à 4 k. 5 par millimètre carré, si l'on a pris $f = 0,200$.

Les anglais ont une formule commode pour déterminer le diamètre de ces tiges :

$$d = \sqrt{\frac{L \times B \times p}{F}} \qquad (1)$$

où :

L = longueur du tiroir, en pouces ;
B = largeur du tiroir, en pouces ;
d = diamètre de la tige du tiroir en pouces ;
p = pression maximum absolue, en livres par pouce carré.
F = 10.000 tige en fer, longue.
F = 12.000 tige en acier.
F = 12.000 tige en fer, courte.
F = 14.500 tige en acier, courte.

Dans la marine française on emploie la formule :

$$d = 0,110 \sqrt{SP}, \text{ si le tiroir est simple,}$$

$$d = 0,125 \sqrt{SP}, \text{ si le tiroir porte des plaques de détente.}$$

La formule (1) sert à déterminer les diamètres des boulons de jonction des barres ou des colliers d'excentriques, en donnant à F une valeur de 3.000 s'ils sont en acier.

Pompes à air.

Les dimensions des principaux organes d'une pompe à air verticale à simple effet, sont données par les chiffres suivants :

Soit, D le diamètre de la pompe en pouces.

$$a = 0,03 \sqrt[4]{D} + 0 \text{ pouce } 15$$

On prendra :

Epaisseur de la souche du piston (plein) . . .	a
— — (évidé) . .	$1,70\,a$
Epaisseur du moyeu	$1,50\,a$
Epaisseur de la couronne extérieure . . .	a
Hauteur de la garniture du piston	$4\,.\,a$
Epaisseur — —	$1,1\,a$
Hauteur du piston au milieu	$6\,a$
Epaisseur de la chemise en bronze du corps de pompe	$1,1\,a - 5^{mm}$
Diamètre de la bielle de pompe	$0,15\,D$

Le nombre des nervures rayonnantes du piston, sera, pour les grandes pompes, d'environ une nervure pour chaque $0^m,10$ de diamètre.

Proportions des coussinets moteurs.

Les coussinets moteurs en bronze, munis d'antifriction, auront les proportions suivantes :

Epaisseur du coussinet à la couronne . .	0,11 D
Profondeur des rainures portant l'antifriction .	0,04 D + 8 millim.
Largeur — —	0,16 D + 13 —
Epaisseur du coussinet au fond des rainures .	0,065 D

D est le diamètre de la portée.

Pour déterminer les dimensions des boulons de ces paliers, on devra supposer qu'il y en a 4, que chacun supporte le $\frac{1}{3}$ de la pression due au piston ; on pourra dans ces conditions les calculer pour une résistance à la traction de 6 à 8 kilos par millimètre carré au fond des filets, si les boulons sont en acier.

Les anglais emploient souvent la formule suivante :

$$d = D \sqrt{\frac{P}{3f}}$$

où d est le diamètre d'un boulon du palier en pouces ;

D est le diamètre du cylindre, en pouces ;

P la pression maximum sur le piston, en livres par pouce carré.
f varie de 6000 à 7000 suivant les dimensions des boulons.

Proportions des surfaces frottantes.

La surface des patins des coulisseaux de glissières doit être calculée de façon à ne dépasser, dans aucun cas, une pression de 30 kilogrammes par centimètre carré. Pour les grands appareils destinés à marcher longtemps sans arrêt, il est prudent de ne pas admettre, pour la glissièred e la marche avant, une pression supérieure à 8 ou 10 kilogs par centimètre carré. On calcule généralement les coulisseaux par la formule suivante :

$$\frac{F}{ab} = \begin{cases} 3000 \text{ marche normale.} \\ 4000 \text{ marche forcée.} \end{cases}$$

ab est la surface du coulisseau ; F la force en chevaux transmise par la bielle.

Coussinets de pieds de bielle.

Formule de la marine :

$$\frac{D^2P}{ld} < 1^k,27$$

où D est le diamètre du cylindre considéré, en mètres ;
P est la pression maximum effective sur le piston, par centimètre carré ;
l la longueur du coussinet ; d son diamètre.

Têtes de bielles.

Formules de la Marine :

$$\frac{FN}{Vl} = \begin{cases} 100000 \text{ pour la marche normale.} \\ 150000 \text{ pour la marche à outrance.} \end{cases}$$

où F est la force en chevaux transmise par la bielle ;
V la vitesse du piston en mètres par seconde ;
N le nombre de tours ; l la longueur de la tête de bielle.

Palier de l'arbre de couche.

Formule de la marine :

$$\frac{FN}{Vl} = \begin{cases} 20000 \text{ marche normale.} \\ 30000 \text{ marche à outrance.} \end{cases}$$

Les lettres ont les mêmes valeurs que plus haut.
Les grandes machines marines sont souvent proportionnées

de telle sorte, que la pression maximum sur les soies de manivelles ne dépasse pas 30 à 40 kilos par centimètre carré de sa surface. La surface est obtenue en faisant le produit du diamètre de la portée par sa longueur.

Quant aux coussinets moteurs, ils ne supportent pas plus de 15 à 16 kilogrammes par centimètre carré.

Les grands appareils des paquebots construits récemment présentent des surfaces notablement plus grandes que ne l'indiquent ces règles. Il n'est pas rare que la longueur de la soie de manivelle soit égale à 1,25 et celle des coussinets moteurs à 1,50 du diamètre de l'arbre.

Anneaux de la butée.

Formule de la Marine :

$$\frac{F\,d}{S} = \begin{cases} 2500 \text{ marche normale.} \\ 3500 \text{ marche à outrance.} \end{cases}$$

où F est la puissance de l'appareil en chevaux indiqués; d est le diamètre moyen des anneaux; S, la surface de portage des anneaux.

Les anglais emploient la formule suivante :

$$D = \sqrt{d^2 + \frac{P}{47\,n}}$$

où D est le diamètre moyen des anneaux, en pouces, et n, le nombre;

P, la poussée moyenne de l'arbre ; d, le diamètre.

La poussée P se détermine approximativement par la formule :

$$P = \frac{217\,C}{K}$$

où C est la puissance indiquée et K la vitesse en nœuds.

P est exprimé en livres anglaises,

En pratique, l'épaisseur e de chaque anneau est :

$$e = 0,4\,(D - d).$$

L'espacement i des anneaux, est :

$i = 0,4\,(D - d)$ si les chapeaux sont en fonte antifrictionnée.
$i = 0,35\,(D - d)$ si les chapeaux sont en bronze.

Détermination des surfaces de grilles et de chauffe.

La surface de grilles se détermine comme suit :
A bord des paquebots ayant de hautes cheminées et dont la chauffe

est bien conduite, on peut brûler au tirage naturel jusqu'à 90 kil. de charbon par heure et par mètre carré de grilles.

Pour les navires plus petits, il est bon de ne pas compter sur plus de 65 à 70 kilogrammes.

On évalue ensuite la dépense de charbon par heure, en tablant sur la consommation pratique par cheval de l'appareil considéré :

Machines compound de 100 à 200 chevaux : 1 k. 100
    —   200 à 500 — 1 k. 100 à 1 k.
    —   500 à 1800 — 1 k. 000 à 0 k. 900
Machines à triple expansion . . . . 0 k. 900 à 0 k. 750
suivant la puissance.

La surface de grilles varie, du reste, de $0^{m2},01$ à $0^{m2},0140$ par cheval.

Dans la marine du commerce, on prend ordinairement comme rapport entre la surface de grilles et la surface de chauffe :

$$\frac{S}{s} = 24 \text{ à } 30$$

Le plus souvent on prend :

$$\frac{S}{s} = 27$$

La moyenne donne une surface de chauffe de 25 à 30 fois la surface de grilles, avec le tirage naturel, et 40 à 60 fois, avec le tirage forcé.

On compte généralement qu'il faut donner aux chaudières une surface de 0 mètre carré 30 par cheval, ce qui, pour des machines économiques, correspond à une vaporisation de 26 kilogrammes par mètre carré et par heure. Tout ceci s'applique bien entendu aux chaudières fonctionnant avec le tirage naturel.

Avec le tirage artificiel, la combustion peut s'élever à 350 kilogrammes par mètre carré de grilles et par heure, pour les chaudières locomotives ; et à 180 à 249 kilogrammes pour les foyers cylindriques. (Voir à la fin de la 4º partie.)

Construction des chaudières [1]

Joints des tôles. — En appelant e' l'écartement des trous de rivets, de centre en centre, sur une même file, et d le diamètre des trous, la pratique d'Indret est de faire au plus :

$$e' = \begin{cases} 2,5 \times d, \text{ pour un joint à un seul rang,} \\ 3,5 \times d, \text{ pour un joint à deux ou trois rangs,} \end{cases}$$

et de prendre $1,5 \times d$ pour l'écartement des axes de deux files parallèles de rivets établis en quinconce. Un diamètre environ entre le bord du trou et celui de la tôle.

---

[1] Bienaymé, *les Machines marines.*

Divers auteurs donnent les règles suivantes :

$$e' = \begin{cases} 2 \times d + 10 \text{ millimètres pour un rang;} \\ 3 \times d + 20 \quad\text{—}\qquad \text{pour deux rangs.} \end{cases}$$

Enveloppes. — Dans une enveloppe cylindrique homogène, soumise à une pression intérieure prédominante, le sens de la plus grande fatigue est celui perpendiculaire aux génératrices ; et c'est la formule :

$$E = \frac{PD}{2R}$$

qui relie les éléments de la question, en désignant par E l'épaisseur, par P la différence entre la pression extérieure et la pression intérieure, soit ce qu'on appelle la *pression effective*, et par R la charge à laquelle travaille la matière de l'enveloppe.

A cause du rivetage des joints, la charge est $R \dfrac{e'}{e'-d'}$ et en considération de l'usure, on augmente cette valeur de 3 millimètres. Alors la formule devient :

$$E = \frac{PD}{2R} \frac{e'}{e'-d} + 3 \text{ millim.}$$

Si on exprime e en millimètres, P en kilogrammes par centimètre carré, D en mètres et R en kilogrammes par millimètre carré, on a :

$$E = 5 \frac{PD}{R} \frac{e'}{e'-d} + 3 \text{ millim.}$$

Pour les chaudières réglementaires de la Marine, timbrées à 4 k. 25 (type haut), avec des joints à double rang où $\dfrac{e'-d}{e'} = 0,714$ on a :

$$E = 1,24 \text{ PD} + 3 \text{ millimètres,}$$

ce qui donne R = 5 k. 65.

Si le métal est en acier doux, on a :

$$E = PD + 3 \text{ millim.}$$

ce qui donne R = 7 kilogrammes.

Avec des joints à trois rangs de rivets aux coutures longitudinales des enveloppes, où la résistance du joint est 0,800, on a pour le fer, en prenant R = 6 kilogrammes :

$$E = 1,024 \text{ PD} + 3$$

et pour l'acier avec R = 7 kilos, en grande sécurité.

$$E = 0,893 \text{ PD} + 3.$$

La charge suivant les génératrices est moitié de l'autre, soit :

$$\frac{PD}{4R}$$

Fonds. — Quelle que soit la forme du fond, plane ou plus ou moins bombée, si e est l'épaisseur et D' le diamètre intérieur, pris à l'attache, on a :

$$e' = \frac{1}{4}\frac{PD}{R}\frac{e'}{e'-d} + 3 \text{ millim.}$$

En général, on trouve pour les fonds des épaisseurs supérieures à la moitié de celle de l'enveloppe.

Les chaudières réglementaires de la Marine militaire ont $\frac{e}{E} = 0{,}70$, terme d'usure à part.

Parois planes. — *Tirants, et entretoises.* — Les parois planes sont toujours reliées par des tirants, des entretoises ou toutes autres pièces ayant le même effet.

Si on suppose régulièrement distribués soit des tirants, soit des entretoises de diamètre d et d'écartement l de centre en centre, chacune de ces pièces pourra être considérée comme isolée et résistant à la charge qui résulte de la pression effective appliquée à une portion l^2 de la paroi ; d'où :

$$Pl^2 = \pi\frac{d^2}{4}R$$

ou bien :

$$d = 1.128\, l\sqrt{\frac{P}{R}}$$

Il y a, en outre, à prévoir 3 millimètres pour l'usure, ce qui représente 6 millimètres sur le diamètre. Si les tirants sont filetés, les filets auront 2 millimètres de profondeur avec les épaisseurs en usage, et c'est, somme toute, 10 millimètres qui seront ajoutés comme terme constant. Si l'on prend avec cela $R = 5$ kilogrammes pour du fer supérieur, et l en millimètres, le diamètre en millimètres sera donné par la formule :

$$d = 0{,}05\, l\sqrt{P} + 10 \qquad (1)$$

Les usages d'Indret, où les tirants ne sont pas filetés, conduisent à

$$d = 0{,}055\sqrt{P} + 10$$

Si l'on emploie l'acier au lieu du fer, le coefficient numérique de le formule (1) descend à 0,04.

L'épaisseur e des parois planes soutenues par des tirants ou entretoises, se détermine d'après l'usage d'Indret, qui rapproche à 200 millimètres les entretoises, par la formule :

$$e = 0,0315\, l \sqrt{P} + 3.$$

Plaques à tubes et tenues des tubes. — Les plaques à tubes sont généralement tenues plus épaisses que les parois planes ordinaires.

Des essais ont établi qu'un tube, bagué même avec un soin médiocre, résiste à un effort d'arrachement d'environ 4000 kilogrammes.

L'effort pour décoller le tube de la plaque est de 6360 kilogrammes en arrachant par l'intérieur de la chaudière, et 5040 kilogrammes en arrachant par l'extérieur.

L'effort pour sortir le tube à franc de la plaque est de 9080 kilogrammes en arrachant par l'intérieur de la chaudière, et 6240 kilogrammes en arrachant par l'extérieur.

Épaisseur des tubes. — Si les tubes reçoivent la pression par l'intérieur, comme dans les chaudières Belleville, la formule à leur appliquer est :

$$e = \frac{D}{2}\left(\sqrt{\frac{R + P}{R - P}} - 1 \right) + 3 \text{ mm}.$$

Les tubes ordinaires reçoivent la pression par l'extérieur; c'est ici l'écrasement qui est à craindre. La formule est :

$$e = KD \sqrt[3]{P}$$

D est le diamètre extérieur du tube en millimètres.

K = 0,0205 pour des tubes en laiton de 2 mètres de longueur.

K = 0,0240 pour des tubes de 2ᵐ,20 de longueur.

Foyers lisses. — L'épaisseur e en millimètres est donnée par la formule :

$$e = KD \sqrt[3]{P} + 3 \text{ millim.}$$

D est exprimé en mètres.

K = 6 pour les chaudières réglementaires de la Marine.

K = 4,4 pour des foyers en acier.

Foyers ondulés. — En Angleterre, les règles du *Lloyd* donnent la formule suivante pour les épaisseurs des foyers ondulés en acier doux :

$$P' = \frac{1000\,(T - 2)}{D'}$$

dans laquelle :

T est l'épaisseur en seizièmes de pouce;

D' est le grand diamètre du foyer en pouces ;

P' la pression de régime en livres par pouce carré.

Cette formule, traduite en mesures françaises, devient :

$$e \, ^m/_m = 0{,}90 \, PD + 3{,}18,$$

où D est le diamètre en mètres et P la pression effective en kilogrammes par centimètre carré.

Essais des tôles de chaudières réglementaires de la Marine.
— Pour les tôles de fer, la charge de rupture par millimètre carré, dans le sens perpendiculaire au laminage, doit être :

35 kilogrammes pour les tôles fines ; 32 kilogrammes pour les tôles supérieures ; 31 kilogrammes pour les tôles ordinaires et 28 kilogrammes pour les tôles communes.

L'allongement 0/0, sur 20 centimètres de longueur initiale, est respectivement de 10, 7, 5 et 3,5.

Aucune bande d'essai reconnue saine ne doit donner des chiffres inférieurs à ceux suivants :

Minimum admissible pour une bande isolée :

Charge de rupture, 30 kilogrammes pour les tôles fines ; 29 kilogrammes pour les tôles supérieures ; 28 kilogrammes pour les tôles ordinaires ; 25 kilogrammes pour les tôles communes. Allongement respectivement, 7,5, 5,5, 4 et 2,5.

Les tôles d'acier doivent satisfaire aux conditions suivantes :

Charge moyenne minimum :
- 42 kgr. pour tôles de 6 à 8 mm. d'épaisseur.
- 42 — — 8 à 20 — —
- 40 — — 20 à 30 — —

Allongement final moyen minimum :
- 24 kgr. pour tôles de 6 à 8 mm. d'épaisseur
- 26 — — 8 à 20 — —
- 25 — — 20 à 30 — —

Aucune bande d'acier reconnue saine ne doit donner moins des 0,8 de la résistance et de l'allongement ci-dessus.

Construction des machines et chaudières.

(Règlements du bureau *Veritas*).

I. — Arbres en fer des machines à hélice.

Arbres à manivelles. — Lorsque l'arbre à manivelles d'une machine à hélice ne sera pas en porte-à-faux, son diamètre sera déterminé au moyen d'une des formules suivantes :

Pour les machines non compound, à condensation :

$$d = \sqrt[3]{\frac{n \, PLD^2}{C}} \qquad (1)$$

et pour les machines à double, triple et quadruple expansion :

$$d = \sqrt[3]{\frac{PL(n_1 D_1^2 + 0{,}1 \, n D^2)}{C}} \qquad (2)$$

Lorsque les arbres auront une manivelle unique en porte-à-faux, l'expression sous le radical devra être multipliée par $s + \sqrt{s^2 + 1}$.

Pour les machines tandem à deux cylindres, la formule devient par conséquent :

$$d = \sqrt[3]{\frac{\mathrm{PL}\left(\mathrm{D_1}^2 + 0,1\,\mathrm{D}^2\right)\left(s + \sqrt{s^2 + 1}\right)}{\mathrm{C}}} \qquad (3)$$

Dans ces formules :

$d =$ diamètre de la portée arrière de l'arbre, en centimètres.

$n_1 =$ nombre des petits cylindres.

$\mathrm{D_1} =$ diamètre d'un petit cylindre en centimètres. — S'il y a plusieurs petits cylindres d'inégal diamètre, $n_1\,\mathrm{D_1}^2$ représente la somme des carrés de ces diamètres.

$n =$ nombre des grands cylindres.

$\mathrm{D} =$ diamètre d'un grand cylindre en centimètres.— S'il y a plusieurs grands cylindres d'inégal diamètre, $n\mathrm{D}^2$ représente la somme des carrés de ces diamètres.

Nota : Pour les machines à triple et quadruple expansion, les cylindres intermédiaires n'entrent pas dans le calcul.

$\mathrm{L} =$ Course commune des pistons en centimètres.

$\mathrm{P} =$ Pression à la chaudière au-dessus de l'atmosphère, en kilogrammes par centimètre carré.

$s = \dfrac{a}{r}$ (Voir la figure 424). Pour la détermination de a on suppose B au milieu de la portée, à moins que celle-ci ne soit plus

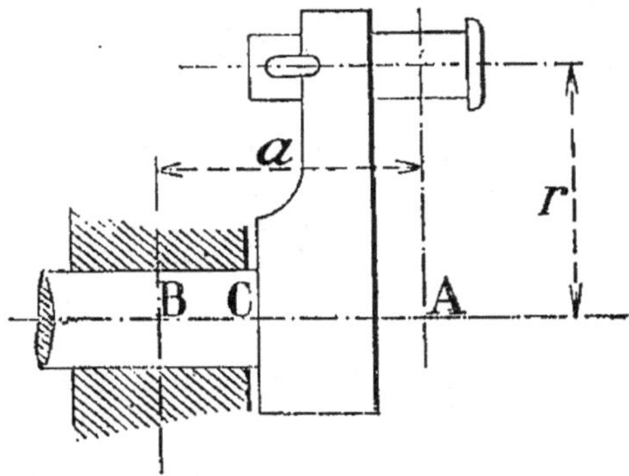

Fig. 424

longue qu'une fois et demie son diamètre ; dans ce cas BC peut être considéré comme étant égal aux trois quarts du diamètre.

C = constante, dont les valeurs pour les arbres en *fer* sont indiquées plus loin pour certains cas. Les valeurs données se rapportent à la navigation en pleine mer ; pour la navigation en eau calme (excepté la remorque) les constantes pourront être augmentées de 30 %.

Si le diamètre ainsi trouvé est inférieur à 20 centimètres, on y ajoutera la quantité suivante : 1 centimètre — 0,05 d.

S'il est supérieur à 38 centimètres et, dans ce cas, si les manivelles et les soies sont venues de forge avec le corps de l'arbre, le diamètre sera augmenté d'une quantité à déterminer par l'administration.

Pour les arbres creux le diamètre sera augmenté de :

1 % si le diamètre du trou est 0,4 du diamètre extérieur
2 — 0,5 —
5 — 0,6 —
10 — 0.7 —

Si le trou est plus petit que 0,4 du diamètre de l'arbre, aucune augmentation ne sera exigée.

Valeurs de C *dans les formules* (1) (2) *et* (3) *pour les cas usuels :*

I. *Machines non compound à condensation à deux cylindres et deux manivelles.*

Formule (1), où $n = 1$

$C = 338$ lorsque l'angle entre les manivelles sera 90°.

Lorsque cet angle ne sera pas 90°, la constante devra être multipliée

pour   100°   par 0,91
»   120   » 0,79
»   140   » 0,72
»   160 — 180   » 0,70

II. *Machines à double expansion (compound ordinaire).*
1° Machines à deux cylindres, à réservoir et à deux manivelles.

Formule (2) où $n_1 = 1$, $n = 1$

$C = 232$ si l'angle entre les manivelles est 90°.

Pour d'autres angles la constante sera multipliée par les mêmes coefficients que dans le cas ci-dessus.

2° Machines tandem à deux petits cylindres et deux grands cylindres et deux manivelles.

Formule (2) où $n_1 = 2$, $n = 2$.

$C = 246$ si l'angle entre les manivelles est 90°.

Pour d'autres angles la constante sera multipliée par les coefficients du premier cas.

3° Machines tandem à trois petits et trois grands cylindres et à trois manivelles à 120°.

Formule (2), où $n_1 = 3$, $n = 3, C = 267$.

4° Machines tandem à un petit et un grand cylindre et une manivelle unique.

Si la manivelle n'est pas en porte-à-faux :

Formule (2), où $n_1 = 1$, $n = 1, C = 148$.

Si la manivelle est en porte-à-faux :

Formule (3), où $C = 225$.

Ces deux valeurs de la constante supposent une introduction de 0,8 au petit cylindre. Si l'introduction est plus petite, la valeur des constantes pourra être augmentée.

5° Machines à un petit et deux grands cylindres et à trois manivelles à 120° :

Formule (2), où $n_1 = 1$, $n = 2$, $C = 253$.

III. *Machines à triple expansion.*

1° Machines à trois cylindres et à trois manivelles à 120° :

Formule (2) où $n_1 = 1$, $n = 1$ $C = 260$.

2° Machines à trois cylindres et à deux manivelles à 90° (deux des cylindres superposés).

Formule (2), où $n_1 = 1$, $n = 1$, $C = 211$.

3° Machines à quatre cylindres et à deux manivelles à 90° (deux systèmes tandem, deux petits cylindres respectivement suporposés au moyen et au grand cylindre)

Formule (2), où $n_1 = 2$, $n = 1$, $C = 232$.

IV. *Autres cas.*

Pour les machines à quadruple expansion, ainsi que pour les autres cas non compris dans les précédents, la constante sera déterminée par l'administration.

Nota. — Pour les machines à quadruple expansion, type double tandem avec deux manivelles à 90°, la valeur de la constante C pourra provisoirement être fixée à 218.

Dans le cas de quatre manivelles à 90°, la valeur de la constante C sera 242 ; si l'ordre de succession des cylindres et les angles des manivelles sont choisis de manière à réduire le moment de torsion maximum, la valeur de la constante pourra être augmentée sans jamais dépasser 270.

Arbres porte-hélice, arbres de tunnel et arbres de butée. — L'arbre porte-hélice aura au moins le même diamètre que l'arbre à manivelles calculé d'après une des formules (1), (2) ou (3), augmenté, s'il y a lieu, de la quantité : (1 centimètre — 0,05 d).

Pour les arbres de tunnel il sera accordé une réduction de 6 % sur ces mêmes diamètres.

Il est recommandé d'installer l'arbre porte-hélice de manière qu'il ne puisse pas se déplacer dans le sens longitudinal lorsque, pour une raison quelconque, il aura été désaccouplé du reste de la ligne d'arbres.

La poussée de l'hélice devra être reçue par un palier de butée, afin d'éviter tout effort longitudinal sur l'arbre coudé.

Il est recommandé pour l'arbre portant les collets de butée, que le diamètre au fond des collets et, sur une petite longueur, le diamètre en dehors des collets extrêmes, soit égal à celui de l'arbre-manivelle; la partie dont le diamètre est ainsi augmentée étant raccordée par un congé au restant de l'arbre.

II. — Arbres en fer des machines à roues.

Dans les bateaux à roues latérales avec une machine à double, triple ou quadruple expansion, ayant un arbre intermédiaire dont chaque extrémité est pourvue d'un bouton de manivelle en porte-à-faux, qui s'engage librement dans un trou de la manivelle de l'arbre à roue, le tourillon de ce dernier (A dans la figure 425) aura un diamètre calculé d'après la formule :

$$d = \sqrt[3]{\frac{PL\,(n_1\,D_1{}^2 + 0{,}1\,n\,D^2)\,\left(s + \sqrt{s^2 + 1}\right)}{C}} \qquad (4)$$

où les lettres ont la même signification que ci-dessus excepté que a, pour la détermination de $s = \dfrac{a}{r}$ se compte comme il est indiqué dans la figure, le point B étant le milieu de la portée.

Pour les machines compound à réservoir, à deux cylindres et deux manivelles à 90°,

$$C = 914 \text{ pour la navigation en eau calme.}$$

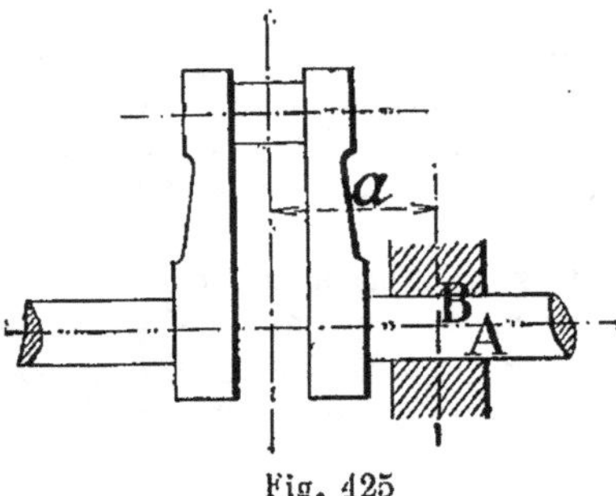

Fig. 425

Pour la navigation en mer ou sur les côtes la constante devra être réduite; mais il n'y aura pas besoin de la réduire au-dessous de 400.

Le diamètre du tourillon extérieur de l'arbre de la roue, ainsi que de l'arbre intermédiaire seront soumis à l'approbation de l'Administration.

Il en sera de même des autres cas non prévus dans ce paragraphe.

Arbres en acier.

Pour les arbres en acier forgé dont la résistance sera comprise entre 40 et 49 kilogrammes, il sera accordé une réduction de 5 % sur les diamètres déterminés conformément aux paragraphes ci-dessus, pourvu que les éprouvettes coupées dans la pièce forgée satisfassent aux conditions exigées par les règlements

Construction des chaudières.

Matériaux. — *Acier doux :* On peut employer pour les tôles, les cornières et les tirants ou entretoises, des chaudières, des aciers doux laminés ou fers homogènes, dont la résistance ne dépassera pas 48 kilogrammes par millimètre carré, pourvu que l'allongement sur une barrette de 200 millimètres de longueur ne soit pas inférieur aux chiffres suivants :

Résistance en kilog. par millim. carré 48-46-44-42-40-38-36-34
Allongement %. 20-21-22-23-25-27-29,5-32

Ces chiffres s'appliquent au métal brut, avant tout travail.

Les aciers à rivets auront une résistance comprise entre 38 et 42 kilogrammes avec un allongement minimum de 25 % sur une longueur de 200 millimètres. La résistance au cisaillement des rivets composant un joint ne sera pas inférieure à la résistance à la rupture de la tôle dans le même joint.

Bien que des aciers ayant une résistance de 48 kilogrammes avec 20 % d'allongement soient admis en principe dans la construction des chaudières, il est instamment recommandé d'employer des aciers plus doux, comme ci-après :

44 kilogrammes de résistance, au maximum, et 22 % d'allongement au moins pour les tôles dont les bords devront être rabattu et plus spécialement pour celles qui devront être en contact avec les gaz du foyer.

40 kilogrammes, de résistance au maximum, et 25 % au moins d'allongement pour les foyers ondulés.

On devra prendre des précautions spéciales pour chauffer et mettre en place les rivets en acier, afin d'éviter des craqûres, surtout dans le rivetage à la main.

Pour les tôles épaisses, de 25 millimètres ou plus, il est recommandé d'employer des aciers d'une résistance inférieure à 48 kilogrammes, et d'autant plus doux que l'épaisseur est plus grande.

L'acier devra être d'une qualité aussi régulière que possible; l'écart entre les résistances extrêmes dans une même chaudière ne devra pas dépasser 5 kilogrammes pour une résistance maximum de 40 kilogrammes ; 6 kilogrammes pour une résistance supérieure à 40 kilogrammes.

Les tôles travaillées à chaud, et en particulier lorsqu'elles ont subi plusieurs chaudes partielles et successives, devront être recuites après l'achèvement du travail si l'acier a une résistance supérieure à 44 kilogrammes.

On doit éviter de poinçonner les tôles d'acier.

Lorsqu'elles seront percées par ce moyen, on devra les recuire après poinçonnage, à moins que les trous ne soient alésés ou fraisés de manière à faire disparaître la région détériorée sur les bords du trou ; l'épaisseur à purger est d'au moins $2^{mm},5$.

Essais de l'acier pour chaudières.

La qualité des matériaux sera vérifiée :

1º Par un essai de traction sur des barrettes de 200 millimètres de longueur entre les repères.

2º Par des essais de trempe qui seront faits de la manière suivante :

Pour les tôles, une bande de 40 à 50 millimètres de largeur, découpée dans la tôle, aura ses arêtes soigneusement dressées : chauffée au rouge sombre et plongée dans de l'eau à 28º centigrades, elle ne devra montrer aucune trace de craqûre lorsqu'on la repliera sur elle-même en forme d'U à branches parallèles, le rayon de courbure intérieur ne dépassant pas une fois et demie l'épaisseur de la barrette.

Pour les tirants et entretoises, l'essai de trempe sera le même que pour les tôles, le rayon de courbure intérieur ne dépassant pas une fois et demie le diamètre de la barre ou son côté si elle est carrée.

Les éprouvettes coupées dans les barres rondes ayant plus de 25 millimètres de diamètre pourront être ramenées sur le tour à ce diamètre.

Nombre d'essais. — Les essais seront réglés de la manière suivante :

Un essai de trempe pour chaque tôle d'enveloppe.

Un essai de traction pour chaque tôle de l'enveloppe.

Un essai de trempe et un essai de traction pour une tôle sur quatre du reste de la fourniture.

Les tôles à essayer devront être choisies de telle sorte que l'épreuve porte sur le plus grand nombre possible de coulées.

Chaudières en fer.

Le fer employé à la construction des chaudières sera de toute première qualité. Pour les enveloppes, les coffres à vapeur et autres parties cylindriques dans lesquelles la pression est intérieure, la résistance ne sera pas inférieure à 33 kilogrammes par millimètre carré, en travers du laminage, avec 7 % d'allongement sur une longueur de 200 millimètres

Le fer pour tirants n'aura pas moins de 35 kilogrammes de résistance dans le sens du laminage avec un allongement minimum de 10 °/o sur une longueur de 200 millimètres.

Tubes de chaudières.

Les tubes des chaudières seront en acier doux ou en fer de toute première qualité, soudés à recouvrement. Les surfaces intérieure et extérieure devront être parfaitement lisses, sans pailles, craqûres, mauvaises soudures ou autres défauts : l'épaisseur sera parfaitement uniforme.

Les matières employées à la fabrication des tubes destinés à des chaudières construites sous surveillance spéciale devront satisfaire aux conditions suivantes :

Acier. — 35 à 40 kilogrammes de résistance, et 22 °/o d'allongement sur une longueur de 200 millimètres.

Fer. — 35 kilogrammes de résistance minimum et 6 °/o d'allongement dans le sens du laminage. 29 kilogrammes de résistance minimum et 4 °/o d'allongement en travers du laminage.

Une fois fabriqués, les tubes seront en outre soumis à l'essai suivant qu'ils devront supporter d'une manière satisfaisante :

1° Tous les tubes, qu'ils soient en fer ou en acier, subiront intérieurement une pression hydraulique de 40 kilogrammes par centimètre carré au minimum, et pendant cet essai ils seront sondés au moyen de quelques coups d'un marteau léger, plus particulièrement sur la soudure.

Lorsque les commandes des tubes en acier spécifieront qu'ils doivent satisfaire aux épreuves de recette du « Veritas », on y procédera de la manière suivante :

2° L'expert choisira, par lot de cinquante, un tube qui sera recuit et devra subir avec succès les épreuves ci-après;

a. On chassera au marteau, à froid, dans le bout du tube un mandrin conique jusqu'à augmentation de 10 °/o du diamètre extérieur.

b. Un tronçon de 10 centimètres au moins de longueur sera coupé suivant une génératrice suffisamment éloignée de la soudure, puis aplati et enroulé en sens inverse jusqu'à ce que les bords se touchent de nouveau.

c. Un autre tronçon de même longueur sera aplati au marteau jusqu'à ce que les deux moitiés s'appliquent l'une sur l'autre, la soudure étant placée dans le pli.

d. On rabattra sur le bout du tube une collerette de 8 millimètres de saillie, à angle droit.

Règles pour calculer la pression de régime des chaudières ou l'épaisseur des tôles, ainsi que le diamètre des tirants.

Enveloppes cylindriques et coffres à vapeur.

Un joint rivé peut se rompre : 1° par la déchirure de la tôle ou du couvre-joint entre les rivets ; 2° par le cisaillement de tous les rivets ; 3° par la combinaison des deux modes précédents.

Les formules suivantes permettent d'étudier ces différents cas. On prendra toujours la plus grande épaisseur de tôle et le plus grand diamètre de rivets que chaque formule donnerait séparément.

1° Déchirure de la tôle.

Les formules qui donnent la pression de régime et l'épaisseur des tôles sont pour ce cas :

$$P = \frac{20\,\alpha\,R\,(e-1)}{D} \left.\vphantom{\frac{PD}{20\alpha R}}\right\}$$
$$e = \frac{PD}{20\,\alpha\,R} + 1\ \text{millimètre} \left.\vphantom{\frac{PD}{20\alpha R}}\right\} \tag{1}$$

Dans lesquelles :

P est la pression au-dessus de l'atmosphère en kilogrammes par centimètre carré.

D = le plus grand diamètre intérieur de l'enveloppe ou du coffre à vapeur, en centimètres.

e = l'épaisseur des tôles de l'enveloppe en millimètres.

$e - 1$ millimètre = l'épaisseur restant après une usure de 1 millimètre par corrosion.

R est la charge de sécurité maximum qui sera admise sur un centimètre carré de l'enveloppe. En d'autres termes, R est le quotient de la résistance du métal à la rupture par un coefficient de sécurité égal à 4 qui se rapporte à la tôle amincie par usure de 1 millimètre.

Lorsque la valeur exacte de la résistance du métal à la rupture est connue d'avance par des essais, on peut l'introduire dans la valeur de R ; dans le cas contraire, R sera égal à :

Pour l'acier : au quotient par 4 de la limite inférieure de résistance adoptée dans le projet, et qui doit être mentionnée sur le plan soumis à l'approbation.

Pour le fer : R sera égal à 7^k,8 correspondant à une résistance à la rupture de 31^k,5.

α représente le rapport entre la résistance de la tôle percée et celle de la tôle pleine ; ce coefficient se calculera par la formule :

$$\alpha = \frac{p-d}{p}$$

p représente l'écartement des rivets du rang extérieur, en millimètres. (Voir figures 426 et 427).

$d =$ le diamètre des trous de rivets en millimètres, mesuré comme suit :

Si les trous sont forés, ou si après poinçonnage ils ont été alésés ou fraisés de manière à purger les bords endommagés par le poinçon, on prendra le diamètre exact.

Si les trous sont poinçonnés, on les considérera comme ayant 6 millimètres de plus en diamètre.

2º *Rupture à travers les rivets.*

Dans ce cas on emploiera les formules suivantes pour calculer la pression de régime et la section des rivets :

$$\left. \begin{array}{l} P = \dfrac{20\,CS}{Dl} \\[2mm] \text{et } S = \dfrac{P\,D\,l}{20\,C} \end{array} \right\} \qquad (2)$$

P et D ont les mêmes significations que ci-dessus.

$l =$ la longueur en millimètres des parties identiques en lesquelles le joint peut être fractionné. Dans la plupart des cas, l est l'écartement des rivets du rang extérieur (voir les figures 426 et 427).

C = l'effort maximum de cisaillement en kilogrammes par millimètre carré, admis sur les rivets. Ce sera le quotient par 4 de la résistance des barres à rivets au cisaillement si elle est connue; dans le cas contraire, on admettra que cette résistance est égale aux huit dixièmes de la résistance des barres à la traction, et la valeur de C deviendra :

Pour l'acier : $\dfrac{1}{5} \times$ par la limite inférieure de la résistance à l'allongement adoptée. La limite supérieure de résistance de l'acier à rivets ne devra, dans aucun cas, dépasser 42 kilogrammes.

Pour le fer : 6 kil. 3 par millimètre carré, correspondant à une résistance à la rupture d'environ 31,5 kilogrammes.

S = la section totale de cisaillement des rivets compris dans la longueur l, en millimètres carrés (le double de la section totale du trou lorsqu'ils sont à double cisaillement), avec ou sans correction, suivant les règles ci-dessous :

1º La section totale des trous de rivets pourra entrer dans la formule sans réduction, lorsque les trous seront forés sur place dans les tôles, après qu'elles ont été cintrées, et que les joints longitudinaux et circonférentiels seront à deux rangs de rivets, les premiers rivés mécaniquement.

Cette clause est également applicable lorsque les trous ont été poinçonnés puis alésés sur place de manière à se correspondre parfaitement.

2º S représentera $\frac{15}{16}$ de la section totale lorsque, dans les conditions du paragraphe précédent, le rivetage sera fait en entier à la main.

3º S représentera $\frac{7}{8}$ seulement de la section totale lorsque les trous seront poinçonnés après le cintrage des tôles et que les joints longitudinaux seront au moins à double rivetage.

3º *Rupture combinée à travers la tôle et les rivets.*

Ce cas n'est à étudier que si l'écartement des rivets est plus grand sur la rangée extérieure que sur les rangées intérieures.

La formule à appliquer dans ce cas est la suivante :

$$P = \frac{20\,(BR + CS)}{Dl} \qquad (3)$$

dans laquelle :

P, R, C, D, et l ont les mêmes significations que ci-dessus.

B, est la section en millimètres carrés de la tôle suivant sa ligne de rupture, en admettant qu'elle ait subi au préalable une réduction de 1 millimètre par corrosion. — Cette section sera corrigée comme dans le cas nº 1 si les trous sont simplement poinçonnés.

S est la section totale des trous de rivets qu'on supposera cisaillés sur la longueur l du joint; cette section sera corrigée, s'il y a lieu, ainsi qu'il est dit pour le cas nº 2, 2º et 3º.

Pour un rivet à double cisaillement, la résistance sera considérée comme étant double de celle d'un rivet à simple cisaillement.

4º *Rupture à travers les couvre-joints.*

La rupture peut se produire sur une des files intérieures de rivets; les formules sont alors les mêmes que dans le cas nº 1 :

$$\left.\begin{aligned} P &= \frac{20\,\alpha\,R\,(e-1)}{D} \\[2mm] e &= \frac{PD}{20\,\alpha\,R} + 1\ ^{m/m} \end{aligned}\right\} \qquad (4)$$

P, D, R, ont les mêmes significations que ci-dessus.

e = épaisseur en millimètres du couvre-joint, ou somme des épaisseurs des deux couvre-joints, s'il y en a deux. (Si la formule donne pour chaque couvre-joint une épaisseur insuffisante pour assurer un bon matage, l'épaisseur devra être augmentée).

$$\alpha = \frac{q - d}{q}$$

q étant l'écartement des rivets du rang intérieur.

d, le diamètre des trous de rivets du rang intérieur, augmenté de 6 millimètres si les trous sont simplement poinçonnés.

5° *Rupture combinée à travers le couvre-joint et les rivets.*

La formule (3) est applicable à ce cas, B étant la section du couvre-joint suivant la ligne de rupture supposée.

Mêmes corrections que dans le cas n° 3, 2° et 3°.

Remarques. — La distance des rivets aux bords des tôles sera au moins égale au diamètre des trous. Dans le rivetage en quinconce, la distance entre les rangs de rivets doit être telle qu'il n'y ait pas à craindre de rupture de la tôle ou du couvre-joint suivant la ligne en zigzag des rivets.

Lorsque les entretoises traversent l'enveloppe, elles doivent être réparties de manière à ne pas affaiblir l'enveloppe plus que ne le font les joints eux-mêmes. Si le cas contraire se présente, l'épaisseur de l'enveloppe sera calculée d'après sa résistance au passage des entretoises. Cette résistance sera évaluée au moyen de la formule n° 1, d et p s'appliquant aux entretoises.

Pour les points circonférentiels, le rivetage double sera exigé lorsque l'épaisseur excédera 12^{mm},5.

Dans les chaudières doubles, à six foyers, le rivetage triple sera exigé pour les joints circonférentiels reliant les anneaux de l'enveloppe; il ne sera pas exigé pour les joints des extrémités.

Dans les chaudières doubles à quatre foyers, le même arrangement est recommandé,

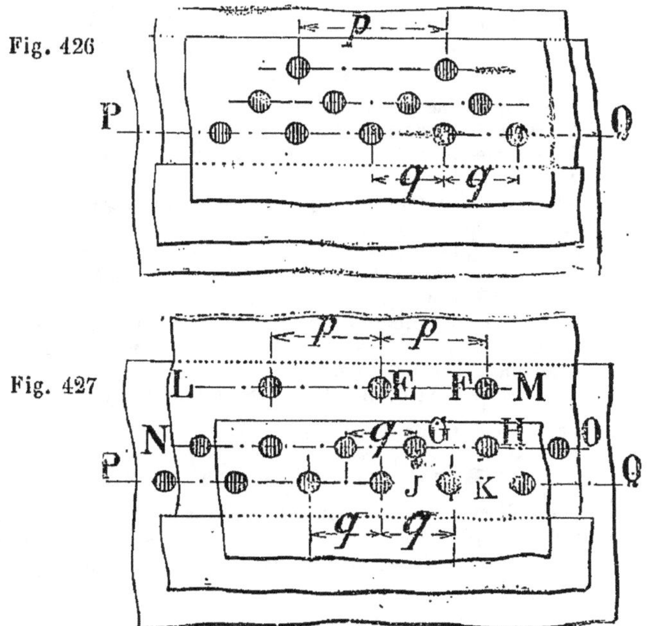

Fig. 426

Fig. 427

Exemples montrant l'application des règles ci-dessus, au joint représenté figure 427.

1 — La valeur de $p - d$ est la distance qui sépare les rivets E et F ; si les trous sont poinçonnés, $p - d$ représentera : p — diamètre du trou E — 6 millimètres.

2 — La longueur l est égale à p.

Les rivets qui pourraient être cisaillés sur cette longueur sont : en simple cisaillement, la moitié du rivet E et la moitié du rivet F : total, un rivet ; en double cisaillement, la moitié des rivets H et J, les rivets G et K ; total, trois rivets comptant double.

En conséquence :

S = section d'un trou E $+ 6 \times$ section d'un trou G.

S doit être multiplié par $\dfrac{15}{16}$ ou $\dfrac{7}{8}$ suivant la règle n° 2, s'il y a lieu.

3 — Rupture de la tôle suivant la ligne NO et cisaillement des rivets du rang extérieur.

La corrosion n'étant pas probable dans l'intérieur du joint, on a dans la formule 3 :

$$B = \left(p - 1\,\dfrac{1}{2}\ \text{diamètre du trou G}\right) \times \text{épaisseur de la tôle.}$$

Le diamètre G sera augmenté de 6 millimètres si les trous sont poinçonnés.

La section de cisaillement des rivets est $\dfrac{1}{2}$ E $+ \dfrac{1}{2}$ F ; donc :

S = section E, multipliée par $\dfrac{15}{16}$ ou $\dfrac{7}{8}$, s'il y a lieu.

4 — Rupture des couvre-joints suivant PQ :

La section résistante est :

(q — diamètre du trou K) $\times$ somme des épaisseurs des couvre-joints.

Le diamètre G doit être augmenté de 6 millimètres si les trous sont simplement poinçonnés.

5 — Rupture du couvre-joint suivant LM.

Dans ce cas, les rivets des rangs NO et PQ doivent être cisaillés (double cisaillement), et on a dans la formule 4 :

B = (p — diamètre E) $\times$ épaisseur du couvre-joint le plus large.

Le diamètre de G sera augmenté de 6 millimètres si les trous sont simplement poinçonnés.

S = $3 \times$ section du trou G $+ 3 \times$ section du trou K.

Cette valeur sera multipliée par $\dfrac{7}{8}$ ou $\dfrac{15}{16}$, s'il y a lieu.

Enveloppes des surchauffeurs.

Pour déterminer la pression et l'épaisseur des tôles dans les surchauffeurs cylindriques, on emploiera la même formule que pour les tôles de chaudières, avec les modifications suivantes :

1º Lorsque les tôles seront exposées à l'action directe des gaz, les valeurs de R et C, données dans le cas 1 et 2, seront multipliées par 0,8, et l'augmentation d'épaisseur à appliquer aux tôles pour tenir compte de l'usure sera portée à 4^{mm},5, en raison de l'action corrosive des gaz. La formule 1 devient alors :

$$P = \frac{16 \, \alpha \, R \, (e - 4,5)}{D} \quad \text{et} \quad e = \frac{PD}{16 \, \alpha \, R} + 4^{m/m}5$$

2º Lorsque les tôles seront protégées contre l'action directe des gaz, R et C devront être multipliés par 0,9, et l'augmentation d'épaisseur sera de 3 millimètres.

La formule 1 devient dans ce cas :

$$P = \frac{18 \, \alpha \, R \, (e - 3)}{D} \quad \text{et} \quad e = \frac{PD}{18 \, \alpha \, R} + 3^{m/m}$$

Tôles planes.

La pression et l'épaisseur des tôles planes seront calculées par les formules suivantes :

$$P = \frac{(e - 1,5)^2}{a^2 + b^2} \times \frac{R}{K} \quad \text{et} \quad e = 1,5 + \sqrt{(a^2 + b^2) \frac{PK}{R}}$$

où P et e ont les mêmes significations.

$a =$ distance des entretoises ou des tirants dans une même rangée, en centimètres.

$b =$ la distance des rangées d'entretoises ou de tirants, en centimètres.

Dans le cas où les tirants ou les entretoises sont disposées en ordre irrégulier, comme dans le croquis 428, on remplacera :

$$\sqrt{(a^2 + b^2)} \quad \text{par} \quad \frac{1}{2} \, (p_1 + p_2),$$

R $=$ la résistance de la tôle à la rupture, en kilogrammes par millimètre carré.

Cette résistance sera déterminée comme pour les tôles d'enveloppe ; pour l'acier on emploiera la limite inférieure de résistance choisie dans le projet ; pour le fer on comptera 33 kilogrammes par millimètre carré.

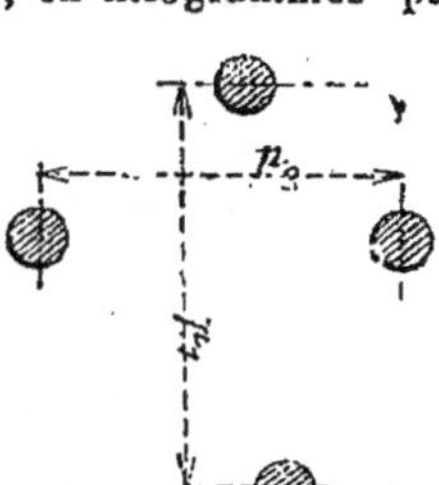

K est une constante dont la valeur dépend de l'installation des entretoises ou des tirants.

K $= 0,735$, quand les tirants ou les entretoises seront taraudés dans la tôle et rivés.

Fig. 428

K $= 0,578$, quand ils seront taraudés dans la tôle et fixés à l'extérieur par un écrou, ou quand il y aura un écrou à un bout et que l'autre sera taraudé dans une tôle ayant une épaisseur au moins égale aux 2/3 de leur diamètre et rivé.

(Cette clause s'applique spécialement aux entretoises des boîtes à feu).

$K = 0,542$; quand les tirants ou les entretoises seront fixés par des écrous et des rondelles sur les deux faces de la tôle, pourvu que le diamètre des rondelles extérieures soit au moins $\frac{4}{10}$ de l'écartement entre les files d'entretoises.

L'épaisseur de la rondelle sera au moins les $\frac{2}{3}$ de celle de la tôle, et sera augmentée si son diamètre excède une fois et demie le diamètre de l'écrou.

$K = 0,481$, lorsque les tirants ou les entretoises seront fixés par écrous et rondelles sur chaque face de la tôle, si la rondelle extérieure est rivée à la tôle et a les $\frac{3}{4}$ de son épaisseur, avec un diamètre égal à 0,6 de la distance des files d'entretoises.

Lorsque les tôles seront en contact avec la vapeur sur une face et avec les gaz chauds sur l'autre, leur épaisseur doit être augmentée ; par exemple, dans les chaudières à retour de flamme lorsque les tôles du haut de la façade ne seront en aucune façon protégées contre les gaz chauds, la pression et l'épaisseur seront calculées par les formules suivantes :

$$P = \frac{(e - 3)^2}{a^2 + b^2} \times 0,9 \, \frac{R}{K}$$

et

$$e = 3 \text{ millim.} + \sqrt{(a^2 + b^2) \frac{PK}{0,9 R}}$$

Si ces tôles sont protégées par un écran, leur épaisseur ne sera pas augmentée.

Lorsque les façades seront en 2 tôles, le joint sera à double rivetage si la plus épaisse des deux a une épaisseur de $12^{mm},5$ ou au-dessus.

Tirants et entretoises.

Le diamètre des tirants et des entretoises qui supportent les tôles planes sera déterminé par la formule suivante :

$$d = 3 + \sqrt{\frac{7,5 Q}{R}}$$

où :

$d =$ diamètre effectif en millimètres (mesuré au fond des filets dans les tirants ou entretoises filetées).

$Q =$ charge totale sur le tirant en kilogrammes.

$R =$ Résistance a la rupture par traction du métal en kilogrammes par millimètre carré.

Tableau des valeurs de $\frac{R}{K}$ dans la formule des tôles planes.

Résistance de la tôle en kilogrammes par m/m carré R	K = 0,481	K = 0,542	K = 0,578	K = 0,735
31	$\frac{R}{K}$ = 64,50	$\frac{R}{K}$ = 57,10	$\frac{R}{K}$ = 54,00	$\frac{R}{K}$ = 42,20
32	66,60	59,00	55,80	43,50
33	68,60	60,90	57,60	44,90
34	70,70	62,70	59,30	46,30
35	72,80	64,50	61,10	47,60
36	74,90	66,40	62,90	49,00
37	77,00	68,20	64,60	50,40
38	79,00	70,00	66,40	51,70
39	81,10	71,80	68,10	53,00
40	83,20	73,70	69,80	54,40
41	85,30	75,60	71,60	55,80
42	87,40	77,40	73,40	57,20
43	89,40	79,30	75,00	58,50
44	91,50	81,10	76,80	59,90
45	93,60	83,00	78,60	61,20
46	95,60	84,80	80.40	62,60
47	97,70	86,60	82,20	64,00
48	99,80	88,40	83.80	65,30

Pour l'acier, R sera la limite inférieure de résistance choisie dans le projet; pour le fer, ce sera 35 kilogrammes. — On pourra employer la résistance exacte si elle est connue.

Si les tirants ne sont pas ronds, leur section sera calculée de façon que la charge par millimètre carré qu'ils supportent ne soit pas supérieure à $\dfrac{1}{5,5}$ de la résistance du métal, déduction faite de 1 millimètre 5 pour l'usure.

Dans les tirants soudés, l'effort sera réduit de 20 °/₀. On n'admettra, d'ailleurs, les soudures dans les tirants en acier que si le métal est extra-doux.

Pour les très hautes pressions, telles qu'on en fait usage dans les machines à triple expansion, il est recommandé de tarauder tous les tirants et entretoises dans les tôles qu'ils soutiennent, et de les fixer en outre par des écrous.

Cela s'applique également aux tubes tirants, avec cette réserve qu'il vaut mieux ne pas placer d'écrous dans la boîte à feu.

Foyers circulaires.

Foyers lisses. — La pression et l'épaisseur des tôles du foyer peuvent s'obtenir par les formules suivantes :

$$P = \frac{Ke^2}{DL} \qquad \text{et} \qquad e = \sqrt{\frac{PDL}{K}}$$

où :

e représente l'épaisseur des tôles en millimètres ;

D = le diamètre extérieur du foyer en centimètres.

P = la pression au-dessus de l'atmosphère, en kilogrammes par centimètre carré.

L = Longueur du foyer en centimètres, ou la longueur des anneaux dont il se compose lorsqu'il est garni de trettes bien conditionnées ou formé de plusieurs anneaux reliés par des pinces.

K = 588, lorsque le foyer est exactement circulaire et lorsque les joints longitudinaux sont soudés à la forge, ou assemblés en sifflet ou bord à bord avec un couvre-joint, et double rang de rivets dans ce dernier cas.

K = 504, lorsque le foyer n'est pas exactement circulaire, ou lorsque les joints longitudinaux sont simplement à recouvrement.

Les coefficients ci-dessus se rapportent à des tôles en fer fin. On pourra les multiplier par 1,2 lorsque les tôles sont en acier doux ou en fer de toute première qualité, supportant bien le feu, sans gerçures ni autres défauts, et remplissant les conditions suivantes, qui devront être vérifiées sur des éprouvettes :

	dans le sens du laminage.	en travers.
Résistance à la traction	36 k.	34 k.
Allongement sur 200 millimètres de longueur.	16 °/₀	10 °/₀
Pliage à froid, sans craqûre sous un angle de .	60°	35°
Pliage à chaud sous un angle de	180°	180°

L'épaisseur ne sera dans aucun cas inférieure à $\dfrac{PD}{56}$ pour les tôles de fer; $\dfrac{PD}{63}$ pour les tôles d'acier.

Il est recommandé de limiter la longueur des anneaux de manière à ne pas dépasser une épaisseur maximum de 16 millimètres.

Foyers ondulés et à nervures

L'épaisseur de l'enveloppe se déduira des formules suivantes :
1º Pour les foyers ondulés :

$$e = \frac{P D}{140} + 3$$

Le diamètre extérieur D se mesure extérieurement aux ondulations, en centimètres.

Cette formule suppose que la profondeur des ondulations est de 4 centimètres et leur longueur de 15 centimètres.

2º Pour les foyers à nervures : $e = \dfrac{P D}{130} + 3$: D est le plus grand diamètre extérieur des parties situées entre les nervures, en centimètres.

La formule s'applique à des nervures espacées de 230 millimètres et ayant une saillie de 35 millimètres, à la condition que l'écart entre le plus petit et le plus grand diamètre du foyer, mesuré en un point quelconque, ne dépasse pas 0,003 du diamètre moyen.

Les coefficients ci-dessus s'appliquent au cas où la résistance du métal est comprise entre 41 et 48 kilogrammes par millimètre carré. Si elle est inférieure à 41 kilogrammes, on réduira les coefficients de $\dfrac{1}{40}$ par kilogramme au moins.

Dispositions générales.

Lorsqu'il est fait usage de plusieurs chaudières, elles doivent pouvoir fonctionner ensemble ou indépendamment les unes des autres, par l'emploi de soupapes placées soit entre les chaudières et le surchauffeur commun, soit entre les divers surchauffeurs et le tuyau principal de prise de vapeur.

Chaque chaudière sera munie d'un manomètre et de 2 appareils indicateurs du niveau d'eau, soit un tube en verre, et un système de robinets étagés. Les chaudières doubles recevront les mêmes appareils sur chaque façade.

Le tuyau d'extraction des fonds sera muni de deux robinets, l'un attaché à la chaudière, et l'autre au bordé du navire. Le tuyau d'extraction placé à la surface sera disposé d'une manière analogue.

On établira un système permettant de manœuvrer la soupape d'arrêt du plancher de la chaufferie ou de la plateforme de manœuvre.

Pour la protection des tôles de revêtement, les robinets d'extraction seront fixés à des douilles passant en travers de la tôle et d'une collerette placée à l'extérieur. Si cette collerette est en fer, elle sera galvanisée.

Lorsque les dômes de vapeur et les surchauffeurs sont placés dans la cheminée et exposés directement à la flamme, ils doivent être convenablement protégés par des tôles. Dans tous les cas, il doit être possible d'examiner complètement l'intérieur et l'extérieur des dômes de vapeur et surchauffeurs.

Pour empêcher les chaudières de glisser, soit dans le sens transversal en cas de roulis, soit dans le sens longitudinal en cas de collision, elles seront solidement attachées sur leurs berceaux.

Tous les trous d'homme seront pourvus d'un collet de renfort ; les dimensions minima de ces trous d'homme seront : 30×40 centimètres.

Deux soupapes de sûreté au moins, d'un système approuvé, seront fixées à chaque chaudière.

Leur section totale sera suffisante pour que, les feux étant poussés pendant 20 minutes au moins, la pression de la chaudière ne s'élève pas de plus de $\frac{1}{10}$ de la valeur effective pour laquelle la chaudière a été approuvée.

En cas de tirage forcé, cette section devra être augmentée proportionnellement à l'accroissement du pouvoir évaporatoire des chaudières.

On établira un système permettant de soulager les soupapes de sûreté du pont et du plancher de la chambre de chauffe.

S'il y a possibilité d'isoler un surchauffeur communiquant avec une ou plusieurs chaudières, il sera nécessaire de le munir d'une soupape de sûreté de dimensions suffisantes.

Les prises de vapeur des appareils auxiliaires devront être indépendantes de la prise de vapeur principale, pour ne pas remplir de vapeur le tuyautage des grandes machines, lorsqu'on se sert seulement des treuils ou autres appareils similaires.

Règles du Lloyd's Register
pour la construction des machines et chaudières marines

Règles servant à déterminer la pression de travail des chaudières neuves

Enveloppes cylindriques des chaudières en fer. La résistance des enveloppes circulaires des chaudières en fer sera déterminée d'après la résistance des joints longitudinaux par la formule suivante :

$$\frac{C \times T \times B}{D} = \text{pression de travail en kilog. par centimètre carré.}$$

dans laquelle :

C = coefficient d'après la table ci-après,
T = épaisseur des tôles en millimètres
D = diamètre moyen de l'enveloppe en millimètres,
B = coefficient de résistance des joints, déterminé comme suit :
(on prendra la résistance minimum).

Pour les tôles, $B = \dfrac{p-d}{p} \times 100$

Pour les rivets, $B = \dfrac{n \times a}{p \times T} \times 100$ (rivets et tôles en fer, trous débouchés au poinçon)

$B = \dfrac{n-a}{p \times T} \times 90$ (rivets et tôles en fer, trous débouchés au foret).

Si les rivets travaillent par double cisaillement, a sera remplacé dans les susdites formules par 1,75 a).

Formules dans lesquelles $p =$ espacement des rivets de centre en centre.
$d =$ diamètre des rivets.
$a =$ section des rivets.
$n =$ nombre des rangées de rivets.

Nota. — Dans toutes les mesures le millimètre est pris comme unité.

Nota. — Si après essais la résistance des joints longitudinaux est reconnue supérieure à celle donnée par les formules ci-dessus on pourra l'adopter dans les calculs.

Table des coefficients C (Chaudières en fer)

Description des joints longitudinaux	Tôles de 12 mm d'épaisseur et au-dessous	Tôles de 12 à 19 mm d'épaisseur	Tôles au-dessus de 19 mm. d'épaisseur
Joints à recouvrement, trous débouchés au poinçon	10,9	11,6	12
Joints à recouvrement, trous débouchés au foret	12	12,7	13,4
Joints à double-plaque de recouvrement, trous débouchés au poinçon	12	12,7	13,4
Joints à double plaque de recouvrement, trous débouchés au foret	12,7	13,4	14,1

Les plaques intérieures de recouvrement auront une résistance au moins égale aux $\frac{3}{4}$ de la résistance du joint longitudinal.

Enveloppes cylindriques des chaudières en acier. La résistance des enveloppes cylindriques des chaudières en acier sera déterminée d'après la formule suivante :

$$\frac{C \times (T - 3,175) \times B}{D} = \text{pression de travail en kilogrammes par centimètre carré;}$$

dans laquelle D = diamètre moyen de l'enveloppe
T = épaisseur des tôles } en millimètres

C = 23,65 si les coutures longitudinales ont double plaque de recouvrement d'égale largeur.

C = 22,80 si les plaques de recouvrement sont doubles, mais de largeur inégale et recouvrant, d'un côté seulement, la section amincie de la tôle par le travers des rangées extérieures de rivets.

C = 21,95 si les coutures longitudinales sont en recouvrement.

Si la résistance minimum à la traction est de 44 à 46 kilogrammes par millimètre carré au lieu d'être de 43 kilogrammes les susdites valeurs de C pourront être proportionnellement augmentées.

B = coefficient minimum de résistance des joints longitudinaux déterminé comme suit :

$$\text{Pour les tôles, } B = \frac{p - d}{p} \times 100$$

Pour les rivets $B = \dfrac{n-a}{p \times t} \times 85$ (rivets en acier)

$$B = \dfrac{n \times a}{p \times t} \times 70 \text{ (rivets en fer)}$$

Formules dans lesquelles p = espacement des rivets de centre en centre.

t = épaisseur des tôles.

d = diamètre des trous de rivets,

n = nombre de rivets par intervalle de lignes de fatigue perpendiculaires à la couture,

a = section des rivets,

(Le tout en millimètres).

Si les rivets travaillent par double cisaillement a sera remplacé par 1,75 a.

Nota. — Les plaques intérieures de recouvrement auront une résistance au moins égale aux 3/4 de la résistance du joint longitudinal.

Nota. — Les coefficients pour les enveloppes des surchauffeurs ou des réservoirs de vapeur, situés dans les culottes de cheminées ou exposés à l'action directe des flammes, seront les 2/3 de ceux indiqués dans les tables précédentes.

Des déductions convenables seront apportées pour les ouvertures pratiquées dans les enveloppes.

Tous les trous d'homme, pratiqués dans les enveloppes cylindriques, seront renforcés aux moyen de bagues.

Si les chaudières sont pourvues de dômes, les tôles d'enveloppe, situées au-dessous des dômes, seront renforcées, soit par des tirants aboutissant au sommet des dômes, soit par tout autre moyen.

Tirants. La résistance des tirants renforçant les surfaces plates sera déterminée, soit d'après leur plus faible section, soit d'après leur liaison, et les efforts maxima auxquels ils seront soumis, seront les suivants:

Tirants en fer. 4 kilog 22 par millimètre carré, pour les tirants, dont le diamètre, dans la plus faible section, n'excédera pas 38 millimètres et pour tous les tirants soudés; 5 kilog 27 par millimètre carré, pour les tirants non soudés, dont le diamètre, dans la plus faible section excédera 38 millimètres.

Tirants en acier. 5 kilog. 62 par millimètre carré pour les tirants taraudés dont le diamètre dans la plus faible section n'excédera pas 38 millimètres ; 6 kilogrammes 33 par millimètre carré pour les tirants taraudés dont le diamètre dans la plus faible section excédera 38 millimètres; 6 kg. 33 par millimètre carré, pour les autres tirants dont le diamètre, dans la plus faible section, n'excédera pas 38 millimètres et 7 kilogrammes 03 par millimètre carré, pour les autres tirants dont le diamètre dans la plus faible section excédera 38 millimètres. Les tirants en acier ne seront pas soudés.

Tubes-tirants. — L'effort maximum sera de 5 kilog. 27 par millimètre carré.

Tôles plates. — La résistance des tôles plates renforcées par des tirants, sera déterminée d'après la formule suivante :

$$\frac{C \times T^2}{P^2} = \text{pression de travail en kilogrammes par centimètre carré ;}$$

dans laquelle :

T = épaisseur des tôles.

P^2 = carré de l'écartement des tirants de centre en centre. Si cet écartement n'est pas le même que celui des rangées de tirants, on prendra la moyenne du carré de ces deux écartements.

C = 1620 (tôles en fer ou en acier, de 11 millimètres et au-dessous, tirants taraudés avec têtes rivées).

C = 1800 (tôles en fer ou en acier, au-dessus de 11 millimètres tirants taraudés avec têtes rivées).

C = 1980 (tôles en fer ou en acier, de 11 millimètres et au-dessous, tirants avec écrous).

C = 2160 (tôles en fer, au-dessus de 11 millimètres, et tôles en acier au-dessus de 11 millimètres et au-dessous de 14 millimètres, tirants taraudés avec écrous).

C = 2430 (tôles en acier, de 14 millimètres et au-dessus, tirants taraudés avec écrous).

C = 2520 (tôles en fer, tirants avec doubles-écrous).

C = 2700 (tôles en fer, tirants avec doubles écrous et rondelles, à l'extérieur des tôles ayant au moins comme diamètre, le tiers de l'écartement des tirants, de centre en centre, et comme épaisseur, la moitié de l'épaisseur des tôles).

C = 2880 (tôles en fer, tirants avec doubles écrous et rondelles rivés à l'extérieur des tôles, ayant au moins comme diamètre les deux cinquièmes de l'écartement des tirants, de centre en centre, et comme épaisseur, la moitié de l'épaisseur des tôles).

C = 3150 (tôles en fer, tirants avec doubles écrous et rondelles, rivés à l'extérieur des tôles, ayant au moins comme diamètre les deux tiers de l'écartement des tirants, de centre en centre, et comme épaisseur, l'épaisseur des tôles).

Pour les tôles en fer pourvues de tirants avec doubles écrous et de bandes de recouvrement, rivés à l'extérieur des tôles, et ayant

la même épaisseur que les tôles et une largeur égale aux deux tiers
de l'écartement entre les rangées des tirants, on prendra C = 3150
si P = l'écartement des rangées de tirants, et 3420, si P = l'écartement des tirants dans les rangées.

Pour les tôles en acier, en dehors de la chambre de combustion
les valeurs de C seront augmentées comme suit:

$$
\begin{array}{ccc}
C = 2520 & \text{élevé à} & 3150 \\
2700 & — & 3330 \\
2880 & — & 3600 \\
3150 & — & 3960 \\
3420 & — & 4320
\end{array}
$$

Si les tôles plates sont renforcées par tôles doublantes ayant au
moins les deux tiers de leur épaisseur et solidement rivées avec
elles, la résistance sera déterminée par la formule suivante:

$$
\frac{C \times \left(T \times \frac{t}{2} \right)^2}{P^2} = \text{pression de travail en kilog. par centim. carré}
$$

dans laquelle: t = épaisseur des tôles doublantes et C, T et P,
restant comme précédemment indiqué.

Nota. — Pour les tôles-fronteau de la chambre de vapeur, ces
coefficients subiront une réduction de 20 0/0, à moins que les
tôles ne soient protégées contre l'action directe de la chaleur.

La résistance des plaques tubulaires en acier, par les travers des
tubes, sera déterminée par la formule suivante:

$$
\frac{2520 \times T^2}{P^2} = \text{pression de travail en kilog. par centimètre carré,}
$$

dans laquelle: T = épaisseur des tôles, P = écartement moyen
des tubes tirants, de centre en centre.

La résistance de la plaque tubulaire de face, entre les faisceaux
de tubes, sera déterminée par la formule suivante:

$$
\frac{C \times T^2}{P^2} = \text{pression de travail en kilog. par centimètre carré;}
$$

dans laquelle, P = distance horizontale, de centre en centre, des
rangées extérieures de tubes.

C = 2160, si les tubes tirants n'ont pas d'écrous à l'extérieur des
    tôles et sont alternés par deux tubes ordinaires.
C = 2340, si les tubes tirants sont comme les précédents, mais
    avec écrous à l'extérieur des tôles.
C = 2520, si les tubes tirants sont alternatifs et sans écrous.
C = 2700, si les tubes tirants sont alternatifs avec écrous à l'ex-
    térieur des tôles.

C = 2880, si dans lesdites rangées, tous les tubes sont des tubes tirants sans écrous à l'extérieur des tôles.

C = 3060, si dans lesdites rangées, tous les tubes sont des tubes tirants ayant alternativement des écrous à l'extérieur des tôles.

L'épaisseur des plaques tubulaires des chambres de combustion si elles ont à supporter la pression exercée au sommet des chambres, ne sera pas inférieure à celle donnée par la formule suivante :

$$T = \frac{P \times W \times D}{1800 \times (D - d)}$$

dans laquelle :

P = pression de travail en kilogrammes par centimètre carré.

W = largeur de la chambre de combustion plus l'épaisseur des tôles

D = écartement des tubes, mesuré horizontalement.

d = diamètre intérieur des tubes ordinaires.

T = épaisseur des plaques tubulaires.

Nota. — Dans toutes les mesures le millimètre est pris comme unité.

Armatures. — La résistance des armatures, des chambres de combustion ou autres surfaces plates, sera déterminée par la formule suivante :

$$\frac{C \times d^2 \times T}{(L - P) \times D \times L} = \text{pression de travail en kilogr. par centim. carré}$$

dans laquelle :

L = distance entre les plaques tubulaires ou entre la plaque tubulaire et la tôle de dos de la chambre,

P = écartement des tirants dans les armatures,

D = distance des armatures de centre en centre.

d = hauteur de l'armature au centre,

T = épaisseur de l'armature au centre. (Le tout en millimètres).

Fers forgés.

$$C = \begin{cases} 422 \text{ un tirant à chaque armature.} \\ 633 \text{ deux ou trois tirants à chaque armature.} \\ 703 \text{ quatre ou cinq } \quad — \quad\quad — \quad\quad — \\ 738 \text{ six ou sept } \quad\quad — \quad\quad — \quad\quad — \\ 760 \text{ huit tirants et au-dessus à chaque armature.} \end{cases}$$

Aciers forgés

$$C = \begin{cases} 464 \text{ un tirant à chaque armature.} \\ 696 \text{ deux ou trois tirants à chaque armature.} \\ 773 \text{ quatre ou cinq } \quad — \quad\quad — \quad\quad — \\ 812 \text{ six ou sept } \quad\quad — \quad\quad — \quad\quad — \\ 835 \text{ huit tirants et au-dessus à chaque armature.} \end{cases}$$

Foyers circulaires. — La résistance à l'affaissement des foyers circulaires ordinaires sera déterminée comme suit :

Si la longueur de la partie cylindrique du foyer excède 120 fois l'épaisseur de la tôle, la pression de travail sera déterminée par la formule suivante :

$$\frac{75.600 \times T^2}{L \times D} = \text{pression de travail en kilog. par centim. carré.}$$

Si la longueur de la partie cylindrique du foyer est inférieure à 120 fois l'épaisseur de la tôle, la pression de travail sera déterminée par la formule suivante :

$$\frac{3,5 \times (300\,T - L)}{D} = \text{pression de travail en kilog. par centim. carré.}$$

dans laquelle : D = diamètre extérieur du foyer,

T = épaisseur des tôles.

L = longueur de la partie cylindrique, mesurée du centre des rivets reliant les foyers aux rebords de la plaque tubulaire de face et de la plaque tubulaire de dos, ou du commencement des congés, si les foyers sont à rebords ou sont pourvus de bagues Adamson.

Les mêmes formules seront applicables aux foyers dont il sera parlé ci-après à condition que la résistance des aciers, par millimètre carré, ne soit pas inférieure à 41 kilog. ou n'excède pas 47 kilog. Si la résistance des aciers était inférieure à 41 kilog. le coefficient serait diminué de $\frac{1}{41}$ par chaque kilogramme en moins.

La résistance des foyers ondulés, système Fox ou Morison, ou des foyers avec ondulations et nervures s'alternant, système Brown, sera déterminée par la formule suivante :

$$\frac{1.416 \times (T - 3,175)}{D} = \text{pression de travail en kilog. par centim. carré.}$$

La résistance des foyers à nervures (écartement des nervures, 228 millim), système Purves, sera déterminée par la formule suivante :

$$\frac{1.305 \times (T - 3,175)}{D} = \text{pression de travail en kilog. par centim. carré.}$$

La résistance des foyers, avec ondulations en spirales, sera déterminée par la formule suivante :

$$\frac{1.026 \times (T - 3,175)}{D} = \text{pression de travail en kilog. par centim. carré.}$$

formules dans lesquelles : T = épaisseur des tôles.

D = Diamètre extérieur des foyers ondulés, ou des foyers avec ondulations et nervures s'alternant, système Brown, ou diamètre extérieur de la partie unie des foyers ordinaires à nervures. Pour les foyers brevetés de Holmes, dont les ondulations auront un écartement maximum de 406 millim., de centre en centre, et une hauteur minimum de 51 millim., la résistance sera déterminée par la formule suivante :

$$\frac{1.063 \times (T-3,175)}{D} = \text{pression de travail en kilog. par centim. carré}$$

dans laquelle : T = épaisseur des parties unies des foyers,
D = diamètre extérieur des parties unies des foyers.

Les foyers Deighton ont été approuvés dans les mêmes conditions que ceux systèmes Fox ou Morison.
La résistance sera déterminée par la formule suivante :

$$\frac{1.416 \times (T-3,175)}{D} = \text{pression de travail en kilog. par centim. carré.}$$

dans laquelle : T = épaisseur des tôles,
D = diamètre extérieur du foyer.

Nota : *Dans toutes les mesures le millimètre est pris comme unité.*

Chaudières auxiliaires. — Le fer employé dans la construction des boîtes à feu, des culottes de cheminées et des bouilleurs destinés aux chaudières auxiliaires, sera de bonne qualité et l'Inspecteur pourra exiger, s'il le juge convenable, les épreuves suivantes :

Epaisseur des tôles.	Pliage du métal à froid sous un angle d°	
	en long	en travers
millim.		
8	80°	45°
9,5	70	35
11	55	25
12,5	40	20

Le pliage du métal à chaud se fera sous un angle de 90° avec un rayon ne dépassant pas une fois et demie l'épaisseur de la tôle.

Règles servant à déterminer les échantillons des arbres.

Le diamètre des arbres manivelles et des arbres droits, ne sera pas inférieur à celui donné par les formules suivantes :

Pour les machines compound avec deux manivelles à angle droit :

Diamètre de l'arbre manivelle

$$= (0,04\,A + 0,006\,D + 0,02\,S) \times \sqrt[3]{P \times 14,22}$$

Pour les machines à triple expansion avec trois manivelles à angle égal :

Diamètre de l'arbre manivelle =

$$= (0,038\,A + 0,009\,B + 0,002\,D + 0,0165\,S) \times \sqrt{P \times 14,22}.$$

Pour les machines à quadruple exp sion avec deux manivelles à angle droit :

Diamètre de l'arbre manivelle =

$$(0,034\,A + 0,011\,B + 0,004\,C + 0,0014\,D + 0,016\,S) \times \sqrt[3]{P \times 14,22}$$

Pour les machines à quadruple expansion avec trois manivelles :

Diamètre de l'arbre manivelle =

$$(0,028\,A + 0,014\,B + 0,006\,C + 0,0017\,D + 0,015\,S) \times \sqrt[3]{P \times 14,22}$$

Pour les machines à quadruple expansion avec quatre manivelles :

Diamètre de l'arbre manivelle =

$$0,033\,A + 0,01\,B + 0,004\,C + 0,0013\,D + 0,0155\,S) \times \sqrt[3]{P \times 14,22}$$

Formules dans lesquelles :

A = diamètre du cylindre à haute pression.
B = diamètre du premier cylindre intermédiaire.
C = — second — — } en millimètres
D = — du cylindre à basse pression.
S = Course des pistons.
P = pression des chaudières au-dessus de l'atmosphère en kilogrammes par centimètre carré.

Le diamètre de l'arbre porte-hélice sera d'un vingtième plus fort que le diamètre exigé pour l'arbre manivelle.

La portion située en avant de la couronne du presse-étoupe arrière, ira en décroissant, de façon à ce que son diamètre, à son point de contact avec l'arbre intermédiaire adjacent, soit le même que celui de cet arbre.

L'arbre de butée aura, sous les collets, le même diamètre que l'arbre manivelle. Il ira en décroissant, de façon à ce que à chaque extrémité son diamètre soit le même que celui des arbres intermédiaires.

Le diamètre minimum des arbres intermédiaires sera d'un vingtième plus faible que le diamètre exigé pour l'arbre manivelle.

Nota. — Ces règles s'appliquent aux machines compound à 2 cylindres, dans lesquelles le rapport des sections intérieures des cylindres à basse et haute pression n'excède pas 4,5 à 1; aux machines à triple expansion, dans lesquelles ledit rapport n'excède pas 9 à 1; aux machines à quadruple expansion, dans lesquelles ce rapport n'excède pas 12 à 1; mais dans tous les cas, la course des pistons n'étant pas, ni inférieure au demi-diamètre, ni supérieure au diamètre du cylindre à basse pression. Les machines qui par leurs proportions, seront au-dessus des limites qui viennent d'être indiquées, seront soumises à l'appréciation du Comité.

Alliages employés dans les machines.

Bronze. — Densité 8,7. S'emploie dans les :
Hélices et chaises d'étambot, à raison de 90 parties de cuivre et 10 d'étain.

Chemises de pompes à air · · · · | 88 de cuivre et 12 d'étain.
Soupapes et robinets, · · · · · |
Coussinets de lignes d'arbres — 86 de cuivre et 14 d'étain.
Coussinets de bielles — 84 de cuivre et 16 d'étain.

Le *bronze phosphoreux* est employé pour les plaques de friction des cylindres. Le frottement est plus doux qu'avec le bronze ordinaire ; sa ténacité est de 52 kilogrammes tandis que celle du bronze ordinaire n'est que de 22 kilogrammes.

Sa composition est : 22 de cuivre, 18 d'étain et 1 à 2 % de phosphore.

Laiton ou cuivre jaune. — Densité, 8,2.
Proportions ordinaires: 63 parties de cuivre, 35 de zinc, 2 de plomb.

Antifriction. — Densité 7,6.
Composition : 91 parties d'étain, 3 de zinc et 6 de cuivre.
Quelquefois : 88 d'étain, 8 d'antimoine et 4 de cuivre.
Ces proportions ne sont pas invariables.
On emploie l'antifriction pour garnir certains coussinets et adoucir le frottement. Il n'est pas attaqué par l'eau, mais il se ramollit et se fond à une température peu élevée.

Maillechort ou Melchiort. — Métal blanc composé de 50 parties de cuivre, 25 de zinc et 25 de nickel. S'emploie à la confection des salinomètres.

Soudures. — On appelle *soudures* des alliages destinés à la liaison de certains métaux.

Les principales soudures employées dans les machines, sont :

Soudure de cuivre forte. — 3 parties de cuivre, 1 de zinc.
Soudure de cuivre tendre. — 1   —   1   —
Soudure de plomb forte. — 1 partie d'étain 2 de plomb.
Soudure de ferblantier   — 1   —   7   —
Soudure de plombier. — 1   —   2   —

Composition chimique de quelques-uns des nouveaux laitons les plus connus, d'après les analyses faites en 1896 au Laboratoire de la Marine ([1]).

	Métal Roma	Métal Delta	Laiton de Froges	Métal Stone	Métal Bull
Cuivre..........	58,58	57,43	69,10	56,09	57,23
Zinc...........	40,67	38,90	24,61	40,60	40,22
Fer	0,03	0,69	1,73	1,67	0,30
Manganèse........	»	2,06	»	»	»
Aluminium......	0,20	»	4,23	»	0,15
Etain	»	»	»	1,05	1,49
Plomb..........	0,39	0,71	0,32	0,47	0,34
Divers et pertes...	0,13	0,21	0,01	0,12	0,29
	100,00	100,00	100,00	100,00	100,00

Propriétés élastiques des laitons à diverses températures.

Re, résistance élastique Rr, charge de rupture Ar, allongement		Métal Roma	Métal Delta	Laiton de Froges	Métal Stone	Métal Bull
à 15⁰	Re	12 k.	13^k,35	20^k,5	16^k,5	16^k,1
	Rr	41	33^k.4	50^k,6	47^k,9	34^k,8
	Ar	30 %	13 %	28 %	15 %	6 %
à 200⁰	Re	14^k,4	15^k,4	17^k,6	17^k,6	17^k,9
	Rr	29	27^k,2	38^k,9	34^k,7	30^k,3
	Ar	42 %	18 %	33 %	16 %	6,6 %
à 250⁰	Re	14^k,8	15^k,4	17^k,4	16^k,7	16^k,8
	Rr	24^k,8	26^k,7	32^k,8	30^k,3	27^k,5
	Ar	28 %	35 %	28 %	40 %	6,7 %

1. L.-E. Bertin, *Les Machines marines.*

Matières employées dans les machines

Minium. — Densité 8,9. — Corps composé de plomb et d'oxygène (oxyde de plomb). — Employé pour la fabrication des mastics et pour la peinture destinée à préserver le fer de la rouille.

Céruse. — Densité 6,5. — Carbonate de plomb, appelé *blanc de plomb* ou *blanc de céruse*. Mélangée à une huile siccative, la céruse sert à faire la peinture et le mastic au minium. Mélangée au suif chaud, on l'emploie comme enduit sur les pièces de machines mises en magasins pour les préserver de l'oxydation.

Caoutchouc. — Densité 0,930. — Substance résineuse provenant de certains arbres. Flexible et très élastique. Incompressible. Se prête à toute espèce de déformation.

On n'emploie généralement dans les machines que le *caoutchouc vulcanisé*, c'est-à-dire du caoutchouc auquel on a incorporé du soufre, en le plongeant dans un bain de cette substance dont la température ne doit pas dépasser 135 à 140°. Cette opération l'empêche de durcir à froid et de couler à chaud.

Le caoutchouc est employé dans les clapets et à quelques presse-étoupes.

Suif. — Densité 0,930. Substance grasse tirée du corps des animaux. Employée au graissage des machines.

Feutre. — Étoffe non tissée, employée pour recouvrir les cylindres et boîtes à tiroir, les chaudières à vapeur. Pour rendre le feutre incombustible, on le trempe dans de l'eau contenant de l'alun en dissolution.

Bois. — Les bois employées dans les machines, sont :

1° Le *charme*, densité 0,75. Sert à faire les dents des roues d'engrenage.

2° Le *cormier*, densité 0,90. Même usage que le charme.

3° Le *gaïac*, densité 1,33. Bois très dur et très lourd. Donne un très bon frottement pourvu qu'il soit constamment mouillé. On l'emploie pour les coussinets d'arbres d'hélices, les chemises de pompes à air, de circulation, etc.

Mastics. — Les principaux mastics employés dans les appareils à vapeur de navigation sont : le *mastic rouge au minium*, les *mastics de fer et de fonte*, les *mastics au blanc de zinc et au blanc de céruse*, le *mastic réfractaire*, les *mastics au blanc d'Espagne et au blanc de chaux*.

1° Le *mastic rouge au minium* se compose de 1 partie de minium et 1 partie de céruse. Sert pour la jonction de toutes les pièces qui ne se trouvent pas exposées à l'action directe du feu.

2º Le *mastic de fer ou de fonte* se compose de :

40 parties en poids de tournure de fonte ou limaille de fer ;
2   —   fleur de soufre en poudre ;
1   —   sel ammoniac en poudre ;
le tout humecté avec de l'eau de mer ou de l'urine.

Ce mastic sert pour les joints des pièces en fer ou en fonte dont les parties à assembler ne sont pas parfaitement planées.

3º Les *mastics au blanc de zinc* et au *blanc de céruse* se préparent comme le mastic rouge, en remplaçant le minium par du blanc de zinc ou de céruse. Même emploi que le mastic au minium.

4º Le *mastic réfractaire* se compose de limaille de fonte non oxydée, tamisée et pétrie avec de l'argile et du poussier de meule à aiguiser.

On mélange ces substances en les battant et en les humectant de vinaigre ou d'eau ammoniacale.

Ce mastic est préféré au mastic de fonte pour les parties exposées aux flammes.

5º Les *mastics au blanc d'Espagne* et *au blanc de chaux* se préparent en amalgamant ensemble du blanc d'Espagne ou du blanc de chaux, de l'huile de lin et du chanvre haché menu.

S'emploient dans les mêmes circonstances que le mastic au minium, excepté au cas où ils se trouveraient en contact avec de la vapeur.

Huiles. — Les huiles sont des corps gras, liquides à la température ordinaire.

Elles se divisent en *huiles grasses* ou *non siccatives,* et en *huiles siccatives.*

Les premières sont employées pour le graissage et l'éclairage ; les secondes servent à la fabrication des peintures.

Les *huiles grasses* rancissent à l'air et à la lumière ; elles se décollent, perdent leur onctueux, deviennent visqueuses, fétides et acides. Les *huiles siccatives* ne rancissent pas, mais elles se dessèchent promptement et ne sont pas bonnes pour le graissage.

Les principales huiles employées dans les machines sont : l'*huile pied de bœuf,* excellente pour le graissage mais d'un prix trop élevé ; l'*huile d'olive* qui ne s'altère que très peu au contact de l'air, bonne aussi pour le graissage ; l'*huile de colza* pour l'éclairage.

Dans les machines, et principalement dans celles munies de condenseurs à surface, on remplace les suifs et les huiles végétales par les *huiles minérales* pour le graissage. Ces huiles proviennent du Caucase et de l'Amérique. Les principales qualités employées au graissage des cylindres et des tiroirs, sont : l'huile américaine *Noivre et Crane,* l'*oléonaphte* du Caucase, dite *Ragosine* et la *Valvoline,* variété d'huile américaine.

L'huile de ricin (Castor oil) est aussi employée avec beaucoup de succès pour le graissage des machines.

Le graissage par mélange avec l'oléonaphte et l'huile d'olive est supérieur comme pouvoir lubrifiant à celui de l'huile d'olive employée seule.

L'huile minérale étant neutre, permet d'utiliser les huiles végétales ayant une proportion d'acide trop élevée, en faisant un mélange qui permette une proportion de 7 o/o pour le graissage extérieur. Cette huile ne peut être employée seule dans les machines marines au graissage des mouvements extérieurs. Elle manque de la qualité que possède l'huile grasse de saponifier contre les collets des arbres, avec un léger filet d'eau.

Etat comparatif d'essais faits sur la fluidité de différentes huiles à graisser.

Provenance et Marques des huiles	Quantité d'huile écoulée par heure par un trou ayant 1 m/m de section à 18 degrés centigrades.	Densité à 15 degrés centigrades	Observations
Oléonaphte Ragosine, N° 0	centim. cub. 12	910	Pour mouvements fonctionnant dans la vapeur (pistons, tiroirs, détentes)
Oléonaphte Ragosine, n° 1	22.5	905	Pour mouvements extérieurs.
Mélange d'oléonaphte Ragosine avec 50 o/o d'huile d'olive, ayant 21,15 o/o d'acide oléique.	75	910	La présence d'acide oléique n'a plus été que de 9,87 0/0 après le mélange.
Huile d'olive provenant d'Algérie	85.7	915	Acide oléique de 5,64 à 24 0/0,
Castor oil de l'Inde (Ricin).	14.50	964	Acidité 4,93 0/0,
Huile de Sésame de Hong-Kong . . .	75	912	Acidité 5,64 0/0,
Huile d'arachide. . .	100	910	Acidité 7,05 0/0,
Mélange de 50 o/o d'arachide et 50 o/o d'oléonaphte, n° 1 . .	75	906.5	Acidité 4,23 0/0.

Calorifuge. — L'application des *calorifuges*, matières isolantes, sur les enveloppes et coffres de chaudières à vapeur, permet:

1° D'économiser de 12 à 14 o/o de combustible, sur la dépense des chaudières nues.

2º D'atténuer dans une notable proportion, et quelquefois même d'empêcher complètement les entraînements d'eau dans les chaudières dont la surface de vaporisation est faible par rapport à la surface de chauffe.

3º De faciliter le maintien de la pression.

4º D'amoindrir la chaleur dans les chaufferies.

Ces considérations ont conduit les compagnies de navigation et les industriels à profiter des avantages que donne l'application de cette enveloppe isolante sur les générateurs de vapeur, en l'utilisant.

La Compagnie Transatlantique emploie, sur ses paquebots, un *calorifuge Buser* dont la composition et le mode d'emploi sont les suivants :

Matières et quantités nécessaires pour obtenir $0^{m3}500$
de calorifuge Buser.

Désignation des matières	Volume	Poids	Densité
Terre réfractaire	$0^{m3}107$	$150^k 000$	1, 401
Liège en poudre	0, 107	11, 000	0, 102
Crottin	0, 073	29, 900	0, 409
Farine avariée	0, 035	15, 000	0, 428
Coaltar	0, 028	30, 800	1, 100
Poil de chèvre (non tassé) .	0, 073	1, 000	0, 0137

Le coaltar doit être épais, ayant un peu l'aspect de la mélasse.

La sciure de liège ne doit pas dépasser deux millimètres de grosseur. Il faut $2^{m3},500$ de matières, y compris goudron et eau, pour obtenir un mètre cube de plastique en place.

On mélange la terre réfractaire, le crottin, le liège et la farine, à sec ; on gâche ensuite sur une aire en planches en mettant le moins d'eau possible. Lorsque la pâte est à peu près faite, on verse peu à peu le coaltar, en continuant à gâcher, jusqu'à ce que le volume de coaltar exigé soit consommé. Ce n'est qu'en dernier lieu qu'on ajoute le poil de chèvre.

Pour la mise en place du calorifuge, on nettoie et on gratte les surfaces à recouvrir, on passe à la truelle ou à la main une première couche de $0^m,02$ à $0^m,025$ d'épaisseur et on fait sécher en allumant la chaudière pour obtenir de l'eau à peine bouillante, afin que le séchage se fasse graduellement. On passe ensuite une deuxième couche, pour obtenir de 40 à 45 millimètres d'épaisseur ; on lisse à la truelle et enfin on donne une couche de coaltar au pinceau.

On garantit le calorifuge en l'entourant d'un grillage en fil de fer galvanisé à 40 millimètres de maille sur les côtés des chaudières. Sur les parties supérieures de ces dernières on recouvre le calorifuge de feu lles de plomb de 2 millimètres d'épaisseur, pour en empêcher la désagrégation à cause de l'eau qui peut y venir.

Amiante bleu. — L'amiante bleu est un véritable *chanvre minéral* aux fibres déliées, puissantes et fortes. A la calcination, au rouge blanc, l'amiante bleu ne perd que 3 1/2 %. Il ne raye pas les tiges de piston. Employé comme tissus et matelas isolants il se prête assez bien à toutes les opérations de coupe et de couture.

Le matelas en toile d'amiante bleu, bourré de fibres de même nature, est incombustible et imputrescible.

Ses propriétés calorifuges sont basées sur la vitesse de refroidissement d'une chaudière à vapeur à température initiale de 160°, recouverte d'un matelas d'amiante bleu de 40 millimètres d'épaisseur, dans les conditions suivantes :

$$1 \text{ heure} : 154°$$
$$3 \quad — \quad : 136°$$
$$5 \quad — \quad : 118°$$

Les matelas rectangulaires, capitonnés en losanges à écartement de 14 centimètres environ et en carrés à écartement de 10 centimètres environ, pèsent :

Epaisseur 40 mm.	:	5*800	le mètre carré.	
—	35 —	:	5,450	—
—	30 —	:	4,925	—
—	25 —	:	4,460	—
—	20 —	:	4,000	—

Les cordes-câblées, en amiante bleu, présentent les caractéristiques suivantes :

Diamètre 13 mm.	Force dynamométrique constante :	500 kilogs.	
— 15 —	—	: 800	—

Timbre des chaudières à vapeur. — Conversion des kilogrammes de pression en atmosphères.

kilogrammes	atmosphères	kilogrammes	atmosphères	kilogrammes	atmosphères
0,250	1,242	6,500	7,292	12,750	13,342
0,500	1,484	6,750	7,534	13,000	13,584
0,750	1.726	7,000	7,776	13,250	13,826
1,000	1,968	7,250	8,018	13,500	14,068
1,250	2,210	7,500	8,260	13,750	14,310
1,500	2,452	7,750	8,502	14,000	14,552
1,750	2,694	8,000	8,744	14,250	14,794
2,000	2,936	8,250	8,986	14,500	15,036
2,250	3,178	8,500	9,228	14,750	15,278
2,500	3,420	8,750	9,470	15,000	15,520
2,750	3,662	9,000	9,712	15,250	15,762
3,000	3,904	9,250	9,954	15,500	16,004
3,250	4,146	9,500	10,196	15,750	16,246
3,500	3,388	9,750	10,438	16,000	16,488
3,750	4,630	10,000	10,680	16,250	16,730
4,000	4,872	10,250	10,922	16,500	16,972
4,250	5,114	10,500	11,164	16,750	17,214
4,500	5,356	10,750	11,406	17,000	17,456
4,750	5,598	11,000	11,648	17,250	17,698
5,000	5,840	11,250	11,890	17,500	17,940
5,250	6,082	11,500	12,132	17,750	18,182
5,500	6,324	11,750	12,374	18,000	18,424
5,750	6,566	12,000	12,616	18,250	18,666
6,000	6,808	12,250	12,858	18,500	18,906
6,250	7,050	12,500	13,100	18,750	19,151

$$5 \text{ kilos} = \frac{5 \text{ atm.}}{1^k 033} + 1 \text{ atm.} = 5 \text{ atm. } 840$$

$$5 \text{ atm.} = 1^k,033 \times 5 - 1^k,033 = 4^k,132$$

Rivetage des enveloppes des chaudières.

Résistance du joint. — La résistance minimum de la tôle par le travers des trous de rivets, et celle des rivets, se proportionnent à la résistance de la tôle intacte de la façon suivante ([1]):

1. Carl Busley. — *Die Schiffsmaschine.*

		Epaisseur	Fer %	Acier %
Joint à recouvrement ou à simple couvre-joint	1 rang de rivets, tôles de 6 à 24 ᵐᵐ		59 à 52	56 à 47
	2 rangs — — 8 à 25		72 à 67	70 à 64
	3 — — — 9 à 27		78 à 74	76 à 71
	4 — — — 11 à 28		82 à 78	80 à 76
Joint avec double couvre-joint	1 rang de rivets, tôles de 9 à 27 ᵐᵐ		68 à 63	65 à 59
	2 rangs — — 11 à 28		80 à 76	78 à 73
	3 — — — 13 à 30		84 à 82	82 à 79
	4 — — — 14 à 32		86 à 85	85 à 83

La résistance du couvre-joint simple étant 1, celle du couvre-joint double est 1,75. Avec une habile disposition des rivets et des diamètres convenables on peut obtenir une résistance de 90 % et au-dessus, avec un double couvre-joint et un nombre suffisant de files de rivets. (Voir pour ces calculs, page 365 et suivantes).

Diamètre des rivets, par la règle du Board of Trade. — Le diamètre D des rivets dépend de l'épaisseur de la tôle d. Pour les tôles minces, D ne doit pas dépasser 2 d, et pour les tôles plus épaisses D ne doit pas être inférieur à d. Ce diamètre se détermine en égalisant la résistance au cisaillement de tous les rivets dans un pas P à la résistance de la tôle entre les rivets. Si l'on fait n, le nombre de rivets dans un pas P, égal à 1 pour le recouvrement à un rang de rivets, à 2 pour celui à 2 rangs, à 3 pour celui à 3 rangs, et à 4 pour le double couvre-joint à 2 rangs de rivets, on a les valeurs suivantes de D, pour des rivets en fer aux chaudières en fer, et des rivets en acier aux chaudières en acier :

Chaudières   Chaudières
en fer   en acier

$$D = 1,62\, d = 1,80\, d \quad \text{pour joint à recou-} \quad \text{à 1 rang de rivets}$$
$$D = 1,48\, d = 1,70\, d \quad \text{vrement ou simple} \quad \text{à 2 rangs} \quad —$$
$$D = 1,10\, d = 1,30\, d \quad \text{couvre-joint.} \quad \text{à 3} \quad — \quad —$$

$D = 1,10\ d\ldots = 1,30\ d$ — double couvre-joint, 2 rangs de rivets, avec le rivetage en chaîne ou en quinconce.

Pour les doubles couvre-joint à 3 et 4 rangs de rivets, le diamètre D varie suivant le pas P (fig. 429, 430 et 431).

Pas des rivets, suivant le Board of Trade et les règles de Washington. — Le pas P se détermine par les formules suivantes :

Tôles de fer et rivets de fer : $P = \dfrac{D^2 \times 0,7854 \times n}{d} + D$

Tôles d'acier et rivets d'acier : $P = \dfrac{23 \times D^2 \times n}{28 \times d} + D$

les dimensions exprimées en pouces et décimales.

En faisant *n* respectivement égal à 1, 2, 3, 4 et 6, on a pour les joints ci-après :

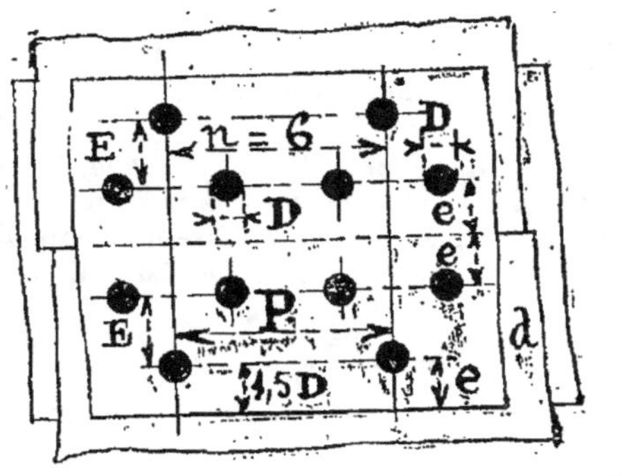

Fig. 429.

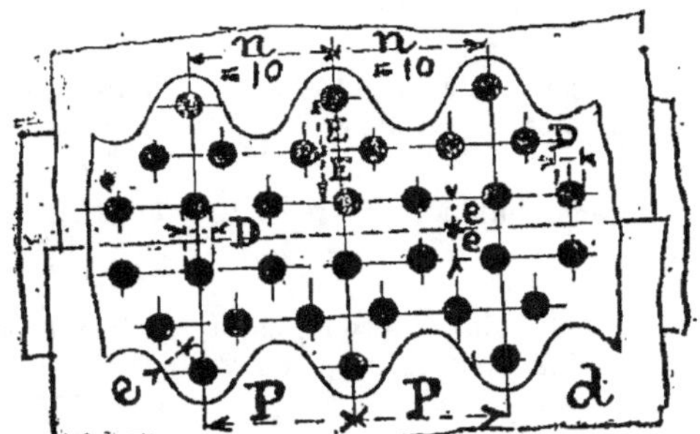

Fig. 430.

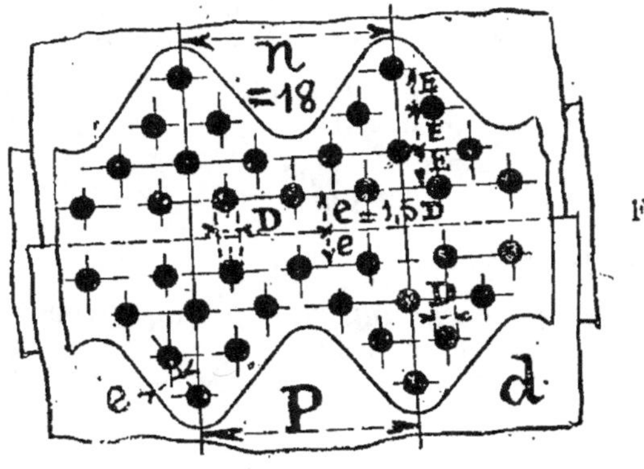

Fig 431.

Chaudières en fer	Chaudières en acier		
P = 2,273 D	= 1,866 D	pour joints à recou-	à 1 rang de rivets
P = 3,333 D	= 2,736 D	vrement ou à simple	à 2 rangs —
P = 3,570 D	= 2,930 D	couvre-joint.	à 3 — —
P = 4,000 D	= 3,284 D	double couvre-joint	à 2 — —
P = 5,000 D	= 4,100 D		à 3 — —

Espacement des files des rivets. (Board of Trade). — La distance E entre les files des rivets, d'axe en axe, pour les joints à deux rangs de rivets en chaîne, ne doit pas être inférieure à 2 fois le diamètre des rivets. Il est préférable de faire E au moins égal à :

$$E = \frac{4\,D + 1}{2}$$

Pour les joints à deux rangs de rivets en quinconce on a :

$$E = \frac{\sqrt{(11\,P + 4\,D)\,(P + 4\,D)}}{10}$$

Bach, dans son traité, *Die Maschinelemente*, détermine l'espacement E des files de rivets, en fonction du pas P, de la manière suivante :

$E = 0,8\,P$ pour joint à recouvrement, 2 rangs de rivets en chaîne;
$E = 0,6\,P$ — — — — en quinconce;

$E = 0,5\,P$ pour joint à recouvrement, à 3 rangs de rivets, et double couvre-joint à deux rangs de rivets en quinconce.

$E = 0,45\,P$ pour double couvre-joint à deux rangs de rivets en chaîne, avec un rivet sur deux dans la file extérieure;

$E = 0,4\,P$ pour double couvre-joint à deux rangs de rivets en quinconce, avec un rivet sur deux dans la file extérieure;

$E = 3/8\,P$ pour double couvre-joint à trois rangs de rivets en quinconce, avec un rivet sur deux dans la file extérieure.

Distance des rivets au bord de la tôle. — Cette distance e est égale à 1 fois 5 le diamètre du rivet, ou

$$e = \frac{3\,D}{2}$$

pour avoir un bon matage.

Pas maximum pour les joints rivés. (Board of Trade).
$d =$ épaisseur de la tôle en pouces;
$P =$ pas maximum des rivets en pouces, pourvu qu'il n'excède pas 10 pouces;
$C =$ constante dont la valeur est celle-ci :

Nombre de rivets dans un pas	Constante C pour les joints à recouvrement	Constante C pour les joints avec double couvre-joint
1	1,31	1,75
2	2,62	3,50
3	3,47	4,63
4	4,14	5,52
5	» »	6,00

$$P = (C \times d) + 1\frac{5}{8} \text{ ou } P = (C \times d) + 41^{mm} \text{ (on mesures françaises)}$$

Conditions de recette des aciers. [1]

Acier doux.

Ce métal devra donner 42 à 47 kilogrammes de résistance et un allongement minimum de 22 °/₀ mesuré sur 200 millimètres, barrettes tournées au diamètre de 20 millimètres. Ployage à bloc après trempe sur barreaux de 15 × 30.

Acier au nickel.

Ces pièces seront exécutées en acier Siemens-Martin au nickel. La teneur en nickel sera de 3 °/₀ environ.

Elles devront être parfaitement exécutées et ne présenter aucun défaut préjudiciable à leur emploi.

La qualité du métal sera définie par les conditions d'essai suivantes :

Essais de traction. — Les éprouvettes de 20 millimètres de diamètre avec une longueur entre repères de 200 millimètres devront donner les résultats suivants :

Résistance à la rupture comprise entre 55 et 64 kilogrammes.

Limite élastique au moins 32 kilogrammes par millimètre carré de section.

Allongement minimum = 16 °/₀ mesuré sur 200 millimètres.

Il ne sera admis aucune compensation entre la résistance et l'allongement.

Essais de choc. — Les barreaux seront de section carrée et auront 30 millimètres de côté. La longueur sera de 200 millimètres. La distance entre couteaux sera de 160 millimètres. Le poids de l'enclume sera de 350 kilogrammes au minimum. Le poids du mouton sera de 18 kilogrammes. La hauteur de chute sera de 2ᵐ,75.

---

[1] Conditions imposées par la Compagnie générale Transatlantique à ses fournisseurs.

Les barreaux devront supporter 15 coups sans se rompre.

Après avoir subi les essais de choc, les barreaux seront pliés à bloc au marteau-pilon, ce ployage ne devant constituer qu'une simple indication.

Les pièces seront livrées brutes de forge, recuites, mais non trempées.

Les essais se feront sur le métal ayant subi toutes les opérations des pièces elles-mêmes.

Conditions de qualité et de résistance du métal des arbres de machines.

1° *Qualité*.

Acier doux obtenu par le procédé Siemens-Martin. (L'acier provenant de matières déphosphorées est rigoureusement proscrit).

2° *Résistance*.

Les éprouvettes d'essai seront prises dans la débouchure de la manivelle, dans les 3 sens (sens de la longueur de l'arbre, sens de la hauteur de la manivelle, sens de l'épaisseur de la manivelle).

Essais de rupture sur éprouvettes rondes de 15 à 20 millimètres de diamètre. — La résistance devra être comprise entre 40 et 45 kilogrammes par millimètre carré.

L'allongement, mesuré sur 200 millimètres devra être d'au moins 22 %.

Essais de ployage après trempe. — Sur barrettes rectangulaires de 200 millimètres longueur, 30 millimètres largeur et 10 millimètres épaisseur.

Les barrettes préparées ne devront pas avoir leur arêtes longitudinales arrondies ; on tolérera seulement que l'acuité des angles soit enlevée à la lime douce. Elles seront chauffées uniformément de manière à être amenées au rouge cerise un peu sombre, puis trempées dans l'eau à 28°.

Ainsi préparées, ces barrettes devront pouvoir être pliées en deux tout à fait à plat sous l'action de la presse ou du marteau-pilon, sans présenter de criqûres ni de traces de rupture.

Il sera prélevé dans chacun des trois sens 2 barrettes de rupture et 2 barrettes de ployage. Les barrettes seront prélevées après que le forgeage aura été terminé, de manière qu'elles aient subi exactement les mêmes opérations de forgeage, chauffe, etc... que la pièce elle-même. Elles ne devront être ni forgées, ni recuites après prélèvement.

Extrait d'une dépêche ministérielle du 29 mai 1889, au sujet des conditions de recette adoptées pour les fournitures de pièces en acier moulé.

1° *Essai de traction.* — Pour chaque pièce on découpera des barrettes qui seront tournées au diamètre de 13^{mm},8 sur 100 millimètres de longueur. Ces barrettes seront rompues sous un effort de traction longitudinale. Les moyennes des résultats fournis par les barrettes prises dans une même pièce ne devront pas être inférieures aux chiffres ci-dessous :

Résistance à la rupture minimum : 45 kilogrammes par millimètre carré, allongement minimum 10 0/0.

2° *Essais au choc.* — Les barrettes d'essais au choc auront une section carrée de 30 millimètres de côté et une longueur de 0^m,20. Elles seront soumises au choc d'un mouton du poids de 18 kilogrammes tombant successivement de hauteur croissant de 5 en 5 centimètres à partir d'une hauteur initiale de 1 mètre. Dans ces épreuves, la barrette reposera sur deux couteaux espacés de 0^m,16 et fixés sur une enclume pesant au moins 350 kilogrammes.

La moitié au moins des barrettes ne sera pas encore rompue quand la hauteur de chute de mouton aura atteint 1^m,50.

Les barrettes d'essais à la traction et au choc seront prises dans les masselottes ou dans des appendices venus de fonte avec les pièces ; elles seront découpées après que ces pièces auront été recuites.

Soit pour les essais à la traction, soit pour les essais au choc, il pourra être découpé des barrettes aux deux extrémités de chaque pièce.

Lorsque les essais faits sur une pièce n'auront pas satisfait aux conditions de recette, les fournisseurs pourront faire subir à la pièce une nouvelle opération de recuit ; les épreuves seront recommencées après ce recuit. En prévision de cette seconde série d'essais, les fournisseurs devront donner un volume suffisant aux appendices ménagés aux extrémités des pièces.

Si cette nouvelle série d'épreuves ne donne pas de résultats satisfaisants, les pièces seront définitivement rebutées.

Conditions de recette des boulons et écrous de bielles motrices, en acier au nickel, livrés bruts de forges, recuits, mais non trempés.

La qualité du métal sera définie par les conditions d'essai suivantes :

Essais de traction. — Les éprouvettes de 20 millimètres de

*Tableau donnant le nombre de chevaux par mètre carré de B²
pour différentes vitesses et utilisations.*
(B² est la surface immergée au maître couple du navire.)

Vitesse en nœuds par heure V	Valeurs du coefficient d'utilisation M dans la formule $V = M \sqrt[3]{\dfrac{F}{B^2}}$								
	2.50	2 60	2.70	2.80	2.90	3 00	3.10	3 20	3.30
6.00	13.82	12 33	10 94	9.80	8.87	8.00	7 19	6 54	6.03
6.50	17.58	15.62	14 00	12 49	11.24	10.24	9.26	8.36	7.64
7 00	21.95	19.46	17.37	15.62	14.00	12 65	11.54	10.59	9.53
7.50	27.00	23.79	21 48	19.25	17.37	15.62	14.17	12.81	11.70
8.00	32 77	28.93	25.93	23.39	21.02	19.03	17.17	15 62	14.17
8.50	39.30	34.96	31.25	27.82	25.15	22.66	20.57	18.82	16.97
9.00	46 66	41.42	36.93	33 08	29.79	27.00	24 39	22 19	20.35
9 50	54.87	48.63	43.61	38 96	34.96	31.85	28.65	26.20	23.79
10.00	64.00	57 06	50.65	45.50	41 06	36.93	33 39	30.37	27.82
10.50	74.09	65.94	58.86	52 73	47.44	42 87	38.96	35.29	32.16
11.00	85.18	75.69	67.42	60.70	54.44	49.43	44 73	40.71	36.93
11.50	97.34	86.35	77.31	69.43	62.10	56.18	51.06	46.27	42.14
12.00	110.59	97.97	87.53	78 40	70.96	64.00	57.96	52.73	48.23
12.50	125 00	111.28	99.25	88.72	80.06	72.51	65.45	59.78	54.44
13.00	140.61	125.00	111.28	99.90	89.91	81.18	73.56	66.92	61.62
13.50	157.46	139.80	125.00	111.98	100.54	91.12	82.31	75.12	68.42
14.00	175.62	155.72	138 99	125.00	112.68	101.85	92.34	83.45	76.22

Vitesse	3.40	3.50	3.60	3.70	3.80	3 90	4.00	4.10	4.20
6.00	5 45	5.00	4.66	4.25	3.94	3.65	3 37	3.11	2.92
6.50	6.97	6.43	5.83	5.45	5.00	4.66	4.25	3.94	3.72
7.00	8.74	8.00	7.31	6.75	6.23	5.73	5.36	5 00	4 66
7.50	10.79	9.80	9 00	8.36	7 64	7.08	6.54	6 13	5 64
8.00	12.98	11.85	10.94	10.08	9.26	8.61	8 00	7.41	6.86
8.50	15.62	14 35	13.14	12.17	11 24	10.36	9.53	8.87	8.24
9 00	18.61	16 97	15 62	14.35	13.3.	12.33	11.59	10 50	9.80
9.50	21.72	19.90	18.40	16 97	15.62	14.35	13.31	12.49	11 54
10.00	25.41	23 39	21.48	19.68	18 19	16 78	15.62	14 53	13.48
10 50	29.50	27 00	24.90	22.91	21.02	19.46	17 98	16.78	15.62
11.00	33.70	30 96	28.37	26.20	24.14	22.42	20.80	19.25	17.98
11.50	38.61	35 29	32.46	30.08	27.82	25.67	23.64	21.95	20.57
12.00	43.99	40.35	36 93	34.01	31.55	29.22	27 00	25.15	23.39
12.50	49 84	45 50	41.78	38.61	35 61	32.77	30.37	28.37	26.46
13.00	55.74	51.06	47.04	43.24	40.00	36.93	34 33	31.85	29.50
13.50	62.37	57.51	52.73	48.63	44.74	41 42	38.28	35.61	33.08
14.00	69.93	64.00	58 86	54.01	49.84	46 27	42.87	39.65	36.93

F Nombre de chevaux de 75 kilogrammètres par mètre carré de B².

Tableau donnant le nombre de chevaux par mètre carré de B² (suite).

Valeurs du coefficient d'utilisation M dans la formule $V = M \sqrt[3]{\dfrac{F}{B^2}}$

Vitesse en nœuds par heure V	2.50	2.60	2.70	2 80	2 90	3.00	3.10	3.20	3.30
14.50	195.11	172.81	154.85	139.00	125.00	112.68	102 50	92.96	84.60
15.00	216 06	192.10	170.95	153.99	138.19	125.00	113 38	103.16	93.58
15.50	238.33	211 71	189.12	169.11	152.27	138.19	125.00	113 38	103.82
16.00	262.14	232.61	207.47	186.17	168.20	151.42	137.39	125.00	114.08
16 50	287 50	256.05	228.10	204.34	181.22	166.37	150.57	137.39	125.00
17.00	314.43	279.73	250.05	223 65	201.23	182.28	164 57	149.72	136.59
17.50	343 00	304.82	272.10	244.14	219.26	198.15	179 41	163.67	148.88
18.00	373.25	331.37	296.74	265.85	239.48	216.00	196.12	177.50	161.88
18.50	405 22	378.00	321.70	288.61	259.69	234.43	212.67	193.20	176.18
19.00	438.98	390.30	348.47	312.36	281.27	254.00	230.23	209.30	190.80
19.50	474.37	421 88	376.68	337.74	304.01	274.63	248 86	226.20	206.32
20 00	512.00	455.15	406.43	364.43	328.00	296.28	268.53	244.14	222 60
20.50	551.37	490.20	437.60	392.50	353.23	319.03	289 20	262.88	246.85
21.00	592.70	526 93	470.55	421 88	379.82	343 00	310 84	282.56	257.62
21.50	636.06	565.40	504.93	452.81	407.53	368.13	333.53	303.33	276.53
22.00	681.47	605.71	540.94	485.03	436 55	394.32	357 40	324.95	296.25
22.50	729.00	648.11	578.64	548.90	467.05	421.88	382.34	347.60	316.94
23.00	778.69	692 25	618.20	554.25	498.87	450.60	408.40	371.30	338.52

Vitesse V	3 40	3.50	3.60	3 70	3.80	3.90	4.00	4.10	4.20
14.50	77 31	70.96	65 45	60.24	55.31	51 58	47 44	44.36	41 06
15.00	85.77	78.40	72.51	66.43	61.63	57.07	52.73	49.03	45 50
15.50	94.82	86.94	79.51	73.56	67.91	62.37	57.96	54.01	50.26
16 00	103.82	95.44	87.53	80.62	74.62	68.92	61 00	59.32	55.31
16.50	114.08	104.49	96.07	88 72	81.75	75.69	69.93	64.96	60.70
17.00	125 00	114.79	105.15	96.70	89.31	82.88	76.76	71.47	66.43
17.50	136.59	125.00	114.79	105.82	97.34	90.52	83.45	77.85	72 51
18.00	148.23	135.80	125.00	114 79	106.50	97.97	91.12	84 60	78.40
18.50	161.08	145.62	135.72	125.00	114.37	106.70	98.93	91.86	85.42
19.00	174.49	159.93	146.95	135.40	125.00	115 64	107.17	99.51	92.58
19.50	188.63	172.95	158.91	146.41	135.08	125.00	115.86	107.58	100.08
20.00	203.53	186.55	171.46	157.94	145.79	134.86	125 00	116.07	107.96
20.50	219.15	201.02	184.61	170 03	157.03	145.20	134 61	125 00	116.29
21.00	235 57	216.00	198.46	182.77	168.84	156.16	144.70	134.38	125.00
21.50	252.80	231.82	212.99	196.22	181 23	167.58	155.29	144.21	134.14
22.00	270.90	248.32	228 22	210.22	194.05	179.50	166.38	154.48	143.71
22.50	289.80	265.65	244.14	224.87	207.58	192.00	177.98	165.28	153.73
23.00	309.56	283.79	260.78	240.19	221.73	205.30	190.11	176.51	164.20

F Nombre de chevaux de 75 kilogrammètres par mètre carré de B².

diamètre avec une longueur entre repères de 200 millimètres devront donner les résultats ci-après :

Résistance à la rupture comprise entre 55 et 60 kilogrammes.
Limite élastique au moins 32 kilogrammes par millimètre carré.
Allongement minimum = 20 %.

Il ne sera admis aucune compensation entre la résistance et l'allongement.

Essais de choc. — Les barreaux pour essais de choc seront de section carrée et auront 30 millimètres de côté. Leur longueur sera de 200 millimètres. La distance entre couteaux sera de 160 millimètres.

Le poids du mouton sera de 18 kilogrammes et le poids de l'enclume de 350 kilogrammes au minimum, la hauteur de chute sera de $2^m,700$.

Les barreaux devront supporter 15 coups sans se rompre.

Après avoir subi les essais au choc, les barreaux seront pliés à bloc au marteau-pilon, mais ce ployage ne constituera qu'une simple indication.

Les essais se feront sur le métal ayant subi toutes les opérations des pièces elles-mêmes.

Tuyautage en cuivre rouge et bronze.

Les épaisseurs des tuyaux en cuivre rouge *sans soudure* se calculent, pour la vapeur, au moyen de la formule :

$$e = \frac{1,75\ P\,D}{1.000} + C \text{ pour les tuyaux ayant à supporter jusqu'à}$$
$$10 \text{ kilogrammes de pression ;}$$

$$e = \frac{2\ P\,D}{1.000} + C \text{ pour les tuyaux ayant à supporter de 10 à}$$
$$12 \text{ kilogrammes inclus ;}$$

$$e = \frac{2,25\ P\,D}{1.000} + C \text{ pour les tuyaux ayant à supporter de 12}$$
$$\text{à 14 kilogrammes inclus.}$$

La constante C pour usure est de 1 millimètre pour tuyaux jusqu'à 50 millimètres ; $1^{mm},5$ pour tuyaux de 50 à 100 millimètres, et 2 millimètres pour tuyaux au-dessus de 100 millimètres.

e et D (diamètre intérieur) sont exprimés en millimètres, P (pression) en kilogrammes.

Pour des tuyaux brasés les formules sont :

$$e = \frac{2\,P\,D}{1.000} + C \text{ jusqu'à 10 kilogrammes de pression;}$$

$$e = \frac{2,25\,P\,D}{1.000} + C \text{ de 10 à 12 kilogrammes inclus;}$$

$$e = \frac{2,50\,P\,D}{1.000} + C \text{ de 12 à 14 kilogrammes inclus.}$$

Quand l'épaisseur calculée par ces formules donne plus de 10 millimètres les tuyaux doivent être sans soudure, les coudes sont faits en bronze ou en acier coulé.

Les tuyaux en cuivre et coudés, ou T en bronze, sont éprouvés à 2 fois la pression qu'ils doivent supporter en service pour les pressions de 10 kilogrammes au maximum, à 2 fois 1/4 pour les pressions de 10 à 12 kilogrammes inclus, à 2 fois 1/2 pour les pressions de 12 à 14 kilogrammes.

Les tuyaux en cuivre destinés à recevoir de l'eau sous pression, mais à une température ne dépassant pas sensiblement 100°, sont calculés par la formule : $e = \dfrac{1,75\,PD}{1.000} + C$ quelle que soit la pression, et sont éprouvés à 2 fois la pression si les tuyaux sont sans soudure.

Pour les tuyaux soudés on emploie la formule : $e = \dfrac{2\,PD}{1.000} + C$ et la pression d'épreuve est également 2 fois celle de service. La constante C est réglée, comme il est dit plus haut, selon le diamètre.

Pour les tuyaux à eau dont la température est celle de la vapeur à la pression correspondante, on emploie les mêmes formules que pour la vapeur, et les mêmes coefficients pour les épreuves.

Lorsque les évacuations de vapeur d'un cylindre à l'autre sont établies par des tuyaux en cuivre, dans les machines à détentes successives, l'épaisseur des tuyaux en cuivre est réglée comme il suit :

Les pressions de régime dans les 2 cylindres mis en communication étant P et p, on prend pour déterminer l'épaisseur et la charge d'épreuve la plus grande des 2 quantités $\dfrac{P}{2} + 2$ et p.

Diamètres et épaisseurs des tuyaux en cuivre (Marine militaire)

Diamètre intérieur des tuyaux en millimètres.	Tuyaux ordinaires				Tuyaux forts				Tuyaux minces soudés	
	sans soudures		soudés		sans soudures		soudés			
	Epaisseur en millimètres.	Pression d'épreuve en kilogs par centimètre carré.	Epaisseur en millimètres.	Pression d'épreuve en kilogs par centimètre carré.	Epaisseur en millimètres.	Pression d'épreuve en kilogs par centimètre carré.	Epaisseur en millimètres.	Pression d'épreuve en kilogs par centimètre carré.	Epaisseur en millimètres.	Pression d'épreuve en kilogs par centimètre carré.
10	1,0	30	»	»	2,0	50,0	»	»	»	»
15	1,0	30	»	»	2,0	50,5	»	»	»	»
20	1,5	30	»	»	2,5	50,5	»	»	»	»
25	1,5	30	»	»	2,5	50,5	»	»	»	»
30	2,0	30	»	»	3,0	50,5	»	»	»	»
35	2,0	30	»	»	3,0	50,5	»	»	»	»
40	2,0	30	2,0	30	3,0	50,5	3,0	50,5	»	»
50	2,5	30	2,5	30	3,5	50,5	3,5	50,5	»	»
60	2,5	30	2,5	30	3,5	50 5	3,5	47,0	»	»
70	3,0	30	3,0	30	4,0	50,5	4,0	46,0	»	»
80	3,0	30	3,0	30	4,0	50,5	4,0	40,5	»	»
90	3,0	30	3,0	25,5	4,0	50,5	4,0	35,5	»	»
100	3,5	30	3,5	28	4,5	50,5	4,5	36,0	»	»
110	3,5	30	3,5	25	4 5	45,5	4,5	33,0	»	»
120	3,5	30	3,5	23	4,5	41,5	4,5	30,0	»	»
130	3,5	30	3,5	21	4,5	38,5	4,5	27,5	»	»
140	3,5	27,5	3,5	19,5	4,5	35,5	4,5	25,5	»	»
150	3,5	25,5	3,5	18	4,5	34,0	4,5	24,0	»	»
160	3,5	24	3,5	17	4,5	31,0	4,5	22,0	2,0	8,0
170	4,0	25,5	4,0	19	5,0	31,0	5,0	24,0	2,0	7,5
180	4,0	24	4,0	17,5	5,0	30,5	5,0	22,0	2,0	7,0
190	4,0	23	4,0	16,5	5,0	28,5	5,0	20,5	2,0	6,5
200	4,0	21,5	4,0	15,5	5,0	27,5	5,0	20,5	2,0	6,0
220	»	»	4,0	14	5,0	25,0	5,0	18,0	2,0	5,5
240	»	»	4,0	12,5	5,0	22,0	5,0	16,0	2,0	5,0
260	»	»	4,0	11,5	»	»	5,5	16,0	2,0	4,5
280	»	»	4,0	10,5	»	»	5,5	15,0	2,5	5,5
300	»	»	4,5	10	»	»	6,0	15,0	2,5	5,0
320	»	»	4,5	9	«	»	6,0	14,5	2,5	4,5
340	»	»	5,0	11	»	»	6,5	14,5	2,5	4,0
360	»	»	5,0	10,5	»	»	6,5	14,0	2,5	4,0
380	»	»	5,0	9,5	»	»	7,0	14,0	2,5	4,0
400	»	«	5,0	9,5	»	»	7,0	13,0	2,5	3,5

Observation. — Dans aucun cas, la pression d'épreuve des tuyaux de vapeur ne devra être inférieure au double du timbre des chaudières.

Brides
pour tuyautage d'eau
et
d'échappement.

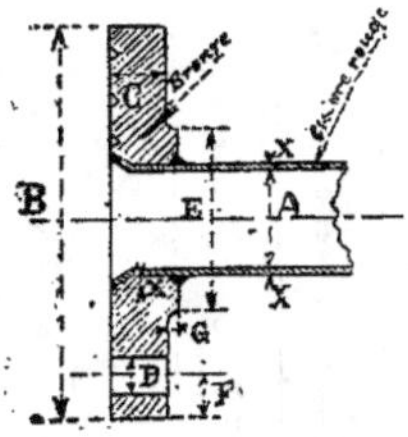

Fig. 432

X	A	B	C	D	E	F	G	Boulons	
mm	mm	mm	mm	mm	mm	mm	mm		
1	10	80	8	11	23	12	2	3	de 10
1	15	84	9	11	26	12	2	3	10
1,5	20	90	9	11	33	12	2	4	10
1,5	25	95	9	11	38	12	2	4	10
2	30	102	9	11	45	12	2	4	10
2	35	107	10	11	50	12	2	4	10
2	40	118	11	13	55	14	2	4	12
2	45	124	11	13	60	14	2	4	12
2,5	50	132	11	13	66	14	2	5	12
2,5	55	137	11	13	71	14	2	5	12
2,5	60	150	12	15	76	16	2	5	14
2,5	65	155	12	15	81	16	2	5	14
3	70	165	13	15	88	16	2	5	14
3	75	170	13	15	93	16	2	5	14
3	80	175	13	15	98	16	2	6	14
3	85	180	13	15	103	16	2	6	14
3	90	185	13	15	108	16	2	6	14
3	95	190	13	15	113	16	2	6	14
3,5	100	198	14	15	120	16	3	6	14
3,5	110	208	14	15	130	16	3	8	14
3,5	120	222	14	17	140	17	3	8	16
3,5	130	232	14	17	150	17	3	8	16
3,5	140	242	14	17	160	17	3	8	16
3,5	150	255	15	17	170	17	3	8	16
3,5	160	265	15	17	180	17	3	8	16
3,5	170	278	15	17	190	17	3	10	16
4	180	298	15	19	204	19	3	10	18
4	190	308	15	19	214	19	3	10	18

Brides
pour tuyautage d'eau
et
d'échappement.

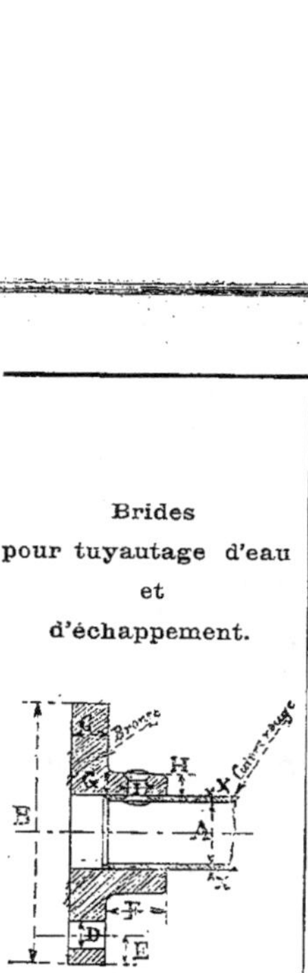

Fig. 433

X	A	B	C	D	E	F	G	H	I	Ecartement des rivets	Boulons	
mm	mm	mm	mm	mm	mm	mm	mm	mm	mm	mm		
4	200	310	16	.19	19	25	8	7	8	20	10	de 18
4	210	320	16	19	19	25	8	7	8	20	10	18
4	220	330	17	19	19	25	8	7	8	20	10	18
4	230	340	17	19	19	25	8	7	8	20	10	18
4	240	360	18	21	21	25	8	7	8	20	10	20
4	250	370	18	21	21	25	8	7	8	20	12	20
4	260	380	18	21	21	25	8	7	8	20	12	20
4	270	390	18	21	21	25	8	7	8	20	12	20
4	280	400	18	21	21	25	8	7	8	20	12	20
4	290	410	18	21	21	25	8	7	8	20	12	20
4,5	300	425	19	21	21	30	9	8	10	25	12	20
4,5	310	435	19	21	21	30	9	8	10	25	12	20
4,5	320	445	20	21	21	30	9	8	10	25	12	20
4,5	330	455	20	21	21	30	9	8	10	25	12	20
4,5	340	465	20	21	21	30	9	8	10	25	12	20
5	350	480	20	21	21	30	10	9	10	25	14	20
5	360	490	20	21	21	30	10	9	10	25	14	20
5	370	500	20	21	21	30	10	9	10	25	14	20
5	380	510	20	21	21	30	10	9	10	25	14	20
5	390	520	20	21	21	30	10	9	10	25	14	20
5	400	530	20	21	21	30	10	9	10	25	16	20
5	430	565	21	23	23	30	10	9	10	25	16	20
6	480	620	22	23	23	30	11	10	10	25	18	22
6	530	675	22	25	25	30	11	10	10	25	18	24
6	550	695	23	25	25	30	11	10	10	25	18	24
6	570	715	24	25	25	30	11	10	10	25	18	24
6	600	745	24	25	25	30	11	10	10	25	20	24

Brides
pour
tuyautage de vapeur
(Marine)

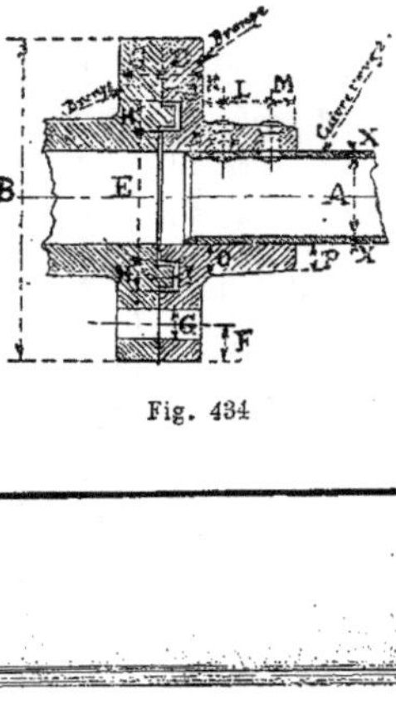

Fig. 434

X	A	B	C	D	E	F	G	H	1	J	K	L	M	N	O	P	Écartement des rivets sur même ligne	Boulons	
mm	mm	mm	mm	mm	mm	mm	mm	mm	mm	mm	mm	mm	mm	mm	mm	mm	rivets		mm
6,5	200	320	18	20	226	19	19	15	3	4,5	14	25	18	12,5	12	9	22	14 de	18
7	210	335	18	20	241	19	19	15	3	4,5	14	25	18	12,5	13	10	22	14	18
7	220	345	18	20	251	19	19	15	3	4,5	14	25	18	12,5	13	10	24	16	18
7,5	230	355	18	20	261	19	19	15	3	4,5	14	25	18	12,5	13	10	26	16	18
8	240	375	19	21	275	21	21	15	3	4,5	16	28	21	14,5	14	11	22	16	20
8,5	250	385	20	22	285	21	21	15	3	4,5	16	28	21	14,5	14	11	24	16	20
9	260	396	20	22	296	21	21	15	3	4,5	16	28	21	14,5	14	11	24	16	20
9	270	408	20	22	308	21	21	15	3	4,5	16	28	21	14,5	15	12	26	18	20
9,5	280	420	20	22	320	21	21	15	3	4,5	16	28	21	14,5	15	12	26	18	20
10	290	440	21	23	334	23	23	15	3	4,5	16	28	21	14,5	16	13	28	18	22
10	300	450	21	23	344	23	23	15	3	4,5	16	28	21	14,5	15	13	28	18	22

Brides

pour

tuyautage de vapeur

(Marine)

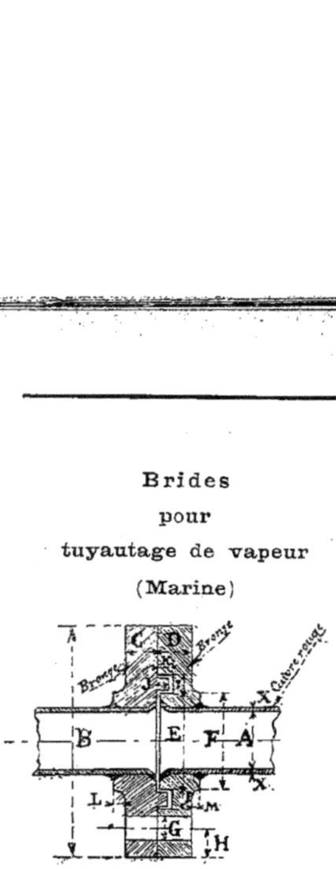

Fig. 435

X	A	B	C	D	E	F	G	H	I	J	K	L	M	Boulons
mm	mm	mm	mm	mm	mm	mm	mm	mm	mm	mm	mm	mm	mm	mm
2	10	80	10	12	25	23	11	12,5	8	2,5	4	4	2	3 de 10
2	15	84	11	13	29	29	11	12,5	8	2,5	4	4	2	3 10
2,5	20	90	11	18	35	36	11	12,5	8	2,5	4	4	2	4 10
2,5	25	95	12	14	40	41	11	12,5	8	3	4,5	4	2	4 10
3	30	102	12	14	47	46	11	12,5	8	3	4,5	4	2	5 10
3	35	107	12	14	52	53	11	12,5	8	3	4,5	4	2	5 10
3	40	118	13	15	57	58	13	14	8	3	4,5	4	2	5 12
3	45	124	13	15	63	63	13	14	8	3	4,5	4	2	5 12
3,5	50	132	13	15	71	71	13	14	8	3	4,5	4	2	6 12
3,5	55	137	14	16	76	76	13	14	8	3	4,5	4	2	6 12
3,5	60	150	15	17	82	81	15	16	8	3	4,5	5	3	6 14
3,5	65	155	15	17	87	86	15	16	8	3	4,5	5	3	6 14
4	70	165	16	18	93	93	15	16	10	3	4,5	5	3	6 14
4	75	170	16	18	98	98	15	16	10	3	4,5	5	3	6 14
4	80	175	16	18	103	103	15	16	10	3	4,5	5	3	8 14
4	85	180	16	18	108	108	15	16	10	3	4,5	5	3	8 14
4	90	185	16	18	113	113	15	16	10	3	4,5	5	3	8 14
4	95	190	16	18	118	118	15	16	10	3	4,5	5	3	8 14
4,5	100	198	16	18	126	126	15	16	10	3	4,5	6	4	8 14
4,5	110	208	16	18	136	136	15	16	10	3	4,5	6	4	10 14
4,5	120	222	16	18	146	146	17	17	10	3	4,5	6	4	10 16
4,5	130	232	17	19	156	156	17	17	10	3	4,5	6	4	10 16
4,5	140	242	17	19	166	166	17	17	10	3	4,5	6	4	10 16
5	150	255	17	19	179	179	17	17	10	3	4,5	6	4	12 16
5	160	265	17	19	189	189	17	17	10	3	4,5	6	4	12 16
5,5	170	278	17	19	202	202	17	17	10	3	4,5	6	4	14 16
6	180	298	17	19	216	212	19	19	10	3	4,5	8	6	14 18
6	190	308	18	20	226	222	19	19	10	3	4,5	8	6	14 18

Robinet-type en bronze pour tuyautage et accessoires.

Diamètre des orifices circulaires A =1		Repères	Dimensions en fonction de l'orifice A
Robinet à pinces parallèles	Longueur en dehors des pinces..............	B	2.5 A + 50 m/m
	Hauteur totale du boisseau	C	1,8A+2θ+20m/m
Robinet à pinces perpendiculaires	Distance de l'axe à la pince qui lui est parallèle	B'	1,4 A + 30 m/m
	Hauteur totale du boisseau	C'	C + Q
Epaisseur de la matière, du boisseau et de la partie haute du tournant.		D	0,1 A + 3 m/m
Diamètre en bas du cône du tournant		E	1,2 A + 7 m/m
Diamètre en haut du cône du tournant		F	1,5 A + 5 m/m
Distance du bas du tournant à l'axe du robinet		G	0,8 A + 5 m/m
Hauteur des orifices latéraux du tournant	Pour les robinets de 20 à 100 millimètres (valeur de A).....	H	L + 5 m/m
	pour les robinets de 110 à 160........	H	L + 10 m/m
Largeur en bas des orifices latéraux du tournant.................		I	0,7 A
Largeur en haut des orifices du tournant.. ,....................		J	0,9A + 0.2 (H—L)
Hauteur de l'orifice du boisseau.....		L	A + θ
Epaisseur de la bride fixe du boisseau........................		M	0,1 A + 8 m/m
Epaisseur de la bride du presse-étoupes du boisseau........		N	0,4 A + 6 m/m
Saillie du tournant.		R	0,1 A + 8 m/m
Hauteur de la partie carrée du tournant		S	0,3 A + 16 m/m
Diamètre du cercle servant de base au carré	Pour les robinets de 20 à 100 millimètres (valeur de A)......	T	0,9 A + 5 m/m
	pour les robinets de 110 à 160.........	T	0,9 A + 4 m/m
Largeur de la bride du presse-étoupes	pour deux	V	1,7 A + 22 m/m
Longueur de la bride du presses-étoupes...........	bou-lons	V'	a'f + f + 2 m/m
Hauteur de la partie conique du tournant... ,................ .		X	1,5 A + 15 m/m
Distance d'axe en axe des boulons des brides, diamétralement opposés		a'f	F+2D+f+2m/m (Fig. 436)

Voir ci-après les valeurs de K, θ, P, Q, U, *f*, *f'* et le robinet type.

Robinet-type en bronze pour tuyautage et accessoires (suite)

Valeurs de K, θ, P, Q, U, f et f' du robinet-type	Diamètre des orifices circulaires	Epaisseur de la partie conique et du bas du tournant	Intervalle entre les deux brides du boisseau et du presse-étoupes	Diamètre des pinces correspondant aux orifices latéraux	Epaisseur de la matière des pinces	Côté du carré du tournant	Dimensions des boulons et prisonniers du presse-étoupes et des brides ou pinces	
							Diamètre des boulons	Longueur de la diagonale de l'écrou des boulons
	A	K	θ	P	Q	U	f	f'
	m/m	m/m	m/m	m/m	m/m	m/m	m/m	m/m
Brides à 2 boulons	20	4	2	95	10	15	12	27
	30	4	3	105	12	20	12	27
	40	5	3	120	13	25	12	27
	50	6	4	145	13	30	16	32
	60	7	4	175	15	35	20	40
	70	8	5	185	15	40	20	40
Brides à 4 boulons	80	9	5	200	18	50	20	40
	90	10	6	215	18	55	20	40
	100	11	6	230	18	60	20	40
	110	12	7	255	20	65	24	47
	120	13	7	270	20	65	24	47
	130	14	8	285	21	70	24	47
	140	14	8	300	21	70	24	47
	150	15	9	325	21	75	28	54
	160	15	9	340	22	75	28	54

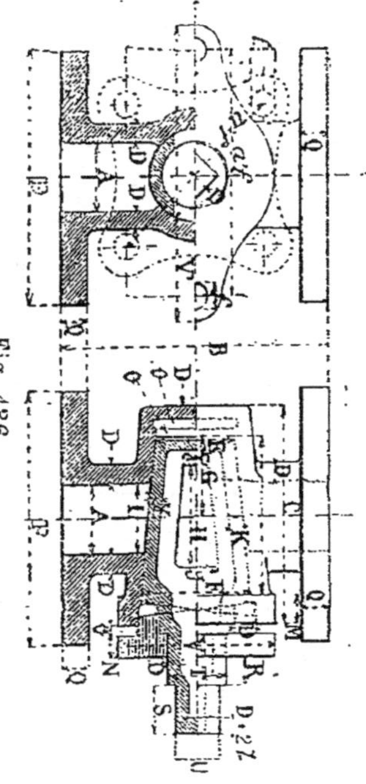

Fig. 436

Type de poulies métalliques.

Dans ces poulies, doubles ou triples, les rouets sont en bronze. (Voir les types de rouets, pages 643 et 644).

L'épaisseur du rouet étant E, le jeu des rouets est égal à 0,4 E.

Les cotes des caisses (fig. 437) sont données en fonction de E, épaisseur du rouet ; les cotes des crocs et des chapes en fonction du calibre.

On obtient la dimension du calibre en millimètres en multipliant la circonférence du cordage par le facteur correspondant du tableau ci-après.

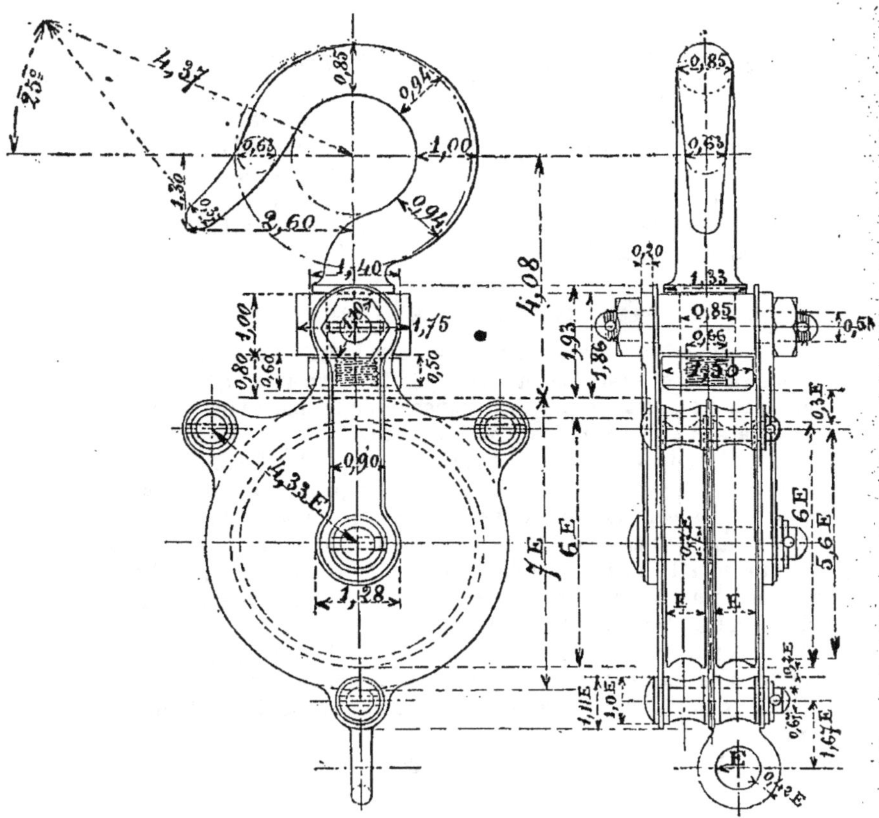

Fig. 437

Cordages. Circonférence en millimètres	Epaisseur du rouet : E, en millim.	Facteurs		Epaisseur des joues et cloisons
		poulies doubles	poulies triples	
45	18	0,600	0,667	2$^{m/m}$
55	22	0,600	0,667	2,5
65	26	0,600	0,667	3,0
75	30	0,600	0,667	3,5
85	34	0,600	0,667	4,0

Télégraphe pour machine, en Français et en Anglais

Français	*Anglais*
Prenez garde, attention	Stand by
Arrêtez, stop	Stop
En avant lentement	Slow ahead
En avant demi-vitesse	Half spead ahead
En avant toute vitesse	Full spead
En arrière lentement	Slow astern
En arrière demi-vitesse	Half spead astern
En arrière toute vitesse	Full spead astern

Machines auxiliaires

Les navires à vapeur sont pourvus d'appareils auxiliaires mus par la vapeur et destinés au service de la manœuvre, du chargement et des accessoires. Sur les paquebots de la marine marchande, ces appareils sont généralement les suivants :

Un guindeau pour la manœuvre des ancres ; les treuils pour le service des mâts de charge desservant les panneaux des cales à marchandises pour l'embarquement et le débarquement de ces dernières ; un moteur pour la manœuvre du gouvernail ; les petits chevaux pour l'alimentation des chaudières ; les monte-escarbilles ; le vireur pour la machine motrice ; les pompes de cales et de circulation ; les machines électriques, etc.

Sur les navires de guerre, il y a en plus de ces appareils ceux destinés à la manœuvre des canons, des tourelles, etc.

Nous avons donné, pages 488, 490 et 491, trois types de guindeaux à vapeur. Nous donnons, ci-après, quelques types de treuils, monte-escarbilles et servo-moteur de gouvernail.

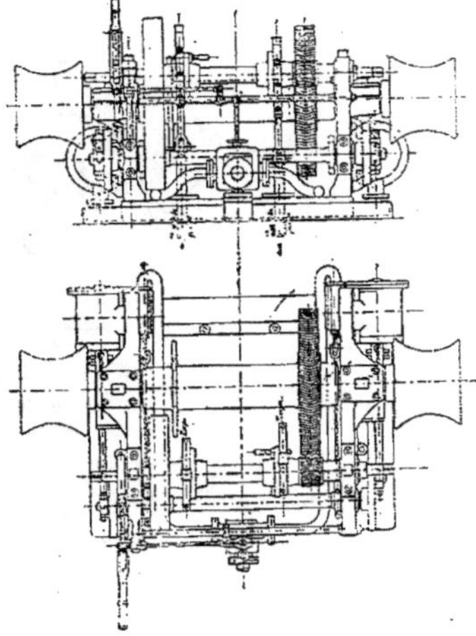

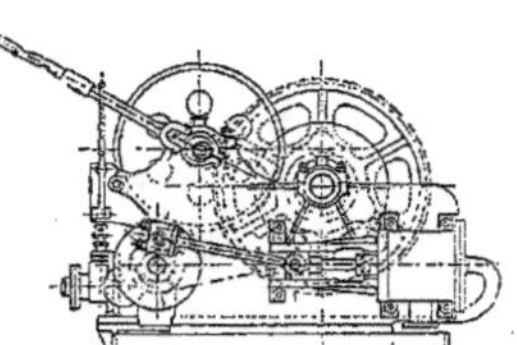

Fig. 438

Treuil horizontal à frictions planes et engrenages à chevrons, conduisant des pompes.

Type H. Bossière,
Constructeur-mécanicien (Havre).

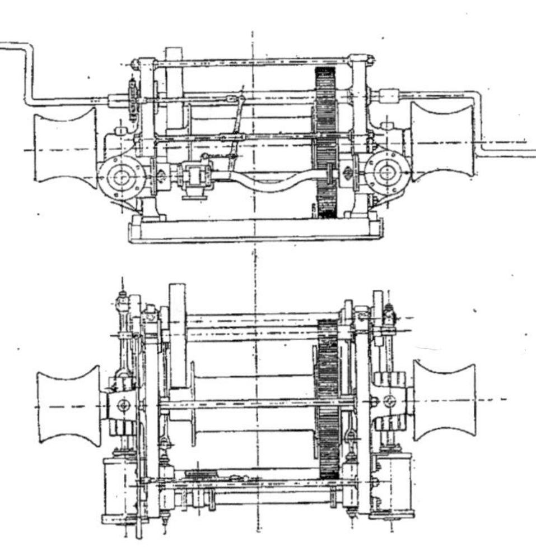

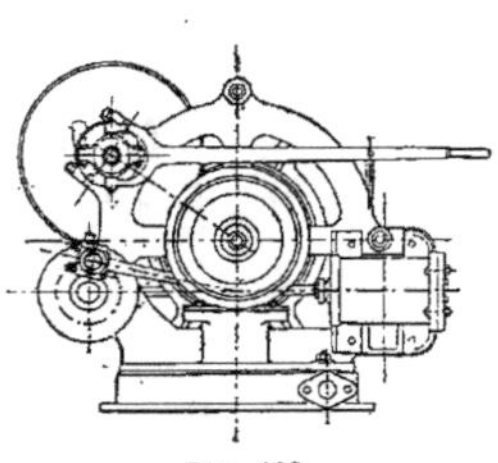

Fig. 439

*Treuil à vapeur
à cylindres horizontaux.*

Type D. Stapfer,
Ingénieur-constructeur (Marseille).

Monte-escarbilles à vapeur.

Système H. Bossière.

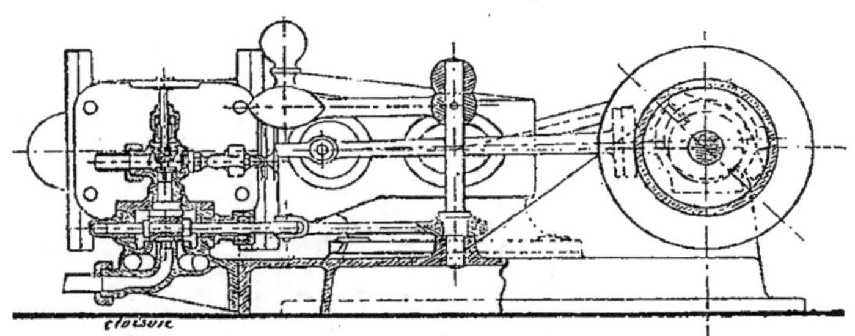

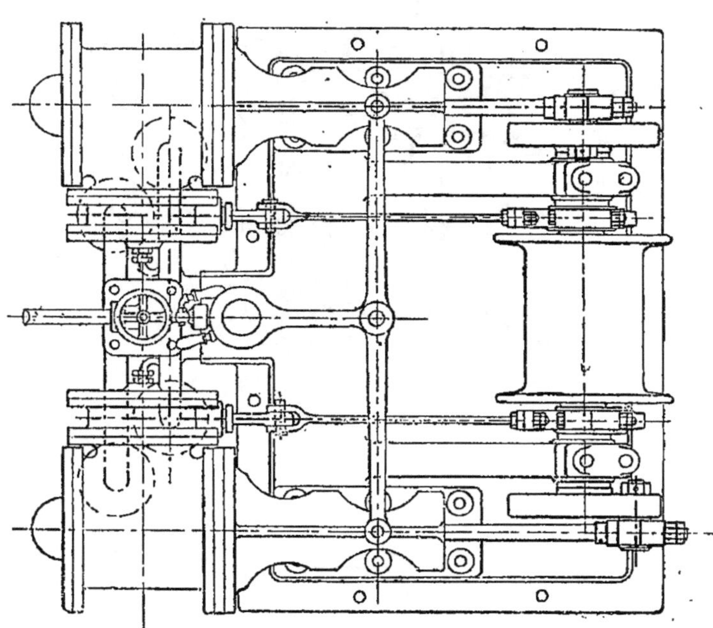

Fig. 440

Servo-moteur pour gouvernail à vapeur.
Système D. Stapfer.

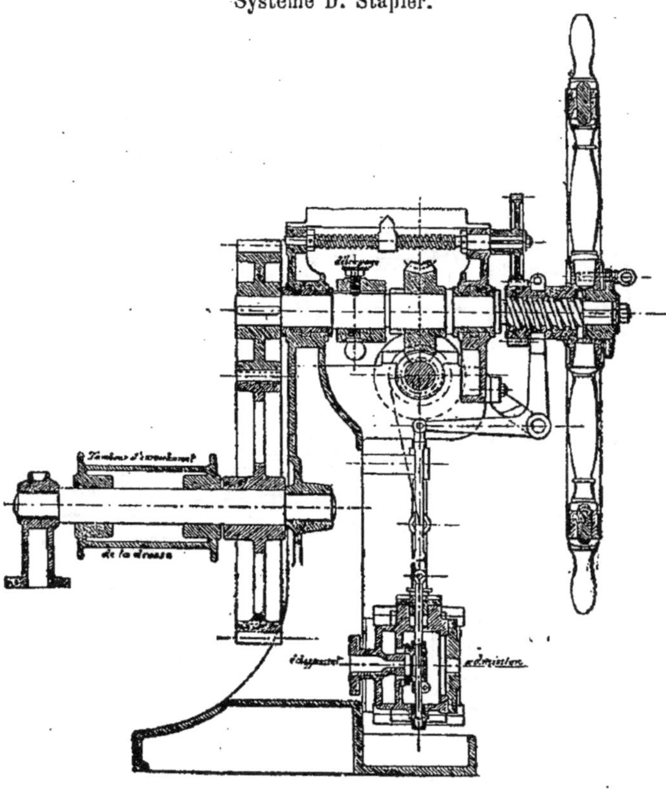

Fig. 441

QUATRIÈME PARTIE

CONDUITE ET ENTRETIEN DES MACHINES ET CHAUDIÈRES MARINES

Combustibles employés dans la marine.

On appelle *combustible* tout corps qui, en se combinant avec l'oxygène de l'air, produit de la lumière et de la chaleur.

Les éléments d'un combustible sont :

1º Le *pouvoir calorifique*, qui est la quantité de chaleur que peut développer 1 kilogramme de combustible brûlé complètement.

L'unité de chaleur est la *calorie*, c'est-à-dire la chaleur nécessaire pour élever de 1º centigrade la température de 1 kilogramme d'eau distillée.

Le pouvoir calorifique *pratique* est la portion de chaleur réellement employée à la vaporisation.

2º Le *pouvoir vaporisateur*, qui est le nombre de kilogrammes d'eau prise à 0º centigrade, que peut vaporiser 1 kilogramme de combustible.

3º La *capacité d'air*, le nombre de mètres cubes d'air à 0º, à la pression de 76 centimètres de mercure, contenant l'oxygène nécessaire à la combustion de 1 kilogramme de combustible.

4º La *densité*, c'est-à-dire le rapport du poids d'une certaine quantité de combustible à l'état compact, au poids d'un volume d'eau égal.

5º Le *poids à l'encombrement*, c'est-à-dire le poids sous un volume donné.

Tout combustible, dès qu'il est suffisamment chauffé, se décompose en deux parties : l'une solide et l'autre gazeuse. La première reste sur la grille, brûle sans flamme, et seulement à la surface ; la deuxième se dégage à chaque instant, et brûle avec flamme après son mélange avec l'air.

La lumière des corps solides est rouge vers 400º, tandis que celle du gaz n'est rouge que de 900 à 1000º.

Quand un gaz brûle, c'est son mélange avec l'oxygène de l'air qui est enflammé, et la combustion se fait seulement à la surface. Si la combustion se faisait à l'intérieur de la masse, le gaz brûlerait tout d'un coup, et il y aurait explosion.

La division de la flamme en petites veines produit un abaissement de température.

Les produits de la combustion se composent d'acide carbonique et de vapeur d'eau. La masse qui sort de la cheminée renferme en outre : l'azote de l'eau dont l'oxygène a été employé, de l'air en excès, des parties encore combustibles et non brûlées par suite du défaut de chauffage ou de mauvaise installation de foyer, et des matières incombustibles entraînées par le courant gazeux. Ces matières, lorsque leur température est suffisamment abaissée, colorent les produits de la combustion et forment la *fumée*.

On nomme *escarbilles* les résidus de la combustion, composés de cendres et de mâchefer, et contenant le plus souvent des parties encore combustibles qui ont passé entre les barreaux de grille.

Les combustibles les plus employés sont : la *houille* ou *charbon de terre*, les *charbons artificiels* et le *bois*.

On se sert de bois dans la navigation sur certains fleuves lorsque l'approvisionnement de charbon devient presque impossible, et que l'on peut trouver facilement du bois sur le rivage.

Des houilles.

Les *houilles*, renferment plusieurs espèces :
La *houille* proprement dite ; l'*anthracite* et la *lignite*.

La première a une couleur noire et brillante. Elle contient du bitume et tache les doigts ; elle renferme comme parties combustibles : 0,84 de carbone, et 0,05 d'hydrogène.

Le pouvoir calorifique théorique est de . . . 7500   calories
        d°   pratique est de . . . 3750   —
Le pouvoir vaporisateur théorique est de . $11^k,5$
        d°   pratique est de . . $5^k,8$
La capacité d'air théorique est de . . . . . $8^{m3},5$
        d°   pratique est de. . . . . . 17^{m3}
La densité est de 1,33

Le poids à l'encombrement : 800 kilogrammes au mètre cube.
La composition chimique du bon charbon est :

Carbone.	80 °/o
Hydrogène.	4 —
Oxygène.	8 —
Azote.	1 —
Soufre	2 —
Eau.	3 —
Cendres.	2 —
	100 °/o

Les houilles proprement dites se divisent en trois variétés ne se comportant pas toutes de la même manière pendant leur combustion, savoir : les *houilles grasses*, les *houilles dures ou compactes*, les *houilles maigres ou sèches*.

Les *houilles grasses* proviennent des bassins de *Laroche-Molière, Saint-Etienne, Rive-de-Gier, Grand'Combe, Trelys, Bessèges, Graissessac, Newcastle*, etc. — Elles sont d'une couleur noire et brillante, à cassure lamelleuse, d'un aspect gris bien marqué, tachent les doigts, renferment beaucoup de bitume, s'allument facilement et brûlent avec une flamme blanche produisant une chaleur vive et de peu de durée ; elles s'agglutinent sur la grille, donnent peu d'escarbilles et une fumée noire et abondante.

Le pouvoir calorifique théorique est de 8 000 à 8 400 calories.

Poids à l'encombrement : de 800 à 820 kilogrammes le mètre cube.

Cette variété comprend une foule de nuances ; les unes s'agglutinent et forment une voûte au centre de laquelle il y a un dégagement considérable de chaleur ; elles sont bonnes pour les forges : on les nomme *houilles maréchales*.

Elles obstruent les grilles ; aussi ne les emploie-t-on jamais seules pour le chauffage des chaudières. D'autres, tout en se ramollissant, n'obstruent pas les grilles et sont propres au service des chaudières ; elles sont connues sous le nom de houilles à *longue flamme*, tandis que les premières portent quelquefois le nom de houilles à *courte flamme*.

Les *houilles dures* ou *compactes* viennent de la *Provence, Alais* et *Rive-de-Gier*. Elles résistent à la division de leurs morceaux plus que toutes les autres variétés. Leur couleur est d'un gris foncé, cassures en lames et en grains assez réguliers. Elles brûlent avec une flamme blanche assez longue, fumée plus noire que celles des houilles grasses, mais moins abondantes, donnent peu d'escarbilles, très bonnes pour les hauts fourneaux et les chaudières à vapeur.

Pouvoir calorifique 8 500 calories ; poids à l'encombrement, 850 kilogrammes le mètre cube.

Les *houilles maigres ou sèches* proviennent de *Charleroi* et du *Creusot*. Elles sont d'un aspect peu brillant, d'une couleur qui varie du brun foncé au gris de fer, tachent peu les doigts, renferment peu de bitume, sont très friables, brûlent avec une flamme bleuâtre, donnent une chaleur vive de peu de durée, moins de fumée que les autres variétés, et beaucoup d'escarbilles. Elles sont encore bonnes pour la chauffe des chaudières.

Pouvoir calorifique, 7 000 à 7 200 calories ; poids à l'encombrement, 750 kilogrammes.

Tableau donnant la classification des houilles en usage en France et en Angleterre
(Laharpe, *Notes et Formules*).

| Classification | | Provenance | Densité moyenne | Caractères | |
Anglaise	Française			Physique	De combustion
Cannel coal.	Houilles compactes	Lancashire. Edimbourg Roche bleue.	1.312	Noir tirant sur le gris. Grande dureté.	S'allument facilement et brûlent avec flamme vive.
Cherry coal.	Molles ou grasses à longue flamme	Newcastle. Glascow, Sunderland. Mons. Anzin.	1.266	Noir de velours, fragile brillant, parfois éclatant.	S'embrasent facilement, brûlent avec flamme et se consument rapidement avec une forte chaleur.
Caking coal.	Collantes ou maréchales ou grasses fondantes.	Certaines houilles de Saint-Etienne et de Newcastle. Durham.	1.270	Noir de velours à couleurs irisées, brillant comme de la résine.	Se brisent au feu en petits morceaux qui s'agglutinent et brûlent avec une flamme jaune très vive : un peu de fumée et un grand dégagement de chaleur. Durent longtemps au feu.
Splint coal.	Esquilleuses sèches ou maigres à longue flamme	Wyham. Charleroi. Graissessac. Généralement celles de Saint-Etienne.	1.30	Noir brun avec le brillant de la résine.	Il faut une haute température pour qu'elles entrent en combustion : elles brûlent lentement sans flamme mais avec une forte chaleur.

Anthracite.

Les *anthracites* proviennent des *Etats-Unis* et de *Cardiff*. Elles sont compactes et grisâtres, tachent les doigts, sèches au toucher.

Elles renferment peu de bitume et brûlent presque sans fumée ; donnent peu d'escarbilles.

A cause des difficultés d'arrimage, l'anthracite ne s'emploie seule qu'avec un tirage actif, lorsqu'on dispose de moyens énergiques de ventilation, comme dans les établissements métallurgiques.

Son mélange avec la houille grasse donne un bon chauffage.

Parties combustibles : 0,90 de carbone, 0,03 d'hydrogène.

Pouvoir calorifique théorique : 8 600 calories ; pratique, 4 300.

Pouvoir vaporisateur théorique : 10 kilogrammes; pratique, 5 kilogrammes.

Capacité d'air théorique : $18^{m,3}$.

Densité : 1,4.

Poids à l'encombrement : 900 kilogrammes le mètre cube.

Lignite

Les *lignites*, provenant de *Roche-Bleue*, sont d'une couleur noirâtre, apparence ligneuse, cassures inégales, flamme claire, fumée abondante sans être très noire. Ils donnent en brûlant peu de chaleur.

Parties combustibles: 0,69 de carbone ; 0,05 d'hydrogène.

Pouvoir calorifique théorique : 5 800 calories ; pratique 3 800.

Pouvoir vaporisateur théorique : 9 kilogrammes ; pratique 4 kilogrammes 500.

Capacité d'air théorique : 6^{m3} ; pratique, 12^{m3}.

Densité : 1,3.

Poids à l'encombrement : 850 kilogrammes le mètre cube.

Charbons artificiels.

Coke. — Le *coke* est le résidu de la houille distillée. Il est d'une couleur grise, noirâtre, sonore, léger, poreux et boursouflé, à cassure métallique, brûle sans fumée et sans flamme si la combustion est très bien conduite, dur à s'allumer ; exige un tirage actif.

Parties combustibles : 80 °/₀ de carbone.

Pouvoir calorifique théorique : 7 000 calories ; pratique. 3 500.

Pouvoir vaporisateur théorique : 10 kilogrammes 7 ; pratique, 5 kilogrammes 4.

Capacité d'air théorique : 8^{m3} ; pratique, 17^{m3}.

Densité : 1,40.

Poids à l'encombrement : 420 kilogrammes le mètre cube.

Briquettes. — Les charbons artificiels, qui ont la forme de briquettes, sont fabriqués avec de la poussière de charbon de diverses provenances et lavée avec une substance collante composée de brai et de goudron minéral

Ces parties sont ensuite broyées et mélangées mécaniquement dans une cuve, au contact de la vapeur d'eau chauffée de 200 à 300°. Cette pâte mise ensuite en mouvement est comprimée à une pression de 40 à 50 kilogrammes par centimètre carré de surface, pour donner la cohésion. On obtient des briquettes de forme cylindrique ou parallélipipédique.

Parties combustibles : 0,85 de carbone ; 0,05 d'hydrogène.

Pouvoir calorifique théorique : 8 000 calories, pratique 4 000.

Pouvoir vaporisateur théorique 12 kilogrammes ; pratique 6 kilogrammes.

Capacité d'air théorique 8 mètres cubes ; pratique 17 mètres cubes.

Densité 1,3.

Poids à l'encombrement
{ Arrimées à la main 950 kilogrammes le mètre cube.
Arrimées à la volée 800 kilogrammes le mètre cube.

Pour être employés, les charbons artificiels en briquettes doivent satisfaire aux conditions suivantes : 1° être assez durs et compacts pour pouvoir être embarqués ou transbordés sans être brisés ; 2° ne pas se ramollir à une température de 60° ; 3° ne pas donner, pour produits de la combustion, des corps altérant les tôles des chaudières ; 4° ne pas être plus chers que les autres, relativement à leur qualité ; 5° brûler sans odeur gênante pour le personnel.

Bois.

Parties combustibles : 0,40 de carbone ; 0,04 d'hydrogène.

Pouvoir calorifique théorique 3 000 calories ; pratique, 1 600.

Pouvoir vaporisateur théorique 4 kilogrammes 500 ; pratique, 2 kilogrammes 500

Capacité d'air théorique 3 mètres cubes ; pratique 6 mètres cubes.

Densité : de 0,38 à 1,3.

Poids à l'encombrement : de 520 à 220 kilogrammes ; moyenne 370 kilogrammes le mètre cube.

Combustion.

Lorsque la houille est allumée, le gaz qui s'en dégage se compose de 90 parties d'hydrogène proto-carboné et 10 parties d'hydrogène bi-carboné : c'est la seule partie qui produise la flamme, on la désigne sous le nom de *gaz de charbon* ; l'autre partie de la houille reste sur la grille où elle brûle à l'état de coke et sans flamme. Sous l'influence de la chaleur, le gaz de charbon se décompose en hydrogène et carbone. Si l'on fait arriver dans le fourneau une quantité d'air suffisante, chaque élément brûle séparément. Le coke qui est sur la grille prend l'oxygène de l'air et forme de l'acide carbonique. Il y a production considérable de chaleur, mais pas de flamme et le gaz du charbon se dégage en se décomposant. L'hydrogène du gaz prend de l'oxygène à l'air, forme de la vapeur d'eau en brûlant avec une flamme brillante à cause du carbone en poussière qu'elle contient, et il y a alors dégagement de chaleur. Le carbone du gaz prend à son tour de l'oxygène à l'air qui circule dans les courants de flamme et forme de l'acide carbonique.

En résumé, les phénomènes qui se passent dans la combustion des éléments des divers combustibles sont les suivants :

1 kilogramme d'hydrogène + 8 kilogrammes d'oxygène = 9 kilogrammes de vapeur d'eau, dégagent 29 512 calories ;

6 kilogrammes de carbone + 16 kilogrammes d'oxygène = 22 kilogrammes d'acide carbonique, dégagent 6×8.079 calories ;

6 kilogrammes de carbone + 8 kilogrammes d'oxygène = 14 kilogrammes d'oxyde de carbone, dégagent 6×2.473 calories;

14 kilogrammes d'oxyde de carbone + 8 kilogrammes d'oxygène = 22 kilogrammes d'acide carbonique, dégagent 6×5.606 calories;

22 kilogrammes d'acide carbonique + 6 kilogrammes de carbone = 28 kilogrammes d'oxyde de carbone, absorbent 6×8.133 calories.

Les *conditions d'une bonne combustion* sont:

1º Maintenir la température du foyer aussi élevée que possible, car le carbone brûle vers 500º, tandis que l'hydrogène ne brûle que vers 1 000º.

2º Faire arriver dans le foyer une quantité d'air suffisante pour que tous les éléments du combustible soient séparément saturés d'oxygène.

3º Ne pas tenir sur la grille une couche trop épaisse, parce que la couche supérieure manquerait d'oxygène, et l'acide carbonique formée à la base, se changerait en oxyde de carbone en traversant la partie supérieure de cette couche, et prendrait une quantité de carbone qui ne serait pas utilisée.

4º Introduire de l'air par la porte du foyer et par l'autel pour que le gaz de carbone puisse avoir une quantité suffisante d'oxygène.

5º Ne pas forcer le tirage sans nécessité, parce que l'oxygène n'étant pas complètement absorbé, l'air en excès est une cause de refroidissement : cependant il vaut mieux qu'il y ait trop d'air que pas assez.

6º Niveler de temps à autre la couche de charbon sur la grille pour qu'il n'y ait pas de parties de la grille à nu. Ne pas attendre pour charger les fourneaux que la couche soit trop faible. Ne pas charger plusieurs fourneaux à la fois, et débarrasser souvent le cendrier des escarbilles.

Composition et puissance calorifique, déduites de la combustion complète de 1 kilog. de combustible.

(Les puissances calorifiques sont exprimés en calories et les volumes en mètres cubes).

Pour les corps de la série A, les moyennes ont été obtenues expérimentalement dans les meilleures conditions de la pratique, en ce qui concerne la vaporisation (colonne 6).

En ce qui concerne le pouvoir calorifique déduit de la composition (colonne 5), les résultats ont été calculés en comptant le pouvoir calorifique de l'Hydrogène, égal moyennement à 29 000 cal., et celui du Carbone, à 8 000 cal. (d'après Tresca).

Pour les corps de la série B, les résultats (colonne 5) ont été calculés en comptant le pouvoir calorifique de l'Hydrogène, égal à 34 462 et celui du Carbone à 8080 (d'après Péclet).

Série A — Données numériques d'après Tresca	Composition élémentaire sur 100 parties en poids				pouvoir calorifique déduit		D'après la théorie				Dans la pratique		Pour obtenir même quant. de chal. La consomm. de houille étant 1, dans la prat. la consomm. de combustib. sera :		
	Carbone	Hydrogène	Oxygène	Cendres	de la composition	de la vaporis. dans les bonnes condit. de la pratique	Poids nécessaire à la comb. de 1 kilog. de combust. A et B. — d'oxygène	d'air pur	Volume correspondant au poids d'air pur	Volume des gaz brûlés, ramenés à 0°	Volume d'air	Poids d'air	en poids	en volume	en vol. à l'encombrement
		kil.			cal.	cal. lit.	kil.	kil.							
Hydrogène . . .	»	1.00	»	»	29000	» »	8.00	23.97	26.26	29.68	»	»	»	»	»
Gaz d'éclairage . .	0.62	0.21	0.17	»	10000	8281	13	2.64	1.22	8.51	11.03	10	13.20	0.61	9.07	»
Carbone pur. . .	1.00	»	»	»	8000	» »	2.66	11.30	8.59	8.59	»	»	»	»	1.00
Houille de bon. qual.	0.85	0.05	0.15	0.05	8000	5096	8.000	2.66	11.29	8.72	8.75	18	22.71	1.00	1.00	0.88
Anthracite . . .	0.90	0.03	0.03	0.04	7500	5207	8.300	2.64	11.21	8.67	8.50	22	28.43	0.97	0.90	2.95
Coke	0.85	0.05	»	0. 0	7000	4777	7.600	2.26	9.69	7.50	7.30	20	25.84	1.06	»	2.95

Lignite	0.70	0.05	0.20	0.03	6500	3312	5.200	2.26	9.69	7.50	7.26	15	19.38	1.53	1.61	1.66
Charbon de bois	0.80	»	0.13	0.07	6000	4613	7.400	1.86	7.90	6.11	6.01	12	15.31	1.10	3.19 / 5.74	4.51 / 5.22
Tourbe carbonisée	0.82	»	»	3.18	5000	4459	7.000	2.18	9.25	7.15	7.04	14	18.11	1.14	»	»
Tourbe ordinaire	0.55	0.05	0.30	0.10	5000	3185	5.000	1.86	7.90	6.11	6.37	12	15.51	1.60	5.48	»
Tourbe 0,20 d'eau	0.39	0.04	0.50	0.07	4000	2548	4.000	1.49	6.32	4.89	5.09	10	12.92	2.00	»	»
Bois sec	0.48	0.06	0.45	0.01	4000	2675	4.200	1.75	7.43	5.74	5.57	12	15.50	1.90	2.90 / 4.46	4.57 / 4.95
Bois à 0,20 d'eau	0.40	0.05	0.54	0.01	3000	2300	4.000	1.40	5.94	4.59	4.48	9	11.64	2.03	»	»
Oxyde de carbone (1)	0.43	0.39	0.57	»	1030	»	»	0.57	2.42	1.87	2.22	»	»	»	»	»
Gaz des hauts fourneaux	0.06	0.02	0.92	»	900	560	0.880	0.23	0.99	0.76	1.89	1.20	1.36	9.10	»	»
Série B — Données numériques d'après Favre et Silbermann							lit.									
Cire	0.82	0.14	0.04	»	11186	10496	16.47								0.51	0.70	»
Essence de térébenthine	0.88	0.12	»	»	10946	10852	17.03								0.50	0.75	»
Huile d'olive	0.77	0.14	0.09	»	10435	»	»								»	»	»
Suif	0.79	0.12	0.09	»	10035	»	»								»	»	»
Éther sulfurique	0.95	0.13	0.22	»	8950	9027	14.17								0.60	1.09	»
Alcool à 42°	0.50	0.13	0.34	»	7235	7184	11.27								0.75	1.23	»
Soufre	»	»	»	»	»	2240	3.51								2.43	1.58	»

(1) La quantité d'oxyde de carbone qui contiendrait 1 kilog. de carbone, dégagerait 2 402 calories pendant sa combustion, mais 1 kilogr. de ce gaz ne donne que 1 086 calories, d'après les expériences de MM. Favre et Silbermann.

Classification des houilles, *d'après M. Gruner.*

	Résidu de coke	Matières volatiles	Poids spécifique	Pouvoir calorifique
Lignite gras.	30 à 45	70 à 55	1,15 à 1,20	7.000 à 8.000
Houilles { 1. Sèche à longue flamme .	50 à 60	50 à 40	1,25	8.200 à 8.300
2. Grasse à longue flamme	60 à 68	40 à 32	1,28 à 1,30	8.000 à 8.800
3. Grasse à flamme ordinaire	68 à 74	32 à 26	1,30	8.800 à 9.300
4. Grasse à flamme courte .	74 à 82	26 à 18	1,30 à 1,35	9.300 à 9.600
5. Maigre ou anthraciteuse .	82 à 90	18 à 10	1,35 à 1,40	9.500 à 9.200
Anthracite	90 à 95	10 à 5	1,40 et au-dessus	9.200 à 9 000

Placement du combustible. — La couche de charbon doit avoir une épaisseur uniforme depuis l'autel jusqu'à la sole. Le charbon doit être concassé en morceaux de la grosseur du poing , pour une première charge avant l'allumage. L'épaisseur de la couche doit être un peu plus forte pour les charbons gras que pour les charbons maigres, afin que l'air traverse d'autant moins vite la houille qu'elle est plus grasse, pour que la combustion ait lieu le plus tôt possible. Mais il faut aussi, pour brûler les premiers charbons, un écartement des barreaux de grille supérieur à celui qui est nécessaire pour brûler les seconds.

Si l'écartement de barreaux de grille est faible, la couche doit être maintenue plus faible. En marche, l'épaisseur de la couche doit-être égale à 18 ou 15 centimètres pour les charbons gras, avec l'écartement des barreaux de grille de 15 millimètres environ. Pour les charbons maigres, l'épaisseur de la couche est de 12 à 15 centimètres et 12 millimètres pour l'écartement des barreaux.

Le fourneau chargé, on dispose près de la sole un petit échafaudage de bois, coupé menu, que l'on recouvre de charbon coupé en petits morceaux et que l'on allume ensuite à l'aide de copeaux ou d'étoupes grasses.

Pour l'allumage des feux, les charbons gras doivent être préférés parce qu'ils s'allument plus facilement.

Le charbon ne doit être mouillé que dans le cas où il serait réduit en poussière, au point de ne pouvoir le tenir sur les grilles. On en forme alors une pâte que l'on jette sur le coke incandescent. Sauf cette circonstance, on doit éviter de mouiller le charbon, car la vaporisation de l'eau absorbe une certaine quantité de chaleur, qui est perdue.

Allumage, conduite et entretien des feux

Allumage.

Les chaudières fermées, le plein fait, le registre de la cheminée ouvert, les soupapes d'arrêt décollées, les soupapes de sûreté ouvertes, toutes les prises d'eau bien fermées, les soutes alimentaires ouvertes, les tubes de niveau et les manomètres éclairés, les manches à air orientées, les fourneaux chargés et garnis de bois, on procède à l'*allumage* des copeaux ou des étoupes grasses, à l'aide de lampes, et on ferme à demi les portes de foyers.

A mesure que le bois brûle, mettre dessus et à la main quelques morceaux de charbon choisis. Quand on a sur le devant de la grille une masse suffisante de charbon incandescent, on la repousse peu à peu vers le fond en la remplaçant par du charbon frais. Quand le charbon sur la grille est allumé à demi, on ouvre la porte du cendrier et on ferme celle du foyer complètement.

Le temps nécessaire pour obtenir la pression varie entre 1 heure 1/4 et 1 heure 1/2 pour les grands bateaux, et 1 heure 1/2 à deux heures pour les petits. On peut accélérer l'allumage, si on est pressé, en jetant dans le foyer des morceaux de bois trempés dans du goudron ou du suif. En tenant le niveau un peu bas on obtient aussi plus vite la pression, et dès que la vapeur est bien établie, ce que l'on reconnaît à la colonne de vapeur qui sort du tuyau d'échappement, on ferme la soupape de sûreté. En général, il ne faut pas accélérer l'allumage, afin de ne pas fatiguer les chaudières : il vaut mieux allumer les feux un peu plus tôt.

Entretien du chauffage pendant la marche.

Ne pas mettre du charbon frais sur les grilles avant que le gaz de celui qui brûle soit complètement dégagé. Nettoyer souvent les cendriers et l'entredeux des barreaux de grille, et en général tous les passages de l'air. Avoir toujours du charbon préparé pour la charge des fourneaux; ne pas charger deux foyers à la fois à la même chaudière. Régulariser convenablement l'épaisseur de la couche suivant la qualité du combustible employé.

Manière de charger les grilles.

Le charbon étant préparé et concassé en morceaux de la grosseur du poing, fermer le cendrier, ouvrir les portes de foyer, égaliser la couche de coke incandescent, s'il y a lieu, puis commencer la charge par le fond ; mettre une épaisseur uniforme de charbon sur la grille, dégager celle-ci à la naissance vers la sole, fermer le foyer, ouvrir et nettoyer le cendrier. L'opération de la charge doit être faite le plus rapidement possible, pour restreindre les rentrées d'air froid. La valeur de la charge partielle est en moyenne 1/4 de la charge totale. Le bon fonctionnement d'un fourneau se manifeste par une clarté vive dans le cendrier.

Activer les feux.

Ouvrir les cendriers en grand et les nettoyer, s'il y a lieu ; passer les crochets entre les barreaux de grille, ou la lance dans le fourneau suivant le besoin, charger le fourneau où la couche est trop faible, dégager tous les passages qui amènent l'air frais dans la chaufferie, ouvrir en grand le registre de la cheminée, ne pas brûler les escarbilles.

Dès que les feux seront en activité on reprendra le service de décrassage des fourneaux, et s'il est nécessaire, on ramonera les tubes. Pour peu de temps, et dans le cas d'une nécessité absolue, on pourra fermer l'alimentation et les extractions: on obtiendra ainsi une plus grande production de vapeur.

Ralentir les feux.

Fermer en partie ou en totalité les portes de cendriers, le registre de la cheminée, brûler les escarbilles, ouvrir au besoin les portes de foyer, s'il s'agit de faire tomber la pression; alimenter et extraire fortement, et plus spécialement alimenter avec le petit cheval en prenant l'eau directement à la mer. Profiter du ralentissement des feux pour décrasser les fourneaux et ramoner les tubes.

Rester sur les feux.

Fermer entièrement les portes de cendrier, ouvrir les portes de fourneau, laisser tomber les feux à demi, puis attirer sur l'avant des grilles tout le charbon qui les recouvre, et couvrir ce dernier d'une couche d'escarbilles. Alimenter et extraire fortement pour faire tomber la pression, faire au besoin de l'eau douce, ouvrir s'il est nécessaire, la soupape de sûreté. Profiter de nettoyer les foyers et les tubes.

Dispositions à prendre pour chauffer avec du bois.

Si l'on a à brûler du bois pour longtemps, il faut abaisser le plan des grilles de 40 à 50 centimètres environ, et enlever un barreau de grille sur deux. Si on a à brûler du bois pour peu de temps, on se contente seulement du barreau de grille enlevé. Dans le cas de l'abaissement du plan des grilles, il faut que le cendrier conserve une hauteur suffisante pour qu'on puisse le nettoyer. On met ensuite sur l'avant du foyer, et au-dessous de la porte du fourneau, une tôle percée d'un grand nombre de trous.

Soins à donner à la cheminée.

Ramonage fréquent pour faciliter l'évacuation des gaz de la combustion. La suie qui est attachée aux parois de la cheminée entre quelquefois en ignition lorsque le tirage est actif et qu'on brûle du charbon à longue flamme. Les tôles rougissent et la suie en ignition peut être projetée et mettre le feu aux voiles ou à la mâture. Dans ce cas, il faut fermer toutes les portes de cendriers, ouvrir les portes de fourneaux, de boîtes à tubes, et marcher avec un tirage modéré.

Si on dispose d'un jet de vapeur, on n'a qu'à le faire fonctionner pour éteindre le feu de la cheminée. Si on craint que la suie se rallume on peut ramoner la cheminée, en marche, avec un croisillon formé de balais tenus par des lames de fer. Pour faciliter la descente on attache un poids au croisillon.

Maintenir la cheminée au moyen de haubans qui doivent être mollis lors de l'allumage et raidis lorsqu'elle a pris sa température normale de marche; installer des haubans supplémentaires, dits *palans de roulis*, pour le cas de mauvais temps.

Décrassage des fourneaux et des grilles.

Enlever les cendres et le mâchefer, ramoner les tubes.

Les grilles sont d'autant plus vite encrassées que le charbon contient plus de matières incombustibles. Il faut décrasser lorsque le cendrier est obscur et qu'on éprouve de la difficulté à passer le crochet entre les grilles. En moyenne, on décrasse un fourneau environ toutes les huit heures. L'opération du décrassage doit être faite le plus rapidement possible, pour empêcher les rentrées d'air froid, et à un seul fourneau à la fois par chaudière.

Pour cette opération, on laisse tomber les feux à demi, on prépare les outils nécessaires, la *lance* et le *rouable*, puis on dispose la manche d'extinction des feux, ou à défaut, de seaux à main, ensuite on ferme le cendrier et on ouvre la porte du fourneau. Aussitôt on ramène avec la lance tout le charbon d'un seul côté, et on dégage le mâchefer que l'on retire avec le rouable et qu'on jette sur le parquet de chauffe en l'arrosant pour l'éteindre. Puis repoussant le charbon allumé de l'autre côté, c'est-à-dire sur la partie de la grille nettoyée, on met par-dessus un peu de charbon frais, ensuite l'on nettoie l'autre bord.

L'opération terminée on étend le feu sur toute la grille, on charge légèrement le fourneau et on ferme, puis on ouvre le cendrier, on le dégage des escarbilles.

Pendant le décrassage d'un fourneau, les autres foyers doivent être en pleine activité. On peut réduire un peu l'alimentation et l'extraction, pour pouvoir maintenir la pression. On aura soin en arrosant le mâchefer et les escarbilles, de ne pas mouiller la tôle de la chaudière.

Ramonage des tubes pendant la marche.

Plus le charbon est gras, plus facilement les tubes sont engagés de suie. A moins de faire un long voyage, le ramonage se fait au mouillage.

A la mer et en marche, le ramonage des tubes doit s'effectuer par séries en faisant usage des écouvillons métalliques. Pendant cette opération qui doit être faite le plus rapidement possible, le cendrier doit être fermé, les feux un peu bas et, au besoin, la porte du fourneau entr'ouverte.

Le ramonage doit être commencé par la rangée supérieure horizontale des tubes.

Pendant le ramonage des tubes d'un foyer, tous les autres fourneaux doivent être en pleine activité. On peut réduire, pourtant, un peu l'alimentation et l'extraction.

Le ramonage peut se faire également à la vapeur au moyen d'appareils spéciaux, parmi lesquels on distingue l'appareil *Rouland* qui n'exige pas que l'on tombe les feux. Au moyen de cet appareil on injecte dans le tube un courant de vapeur qui entraîne la suie ; le ramonage d'un tube se fait en 30 secondes environ.

Ramonage complet, les feux éteints.

Quand les feux sont éteints, un homme muni d'un balai et d'une gratte est amené, au moyen d'une chaise suspendue par un cartahu dans la cheminée, et on le descend graduellement au fur et à mesure qu'il décolle la suie. Les portes de cendriers, de fourneaux et de boîtes à fumée sont maintenues fermées, pour empêcher que le courant d'air formé par le tirage nuise à l'homme occupé au ramonage.

La suie sort de la cheminée et tombe dans la boîte à fumée.

On opère ensuite le ramonage des tubes et on nettoie la boîte à fumée et la boîte à feu au moyen d'un balai et d'une gratte.

Extinction des feux.

Lorsqu'il y a lieu d'éteindre les feux, en arrivant au mouillage, on doit d'abord rentrer dans la soute le charbon qui est sur le parquet, mettre en place les manches d'extinction et, à défaut, disposer de seaux à main remplis d'eau, tenir à volonté les outils de chauffe, fermer les alimentations, les extractions, si elles sont ouvertes ainsi que les soupapes d'arrêt. Les cendriers étant fermés et les portes de fourneaux ouvertes, on attire le charbon sur le devant de la grille avec le rouable, puis on le jette sur le parquet où on l'arrose, en ayant soin de ne pas mouiller la chaudière. Dès que la grille est nettoyée, on ferme le foyer, on ouvre le cendrier que l'on débarrasse des escarbilles, et qu'on referme aussitôt.

En principe, il vaut mieux laisser éteindre les feux que de les jeter bas.

On profite alors de la vapeur fournie par la combustion pour faire des alimentations et des extractions successives, afin de faire disparaître le sel en suspension dans l'eau et qui dépose dès que la vaporisation se condense.

Précautions à prendre pour prévenir
les rentrées d'air froid.

Tout excès d'air qui entre dans les foyers est une cause de refroidissement et par suite d'abaissement de pression. De plus, les tôles des chaudières sont exposées à des variations brusques de température, d'où il résulte des gerçures et des fentes. C'est en raison de ceci que les opérations de charge et de décrassage des fourneaux, ainsi que le ramonage des tubes, doivent être faites le plus rapidement possible.

Aucune partie de la grille ne doit être laissée à découvert lorsque le fourneau fonctionne. Lorsque les fourneaux ont été éteints, il faut tenir les foyers et les cendriers bien fermés, et au besoin, calfater les portes avec de l'étoupe, surtout si les corps de chaudières voisines sont en fonction.

Faire le plein des chaudières, conserver le niveau constant. Alimentation.

Faire le plein des chaudières.

Les chaudières bien fermées, les soupapes de sûreté ouvertes, les tubes de niveau éclairés, ouvrir les robinets de prise d'eau. Si le niveau normal est au-dessous de la flottaison, on fermera la prise d'eau lorsque le niveau sera monté aux $\frac{3}{4}$ de la hauteur des tubes.

Si le niveau normal est au-dessus de la flottaison on terminera le plein avec une pompe à bras ou un cheval.

Si le niveau tarde à paraître, il faut fermer la soupape de sûreté et ouvrir un robinet de jauge. Si par ce dernier il s'établit un violent courant d'air, l'eau entre dans la chaudière, sinon la prise d'eau est bouchée.

On essayera de la dégager avec une pompe à bras et si on n'y parvient pas et qu'il n'y ait qu'une prise d'eau, on fera le plein par le trou d'homme.

Pour obtenir de la vapeur rapidement on peut allumer dès que l'eau paraît dans le tube de niveau, et ne laisser monter cette eau qu'à la demi-hauteur du tube.

Conserver le niveau constant.

Conserver un niveau constant est une condition indispensable à une bonne chauffe. Avec un chauffage régulier on obtient une production de vapeur uniforme et, par conséquent, pour que la pression de la chaudière varie le moins possible, on règle l'ouverture de l'alimentation sur l'eau extraite et sur la vapeur dépensée, afin que le niveau reste à mi-tube. Ce n'est que par tâtonnements et par une surveillance active qu'on arrive à ce résultat.

Dans le cas de forts roulis on tient le niveau un peu plus bas, et on se guide sur la hauteur moyenne vue dans les tubes.

Production relative en marche, avant et après le stoppage.

En marche on doit s'assurer fréquemment de l'exactitude des indications des tubes de niveau et les contrôler souvent par les tubes des robinets de jauge.

Si l'alimentation ne se fait pas bien dans une chaudière, il faut faire diminuer un peu la pression, et fermer toutes les autres alimentations.

Avant un arrêt prévu de la machine, on remonte le niveau en alimentant fortement. Pendant le stoppage, les extractions doivent être fermées et les feux ralentis autant que possible. Si l'on est sous vapeur on alimente avec le petit cheval qui doit être toujours prêt à fonctionner, et si l'on doit rester longtemps, on peut laisser tomber complètement la pression. Dans ce cas, on doit rétablir le niveau en ouvrant la prise d'eau à la mer, si le niveau constant est au-dessous du niveau de la flottaison.

Si l'eau ne paraissait pas dans les tubes indicateurs on devrait consulter les robinets de jauge et si ces derniers donnaient tous de la vapeur, il faudrait fermer les portes de fourneaux et de cendriers, l'extraction et l'alimentation. On examine alors avec soin les surfaces de chauffe pour voir si elles ont rougi, ou en train de le devenir. Si ces surfaces n'ont pas rougi encore, se sont seulement échauffées, en écoutant attentivement on entend la surface du sel qui recouvre les tôles, se briser sous l'influence de la dilatation du métal. On doit aussi s'assurer si les tubes sont rouges, et s'ils ne le sont pas on peut alimenter fortement pour rétablir le niveau, et ensuite remettre les feux en activité.

Si les tôles sont rouges, il faut fermer les portes de cendriers, de foyers et de boîtes à fumée, pour que les tôles ne se refroidissent pas brusquement, puis on vide la chaudière, on met bas les feux.

On doit bien se garder de toucher aux soupapes de sûreté, car on est sous le coup d'une explosion foudroyante.

Sels en dissolution dans l'eau de mer
Saturation — Concentration — Pèse-sel.

Un liquide est *saturé* par rapport à un sel lorsqu'il ne peut plus en dissoudre une nouvelle quantité.

Un liquide peut-être saturé par rapport à un sel et ne pas l'être par rapport à d'autres, qu'il peut encore dissoudre.

La *saturation* d'un liquide par rapport à un sel est la limite maximum de la *concentration* par rapport à ce sel.

Concentration. — On appelle *concentration* ou *salure* le rapport du poids du sel dissous au poids total de la dissolution.

Lorsqu'un liquide contient plusieurs sels la concentration est partielle pour chacun d'eux et totale pour tous.

La concentration partielle de l'eau de mer est de :

$$\frac{26,5}{100} = 0,0265 \text{ pour le chlorure de sodium,}$$

$$\frac{1,5}{1000} = 0,0015 \text{ pour le sulfate de chaux.}$$

$$\frac{7}{1000} = 0,007 \text{ pour la magnésie, etc.}$$

La concentration centrale pour tous ces sels est de

$$\frac{26,5+1,5+7}{1000} = \frac{35}{1000} = 0,035.$$

Tableau de la composition des eaux de différentes mers.

Substances dans 1.000 grammes d'eau	Médi- terranée	Manche	Océan Atlanti- que	Mer du Nord	Mer Noire	Mer d'Azof
Densité	1.0293	1 024	1.0286	1.0234	1.01365	1.0097
	gr.	gr.	gr.	gr.	gr.	gr.
Chlorure de sodium..	29,424	25,704	25.18	23,58	14,0195	9,6583
— potassium	0,505	0,094	»	1,01	0,1892	0,1279
— magnésium	3,219	2,905	2,94	2,77	1,3045	0,8870
Sulfate de magnésie..	2,477	2,462	1,75	1,99	1,4700	0,7642
— de chaux	1,357	1,210	1,60	1.11	0,1047	0,2879
Carbonate de chaux..	0,114	0,132	»	»	»	»
Brom. de magnésium.	»	0,030	»	»	0,0052	0,0035
Sulfate de soude.....	»	»	0,27	»	»	»
Chlorure de calcium..	6,080	»	»	»	»	»
Bromure de sodium..	0,556	0,103	»	»	»	»
Oxyde de fer.........	0,003	traces	»	»	»	»
Bicarbon. de magnésie	»	traces	»	»	0,2086	0,1286
— de chaux...	»	»	»	»	0,3646	0,0221
Silicate de soude	»	0,017	»	»	»	»
Totalité des substances	43,735	32.657	31,14	30,46	17.6663	11,8795
Analystes......	Usiglio	Figuier	Murray	Backs	Gobel	Gobel

Dire qu'une dissolution est concentrée à 0,035, c'est dire que le sel ou les sels qu'elle contient ont un poids égal aux 0,035 du poids total de la dissolution.

Sursaturation. — Un liquide se sursature par rapport à un sel lorsque sous une influence particulière, telle qu'un changement de température, ce liquide ne peut plus contenir en dissolution la même quantité de sel qu'il contenait avant. La sursaturation est partielle tant que le liquide peut encore contenir en dissolution une certaine quantité de sel, et elle devient totale si le liquide ne peut plus en contenir du tout, c'est-à-dire lorsqu'il n'y a plus en dissolution la moindre parcelle de sel.

Lorsqu'une dissolution marche vers la saturation par rapport à un sel, la concentration augmente ; quand une dissolution marche vers la saturation, à partir du moment où la sursaturation a commencé, la concentration par rapport au sel considéré va en diminuant.

L'eau de mer se sursature par rapport au sel marin. Cette sursaturation a lieu lorsque la concentration du liquide atteint le chiffre de 0,35, quelles que soient la température et la pression, soit par addition de sel, soit par suite de la vaporisation de l'eau.

Dans ce dernier cas, si la formation de vapeur continue, une partie de l'excédent de sel s'attache aux surfaces de chauffe et forme des dépôts que l'on nomme *incrustations*.

Le reste est entraîné par la vapeur et tombe au fond des chaudières.

L'eau de mer se sursature par rapport au sulfate de chaux qui est moins soluble à chaud qu'à froid.

La sursaturation commence dès que la température de l'eau atteint 123°. Elle est complète à 140° ; à cette température, le sulfate de chaux tombe dès que l'eau d'alimentation a pris la température de l'eau de la chaudière.

Les dépôts incrustants sont dus au sel marin, et aux sels de chaux ; tandis que les dépôts vaseux sont dus à la magnésie et aux matières terreuses.

Pèse-sels.

On nomme *pèse-sels, salinomètres, saturomètres, aréomètres*, des flotteurs à poids constants destinés à faire connaître le degré de concentration d'un liquide.

Ils sont basés sur le principe d'Archimède et sur la propriété qu'ont les sels dissous d'augmenter le poids total de la dissolution, sans augmenter sensiblement le volume.

Le pèse-sels le plus anciennement employé est l'*aréomètre Baumé*.

Il se compose d'un tube en verre terminé à sa partie inférieure par 2 renflements inégaux ; le plus petit est en dessous et contient du lest. La partie supérieure du tube est fermée et renferme intérieurement une échelle graduée à 15° centigrades de température. Le zéro correspond à l'affleurement de l'eau distillée et la division 15 à l'affleurement de l'instrument dans une dissolution concentrée à 0,15 et composée de 850 grammes d'eau et 150 grammes de sel. Une augmentation de 3° dans les indications de l'aréomètre correspond à $\dfrac{0{,}15}{15} = 0{,}01$ d'augmentation de la concentration.

Le *salinomètre* réglementaire de la Marine est en maillechort et formé d'une tige cylindrique terminée à sa partie inférieure par un renflement conique. L'instrument a été gradué à la température de 95°, qui est à peu près celle de l'eau des chaudières mise à l'air libre.

Le zéro correspond à l'affleurement de l'instrument dans l'eau distillée.

La division 10 correspond à l'affleurement dans une dissolution concentrée à 0,35 et contenant 650 grammes d'eau pure et 350 gr. de sel.

Une augmentation de 1° dans les indications de ce pèse-sels, correspond à une augmentation de 0,035 de la concentration.

Dans la Marine française, c'est à la division 3 du pèse-sels, laquelle correspond à 0,105 de concentration, qu'il est ordonné de maintenir l'eau des chaudières.

Des dépôts dans les chaudières
Moyens de les prévenir.
Extractions — Chaleur perdue.

Dépôts. — Les sels contenus dans l'eau de mer forment des dépôts incrustants qui s'attachent aux surfaces de chauffe et qui sont dus aux sels marins et aux sels de chaux, et des dépôts vaseux que l'on trouve au fond des chaudières et dus à la magnésie et aux matières terreuses.

La présence d'une couche de sel sur les surfaces de chauffe, les rend moins bonnes conductrices de la chaleur et diminue la production de vapeur pour la même dépense de charbon brûlé. Les chaudières s'usent très promptement et une couche très prononcée de sel peut devenir la cause d'une explosion.

Moyens de prévenir les dépôts. — Pour prévenir les dépôts incrustants ou plutôt pour les restreindre autant que possible, on emploie :

1o L'alimentation monohydrique, c'est-à-dire, par la même eau ; la vapeur employée est refroidie par contact, sert ensuite pour l'alimentation (cas des condenseurs par surface).

2o Les extractions, qui consistent à rejeter à la mer une certaine quantité d'eau des chaudières et à la remplacer par une quantité égale ayant un plus faible degré de concentration.

3o L'extraction de surface qui sert à débarrasser l'eau des chaudières, des graisses maintenues à la surface du liquide et qui forment des acides attaquant le métal des chaudières.

Extractions — Choix d'un point de concentration. — Lorsque l'eau se vaporise, elle met en liberté le sel qu'elle contient. Ce sel ne peut être redissout en entier par la nouvelle eau qui vient au contact de la surface de chauffe et qui va se vaporiser à son tour. Une partie de ce sel s'attache au métal des chaudières et le reste est entraîné par la vapeur formée et élevé en partie jusqu'au sommet de la masse liquide où il demeure en suspension : une petite quantité ayant été redissoute en traversant l'eau de la chaudière.

Par expérience, on a choisi un point de concentration tel, que les dépôts formés soient faibles autant que possible, et que ceux qu'on ne peut éviter puissent être facilement enlevés. Ce degré de concentration correspond à 3o du pèse-sels réglementaire et vaut $0,035 \times 3 = 0,105$. Une autre considération qui a fait choisir ce degré de concentration, c'est la dépense considérable de chaleur qu'occasionnent les extractions, dès qu'on veut l'abaisser.

Extractions à la main. — Ces extractions se font de temps à autre. La concentration doit être supérieure à 0,105 avant l'extraction et inférieure à ce chiffre après l'opération.

Pour faire une extraction à la main, il faut que les feux de la chaudière soient en pleine activité et que la pression soit forte. On remonte le niveau de 8 à 10 centimètres, en forçant l'alimentation. Ceci fait et l'alimentation fermée, on attend que l'eau nouvellement introduite se soit bien mélangée avec l'eau de la chaudière. On ouvre le robinet d'extraction, on veille attentivement le niveau pendant que la pression de la vapeur chasse l'eau à la mer. Lorsque le niveau est descendu de 5 centimètres environ au-dessous de sa hauteur normale, on ferme le robinet, puis on alimente pour refaire un niveau normal.

La même opération a lieu lorsqu'on veut faire une extraction de surface pour chasser les graisses entraînées par l'eau d'alimentation.

Extractions continues. — Ces extractions se font à l'aide d'un tuyau plongeant dans la masse liquide, muni d'un robinet que l'on ouvre plus ou moins suivant le besoin. L'alimentation et l'extraction ne doivent pas aboutir à la même lame d'eau.

Les extractions à la main qui se font généralement par le bas, ont l'avantage de débarrasser la chaudière des dépôts vaseux; mais la concentration est inégale.

A égalité d'eau rejetée, les extractions continues maintiennent la concentration un peu plus basse que les extractions à la main, surtout lorsque la prise d'eau des extractions continues est vers la partie supérieure de la masse liquide ; parce qu'à cause de l'action mécanique de la vapeur sur le sel en suspension, l'eau de la partie supérieure contient sous le même volume, une plus grande quantité de sel que celle d'en bas.

Pour rendre les extractions continues plus efficaces et avoir une concentration uniforme dans toute la masse liquide, il faut diviser la prise d'eau. On se règle ensuite sur les indications du pèse-sels pour ouvrir plus ou moins le robinet.

Chaleur emportée par les extractions. — Si l'on alimente dans le rapport de 3 kilogrammes d'eau, dont 2 kilogrammes-vapeur et 1 kilogramme-extraction, l'eau d'alimentation étant à 40° environ et celle de la chaudière à 130°, la capacité calorifique de l'eau de mer étant de 0,82, on a : 3 kilogrammes d'eau de mer portée de 40 à 130° absorbent :

$$0,82 \ (130{-}40) \times 3 = 221 \text{ calories } 4 \text{ ;}$$

2 kilogrammes d'eau, prise à 130° et vaporisée, absorbent :

$$(650{-}130) \ 2 = 1040 \text{ calories.}$$

Total de la chaleur fournie $1040 + 221,4 = 1261$ calories 4.
La valeur dépensée pour un kilogramme d'eau extraite est de

$$(130 - 40) \ 0,82 = 74 \text{ calories.}$$

donc :

$$\frac{\text{Chaleur emportée par extraction}}{\text{Chaleur totale fournie}} = \frac{74}{1261,4} = \frac{1}{17}$$

C'est-à-dire que sur 17 tonnes de charbon dépensé, il y en a une dépensée par l'extraction.

Causes d'augmentation ou de diminution de pression.
Maintenir, élever, faire tomber la pression.

Les causes d'augmentation de pression sont dues aux irrégularités du chauffage à la suite du dégagement des grilles et des cendriers, de l'arrangement de la couche de combustible, du décrassage du foyer ou du ramonage des tubes, lorsque l'appel de l'air se fait mieux que précédemment, que le charbon est de meilleure qualité et lorsqu'on ne brûle pas les escarbilles.

Le changement de la température de l'eau, lorsqu'on alimente moins que d'habitude et que l'extraction est réduite ; les variations de la dépense de vapeur ; un ralentissement de marche de l'appareil moteur ; l'arrêt de la machine ; l'étanchement des fuites qui existaient précédemment, sont encore des causes d'augmentation de pression.

Les causes de diminution de pression sont dues aux irrégularités du chauffage, lorsque les cendriers sont fermés et engagés, les grilles encrassées, la couche de combustible non uniforme, trop faible ou trop forte, lorsqu'on ouvre les foyers et boîtes à tubes, que l'on opère le décrassage ou le ramonage, qu'il y a mauvais appel d'air, que l'on brûle les escarbilles ou du charbon de qualité inférieure, qu'il y a augmentation du degré de concentration de l'eau des chaudières.

De plus, les changements propres de la température de l'eau par une alimentation forcée avec l'eau de mer et une extraction nécessaire ; les variations de la dépense de vapeur dues à l'accélération de la marche de la machine, l'ouverture de la soupape de sûreté, les fuites qui se déclarent, sont encore des causes de diminution de pression.

Maintenir la pression. — Une pression uniforme assure une vitesse de rotation régulière de l'appareil moteur et expose les chaudières à moins de fatigue.

Pour maintenir la pression, il faut avoir un chauffage régulier, tenir un niveau constant, ne pas laisser monter le degré de concentration de l'eau des chaudières, conduire les opérations de décrassage et de ramonage avec célérité, et les réglementer pour qu'il n'y ait pas trop de foyers en décrassage, en même temps ; réduire un peu l'alimentation et l'extraction pendant ces opérations, et tenir les autres foyers en pleine activité.

Elever la pression. — Débarrasser les cendriers, passer le crochet, égaliser la couche de combustible sur les grilles, charger les fourneaux qui en ont besoin, disposer les manches à air ou des masques pour amener de l'air frais dans la chaufferie, décrasser les fourneaux qui en ont besoin, en opérant sur un seul à la fois ; et, dès que la pression commence à s'élever, passer la lance dans les fourneaux où l'action du crochet est insuffisante.

Comme la vaporisation sera augmentée, il faudra ouvrir davantage l'alimentation et l'extraction, et dans le cas d'une nécessité absolue, ou pour un temps court, on pourra fermer complètement l'extraction et la pression s'élèvera rapidement.

Faire tomber la pression. — Fermer les cendriers en partie ou en totalité, brûler les escarbilles, alimenter et extraire abondamment, au besoin alimenter avec les petits chevaux en prenant l'eau directement à la mer, ouvrir la soupape de sûreté. S'il fallait marcher longtemps avec une vitesse réduite, il faudrait diminuer l'épaisseur de la couche de combustible sur la grille et marcher avec les cendriers en partie fermés.

Abaissement au-dessous de la pression atmosphérique. — Sous l'influence de causes d'abaissement de pression, il peut arriver que la pression, continuant à descendre, tombe au-dessous de la pression atmosphérique, la machine ne fonctionne plus, alors, que par l'action du condenseur et on dit *qu'elle marche sur le vide.*

La vitesse de rotation ayant été diminuée par la fermeture presque totale de la valve en cette circonstance, il faudrait stopper et laisser remonter la pression avant de remettre en marche, parce qu'à cause de la faible pression qu'il y a dans le coffre et de l'activité donnée aux foyers, il peut se déclarer des ébullitions ou des projections qui videraient la chaudière.

Si on ne peut stopper, il faut caler les soupapes atmosphériques des chaudières, ne pas ouvrir les robinets de jauge, fermer l'extraction, alimenter le moins possible et activer les feux ; au besoin on jetterait dans les foyers des morceaux de bois enduits de suif ou de goudron.

De la production de vapeur aux chaudières.

Marche à toute puissance. — Pour faire produire à la machine toute la puissance dont elle est capable, on allume toutes les chaudières et on maintient la pression aussi près que possible de sa valeur limite.

Si, dans ces conditions, la production de vapeur est insuffisante, on règle le degré d'introduction pour dépenser toute la vapeur fournie, en maintenant la pression élevée.

Dans le cas où la machine ne pourrait pas dépenser la vapeur fournie, on augmenterait la vitesse de rotation, et si la direction du vent le permettait, on augmenterait le sillage à l'aide de la voilure.

Marche moyenne de route. — Le nombre de tours à donner étant connu, on sait par comparaison le nombre de foyers qu'il est nécessaire d'allumer dans ce cas. Il vaut mieux que la production de vapeur soit abondante ; on peut brûler les escarbilles et avoir une combustion lente, ce qui permet de mieux utiliser le combustible.

Production de la vapeur. — La production de la vapeur pour un nombre de feux donné, dépend surtout de l'activité des feux (épaisseur de la couche et tirage.)

Il y a deux charges de fourneaux pour un combustible donné, correspondant chacune à un maximum :

1° La charge de combat qui correspond au maximum de vapeur que l'on peut produire sans s'inquiéter de la dépense.

2° La charge ordinaire de marche avec laquelle on obtient la plus grande production de vapeur pour un poids donné de combustible. Ce n'est que par expérience, pour chaque qualité de charbon et pour chaque bâtiment, qu'on arrive à connaître la valeur de ces charges. Pour un tirage donné, le maximum de production de vapeur correspondra au maximum de l'épaisseur de la couche de combustible que l'on pourrait tenir sur les grilles.

Si les chaudières sont munies d'un injecteur de vapeur dans la cheminée, ou d'un ventilateur refoulant de l'air dans la chambre de chauffe, on peut, à un moment donné, obtenir une grande puissance.

Supprimer une chaudière, en allumer une nouvelle. Soins à donner aux chaudières quand on vient d'éteindre les feux. — Manière de les vider.

Supprimer une chaudière à la mer. — On peut avoir, par économie, à supprimer une chaudière pour ralentir la marche, ou à la suite d'une avarie grave ou d'un échouage.

Lorsqu'on veut supprimer une chaudière pour réduire la production de vapeur, on cesse de charger les fourneaux, et à mesure que la pression tend à baisser, on diminue la dépense de l'appareil moteur, soit par la fermeture de la valve, soit par l'augmentation du degré de détente.

Lorsque les feux sont tombés à moitié, il faut fermer la soupape d'arrêt. On attire le charbon qui reste sur le devant des foyers après avoir fermé les cendriers, puis on prend avec la pelle le charbon incandescent que l'on jette dans les fourneaux des chaudières en fonction. On fait, au besoin, quelques bonnes alimentations et extractions à la chaudière éteinte ; on ouvre légèrement la soupape de sûreté, et on attend, pour nettoyer les cendriers et les grilles, que la chaudière soit suffisamment refroidie. Le niveau doit être conservé à sa hauteur ordinaire pour maintenir le navire dans son assiette normale. Les fourneaux doivent être rechargés lorsque les grilles sont nettoyées et suffisamment refroidies.

Précautions pour prévenir l'écrasement des chaudières. — Si la chaudière ne possède pas de soupape atmosphérique, on laisse la soupape de sûreté entr'ouverte. Si elle ne peut être maintenue soulevée par son levier, on laisse un ou deux robinets de jauge ouverts.

Extinction à la suite d'avarie. — S'il se produit une déchirure dans une chaudière, il faut l'isoler aussitôt en fermant la soupape d'arrêt et en ouvrant la soupape de sûreté; puis mettre les feux bas le plus rapidement possible, si la déchirure est dans le coffre à vapeur. Si elle se produit dans la chambre à eau, on se contente de fermer l'extraction et on alimente fortement et principalement avec de l'eau froide à l'aide du cheval.

Allumer une nouvelle chaudière. — En général les chaudières qui ne fonctionnent pas ont leur plein fait et les fourneaux chargés. Si la chaudière à allumer n'était pas dans ces conditions on l'y mettrait aussitôt.

Le plein fait et les fourneaux chargés, on allume le charbon de ceux-ci à l'aide du coke incandescent pris dans les fourneaux des chaudières en fonction. On attend que la vaporisation soit bien établie avant de fermer la soupape de sûreté; puis, lorsque la pression dans la nouvelle chaudière est supérieure de 100 grammes environ à la pression de la vapeur dans les autres, on la met en communication avec ces dernières en ouvrant lentement la soupape d'arrêt.

On ne devra accélérer la marche de la machine que quelques instants après, lorsque les feux de la nouvelle chaudière seront en pleine activité.

Cas où on éteint une chaudière pour la remplacer par une autre. — Pour ne pas éprouver un ralentissement sensible dans la marche, on ne laisse tomber les feux de la chaudière à éteindre que lorsque l'eau de la nouvelle chaudière est chaude. On ferme la soupape d'arrêt de la chaudière à supprimer en même temps que l'on ouvre celle de la nouvelle chaudière.

Les fourneaux de cette dernière recevront le coke incandescent de celle qu'on éteint.

Soins à donner aux chaudières quand on vient d'éteindre les feux. — Sauf cas d'urgence, il est convenable de laisser refroidir l'eau dans les chaudières après avoir abaissé le niveau au bas du tube indicateur.

Les feux éteints, bien clore les cendriers et les foyers ; faire usage de la vapeur qui reste pour déconcentrer l'eau des chaudières ; ouvrir la soupape de sûreté afin de permettre la rentrée de l'air pour prévenir l'écrasement. Quand la chaudière est suffisamment refroidie, dégréer les fourneaux pour les nettoyer, ramoner les tubes, puis remettre tout en place.

Manière de vider les chaudières. — Lorsque les chaudières sont suffisamment refroidies, on les vide à l'aide d'une pompe à bras, ou bien on met l'eau à la cale à l'aide d'un robinet de vidange.

Si par suite d'avarie, ou pour un travail pressant, il faut vider les chaudières dès que l'extinction des feux est terminée, on doit conserver une pression suffisante.

Les soupapes d'arrêt et de sûreté étant fermées, on ouvre l'extraction à la main, on suit la décroissance du niveau, soit à l'aide de robinets disposés à cet effet, soit en frappant légèrement sur la chaudière. Dès que la chaudière est vide l'extraction doit se fermer, sans cela, au bout de peu d'instants, l'eau froide de la mer rentrerait dans le générateur, s'il n'y avait pas de soupape de retour.

Lorsqu'il n'y a pas d'extraction à la main, on vide jusqu'à la prise d'eau de l'extraction continue. Le reste de l'eau est mis à la cale après refroidissement. On ouvre ensuite la soupape de sûreté pour prévenir la formation du vide.

Ebullitions et projections d'eau.
Moyens
de les prévenir et d'y porter remède.

Causes des ébullitions. — Une *ébullition* est une vaporisation tumultueuse. Elle peut avoir pour cause une ouverture brusque de la soupape d'arrêt, de la soupape de sûreté, une mise en marche précipitée, des feux poussés trop activement, une chambre à vapeur trop petite, des lames d'eau étroites, des tôles trop décapées, l'emploi d'eau bourbeuse ou saumâtre.

Les ébullitions se produisent plus facilement avec les hautes pressions et sont plus intenses. Toutes les fois qu'il y a ébullition, la pression de la vapeur naissante est beaucoup trop supérieure à la pression de la vapeur dans le coffre.

Effets des ébullitions. — Trépidations qui fatiguent les tôles, incertitude sur les indications des appareils de niveau d'eau. Elles peuvent dégénérer en projections d'eau.

Prévenir les ébullitions. — Ouverture lente des soupapes de sûreté et d'arrêt, augmentation graduelle de la vitesse de l'appareil moteur à la mise en marche, chauffage régulier, tenir une forte pression en passant de la mer dans une rivière et réciproquement, injection d'huile dans les chaudières.

Porter remède aux ébullitions. — L'ébullition déclarée, diminuer l'intensité des feux en fermant les cendriers et ouvrant les foyers, alimentation à l'eau froide, forcer l extraction et l'alimentation ordinaire, diminuer la vitesse de la machine ou fermer en partie la soupape d'arrêt, enfin stopper.

Si l'ébullition persiste et qu'il faille marcher, on ferme complètement, de temps à autre, la soupape d'arrêt pour savoir où est le niveau. Avant de faire cette opération, commencer par fermer les portes des cendriers, ouvrir les foyers et les portes de boîtes à tubes, puis rouvrir lentement la soupape d'arrêt pour ne pas déterminer une projection.

Projection d'eau. — Une *projection d'eau* est un entraînement considérable d'eau au milieu de la vapeur.

Causes et effets des projections d'eau. — Une ébullition violente, une mise en marche précipitée, l'ouverture brusque de la soupape de sûreté ou de la soupape d'arrêt, ces soupapes trop rapprochées, le niveau trop haut, la prise de vapeur basse, un fort roulis, sont autant de causes des projections d'eau.

L'eau entraînée dans la machine vient se loger entre le piston et le fond des cylindres, et, se trouvant fortement comprimée, produit des ébranlements et des chocs violents d'où résultent des fêlures ou des ruptures. La présence continuelle d'une quantité d'eau dans les cylindres entraîne un graissage exagéré pour prévenir le grippage. Les projections d'eau ont aussi pour effet une alimentation et une injection forcées, pouvant occasionner un dénivellement considérable aux chaudières et des coups de feu.

Moyen de prévenir les projections d'eau. — Éviter les ébullitions ou hâter de les faire tomber, pratiquer une forte extraction si le niveau est trop haut. Installer des appendices de prise de vapeur, au besoin tamponner les deux rangées supérieures de tubes et tenir le niveau plus bas sans découvrir le ciel de la boîte à feu. Lorsqu'il y a un fort roulis tenir le niveau un peu bas.

Porter remède à une projection d'eau. — Lorsqu'une projection d'eau est déclarée dans la machine, ouvrir aussitôt les purges des cylindres, fermer presque en totalité la valve de vapeur, et si la projection ne cesse pas, stopper.

Dans le cas de trombe par la soupape de sûreté, ou même par la soupape d'arrêt, mettre les feux bas aussitôt, en empêchant la soupape de sûreté de se refermer.

Des fuites dans les chaudières et dans le tuyautage. Leurs conséquences.

Lorsque les fuites sont de peu d'importance on peut continuer à fonctionner en faisant une réparation provisoire et en faisant baisser un peu la pression.

Dans le cas de fuites considérables, il faut isoler la chaudière compromise et l'éteindre.

Les fuites proviennent : soit des joints desserrés et mal faits ; soit des tubes, rivets, entretoises, boulons, coutures, à la suite d'usure, d'oxydation, d'excès de pression, de coups de feu, de refroidissement subit et de moines.

En marche on tamponne les tubes ou on les condamne au moyen de rondelles et d'une tringle filetée aux extrémités, lorsqu'ils fuient.

Si un rivet saute, on laisse tomber la pression et l'on tamponne le trou.

Si c'est une entretoise, on vide la chaudière après avoir éteint les feux.

S'il se produit une fissure peu prononcée, on l'étanche avec de petits coins en bois.

Les fuites peuvent provenir aussi des soupapes de sûreté, par défaut de portage, gauchissement des tiges, des sièges ou dérangement du ressort, levier, contrepoids. Dans ce cas, on purge la soupape en la soulevant brusquement et la laissant tomber de même pour remettre le ressort ou le contrepoids à son poste. Si la fuite ne cesse pas on rodera la soupape lorsque la chaudière ne fonctionnera plus.

Fuites dans les tuyautages. — Fêlures et ruptures des tuyaux, pinces ou boulons des joints à la suite de choc d'un corps lourd, de l'ouverture et de la fermeture brusque des robinets, de dilatations et contractions successives à la suite de variations fréquentes et brusques de température.

Les fuites peuvent avoir lieu aussi par les robinets dont les tournants ne portent pas bien, les boulons de presse-étoupes sont cassés.

Les fuites sur les tuyaux s'aveuglent, en marche, à l'aide de roustures, ou d'une feuille de plomb mince. Les boulons des joints sont remplacés. Les fuites par les robinets sont peu importantes, à moins que le tournant soit projeté ; dans ce cas, si on ne peut isoler le tuyau pour le réparer, on laisse tomber la pression s'il est en communication avec la chaudière et on remplacera le tournant par un coin en bois de la forme de ce dernier que l'on tiendra avec des cordes.

Conséquences des fuites. — Toute fuite occasionne une perte de chaleur. Les fuites de vapeur nécessitent un surcroît d'alimentation et d'extraction. Les fuites d'eau nécessitent un surcroît d'alimentation, mais on peut réduire l'extraction : ces fuites faisant le même office. Elles nécessitent une surveillance active sur les pompes et quelquefois on est obligé de mettre de l'eau froide à la cale pour éviter une buée gênante.

Précautions générales à prendre à l'appareil évaporatoire pendant la marche.

Chauffage. — Faire arriver du charbon des soutes en quantités suffisantes et mélangé, ne pas encombrer la chaufferie, ne mélanger le charbon avec les escarbilles que pour brûler ces dernières. Mesurer exactement le charbon, le concasser en morceaux de grosseur convenable et ne le mouiller que s'il est en poussière, bien entretenir les feux, régler le service de décrassage et de ramonage pour que ces opérations n'aient lieu qu'à un seul foyer à la fois, éviter de mouiller le bas des chaudières lorsqu'on arrose les escarbilles ou le charbon en poussière, faire des rondes fréquentes dans les soutes et veiller aux accidents du feu. Etudier la manière dont brûle le combustible sur la grille, pour déterminer sur quelle épaisseur il faut le brûler, voir s'il fait peu ou beaucoup de mâchefer et si le mâchefer est adhérent ou non.

Niveau. — Maintenir toujours le niveau dans les limites convenables, consulter souvent les tubes niveleurs et les robinets de jauge, veiller à la possibilité d'un transvasement par les régulateurs alimentaires. Prendre toutes les précautions contre les ébullitions, et les faire tomber le plus tôt possible dès qu'elles se produisent.

Alimentation. — Régler l'alimentation pour maintenir un niveau constant, avoir toujours les petits chevaux prêts à fonctionner, s'assurer au toucher du bon fonctionnement du régulateur.

Extraction. — Consulter le pèse-sels au moins d'heure en heure, purger le robinet où on prend l'eau des chaudières, vérifier souvent l'ouverture du robinet d'extraction continue et s'assurer du bon fonctionnement du tuyautage. Si le robinet d'extraction était obstrué, ouvrir un peu le robinet de vidange et mettre de l'eau froide à la cale.

Pression. — S'assurer du bon fonctionnement des manomètres, maintenir autant que possible la pression au degré fixé, purger de temps à autre les boîtes de sûreté et s'assurer du bon fonctionnement de ces soupapes en les purgeant de temps en temps, diminuer l'intensité des feux si la pression monte trop, caler les soupapes atmosphériques, si les chaudières en possèdent, au cas où la pression tomberait au-dessous de la pression atmosphérique.

Fuites. — Se rendre compte de l'existence des fuites et de leur gravité, suivre leur progrès ou leur décroissance ; surveiller les tubes tamponnés et, les réparations faites, au besoin maintenir la pression un peu plus faible pour les rendre efficaces.

Conduite de la machine.

Préparatifs de départ. — *Manœuvre.* — Pendant qu'on allume les feux aux chaudières, on désembraie le vireur après avoir fait un tour complet. Si la machine est à roues, on visite les pales. On fait une ronde dans la ligne d'arbres et dans la machine. On s'assure que les lumières des godets graisseurs sont bien débouchées, on enlève les tresses préservatrices et on passe les mèches pour le graissage.

Faire manœuvrer les tiroirs à bras, l'organe de la détente variable, la valve de vapeur, tenir les détentes déclanchées.

Préparer du suif et le chauffer pour graisser les pistons et les tiroirs, si le graissage se fait avec cette substance.

Dans les machines pourvues de condenseurs par surface, le graissage se fait à l'huile minérale ; on graisse dès les premiers instants de la marche. On ouvre les prises d'eau d'injection ou de circulation, d'arrosage, les obturateurs de décharge. Un instant avant de balancer la machine, on dispose les machines auxiliaires ; on facilite la manœuvre à bras des tiroirs en desserrant légèrement les garnitures s'ils en sont pourvus. Ouvrir les robinets de communication de l'intérieur du compensateur avec le condenseur, si les tiroirs sont pourvus de cet appendice.

Veiller que les porte-voix ne soient pas obstrués.

Dès que la vapeur a commencé à se former aux chaudières, fermer la soupape de sûreté, décoller légèrement les soupapes d'arrêt et les valves de vapeur pour prévenir le coinçage causé par la dilatation brusque de ces organes.

Echauffer, purger et balancer la machine. — Ces opérations ont pour but de réchauffer graduellement toutes les parties de l'appareil moteur, dans lesquelles la vapeur doit circuler pour prévenir les dilatations brusques et la condensation.

En purgeant les boîtes à tiroir et les cylindres on chasse l'eau et l'air contenus dans ces récipients et provenant de la condensation de la vapeur ; on établit ainsi un vide relatif qui aide à mettre la machine en marche.

On échauffe la machine dès que la vapeur a acquis une pression moyenne. Cette opération doit être faite un quart d'heure au moins avant le départ, pour donner le temps aux organes de se dilater.

Pour l'effectuer, on ouvre légèrement la soupape d'arrêt et la valve de vapeur, on ouvre les robinets de purge des boîtes de tiroir et des cylindres. Si la machine possède un robinet ou soupape spéciale pour purger le condenseur, on l'ouvre pour introduire de la vapeur dans ce récipient.

Le premier courant de vapeur qui arrive se condense immédiatement au contact des parois refroidies qu'elle rencontre; on manœuvre les tiroirs à bras pour introduire successivement la vapeur sur les deux faces des pistons à vapeur. L'air et l'eau provenant de la vapeur condensée s'échappent par les robinets de purge des cylindres et par le reniflard du condenseur.

Lorsque toute l'eau renfermée dans ces récipients est sortie et que les pompes n'accusent plus que de la vapeur, on suspend l'arrivée de vapeur par le registre, on ouvre très légèrement le régulateur d'injection pour laisser arriver une petite quantité d'eau au condenseur; la vapeur continue dans le cylindre et dans le condenseur qui est en communication, se condense alors et prépare un vide relatif. On peut alors balancer la machine.

Balancer la machine. — Pour cela on ouvre le registre d'une faible quantité, après avoir manœuvré les tiroirs à bras et les avoir placés dans la position convenable pour la marche que l'on veut obtenir. On fait faire quelques tours à la machine en ouvrant légèrement l'injection.

On observe pendant ce temps si tous les mouvements de la machine vont bien et sont libres ; on stoppera après quelques tours, en fermant le registre de vapeur et l'injection. On place ensuite les tiroirs dans une position convenable pour une marche contraire à celle qui vient d'avoir lieu. On ouvre légèrement le registre de vapeur et l'injection et on fait faire encore quelques tours.

Les purges seront ouvertes pendant tout le temps du balancement de la machine. Lorsqu'on se sera assuré du bon fonctionnement de tous les organes, on stoppera et on sera prêt à mettre en marche définitivement.

Lorsque la machine fonctionne avec un condenseur à surface, il n'y a pas à s'occuper de l'injection, cet organe n'existe pas ; ce sont des pompes mues par la machine qui établissent le courant d'eau réfrigérant qui circule dans les tubes du condenseur. On tient généralement le vide dans le condenseur à surface, avant le départ, en faisant fonctionner les pompes auxiliaires quelques instants avant la mise en marche, si ces pompes sont indépendantes de la machine. Dans le cas contraire, on peut, si le tuyautage le permet, refouler l'eau de mer dans les coquilles avec le petit cheval. Enfin on peut établir un vide partiel en ouvrant le robinet réparateur.

Mettre en marche. — Avant de mettre en marche, on s'assure que toutes les dispositions ont été prises pour que le graissage se fasse bien et que les articulations non pourvues de graisseurs soient bien lubrifiées, celles des mouvements alternatifs particulièrement.

Pour mettre en marche, on échauffe d'abord les enveloppes des cylindres, puis on introduit directement de la vapeur, par la soupape additionnelle, dans le grand cylindre, soit au-dessus, soit au-dessous du piston, et cela après avoir amené, au moyen de la coulisse, le tiroir en position. Dès que la machine est en mouvement on ouvre graduellement le registre de vapeur, on ferme la soupape additionnelle ; on doit mettre la machine en marche lentement et n'arriver que peu à peu à l'allure normale.

Accélérer la marche. — Pour cela il faut activer les feux dès que la pression commence à monter, ouvrir de plus en plus la valve de vapeur, augmenter le degré d'introduction au moyen de la détente variable, si la machine en possède, ouvrir davantage le régulateur d'injection, si le condenseur est par mélange ; ou activer la circulation, si la pompe de circulation est indépendante de la machine, jusqu'à ce que l'on ait obtenu la vitesse demandée.

Ralentir la marche. — Diminuer l'intensité des feux. Si la diminution de marche doit être prolongée, on ferme progressivement la valve de vapeur et l'injection : on diminue la vitesse de la circulation, et on emploie un plus fort degré de détente.

Si le ralentissement n'a lieu que pour quelques instants, on réduit l'ouverture de la valve de vapeur et l'injection.

Stopper. — Pour stopper, lorsque la mise en marche est sans déclanche, il suffit de fermer la valve de vapeur, le régulateur d'injection, et déclancher l'organe de détente variable.

Dans le cas d'un condenseur par surface, l'organe d'injection n'existe pas. Si on suppose devoir marcher en arrière, on place la mise en train à mi-course. Avec une mise en marche avec déclanche, on commence par déclancher, puis on ferme la valve de vapeur, l'injection, et on déclanche l'organe de détente variable ; les leviers de manœuvre sont aussitôt embrayés et les tiroirs placés à mi-course.

Lorsque le temps d'arrêt doit être de peu de durée, on ne touche rien dans la machine, on diminue l'intensité des feux, on alimente avec les petits chevaux et au besoin on ouvre légèrement la soupape de sûreté.

Dans le cas d'un stoppage définitif, il faut enlever l'huile des godets graisseurs, essuyer la machine, vider les condenseurs, les cylindres et les boîtes à tiroirs dès que les soupapes d'arrêt sont fermées. Les feux sont éteints, ou bien on laisse brûler le charbon qui reste sur les grilles et on déconcentre, au besoin, l'eau des chaudières, si on doit conserver le niveau normal.

Renverser la marche. — Avant de renverser la marche, il faut stopper. Chacun étant à son poste de manœuvre, on place la mise en train à la suspension qui lui convient pour la marche contraire à celle que la machine avait précédemment, puis on ouvre la valve et injection, dans le cas où la machine est à condensation par mélange.

D'ordinaire, la machine part lentement en arrière, surtout lorsqu'elle a été stoppée, le navire ayant une grande vitesse ; il faut alors ouvrir peu à peu et presque en grand la valve de vapeur, et être prêt à la refermer à mesure que la vitesse de rotation augmente, pour ne pas déterminer une projection d'eau et ne pas s'exposer à vider les chaudières.

Avec les mises en marche à déclanche, si on stoppe pour marcher aussitôt en arrière, il faut, surtout avec des roues, commencer par arrêter complètement la machine, en introduisant la vapeur en dessus ou en dessous du piston dans une seule machine, et avec l'autre on détermine le mouvement en sens contraire. A partir de cet instant on opère comme pour une première mise en marche.

Le renversement de marche avec une mise en train sans déclanche, peut être exécuté brusquement et sans préalablement stopper, en fermant la valve de vapeur. On devra cependant ne pas user de cette facilité et ne l'employer avec confiance que dans la limite de vitesse, et dans le cas de nécessité impérieux.

Soins à donner aux mouvements.

Serrage des pièces mobiles. — Le jeu se produit dans les articulations à la suite de l'usure des coussinets et des tourillons. Le serrage doit être réglé de manière à ne déterminer, ni chocs, ni broutements, ni échauffements. On laisse d'ordinaire un demi-millimètre de jeu aux grands mouvements et un tiers de millimètre aux petits. Le serrage se règle généralement au mouillage.

Il est indispensable de connaître avec un serrage à vis, de combien on augmente ou en réduit le jeu pour chaque tour ou fraction de tour de l'écrou : de même qu'il faut connaître de combien on doit enfoncer une clavette pour réduire ou augmenter le jeu.

Cette connaissance doit porter sur tous les mouvements de la machine.

Les écrous de serrage doivent être munis de freins pour prévenir tout dérangement.

Régler le serrage. — Lorsque les coussinets ont des cales mobiles, on les enlève, puis on serre l'articulation à bloc et également de chaque côté. On mesure alors l'épaisseur qui reste libre pour les cales, on augmente cette épaisseur du jeu que l'on veut donner à l'articulation et on en déduit ce qu'il faut limer sur les cales.

Généralement les cales sont formées d'une série de petites plaques de cuivre jaune ou rouge, de différentes épaisseurs, de sorte que l'on a qu'à enlever le nombre de plaques nécessaire pour réduire le jeu.

Lorsque l'articulation est serrée à bloc, sans cale, on repère la position des écrous ou des clavettes de serrage pour qu'on puisse savoir, lorsque les cales seront en place après avoir été limées ou enlevées, si le jeu a été convenablement réduit. Le déplacement des pièces de serrage à bloc indique le jeu qui reste, d'après la connaissance qu'on a du pas de la vis ou du cône de la clavette.

Si les coussinets portent l'un sur l'autre ou ont des cales fixes, on interpose entre le tourillon et le coussinet supérieur un petit cylindre de cire ou de mastic au minium et on serre à bloc sur les coussinets.

De l'épaisseur que conserve la cire on en déduit la quantité à limer sur les coussinets ; on enlève la moitié sur chaque demi-coussinet de façon à garder la concentricité.

Toutes les fois qu'il faut vérifier le serrage d'un mouvement, il faut commencer par faire porter le tourillon sur le coussinet qui s'enlève le dernier au démontage.

A la mer, on ne doit plus avoir à effectuer que des desserrages et des resserrages. Les pièces effectuant les serrages, telles que les écrous ou clavettes, ne doivent être frappées, pour desserrer ou resserrer, que lorsque le chapeau ou la bride ne force pas.

Toutes les fois qu'on desserre un mouvement, il faut noter de combien on a augmenté le jeu, afin qu'on puisse remettre le serrage au même point lorsque la cause qui a fait desserrer n'existe plus.

Graissage. — Le graissage a pour but d'interposer entre les parties frottantes, un corps gras qui diminue la valeur du frottement et conserve le poli des pièces en contact.

Les matières employées sont le suif, l'huile d'olive, l'huile minérale. Le suif et l'huile minérale s'emploient pour graisser les parties qui sont en contact avec la vapeur ; le suif doit être fondu et tamisé au moment de son emploi.

L'huile d'olive est employée pour graisser les articulations qui conservent en marche une température légèrement supérieure à celle du repos.

On peut employer pour le graissage toute espèce d'huile, pourvu qu'elle ne soit pas siccative, ou qu'elle n'attaque pas le métal.

Le graissage au suif s'effectue à l'aide de godets à double robinet ou à l'aide de pompes. Assez souvent le suif est injecté dans le tuyau de vapeur à l'aide d'une seringue, et la vapeur le transporte ensuite dans les boîtes à tiroir et les cylindres.

Le graissage à l'huile s'effectue à l'aide de godets à siphon munis de mèches en fils de laine, et l'huile est amenée directement sur le tourillon pour qu'elle puisse se répartir sur toute la surface de la portée à l'aide de rainures, appelées *pattes d'araignées*.

Le nombre de fils de laine de chaque mèche dépend de l'importance de l'articulation, de la qualité de la laine et de la limpidité de l'huile.

Quand on graisse les cylindres et les tiroirs au suif, ces organes doivent être graissés toutes les demi-heures en moyenne.

Lorsque le graissage est bien fait, l'huile qui ressort sur les bords des articulations est légèrement jaunâtre si le coussinet est en bronze, et légèrement bleuâtre s'il est garni d'antifriction.

Lorsque l'huile est limpide, le graissage est trop abondant; si elle est noire, le graissage est insuffisant.

Pour le graissage à l'huile minérale on emploie des godets graisseurs de divers systèmes.

Accidents dans les machines.

Bruits divers, chocs. — Dans les machines il existe des bruits qui font pour ainsi dire partie de son fonctionnement, on les appelle *bruits normaux ;* ce sont : le bruit des trépidations des chaudières dû au tirage, le fouettement de l'eau par le propulseur, le souffle de l'évacuation et quelquefois le sifflement de l'introduction, le bruit du mouvement de détente variable lorsqu'il est conduit par des cames, le battement des clapets des pompes alimentaires et des cales, lorsque ces clapets sont en bronze.

Tous les autres bruits que l'on peut entendre dans une machine sont accidentels et il faut se hâter de les faire cesser. Les bruits accidentels ont lieu dans les cylindres, dans les articulations, dans le tuyautage et enfin au propulseur.

Chocs dans les cylindres. — Les chocs dans les cylindres proviennent :

1º Du desserrage des garnitures métalliques du piston. Il se produit alors un claquement clair et métallique vers la fin de la course du piston, sans communication de vibrations aux renvois de mouvement.

2º Du desserrage de la couronne du piston, ou du jeu survenu à la suite du matage entre les bagues métalliques et cette couronne non desserrée. Il se produit alors un ferraillement qui se fait sentir un instant avant la fin de course et qui propage ses vibrations sur la traverse du pied de bielle.

3º Du desserrage du piston sur sa tige. Le choc qui en résulte peut devenir très violent et transmet ses vibrations dans toute la transmission du mouvement.

4° Des projections d'eau qui s'annoncent par l'ouverture brusque de la soupape d'arrêt et produisent vers la fin de course un choc violent qui fait vibrer toute la transmission du mouvement.

5° De l'interposition d'un corps dur entre le piston à fin de course et le fond ou le couvercle du cylindre. Les chocs qui en résultent sont très violents et ne tardent pas à amener quelques ruptures.

Chocs dans les articulations. — Les chocs dans les articulations proviennent du desserrage ou de l'usure considérable des coussinets.

Ces chocs ont lieu à la fin de course, et les plus importants se font sentir :

1° Aux arbres, où il se produit un mouvement de va-et-vient avec choc, suivant l'action de la bielle.

2° Aux pieds et aux têtes de bielles. Le bruit est sourd et accompagné de forts ébranlements.

3° Aux chariots d'excentrique, lorsqu'ils sont libres sur leur arbre.

Si l'excentrique est à calage variable, il se produit des décalages successifs entre le toc et le butoir ; il en résulte des chocs violents.

Les chocs aux articulations des pièces de transmission du mouvement du piston, occasionnent des ébranlements comme si le choc était dans le cylindre. On reconnaît la présence du choc aux articulations, par le graissage ; l'huile amortit le choc et le rend sourd, lorsqu'on graisse abondamment l'articulation où il se produit.

Chocs dans le tuyautage. — La présence de l'eau froide dans un tuyau chaud occasionne des contractions très violentes qui font claquer le tuyautage, et peuvent amener la rupture.

La fermeture brusque du tuyau d'extraction occasionne des chocs.

Chocs dans la ligne d'arbres et au propulseur. — Les dénivellations occasionnent des chocs dans les tourteaux d'assemblage.

Les chocs dans l'hélice ne proviennent que de sa rencontre avec des corps flottants. Les chocs dans les roues proviennent, le plus souvent, du desserrage des boulons des aubes ; la pale desserrée bat fortement au moment de sa rentrée dans l'eau.

Chocs par défaut de parallélisme. — Lorsque la grande bielle ne se meut pas dans un plan perpendiculaire à l'axe de l'arbre, à chaque changement du mouvement du piston la joue de la bielle vient frapper contre une des manivelles du vilebrequin.

Ronflement sonore. — Lorsque dans un fourneau, une partie de la grille est à découvert et que le tirage est actif, un ronflement se fait entendre ; l'ouverture de la porte du foyer le fait cesser.

Il y a lieu alors d'égaliser la couche de charbon qui est sur la grille.

Broutement. — Le *broutement* est un bruit particulier qui se fait entendre dans les articulations trop serrées ou mal graissées.

Il y a souvent broutement dans les cylindres lorsque la machine fonctionne lentement.

Echauffements. — On appelle *échauffement* l'élévation succes-sive de la température d'un mouvement.

Un échauffement peut avoir pour causes :

1° Un serrage trop fort. — 2° Le mauvais état du poli des sur-faces en contact. — 3° l'ovalisation des tourillons. — 4° le défaut de graissage. — 5° le dénivellement des pièces mobiles. — 6° l'in-troduction dans les mouvements d'un corps dur en poussière.

Dans chacun de ces cas, l'excès du frottement dégage une cer-taine quantité de chaleur qui fait dilater le tourillon en même temps que le coussinet, de sorte que le jeu de l'articulation diminue et la température s'élève.

Dès qu'on s'aperçoit que la température d'un mouvement s'élève, il faut vérifier le graissage, l'augmenter, s'il y a lieu, et desserrer un peu l'articulation. Si l'échauffement persiste, on mêle avec de l'huile, de la fleur de soufre, de la plombagine ou même du suif fondu, et on introduit dans la lumière ce mélange, après avoir enlevé la mèche. L'huile seule ne reste pas dans le mouvement, tandis que son mélange avec l'une ou l'autre des matières sert d'in-termédiaire pour le contact du tourillon et du coussinet, et le frot-tement est diminué.

Si l'échauffement continue on arrose le mouvement en amenant directement l'eau froide sur le tourillon ; et s'il persiste quand même, il faut stopper.

Grippage. — Quelquefois, lors d'un échauffement, des parties de métal des coussinets ou des tourillons sont enlevées et entraînées dans le mouvement de rotation. Comme elles forment saillie sur le tourillon, elles creusent les surfaces frottantes et produisent des rainures plus ou moins profondes appelées *grippures.*

L'emploi de la plombagine est indispensable quand un mouvement est grippé, jusqu'à ce que, la machine étant stoppée, on puisse démonter l'articulation pour faire disparaître à la lime les angles vifs des grippures. Si le coussinet est fortement grippé il vaut mieux y couler du métal antifriction.

Fuites dans les machines.

Les fuites dans les machines sont *extérieures* ou *intérieures*.

Les fuites *extérieures* sont continues ou intermittentes; elles ont lieu par le tuyau de vapeur, par les presse-étoupes des tiges de pistons et de tiroirs, par les joints des couvercles des cylindres, par les fissures des récipients contenant la vapeur. Les fuites du tuyau de vapeur et de la boîte à tiroir sont continues, les autres sont intermittentes et occasionnent une diminution de la puissance de l'appareil moteur, à cause de l'air qui entre à la course suivante et qui va augmenter la contre-pression.

Les fuites extérieures sont visibles ; on les étanche en serrant les roustures sur le tuyautage et en calfatant les fentes par lesquelles les fuites ont lieu.

Par les fuites intérieures la vapeur va directement au condenseur sans travailler dans le cylindre ; elles occasionnent une perte de puissance, car il faut surcharger le travail de la pompe à air par un surcroît d'injection, si le condenseur est par mélange.

Les fuites intérieures peuvent avoir lieu :

1o Par les bagues des pistons qui ne portent pas bien sur leur assise ou sur le pourtour du cylindre, ce dernier étant ovalisé ou fortement grippé.

2o Par les barrettes des tiroirs qui ne s'appliquent pas exactement sur les bandes des cylindres.

3o Par les compensateurs des tiroirs qui sont usés ou oxydés.

Moyens de reconnaître les fuites intérieures. — Une fuite intérieure se reconnaît, lorsqu'elle est considérable, par le mauvais vide au condenseur, et à l'élévation de température de ce récipient. Pour maintenir le vide, il faut un surcroît d'injection ou de circulation, suivant le système de condenseur. Aux oscillations de l'aiguille de l'indicateur du vide, à un point de la course du piston, autre que les points qui correspondent au commencement de l'évacuation, mais généralement en marche, on ne saurait reconnaître d'une manière certaine par où les fuites ont lieu.

En arrivant au mouillage, on conserve la vapeur, on place à l'aide de repères, le tiroir dans la position où il ferme juste les orifices, puis en ouvrant la valve de vapeur, ainsi que les robinets graisseurs du cylindre ou les purges, on s'assure si la vapeur passe entre les barrettes et la bande du cylindre.

Pour vérifier les garnitures, on place le piston à un de ses points morts, on ouvre la purge du côté opposé, on introduit peu de vapeur, et s'il y a fuite elle sera accusée par la purge ouverte à cet effet.

Les fuites par les barrettes proviennent le plus souvent du déplacement de la course du tiroir, à la suite du dérangement de la suspension ; le meilleur moyen de les éviter, consiste à rectifier très souvent la suspension du tiroir.

Rentrées d'air au condenseur. — Ces rentrées d'air sont directes ou indirectes ; elles occasionnent une augmentation de la contre-pression sans élévation de température. Les rentrées d'air *directes* ont lieu par le reniflard, par les joints, les fêlures ou les crevasses du condenseur. On reconnaît ces fuites en promenant une bougie allumée autour du condenseur et du tuyautage, jusqu'à ce que la flamme soit attirée. Les fissures ou crevasses, par lesquelles l'air entre directement au condenseur, sont bouchées et calfatées avec un peu d'étoupe imbibée de blanc de céruse. Sur les tuyaux on fait des roustures.

Les rentrées d'air *indirectes* ont lieu par toutes les fuites intermittentes de vapeur, et, par conséquent, sont faciles à reconnaître. En étanchant les fuites de vapeur on fait disparaître les rentrées d'air indirectes.

Engorgement du condenseur. — L'engorgement du condenseur a lieu lorsqu'il y entre une quantité d'eau plus grande que celle que la pompe à air peut en extraire. La température s'abaisse, le vide devient mauvais. Au mouillage, le reniflard s'ouvre sous la pression de l'eau.

Un condenseur s'engorge à la mer, quand l'injection est trop abondante, si la pompe à air fonctionne mal et si on oublie de fermer l'injection en stoppant, ou si le régulateur a des fuites.

En marche, dès qu'un condenseur est engorgé, il faut fermer complètement l'injection ; l'aiguille de l'indicateur du vide tombe complètement à 0, mais se relève peu à peu jusqu'à indiquer 15 à 20 centimètres. A cet instant on règle de nouveau l'injection.

Si la pompe à air fonctionne mal, l'aiguille ne se relève que très lentement et quand l'injection est réglée de nouveau, le vide éprouve de grandes variations qui se font sentir tous les 5 ou 6 coups de piston. Il faut alors introduire une moins grande quantité de vapeur, afin d'avoir moins d'eau à mettre au condenseur, ou bien, il faut stopper et réparer

Si l'on s'aperçoit de l'engorgement du condenseur au moment où la machine est stoppée, il faut le purger ainsi que les cylindres et les boîtes à tiroir, avant de mettre en marche.

Echauffement du condenseur. — Un condenseur s'échauffe lorsque l'injection est insuffisante; la température s'élève et le vide devient mauvais. Il suffit d'ouvrir davantage le régulateur d'injection pour abaisser la température et relever le vide.

Lorsque la machine est stoppée, s'il y a des fuites intérieures considérables, le condenseur peut s'échauffer au point qu'en ouvrant l'injection, il se produit des détonations violentes dues aux contractions subites qu'éprouve la fonte chaude au contact de l'eau froide.

ÉLÉM. DE MÉCAN.   50.

Dans ce cas, il faut injecter modérément et refroidir le condenseur à l'extérieur en même temps qu'à l'intérieur.

Pour éviter l'échauffement du condenseur au mouillage, il faut injecter de temps à autre.

Obstruction des organes d'injection. — Ces organes peuvent être obstrués : aux crépines de prise d'eau lorsque le bâtiment est échoué ou si des corps flottants sont collés sur les crépines ; à l'intérieur du tuyautage lorsque l'eau est congelée.

Dans le cas d'échouage sur de la vase ou du sable, il faut éviter de faire fonctionner l'injection. On pourrait essayer de la déboucher en calant le reniflard et en fermant l'obturateur de décharge ; on introduit de la vapeur au moyen d'un tuyau spécial, ou en manœuvrant le tiroir à bras. Si la crépine est bouchée par des herbes marines ou des copeaux, étoupes, morceaux de toile etc., on essaiera de le déboucher par le moyen ci-dessus, ou à l'aide d'un scaphandre ou par tout autre moyen.

Si on ne peut arriver à déboucher les crépines, il faut avoir recours à l'injection à la cale. Pour cela, on fera arriver l'eau, d'une des prises d'eau quelconque, dans un batardeau installé à l'aspiration de l'injection à la cale. Si on ne possède pas d'injection à la cale on pourra installer une injection de fortune en démontant une partie du tuyau d'injection ordinaire et en y ajoutant un bout de tuyau prenant à une autre prise d'eau de la machine, et au besoin au petit cheval. Si tous ces moyens ne peuvent pas être employés, on marchera sans condensation, avec échappement à l'air libre.

Cas des condenseurs par surface. — Les échappements dans les condenseurs par surface peuvent être produits, en marche, par un mauvais fonctionnement de la pompe de circulation, soit par le manque de quelques clapets, soit par la non-ouverture complète du robinet de prise d'eau, ou de refoulement. On y remédie en changeant les clapets avariés ou en ouvrant complètement les robinets.

Si l'échauffement provenait de l'obstruction de la crépine du robinet de prise d'eau, on se servirait de l'injection à la cale ; ces machines en étant généralement pourvues. On maintiendrait une grande quantité d'eau à la cale et l'on veillerait attentivement à ce que les clapets ne s'engagent pas. Dans le cas d'insuffisance d'eau, on pourra s'aider du petit cheval qui généralement est installé pour refouler aux coquilles.

Au mouillage, l'échauffement du condenseur ne peut avoir lieu que s'il y a des fuites aux tiroirs. Si la pompe de circulation est mue par la machine, on ferme la prise d'eau, on règle l'ouverture de l'obturateur de décharge pour qu'il ne soit ouvert que de la quantité nécessaire pour permettre le renvoi de l'eau à l'extérieur, refoulée par le petit cheval. Dès que l'on remet la machine en marche, on arrête le petit cheval.

Si la pompe de circulation est indépendante on la mettra en mouvement pendant le stoppage pour refroidir le condenseur.

Précautions générales à prendre dans l'appareil moteur

Distribution de vapeur.

Les valves doivent être fixées pour que le courant de vapeur ne les ferme pas; la vitesse de rotation doit être réglée autant que possible par l'organe de détente variable pour économiser le combustible.

Condensation — Injection.

Le régulateur doit être ouvert pour maintenir le meilleur vide possible avec une température d'environ 40° pour l'eau de la bâche; il doit être bien fixé pour ne pas se fermer de lui-même. Il faut s'habituer à étudier les oscillations de l'aiguille de l'indicateur du vide, pour apprendre à connaître toute arrivée anormale de vapeur ainsi que les dérangements survenus dans le fonctionnement de l'injection ou de la pompe à air. L'indicateur du vide a 2 oscillations par tour; elles se font sentir au commencement de chaque évacuation. Si les oscillations sont plus marquées que d'habitude, il y a fuite à fin de course du piston, ou l'injection fonctionne mal. Si les oscillations sont anormales mais régulières, en dehors de celles provenant de l'évacuation, il y a de fortes fuites de vapeur. Lorsque le vide ne varie que par intermittence, tous les 5 ou 6 tours, la pompe à air fonctionne mal.

Dans tous les cas, il faut joindre à ces indications celles de la température du condenseur qui indique s'il y a trop ou pas assez d'eau.

Mouvements.

Les surveiller pour s'assurer qu'aucun corps étranger ne vienne les choquer, qu'il ne se produit aucun échauffement, ni aucun desserrage, surveiller le graissage pour qu'il soit suffisant, et si un échauffement commence, y remédier aussitôt.

Presse-étoupes

Ne pas laisser subsister des fuites, les graisser de temps à autre.

Si le condenseur est par surface on se sert d'huile minérale. S'ils sont faits avec les tresses Miller ou à l'amiante, on graisse avec de l'eau tiède.

Ligne d'arbres.

S'assurer qu'il n'existe aucun corps pouvant empêcher le mouvement; veiller au palier de butée, le graisser à l'eau couramment ou avec de l'huile.

Desserrer un peu le presse-étoupes de l'hélice pour laisser passer un léger filet d'eau, afin d'empêcher un échauffement.

Cale.

La cale doit être asséchée et y mettre de temps à autre de l'eau froide pour la laver Dans le cas où il y a de l'huile ou du suif dans la cale, il faut la laver à l'eau chaude. Cette eau est ensuite enlevée par la pompe de cale.

Manœuvres.

Etre toujours prêts à exécuter les ordres qui peuvent être donnés du pont.

Il faut stopper si l'on craint une avarie majeure, ou si un homme se trouve engagé dans les mouvements.

Accessoires.

Les fontaines à huile et à suif doivent être tenues propres et suffisamment remplies. La dépense doit commencer par les matières les plus anciennement embarquées. Toutes les parties de la machine doivent être suffisamment éclairées.

Précautions principales à prendre, en raison de la dilatation et de la contraction des métaux, dans la construction, le montage, les réparations et la conduite des machines et chaudières

1o Dans la construction des chaudières, on laisse un peu de jeu à chaque bout de barreaux de grille pour qu'ils ne se faussent pas dans la chauffe.

On laisse un peu de jeu aux points d'attache des tirants des chaudières pour leur permettre de se dilater sans écraser la chaudière.

Dans la construction des machines, les détentes et les tiroirs ont moins de largeur que leurs boîtes, parce que ces dernières étant fixes se dilatent moins.

Les arbres de couche portent presque toujours leurs collets aux bâtis du centre de la machine pour laisser leurs extrémités libres à la dilatation.

Pour les tuyaux, surtout à grand diamètre, et lorsqu'ils ne font pas de coude, on les dispose à joint glissant.

Dans la construction on utilise quelquefois l'effet de la contraction, comme, par exemple, dans les rivets des chaudières.

2o Dans le montage, on laisse un peu de jeu entre les diverses pièces juxtaposées qui ne doivent pas conserver la même température pendant le mouvement, ou lorsque ces pièces sont faites de différents métaux.

On laisse un peu de jeu entre chaque corps de chaudières.

3o Dans les réparations, c'est surtout la puissance de la contraction qui est utilisée au moyen de pièces appelées *frettes*.

La pose des frettes demande en général une grande attention.

4° Dans la conduite, le chef de la machine a particulièrement à veiller les échauffements qui produisent des dilatations considérables sur les pièces en mouvement. Un échauffement qui commence tend en effet à augmenter sans cesse.

Au départ, on doit avoir soin de mollir les haubans de la cheminée. Il faut aussi décoller à temps les soupapes d'arrêt, de sûreté, de registre, etc., qui pourraient se coincer sur leur siège.

Retrait. — Trempe. — Recuit.

On appelle *retrait* la diminution de volume qu'éprouve en général un corps en fusion à se solidifier, et qui se refroidit.

Toutefois, au moment de la solidification, la fonte de fer éprouve une augmentation de volume qui casse quelquefois les moules, et ce n'est que pendant le refroidissement que le retrait a lieu.

Le retrait varie suivant les métaux.

Pour la fonte de fer, on l'estime à 1 centimètre par mètre. Pour la fonte de laiton, à 15 millimètres par mètre. Ainsi, pour tenir compte du retrait dans la confection des moules destinés à la fonte de fer, les mouleurs se servent de mètres de 101 centimètres, divisés en 100 parties égales.

La *trempe* consiste dans le refroidissement brusque d'un corps porté à une température élevée. Elle agit de différentes manières sur les corps; ainsi, elle rend l'acier et le verre très cassants lorsqu'ils sont soumis à des chocs, et très résistants dans le cas contraire, tandis qu'elle rend doux le cuivre, et plus facile à travailler

Il existe deux sortes de trempes bien distinctes : l'une se nomme *trempe à la volée*, l'autre *trempe au paquet*.

Trempe à la volée. — C'est une opération qui consiste à porter un métal à une température élevée, et à le refroidir brusquement en le plongeant dans un liquide tel que l'eau, le mercure, l'huile etc.

La trempe de l'acier est plus ou moins dure, suivant le degré de chaleur qu'on donne au métal, et suivant aussi le liquide qui sert à la trempe.

Plus la température est élevée, plus la trempe est dure; on trempe même à la température du blanc.

Le mercure donne une trempe plus dure que l'eau, et celle-ci une trempe plus dure que l'huile.

L'acier trempé ne peut plus être ni limé, ni tourné. Certains outils ne se trempent qu'en partie.

Températures et couleurs correspondantes du métal:

Rouge naissant.	535°
Rouge sombre	700°
Cerise naissant	800°
Cerise	900°
Cerise clair.	1000°

Orange foncé . . . . 1100°
Orange clair , ... 1200°
Blanc . . . . 1300°
Blanc soudant . . . . 1400°
Blanc éblouissant, plus haute température
    du feu de forge . . . . . 15 à 1600°

Trempe au paquet. — La *trempe au paquet* a pour but d'aciérer la surface d'une pièce de fer.

Le métal trempé au paquet prend souvent le nom de *fer cémenté.*

Les objets à tremper au paquet sont placés avec du *cément* dans des caisses en tôles, qu'on soumet à une température en les entourant de charbons incandescents.

Le cément employé se compose ordinairement de charbon de bois en poudre, auquel on ajoute souvent du noir animal, des rognures de cuir, etc. On met une couche de cément dans le fond de la caisse, puis les pièces à cémenter, puis une deuxième couche de cément, etc. Le chauffage de la caisse dure plus ou moins longtemps, suivant l'épaisseur d'acier qu'on veut avoir à la surface des pièces à cémenter. L'ouvrier doit reconnaître le moment fovorable ; il retire alors les pièces une à une de la caisse, et il les plonge dans l'eau.

Les pièces ainsi fabriquées ont à la surface la dureté de l'acier trempé, et conservent à l'intérieur la ténacité du fer forgé.

Depuis quelques années, on remplace le système précédent par l'emploi du prussiate de potasse.

On fait chauffer la pièce, on la saupoudre de prussiate, et on la plonge dans l'eau.

Recuit. — Comme il est impossible de trouver le degré de trempe qu'on désire, on trempe très dur les objets, généralement, et on leur fait subir ensuite l'opération du *recuit* pour les ramener au degré de trempe désiré.

Le recuit consiste à élever l'acier à une température moins élevée que pour la trempe, et à le refroidir ensuite en le plongeant dans l'eau.

Le recuit sera d'autant moins fort que la pièce doit conserver plus de dureté.

Le degré de température auquel on doit élever l'acier pour le recuire, se reconnaît à la couleur que prend ce métal quand on le chauffe.

*Tableau des nuances que présente successivement
l'acier au recuit :*

Température	Couleur à cette température	Instruments qui exigent la température indiquée en regard
221°	Blanc tirant sur le jaune.	Lancettes des chirurgiens.
223	Couleur paille.	Bons rasoirs et la plupart des instruments de chirurgie.
243	Couleur jaune foncé.	Rasoirs, canifs et instruments de chirurgie.
254	Couleur brune.	Outils de jardinage, bêches, houes, ciseaux divers.
265	Brun taché de pourpre.	Hâches, cisailles, lames de rabots, couteaux de poche.
276	Couleur pourpre.	Forceps, couteaux de table.
287	Bleu clair ou de ciel.	Lames d'épées, ressorts de montres, de bandages, de sonnettes, gros outils à bois.
293	Bleu foncé.	Petites scies, poignards, tarières, petits outils à bois, outils à mortaises.
315	Brun obscur tirant sur le noir.	Certains ressorts de montres, outils que les ouvriers affilent sans recuire, outils de tours.

Combustion, tirage naturel, tirage forcé, section des conduits [1]

Combustion. — Pour brûler un poids donné de charbon par unité de surface de grilles et de temps (mètre carré et heure), il faut fournir au charbon l'oxygène nécessaire.

Les bonnes houilles pour chaudières contiennent en moyenne 84 % de carbone et 4 d'hydrogène, et ce sont là les deux seuls éléments combustibles du charbon en vue desquels il y ait à régler la demande d'air. La transformation du carbone en acide carbonique se fait à raison de $2^k,67$ d'oxygène par kilogramme de carbone et de 4 k. 313 d'air par kilogramme d'oxygène, soit, vu la composition de l'air, à 11 k. 5 d'air par kilogramme de carbone; quant à l'hydrogène, 1 kilogramme exigera pour former de l'eau, 8 k. d'oxygène, soit 34 k. d'air. Ces chiffres conduiraient à 11 kilogrammes d'air, ou $8^{m3},500$ en nombres ronds, par kilogramme de houille; mais tout l'air servi aux foyers est loin d'être utilisé, et à la suite

1. Bienaymé. — *Les Machines marines.*

d'essais, on doit admettre, dans le cas du tirage naturel, dépenser guère moins de 15 kilogrammes d'air, avec une chauffe bien conduite. En pratique, il est préférable de compter sur 18 kilogrammes.

Tirage naturel. — L'activité du tirage naturel dépend de la hauteur de la cheminée, en supposant que rien n'entrave l'accès de l'air appelé à l'entrée du cendrier. Si H est cette hauteur au-dessus des grilles, t la température de l'air ambiant, t' une certaine température moyenne à l'intérieur de la cheminée, α le coefficient de dilatation des gaz, l'écoulement aura lieu en vertu de la différence des hauteurs et suivra la loi approchée :

$$V = \sqrt{2\,g\,\text{H}\,\alpha\left(\frac{t'-t}{1+\alpha\,t}\right)}$$

ou encore, αt étant très petit devant l'unité :

$$V = \sqrt{2\,g\,\text{H}\,\alpha\,(t'-t)}$$

V = vitesse de l'air; $g = 9^m,81$.
Mais pour tenir compte des frottements, il faut prendre :

$$V = \sqrt{\frac{2\,g\,\text{H}\,(t'-t)}{\text{M}}}$$

M étant un coefficient donné par l'expérience pour des chaudières établies dans des conditions qui ne s'éloignent pas trop de celles qu'on a en vue.

Comme pour brûler P kilogrammes de charbon, il faut très souvent ne pas compter sur moins de $\text{P} \times 18^{m3}$ d'air à fournir dans le même temps, on voit que si P se rapporte à l'heure, la vitesse V et la section S de la cheminée doivent approximativement satisfaire à la relation :

$$\text{S}V \times 3600 = \text{P} \times 18^{m3}\,(1 + \alpha\,t');$$

et le débit d'air par seconde, soit $A = \dfrac{18\,\text{P}}{3600}$ s'exprime par :

$$A = \frac{\text{S}}{1+\alpha\,t'}\sqrt{2\,g\,\text{H}\,\frac{t'-t}{\text{M}}}$$

Sur de très grands bâtiments on ne dépasse guère 18 à 20 mètres, comme hauteur de cheminée, comptée à partir du seuillet des grilles jusqu'au can supérieur de la cheminée.

On cherche à donner 16 mètres de hauteur sur les moyens, et sur les petits on donne toute la hauteur compatible avec les autres installations.

Tirage forcé. — Ce qui fait circuler les gaz dans l'intérieur de la chaudière, c'est la dépression qui existe de la chaufferie à la boîte à fumée. Avec le tirage naturel cette dépression, ou valeur du tirage, est au plus de 8 à 10 millimètres d'eau sur les appareils réglementaires de la Marine, et cela ne permet pas d'y brûler plus de 100 kilogrammes par mètre carré de grilles et par heure; c'est une des raisons qui rend les générateurs lourds et encombrants, et qui conduit à faire appel au *tirage forcé*, afin de pouvoir, le cas échéant, accroître la puissance de la chaudière.

A la suite d'essais faits par M. Joessel, au moyen de jets de vapeur débouchant à la base de la cheminée, les résultats suivants ont été obtenus:

Tirage employé	Charge P par mètre carré de grilles et par heure	Tirage h en millimètres d'eau	Rapport $\dfrac{P}{\sqrt{h}}$
Tirage naturel	98.5	8	34.8
Jet de vapeur	108.8	10	34.8
—	126.8	14	34
—	155.5	21	34

M. de Maupeou, à la suite d'essais par le procédé du *soufflage des chaufferies* ou du *tirage en vase clos*, concurremment à l'injection d'air comprimé dans la cheminée, et à l'emploi d'un ventilateur disposé pour aspirer à la cheminée, a obtenu les résultats suivants:

Nature du tirage employé	Dépense en chevaux par mètre carré de grilles, pour obtenir un tirage de			
	15 m/m	20	25	30
Soufflage de la chaufferie .	1 ch.	1.5	2.2	3.0
Jet d'air dans la cheminée.	1.4	3.5	5.6	8.0
Ventilateur aspirant. . .	2.0	3.2	4.0	5.7

Ces indications, combinées avec celles données plus haut, permettent, en admettant que le cheval de ventilateur coûte 2 k. 5 de charbon, d'établir comme suit la part de la dépense totale qu'absorbe à diverses allures le tirage soufflé:

Tirage	P approche par mètre carré de grilles	Dépense du tirage en kilogrammes de charbon	Dépense relative
15 m/m	137^k	2^{k}5	1.8 0/0
20	149	3.75	2.5
25	166	5.50	3.3
30	182	7.50	4 1

A la suite d'essais faits par M. Audenet, il paraît y avoir toujours avantage à recourir au tirage forcé, pourvu que la surface de grilles soit réglée convenablement ; une consommation atteignant seulement le chiffre de 150 à 200 kilogrammes de charbon par mètre carré, semble donner le meilleur résultat comme combustion.

Comme il y a d'ailleurs intérêt, au point de vue de la soufflerie, à n'avoir à produire que de faibles pressions d'air, il vaudra mieux ne pas dépasser ce chiffre qui n'exige qu'une pression de 15 à 20 millimètres d'eau et n'oblige pas à faire tourner le ventilateur très rapidement.

Epaisseur de la couche de combustible. — Dans les fourneaux à tirage naturel, ou, plus généralement, avec un tirage au plus égal à 10 millimètres, l'épaisseur de couche la plus favorable est de 12 à 15 centimètres ; avec le tirage forcé, on aurait, d'après la pratique des torpilleurs:

Tirage en millimètres.	Epaisseur de la couche de combustible en centimètres.
40	19
90	26

Résistance au passage des gaz. — Les essais de M. de Maupeou ont permis d'établir qu'avec la disposition ordinaire des chaudières marines, la résistance que les diverses parties de l'appareil opposent au passage des gaz peut s'évaluer comme suit:

Résistance	du cendrier.	0,03
	de la grille.	0,62
	du dessus de l'autel	0,15
	du faisceau tubulaire.	0,20
Total égal au tirage.		1,00

Vitesse de la fumée. — Avec le tirage naturel, la vitesse de la fumée varie entre 6^m,20 et 6^m,70. A l'entrée du cendrier elle est d'environ 1^m,65.

Section de la cheminée — Le rapport entre la section Σ de la cheminée et la surface s totale des grilles, ou $\dfrac{\Sigma}{s}$ est d'environ 0,140 au tirage naturel.

Sur les chaudières cylindriques réglementaires de la Marine militaire, on a, pour sections par mètre carré de grilles:

Au cendrier	0,200
A l'autel	0,282
Aux tubes	0,170
A la cheminée	0,131

Avec le tirage forcé, ventilateurs soufflant dans les cendriers, on peut avoir:

$$\frac{\Sigma}{s} = 0,125$$

Du tirage forcé appliqué à l'accroissement de l'utilisation de la chaleur [1].

Le tirage naturel, considéré comme moyen d'imprimer à la colonne gazeuse le mouvement nécessaire pour produire la combustion, constitue un moteur très peu économique. En supposant les gaz évacués à 300° seulement, la perte de chaleur est de 1447 calories par kilogramme de charbon, non compris la chaleur latente de la vapeur d'eau contenue dans la fumée; le seul résultat obtenu est une vitesse de 10 mètres par seconde, au grand maximum, imprimée à un poids de gaz, de 19 kilogrammes d'air plus 1 kilogramme de charbon, soit 20 kilogrammes en tout; la force vive correspondante est :

$$\frac{1}{2} \times \frac{20}{9,8} \times 10^2 = 102 \text{ kilogrammètres.}$$

C'est un travail de 0,0004 chevaux pour une dépense de chaleur correspondant à 0^{k}16 de charbon par heure; le rendement mécanique est donc extrêmement faible, presque nul, et tout ce qui peut s'utiliser autrement, des 18,9 % de la chaleur totale perdus à produire le tirage naturel, constitue sensiblement un bénéfice net.

La chaleur des gaz peut être utilisée de quatre manières différentes:

1° En augmentant le trajet à travers la masse liquide;

2° En surchauffant la vapeur produite à l'aide d'un appareil spécial juxtaposé à la chaudière proprement dite;

3° En réchauffant l'eau d'alimentation ;

4° En réchauffant l'air destiné à la combustion.

L'eau des chaudières, ou la vapeur produite, ne peuvent pas servir à refroidir les gaz beaucoup au-dessous de 300 degrés, à travers une tôle, puisque leur température atteint 200 degrés aux pressions actuellement adoptées. Les diverses tentatives faites pour surchauffer la vapeur ont d'ailleurs toujours échoué, même à

1. L.-E. Bertin, *Les Chaudières marines*. E. Bernard et Cie, éditeurs, 29, quai des Grands-Augustins, Paris.

l'époque où la vapeur n'était qu'à 120 degrés, sans doute à cause de la mauvaise conductibilité de la vapeur sèche.

Le procédé de M. Audenet, pour augmenter la production de vapeur saturée, en allongeant le trajet des gaz dans la chaudière, a été abandonné. Restent donc le réchauffage de l'eau et celui de l'air, qui, en principe, permettent de refroidir les gaz chauds jusqu'à une température voisine de celle de l'air ambiant, si l'on dirige les deux courants en sens inverse l'un de l'autre ; les gaz chauds peuvent sortir, en effet, à la température d'entrée du corps refroidissant, tandis que l'eau ou l'air réchauffés peuvent sortir à la température d'entrée des gaz chauds. Pour l'air, le principe est sans restrictions ; pour l'eau, on rencontre en pratique la convenance de ne pas commencer la vaporisation, qui pourrait contrarier le mouvement dans le réchauffeur d'eau.

Réchauffage de l'eau d'alimentation. — Le poids de l'eau évaporée dans une bonne chaudière est, en nombres ronds, égal à la moitié du poids des gaz de la combustion ; la chaleur spécifique de l'eau est à peu près le quadruple de celle de ces gaz. Dans un appareil de réchauffage parfaitement isolé, l'élévation de température de l'eau serait donc égale à la moitié de l'abaissement de température des gaz. Ce raisonnement élémentaire suffit à montrer que le réchauffage de l'eau d'alimentation fournit un moyen suffisant d'utiliser toute la chaleur dont les gaz peuvent être dépouillés, du moins avec les hautes pressions actuelles, qui permettent de disposer pour l'eau d'un écart de température de 150° et au delà. Rien, en principe, n'empêche de refroidir la fumée au-dessous de 100° et d'en condenser ainsi la vapeur.

Les essais de réchauffage d'eau d'alimentation par la fumée ont été nombreux ; quelques chaudières tubuleuses récentes, les chaudières Oriolle, Towne, Babcock, Belleville, etc., portent même, comme partie intégrante, un serpentin pour ce réchauffage. Le réchauffage, même imparfait, donne une économie sensible, parce qu'il améliore le fonctionnement des chaudières, en hâtant la formation des bulles de vapeur, et favorisant ainsi la circulation de l'eau.

Sur les chaudières Belleville, on dispose aujourd'hui des réchauffeurs construits de la même façon que la chaudière et placés dans une vaste culotte de cheminée ; on enlève les deux rangées supérieures de tubes des chaudières proprement dites pour réduire le poids ; un appareil de 36 mètres carrés de surface de grilles n'a à subir qu'une surcharge de 6 tonneaux environ. Les surfaces de chauffe sont proportionnées de la manière suivante :

Surface de grilles.	36^{m2},70
Surface de chauffe (production de vapeur). .	851
Surface de réchauffage d'alimentation. . .	405

Ce système a été adopté sur des paquebots de la Compagnie des

Messageries maritimes ; on compte sur une économie de charbon de 20 % d'après les essais faits à terre.

Réchauffage de l'air de la combustion. — Quand on enlève de la chaleur à la fumée pour réchauffer l'air de la combustion, on emploie des appareils à tubes très minces, beaucoup plus légers que pour l'eau d'alimentation, puisqu'il n'ont aucune pression à supporter. L'abaissement de la température des gaz et l'élévation de celle de l'air sont naturellement égaux entre eux, aux pertes du réchauffeur près. Comme rien ne limite d'ailleurs la température que l'on peut donner à l'air, le réchauffage de l'air permet, en principe, de refroidir complètement la fumée.

Il semblerait que l'air est infiniment moins propre que l'eau, en raison de sa faible conductibilité, à dépouiller la fumée de sa chaleur, ou en d'autres termes qu'il exige des réchauffeurs d'une surface beaucoup plus grande. La pratique ne confirme pas cette supposition. On a obtenu pour l'air un réchauffage de 100°, aussi facilement que pour l'eau un réchauffage de 80°, avec des appareils de surface analogue.

Les effets du réchauffage de l'air sont complexes, parce que, dans l'air chaud, la combustion du charbon est plus rapide et plus complète que dans l'air froid. On a pu avancer, avec apparence de raison, qu'une élévation de 100° dans la température de l'air en donne une le 200° dans celle de la flamme, grâce à la perfection des combinaisons chimiques ; de plus, le raccourcissement de la flamme met à l'abri de son refroidissement prématuré avant l'arrivée dans les tubes.

L'étude du réchauffage de l'air est surtout l'œuvre de M. J. Howden, qui entreprit de refroidir la fumée au profit de l'air destiné aux foyers. Son appareil, employé sur de nombreux paquebots, et en particulier sur les nouveaux rapides de la Compagnie générale Transatlantique, la *Lorraine* et la *Savoie*, présente le dispositif suivant :

L'air est refoulé aux cendriers par un ventilateur, en traversant sur son parcours une caisse où il circule autour d'un faisceau de tubes verticaux dans lesquels passe la fumée. L'air est fourni à chaque foyer par une boîte appliquée sur la surface de la chaudière, qui communique avec les canaux de refoulement d'air chaud par une ouverture unique munie d'un registre. De la boîte, l'air entre directement dans le cendrier et dans les parties latérales du fourneau ; il pénètre de plus dans le fourneau à travers la contre-porte percée de trous.

Ce système permet d'établir une amélioration de température de 150° environ et une économie de 10 % à peu près sur la consommation de charbon.

Le réchauffage de l'air n'exige pas le système de refoulement en cendrier clos ; il est parfaitement compatible avec l'emploi du tirage forcé par aspiration dans la cheminée, ou tirage induit, qui devient alors un tirage induit en cendrier clos. Ce dernier dispositif a été imaginé par MM. Ellis et Eaves de la Maison Brown à Sheffield.

Le réchauffeur Ellis est placé sur le dessus de la chaudière et divisé en deux parties, séparées, sur la façade, par le coffre à fumée, sur l'arrière, par la cheminée; la fumée qui passe à l'extérieur des tubes, y fait ainsi 4 coudes à angle droit; le parcours de l'air à réchauffer avant l'arrivée au cendrier est au contraire très simple. La distribution de l'air, dans le cendrier et dans le fourneau, a lieu comme dans le modèle Hodwen, sauf qu'on peut faire varier l'arrivée dans le fourneau par des registres indépendants, pour donner plus d'air au-dessus de la grille, ou au-dessous, selon la nature du charbon brûlé.

Quantité de vapeur aux chaudières.

La partie occupée par la vapeur doit être grande, si l'on veut que le régime de la chaudière soit peu influencé par les envois périodiques de vapeur au cylindre.

Si V est le volume du cylindre à vapeur,

C, le volume du réservoir de vapeur à la chaudière,

x, la fraction de course d'introduction,

δ, la densité de vapeur.

Pendant une course, le cylindre prend au réservoir :

$$V x \delta \text{ kilogrammes de vapeur,}$$

qui devront être fournis par la vaporisation pendant ladite course pour que les choses se retrouvent au même état au commencement de chaque course; il s'ensuit que le coffre à vapeur pendant l'introduction aura fourni $V x \delta$ et reçu $V x^2 \delta$.

Dès lors, à la fin de l'introduction, ce coffre contiendra un poids de vapeur :

$$(C - Vx + Vx^2)\delta.$$

ayant une densité approchée

$$\delta' = \frac{1}{C} \delta (C - Vx + Vx^2)$$

de telle sorte qu'en appelant p et p' les pressions au coffre au commencement et à la fin de l'introduction, on aura sensiblement :

$$\frac{p}{p'} = \frac{C}{C - Vx(1 - x)}$$

$$\frac{p' - p}{p} = \frac{Vx(1 - x)}{C}$$

et si $\dfrac{p' - p}{p} \lessgtr k$ est la limite qu'on a en vue pour les oscillations

de la pression au coffre, le rapport $\dfrac{C}{V}$ est donné par la formule :

$$\frac{C}{V} = K \lambda (1 - x)$$

Les chaudières cylindriques de la Marine donnent pour valeur de C rapportée au mètre carré de grilles :

Type haut . . . . 1^{m3},510
Type moyen. . . . . : 1 600
Type bas. 1 300

Le rapport du volume de vapeur au volume d'eau est :

Type haut 0,620
Type moyen. 0,540
Type bas. 0,500

Dans la chaudière Belleville où il y a peu d'eau, il y a aussi un volume de vapeur restreint, savoir, sur les types de grande dimension :

Volume de vapeur par mètre carré de grilles . . 0^{m3},437
Volume — — — . . . 0 340
Rapport du volume de vapeur au volume d'eau . 1 : 260

Dans les navires de la marine marchande, les relations entre les différentes parties des chaudières, timbrées aux environs de 5 kilogrammes, sont généralement les suivantes :

RELATIONS	Chaudière cylindrique avec coffre de vapeur	Chaudière oblongue sans coffre
Rapport entre la surface de grilles et la surface de chauffe	$\frac{1}{26}$	$\frac{1}{25,7}$
Rapport entre la surface d'évaporation prise au-dessus des tubes et la surface de chauffe . .	$\frac{1}{8,88}$	$\frac{1}{12,4}$
Rapport entre la surface d'évaporation et la surface de grilles	$\frac{2,95}{1}$	$\frac{2,07}{1}$
Rapport entre la surface d'entrée d'air au cendrier et la surface de grilles.	$\frac{1}{4,35}$	$\frac{1}{4,68}$
Rapport du volume total de l'eau à la surface de chauffe	$\frac{1^{m3}}{10^{m2}}$	$\frac{1^{m3}}{6^{m2}48}$
Rapport du volume de vapeur au volume d'eau.	$\frac{1}{1,75}$	$\frac{1}{2,07}$

Utilisation des appareils moteurs à vapeur

Utilisation des chaudières. — On juge de l'excellence d'une chaudière marine par son *rendement*, ou son *utilisation*.

L'utilisation U est le rapport de la chaleur Q communiquée à l'eau de la chaudière, à la chaleur Q_1 produite par le combustible dans le foyer, ou, en d'autres termes, le rapport du poids d'eau réellement vaporisé par kilogramme de combustible par la chaudière, au poids d'eau qui, théoriquement, doit être vaporisé par cette même quantité de combustible, ou

$$U = \frac{Q}{Q_1} = B \frac{S}{S + AF'}$$

formule, dans laquelle, S est le nombre de mètres carrés de surface de chauffe par mètre carré de surface de grilles, ou, le rapport de la surface de chauffe à la surface de grilles; F' est le nombre de kilogrammes de charbon brûlé par heure et par mètre carré de grilles; A, un coefficient dont la valeur est proportionnelle au carré du poids d'air exigé par kilogramme de combustible; B, un coefficient qui représente toutes les pertes de chaleur se produisant dans le foyer.

La surface de chauffe dans une chaudière est la partie seulement en contact avec l'eau; elle se compose de la surface directe, qui est celle du ciel de foyer et des parois de la boîte à feu, et de la surface tubulaire qui est celle des tubes en contact avec l'eau.

Rankine donne les valeurs pratiques suivantes des coefficients A et B
Chaudières fonctionnant au tirage naturel : A = 0,1;
B = 0,92 à 1,00
d°   d°   au tirage forcé   A = 0,067;
B = 0,95 à 1,00

Wilson donne les mêmes coefficients que Rankine, sauf pour B. qu'il fait égal à 0,8 pour les chaudières cylindriques, et avec lesquels il établit le tableau de la page 909.

La consommation moyenne d'eau par cheval et par heure, pour des chaudières timbrées de 4 à 7 kilogs. et des machines à simple expansion ou compound, avec des condenseurs par surface, est de 10 kilogrammes. La consommation de charbon, par mètre carré de grilles et par heure, comptée à 100 kilogrammes, avec une force développée de 100 chevaux indiqués par mètre carré de grilles.

Pour certaines de ces chaudières, on a pu obtenir, aux essais, une consommation de charbon de 135 kilogrammes et une force en chevaux indiqués de 110, par mètre carré de grilles et par heure [1] ce qui a donné pour quantité d'eau vaporisée par kilogramme de charbon :

---

1. Carl Busley. — *Die Schiffsmaschine.*

$$\frac{110 \times 10}{135} = 8\,\text{kilog.},2$$

En supposant qu'un kilogramme de bon charbon, qui théoriquement transforme 14 kilog. 5 d'eau en vapeur à basse pression, ne puisse vaporiser que 14 kilog. 4 d'eau à la plus haute des pressions ci-dessus, on obtient comme utilisation réelle de ces chaudières marines :

$$\frac{8,2}{14,4} = 0,57$$

Tableau de l'utilisation des chaudières, au tirage naturel (*d'après Wilson*)

Types de chaudières	Surface de chauffe en mètres carrés par kilogram. de charbon brûlé par heure	Eau vaporisée au-dessus de 100° centigrades, par kilogramme de charbon	Utilisation des chaudières
Chaudières tubulaires . .	3m25	6k72	0,48
(à tubes de fumée) . . .	5,0	7,42	0,53
» » . . .	6,0	7,48	0,56
» » . . .	7,0	8,40	0,60
» » . . .	8,5	8,68	0,62
» » . . .	10,0	8.96	0,64
Chaudières aquatubulaires .	15,0	9,66	0,69
(à tubes d'eau)	20,0	9,94	0,71
» »	25,0	10,00	0,72
» »	30,0	10,20	0,73

Pour les chaudières modernes à haute pression, de 10 à 12 kilos, et les machines à triple expansion, en comptant la consommation de charbon à 100 kilogs, et la force développée à 100 chevaux indiqués, par mètre carré de grilles et par heure, on obtient une consommation moyenne d'eau par cheval-heure de 7 kilog. 5. Sur quelques chaudières ayant une grande surface de chauffe et un tirage un peu moins actif, brûlant 120 kilogrammes de charbon par mètre carré de grilles et par heure, aux essais à tirage naturel, en développant 130 chevaux indiqués par mètre carré de grilles et par heure, on a pu obtenir une vaporisation d'eau, par kilogramme de charbon brûlé, égale à :

$$\frac{130 \times 7,5}{120} = 8\,\text{kg. }1.$$

Si un kilog. de bon charbon vaporise théoriquement 14 kilog. d'eau à cette pression élevée, l'utilisation réelle de ces chaudières modernes marines est

$$\frac{8,1}{14} = 0,58$$

Rankine a calculé, pour les anciennes chaudières marines ayant un rapport de surface de chauffe à surface de grilles égal à 25 : 1, une utilisation égale à

$$\frac{Q}{Q_1} = 0,92 \times \frac{25}{25 + 0,1 \times 135} = 0,60$$

Dans les chaudières modernes, dont le rapport de surface de chauffe à surface de grilles est 32 : 1, l'utilisation est :

$$\frac{Q}{Q_1} = 0,92 \times \frac{32}{32 + 0,1 \times 120} = 0,67$$

Wilson, pour les mêmes chaudières a trouvé, respectivement :

$$\frac{Q}{Q_1} = 0,8 \times \frac{25}{25 + 0,1 \times 135} = 0,52$$

$$\frac{Q}{Q_1} = 0,8 \times \frac{32}{32 + 0,1 \times 120} = 0,58$$

Pour les chaudières marines, type locomotive, on a les quantités suivantes : celles timbrées de 10 à 12 kilog. comptées pour 100 kilog de charbon brûlé et 100 chevaux, par mètre carré de grilles et par heure, la quantité d'eau vaporisée par cheval-heure est évaluée à 8 kilog. Mais ces chaudières fonctionnent généralement au tirage forcé, la quantité de charbon brûlé par mètre carré de grilles et par heure est pratiquement de 300 kilogrammes environ, avec une puissance développée de 220 chevaux indiqués, environ, de sorte que l'eau vaporisée par kilogramme de charbon est

$$\frac{220 \times 8}{300} = 5 \,\text{kg}.\,26.$$

En admettant que, théoriquement, un kilogramme de charbon transforme 14 kilogrammes d'eau en vapeur à ces pressions élevées, l'utilisation réelle de la chaudière est

$$\frac{5,86}{14} = 0,42$$

Pour les chaudières locomotives timbrées de 13 à 15 kilog. brûlant environ 500 kilog. de charbon par mètre carré de grilles et par heure au tirage forcé, et dont les machines à triple ou quadruple expansion développent 350 chevaux environ par mètre de grilles et par heure, la quantité d'eau vaporisée par kilogramme de charbon est :

$$\frac{350 \times 8}{500} = 5 \,\text{kg}.\,6$$

et l'utilisation :

$$\frac{5,6}{11} = 0,40$$

Rankine donne pour ces chaudières les utilisations suivantes :
avec un rapport de surface de chauffe à surface de grilles égal à 40 : 1

$$\frac{Q}{Q_1} = 0,92\ \frac{40}{40 + 0,1 \times 300} = 0,52$$

avec un rapport de surface de chauffe à surface de grilles égal à 60 : 1

$$\frac{Q}{Q_1} = 0,92\ \frac{60}{60 + 0,1 \times 500} = 0,50$$

et Wilson, respectivement :

$$\frac{Q}{Q_1} = 0,8\ \frac{40}{40 + 0,1 \times 300} = 0,46$$

$$\frac{Q}{Q_1} = 0,8\ \frac{60}{60 + 0,1 \times 500} = 0,43$$

Pour les chaudières aquatubulaires (à tube d'eau), on a les données suivantes :

Celles ayant des tubes droits ont une utilisation supérieure à celles ayant des tubes courbes. Les premières timbrées de 11 à 14 kilog. donnent théoriquement, pour 100 chevaux et 100 kilog. de charbon, par mètre carré de grilles et par heure, 8 kilog. d'eau vaporisée par cheval-heure. Comme ces chaudières brûlent généralement 150 kilogrammes de charbon par mètre carré de grilles et par heure pour une puissance développée de 140 chevaux indiqués, la quantité d'eau vaporisée par kilogramme de charbon est :

$$\frac{140 \times 8}{150} = 7\ \text{kg.,}\ 45$$

et l'utilisation :

$$\frac{7,45}{14} = 0,53$$

Les chaudières à tubes courbes, timbrées de 15 à 18 kilogs, avec des machines à triple ou quadruple expansion, brûlent généralement 350 kilogrammes de charbon par mètre carré de grilles et par heure, pour une puissance développée correspondante de 240 chevaux indiqués. La quantité d'eau vaporisée par kilogramme de charbon est :

$$\frac{240 \times 8}{350} = 5\ \text{k.}\ 5,$$

et l'utilisation :

$$\frac{5,5}{14} = 0,40$$

Rankine donne les utilisations suivantes:
Pour les chaudières à tubes droits dont le rapport de surface de chauffe à surface de grilles est d'environ 30 : 1.

$$\frac{Q}{Q_1} = 0,92 \frac{30}{30 + 0,1 \times 150} = 0,61$$

Les chaudières à tubes courbes ont généralement un rapport plus élevé de surface de chauffe à surface de grilles, soit 45 : 1, alors

$$\frac{Q}{Q_1} = 0,92 \frac{45}{45 + 0,1 \times 350} = 0,52$$

Wilson, dans les mêmes conditions, avec une valeur de B = 0,8 au lieu de 0,92, obtient les utilisations suivantes:

Pour les chaudières à tubes droits: U = 0,53
—   —   courbes: U = 0,45

Le tableau de la page 913 résume les caractéristiques les plus importantes des chaudières à vapeur marines (Carl Busley — *Die Schiffsmaschine*).

Utilisation des machines. — La consommation théorique D de vapeur par cheval et par heure, d'une machine, est donnée par la formule :

$$D = \frac{637}{A L} \text{ kilogrammes.}$$

dans laquelle :

637 est le nombre de calories, équivalent du cheval à l'heure, obtenu de la manière suivante: 1 cheval vapeur = 75 kilogrammètres par seconde = 75×3600 = 270000 kilogrammètres par heure. L'unité thermique, ou calorie, étant égale à 424 kilogrammètres (page 663),

$$1 \text{ cheval-vapeur} = \frac{75 \times 3600}{424} = 637 \text{ calories par heure.}$$

A L représente le travail extérieur accompli par kilogramme de vapeur, en calories.

$$AL = q - q_1 + x\rho - x_1\rho_1$$

q, est la chaleur contenue dans le liquide.
ρ, est la chaleur latente intérieure. $\Big\}$ pour une pression
x, est le poids de la vapeur sèche. p d'admission

q_1, ρ_1 et x_1 les mêmes valeurs pour une pression p_1 à la fin de l'expansion c'est-à-dire au condenseur. Le tableau relatif à la vapeur saturée, de Zeuner, donne les valeurs de q et ρ (voir page 673).

Dans la formule ci-dessus, on peut prendre $x = 1$ et $x_1 = 0,86$; de sorte que si l'on fait les calculs pour des machines à simple,

Tableau des Caractéristiques les plus importantes des chaudières marines

Caractéristiques	Chaudières marines (compound) 1	Chaudières marines (triple expansion) 2	Chaudières doubles (Compound) 3	Chaudières doubles (triple expansion) 4	Chaudières locomotives (compound) 5	Chaudières locomotives (triple expansion) 6	Chaudières aqualubulaires avec des tubes droits (triple expansion) 7	Chaudières aquatubulaires avec des tubes courbes (triple et quadruple expansion) 8	Observations
Pression effective en kg. par cent. carré	4 — 7	10 — 12	4 — 7	10 — 13	10 — 12	13 — 15	12 — 15	14 — 20	Les chiffres des colonnes 1 à 4 se rapportent au tirage naturel ; ceux des colonnes 5 à 8 au tirage forcé.
Puissance en chevaux indiqués par tonne de poids de chaudière, au tirage naturel	13	18	12	16	26	30	18	40	
Puissance en chevaux indiqués par tonne de poids de chaudière, au tirage artificiel	19	30	18	25	37	50	30	80	
Puissance en chevaux indiqués par mètre carré de grilles au tirage forcé	110	130	85	140	220	350	140	240	
Eau d'alimentation par cheval indiqué et par heure, en kilogrammes	10	7,5	10	6,5	8,0	8,0	8,0	8,0	
Eau vaporisée par mètre carré de grilles et par heure, en kilog. .	1100	975	850	910	1760	2800	1120	1920	
Rapport de la surface de chauffe à la surface de grilles	25	32	25	33	40	60	30	45	
Poids maximum de charbon brûlé par m² de grilles et par heure, en kg	135	120	105	110	300	500	150	350	
Eau vaporisée par kilogramme de charbon et par heure, en kg. .	8,2	8,1	8,1	8,3	5.9	5,6	7,5	5,5	
Utilisation effective	0,57	0,58	0,56	0,60	0,42	0,40	0,53	0,40	
Utilisation d'après Rankine . .	0,60	0,67	0,65	0,69	0,52	0,46	0,61	0,52	
Utilisation d'après Wilson . .	0,52	0,58	0,56	0,60	0,45	0,43	0,53	0,45	

double, triple et quadruple expansion, avec des valeurs de p et de p_1 suivantes, on a :

Machine à simple expansion :

$$p = 3^k — p_1 = 0^k,2 — AL = 90 \text{ calories} — D = 7^k,077$$

Machine compound :

$$p = 6^k — p_1 = 0^k,2 — AL = 112 \text{ calories} — D = 5^k,687$$

Machine à triple expansion :

$$p = 13^k — p_1 = 0^k,2 — AL = 135,5 \text{ calories} — D = 4^k,697$$

Machine à quadruple expansion :

$$p = 16^k — p_1 = 0^k,2 — AL = 143,3 \text{ calories} — D = 4,445$$

Cette consommation théorique de vapeur par cheval-heure n'est jamais obtenue en pratique à cause des pertes successives des machines. Ces pertes proviennent généralement de ce que la vapeur n'est jamais sèche, la détente est incomplète, il existe un espace nuisible, la vapeur subit une dépression entre le générateur et le cylindre, due à la longueur des conduits, qui lui fait perdre une partie de sa chaleur, etc. Cette consommation D augmente, et on peut l'évaluer comme il suit avec les valeurs de p, p_1 et AL ci-dessus :

Machine à simple expansion :   D = 12 kilogrammes.
Machine compound :   D = 9   —
Machine à triple expansion :   D = 7,5   —
Machine à quadruple expansion : D = 7,0   —

M. Carl Busley, dans son ouvrage, *Die Schiffsmaschine*, donne les quantités suivantes pour la consommation de vapeur par cheval indiqué et par heure des machines marines, en service courant, avec des rapports favorables de détente :

6 à 7 kilogrammes dans les machines à quadruple expansion les plus récentes, avec 14 à 15 atmosphères de pression aux chaudières ;

6,5 à 8 kilog. dans les machines à triple expansion les plus récentes, avec 10 à 12 atmosphères de pression aux chaudières ;

8 à 9 kilog. dans les anciennes machines à triple expansion, de 8 à 10 atmosphères de pression aux chaudières ;

8,5 à 9 kilog. 5 dans les machines compound récentes, de 6 à 7 atmosphères de pression aux chaudières ;

9,5 à 11 kilog. dans les anciennes machines compound, de 4 à 5 atmosphères de pression aux chaudières ;

11 à 13 kilog. dans les machines compound à 3 atmosphères de pression aux chaudières, avec des condenseurs à surface, des enveloppes et des surchauffeurs ;

12 à 14 kilog. dans les machines à basse pression, à 2 atmosphère de pression aux chaudières, avec condenseurs à surface, enveloppes et surchauffeurs ;

14 à 16 kilog. dans les machines à basse pression, à 2 atmosphères de pression aux chaudières, avec des condenseurs par mélange et sans enveloppes ou surchauffeurs ;

16 à 18 kilog. dans les machines à basse pression de moins de 2 atmosphères de pression aux chaudières, avec des condenseurs par mélange et sans enveloppes ou surchauffeurs.

Si D kilogrammes de vapeur produisent 1 cheval indiqué pendant une heure, c'est-à-dire pendant 3600 secondes, le même poids de vapeur peut donner 3600 chevaux pendant une seconde. Donc 1 kilogramme peut donner $\dfrac{3600}{D}$ puissance en chevaux par seconde.

Cette valeur est désignée parmi les ingénieurs Allemands sous le nom de rapport d'excellence d'une machine ; elle est égale à environ :

600 chevaux indiqués, pour les meilleures machines à quadruple expansion ;

500 chevaux indiqués, pour les meilleures machines à triple expansion ;

400 chevaux indiqués, pour les machines compound à pression élevée,

300   —   pour les machines compound à pression moyenne,

200   —   pour les anciennes machines à basse pression.

La consommation de charbon par cheval indiqué et par heure en service courant, peut être comptée, en moyenne, à :

0k700 à 0k750 dans les récentes machines à quadruple expansion de 14 à 15 atmosphères de pression ;

0k750 à 0.850 dans les récentes machines à triple expansion, de 10 à 12 atmosphères de pression ;

0.800 à 0.900 dans les anciennes machines à triple expansion de 8 à 10 atmosphères de pression :

0.900 à 1.000 dans les récentes machines compound de 6 à 7 atmosphères de pression ;

1.000 à 1.250 dans les anciennes machines compound de 4 à 5 atmosphères de pression ;

1.250 à 1.500 dans les machines compound à pression moyenne de 3 atmosphères de pression ;

1.500 à 1.750 dans les machines à basse pression de 2 atmosphères de pression, ayant des condenseurs à surface des enveloppes et surchauffeurs

1.750 à 2000 dans les machines à basse pression de 2 atmosphères de pression, ayant des condenseurs par mélange et sans enveloppes ni surchauffeurs ;

2.000 à 2.500 dans les machines à basse pression de moins de 2 atmosphères de pression.

Avec les chiffres donnés ci-dessus, on peut déterminer la quantité de chaleur réellement utilisée par les machines marines, en service courant.

En effet, si l'on prend par exemple la machine à triple expansion moderne, consommant 7 kilogrammes de vapeur sèche par cheval indiqué et par heure, avec 11 atmosphèies de pression aux chaudières, on a, d'après le tableau de Zeuner de la page 673 :

Chaleur totale en calories par kilogramme de vapeur sèche $= q + \rho + Apu$.

A 11 atmosphères, $q + \rho + Apu = 187,065 + 429,460 + 46,247 = 663$ calories environ.

Pour 7 kilogrammes de vapeur sèche consommée on a :

$$663 \times 7 = 4641 \text{ calories.}$$

La consommation de 7 kilogrammes de vapeur sèche par cheval indiqué et par heure, à la pression initiale de 11 atmosphères, représente donc 4641 calories valant 637 calories (équivalent du cheval-heure).

Le rendement de cette machine est donc égal à $\dfrac{637}{4641} = 0,137$

On voit par là que la machine à vapeur n'utilise que 13 °/o environ de la chaleur apportée par la vapeur.

D'un autre côté, d'après le tableau de la page 909, la chaudière ne rend guère que 60 °/o de l'énergie qu'on lui confie, de sorte que le rendement total, ou utilisation de l'appareil moteur ci-dessus, est égal à :

$$0,13 \times 0,6 = 0,078 ; 8 \text{ °/o environ.}$$

D'une manière générale, l'utilisation U de l'ensemble d'un appareil moteur est donnée par la formule suivante :

$$U = \frac{637^c}{C \times n}$$

dans laquelle : 637 calories est l'équivalent du cheval à l'heure ; C est la consommation de charbon par heure et par cheval indiqué et n le nombre de calories représentant l'énergie du kilogramme de houille.

Si, pour la machine à triple expansion prise ci-dessus comme exemple, l'on prend C égal à $0^k,800$ et n égal à 8000 calories, pour une bonne houille ordinaire on a :

$$U = \frac{637}{0,8 \times 8000} \ 10 \text{ °/o environ.}$$

Le rendement des machines en chevaux effectifs varie de 0,35 à 0,45 de la puissance développée sur les pistons en chevaux indiqués. La puissance en chevaux effectifs est la force vraie transmise au propulseur. Le rapport η entre la puissance en chevaux effectifs EF et la puissance IF en chevaux indiqués, ou $\eta = \dfrac{EF}{IF}$, est l'utilisation de la machine, ce que Froude appelle le *coefficient de propulsion*.

D'après les dernières recherches de MM. Denny, Froude jeune et

Inglis, ce coefficient varie de 45 à 50 % pour les grands paquebots modernes à formes ordinaires, et de 53 à 55 % pour les grands paquebots rapides de construction récente.

Table du rendement des machines marines (Rauchfuss).

Déplacement des navires en tonnes	Valeur de η	
	moyenne	approchée
8000 et au-dessus	0,460	0,470
de 4000 à 8000	0,455	0,450
2000 à 4000	0,435	0,430
1000 à 2000	0,404	0,410
500 à 1000	0,402	0,390
200 à 500	0,381	0,370
200 et au-dessous	0,368	0,350

Chaudières à tubes d'eau
Chaudière Belleville. — (Modèle de 1896).

Le nouveau générateur Belleville se compose de deux faisceaux de tubes parallèles, inclinés de 2 à 3° sur l'horizon. Le faisceau inférieur B constitue le générateur de vapeur proprement dit, le faisceau supérieur B_1 est un réchauffeur d'eau d'alimentation ou un *économiseur* (fig. 442). L'espace compris entre les deux faisceaux de tubes ne contient que les gaz de la combustion, qui s'y mélangent intimement sous l'action de jets d'air convenablement disposés, et s'y réinflamment si leur température et leur composition le permettent.

Le faisceau tubulaire inférieur de chaque générateur se compose d'un nombre plus ou moins grand d'éléments b, b (fig. 442) qui sont indépendants les uns des autres. Deux files de tubes inclinées en sens inverse, dont les tubes voisins forment une fourche et sont réunis d'une file à l'autre par des boîtes de raccord horizontales, constituent un élément. Ces éléments reçoivent l'eau d'un collecteur d'alimentation commun C. Cette eau pénètre dans la première boîte inférieure d de l'élément, puis dans le premier tube d_1. La boîte arrière d', qui relie le premier et le second tube, permet à l'eau de monter dans le deuxième tube d_2. La deuxième boîte d'' qui relie le deuxième et le troisième tube, permet à l'eau de monter dans le troisième tube d_3 et ainsi de suite.

Chaque élément forme comme un serpentin aplati dans lequel l'eau et la vapeur s'élèvent, depuis la base jusqu'au sommet.

Le dernier tube d_n de chaque élément est relié à une des tubulures du collecteur épurateur L, dans lequel la vapeur s'essore.

L'eau entraînée par la vapeur qui monte des éléments dans le collecteur épurateur L, et que cet épurateur retient, descend par les coudes et tubes de retour T, T, dans les récipients déjecteurs S, S, lesquels communiquent avec le collecteur d'alimentation C par les coudes n, n.

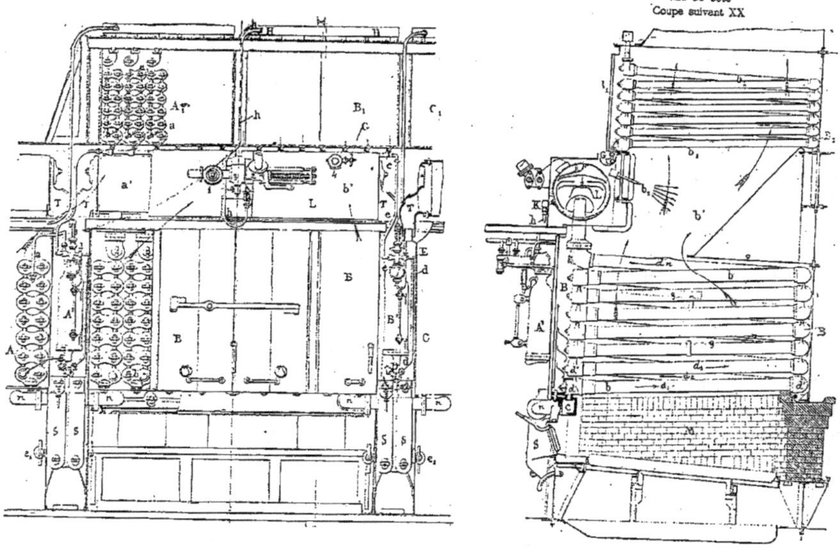

Vue de face

Vue de côté
Coupe suivant XX

Fig. 442

L'eau d'alimentation, refoulée par les pompes, franchit le robinet gradué D, monte par le tuyau d, est distribuée par l'auto-moteur E, et se rend par le tuyau e dans le collecteur inférieur G de l'économiseur B_1. L'eau circule dans les éléments de cet économiseur en s'échauffant, et en sort par des tubulures qui l'amènent dans le collecteur supérieur H ; le tuyau h conduit cette eau à l'injecteur d'alimentation K, placé sur le front de l'épurateur L, et ensuite dans cet épurateur. Cette eau, qui est très divisée, se rend ensuite dans les déjecteurs S, S, puis au collecteur d'alimentation C, et enfin dans les éléments b, b.

L'échauffement rapide de l'eau d'alimentation détermine la précipitation des sels calcaires qui se déposent en très grande partie dans les déjecteurs, lors du passage de l'eau dans ces récipients, d'où on les chasse de temps en temps en ouvrant les robinets d'extraction e_1, e_1.

Sur le collecteur-épurateur L se trouvent la soupape d'arrêt 1 et la soupape de sûreté 2, montées sur une tête porte-soupapes 3. La petite soupape d'arrêt 4 est la prise de vapeur sur l'épurateur des chevaux alimentaires. Un tuyau, portant un robinet en bout, sert à évacuer l'air du générateur quand on fait le plein complet.

Les faisceaux tubulaires sont renfermés dans une tôlerie, munie de portes. Plusieurs générateurs peuvent être placés côte à côte et dos à dos ; le nettoyage, l'entretien et les réparations se faisant exclusivement par la façade.

La garniture du foyer M est en briques réfractaires. Entre les générateurs adossés, ou côte à côte, il n'y a pas de tôlerie à la hauteur du foyer ; les briques réfractaires forment seules les murs de séparation.

Les faisceaux tubulaires côte à côte sont séparés par des panneaux en tôle à double paroi, et des précautions sont prises pour que les flammes ne circulent pas entre ces parois et les tubes. Les faisceaux tubulaires dos à dos sont séparés par une cloison en tôle munie d'écrans qui empêchent les flammes de monter derrière les boîtes. La partie supérieure de la tôlerie porte l'embase de la cheminée.

Pour que les gaz de la combustion ne se rendent pas directement à la cheminée, on a disposé les chicanes g, g et l'obturateur supérieur O, qui obligent les gaz de la combustion à serpenter entre les tubes.

Dans la figure 442, A, B, C sont des générateurs placés côte à côte ; a, b, les éléments vaporisateurs des générateurs A et B ; A_1, B_1, C_1, les économiseurs des générateurs A, B, C ; a_1, b_1 les éléments des économiseurs A_1, B_1 ; a', b', chambre de combustion complémentaire des gaz, entre les éléments vaporisateurs a, b, et les éléments économiseurs a_1, b_1 ; b_2, jets d'air destinés à mélanger intimement les gaz dans la chambre de combustion b' ; A', B', régulateurs automatiques d'alimentation des générateurs A et B.

Dans cette nouvelle disposition des générateurs Belleville, les éléments vaporisateurs sont diminués de hauteur ; ils ne comportent que 6 ou 7 étages de tubes, au lieu de 9 ou 10. Les tubes supprimés aux éléments vaporisateurs sont remplacés par des éléments ayant des tubes d'un diamètre plus petit, placés dans le conduit de fumée, et qui constituent le nouveau faisceau tubulaire dit *économiseur*. La surface totale de chauffe est sensiblement la même, par mètre carré de grilles, que dans les générateurs du type sans économiseur, mais les résultats pratiques de cette nouvelle disposition sont :

1° Une combustion plus complète des gaz du charbon, résultant de l'emploi de la chambre de combustion complémentaire.

2° Une plus grande utilisation de la chaleur développée par la combustion du charbon, résultant de ce que les éléments économiseurs, qui sont à une basse température (celle de l'eau d'alimentation), absorbent la chaleur des gaz plus rapidement et plus complètement que ne pourraient le faire les tubes vaporisateurs, qui contiennent de la vapeur et de l'eau à une température voisine de 200 degrés.

3° Comme conséquence du 2°, il y a un abaissement considérable de la température des gaz, dans la cheminée.

Les figures 443 et 444 représentent le *collecteur-épurateur*.

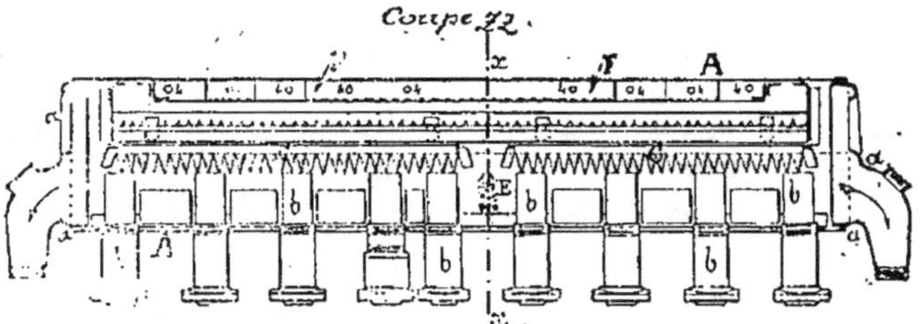

Fig. 443

Ce collecteur est un cylindre en acier A, muni de fonds a, a, en acier moulé. Il reçoit le mélange d'eau et de vapeur qui sort des éléments par les tubulures b, b.

Pour chaque tubulure, le courant vient frapper l'intérieur de la cloche C qui le renvoie vers les génératrices inférieures de l'épurateur. L'eau reste dans le bas ; la vapeur se dégage et pénètre dans les circuits c, d, e, formés par les cloisons ou chicanes 1, 2, 3, dont la première et la dernière sont munies de peignes à leurs extrémités. Les changements de direction du cou-

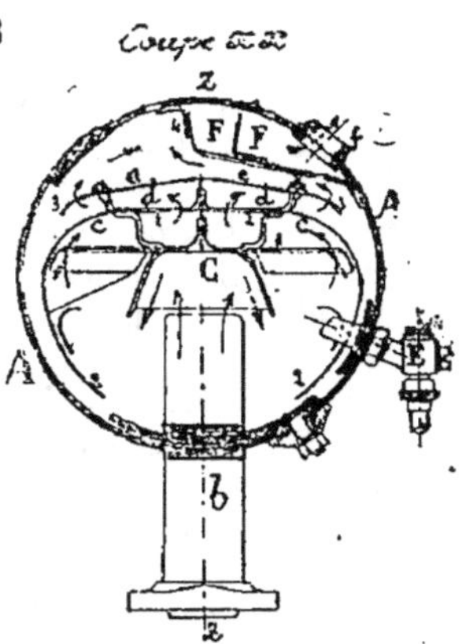

Fig. 444.

rant séparent l'eau de la vapeur ; les peignes facilitent l'arrêt de l'eau qui s'écoule par leurs pointes, tandis que la vapeur s'échappe par l'intérieur des échancrures. La cloison 2 ramène l'eau provenant de l'essoration en bout du circuit d jusque dans le bas de l'épurateur.

La vapeur essorée pénètre dans une chambre de prise F, par de petits orifices L, convenablement disposés.

La tête porte-soupapes se monte sur le mamelon f (fig. 444) où elle est fixée par quatre forts prisonniers.

L'injecteur E amène l'eau d'alimentation vers le milieu de l'épurateur. Au droit de cet injecteur, l'écran 1 n'est pas découpé et se prolonge jusqu'à l'écran 2 pour que l'eau d'alimentation ne se projette pas dans le circuit d'essoration. De plus, la cloche C est sectionnée en deux parties, et laisse un vide au-dessus de l'injecteur pour faciliter l'éparpillement de l'eau d'alimentation et son rapide échauffement.

L'échauffement de l'eau d'alimentation est produit par le contact de cette eau avec la vapeur au milieu de laquelle elle est injectée, et aussi par son brassage avec l'eau contenant beaucoup de vapeur naissante que les tubulures projettent contre la cloche C et de là dans le bas de l'épurateur.

La chaudière Belleville est très employée dans la navigation maritime.

Nous donnons ci-après quelques résultats d'essais de ces chaudières sur des navires de guerre.

Essais du « Gaulois » et du « Charlemagne »,
cuirassés de 14500 chevaux de la Marine militaire française.

Bâtiments		Epreuve à la puissance maximum 14500 chev.	Epreuve à la puissance normale 9 000 chev.	Epreuve de consommation 11500 chev.
Gaulois	Date des essais	10 sept. 1898	3 sept. 1898	23 juil. 1898
	Consommation par cheval-heure	$0^k,810$	$0^k,683$	$0^k,727$
	Puissance réalisée	14963 ch.	9.215 ch.	11 126 ch.
	Charbon brûlé par mètre carré de grilles et par heure	$119^k,585$	$64^k,338$	$81^k,216$
Charlemagne	Date des essais	16 juin 1898	1 juill. 1898	11 juin 1898
	Consommation par cheval-heure	$0^k,861$	$0^k,686$	$0^k,734$
	Puissance réalisée	15.295 ch.	9271 ch.	11.457 ch.
	Charbon brûlé par mètre carré de grilles et par heure	$131^k,77$	$64^k,466$	$84^k,31$

Essais du « Diadem », croiseur cuirassé de 16.500 chevaux, de la Marine royale Anglaise.

Essais de vaporisation			
Date des essais	janvier 1898	janvier 1898	janvier 1898
Durée de l'essai. . . .	30 heures	30 heures	8 heures
Surface de chauffe utilisée, en mètres carrés . . .	1017	3767	3767
Surface de grilles utilisée, en mètres carrés. . . .	36,04	133,77	133,77
Rapport de la surface de grilles à la surface de chauffe.	1 : 28	1 : 28	1 : 28
Pression initiale aux machines, en kilogrammes. .	11,94	16,94	17,23
Nombre de tours moyen, par minute	67,2	107,6	119,1
Puissance moyenne en chevaux indiqués . . .	3315	12776	17188
Charbon consommé par cheval et par heure, en grammes	988	721	802
Charbon brûlé par mètre carré de grilles, en kilog.	92,23	69,92	103,16
Puissance en chevaux tota'e par mètre carré de grilles.	89	95	128
Surface totale de chauffe par cheval indiqué, en m² .	0,305	0,293	0,219
Essais de vitesse			
Date des essais	janvier 1898	janvier 1898	janvier 1898
Vitesse en nœuds . . .	12,74	16,01	20,72
Puissance en chevaux indiqués	3184	6277	17104
Nombre de tours par minute.	67,3	86,9	118,6
Recul, pour cent . . .	16,6	17,9	23,0

Le poids des nouveaux appareils Belleville est d'environ 5 tonneaux 35 par mètre carré de grilles, eau et accessoires compris.

Les données générales pour les bâtiments moyens sont :

4 générateurs de chacun 10 éléments de 2ᵐ150 de longueur et 7 étages de tubes de 100 millimètres de diamètre extérieur ;

4 économiseurs composés chacun de 8 éléments de 1ᵐ750 de longueur, et 7 étages de tubes de 70 millimètres de diamètre extérieur.

Surface de grilles des 4 générateurs	18ᵐ²72.	
Surface de chauffe des 4 générateurs	396	28.
— des 4 économiseurs	181	16.
Surface de chauffe totale	577	44.
Rapport à la surface de grilles	30,	84.

Chaudière Niclausse

Les générateurs Niclausse (fig. 445) sont constitués élémentairement par un faisceau de *tubes vaporisateurs* composés, chacun, de deux parties concentriques : un tuyau central amène l'eau jusqu'au fond du tube, puis l'eau revient par la partie annulaire, où elle se vaporise en partie et fait retour dans une lame verticale, appliquée à l'extérieur de la lame de distribution. Les tubes débouchent ainsi dans deux lames d'eau séparées ; rien ne fait obstacle à l'entrée de l'eau.

Le faisceau tubulaire est incliné de l'avant à l'arrière de 1/10 environ ; il est formé par la juxtaposition d'un certain nombre d'éléments composés chacun de deux files verticales de vaporisateurs que les flammes traversent.

Chaque élément rectangulaire des lames de tête dessert deux files verticales de tubes disposés en quinconce. Entre deux éléments voisins, il y a un petit espace libre, par lequel on introduit les buses pour le ramonage à vapeur

La cloison de séparation des deux lames d'eau, de même que les tubes intérieurs sont de simples diaphragmes : l'étanchéité y est inutile.

Un réservoir cylindrique, dans lequel est le niveau de l'eau, surmonte les deux lames de tête ; une cloison partielle y sépare les deux courants, l'un ascendant d'eau et de vapeur, qui y aboutit, l'autre courant descendant d'eau qui y prend naissance. Ce réservoir renferme l'arrivée d'eau d'alimentation et porte les soupapes et les tubes de niveau.

Les tubes extérieurs et les tubes intérieurs peuvent se dilater indépendamment les uns des autres. A cet effet, les tubes se prolongent, par des parties ajourées appelées *lanternes*. La partie antérieure de la lanterne du tube intérieur est vissée dans la lanterne du tube extérieur, dont elle forme l'extrémité; ce qui permet de retirer les deux tubes, soit ensemble, soit séparément.

Les tubes, une fois en place, sont fixés par une griffe qui n'a aucune fatigue à supporter. Chaque griffe tient en place deux tubes doubles. L'étanchéité dans les deux cloisons extérieures de la lame d'eau est obtenue par le portage entre les surfaces légèrement coniques. Le serrage très faible n'atteint pas la limite d'élasticité du métal.

Le dernier modèle de chaudière établi par MM. Niclausse comporte des perfectionnements appréciables. La nécessité de placer des surfaces de chauffe plus fortes dans les espaces plus restreints en hauteur, a conduit à l'emploi de collecteurs à tubes mixtes, c'est-à-dire, composés de tubes de 82 millimètres et de 40 millimètres de diamètre.

Les gros tubes, au nombre de 6 ou 4, sont placés à la partie inférieure, là où la vaporisation est la plus active : ce sont les

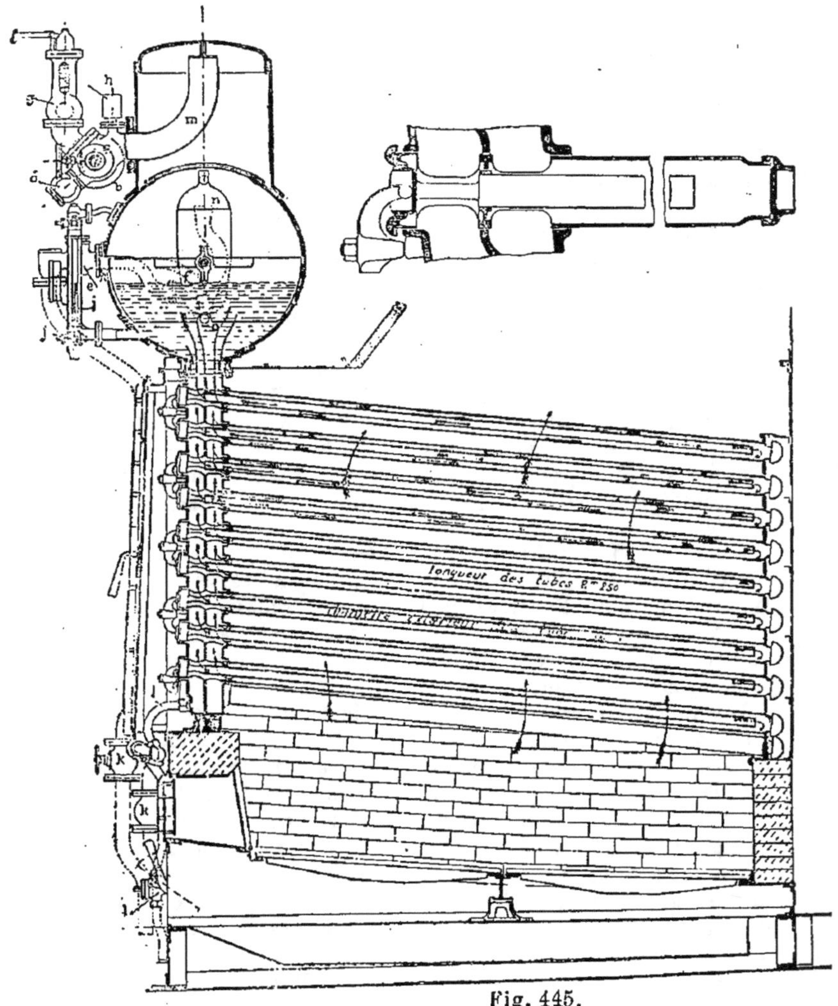

Fig. 445.

a, tubulure générale de prise de vapeur; *b*, valve principale de prise de vapeur; *c*, valve auxiliaire de prise de vapeur; *d*, prise de vapeur des pompes élémentaires; *e*, clapets de robinet d'alimentation; *f*, robinet d'extraction de surface; *g*, soupape de sûreté; *h*, soupape avertisseuse; *i*, robinets de niveau d'eau; *j*, robinets de jauge; *k*, régulateur d'alimentation; *l*, robinets de vidange; *m*, tube de vapeur; *n*, détrarteurs; *o*, bagues.

tubes de coups de feu. Au-dessus, se trouvent 30 ou 24 tubes de 40 millimètres. Ce système de collecteurs est employé sur certains cuirassés de la marine française, et présente les avantages suivants : Pour une hauteur moindre de collecteurs, le rapport de la surface de chauffe à la surface de grilles passe de 32 à 37 ; comme le groupement des petits tubes est plus serré, les gaz sont mieux utilisés : deux causes qui augmentent le rendement de la chaudière.

De plus, le poids des chaudières de ce type est, pour une même surface de grilles, inférieur de 12 °/₀ au poids des chaudières exclusivement en tubes de 82 millimètres, avec eau, et de 5 °/₀, sans eau.

La nouvelle construction des chaudières Niclausse, résultant des brevets de juin 1898 et de janvier 1900, a pour objet de supprimer complètement la fonte malléable des chaudières.

Les tubes sont d'une seule pièce et la lanterne est découpée à l'une des extrémités du tube (fig. 446). Les lanternes fondues sont donc supprimées dans la fabrication des chaudières marines.

Un organe vaporisateur ainsi composé se fixe sur un *collecteur* vertical, sorte de caisse allongée séparée par une cloison en deux compartiments. Les faces avant et arrière, ainsi que le diaphragme,

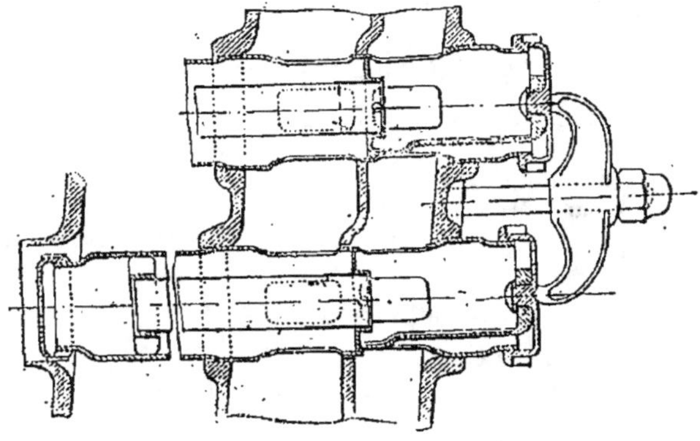

Fig. 446

présentent tous les orifices alésés nécessaires au passage des vaporisateurs et des lanternes. Ces orifices sont disposés en quinconce. Pour gagner sur la largeur du faisceau, les faces latérales du collecteur sont ondulées et juxtaposées de façon que les indentations de deux collecteurs voisins se pénètrent, tout en laissant entre elles un espace de 8 à 10 millimètres, suffisant pour l'introduction de la lance avec laquelle on nettoie l'extérieur des vaporisateurs de la suie qui s'y dépose. Au bas de chaque collecteur se trouve un trou de lavage desservant le compartiment. Ces collecteurs sont formés dans un tube étiré, sans soudure, de section rectangulaire,

Le *récepteur* d'eau et de vapeur est un cylindre en tôle d'acier doux placé transversalement au-dessus du faisceau vaporisateur, sur toute la longueur de la façade de la chaudière. Un dôme de prise de vapeur surmonte le récepteur. A l'intérieur et à l'extérieur de ce réservoir, sont installés divers organes accessoires qu'il suffira d'énumérer. Ce sont des lances d'alimentation, une plaque de tôle qui brise les jets de ces lances, un régulateur automatique d'alimentation etc. (voir figure 445).

Le *fourneau*, à façade de fonte, est construit, à l'arrière et sur les côtés, en tôlerie légère garnie de murettes de briques réfractaires arc-boutées sur des fers à double T. La grille est légèrement inclinée vers l'arrière et placée à 60 ou 70 centimètres au-dessous des tubes. Des chicanes en tôle dirigent les gaz du foyer de manière qu'ils traversent le faisceau de tubes sur la grande partie de sa surface et sortent, convenablement refroidis, à l'arrière et en haut du fourneau.

Des conduits verticaux évacuent la fumée de chaque générateur dans un carreau transversal aboutissant à la cheminée.

La chaudière Niclausse a été essayée sur le croiseur *Friant*. Les essais ont donné les résultats suivants :

Essai de consommation.

Pression aux chaudières.	12^k,650
Pression aux détendeurs.	9, 958
Puissance développée. , ...	3657 chevaux.
Charbon { par mètre carré de grilles. .	50 kilogrammes.
brûlé { par cheval	666 grammes.

Essai de vitesse.

Pression aux chaudières		13^k,68
Pression aux détendeurs.		11, 47
Puissance développée.		9438 chevaux.
Charbon { par mètre carré de grilles. .		122 kilogrammes.
brûlé { par cheval		902 grammes.
Poids par cheval {	sans eau. . . . . ,	21^k,4.
indiqué {	avec eau.	26 kilogrammes.
à toute puissance {	complète.	26^k,9.
Par mètre carré {	surface de grilles. .	0^{m2},60.
de surface couverte {	surface de chauffe .	20^{m2},30.
on obtient {	chevaux à toute puissance	89
Par mètre cube {	surface de grilles .	0^{m2},203.
occupé {	surface de chauffe .	6^{m2}.
par les chaudières, {	chevaux à toute puissance	26,2.

Les éléments des chaudières du *Friant* sont les suivants :

Nombre de corps. . . . . 20.
Nombre d'éléments. . . . . 208.
Nombre de tubes de circulation . . . 3.744.
Diamètre extérieur des tubes vapori-
    sateurs . . . . : . . . . 82 millimètres.
Surface de grilles . . . . 72m2,72.
Surface de chauffe. . . . . 2.159m2,72.
Volume total de l'eau . . . . 46m3,992.
Volume total de vapeur. . . . . 24m3.
Timbre des générateurs . . . . 15 kilogrammes.

Chaudière Lagrafel et D'Allest.

Ce générateur de vapeur se compose d'un faisceau tubulaire, à courant d'eau intérieur, mettant en communication deux boîtes planes A et B (fig. 447), entretoisées, formant les faces avant et arrière de la chaudière. Ces boîtes sont mises en communication par un cylindre C, horizontal ou incliné, de petit diamètre, placé à leur partie supérieure, et dans lequel se trouvent le plan du niveau de l'eau et le réservoir de vapeur.

Les tubes, disposés par rangées verticales rectilignes, sont inclinés sur l'horizon d'une quantité suffisante pour que l'eau et la vapeur produite circulent librement à l'intérieur: ceux de la rangée inférieure et ceux garnissant l'intérieur de la boîte à feu sont à ailettes, du système Serve ; tous les autres tubes sont lisses et en acier étiré *sans soudure*. Tous les tubes sont fixés sur les plaques de tôle au moyen d'un mandrin à roulettes, ou Dudgeon, sans être matés ni rivés.

La circulation, qui est très active, se propage également dans les boîtes A et B, et dans le cylindre C, formant réservoir de vapeur.

Les faces avant et arrière des boîtes A et B présentent, en regard de chaque tube, un orifice circulaire, d'un diamètre légèrement plus grand que le diamètre extérieur des tubes, fermé par un bouchon a autoclave, tenu au moyen d'une cloche et d'une tige à écrou. L'ensemble forme un tout rigide, se fixant bien à bord d'un navire, et ne pouvant pas se disloquer par le roulis.

La chaudière proprement dite est boulonnée sur un encaissement en tôles et cornières, ou en fonte, formant support. Cet encaissement contient le foyer et le cendrier.

L'entourage du cendrier est percé de portes H, sur la façade, et de portes latérales L L, sur les côtés.

La grille D est placée au-dessous de la première rangée inférieure de tubes.

Celle-ci, recouverte de briques, constitue le ciel de foyer. Les gaz de la combustion, produits sur la grille, passent par-dessus un au-

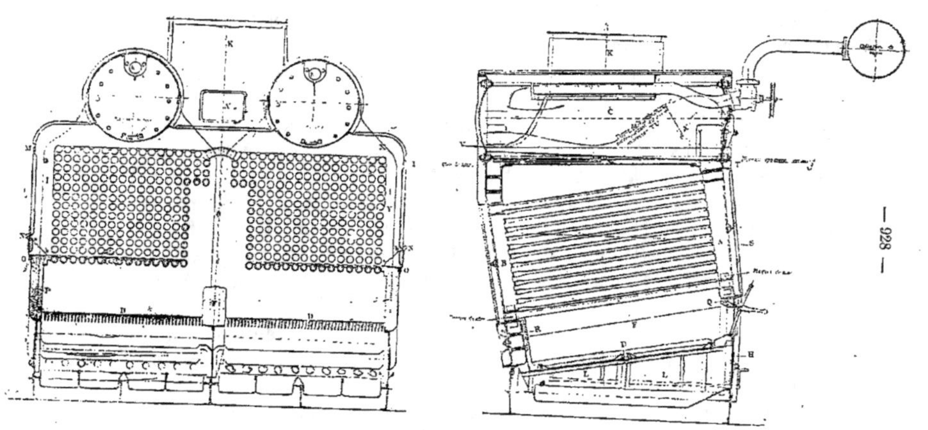

Fig. 447

tol F, pour arriver dans une chambre ae combustion, ou boîte à feu G, ménagée entre les faisceaux de tubes ; c'est là que tous les gaz combustibles achèvent de se brûler.

Les chaudières étant accouplées deux à deux, la boîte à feu est commune à deux foyers. Cette disposition permet de régulariser les variations de la quantité d'air qui arrive à travers les grilles, si on a la précaution de croiser les charges, c'est-à-dire, de charger alternativement le foyer de gauche et celui de droite.

Après s'être brassés et brûlés dans la boîte à feu, les gaz se renversent sur eux-mêmes, et font retour à travers le faisceau tubulaire, dont la dernière rangée, à la partie supérieure, est également recouverte de briques, pour aboutir enfin à une boîte à fumée I, et de là à la cheminée K, après avoir encore chauffé la partie inférieure du réservoir C.

Un écran XY masque le haut de la face de sortie du faisceau tubulaire, en ne laissant au-dessous que la section nécessaire pour l'écoulement du volume de gaz refroidi à la température de sortie ; cet écran est en deux parties : l'une fixe sur l'arrière, l'autre mobile sur l'avant, pour la facilité du ramonage.

Des portes latérales, ou panneaux mobiles MN, permettent d'ouvrir les boîtes à fumée, de démonter les écrans, et de démasquer complètement les faisceaux tubulaires pour les visiter, brosser et réparer s'il y a lieu. Sans ouvrir les grandes portes, on peut n'ouvrir que les petites ON et, en marche, retirer au besoin la suie qui, par suite du changement brusque de direction des gaz en-dessous de l'écran, se dépose de préférence en cet endroit.

Les côtés P, la façade Q et le fond R des foyers sont garnis de maçonnerie en briques réfractaires, ainsi que les autels. L'espace d entre deux chaudières accouplées est garni également, sur l'épaisseur des lames d'eau, de briques et mortier réfractaires.

Les coffres à vapeur des chaudières sont recouverts d'un conduit calorifuge, ou de matelas d'amiante, fixé à demeure sur les fonds de coffre, et maintenu par une tôle mince V.

La façade avant de chaque chaudière est munie de portes à double paroi S, dont l'intérieur est rempli de coton siliceux.

Les façades des foyers, portes de boîtes à fumée, conduits de fumée sont à double paroi avec bourrage de coton siliceux.

La lame d'eau arrière est garnie d'un matelas formé de deux toiles d'amiante, cousues ensemble, et entre lesquelles se trouve un bourrage de coton siliceux.

L'alimentation s'effectue, dans le coffre à vapeur, par un long tuyau crépiné ; il y a généralement deux réseaux d'alimentation, complètement indépendants l'un de l'autre, afin que l'alimentation soit toujours assurée en cas d'avarie ou de visite de l'un d'eux. Sur chaque corps de chaudière, à niveau du coffre supérieur, se trouvent les boîtes à clapet de retenue ; dans le bas, se trouvent les régulateurs, simples clapets, dont on règle le degré d'ouverture à la

ÉLÉM. DE MÉCAN.   52.

main, de façon à régularissr la répartition de l'eau d'alimentation dans chaque corps de chaudière. Les indicateurs de niveau d'eau sont au nombre de deux par corps de chaudière. Sur l'un de ces indicateurs sont montés trois robinets de jauge. La soupape de prise de vapeur est placée au sommet du coffre; elle est munie intérieurement d'une pipette *h* présentant, à sa partie supérieure, une série de petites fentes de un demi-millimètre de largeur, et protégée par un écran en forme de tuile *i*.

La vapeur n'arrive sur la pipette qu'en passant par l'arrière. Lorsque plusieurs chaudières sont en batterie, toutes ces soupapes aboutissent à un collecteur ; elles doivent *toujours être ouvertes en grand*, pour assurer l'uniformité de pression dans tous les corps de chaudières : le débit de vapeur de la batterie est réglé par une autre soupape placée à l'extrémité du collecteur.

Les soupapes de sûreté sont placées sur l'un des côtés du coffre à vapeur.

Pour ces chaudières, ainsi que pour toutes les chaudières à haute pression, de 10 à 15 kilogrammes, deux appareils auxiliaires sont indispensables : un bouilleur et un filtre, car l'alimentation ne doit se faire qu'avec de l'eau douce privée de graisses. Le bouilleur doit être d'un système tel qu'il puisse être facilement piqué et nettoyé, car il devient impuissant dès qu'une certaine couche de sel en recouvre les surfaces de chauffe.

Le filtre est destiné à arrêter les graisses et huiles provenant des cylindres de la machine. Il est indispensable, car les matières grasses, aussi bien minérales que végétales, produisent dans les chaudières des effets désastreux, les premières en occasionnant des coups de feu, les secondes des corrosions profondes.

Les chaudières ne doivent recevoir que de l'eau douce ou distillée, soit pour faire le plein, soit pour l'alimentation en marche. Elles ne doivent jamais recevoir ni graisses, ni huiles, soit végétales, soit minérales. A l'allumage, on doit chauffer très lentement, avoir très peu de charbon sur les grilles ; ne garnir les grilles et n'activer que quand la machine est en marche normale assurée.

Les chaudières D'Allest employées sur le croiseur *Chasseloup-Laubat*, ont donné les résultats suivants :

Surface de grilles	68 m²
« chauffe	1807
Charge des soupapes	15 kg.

Essais de vitesse.

Pression à la chaudière.	13 kg.
» machine	11,240
Puissance développée	9842 ch.
Consommation { par mètre carré de grilles	116ᵏ,6
de charbon { par cheval	0,796

Essais de consommation.

Pression à la chaudière.	12ᵏ,060
» machine	9 ,530

Puissance développée . . . . 3583 ch.
Consommation { par mètre carré de grilles . 53 kg.
de charbon { par cheval 0,662

Chaudière Du Temple

Cette chaudière est caractérisée par la circulation automatique et rapide de toute l'eau qu'elle contient dans un faisceau de tubes, de faible diamètre, exposés au feu. Elle est constituée par un collecteur supérieur relié à deux collecteurs inférieurs (distributeurs), placés de chaque côté de la grille, par deux faisceaux de tubes débouchant dans le collecteur au-dessous du plan d'eau, et par de gros tubes de retour placés aux extrémités de la chaudière. L'eau remplit les tubes et les collecteurs jusqu'au tiers environ du collecteur supérieur (fig. 448).

Les petits tubes étant seuls exposés au feu, il s'y produit, dès l'allumage, un courant ascendant dû à la différence de température entre l'eau qu'ils contiennent et celle des tuyaux de retour.

La circulation se produit sous l'action de la différence de charge due à cette différence de température, jusqu'au moment où l'eau des petits tubes, étant suffisamment chauffée, émet des bulles de vapeur. Ces bulles de vapeur produisent dans les tubes un mouvement d'entraînement de l'eau qui donne naissance à une circulation excessivement active.

Quand le régime de chauffe est établi, les orifices supérieurs des tubes déversent continuellement dans le collecteur supérieur un mélange d'eau et de vapeur, en même temps qu'il rentre par les orifices inférieurs une quantité d'eau équivalente, remplacée dans les distributeurs par une même quantité amenée du collecteur supérieur par les tuyaux de retour. Cette circulation active permet à l'eau de s'échauffer promptement, et à la vapeur de se dégager facilement.

Les chaudières Du Temple sont de deux types ; les unes, *à flamme directe*, dans lesquelles les gaz chauds s'élèvent verticalement à travers le faisceau tubulaire pour se rendre à la cheminée placée au-dessus du foyer, sont les chaudières *Du Temple* proprement dites ; les autres, *à flamme déviée* ou *à retour de flammes*, dans lesquelles les gaz chauds sont contraints, par la disposition du faisceau tubulaire, à suivre un parcours déterminé de manière à prolonger leur contact avec les parois des tubes, sont les chaudières dites *Du Temple-Guyot*.

Dans ce dernier modèle, le plus employé, les deux premières séries de tubes (les plus rapprochées du feu) sont constituées par des tubes à facettes amenées au contact sur toute leur longueur et formant ainsi une voûte centrale de chaque côté du foyer.

A l'extrémité arrière du faisceau, les tubes de première et de deuxième série s'écartent, et dans quelques cas sont supprimés, pour laisser un passage aux gaz. Ceux-ci sont donc obligés de parcourir toute la longueur du foyer en léchant les parois de la voûte con-

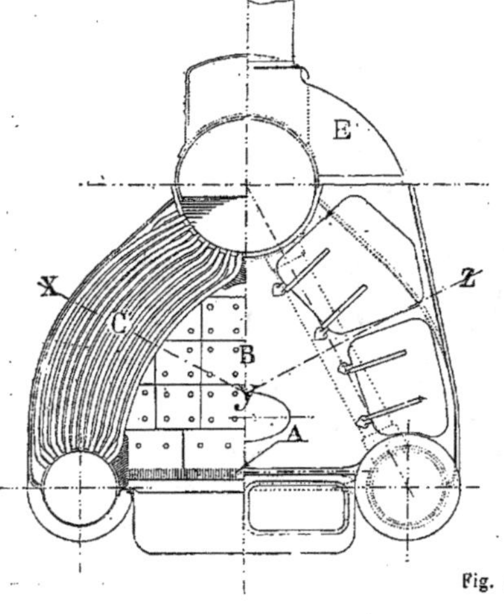

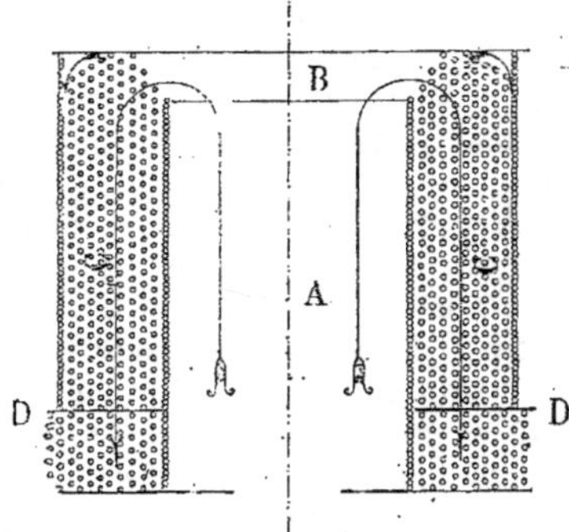

Fig. 448

trale avant de s'engager dans le faisceau tubulaire qu'ils doivent traverser pour se rendre à la cheminée placée à l'avant de la chaudière. Il y a donc ainsi retour de flammes.

Des insufflations d'air par les façades permettent un brassage énergique des gaz et préviennent les extinctions qui pourraient se produire à l'entrée du faisceau tubulaire.

La figure 448 représente une chaudière Du Temple-Guyot à retour de flammes. A, est la grille ; B, la chambre de combustion avec injection d'air ; CC, est le faisceau tubulaire ; DD, des écrans perforés amovibles, et E, la boîte à fumée.

Des essais effectués en 1899 sur une chaudière de ce modèle, d'un torpilleur du gouvernement français, ont donné les résultats suivants :

Surface de chauffe tubulaire, . . .	81 m²
Pression à la chaudière.	14 kg.
Pression d'air dans le vase clos, en millimètres d'eau	68 millim.
Température de la chaufferie . . .	29º
Charbon brûlé par heure	480 kg.
» » mètre carré de grilles	279 »
Eau vaporisée par heure	4440 »
» » kilogramme de charbon et par heure	9k,25
Température de l'eau d'alimentation .	10º

Chaudière Normand

Ce générateur de vapeur est constitué par un collecteur cylindrique horizontal, supérieur G (fig. 449), relié à deux réservoirs cylindriques horizontaux inférieurs B par deux faisceaux de tubes, et par deux tubes de retour d'eau E, placés aux extrémités. Comme l'indiquent les flèches de la figure 450, les gaz chauds entrent des deux côtés de la chaudière, par la façade L du faisceau tubulaire seulement, et sur toute la hauteur. Ils se dirigent ensuite horizontalement à l'autre extrémité où se trouve la cheminée. Mais à la fin de leur trajet longitudinal, avant d'arriver aux boîtes à fumée, ces gaz rencontrent, à la partie supérieure du faisceau tubulaire, des écrans en tôle, appelés autels renversés, qui les obligent à redescendre dans le bas du faisceau pour chauffer la partie inférieure des tubes, avant de s'échapper dans la cheminée, sans cela la partie supérieure des tubes serait seule chauffée.

La direction générale des tubes, particulièrement dans la partie la plus chauffée, est telle que les bulles de vapeur s'élèvent facilement, et que rien de la vapeur produite ne peut retourner aux réservoirs inférieurs. La hauteur de la boîte à feu est très grande, et la majeure partie des flammes et des gaz chauds y demeure longtemps, étant obligée de venir sur la façade avant d'entrer dans

le faisceau tubulaire. Le mouvement ainsi communiqué aux gaz est
favorable à leur complète combustion.

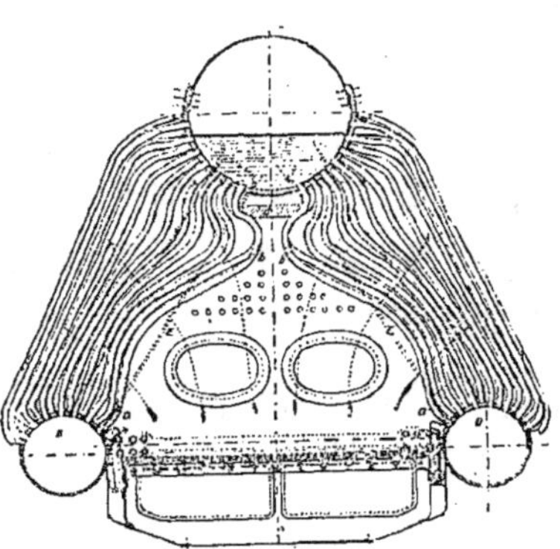

Fig. 449

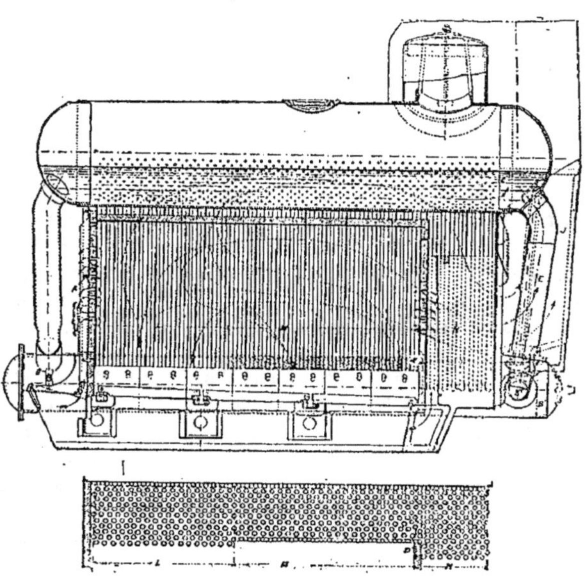

Fig. 450

La partie supérieure des tubes est au-dessous de l'eau, et la forme de ces tubes est telle que toute formation de *chambres de vapeur* est impossible. La circulation de l'eau s'effectue dès que les feux sont allumés; elle devient très intense à toute puissance. Quand le navire est en stationnement la chaudière peut être complètement remplie d'eau pure saturée de chaux. L'air ne peut demeurer dans les tubes, ce qui est d'une grande importance au point de vue de la durée de l'appareil.

Selon la position de la cheminée par rapport à la façade, la chaudière Normand est dite *à retour de flamme* ou *à flamme directe*.

Quand la cheminée est du côté de la façade, les flammes vont jusqu'au fond de la chaudière, s'y distribuent latéralement de part et d'autre, puis reviennent vers la façade, à travers les tubes; elles s'échappent par deux boîtes à fumée appliquées latéralement contre la chaudière, celle-ci est alors dite *à retour de flamme*.

Quand la cheminée est du côté du fond, les flammes arrêtées à l'arrière de la grille par un autel en maçonnerie formant écran complet, reviennent vers la façade, s'y distribuent latéralement et parcourent tout le faisceau, pour gagner la boîte à fumée; cette boîte est appliquée sur le fond, et divisée en deux parties correspondant aux deux faisceaux tubulaires. La chaudière est alors dite *à flamme directe*.

Cette appellation est toute conventionnelle, car, en réalité, il y a retour de flamme dans les deux cas; mais le retour est plus ou moins complet, et sa direction est différente. M. Normand préconise la disposition à retour de flamme.

La chaudière Normand est remarquable par sa légèreté, sa vaporisation économique et la siccité de la vapeur qu'elle fournit. Elle peut supporter la chauffe la plus active sans danger pour ses parties essentielles. Elle est pourvue d'un régulateur automatique d'alimentation. Cet appareil se compose essentiellement d'un cylindre en communication constante avec la chaudière par un tuyau dont l'orifice est situé vers le centre de gravité de la surface évaporatoire. Un très petit orifice d'échappement à la partie supérieure du cylindre y amène un flux constant : de vapeur, si le niveau de la chaudière est trop bas; d'eau, s'il est trop élevé. Dans le premier cas un flotteur situé à l'intérieur du cylindre se maintient à la partie inférieure; il monte au contraire dans le second cas. Le mouvement du flotteur actionne le régulateur d'alimentation.

Les figures 449 et 450 représentent la chaudière Normand du torpilleur français numéro 185, dont les données principales sont les suivantes :

Surface de grilles	3m²,62
» chauffe.	170 ,94
Nombre de tubes.	1284

Diamètre extérieur des tubes . . .	30 mm.
» intérieur » . . .	25,4
Pression, en kilogrammes par centimètre carré	$14^k,08$
Poids, avec tous les accessoires, sans eau	10.617 kg.
Poids total, avec l'eau	13 310
Puissance de la machine développée aux essais à toute vitesse (une hélice) .	1.680 ch.
Pression de l'air	$88^{mm},9$
Consommation de charbon par heure .	1.180 kg.
» par heure et par mètre carré de grilles . .	327
Consommation par heure et par cheval indiqué	$0^k,708$
Puissance en chevaux indiqués par mètre carré de grilles.	463
Puissance en chevaux indiqués par mètre carré de surface de chauffe . . .	9,8
Température moyenne de l'eau d'alimentation	116°
Température moyenne des gaz dans la cheminée	375°

A 14 nœuds de vitesse, la consommation de charbon a été inférieure à 455 grammes par cheval-heure.

Au essais du *Forban*, M. Normand a obtenu une consommation de charbon de 312 kilogrammes par heure et par mètre carré de grilles, et 610 grammes par cheval-heure, avec une pression de vent de 120 millimètres, et une vitesse de 31 nœuds.

La force développée a été de 511 chevaux par mètre carré de grilles.

Les données principales de la chaudière du *Forban* sont les suivantes :

Surface de grilles	$4^{m2},10$
» chauffe	215, 00
Diamètre extérieur des tubes . . .	34 mm.
Epaisseur des tubes.	3 mm.
Poids de la chaudière, avec les accessoires et la cheminée.	$12^{t},400$
Poids de l'eau	3 ,165

Chaudière Normand-Sigaudy

MM. A. Normand et P. Sigaudy, ingénieur en chef des forges et chantiers de la Méditerranée, au Havre, ont récemment fait breveter un dispositif de chaudière à tubes d'eau, que nous donnons figure 451.

Le but de cette invention est d'empêcher les variations de pression et de niveau de l'eau dans ces chaudières, en joignant les divers corps d'un groupe à l'aide de tuyaux de dimension ou section suffisante pour rendre impossible toute différence de pression. Dans les chaudières tubulaires, telles qu'elles sont construites généralement et plus particulièrement dans le type marin, les variations de pression sont considérables, de sorte que lorsque plusieurs générateurs sont accoup'és pour alimenter en vapeur une seule machine,

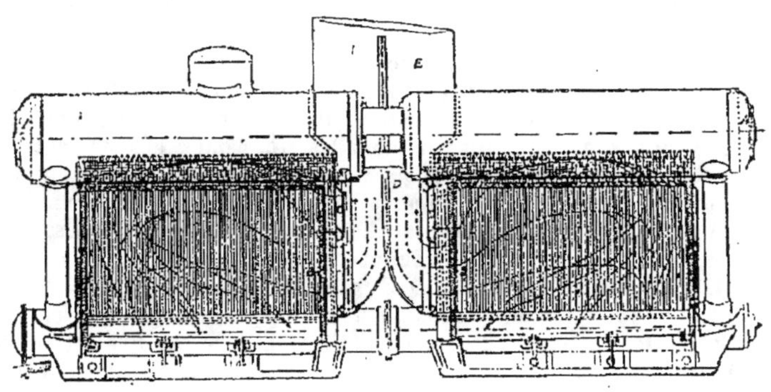

Fig. 451

la distribution régulière de l'eau d'alimentation aux différentes chaudières présente de sérieuses difficultés, puisque l'eau a une tendance à entrer dans la chaudière où la pression est la plus basse, et où la décharge est par conséquent la plus petite.

La figure 451 montre la chaudière Normand modifiée dans ce but.

Les façades de deux chaudières sont reliées ensemble comme pour former une seule chaudière. Les écrans sont situés aux extrémités des foyers. Les produits de la combustion passent sous les écrans renversés G, comme l'indiquent les flèches, avant d'entrer dans la boîte à fumée. Une tôle D divise la boîte à fumée en deux parties, et, s'étendant intérieurement dans la cheminée E, sépare les courants, cette cheminée étant commune aux deux générateurs réunis. De préférence, l'eau d'alimentation est fournie à chacun des générateurs séparément, de manière à assurer une production uniforme de vapeur.

Ces générateurs peuvent être disposés de différentes façons, suivant les dimensions des navires auxquels ils sont destinés. Ils peuvent être placés soit longitudinalement, soit transversalement, et les passages latéraux peuvent être construits à travers les séries des tubes de chauffe extérieurs pour amener les produits de la combustion en abord.

Ces chaudières doubles, à collecteurs communs, peuvent être à retour de flamme ou à flamme directe. Dans le type à flamme directe, les boîtes à fumée aboutissent à une cheminée commune (fig. 451). Dans le type à retour de flamme, les boîtes à fumée se placent, soit sur la façade, soit contre les faces latérales, selon l'espace dont on dispose. Entre les deux autels, se trouve, dans tous les cas, une chambre vide admettant l'air au-dessus des grilles.

La seule différence due au mode d'accouplement est dans la position des tubes de retour d'eau, réduits de moitié dans les deux cas. La chaudière à flamme directe a ses tubes de retour sur les façades; la chaudière à retour de flamme a les siens dans l'espace entre les deux grilles. Cette différence provient de ce que le collecteur supérieur de la chaudière à flamme directe porte un étranglement au milieu de sa longueur, afin de ne pas trop restreindre le passage des gaz dans la culotte de la cheminée.

Une disposition qui a donné d'excellents résultats est celle qui a été appliquée par M. Normand aux torpilleurs 201, 202 et 203. Ces petits navires ont deux chaudières alimentant une même machine. Ces deux chaudières sont reliées, à la hauteur du niveau de l'eau, à l'aide d'un tuyau muni de soupapes, de manière à égaliser le niveau, même lorsque l'alimentation et la production de vapeur sont différentes dans chaque chaudière. La seule autre liaison entre les chaudières est le tuyau de vapeur, dont le diamètre est légèrement augmenté (c'est sensiblement le même diamètre que celui du collecteur de vapeur à la machine), afin que la différence de pression soit très faible. Naturellement, les valves des tuyaux doivent toujours être ouvertes en grand quand on fonctionne normalement avec les deux chaudières. En cas d'accident à une chaudière, les valves peuvent être rapidement fermées d'en bas, ou du dessus du pont.

Durant les essais à toute vitesse de ces torpilleurs, aucune différence appréciable du niveau de l'eau n'a été constatée dans les chaudières. Les données de ces navires et les résultats des essais sont les suivants :

Longueur à la flottaison.	37 m.
Largeur extrême	4m,14
Surface totale de grilles des deux chaudières	4m2,18
» chauffe » .	197m2
Déplacement aux essais	84 t.
Puissance en chevaux indiqués	1920
Consommation de charbon par heure . .	1282 kg.
» » cheval-heure	658 gr.
Vitesse.	25n,7
Diamètre du tuyau de vapeur reliant les deux chaudières	158 mm.

Diamètre du tuyau collecteur de vapeur à la
  machine . . . .   158 mm.
Diamètre du tuyau reliant les deux chaudières,
  à la hauteur du niveau de l'eau dans
  celles-ci . . . .   79 mm.

Emploi du combustible liquide dans les chaudières marines

Chauffage au pétrole

La substitution du combustible liquide ou des hydro-carbures,
du charbon, sur les navires de faible tonnage surtout, prend depuis
quelques années une importante extens.on. Les avantages que
présente ce combustible sur le charbon sont les suivants :

1° Rapidité et bon marché de son embarquement ;
2° Arrimage dans des espaces inutilisés autrement ;
3° Réduction de la chambre de chauffe et diminution du nombre
  de chauffeurs ;
4° Plus grande puissance de vaporisation :
5° Combustion plus complète, absence de résidus et peu de fumée ;
6° Alimentation automatique et continue des chaudières en combustible ;
7° Meilleure ventilation de la chambre de chauffe ;
8° Augmentation de la durée des chaudières ;
9° Simplicité et régularité de la chauffe, par une simple manœuvre de robinet.

Le combustible liquide généralement employé est le pétrole
liquide dont les deux centres d'exploitation se trouvent dans la
Pensylvanie, près de Pittsburg, et dans le district de Bakou, sur la
mer Noire.

Les hydrocarbures sont ininflammables jusqu'à la température
de 176° ; on peut donc les employer en toute sécurité. En brûlant
ils ne produisent pas de cendres. Le pouvoir calorifique des huiles
lourdes de houilles est de 8900 calories ; celui du pétrole, et en
particulier celui des résidus de distillation, appelé *astatki* ou *ma-
zouth*, est de 11000 à 11500 calories, alors que le pouvoir calorifique des combustibles solides ne dépasse pas, pour les houilles
notamment, 7500 à 8000 calories.

Le pétrole de Bakou, soumis à la distillation, donne des vapeurs inflammables qu'on laisse échapper, puis des huiles volatiles
du genre des *Kérosènes* (pétrole d'éclairage) qui forment environ
80 % de son poids, ensuite des huiles lampantes, moins inflammables mais très fluides, employées au graissage, et enfin l'astatki

ou huile lourde, employée comme combustible. La proportion d'astatki est d'environ 17 %.

Le pétrole d'Amérique ne contient pas d'astatki; quand on l'emploi au chauffage c'est du kérosène que l'on brûle.

Sur des chaudières marines au goudron liquide de pétrole on a obtenu une vaporisation de 12 à 13 kilogrammes d'eau par kilogramme de liquide brûlé.

Pour brûler l'astatki, le moyen employé consiste à le lancer dans le foyer en jet puissant, sous une pression de 3 kilogrammes environ, par un orifice assez large pour qu'il s'échappe facilement et régulièrement, malgré sa viscosité. On pulvérise le jet obtenu au moyen d'un autre jet de vapeur ou d'air, sous une pression de 6 kilogrammes, de sorte que le mélange intime avec l'air se fait de lui-même : il en résulte une combustion à peu près parfaite, sans fumée. Les jets de pétrole sont fournis par une pompe foulante. Les pulvérisateurs peuvent se classer en deux catégories :

1° Les pulvérisateurs type à boîte ;

2° Les pulvérisateurs type à injecteur.

Les premiers sont constitués par un réservoir de forme variable, divisé par une cloison en deux compartiments recevant l'un l'huile lourde, l'autre la vapeur ou l'air sous pression. La pulvérisation se fait par des ouvertures étroites et longues, placées l'une au-dessus de l'autre et ménagées de part et d'autre de la cloison médiane.

Parmi les pulvérisateurs de ce genre se remarquent celui de Karapetoff (fig. 452) dont le fonctionnement est facile à saisir, et

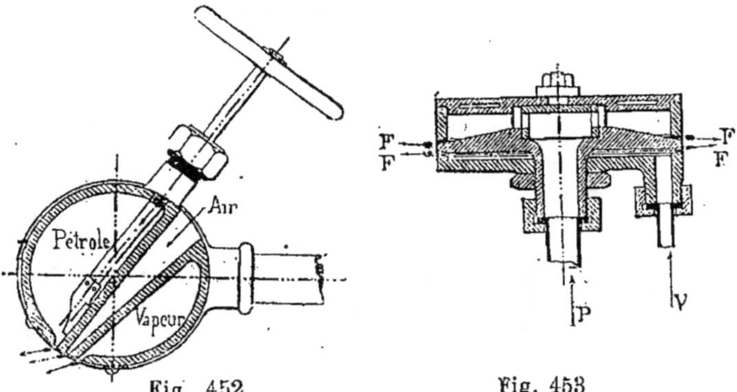

Fig. 452   Fig. 453

celui de Brandt (fig. 453). Dans ce dernier, le réservoir est de forme cylindrique et le pétrole arrive dans le compartiment supérieur par le tube P, alors que la vapeur est introduite en bas par le tube V. La pulvérisation se produit dans les trous F, percés sur la périphérie du cylindre.

Les pulvérisateurs du type injecteur se composent en principe de deux tubes concentriques dont l'extrémité est légèrement conique ou rétrécie et par lesquels s'échappent le pétrole et la vapeur ou l'air sous pression. Dans la plupart, le pétrole débouche par le tube central (brûleur Dunder) (fig. 454), dans d'autres, c'est la vapeur (brûleur Kauffmann) (fig. 455). Dans tous, le jet de vapeur

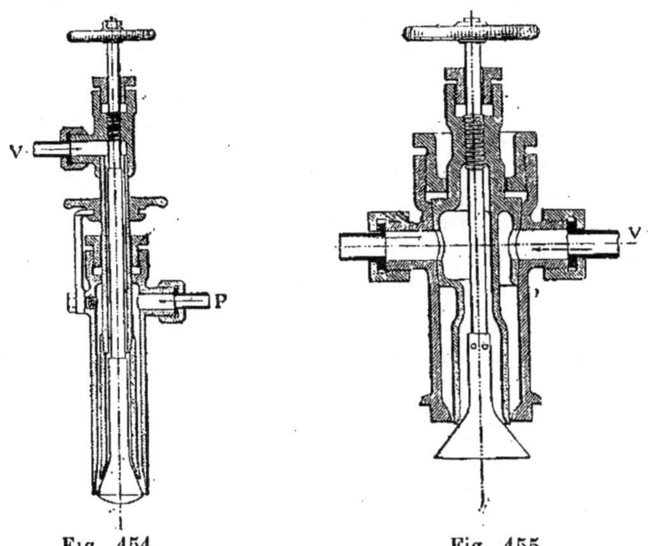

Fig. 454   Fig. 455

ou d'air pulvérise non seulement le combustible liquide, mais sert encore à entraîner l'air extérieur nécessaire à la combustion.

Dans la marine française, le brûleur généralement employé est celui dû à M. Guyot. Dans cet appareil, appliqué à la chaudière du torpilleur 22, le jet de vapeur se règle par le mouvement de l'aiguille centrale, qui contient le canal d'arrivée du pétrole.

Le foyer adopté par M. Guyot, pour ses essais de chauffage au pétrole, a été appliqué sur une chaudière Du Temple, à retour longitudinal de flamme vers la façade. Les pulvérisateurs, aux nombre de cinq, étaient placés dans un avant-foyer en maçonnerie ; l'air pénétrait principalement par en dessous. L'eau vaporisée par kilogramme de charbon a été de $12^k,5$ et la dépense de vapeur par kilogramme de pétrole, $0^k,350$ en moyenne.

La Compagnie des procédés *Seigle* et la *Liquid Fuel Engineering C°* construisent pour des petits navires, canots et yachts, des chaudières spéciales chauffées au combustible liquide (¹).

---

1. Voir Dixon Kemp : *Yacht and Boat Sailing*, édition française, éditeurs E. Bernard et Cie 29, Quai des Grands-Augustins, Paris.

La chaudière Adolphe Seiglo utilise, d'une façon générale, les hydrocarbures liquides lourds, c'est-à-dire, les huiles lourdes de goudron de houille, de pétrole, de schiste, etc., les naphtes bruts, voire même les biais gras, et plus spécialement les huiles lourdes de pétrole d'Amérique et les Mazouths ou Astatkis russes, dont le pouvoir calorifique atteint 11000 calories. Dans cet appareil, le foyer unique des chaudières ordinaires est remplacé par de petits foyers multiples, de façon à mieux utiliser la chaleur rayonnante et à obtenir la combustion intégrale des gaz ou vapeurs combustibles. Ces foyers, dits *gaines télescopiques*, sont formés d'une série de manchons placés à la suite l'un de l'autre sur un même axe et séparés par des intervalles qui donnent accès à l'air ambiant. Ces manchons cylindriques, en acier, sont parcourus par le jet enflammé de gaz ou de vapeurs combustibles projetées au moyen de deux appareils gazéificateurs ou pulvérisateurs d'huiles lourdes.

L'huile lourde est contenue, sous pression d'air, dans un réservoir spécial.

L'ouverture de deux robinets et l'approche d'une flamme quelconque du pulvérisateur suffit à l'inflammation des vapeurs d'hydrocarbures. Les foyers, une fois alimentés, peuvent marcher aussi longtemps qu'il y aura de l'huile dans le réservoir et qu'on maintiendra en fonction le compresseur d'air.

La Compagnie du *Liquid Fuel* utilise l'huile de pétrole peu raffinée, l'huile lampante presque brute. Cette huile est envoyée sous pression au moyen d'une petite pompe à air, dans un appareil où elle se convertit en gaz sous l'influence de la chaleur, et d'où elle passe dans un brûleur qui développe et étend la flamme avec une intensité extraordinaire, grâce au courant d'air établi dans le brûleur, à la manière d'un Giffard.

Le convertisseur est un plateau rond sillonné de tubes creux dans lesquels passe l'huile de pétrole. Quant au brûleur, c'est un cylindre de petit diamètre muni d'une sorte de soupape qui règle automatiquement l'arrivée du gaz. Il est placé juste au-dessous du centre du convertisseur, car c'est la flamme qui s'en échappe qui vient vaporiser l'huile circulant dans les tubes en alambics du plateau rond.

Toutefois, pour l'allumage, il est nécessaire de commencer par échauffer artificiellement ce plateau, afin de pouvoir vaporiser la première huile introduite. A cet effet, on soumet le plateau au feu d'une lampe à alcool garnie d'amiante. Quand la chaleur développée est convenable, on envoie l'huile au plateau où elle se vaporise. Le gaz ainsi obtenu va du plateau au brûleur, où il rencontre la flamme de la lampe à alcool, s'allume à son contact et continue à brûler tant qu'on envoie de l'huile au plateau convertisseur.

Moteurs à pétrole.

L'application du pétrole à la navigation ne se limite seulement pas à remplacer le charbon dans le chauffage des chaudières, on peut encore se passer de chaudières et brûler le pétrole dans les cylindres mêmes de la machine: tel est le but des moteurs à pétrole ci-après désignés.

Les moteurs *Priestman* utilisent comme combustible l'huile de pétrole, lampante, à l'exclusion de toute essence où gazoline. Le pétrole est pulvérisé, puis vaporisé dans une cornue séparée, chauffée par les gaz d'échappement. L'allumage est électrique et s'effectue à l'aide d'une pile qui peut fonctionner pendant 1000 heures de travail sans qu'on y touche. Le mode de graissage du cylindre s'effectue automatiquement par une petite quantité de vapeur de pétrole qui s'y liquéfie pendant la compression, et rend inutile toute huile à graisser.

La mise en marche, pour les moteurs à 2 ou 3 chevaux s'opère à l'aide du volant auquel on fait faire un tour ou deux, après avoir chauffé préalablement le vaporisateur pendant quelques minutes.

Pour les moteurs au-dessus de 3 chevaux la mise en train est automatique; le moteur part sans tourner au volant. Une disposition spéciale permet le changement de marche en avant ou en arrière.

La consommation n'est, par cheval-heure effectif, que d'environ un demi-litre d'huile lampante de pétrole, de densité variant de 0,800 à 0,825 et de point d'inflammabilité allant jusqu'à 67°.

Les moteurs Priestman pour la navigation sont des machines verticales à simple ou double effet, à deux cylindres.

Les données principales de ces machines pour des petits navires sont :

Machine à simple effet, à 2 cylindres.	2 chevaux	8 chevaux	15 chevaux
Nombre de tours par minute.	270	250	250
Poulies (dimensions courantes) diamètre	0ᵐ,152	0ᵐ,300	0ᵐ,400
Poulies (dimensions courantes) largeur	0,089	0,115	0,140
Diamètre du volant	0,457	0,699	0,788
Poids du volant	610ᵏ	1335ᵏ	2058ᵏ
Dimensions extrêmes longueur	0ᵏ,914	1ᵏ.680	1ᵏ,778
Dimensions extrêmes largeur	0,686	0,876	1,016
Dimensions extrêmes hauteur	1,066	1,295	1,803

Les moteurs *Forest et Gallice* utilisent comme combustible l'essence de pétrole. Il sont munis d'un carburateur dans lequel l'air ambiant se sature à froid par contact avec l'essence de pétrole du commerce à 700 grammes de densité, pour former un gaz identique au gaz d'éclairage. Ce gaz est aspiré dans les cylindres du moteur, où l'inflammation a lieu en vase clos, par une étincelle électrique.

La mise en marche se fait instantanément, au moment même où l'on veut se servir de l'embarcation. La dépense est limitée à 500 grammes d'essence ordinaire par cheval-heure de travail effectif.

Moteurs Daimler, de MM. Panhard et Levassor. Dans ce moteur on emploie un mélange gazeux fourni par l'essence de pétrole. Cette dernière est contenue dans un carburateur placé sur le côté du moteur. La vitesse se règle à l'aide d'un régulateur agissant sur la soupape d'échappement et produisant un nombre d'explosions en raison de la force à produire.

L'inflammation se fait pneumatiquement par une compression rapide de mélange gazeux dans l'intérieur d'une capsule chauffée au rouge par une flamme extérieure. La mise en marche s'obtient en agissant sur une petite manivelle placée à l'une des extrémités de l'arbre des volants; dès qu'une première explosion a eu lieu, la manivelle se déclenche d'elle-même et la machine se met en route.

Le moteur Daimler se fait à un ou plusieurs cylindres, de 1 à 10 chevaux pour des embarcations de 6 à 9 nœuds de vitesse.

Moteurs Aster, à grande vitesse, avec refroidissement par circulation d'eau.

Moteurs Escher Wyss de Zurich, à vapeur de naphte et sans eau, fonctionnant sans les explosions des moteurs à pétrole ou à benzine.

CINQUIÈME PARTIE

ÉLECTRICITÉ ET HYDRAULIQUE
A BORD DES NAVIRES

I. — Électricité.

I. — Notions d'électricité et de magnétisme.

On désigne sous le nom d'*électricité* ou de *fluide magnétique* la cause des phénomènes constatés sur certains corps de la nature, qui, frottés entre eux, acquièrent la propriété de s'attirer et de se repousser.

Il y a deux espèces d'électricité : on est convenu d'appeler *électricité positive* (+) celle développée par le frottement de la laine sur le verre; et *électricité négative* (—) celle développée par le frottement de la laine sur un bâton de résine.

Deux corps chargés de la *même* électricité *se repoussent.*

Deux corps chargés, l'un d'électricité *positive,* l'autre d'électricité *négative, s'attirent.*

Tous les corps à l'état naturel possède un *fluide électrique neutre,* composé d'égales parties de fluides positif et négatif, se neutralisant.

Quand on frotte deux corps l'un contre l'autre, le fluide neutre se décompose : le fluide positif passe sur l'un des corps, le fluide négatif sur l'autre. Ces fluides se portent à la surface des corps.

On appelle *tension électrique* l'effort que fait l'électricité pour s'échapper du corps sur lequel elle est répandue.

Les *machines électriques* sont des appareils construits de manière à produire, par le frottement, une certaine quantité d'électricité.

On appelle *aimant* tout corps capable d'attirer le fer. L'étude des propriétés des aimants constituent le *magnétisme.*

Les aimants se divisent en trois classes :

1º Les *aimants naturels* ou *pierres d'aimant*. Ce sont des oxydes de fer renfermant 23 % d'oxygène ;

2º Les *aimants artificiels*. Acier trempé ou comprimé ;

3º Les *électro-aimants*. Fer aimanté par l'action d'un courant électrique.

L'action magnétique se porte de préférence aux extrémités des aimants, lesquelles ont reçu le nom de *pôles*; elle diminue vers le milieu jusqu'à un point neutre où elle ne se manifeste plus.

La ligne qui joint les pôles d'un aimant est la ligne *axiale*: celle qui lui est perpendiculaire est la ligne *équatoriale*.

Lorsqu'une aiguille aimantée est supportée par un pivot sur lequel elle peut tourner dans toutes les directions, on la voit en un même lieu prendre toujours la même direction ; une extrémité se porte vers le nord, et prend le nom de *pôle nord* ; l'autre se porte vers le sud, et prend le nom de *pôle sud*.

Deux pôles de même nom se repoussent, deux pôles de nom contraire s'attirent.

On appelle *électricité statique* l'ensemble des phénomènes électriques à l'état de repos à la surface des corps.

L'*électricité dynamique* est l'électricité à l'état de mouvement continu le long des conducteurs.

Lorsqu'il y a action chimique entre deux corps en contact, il y a production d'électricité positive sur l'un des deux corps, d'électricité négative sur l'autre. Lorsqu'un acide attaque un métal, celui-ci se charge d'électricité négative, l'acide d'électricité positive. Lorsque deux métaux sont en contact avec un acide, que l'un d'eux est attaqué, que l'autre l'est moins que le premier, le métal attaqué se charge d'électricité négative, le métal moins attaqué se charge d'électricité positive qu'il prend à l'acide.

On donne le nom de *piles électriques* aux instruments dans lesquels se fait chimiquement une production d'électricité. Les deux extrémités d'une pile sont appelées *pôles* : l'un se charge d'électricité positive, c'est le *pôle positif* ; l'autre se charge d'électricité négative, c'est le *pôle négatif*.

Si l'on réunit les deux pôles d'une pile par deux fils conducteurs, les deux électricités accumulées aux pôles se précipitent à travers le fil à la rencontre l'une de l'autre pour se recombiner et former du fluide neutre ; mais aussitôt l'action chimique charge à nouveau l'appareil, et à chaque instant, de nouvelles quantités d'électricité se combinent à travers les fils conducteurs.

Pour simplifier, on ne considère généralement que l'un des fluides, et l'on appelle *courant électrique* le mouvement du fluide positif allant dans le circuit extérieur, du pôle positif au pôle négatif; dans l'intérieur de la pile, du pôle négatif au pôle positif. Les deux fils sont désignés *rhéophores* ou *électrodes*.

Lorsqu'on approche l'une de l'autre les extrémités des conducteurs qui communiquent avec les pôles d'une pile, et qu'on les amène à se toucher, il jaillit des étincelles; si, après le contact, on les éloigne graduellement, on voit des étincelles jaillir entre les deux conducteurs et d'une manière continue. L'arc lumineux qui unit les conducteurs est l'arc *voltaïque*, et constitue la *lumière électrique*.

Il existe des relations intimes entre le magnétisme et l'électricité. Les aiguilles aimantées peuvent subir l'influence des décharges électriques produites dans leur voisinage; l'aiguille d'une boussole peut être déviée brusquement par un temps d'orage; son aimantation peut être détruite ou renversée.

Ampère a donné l'énoncé général suivant :

« *Lorsqu'on fait courir un courant sur un aimant, l'aimant se met en croix avec le courant, et son pôle austral se porte toujours à la gauche du courant.* »

L'intensité des courants se mesure au moyen d'un appareil appelé *galvanomètre*.

Induction par les courants. — Faraday a découvert que l'on fait naître en général un courant dans un circuit métallique formé, lorsqu'on approche ou qu'on éloigne de ce dernier un autre circuit traversé lui-même par un courant. Ce dernier est appelé *courant inducteur* l'autre *courant induit.*

Les aimants peuvent aussi donner lieu à des courants d'induction.

L'aimantation et la désaimantation du fer doux produisent deux courants induits inverses l'un de l'autre.

Diverses machines ont été construites pour utiliser les effets des courants d'induction pour la production de la lumière électrique.

II. — Définitions. — Principes. — Lois. Unités.

Quantités et unités fondamentales. — Les *trois quantités fondamentales*, en usage dans les sciences physiques, se mesurent en fonction de *trois unités fondamentales*, qui sont : le *centimètre* (C), unité de longueur; le *gramme* (G), unité de masse; la *seconde* (S), unité de temps.

Le système de ces trois unités porte le nom de *système centimètre-gramme-seconde*, et par abréviation, *système C.G.S.*

Les trois quantités fondamentales se désignent par : L, pour la longueur; M, pour la masse; T, pour le temps.

Les unités se divisent en *multiples* et *sous-multiples*.

Multiples	Méga ou meg désigne. . . .	1 000 000	unités
	Myria	do	10 000	do
	Kilo	do	1 000	do
	Hecto	do	100	do
	Déca	do	10	do

$$\text{Sous-multiples} \begin{cases} \text{Déci désigne} \dots \dots \dots \dfrac{1}{10} \text{ d'unité} \\[1em] \text{Centi} \quad \text{d}^\text{o} \dots \dots \dots \dfrac{1}{100} \quad \text{d}^\text{o} \\[1em] \text{Milli} \quad \text{d}^\text{o} \dots \dots \dots \dfrac{1}{1000} \quad \text{d}^\text{o} \\[1em] \text{Micro ou Micr} \dots \dots \dfrac{1}{1\,000\,000} \quad \text{d}^\text{o} \end{cases}$$

La *force électromotrice, tension* ou *potentiel,* est la cause qui détermine l'écoulement de l'électricité dans un circuit. L'unité pratique est le *volt.*

L'unité pratique de *résistance* au passage de l'électricité dans les conducteurs est l'*ohm.*

L'unité pratique d'*intensité* d'un courant électrique est l'*ampère.*

L'unité pratique de la *quantité* d'électricité qui passe dans un circuit est le *coulomb.*

L'unité pratique de *capacité* qui représente la quantité d'électricité qui s'accumulerait dans un condensateur de dimension donnée, en le chargeant avec un courant ayant un potentiel de 1 volt, est le *farad.*

La force contre-électromotrice qui se développe pendant la marche et qui est due à l'induction exercée par les spires de l'induit sur elles-mêmes, est connue sous le nom de *self-induction.*

D'où le tableau suivant :

Nature des quantités à mesurer	Nom de l'unité	Symbole	Nombre d'unités C.G.S contenues dans une unité pratique
Force électromotrice	Volt	E	10^8
Résistance	Ohm	R	10^9
Intensité	Ampère	I	10^{-1}
Quantité	Coulomb	Q	10^{-1}
Capacité	Farad	C	10^{-9}
Self-induction	Quadrant	P	10^2
Champ magnétique	Gauss	G	10^8

Un *megohm* vaut 1.000.000 d'ohms.

Un *milliampère* vaut la millième partie d'un ampère.

Un *microfarad* vaut la millionième partie d'un farad, etc.

L'unité C.G S. de *longueur* est le *centimètre.*

L'unité C.G.S. de *surface* est le *centimètre carré.*

L'unité C.G.S. de *volume* est le *centimètre cube.*

L'unité C.G.S. de *force* est la *dyne*. C'est la force qui, agissant sur la masse de 1 gramme, lui imprime une accélération de 1 centimètre par seconde.

L'unité C.G.S. de *travail* ou *d'énergie* est l'*erg*. C'est le travail produit par une force d'une dyne agissant sur une distance de 1 centimètre.

$$
\begin{aligned}
1 \text{ gramme-centimètre.} \ldots \ldots &= 981 \text{ ergs.} \\
1 \text{ grammètre} \ldots \ldots \ldots &= 98\,100 \text{ ergs.} \\
1 \text{ kilogrammètre.} \ldots \ldots &= 98{,}1 \text{ meg-ergs.}
\end{aligned}
$$

L'unité C.G.S. de *puissance* est l'*erg par seconde*.

La *puissance* est le quotient d'un travail par un temps. En pratique industrielle, l'unité de puissance est le kilogrammètre par seconde ou le *poncelet* de 100 kilogrammètres par seconde.

Courant électrique. — En maintenant une différence de force ou de potentiel entre deux points reliés par un conducteur dans lequel s'écoule un flux d'électricité, on obtient un *courant*. La cause qui produit le courant est la *force électromotrice*. L'obstacle plus ou moins grand que le conducteur oppose au passage du courant est la *résistance* du conducteur ; le rapport de la quantité d'électricité qui traverse ce dernier au temps employé pour le traverser est l'*intensité* du courant. Elle est la même dans tous les points du circuit.

L'*ohm*, unité pratique de *résistance*, est représenté par une colonne de mercure de 1 millimètre carré de section et de 106 centimètres de longueur, à la température de la glace fondante.

C'est à peu près la résistance d'un fil de cuivre pur de 1 millimètre de diamètre et de 48 mètres de long ; ou celle d'un fil de fer galvanisé de 100 mètres de long et 4 millimètres de diamètre.

L'*ampère*, unité pratique d'*intensité*, est le courant produit par un volt de potentiel, dans un circuit ayant un ohm de résistance.

Le *volt*, unité pratique de *force électromotrice*, est la force qui soutient un courant de 1 ampère dans une résistance de 1 ohm. Le volt est à peu près égal à la force électromotrice développée dans un élément Daniell ordinaire.

Le *coulomb*, unité pratique de *quantité*, est la quantité d'électricité qui traverse un conducteur pendant une seconde, lorsque l'intensité est de 1 ampère.

Un courant ayant un ampère d'intensité produit un coulomb par seconde. L'*ampère-heure* est, par suite, la quantité d'électricité qui traverse un circuit pendant une heure lorsque l'intensité du courant est de 1 ampère, et vaut 3600 *coulombs*.

Le *farad*, unité pratique de *capacité*, est la quantité d'électricité qui renferme un coulomb avec une force de 1 volt.

Les unités de force, de quantité et de capacité se déduisent des unités de résistance et d'intensité, par les relations suivantes (p. 954) :

Unités, Abréviations et Symboles adoptés en Physique et en Electricité (E. HOSPITALIER)

QUANTITÉS PHYSIQUES	SYMBOLES	ÉQUATIONS de DÉFINITION	DIMENSIONS des quantités physiques dans le système électro-magnétique	NOMS DES UNITÉS C.G.S	ABRÉVIATIONS des NOMS DES UNITÉS C.G.S.	UNITÉS PRATIQUES	ABRÉVIATIONS des UNITÉS PRATIQUES	VALEUR des UNITÉS PRATIQUES en unités C.G.S.
Longueur	L, l	»	L	Centimètre	cm	Mètre	m	10^2
Masse	M	»	M	Gramme-masse	g	Kilogramme-masse	kg	10^3
Temps (1)	T, t	»	T	Seconde	s	Minute; heure	m ; h	$6 \times 10; 36 \times 10^2$
Surface	S	$S = L.L$	L^2	Centimètre-carré	cm²	Mètre-carré	m²	10^4
Volume	V	$V = L\,L\,L$	L^3	Centimètre-cube	cm³	Mètre-cube	m³	10^6
Angle	α	$\alpha = \dfrac{arc}{rayon}$	Un nombre	Radian		Degré; minute; seconde; grade;		$1\ radian = 57°17$
Vitesse	v	$v = \dfrac{L}{T}$	LT^{-1}	Centimètre par seconde	cm/s	Mètre par seconde	m/s	10^2
Vitesse angulaire	ω	$\omega = \dfrac{v}{L}$	T^{-1}	Radian par seconde		Tour par minute	t/m	
Accélération	A	$A = \dfrac{v}{T}$	LT^{-2}	Centimètre par seconde par seconde	cm/s²	Mètre par seconde par seconde	m/s²	10^2
Force	F	$F = M.A$	LMT^{-2}	Dyne	dyne	Gramme; kilogramme	g ; kg	$981; 981 \times 10^3$
Travail	W	$W = F.L$	L^2MT^{-2}	Erg	erg	Kilogrammètre	kgm	981×10^5
Puissance	P	$P = \dfrac{W}{T}$	L^2MT^{-3}	Erg par seconde	erg/s	Kilogrammètre par seconde	kgm/s	981×10^5
Pression	p	$p = \dfrac{F}{S}$	$L^{-1}MT^{-2}$	Dyne par centimètre carré	dyne/cm²	Kilogramme par centimètre-carré	kg/cm²	981×10^3
Moment d'un couple	W	$F.L$	$L^2M T^{-2}$	Dyne-centimètre.	dyne.cm	Kilogrammètre	kgm	981×10^5
Moment d'inertie	K	$M.L^2$	L^2M	Gramme-masse, cent.-carré	g.cm²			
Intensité de pôle	m	$F = \dfrac{m^2}{L^2}$	$L^{\frac{3}{2}}M^{\frac{1}{2}}T^{-1}$	Les unités C.G.S. magnétiques et électromagnétiques n'ont pas encore reçu de noms spéciaux. On les désigne en faisant suivre la formule de la mention : unités C.G.S.	|			1
Moment magnétique	M	$M = ml$	$L^{\frac{5}{2}}M^{\frac{1}{2}}T^{-1}$		Pas d'abréviations			1
Intensité d'aimantation	I	$I = \dfrac{m}{V}$	$L^{-\frac{1}{2}}M^{\frac{1}{2}}T^{-1}$					1
Intensité de champ	H	$H = \dfrac{F}{m}$	$L^{-\frac{1}{2}}M^{\frac{1}{2}}T^{-1}$					1
Flux de force magnétique	Φ	$\Phi = H.S$	$L^{\frac{3}{2}}M^{\frac{1}{2}}T^{-1}$			Weber		10^8
Induction magnétique	B	$B = \mu H$	$L^{-\frac{1}{2}}M^{\frac{1}{2}}T^{-1}$		|			1

(1) Le Bureau international des poids et mesures établit une distinction importante dans la notation du temps, suivant qu'il s'agit de définir l'*époque* ou la *durée* d'un phénomène. Dans le premier cas, la notation est *en supérieures*, dans le second la notation est *sur la ligne*.

Exemple : L'expérience a commencé à $2^h15^m46^s$, a duré $2 h 15 m 46 s$, et s'est terminée à $4^h 31^m 36^s$. Nous suivrons cet exemple.

QUANTITÉS PHYSIQUES	SYMBOLES	ÉQUATIONS de DÉFINITION	DIMENSIONS des quantités physiques dans le système électro-magnétique	NOMS DES UNITÉS C.G.S.
Résistance.	R, r	$R = \dfrac{E}{I}$	LT^{-1}	
Force électromotrice	E	$E = RI$	$L^{\frac{3}{2}}M^{\frac{1}{2}}T^{-2}$	
Différence de potentiel.	e	$e = RI$	$L^{\frac{3}{2}}M^{\frac{1}{2}}T^{-2}$	
Intensité de courant	I	$I = \dfrac{E}{R}$	$L^{\frac{1}{2}}M^{\frac{1}{2}}T^{-1}$	
Quantité d'électricité	Q	$Q = IT$	$L^{\frac{1}{2}}M^{\frac{1}{2}}$	
Capacité.	C	$C = \dfrac{Q}{E}$	$L^{-1}T^{2}$	
Energie électrique. .	W	$W = EIT$	$L^{2}MT^{-2}$	
Puissance électrique	P	$P = EI$	$L^{2}MT^{-3}$	
Résistance spécifique	α	$\alpha = \dfrac{RS}{L}$	$L^{2}T^{-1}$	
Conductibilité (conductance)		$\dfrac{1}{R}$	$L^{-1}T$	
Conductibilité spécifique.		$\dfrac{1}{\alpha}$	$L^{-2}T$	
Coeff. de self-induction (inductance)	L_s	$L_s = \dfrac{\Phi}{I}$	L	
Coefficient d'induction mutuelle. . . .	L_m		L	
Force magnétisante (1).	H	$H = \dfrac{4\pi nI}{L}$	$L^{-\frac{1}{2}}M^{\frac{1}{2}}T^{-1}$	
Force magnétomotrice (1).	F	$F = 4\pi nI$	$L^{\frac{1}{2}}M^{\frac{1}{2}}T^{-1}$	
Résistance magnétique (reluctance)	R	$R = \rho \dfrac{L}{S}$	L^{-1}	
Perméabilité magnétique.	μ	$\mu = \dfrac{B}{H}$	Un nombre	
Susceptibilité magnétique.	×	$\times = \dfrac{I}{H}$	Un nombre	
Résistance magnétique spécifique. . .	ρ	$\rho = \dfrac{1}{\mu}$	Un nombre	

NOMS DES UNITÉS C.G.S. (note pour toute la colonne) : Les unités C.G.S. magnétiques et électromagnétiques n'ont pas encore reçu de noms spéciaux. On les désigne en faisant suivre la formule de la mention : unités C.G.S.

(1) *n* est le nombre de spires, L la longueur du solénoïde produisant la

ABRÉVIATIONS des NOMS DES UNITÉS C.G.S.	UNITÉS PRATIQUES	ABRÉVIATIONS des UNITÉS PRATIQUES	VALEUR des UNITÉS PRATIQUES en unités C.G S.
	Ohm	O	10^{9}
	Volt	V	10^{6}
	Volt	V	10^{8}
	Ampère	A	10^{-1}
	Coulomb ; Ampère-heure	C ; A.h	10^{-1} ; 36×10
	Farad	F	10^{-9}
	Joule ; watt-heure	J ; w.h	10^{7}
	Watt	w	10^{7}
	Ohm-centimètre	o.cm	10^{9}
Pas d'abréviations	Mho	mho	10^{9}
	Quadrant ou Henry	Q ou H	10^{9}
	Quadrant ou Henry	Q ou H	10^{9}
	Gauss	G	10^{8}
	Ampère-tour	A.t	10^{-1}

force magnétisante.

$$E = IR \qquad Q = It \qquad C = \frac{Q}{E}$$

t est le temps ; les autres lettres ont les significations données au tableau ci-dessus.

Unités de travail et de puissance électriques. — L'unité pratique de *travail électrique* est le *volt-coulomb* ou *joule*. C'est le travail produit par un coulomb sous une différence de potentiel égale à un volt.

L'unité pratique de puissance électrique est le *watt* ou *volt-ampère*. C'est la puissance d'un courant de 1 ampère d'intensité sous une différence de potentiel de 1 volt.

1 watt ou volt-ampère = 1 joule ou volt-coulomb par seconde.

1 watt = $\dfrac{1}{9,81}$ kilogrammètre par seconde.

1 cheval-vapeur = 736 watts.

1 kilowatt = 1000 watts.

1 poncelet = 981 watts = 100 kilogrammètres par seconde.

1 unité électrostatique = 300 volts.

Détermination de la force d'un moteur actionnant une dynamo pour un voltage de 100 et une dépense électrique de 70 ampères.

100 volts $\times$ 70 ampères = 7000 watts.

736 watts = 75 kilogrammètres = 1 cheval.

$$\frac{7.000}{736} = 9 \text{ chevaux } 5. \text{ A ajouter } 25\,^0/_0 = 2 \text{ chevaux } 4.$$

Force totale = 11 chev. 9 de 75 kilogrammètres.

Action des courants. — D'après la *loi de Joule*, le passage d'un courant électrique dans un conducteur, échauffe ce dernier et l'énergie se trouve complètement transformée en chaleur. Cet échauffement varie suivant les circonstances, il peut même être assez fort, lorsqu'on emploie un fil métallique de faible diamètre, pour porter ce fil au rouge. C'est là le principe des lampes à incandescence employées aujourd'hui dans l'éclairage électrique.

La loi de cette action calorifique, donnée par Joule, est énoncée comme suit :

La quantité de chaleur W dégagée dans l'unité de temps t par le passage du courant dans un conducteur, est proportionnelle à la résistance R de ce conducteur et au carré de l'intensité I.

D'où :

$$W = RI^2t$$

Si E est la différence de potentiel entre les deux extrémités de la résistance R, on a :

$$EIt = \frac{E^2}{R}t \text{ et } W = EIt.$$

Si Q est la quantité d'électricité qui traverse le conducteur pendant un temps t, en vertu de la loi de Faraday : $Q = It$, et la loi de Joule s'écrit aussi :

$$W = QE.$$

Dans ces formules, si les grandeurs sont exprimées en unités pratiques, les énergies sont exprimées en joules, kilogrammètres et calories (grammes-degrés).

Alors :

$$W = RI^2 t = EI t = \frac{E^2}{R} \text{ joules}$$

$$W = \frac{RI^2 t}{9.81} = \frac{EI t}{9.81} = \frac{E^2 t}{9.81 R} \text{ kilogrammètres.}$$

$$W = \frac{RI^2 t}{4.17} = \frac{EI t}{4.17} = \frac{E^2 t}{4.17 R} \text{ calories.}$$

L'équivalent mécanique de la chaleur étant de 424 calories, la quantité de chaleur développée sera :

$$\text{Chaleur} = \frac{W}{9,81} \times 424 \text{ calories.}$$

R est la résistance du conducteur en ohms ; I, l'intensité du courant en ampères ; t, le temps de passage du courant en secondes.

Les actions calorifiques qui produisent des phénomènes électriques constituent la *thermo-électricité*.

Générateurs électriques. — On appelle *générateur électrique* tout système produisant une force électromotrice capable d'entretenir un courant dans un circuit.

Si le courant est produit par une réaction chimique, le générateur est une *pile hydro-électrique* ; s'il est produit par une action calorifique, le générateur est une *pile thermo électrique* ; si le courant est produit par un travail mécanique, le générateur est une *machine électrique*.

Les machines électriques peuvent se classer selon la nature des courants produits, la nature de l'inducteur, la forme de l'induit.

Dans le premier cas, on distingue :

1º *Les machines à courants alternatifs*, dans lesquelles les courants produits sont recueillis tels que les bobines induites les développent ;

2º *Les machines à courants redressés*, dans lesquelles un *commutateur* redresse les courants développés dans l'induit, chaque fois qu'ils changent de signe ;

3º *Les machines à courant continu*, dans lesquelles les induits fractionnés sont reliés à un *collecteur* qui produit des commutations partielles fréquentes.

Dans le deuxième cas, on distingue :

1° *Les machines magnéto-électriques*, dans lesquelles l'inducteur est un *aimant*.

2° *Les machines dynamo-électriques*, dans lesquelles l'inducteur est un *électro-aimant* ;

Selon la forme de l'induit, on distingue les machines à *anneau*, à *tambour*, à *pôle*, à *disque*.

Parmi les machines à courants alternatifs, on remarque :

La machine Mérilens, magnéto-électrique à 5 disques et 16 bobines sur chaque disque.

Les machines Zipernowski, Kapp, Westinghouse.

Parmi les machines à courants redressés, on remarque :

Les machines Brush employées pour le traitement des minerais d'aluminium par le fourneau électrique Cowles.

Les machines Thomson-Houston, Gérard.

Parmi les machines à courant continu, on remarque :

Les machines à anneau, Gramme, dynamos Manchester, Ellwell-Parker, dynamos Crompton, dynamos Victoria, Kapp, dynamos multiplex de MM. Sautter-Harlé.

Les machines *à bobine* ou *à tambour* : Edison, Hopkinson, Thury, Rechniewski, Lahmeyer, dynamos Ganz, Siemens.

Les machines *à disque* : Desroziers, de la maison Bréguet ; *Fritsche*, etc..:

Mesure des courants. — On mesure les courants à l'aide des trois instruments suivants :

1° Les *galvanomètres*, pour les actions électro-magnétiques ;

2° Les *électro-dynamomètres*, pour les actions électro-dynamiques ;

3° Les *voltamètres* ou *voltmètres*, pour les actions électrochimiques.

Le *galvanomètre* est un appareil dans lequel l'aiguille aimantée est déviée par un courant.

L'*électrodynamomètre* sert à mesurer les courants alternatifs. Il est fondé sur les attractions et répulsions des courants entre eux.

Le *voltmètre* donne *directement* la valeur en volts de la différence de potentiel des deux points entre lesquels il est placé, et mesure l'intensité du courant qui le traverse. Par analogie, l'*ampèremètre* est un appareil qui donne *directement* la valeur en ampères du courant qui le traverse.

Mesure des forces électromotrices et des potentiels. — On mesure ces forces et la différence de potentiel entre deux points d'un système électrisé ou d'un circuit électrique, au moyen d'instruments appelés *électromètres*.

Mesure de la puissance électrique. — On mesure la puissance produite ou consommée par un appareil électrique, au moyen d'un instrument appelé *wattmètre.*

La puissance absorbée P, en watts, par un appareil électrique, est donnée par la formule :

$$P = EI \text{ watts} = \frac{E\,I}{9.81} \text{ kilogrammètres par seconde}$$

dans laquelle E est la différence de potentiel en volts constatée aux bornes ; I, l'intensité en ampères du courant traversant l'appareil.

Si P est exprimé en chevaux-vapeur, on a :

$$P = \frac{E\,I}{736} \text{ chevaux-vapeur.}$$

Lumière électrique. — La chaleur produite par les courants sur un corps, élève la température de ce corps et le rend lumineux.

La production de la lumière électrique se fait :

1o Par le passage d'un courant électrique dans de l'air qu'il porte à une haute température, pour échauffer des matières réfractaires par contact direct et les rendre incandescentes : c'est la lumière par *arc voltaïque.*

2o Par le passage d'un courant à travers un corps solide porté directement à une température élevée : c'est la lumière par *incandescence.*

L'arc voltaïque est produit entre deux crayons de charbon, maintenus à une distance convenable l'un de l'autre à l'aide de *régulateurs automatiques,* qui ont pour effet d'assurer la fixité de la lumière en remédiant à l'usure des charbons produite par la combustion.

Les crayons de charbon des lampes à arc ont un diamètre variant entre 10 et 15 millimètres ; leur résistance est de 0,5 à 0,6 ohm par mètre. Les charbons cuivrés ont une résistance de 0,003 à 0,03 ohm par mètre. Les charbons de cornue sont plus résistants que les charbons artificiels.

Les *bougies électriques* sont formées de deux crayons de charbon placés parallèlement et séparés par un isolant. Pour qu'il y ait usure égale des deux charbons, il faut employer des courants alternatifs, c'est-à-dire qu'alternativement chaque charbon devient positif et négatif. Les bougies électriques les plus employées sont les bougies Jablochkoff.

La lumière par *incandescence,* celle employée à bord des navires, est produite par l'échauffement d'un corps réfractaire traversé par un courant.

Le corps réfractaire est généralement du charbon. Il est porté à l'incandescence en vase clos, pour le soustraire à l'action de l'air.

Unités d'intensité lumineuse. — Les unités photométriques, le plus fréquemment employées, sont la *bougie décimale* et le *carcel*.

Le *carcel* est l'intensité lumineuse de la flamme d'une lampe dite de carcel, à remontoir mécanique, brûlant 42 grammes d'huile de colza épurée à l'heure, avec une hauteur de flamme de 40 millimètres.

L'intensité lumineuse de la *bougie décimale* est égale au $\frac{1}{20}$ du *violle*. Le *violle* est la quantité de lumière émise par un centimètre carré de platine à la température de solidification. La bougie décimale est sensiblement égale au $\frac{1}{10}$ du bec carcel.

En Angleterre, on emploie comme unité (candle), une bougie de spermaceti de $22^{mm},2$ de diamètre, brûlant 7 g.,776 par heure.

En Allemagne, l'unité est une bougie de paraffine de 20 millimètres de diamètre brûlant avec une flamme de 50 millimètres de hauteur.

En France, on emploie quelquefois la bougie stéarique de l'Etoile, de 6 au paquet, consommant 10 grammes de stéarine à l'heure, avec $52^{mm},5$ de hauteur de flamme.

1 bec carcel = 7,6 bougies stéariques = 8,3 candles = 7,5 bougies allemandes.

1 bougie stéarique = 0,132 bec carcel = 1,092 candle = 0,087 bougie allemande.

Dépense des lampes à incandescence. — D'après M. Hospitalier, la dépense spécifique des lampes à incandescence se compte en moyenne à raison de 3,5 watts par bougie. 1 cheval électrique (736 watts) dans les lampes, peut fournir environ 210 bougies; avec une bonne machine et une canalisation bien calculée, on peut obtenir 160 à 180 bougies par cheval mécanique sur l'arbre, soit 11 lampes de 16 bougies ou 22 lampes de 8 bougies.

Les *lampes Cruto* (1888) donnent pour 100 volts, à raison de 3,5 watts par bougie :

Lampes à 10 bougies :   0,35 ampère
   — à 16   — : 0,56   —
   — à 32   — : 1,12   —
   — à 50   — : 1,73   —

Les *lampes Edison* donnent pour 100 volts, à raison de 3,5 watts par bougie :

Lampes à 10 bougies :   0,50 ampère
   — à 16   — : 0,75   —

Les *lampes Swan* donnent pour 100 volts, à raison de 4 watts par bougie :

Lampes à 10 bougies :   0,40 ampère
   — à 16   — : 0,64   —
   — à 32   — : 1,28   —
   — à 50   — : 2,00   —

Les *lampes Gérard* (Courbevoie, 1887) donnent :

```
pour  6 bougies :  6 volts,   3       ampères et 18 watts
  —   8   —     : 10  —       3       —        30  —
  —  10   —     : 17  —       2,5     —        43  —
  —  15   —     : 20  —       2,35    —        47  —
  —  20   —     : 25  —       2,40    —        60  —
```

Les lampes *F. Gabriel et H. Angenault* (types 1889) donnent pour 100 volts aux bornes :

```
Lampes à 10 bougies  0,35 ampère
   —     16   —      0,48   —
   —     20   —      0,70   —
   —     32   —      0,95   —
   —     50   —      1,50   —
```

Canalisation de l'énergie électrique (E. Hospitalier, *Formulaire de l'électricien*).

Connaissant la résistance R en ohms d'un conducteur et l'intensité I en ampères du courant qui le traverse, la perte de pression électrique e dans ce conducteur est :

$$e = R\,I \text{ volts}$$

La perte de pression est proportionnelle à l'intensité du courant qui traverse le conducteur.

La puissance dépensée en watts a pour expression : $P = e\,I = R\,I_2$ watts.

Limite de sécurité. — Le courant maximum que peut supporter un conducteur donné, sans échauffement dangereux, dépend de sa section absolue, de son isolement, de sa pose, de ses facilités de refroidissement et de sa résistance spécifique. A titre d'indications générales, on peut admettre, pour des conducteurs en cuivre de 95 % de conductibilité relative, les chiffres suivants :

	Ampères par millim. carré de section
Fils nus rayonnant librement à l'air	6
Fil d'installation, isolement coton	4
— caoutchouc	2,5
Câbles à grand isolement ou sous plomb, de section comprise entre 10 et 200 millimètres carrés.	1,5
Câbles à grand isolement, de section supérieure à 200 millimètres carrés, ou renfermant les 2 conducteurs sous la même enveloppe	1 à 0,75

Grosseur pratique des fils de dérivation ou secondaires pour les installations à bord des navires, d'après M. Jamieson :

Intensité maximum en ampères	Diamètre correspondant du fil de cuivre en millimètres
1	0,9
2	1,2
4	1,8
10	2,6
15	3,2

Au-dessus de 15 ampères, il est préférable d'employer des câbles.

Pose des conducteurs. — Règles pratiques et de convention : On doit fixer les fils positifs *au-dessus* des fils négatifs dans les poses horizontales ; les fils positifs à *gauche* des fils négatifs dans les poses verticales. Une canalisation faisant le tour d'une pièce doit être établie de façon à tourner, pendant la pose, dans le sens des aiguilles d'une montre. On emploie la couleur *rouge* pour marquer le pôle positif d'un accumulateur, et la couleur *noire* pour le pôle négatif.

Résistance électrique des fils et des lampes. (D'après M. R.-E. Day). — La résistance électrique R d'un conducteur, varie en raison directe de sa longueur L et en raison inverse de sa section S.

On peut l'exprimer par l'équation : $R = a \dfrac{L}{S}$

dans laquelle :

a est une quantité constante dépendant de la matière dont est formé le conducteur. Elle est numériquement égale à la résistance d'un fil de même nature, dont la longueur et la section sont chacune l'unité (C G S). On l'appelle *résistance spécifique*.

Si l'on a deux fils dont les longueurs sont respectivement l_1 et l_2, les sections s_1 et s_2, les résistances spécifiques a_1 et a_2 et les résistances propres R_1 et R_2, on a :

$$R_1 = a_1 \frac{l_1}{s_1} \text{ et } R_2 = a_2 \frac{l_2}{s_2}$$

d'où :

$$\frac{R_2}{R_1} = \frac{a_2}{a_1} \times \frac{l_2}{l_1} \times \frac{s_2}{s_1}$$

III. — Principes des machines électriques.

Les machines électriques reposent toutes sur l'emploi des courants d'induction, découverts par Faraday, dont le principe s'énonce comme il suit :

Lorsqu'on fait mouvoir dans un champ magnétique un conducteur faisant partie d'un circuit fermé, de façon à modifier le nombre des lignes de force magnétique qui le coupent, ce conducteur devient le siège d'un courant électrique induit.

La machine électrique est destinée à convertir l'énergie mécanique en énergie électrique, par la rotation dans un champ magnétique de conducteurs faisant partie d'un circuit fermé.

La première application de ces principes a été faite par M. Gramme, au moyen d'un anneau en fer doux sur lequel est enroulé un fil de cuivre sans fin, qui, placé entre deux pôles magnétiques N S, s'aimante par influence et prend des pôles magnétiques S' N' qui sont respectivement de noms contraires à ceux des pôles inducteurs devant lesquels ils se trouvent. Si l'on fait tourner l'anneau dans un sens déterminé, des pôles S' N' se produisent toujours en regard des pôles N S, et restent fixes dans l'espace. Les phénomènes sont donc les mêmes que si, cet anneau restant immobile, le fil de cuivre tournait seul sur le noyau métallique.

Si l'on considère alors un certain nombre de spires de fil dans le champ magnétique N S', ces spires sont parcourues par un courant de même sens pendant toute leur demi-révolution supérieure et par un courant de sens contraire pendant leur demi-révolution inférieure. L'intensité de ce courant varie suivant la distance des spires aux pôles ; elle atteint son maximum sur la ligne N S, tandis qu'elle est nulle dans le plan perpendiculaire à cette ligne. Ce plan a reçu le nom de *zone neutre*.

Le mouvement de rotation de l'anneau produit deux courants électriques qu'on recueille associés en quantité, en réunissant par un conducteur extérieur, les deux points de l'hélice induite situés dans la zone neutre. On recueille ce courant, directement, au moyen d'un *collecteur*. Le fil induit qui couvre l'anneau se trouve partagé en sections ou bobines distinctes, placées à côté les unes des autres et réunies en tension, le bout finissant de l'une soudé au bout commençant de la suivante. Ces sections forment une bobine indéfinie. L'arbre de rotation, sur lequel est fixé l'anneau, porte une série de lames de cuivre disposées de manière à former un cylindre autour de l'arbre. Ce cylindre constitue le *collecteur* de la machine.

Les lames, en nombre égal à celui des bobines qui entourent l'anneau, sont isolées les unes des autres par des rubans de soie.

A chaque bande de cuivre on attache le bout finissant d'une bobine et le bout commençant de la suivante. Une plaque sert donc de liaison entre deux bobines consécutives, et en la touchant, on reçoit le même courant que si le contact était fait avec les fils mêmes des bobines qui y aboutissent.

Si on établit à poste fixe deux contacts sur les génératrices suivant lesquelles le plan de la ligne neutre vient couper le cylindre formé par les plaques, on recueillera en ces points le courant total produit par l'anneau entier.

Il suffit donc alors de toucher les deux lames du collecteur qui se trouvent dans la zone neutre. On dispose pour cela, aux extrémités des diamètres situés dans cette zone, deux ressorts frotteurs métal-

liques qui appuient sur les cylindres et procurent le contact avec
les lames de cuivre. Ils recueillent le courant et le transmettent
au conducteur extérieur qui leur est fixé. Ces ressorts se composent
d'un faisceau de fils fins métalliques, et portent le nom de *balais*.
Les balais d'une dynamo sont analogues aux pôles d'une pile.
Le courant va dans l'intérieur de la machine, du balai négatif au
balai positif, et dans le circuit extérieur, du balai positif au balai
négatif.

Dans la constitution du champ magnétique dans lequel se meut
l'anneau Giamme, la force magnétisante peut provenir soit d'un
aimant, soit d'un électro-aimant. D'où les deux classes suivantes
de machines électriques : les machines *magnéto-électriques* où le
champ magnétique est produit par un *aimant* ; les machines *dynamo-électriques* avec des *électro-aimants*.

Au lieu de prendre seulement deux pôles magnétiques, on peut en
disposer un plus grand nombre en les plaçant deux par deux aux
extrémités d'un même diamètre. Ce sont les *machines multipolaires*. Les bobines induites traversent les différents champs magnétiques ainsi produits, et subissent dans chacun d'eux une action
analogue à celle décrite ci-dessus.

Elles peuvent donc être animées d'une vitesse moindre, ou donner
un courant plus énergique si on leur conserve le même nombre de
tours. Il faut dans ce cas mettre autant de balais qu'il y a de
champs magnétiques différents.

(Traité d'électricité industrielle, Cadiat et Dubost).

Les machines électriques sont du type *simplex*, ou *bi-polaires*,
lorsqu'elles ont une paire de pôles ; du type *duplex* lorsqu'elles en
ont deux, et *triplex* lorsqu'elles en ont trois. Elles sont *multiplex* ou *multipolaires* lorsqu'elles ont plusieurs paires de
pôles.

Suivant les conditions dans lesquelles elles travaillent, le mode
d'excitation de leurs électro-aimants est variable. Elles sont à *excitation indépendante* lorsque le courant excitateur est fourni
par une machine auxiliaire circulant dans le circuit inducteur (fig. 456).

Elles sont *auto-excitatrices* lorsque le courant est fourni par la
machine elle-même (fig. 457, 458, 459, 460).

Dans ce dernier cas, les dynamos peuvent être montées *en série*
lorsque l'excitation est obtenue par la circulation du courant total
fourni par la machine dans les spires de l'inducteur (fig. 457).

Elles sont *en dérivation* ou *en shunt* lorsque le circuit inducteur est en dérivation, ou en *shunt* (mot anglais, signifiant dérivation), sur le circuit extérieur (fig. 458). Une petite portion du
courant total est dérivée pour produire l'excitation du champ, et il
ne passe plus dans le fil fin qu'une faible partie du courant
produit.

En combinant ces deux modes d'excitation on obtient une *excitation compound* qui permet d'avoir une constance plus grande de la force électromotrice.

On a, dans ce cas, un double enroulement dont l'un, en gros fil, fait partie du circuit extérieur, et l'autre, en fil fin, est pris en dérivation sur les balais de la machine (fig. 459 et 460).

Lorsque le courant dérivé est en communication avec les extrémités de l'induit (fig. 459) la dynamo compound est dite à *courte*

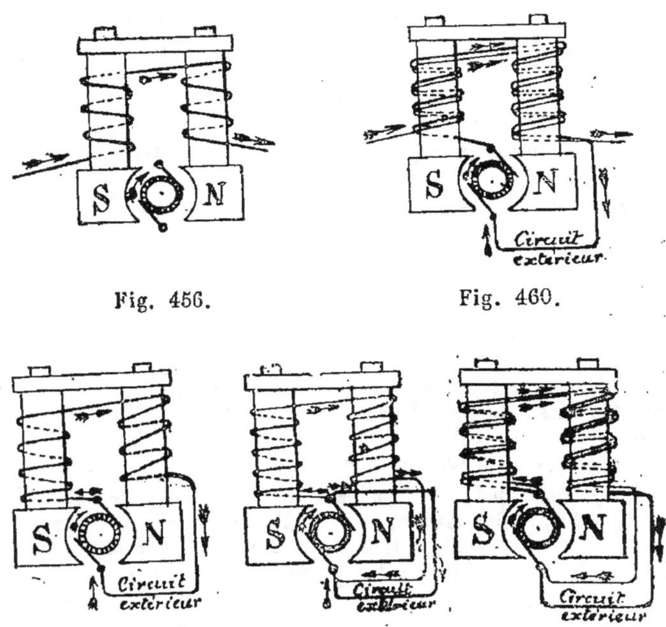

Fig. 456.   Fig. 460.

Fig. 457.   Fig. 458.   Fig. 459.

dérivation ; lorsque la dérivation est prise entre les bornes de la machine, c'est-à-dire est en communication avec les deux extrémités du circuit extérieur, la dynamo est dite à *longue dérivation* (fig. 460).

Les dynamos compound sont les plus avantageuses pour l'éclairage direct avec les lampes à incandescence.

Rendement des dynamos. — Le rendement industriel, ou commercial, des dynamos à courant continu, atteint, à pleine charge 90 à 92 °/₀ de la force mécanique transmise.

Pour les machines à courants alternatifs, on prend 70 à 80 °/₀.

IV. — Application
de l'éclairage électrique aux navires.

L'installation de l'éclairage électrique à bord des navires comporte :

1º Un *groupe moteur*, producteur de l'électricité, formé par une machine à vapeur actionnant directement une *dynamo* ;

2º Un *tableau de distribution* recevant l'électricité de la dynamo et la distribuant dans la canalisation ;

3º Les *organes récepteurs* qui donnent l'éclairage.

Ces appareils permettent simultanément ou séparément :

L'éclairage intérieur du navire ;

L'alimentation des projecteurs ;

La production des signaux.

La marine militaire possède aujourd'hui divers types de sources d'électricité qui sont :

1º Machines dynamo-électriques de Gramme, à inducteur en série ;

2º Machines de Gramme à double enroulement.

3º Machines de Gramme à inducteur en dérivation et à induit de très faible résistance.

4º Machines dynamo-compounds à une ou plusieurs paires de pôles, la bobine induite étant un anneau de Gramme.

5º Machines Desroziers, multipolaires.

6º Machines dynamos en dérivation, à très grande vitesse de rotation, l'induit étant du type Siemens à tambour.

7º Machines magnéto-électriques de Méritens,

Parmi les sociétés qui s'occupent de l'installation de l'éclairage électrique à bord des navires, on peut citer les maisons Saulter-Harlé et Bréguet de Paris ; Fabius Henrion de Nancy ; la Compagnie continentale Edison ; la Société Alsacienne, etc.

Chacune de ces maisons dispose à cet effet d'un matériel spécial.

Les moteurs employés par elles pour actionner les dynamos sont généralement des machines à vapeur à pilon, à un ou deux cylindres compound, fonctionnant avec échappement à air libre ou au condenseur. Lorsque l'emplacement dont on dispose à bord l'exige, on emploie des machines horizontales, système Woolf tandem souvent. Leur force varie de 20 à 30 chevaux de 75 kilogrammètres, selon l'importance du navire et de l'éclairage. Ils donnent 350 à 400 tours par minute.

Pendant longtemps les moteurs Brotherhood ont été les seuls moteurs employés à la conduite des machines Gramme ; ils se prêtent parfaitement aux allures rapides, mais leur coefficient économique est médiocre.

Les dynamos des embarcations à vapeur de la marine militaire sont étalonnées à 30 ampères environ ; celles des torpilleurs de

30 mètres donnent 60 à 80 ampères. Sur les avisos torpilleurs on va jusqu'à 120 ampères à 70 volts. En général, sur les navires de guerre, on a fait choix, pour l'éclairage intérieur, du voltage nominal de 80 volts. Dans la marine Anglaise on a adopté 80 volts ; dans la marine Russe 50 volts.

Les dynamos de la maison Sautter-Harlé, employées à bord des navires du commerce, sont généralement du type *Gramme*, ou du type *Duplex* ou *Triplex* à 2 ou 3 paires de pôles. Celles de la maison Bréguet sont principalement du système Desroziers, *dynamos multipolaires intensives*.

La maison Fabius Henrion construit des dynamos dont l'armature est un anneau Gramme aplati dans le sens de son axe, et tournant entre deux systèmes inducteurs formés, chacun, de six noyaux disposés suivant les sommets d'un hexagone régulier.

L'enroulement est fait de manière que deux noyaux placés en regard l'un de l'autre constituent des pôles de même nom. La machine est ainsi multipolaire ordinaire à 6 pôles.

Les dynamos de la Compagnie continentale Edison sont du type bipolaire à pôles conséquents. L'induit est un anneau Gramme ordinaire, actionné directement par un moteur à pilon.

Les dynamos de la Société alsacienne sont bipolaires et multipolaires. Les dynamos bipolaires sont formées de deux noyaux inducteurs à section rectangulaire, disposés horizontalement. L'induit est une armature en tambour à enroulement Siemens, dont la carcasse est formée de rondelles de tôle. Le collecteur est formé de lames d'acier, taillées en coin, et fixées par une de leurs extrémités dans un moyeu claveté sur l'arbre de manière à ne pas se toucher, et isolées ainsi les unes des autres par la couche d'air qui les sépare. Dans les dynamos multipolaires, le système inducteur est placé à l'intérieur de l'armature ; il est formé de quatre noyaux rayonnants, à section rectangulaire, assemblés sur un moyeu percé en son centre d'un trou par lequel passe l'arbre de l'armature. Celle-ci est un anneau Gramme dans lequel les éléments extérieurs sont formés de barrettes de cuivre, séparées les unes des autres par du papier, et dressées au tour de manière à constituer un collecteur sur lequel frottent les balais.

Les lampes sont à *incandescence*, généralement du *type Swan* de 16 et 10 bougies. On emploie aussi les lampes *Cruto*, les lampes *Edison* et *Swan-Edison*.

Les navires possèdent 3 ou 4 groupes identiques, composés chacun d'une machine dynamo-électrique conduite par un moteur à vapeur attelé directement. La puissance des dynamos et de leurs moteurs doit être telle, que, dans le cas de trois groupes, deux suffisent à l'éclairage total du navire, augmenté au besoin de 5 % : le troisième groupe sert de rechange.

Dans le cas de 2 groupes, un seul doit suffire à l'éclairage, en cas d'avarie à l'autre groupe.

Dynamo type Duplex,
de la maison Sautter-Harlé et Cie.

. L'induit de cette dynamo ne diffère de l'induit ordinaire de Gramme que par l'exactitude avec laquelle il est construit et en ce que ses sections sont couplées deux à deux en quantité.

Cet induit est mû dans un double champ magnétique (de là le nom de *Duplex* donné à la dynamo). Chacun de ces deux champs magnétiques agit sur la portion de la bobine qui le traverse pour y faire naître un courant, indépendamment de l'action égale qu'exerce simultanément l'autre champ magnétique.

Il en résulte que, si on compare cette dynamo *Duplex* à une dynamo-gramme ordinaire ayant même bobine tournante et même intensité de champ magnétique, à vitesse égale la *Duplex* donnera un nombre d'ampères double avec même force électromotrice. Ou bien la *Duplex* donnera même nombre d'ampères et même force électromotrice, à vitesse angulaire moitié de la dynamo-gramme.

Par suite du mode de construction de ses électro-aimants, elle est même plus légère qu'une dynamo-gramme de même puissance, tournant à une vitesse double.

Le champ magnétique est créé par une chaîne continue de quatre électro-aimants à âmes de fer doux s'assemblant et se fermant l'un sur l'autre. Ces électro-aimants sont à double enroulement. Le fil fin donne l'excitation en dérivation, et le gros est dans le circuit extérieur.

Coupe verticale d'une dynamo Duplex.

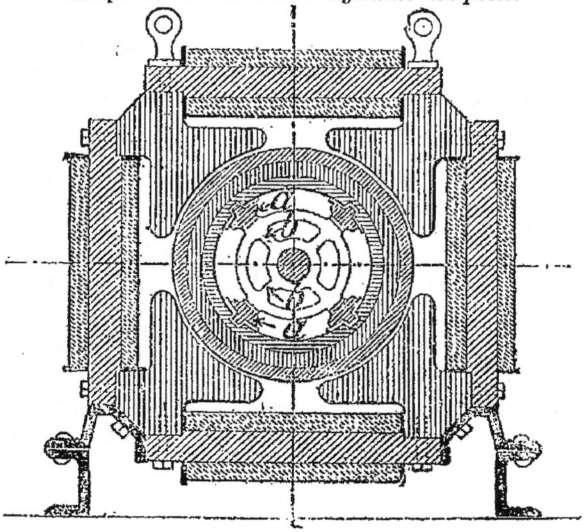

Fig. 461

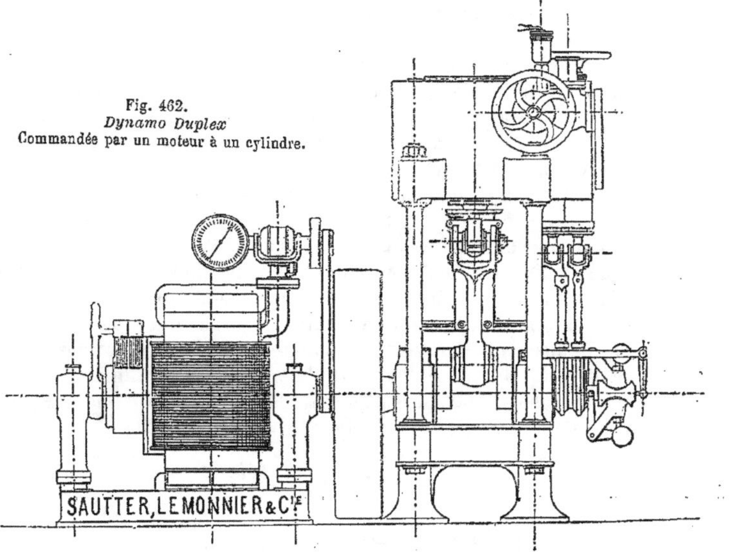

Fig. 462.
Dynamo Duplex
Commandée par un moteur à un cylindre.

La bobine est fixée sur l'arbre par des clavettes *a* (fig. 461) recouvertes d'isolants et serrées par deux croisillons en bronze, *bb* munis de plans inclinés. Le serrage s'obtient par des boulons.

Les collecteurs sont de grand diamètre et la position des balais se règle avec exactitude et facilité au moyen d'une vis tangente avec contre-écrou. Les deux balais doivent porter sur le collecteur en des points distants de 90°. Cette condition est rigoureuse. La longueur des balais hors de la gaine est de 5 centimètres et les axes des porte-balais sont à $0^m,33$ l'un de l'autre.

La dynamo est isolée magnétiquement de son bâti en fonte par deux supports en laiton. La partie supérieure peut s'enlever de manière à permettre en quelques instants le remplacement de l'arbre et de sa bobine.

Cette dynamo, à la vitesse de 350 tours, peut débiter, avec une chute de potentiel constante aux bornes de 70 volts, depuis 1 jusqu'à 150 ampères, et alimenter depuis 1 jusqu'à 225 lampes de 10 bougies, le travail absorbé variant proportionnellement au nombre de lampes allumées.

Le moteur qui accompagne ces dynamos est ordinairement du type pilon, à 1 ou 2 cylindres compound de 20 chevaux effectifs, de 3 à 5 kilogrammes de pression (fig. 462).

Le moteur et la dynamo sont souvent montés dans le prolongement l'un de l'autre, sur un châssis commun en fer, à double té qui sert en même temps de bâti aux organes de la dynamo. L'accouplement est fait par un manchon flexible à ressorts, entièrement métallique, dispensant de prendre au montage à bord les précautions minutieuses qu'exigerait un accouplement rigide, ou par un *joint élastique* du type de la figure 463.

Joint élastique

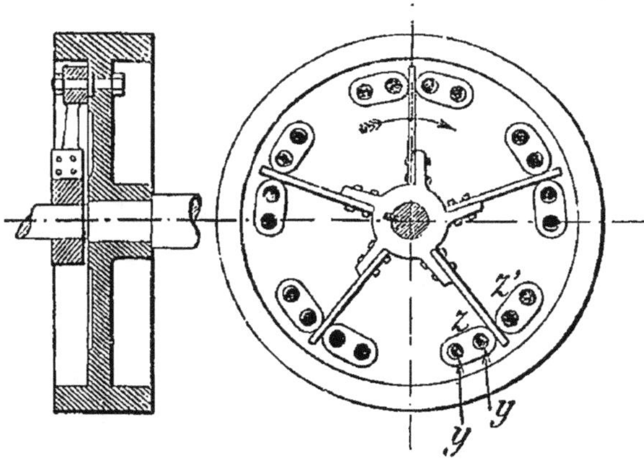

Fig. 463

Pour éviter le claquement des ressorts d'entraînement de ce
joint, on desserre légèrement les boulons y, on chasse les tocs z,
de façon à serrer les ressorts entre les deux tocs z et z' et on resserre ensuite les boulons y à bloc.

Dynamo Desroziers, de la maison Bréguet.

Cette dynamo comprend une plaque de fondation, un système
inducteur, un induit (fig. 464).

La *plaque de fondation* est en fonte et doit être isolée électriquement du pont sur lequel elle est posée. A cet effet, elle est
montée sur un sommier en bois et les boulons de fixation sont serrés par l'intermédiaire de rondelles en bois, ou en fibre. Sur la
plaque de fondation sont boulonnées les deux flasques du système
inducteur et la chaise support des balais.

Le *système inducteur* comprend 12 bobines d'électros, 6 par
flasque, disposées suivant les sommets d'un hexagone régulier. Le

Dynamo Desroziers à disque, intensive multipolaire

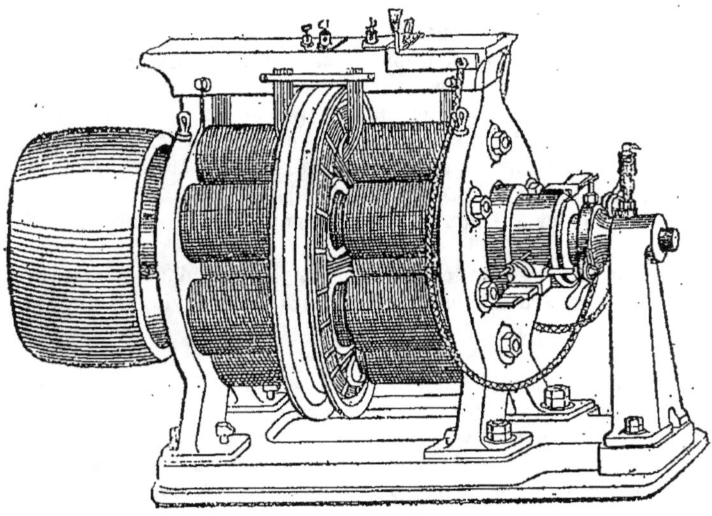

Fig. 464.

fil des bobines est formé de cuivre recouvert d'une double couche
de coton. Ce fil est enroulé directement sur les noyaux en fer doux
cylindriques et de section circulaire ou ovoïde suivant les cas. Les
noyaux sont fixés sur les flasques par un fort boulon. Ils sont terminés du côté de l'induit par un épanouissement triangulaire venu
de fonte avec le noyau.

L'ensemble des épanouissements embrasse presque entièrement l'induit. La circulation du courant dans les électros est telle que le magnétisme de deux épanouissements consécutifs est de signe contraire. Deux épanouissements se faisant vis-à-vis par rapport à l'induit, sont également de signe contraire.

Les deux flasques sont réunies à la partie supérieure par une traverse en fonte formant entretoise et qui sert d'appui à la planchette de connexions. Une des flasques porte un palier pour l'arbre de l'induit dont l'autre extrémité repose sur la chaise support des balais. La chaise fixée à la plaque de fondation peut au besoin se déplacer légèrement, parallèlement à l'arbre de la dynamo : elle porte le second palier de l'arbre de la dynamo.

L'*induit* est un disque monté sur un moyeu en fonte claveté sur l'arbre, serré du côté collecteur contre un épaulement de l'arbre, du côté moteur retenu par un écrou et un contre-écrou goupillé. La partie active est constituée par une série de fils de cuivre isolés, disposés en deux couches suivant les portions de rayons du disque comprises entre deux couronnes concentriques à l'arbre. Les fils radiaux sont reliés entre eux dans un ordre déterminé qui constitue *l'enroulement Desroziers*.

Les connexions sont formés par des fils de cuivre isolés placés parallèlement sur les deux couronnes qui limitent le disque.

Comme dans une dynamo à anneau Gramme, l'induit est divisé en un certain nombre de sections. Dans le but de n'avoir qu'une paire de balais, bien que la dynamo possède 3 plans neutres, le fil de cuivre soudé à l'entrée d'une section et à la sortie de la précédente, se compose de 3 brins qui, dirigés convenablement par le connecteur, viennent se souder à 3 lames du collecteur, situées à 120° l'une de l'autre.

Le connecteur est un cylindre en bois ressemblant à une roue d'engrenage. Le nombre des dents est égal à celui des lames du collecteur, c'est-à-dire à 3 fois celui des sections du disque Desroziers.

Un des 3 brins de la section va au collecteur, un deuxième décrit sur la face du connecteur opposée au disque un angle de 120° et se redresse parallèlement à l'arbre pour aller au collecteur, le troisième arrive sur la face du connecteur, coté disque, la suit à 120° en sens inverse du deuxième brin, et vient, parallèlement à l'arbre, se souder au collecteur. Ce dernier, formé de lames de cuivre jaune isolées par du papier japon, comprend 3 fois autant de lames qu'il y a de sections dans l'induit. Il est fixé sur l'arbre.

La chaise fixée à la plaque de fondation porte un support pour porte-balais.

Le porte-balais comprend : un collier en fonte formant écrou pouvant tourner autour de l'arbre et muni de deux poignées et clef de serrage pour le fixer dans la position convenable ; 2 tiges en cuivre serrées sur le collier par des écrous, mais isolées électriquemont par de fortes rondelles en fibre. Chaque tige porte un œil dans lequel vient s'engager l'extrémité d'un fort câble reliant les balais aux pôles de la machine.

Les balais sont en fils de cuivre rouge, soudés à l'étain à une extrémité, taillés en biseau à l'autre.

La planchette de connexions est en bois. Elle porte : des bandes de cuivre qui relient les bobines d'une flasque à l'autre et aux balais, une fiche qui permet de couper ou fermer à volonté le circuit du fil fin des électros, les bornes du circuit extérieur, les bandes de cuivre qui introduisent le gros fil des électros dans le circuit extérieur, le tachymètre.

La dynamo est reliée au moteur par un accouplement élastique, système Raffard, qui comprend : 10 broches rivées normalement sur une circonférence du volant du moteur, 10 broches rivées normalement sur une circonférence plus petite du plateau d'accouplement claveté sur l'arbre de la dynamo. Sur chaque broche est enfilée une cosse en métal antifriction pouvant tourner librement autour de l'axe de la broche. Les cosses du volant du moteur sont retenues par les têtes des vis fixées au bout des broches. Chaque cosse du volant est réunie à une cosse du plateau par une bague en caoutchouc (fig. 465).

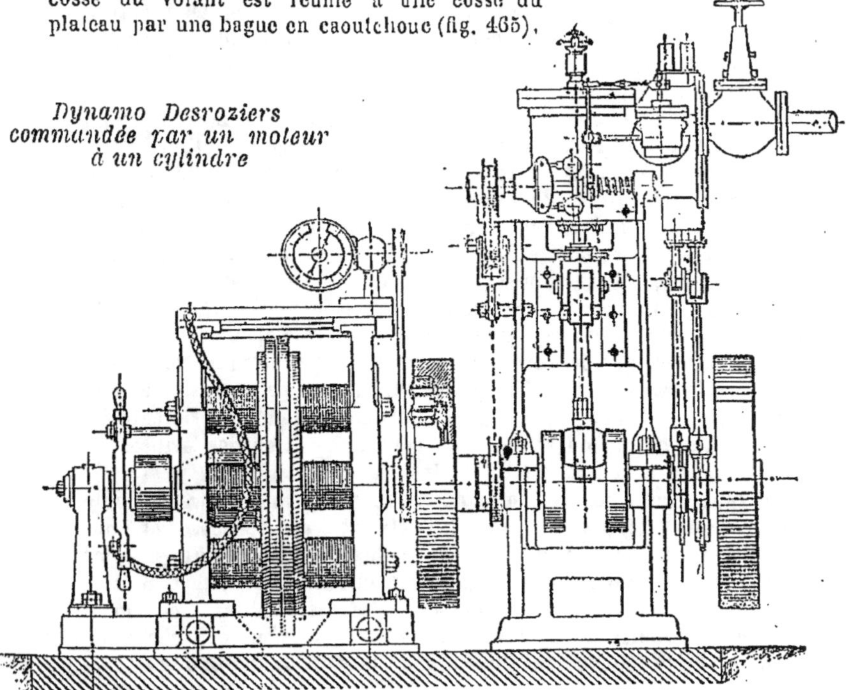

Fig. 465

Outre son élasticité, cet accouplement a pour avantage de permettre aux arbres du moteur et de la dynamo de faire entre eux un angle appréciable sans nuire au bon fonctionnement du groupe.

Le disque Desroziers et l'anneau Gramme fournissent en travail électrique aux bornes les $\frac{80}{100}$ du travail mécanique communiqué à leur arbre ; ce qui permet d'estimer à 85 % environ le rendement électrique proprement dit, c'est-à-dire, le rapport entre l'énergie électrique dégagée dans le circuit extérieur et l'énergie électrique totale engendrée dans l'intérieur de la source.

Parmi les moteurs actionnant les dynamos on peut citer les machines Willans et les turbines de Laval.

Machine Willans. (¹)

Cette machine est à triple expansion (fig. 466).

Elle se compose de trois cylindres superposés, le plus petit, à haute pression, étant à la partie supérieure. La pression initiale de la vapeur est de 10 kilogrammes.

La tige commune des pistons est un fourreau percé d'orifices ; ces orifices constituent les lumières d'admission et d'échappement qui sont alternativement ouvertes et fermées par un distributeur central.

Ce distributeur central se compose d'une tige portant une série de pistons obturateurs, a, b, c, d, e, f, dont le mouvement de va-et-vient est donné par un excentrique.

Cette machine est à simple effet, de haut en bas. Le relèvement des pistons a lieu sous l'action du volant V, et, sous l'action de l'air comprimé dans un cylindre spécial C, par les têtes de bielles qui forment piston ; on a donc une pression constante sur les bielles.

La machine fonctionne de la manière suivante : au commencement de la course descendante, le piston f se présente au-dessous des orifices g, et permet l'admission de vapeur dans le cylindre à haute pression ; f ferme ces orifices quand le piston a effectué les 3/4 de sa course, mais la suppression d'introduction de vapeur est effectuée plus tôt, parce que les orifices 10 quittent la chambre de vapeur en passant à travers le collet permettant à la tige du piston d'aller d'un cylindre à l'autre. On peut d'ailleurs obtenir la détente au point voulu de la course en changeant la position des orifices 10 ou en modifiant la hauteur du collet.

La vapeur agit ensuite en se détendant dans le cylindre à haute pression ; le piston arrive alors à l'extrémité de sa course, et l'obturateur f, passant au-dessus des orifices 9, alors que e ferme d'une façon permanente la communication entre les orifices 8 et 7, la vapeur peut pénétrer au-dessous du piston, dans ce qu'on appelle le premier récepteur R_1 ; pendant la course ascendante, obtenue par le mouvement du volant, la vapeur ne change ainsi

---

1. Laharpe, *Notes et Formules*.

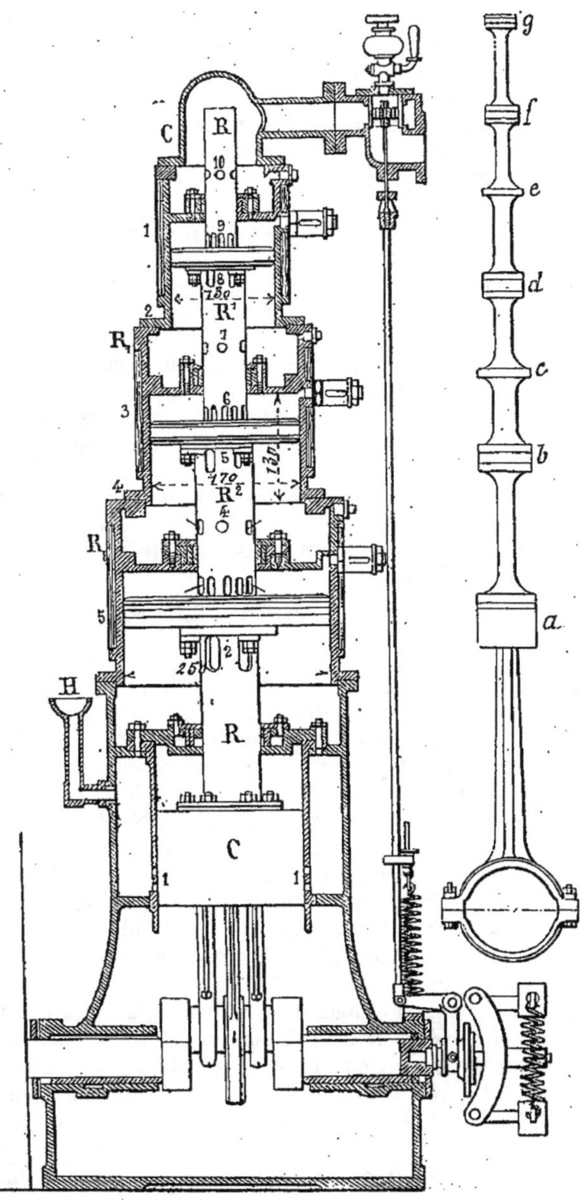

Fig. 466

ni do volume, ni do pression ; ello pourrait être mise en communication avec l'atmosphère pour permettre l'échappement, ce qui donnerait un cycle complet de machine à simple effet.

Mais, comme il s'agit d'un fonctionnement à triple expansion, au commencement de la course suivante, la vapeur passe du récepteur par les orifices 7 dans la tige creuse, et de là, par ceux marqués 6, dans le cylindre intermédiaire, jusqu'à la suppression d'admission produite par le passage des orifices 7 à travers le collet du cylindre.

Dans la course ascendante qui suit, la vapeur passe, par les orifices 6 et 5, dans le second récepteur R_2 ; dans la course descendante, elle pénètre dans le cylindre à basse pression par les orifices 4 et 3 ; enfin, lorsque le piston remonte, elle va par 3 et 2 dans la chambre d'échappement E, communiquant avec l'atmosphère. Il faut donc trois révolutions complètes entre l'admission et l'échappement. La pression de la chaudière agit constamment sur l'obturateur marqué g ; la bielle d'excentrique est ainsi maintenue aussi bien dans la course ascendante que dans la course descendante.

Pour les pistons, le cas diffère ; ils sont beaucoup plus lourds, et, pendant la course ascendante, il y a équilibre entre les pressions qui s'exercent en dessus et en dessous, puisqu'à ce moment la communication est établie.

Turbine à vapeur de Laval

M. de Laval a eu l'idée d'utiliser la *force vive seule* de la vapeur

Le *principe fondamental* de sa turbine est que la *vapeur à* haute pression *arrive entièrement détendue sur les aubes* de la roue réceptrice. Cette détente s'effectue dans le trajet de la valve d'introduction à l'orifice du tube distributeur de vapeur. Dans ce trajet, elle a acquis une force vive, due à sa propre détente, et qui est précisément égale au travail qu'elle aurait fourni en se détendant graduellement derrière un piston.

Cette force vive est alors transmise aux aubes de la roue, comme celle de l'eau dans une turbine hydraulique ; en effet la turbine de Laval est analogue à une turbine d'Euler à axe horizontal, à introduction partielle et à libre écoulement.

Elle se compose d'une roue à aubes sur laquelle la vapeur complètement détendue, est amenée par un ou plusieurs ajutages dont les axes sont faiblement inclinés sur les plans de la roue.

Les jets de vapeur pénètrent dans le récepteur en glissant le long des aubes, en vertu de la vitesse relative et en leur communiquant la force vive de la vapeur. Cette vapeur sort sur la face opposée du disque, avec une vitesse absolue que l'on cherche à rendre le plus faible possible par un tracé approprié des aubes.

Le corps de la turbine est monté sur un axe en acier qui repose sur deux coussinets à ses extrémités, et tout l'ensemble tourne dans une chambre dont une partie venue de fonte avec un conduit de distribution de la vapeur porte les ajutages en bronze, destinés à détendre et à diriger le jet de vapeur, tandis que l'autre partie forme conduit d'échappement et comprend le palier du bout d'arbre. (Fig. 467 et 468).

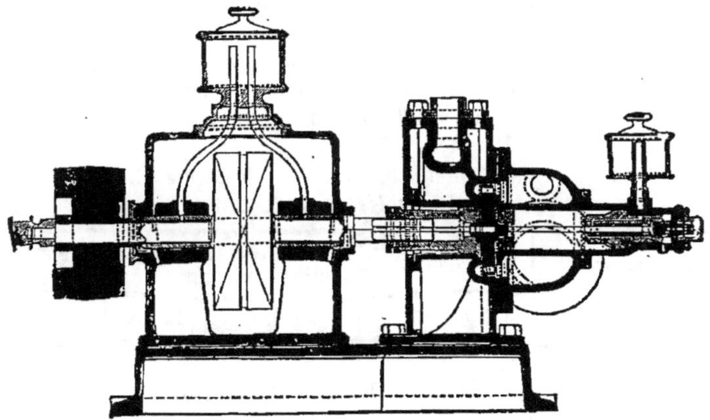

Fig. 467. — Coupe longitudinale de la turbine Laval.

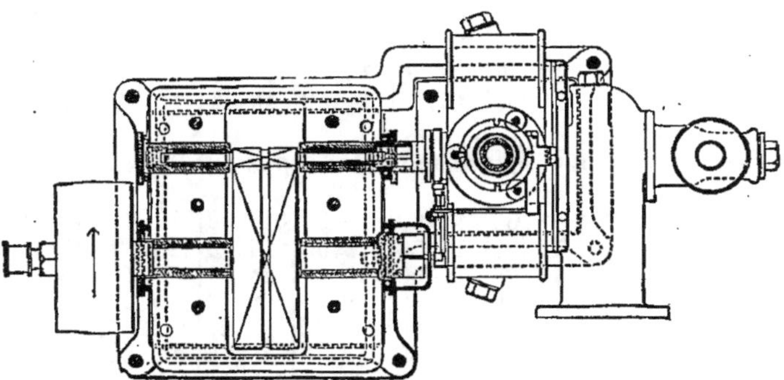

Fig. 468. — Coupe horizontale de la turbine Laval.

Sur l'arbre principal est placé un pignon en acier à double denture hélicoïdale (engrenage à chevrons) s'engrenant avec une roue dentée qui réduit la grande vitesse de la turbine dans un rapport voulu suivant les applications

Comme nous l'avons dit, *la force vive, seule*, de la vapeur est utilisée dans cette machine. Or, la densité du fluide détendu étant très faible, le principal facteur de cette force vive est *la vitesse*.

La vapeur, s'écoulant dans l'air sous pression par un orifice de petite section, prend des vitesses considérables qui atteignent 480 m par seconde à la pression de 2 atm. à la chaudière, 775 m à la pression de 6 atm. et 913 m. à celle de 12 atm. Ces vitesses sont encore notablement accrues quand le milieu où s'écoule le fluide a une pression moindre que 1 atm. Par exemple, de la vapeur à 6 atm. s'écoulant dans un condenseur où règne une pression absolue de 0 atm. 1, acquiert une vitesse de 1120 m.

La vitesse de la vapeur à la sortie des conduits étant énorme, il en est de même de la vitesse de rotation de la roue réceptrice, laquelle fait de 15 à 30.000 tours par minute, avec des vitesses linéaires variant de 175 m. à 400 m. par seconde.

TABLEAU I. — *Consommation de vapeur sèche par cheval effectif et par heure.*

Puissance en chevaux	PRESSION D'ADMISSION A LA TURBINE en kilog. par cm²					
	4 kg.	6 kg.	8 kg.	10 kg	12 kg	14 kg.
1° Échappement à l'air						
5 à 30	25ᵏ00	23ᵏ00	21ᵏ50	20ᵏ00	19ᵏ00	18ᵏ50
50	22.00	19.00	17.50	16.50	15.50	15.00
75	20.75	18.00	16.50	15.50	14.50	14.00
100 et 150	20.00	17.25	15.50	14.75	14.00	13.50
200	19.25	16.50	15.00	14.50	13.75	13.00
300	19.00	16.25	14.50	13.75	13.00	12.25
2° Échappement au condenseur. Vide 64 cm.						
5	18.00	17.00	16.00	15.00	14.30	13.90
10 et 15	17.50	16.50	15.50	14.50	13.80	13.40
20 et 30	17.00	16.00	15.00	14.00	13.40	12.80
50	10.80	10.20	9.70	9.40	9.00	8.75
75	10.60	10.00	9.60	9.20	8.80	8.65
100	9.50	8.80	8.40	8.00	7.80	7.70
200	9.20	8.55	8.15	7.75	7.60	7.50
300	8.90	8.30	7.90	7.50	7.40	7.30

Au point de vue du *poids*, une turbine

De 5 chevaux pèse 130 kg, soit 26 kg. par cheval.
De 10   »   200   »   20   »
De 15   »   235   »   16   »
De 30   »   410.   »   14   »

Les emplacements sont donnés dans les tableaux ci-après :

TABLEAU II. — *Turbines.*

Typo	Emplacement total en m/m			Poulie		Nombre de tours de l'arbre de commande
	Longueur	Largeur	Hauteur	Diamèt o	Largeur	
5 chevaux	825	420	830	160	80	3000
10 —	900	550	1000	200	100	2400
15 —	950	550	1000	200	115	2400
20 —	1075	720	1160	240	130	2000
30 —	1440	720	1160	240	155	2000
50 —	2080	926	1500	320	170	1500
75 —	2460	946	1530	320	270	1500
100 —	2575	1225	1655	370	270	1360
150 —	3000	1225	1655	370	400	1300
200 —	3250	1350	2500	560	500	920

(Poulie : *Une poulie* pour les types 5 à 30 chevaux ; *2 poulies* pour les types 50 à 200 chevaux.)

TABLEAU III. — *Turbines-dynamos.*

Type	Puissance en watts	Emplacement total en m/m			Nombre de tours de la dynamo (par minute)
		Longueur	Largeur	Hauteur	
5 chevaux	3000	1300	570	830	3000
10 —	6110	1500	700	1000	2400
15 —	9420	1660	740	1000	2400
20 —	12580	1800	860	1160	2200
30 —	19140	1920	920	1160	2200
50 —	32250	2115	1430	1500	1500
75 —	48000	2650	1705	1530	1500
100 —	66000	2780	1705	1655	1360
150 —	96000	3400	2000	1655	1300

(Longueur : *à 2 induits* pour les types 50 à 150 chevaux.)

Tableau de distribution.

Type de la Maison Bréguet.

Ce tableau est en chêne. Il porte les appareils de mesure, de manœuvre, de sécurité, les bandes en cuivre en nombre égal à celui des groupes du bord, plus une. Les bandes placées au haut du tableau sont reliées chacune à la borne positive des dynamos ; la bande placée au bas est reliée au pôle négatif des différentes dynamos du bord (fig. 469).

Des ampèremètres Carpentier A en nombre égal à celui des dynamos, permettent de lire le nombre d'ampères débités à un moment quelconque par une dynamo en service. Pour cela, on enlève la fiche, qui, en temps ordinaire, met en court-circuit l'appareil, et on fait la lecture. Il faut replacer la fiche dès que la lecture est finie. Un voltmètre Bréguet V sans aimant, par suite indéréglable, permet la lecture de la force électromotrice développée aux bornes D d'une dynamo quelconque du bord, par la manœuvre d'un commutateur B à autant de touches qu'il y a de dynamos à bord, plus une touche de repos.

Les commutateurs C, dits à pompe, sont en nombre égal à celui des circuits du bord, formés essentiellement d'un socle circulaire en bois, d'un pivot, d'une manette à ressort faisant coulisser le long

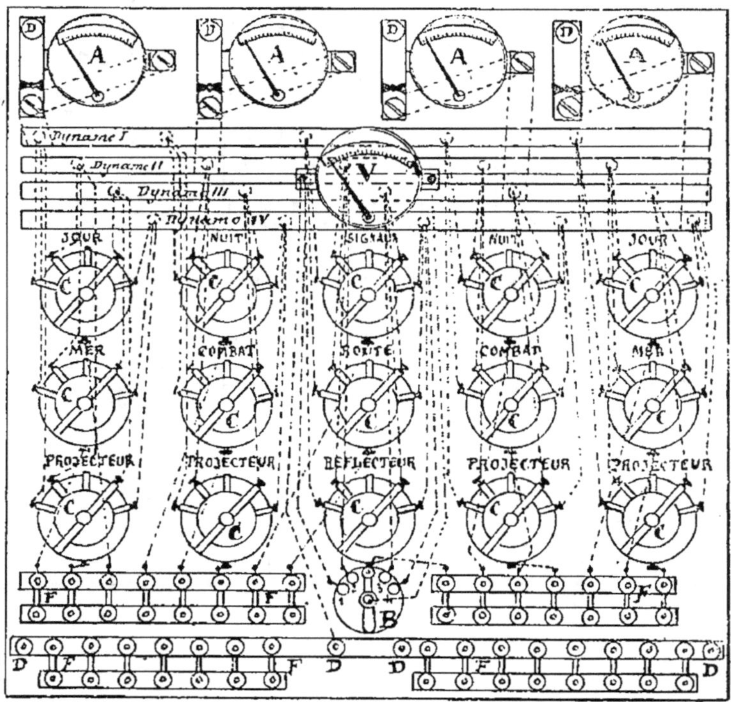

Fig. 469

du pivot un pied en cuivre. Le socle porte un nombre de plots égal à celui des machines, disposés sur une couronne concentrique au pivot, et formés de fragments de cuivre reliés aux bandes supérieures du tableau. D'un plot plus grand que les autres part le câble positif du circuit correspondant à ce commutateur. Le pied, convenablement placé, ferme sur la dynamo choisie, le circuit du commutateur.

Les appareils de sécurité F se composent de lames de plomb, de sections déterminées, en vue de protéger les circuits par leur fusion, au moment où un courant trop intense viendrait à circuler dans ce circuit. Les lames de plomb sont interposées sur le câble positif et sur le câble négatif de chacun des circuits. Elles sont fixées sur des bandes en bois placées au bas du tableau, et maintenues en place par des boulons, rondelles et écrous.

Type de la Maison Sautter-Harlé.

La maison Sautter-Harlé construit pour des paquebots de 100 mètres, des tableaux de distribution dont nous donnons un type (fig. 470). Deux dynamos Gramme attelées chacune à un moteur, à piton, à 1 cylindre, à 400 tours, donnent l'énergie électrique.

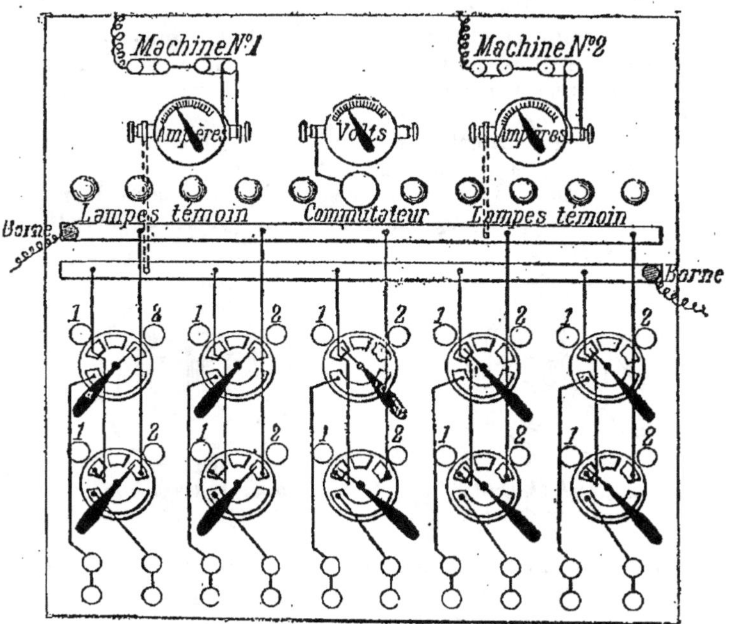

Fig. 470

Du derrière de ces tableaux partent tous les fils des circuits du bord.

Les lampes témoins, en nombre égal aux circuits, permettent de s'assurer de l'éclairage du navire.

Canalisation.

La canalisation de l'éclairage électrique est entièrement faite en cuivre isolé.

L'isolement supérieur employé se compose d'une couche de caoutchouc noir, une couche de caoutchouc blanc, deux rubans caoutchoutés et un enduit spécial. La résistance de cet isolant est de 300 mégohms

Le câble est noyé dans du bois rainé ou dans des tuyaux en cuivre hermétiquement fermés à leurs extrémités par un bourrage au chatterton.

Chaque circuit comprend deux gros câbles partant du tableau, circulant le long du navire et représentant, en tous points, l'un le pôle positif, l'autre le pôle négatif d'une quelconque des dynamos.

Un nombre variable de dérivations partent de ces câbles. Elles sont formées chacune de 2 fils reliés aux câbles et sur lesquels sont branchées des lampes à incandescence. A leur naissance, des *coupe-circuits doubles* protègent ces dérivations.

On appelle *coupe-circuit* un appareil destiné à prévenir tout danger d'incendie. Il est formé de petites lames de plomb dont la largeur et l'épaisseur sont déterminées d'après le nombre d'ampères normal.

Lorsque l'intensité devient trop grande, le plomb fond et le circuit est interrompu, ce qui empêche tout accident.

Sur le fil positif arrivant à chaque lampe, un *coupe-circuit simple* est interposé pour augmenter encore la protection de cette lampe (fig. 471).

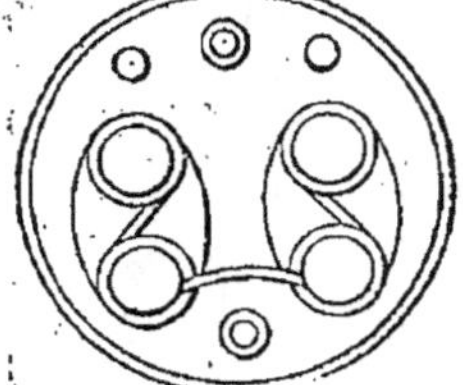

Coupe-circuit simple
Fig. 471

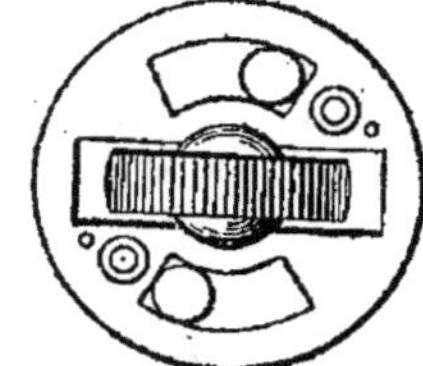

Commutateur à bouton
Fig. 472

Un *bouton commutateur* placé sur le fil positif, entre le coupe-circuit et la lampe, permet l'extinction ou l'allumage de celle-ci.

Le retour du courant aux dynamos se fait par une canalisation spéciale ou par la coque du navire.

Dans la marine militaire on a renoncé à l'emploi de la coque comme circuit général de retour. En opérant ainsi, on facilite les recherches en cas d'avaries et on réduit les inconvénients qui peuvent naître des mélanges ou communications insolites entre les circuits de départ.

Organes récepteurs.

Les organes récepteurs sont : les *lampes à incandescence* destinées à l'éclairage intérieur du navire, les *réflecteurs* qui servent à éclairer une partie du pont et les *projecteurs* qui servent à fouiller l'horizon et éclairer la marche du navire.

Les lampes employées à bord des navires pour l'éclairage intérieur sont de divers types : Edison, Swan, Cruto, etc. Elles sont généralement de 16 ou de 10 bougies, selon l'importance du local à éclairer.

La plupart sont pourvues d'armatures servant à les protéger contre les chocs. Leur ensemble constitue, à bord des navires, ce que l'on est convenu d'appeler l'*appareillage* (fig. 476 à 480).

L'appareillage sur un grand paquebot comprend :

1º des pendentifs ornementés pour salons, fumoirs, etc.

2º des pendentifs simples unis pour chambres à passagers.

3º des bras ornementés pour couloirs, escaliers, etc.

4º des bras de muraille ornés ou unis pour chambres d'officiers du bord.

5º des lanternes wagons démontables avec verres unis, *sans* grillage, pour cuisines, offices, postes des troisièmes classes, chauffeurs, équipage, etc.

6º des lanternes wagons démontables avec verres unis, *avec* grillage, pour les cales et entreponts à marchandises.

7º des lanternes vagons *non* démontables à verres unis avec ou sans grillage, pour la machine, le tunnel, etc.

8º Des lanternes wagons *non* démontables, à verres dépolis, sans grillage, pour water-closets, salles de bains, etc.

9º des lanternes murailles, cages à lumières, pour locaux divers.

10º des bras de niveau d'eau pour les chaudières.

La dépense électrique des lampes ne dépasse pas d'habitude 0 ampère 40 pour les lampes de 10 bougies, et 0 ampère 65 pour les lampes de 16 bougies.

Chaque lampe a sa dérivation spéciale et le retour de courant se fait par fil spécial.

Les sections des câbles sont calculées de telle sorte que l'intensité des courants qui les traversent ne dépasse pas 2 ampères par millimètre carré de section, même en tenant compte d'une surcharge éventuelle de 5 %. Leur parcours est établi de manière à égaliser autant que possible la différence du potentiel à chaque lampe ; la perte maximum de tension pour les moins favorisées n'excède pas 3 volts en moins de la tension aux bornes de la dynamo.

Types de lampes et d'appareils en usage à bord des navires.

Lampe Edison à filament de bambou du Japon, carbonisé (fig. 473) :

	Lampes de 16 bougies	Lampes de 10 bougies
Résistance à chaud, en ohms . .	135	170
Nombre de volts correspondant .	100	91
Intensité en ampères	0,70	0,54
Nombre de lampes par cheval . .	8	13,5

Lampe Swan à filament de charbon carbonisé (fig. 474). — Type de 100 volts environ : Dépense électrique : 0 amp. 40 pour les lampes à 10 bougies ; 0 amp. 65 pour les lampes à 16 bougies.

Lampe Cruto à filament de platine (fig. 475) :

	Lampes de 16 bougies	Lampes de 10 bougies
Force électromotrice en volts . .	100	100
Intensité en ampères	0,65	0,35
Force motrice absorbée par la lampe en watts.	56	36

Lampe Edison   *Lampe Swan*   *Lampe Cruto*

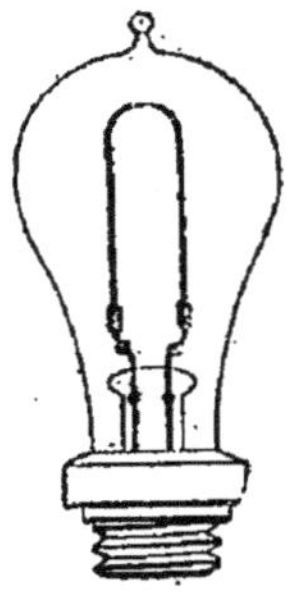

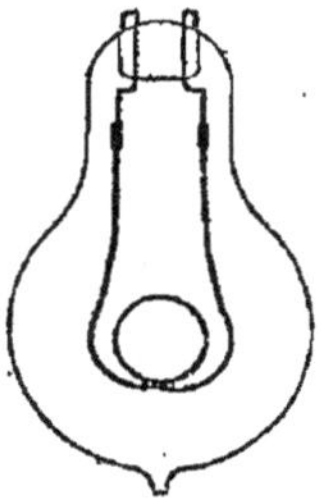

Fig. 473   Fig. 474   Fig. 475

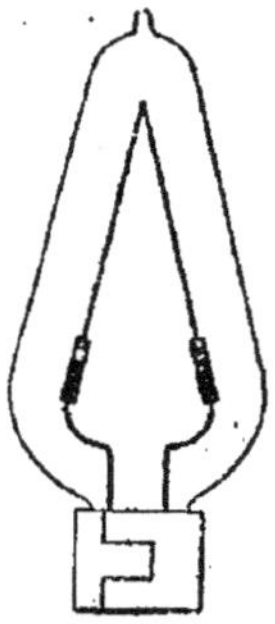

Lampes Woodhouse et Rawson. — Ces lampes sont employées sur certains navires. Elles sont à 20 bougies pour l'éclairage des cales à marchandises et à 40 bougies pour feux de route. Ces lampes prennent 2,5 watts par bougie et ont une durée de 1000 heures.

Leur force électromotrice en volts est de 38 à 115 pour les lampes à 20 bougies, et de 18 à 110 pour les lampes à 40 bougies.

Leur intensité en ampères est de 1,3 à 0,5 pour les lampes à 20 bougies, et de 2,6 à 1,35 pour les lampes à 40 bougies.

Fanaux électriques.

La maison Sautter-Harlé construit pour les feux de route, des fanaux électriques portant 2 lampes à incandescence de 30 bougies, avec 2 optiques portant l'intensité du feu à 60 bougies. Chaque lampe est alimentée à l'aide d'un circuit distinct. Les deux optiques sont placées l'une au-dessus de l'autre, et au foyer de chacune est une lampe à incandescence. Un avertisseur automatique permet de contrôler à tout instant l'état du fanal.

L'importance capitale qu'il y a à ce que les feux de position soient toujours allumés et signalent le bâtiment à la distance réglementaire, fait de cette préoccupation un souci constant, tant que le

Bras ornementé
Lanterne de muraille
Pendentif
Lanterne à main.
Lanterne wagon

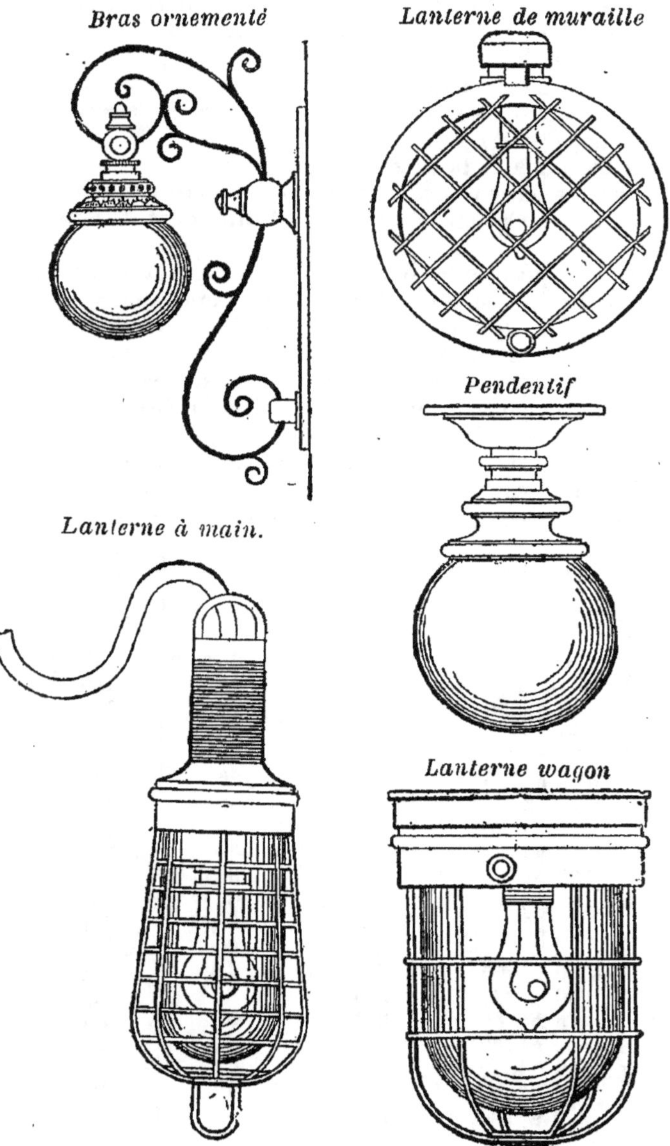

Fig. 476 à 480

commandant ou l'officier de quart ne peut se rendre compte, lui-
même, de la passerelle où il se trouve, de l'état des fanaux.

Dans les mauvais temps, alors que justement il est nécessaire
d'avoir des feux de position très visibles, la pluie et le vent rendent
particulièrement difficiles l'allumage et la marche régulière des fanaux ordinaires. S'ils viennent à s'éteindre, les difficultés pour les
rallumer sont parfois considérables et l'on perd un temps précieux.

L'introduction des lampes à incandescence dans les fanaux de
route amène d'importantes améliorations :

1° Une augmentation de la puissance lumineuse ;

2° Une sécurité beaucoup plus grande pour l'allumage et l'entretien de la lampe, les chances d'extinction réduites dans une forte
proportion.

La disposition adoptée par la maison Sautter-Harlé, pour les fanaux
électriques de route, permet d'installer l'éclairage ordinaire. Si, par
impossible, toutes les sources d'électricité venaient à être taries à
bord, l'appareil est construit de façon à permettre d enlever le chande-
lier qui supporte les deux lampes, et d'introduire à sa place la lampe
à pétrole ordinaire, dont la flamme se trouve alors au foyer de l'op-
tique supérieure, le fanal fonctionnant comme un fanal ordinaire.

Dans la Marine militaire on emploie les catégories de lampes à
incandescence suivantes :

Nombre de bougies	Voltage	Nombre de watts par bougies	Diamètre de l'ampoule	Hauteur totale
	12 volts	3,5	38 m/m	76 m/m
	25	3,5	46	100
10	50 à 55	3,5	56	118
	60 à 70	3,5	56	118
	75 à 80	3,5	56	118
	100 à 120	3,5	56	118
12	25	3,5	56	118
	60 à 70	3,5	60	118
16	75 à 80	3,5	60	120
	100 à 120	4	62	130
	130	4	62	130
20	25	3,5	60	120
	25	3,3	60	120
	50 à 55	3,3	60	120
30	60 à 70	3,3	60	120
	75 à 80	3 3	60	120
	100 à 130	3,3	62	130
	60 à 70	3,2	62	130
50	75 à 80	3,2	62	130
	100 à 120	3,2	62	130
100	65 à 70	3	100	215
	75 à 80	3	100	215

Eclairage par accumulateurs. — On entend par *accumulateurs* des appareils susceptibles d'emmagasiner l'énergie électrique. Ils sont fondés sur le principe de la réversibilité des actions électro-chimiques.

L'accumulateur une fois *chargé*, il suffit de relier ses électrodes par un conducteur pour que ce conducteur soit parcouru par un courant. La charge se fait généralement à courant constant. L'intensité normale du courant de charge varie de 0 amp.. 5 à 2 ampères par kilogramme de plaques, ou électrodes. Pendant la période de charge, on maintient la force électromotrice de 2,3 à 2,4 volts par élément.

La *décharge* s'effectue à raison de 1 ampère environ par kilogramme de plaques.

Les accumulateurs *au plomb*, du système Planté, renferment un liquide formé d'eau additionnée de 10 °/o d'acide sulfurique. La densité de ce liquide doit être de 18° Baumé, quand l'accumulateur n'est pas chargé ; avec la charge elle augmente jusqu'à 23° environ.

Sur certains navires, et particulièrement sur les yachts à vapeur éclairés à l'électricité, on assure le service d'éclairage pendant les périodes de temps où, pour une raison quelconque, l'on ne veut pas faire marcher la dynamo, à l'aide d'une batterie d'éléments d'accumulateurs. La charge de ces derniers se fait pendant les heures d'éclairage avec fonctionnement du moteur ; on se sert du commutateur-coupleur qui divise la batterie en demi-batteries d'un certain nombre d'éléments chacune et les réunit en quantité sur le circuit de charge. Des rhéostats permettent de régler le régime de charge dans ces demi-batteries. Pour l'éclairage par accumulateurs, le coupleur se trouvant sur la position de charge, les demi-batteries sont de nouveau réunies en une seule prête à fournir le courant ; les rhéostats servent alors à égaliser le voltage, le nombre d'éléments restant constant.

Soins à donner au matériel électrique.

(Instructions de la maison Bréguet).

Moteurs. — Visiter constamment toutes les parties frottantes. Supprimer les jeux. Démonter souvent l'obturateur et la lanterne du régulateur pour les nettoyer à l'essence.

Dynamos. — *Soins à donner aux balais* : Les balais doivent avoir exactement la même longueur, de la pointe à la boîte du porte-balai. Ils doivent être bien serrés sur le porte-balai. On ne doit pas laisser prendre au biseau, produit par l'usure, une trop grande largeur. L'angle du balai et du collecteur doit par suite être très appréciable. Quand le méplat est trop large, il est nécessaire de former à la lime un nouveau biseau convenable. Si pour une cause quelconque, le biseau des balais se noircit ou se soude, il est convenable de le réparer de suite.

Soins à donner au collecteur. — Le collecteur doit toujours être tenu en bon état de propreté, soit avec un linge sec, soit avec un linge légèrement imbibé d'alcool, soit enfin, s'il faut une action plus énergique, en le frottant en marche avec du papier de verre. Les isolants entre les lames du collecteur étant en matière organique, il ne faut, sous aucun prétexte, graisser ou huiler le collecteur, de telle façon que l'huile imprègne cette matière organique.

Soins à donner aux planchettes d'accouplement. — Il est utile de vérifier le serrage parfait des diverses bornes de la machine, de façon à assurer les contacts métalliques nécessaires. Le contact de la fiche de mise en marche doit notamment être tenu en bon état. Quand on enlève la fiche en marche, il se produit souvent un petit arc dans le trou. Pour le faire disparaître, il suffit de le souffler legèrement.

Graissage des paliers. — Le graissage doit être toujours parfaitement assuré ; la canalisation qui assure l'écoulement dans les paliers, la circulation et la sortie de l'huile ou de la graisse doivent être tenues bien libres et en bon état, sous peine d'échauffement imprévu.

Soins à donner au montage au bout d'un certain temps de marche. — Vérifier que les chaises et les paliers ne se sont pas légèrement déplacés par rapport aux flasques ; que l'induit n'a pas été déformé par un choc violent. Constater que l'arbre tourne bien librement. Comme l'induit est très léger, on doit pouvoir le lancer à la main à une vitesse un peu grande. Il doit alors tourner pendant un temps notable de quelques dizaines de seconde.

Réglage de l'induit d'une dynamo Desroziers.

L'induit Desroziers ayant la forme d'un disque, dont le seul mouvement utile est une rotation dans son plan, on a été conduit à disposer les électros inducteurs sur deux couronnes fixes, de telle sorte que les épanouissements polaires embrassent presque entièrement la surface du disque et en soient aussi rapprochés que possible.

Des dispositions spéciales permettent, dans la suite, de retrouver les conditions géométriques du montage, si l'usure inégale des coussinets, un desserrage imprévu ou un grattage, conséquence d'un grippement, tendaient à modifier les conditions essentielles de bon entretien de la dynamo.

Ces conditions sont :

1° Partage égal des deux côtés de l'induit du jeu laissé entre le disque induit et les surfaces des épanouissements polaires ;

2° Coïncidence exacte de l'axe de l'induit avec l'axe des couronnes d'épanouissements du système inducteur.

Vérification de la bonne position de l'induit.

Pour vérifier que le jeu de l'induit dans l'entrefer est bien également partagé, il suffit de préparer une cale en bois, de telle sorte qu'elle pénètre exactement, au repos, entre un épanouissement quelconque et la surface d'induit qui lui fait face. On fait alors tourner à la main l'induit et on constate que la cale représente bien exactement l'écart pour toutes les positions de l'induit ; on fait la même vérification pour le côté opposé et la même épaisseur de cale doit pouvoir servir à cette opération.

Pour vérifier la position de l'axe de l'induit par rapport à l'axe du système inducteur, il suffit de recommencer l'expérience ci-dessus, mais dans le but de vérifier l'écart entre le bord d'un épanouissement polaire et la couronne en carton, support du fil induit, puis entre cette couronne et le bord de l'épanouissement diamétralement opposé.

Pour vérifier si l'écart entre l'induit et les pièces polaires est normal, il suffit de vérifier cet écart par un moyen géométrique quelconque pour diverses positions et en divers points. Cet écart doit être sensiblement le même en tous points. Suivant les variations de cet écart, il y aurait lieu de dégauchir les paliers par rapport aux flasques, ou de pousser l'induit vers un palier ou vers l'autre.

Réglage de l'induit. — Dans le cas où la première vérification indique un déplacement de l'induit, parallèlement à l'arbre, il y a lieu de ramener l'induit dans la position géométrique qu'il doit occuper. A cet effet on remarquera que :

La portée de l'arbre, côté accouplement, a du jeu dans son coussinet et peut, au besoin, permettre un déplacement de l'induit dans un sens ou dans l'autre (voir figure 481).

La portée de l'arbre, côté collecteur, ne possède qu'un collet a.

L'extrémité de l'arbre porte une partie filetée b sur laquelle sont vissés un écrou et un contre-écrou. L'arbre est rendu solidaire de la chaise A par l'intermédiaire du coussinet B, contre lequel portent, d'une part, l'épaulement a, d'autre part, après serrage, le manchon c avec interposition de rondelles d.

La chaise A enfin n'est serrée contre la plaque de fondation C que par deux boulons D et leurs écrous et contre-écrous.

Déplace-t-on la chaise A, l'arbre se déplace dans le même sens et ce déplacement est facile puisque les boulons peuvent coulisser dans des rainures E pratiquées dans ce but sur la plaque de fondation.

1° Revenons maintenant à la constatation d'un déplacement à l'induit. Le déplacement proviendra en général de l'usure du coussinet B, soit du côté de la portée a, soit du côté du manchon c.

Dans les deux cas, la longueur I étant diminuée, il y a lieu de réduire l'épaisseur des rondelles d de la même quantité et de resserrer le manchon *c*. On déplace alors la chaise A de manière à partager de nouveau le jeu de l'induit dans l'entrefer.

2° Supposons que, par suite de l'usure égale des coussinets, l'arbre soit descendu parallèlement à lui-même au point de faire frotter les couronnes en carton contre les bords supérieurs des épanouissements ; on remontera l'arbre en introduisant une cale d'égale épaisseur sous le coussinet carré du côté accouplement.

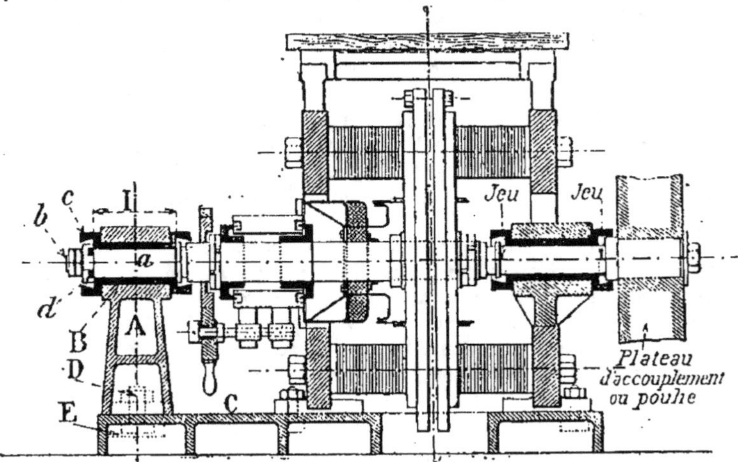

Fig. 481

3° Supposons enfin, que par suite d'un grippement, on ait été amené à gratter fortement un des deux coussinets pour éviter de donner à l'arbre une position oblique par rapport à l'axe du système inducteur ; on devra relever, comme précédemment, celui des deux coussinets que l'on a dû gratter.

Vérification électrique des machines. — Il est toujours avantageux d'isoler complètement les dynamos lorsqu'on le peut ; aussi est-il convenable de placer d'abord la plaque de fondation sur un plancher en bois, et avoir soin d'éviter que l'eau ou les huiles ne viennent baigner et imprégner ce plancher. De plus, il faut isoler, aussi les boulons de serrage de la plaque de fondation par une bague ou enveloppe cylindrique en caoutchouc ou toile isolante et par une plaque isolante percée, suffisamment large et épaisse, placée sur la plaque de fondation pour servir d'appui à l'écrou de serrage.

L'induit ne doit communiquer ni avec la masse de la machine ni avec la couronne extérieure placée à la circonférence. Pour le vérifier il suffit de constater, après enlèvement des balais, que une ou plusieurs dents du collecteur ne communiquent ni avec l'arbre ou le bâti de la machine, ni avec les couronnes circonférentielles, en employant le courant d'une pile avec une sonnerie ou avec une

autre machine en marche, en reliant momentanément les pôles +
et — de cette machine, d'une part à une lame du collecteur, et
d'autre part au bâti de la dynamo à essayer.

Les couronnes extérieures et circonférentielles ne doivent pas
non plus communiquer avec l'arbre ou le bâti de la machine. Le
vérifier comme ci-dessus.

Il y a lieu, en général, de vérifier de loin en loin l'état de serrage des divers boulons et vis qui assurent la solidité de l'induit
et de la machine.

Tableau de distribution. — Au tableau, il est utile de vérifier
de temps en temps le serrage des différents écrous. Un mauvais
serrage est une cause d'échauffement considérable, une perte inutile
d'énergie et souvent il entraîne la fusion du plomb correspondant
au circuit dans lequel existe ce mauvais serrage.

Il est utile de ne pas laisser le voltmètre indéfiniment en fonctionnement. Les ampèremètres ne doivent être introduits dans le
circuit que pendant le temps des lectures.

Les différentes touches des commutateurs doivent être souvent
nettoyées au papier de verre, afin d'y supprimer les aspérités produites
par les étincelles de rupture qui ne tarderaient pas à rendre
les contacts très mauvais.

Canalisation. — La distribution du courant à bord et l'emplacement choisi pour les câbles sont déterminés en vue de protéger
le plus possible la canalisation contre les effets désastreux de l'humidité et contre les dérivations provenant de chocs dans les fausses
manœuvres.

Le câble est noyé dans des gaines en bois rainé dont les couvercles sont faciles à ouvrir. An passage des cloisons le câble est
protégé par des tuyaux en cuivre.

Un clou mal planté peut mettre en contact toute la canalisation
avec la coque, et provoquer une série d'accidents, si l'on n'avait
pas en main le moyen de trouver rapidement ce contact. C'est
l'objet des *coupe-circuits*, en nombre assez considérable à bord.

Ces appareils doivent être visités au moins une fois par mois.
Pour bien fonctionner, il est indispensable qu'ils soient à l'abri de
l'humidité. En conséquence, tout coupe-circuit reconnu humide
devra être changé de place.

Il est indispensable également de vérifier, une fois par mois au
moins, l'état d'isolation de la canalisation. A cet effet, le mode de
procéder est le même que celui de la recherche d'un contact. Lorsqu'on suppose qu'il a pu s'en produire un, la marche est la suivante :

Détacher au tableau les naissances des câbles positif et négatif
du circuit à visiter.

Ouvrir les commutateurs de toutes les lampes du circuit.

Essayer à la sonnerie ou au téléphone de préférence le câble positif. Si la sonnerie tinte, il y a un contact à la coque sur tout le

parcours. Si la sonnerie ne tinte pas, le câble est parfaitement isolé.

Même opération ensuite pour le câble négatif.

Si la sonnerie a tinté sur le câble positif, chercher à partir du tableau, où se trouve le premier coupe-circuit. Détacher le plomb de ce coupe-circuit et recommencer l'essai. Si la sonnerie ne tinte plus, le contact se trouve au coupe-circuit ou au delà. Si la sonnerie tinte encore, le contact est localisé entre le tableau et le premier coupe-circuit.

Dans le premier cas, recommencer l'essai à la sonnerie, en prenant pour naissance du câble positif le bout qui venait se rattacher au coupe-circuit. Si la sonnerie ne tinte pas, c'est que le contact se trouve dans le coupe-circuit lui-même. Il faudra changer ce coupe-circuit et ne pas mettre le nouveau à la même place, car celle-ci est probablement désavantageuse.

Si la sonnerie tinte, chercher le coupe-circuit suivant, en détacher le plomb, recommencer l'opération précédente, et ainsi de suite.

Ce travail est long, mais le résultat est infaillible.

On doit toujours, par ce procédé, localiser un contact sur un bout de câble compris entre deux coupe-circuits.

Si ce bout de câble *est court*, on le suivra pas à pas, et, en général, on découvrira la cause du contact. Si un examen minutieux ne permet pas d'arriver au but, on enlèvera cette portion de câble, et on la remplacera par du câble neuf.

Si le bout de câble *est long*, le couper en son milieu, localiser le contact dans une des moitiés et agir pour cette moitié comme sur le bout de câble court.

Instructions du « Veritas »
pour l'éclairage électrique à bord des navires

Dynamos. — Les dynamos seront d'un modèle éprouvé, de préférence à courants continus ; le voltage n'excèdera pas 120 volts. Les moteurs seront munis d'un régulateur sensible et placés dans la chambre des machines, ou dans un local voisin convenablement ventilé.

Tableaux de distribution. — Les appareils du tableau principal seront montés sur plaques d'ardoise ou autre substance incombustible ; il sera placé dans le voisinage des dynamos et accessible par derrière si possible, à moins que les connexions ne soient placées sur la face antérieure du tableau. Les circuits principaux partant de ce tableau aboutiront à des tableaux auxiliaires qui distribueront les courants aux divers groupes de lampes non desservis par les câbles principaux.

Le tableau principal portera un voltmètre et autant d'ampèremètres qu'il y aura de dynamos.

Conducteurs. — Les conducteurs seront formés de fils de cuivre de haute conductibilité, dont la résistance spécifique ne devra pas dépasser 1,8 microhms-centimètre à 15° et d'un diamètre minimum de neuf dixièmes de millimètre. La section des conducteurs sera calculée à raison de 1 millimètre carré au moins par deux ampères.

L'enveloppe isolante des conducteurs devra être absolument imperméable et capable de supporter une température de 65° centigrades sans se ramollir ou se détériorer. L'isolement sera d'au moins 450 mégohms par kilomètre après une immersion de 24 heures dans l'eau de mer à 15° centigrades.

Si l'on emploie des dynamos à courants alternatifs, l'isolement devra être double de celui qui correspondrait à un courant continu de même voltage.

Il est recommandé de faire un essai d'isolement avant chaque voyage de longue durée.

Les conducteurs seront accessibles. Dans les logements, ils seront enfermés dans des gaînes en bois munies de couvercles vissés. Dans les locaux humides, on emploiera des câbles sous plomb ou tout autre système de protection également efficace ; dans les cales, et partout où ils seront exposés à des chocs, ils seront armaturés ou protégés par des gardes métalliques.

On prendra des dispositions efficaces pour rendre étanches les passages de conducteurs à travers les ponts et les cloisons.

Joints. — Les joints seront faits avec soin et isolés comme les câbles eux-mêmes ; on emploiera la résine pour les joints soudés.

Les joints seront placés dans des endroits facilement accessibles. Dans les installations comportant un fil de retour, les joints des deux conducteurs ne devront pas se trouver vis-à-vis.

Dans les installations à fil unique, tous les contacts avec la coque seront dans des positions accessibles. Les gros câbles seront assujettis sur une plaque en cuivre boulonnée à une partie métallique du navire, préalablement grattée à blanc. La surface de contact sera égale à cinq fois au moins la section du conducteur. Pour les lampes isolées et les petits conducteurs, on pourra employer une vis en bronze avec rondelle métallique inoxydable.

Les *Commutateurs* devront être instantanés et disposés de manière à ne pouvoir pas rester dans une position intermédiaire entre les contacts ; ils auront de larges surfaces de contact entre lesquelles le frottement devra être assez énergique pour faire disparaitre toute trace d'oxyde.

Chaque circuit principal ou partiel sera pourvu d'un commutateur ; dans les locaux humides, ils seront enfermés dans des boîtes étanches avec couvercle amovible.

Des *coupe-circuits fusibles* seront placés, en principe, à l'origine de chaque branchement et le plus près possible des commutateurs de bifurcations ; ceux des câbles principaux seront placés sur le tableau de distribution. Dans les installations à double conducteur, il y aura un coupe-circuit aux deux extrémités de chaque circuit partiel et de chaque dérivation.

Les coupe-circuits devront fondre sous l'action d'un courant double du courant normal, soit 4 ampères par millimètre carré du conducteur.

Les *lampes* seront d'un modèle solide, bien isolées et solidement fixées dans leurs supports.

Dans la chambre des machines, les fanaux électriques devront être étanches, et protégés par un globe de verre avec filet métallique.

Les fanaux placés sur le pont, de même que les feux de route, devront être parfaitement étanches et leurs installations démontables à volonté.

Dans les navires pétroliers, les dynamos à courants alternatifs sont interdites et les installations avec retour par la coque sont à éviter.

L'enveloppe isolante des conducteurs devra être inattaquable au pétrole et aux gaz qui s'en dégagent.

Les conducteurs devront être placés en dehors des réservoirs à pétrole.

On évitera de placer des joints, des commutateurs ou des coupe-circuits dans la chambre des pompes.

Les lampes à arc sont interdites ; toutes les lampes à incandescence, sur le pont ou dans les cales, devront être solidement protégées par des globes en verre imperméables à l'air et par un filet métallique.

Compas. — En vue d'atténuer les perturbations produites sur les compas par le voisinage des courants électriques, les compas, et surtout le compas-étalon, devront être au moins à 10 mètres de toute dynamo ou moteur électrique à courant continu ; cette distance devra être portée à 15 mètres pour les machines à courants alternatifs. Aucun conducteur isolé ne devra passer à moins de 5 mètres d'un compas ; si cette distance ne peut pas être observée, on devra établir le circuit correspondant à double fil dans le voisinage des compas.

Les *chronomètres* devront être également maintenus à une distance suffisante des dynamos et des conducteurs.

On vérifiera l'action des courants électriques sur les compas, au moment du réglage de ceux-ci, en mettant en œuvre dans chaque position du navire toutes les combinaisons de courants qui peuvent produire des déviations.

Instructions du « Lloyd Register » sur le même sujet.

Conducteurs ou circuits. — La section des fils de cuivre, constituant l'âme des câbles, sera au moins d'un pouce carré par mille ampères à transmettre.

On n'emploiera pas de fils simples en cuivre d'un diamètre supérieur à 2 millimètres ou inférieur à 1m/m2. Pour les conducteurs mobiles, on fera usage de câbles en torons ayant une conductibilité et une flexibilité en rapport avec le but à atteindre.

Le cuivre, employé dans la confection des fils et câbles, devra avoir une conductibilité au moins égale à 98 % de celle du cuivre pur.

La résistance d'isolement de tous les fils, y compris les conducteurs mobiles, ne devra pas être inférieure à 600 mégohms par mille légal, après une immersion de 24 heures dans l'eau de mer.

La matière isolante, portée à une température de 82° centigrades ne devra pas se ramollir d'une façon appréciable. Si le caoutchouc est employé comme isolant, les fils seront recouverts, d'abord d'une couche de caoutchouc pur, ensuite d'une enveloppe séparatrice, puis d'une couche de caoutchouc vulcanisable, et enfin entourés d'un ruban caoutchouté. Cet ensemble devra alors être vulcanisé. On protègera ensuite convenablement le câble, de préférence avec un guipage en fibre imperméable.

Les *joints* des fils d'aller et ceux des fils de retour ne seront jamais placés en face les uns des autres. Tous les joints devront se trouver dans les endroits accessibles, jamais dans les soutes et dans les cales.

Pour souder les fils, on ne devra se servir que de résine comme fondant.

Les câbles qui seront exposés aux intempéries ou à l'humidité, devront être recouverts de plomb. Dans les endroits où règne une température élevée, les câbles seront protégés par des gaînes en fer.

Les tableaux de distribution seront en ardoise ou en toute autre matière incombustible. Les *commutateurs* devront être à brusque rupture, et seront construits de telle façon, que la communication soit complètement ouverte ou fermée sans jamais pouvoir prendre une position intermédiaire. Les commutateurs auront une large surface de frottement et une conductibilité au moins égale à celle des fils qui y aboutissent.

Chaque circuit, principal ou auxiliaire, aura son *coupe-circuit* sur les tableaux de distribution, le plus près possible de son commutateur. Tous les autres coupe-circuits seront placés dans des endroits facilement accessibles, et aussi près que possible de l'origine des câbles ou fils qu'ils sont appelés à protéger.

Tous les plombs seront en métal facilement fusible et non oxydable et calculés pour fondre sous un courant double du courant normal, c'est-à-dire, sous un courant équivalent à 2000 ampères par pouce carré de section des fils qu'ils protègent; toutefois, si les plombs des fils de branchement des lampes isolées sont en étain, leur dimension ne devra pas dépasser 7 millimètres.

On n'admettra aucun joint dans les câbles allant de la dynamo au tableau principal de distribution, ni dans ceux allant du tableau principal aux tableaux auxiliaires, et on ne prendra sur ces câbles aucun branchement sur les lampes isolées.

Chaque installation aura son voltmètre. Si on installe plus d'une dynamo, chaque dynamo devra avoir son ampèremètre alors même qu'une seule dynamo serait insuffisante pour fournir toute l'énergie nécessaire.

Les dynamos et les moteurs puissants seront placés à une distance d'au moins 30 pieds du *compas étalon.*

Dans les navires où les dynamos sont à courant continu et où la distribution se fait par simple fil, la distance minimum, entre tout fil simple et le compas, sera de 15 pieds.

(Les instructions du « *Lloyd Register* » pour l'éclairage électrique des navires transportant du pétrole sont sensiblement les mêmes que celles du « *Véritas* »).

Conductibilité des fils du cuivre formant les conducteurs.

La résistance du cuivre varie considérablement suivant sa provenance et sa pureté. La conductibilité du cuivre pur étant 100, on trouve, d'après Matthiesson, les abaissements de conductibilité indiqués par le tableau suivant :

Substances alliées au cuivre pur en °/₀	Températures	Conductibilité Cuivre pur=100
Carbone. . . .	0,5	18°3	77,87
Soufre	0,18	19,4	98,08
	0,13	20,0	70,34
Phosphore . . .	0,95	22,1	24,16
	2,5	17,5	7,52
	traces	19,7	60,08
Arsenics. . . .	2,8	19,3	13,66
	5,4	16,8	6,42
	traces	19,0	88,44
Zinc.	1,6	16,8	79,37
	3,2	10,3	59,23
	0,48	11,2	35,92
Fer	1,68	13,1	28,01
	1,33	16 8	50,44
Etain.	2,52	17,1	33,93
	4,90	14,4	20,24
	1,22	20,7	90,34
Argent	2,45	19,7	82,52
Or	2,50	18,1	67,94
Aluminium . . .	10,00	14,0	12,68

Pour pouvoir exprimer la résistance d'un cuivre quelconque par comparaison avec le cuivre pur de Matthiessen, il faut se rappeler que ce dernier a une résistance spécifique de 1,6 microhms-centimètre, légaux à O°. Comparé à cet étalon, on trouve couramment dans le commerce du cuivre ayant 105 % de conductibilité.

Traversée de nuit du canal de Suez.

Ce fut le 1er décembre 1885 que parut un règlement provisoire autorisant seulement les navires postaux et les navires de guerre, munis d'appareils convenables, à naviguer de nuit entre Port-Saïd et le kilomètre 54, environ le tiers de la longueur totale du canal, à leurs risques et périls.

Le premier passage fut effectué par le « *Carthage* », de la Compagnie Péninsulaire Orientale, en avril 1886, et le fut avec succès; peu de jours après, il fut suivi par « *l'Océanien* » des Messageries Maritimes.

A compter de ce jour, les traversées s'effectuèrent dans d'assez bonnes conditions, et la Compagnie du Canal crut pouvoir étendre son autorisation à toute l'étendue du parcours et à tous les navires munis d'appareils électriques acceptés par elle. Elle établit un règlement, en date du 1er mars 1887, auquel sont soumis actuellement les navires à vapeur qui transitent de nuit par le canal de Suez.

Ce règlement porte que ces navires doivent être munis:

1o A l'avant, d'un projecteur électrique d'une portée de 1200 mètres; ce projecteur devra être placé aussi près que possible du niveau de l'eau.

2o D'une lampe électrique à abat-jour suspendue au-dessus du pont et capable d'éclairer un champ circulaire d'environ 200 mètres de diamètre.

L'article 7 porte que les signaux des gares aux navires en marche, la nuit, sont les suivants :

1o Diminuez la vitesse : 3 feux blancs superposés ;
2o Garez-vous : 2 feux blancs superposés;
3o Passez : 1 feu blanc.

Lorsque ces signaux s'adressent à un navire venant du Nord, ils sont surmontés d'un feu fixe rouge. Au contraire, ce feu rouge est placé au-dessous lorsque le signal s'adresse à des navires venant du Sud.

Dans sa première traversée, le « *Carthage* » portait un projecteur Mangin de 0m,40 de diamètre et une dynamo-Gramme actionnée directement par un moteur Brotherhood. Le projecteur est suspendu au-devant de l'étrave, de manière que son faisceau soit à peu près de 3 mètres au-dessus du niveau de l'eau et qu'aucun rayon lumineux ne puisse venir frapper directement l'œil du pilote ou de la vigie de l'avant, ce qui affaiblirait leur puissance de vision.

L'intensité de la source lumineuse est de 45 ampères pour les projecteurs Mangin de 0^m,40 de diamètre. Les constructeurs anglais emploient des projecteurs de 0^m,60 de diamètre environ avec 60 ampères. Les projecteurs anglais sont à miroirs sphériques, ce qui oblige à augmenter leur diamètre et l'intensité du foyer, pour obtenir la même portée.

La lampe prescrite à la tête du mât est une lampe automatique ordinaire ; celle de Gramme, de 24 ampères, peut éclairer un cercle de 200 mètres de diamètre.

La durée de la traversée du Canal a été réduite, en moyenne, de 45 heures, elle est descendue de 37 heures et demie à 22 heures et demie, soit une diminution de 40 % Pour certains grands navires, la durée est beaucoup moindre, elle n'est que de 15 heures.

95 % des navires se servant de leurs propres projecteurs, ont donné la préférence aux appareils du colonel Mangin, et plus de 50 % des navires transitant avec des projecteurs pris en location ont adopté également ce matériel de construction française.

Fils et câbles pour lumière électrique, isolés au caoutchouc vulcanisé.

(The India Rubber, gutta-percha and Telegraph Works Cᵒ Limited).

Isolement minimum 1000 megohms par kilomètre à 15° C.
Essai fait dans l'eau après 24 heures d'immersion.

Conducteurs en fils de cuivre étamés de haute conductibilité, recouverts de trois couches de caoutchouc, dont une de caoutchouc pur et deux de caoutchouc vulcanisé, puis de deux rubans caoutchoutés.

Composition des conducteurs.

Section en millimètres carrés	Nombre de fils	Diamètre de chaque fil en dixièmes de millim.	Résistance électrique approximative par kilomètre à 15° C, en ohms
0,50	1	8	34,82
0,63	1	9	27,51
0,78	1	10	22,29
0,95	1	11	18,42
1,13	1	12	15,48
1,54	1	14	11,37
1,77	1	15	9,90
2,01	1	16	8,71
2,54	1	18	6,88
3,14	1	20	5,57
3,80	1	22	4,61
4,91	1	25	3,57
5,73	1	27	3,06
7,07	1	30	2,48
2,71	7	7	6,50
3,53	7	8	4,98
4,50	7	9	3,93
5,51	7	10	3,19
6,91	7	11	2.63
7,98	7	12	2,21
9,38	7	13	1,86
10,88	7	14	1,63
12,51	7	15	1,42
14,21	7	16	1,25
16,00	7	17	1,10
18,00	7	18	0,983
20,00	7	19	0,882

Composition des conducteurs (suite).

Section en millimètres carrés	Nombre de fils	Diamètre de chaque fil en dixièmes de millim.	Résistance électrique approximative par kilomètre à 15° C, en ohms
22	19	12	0,815
25	19	13	0,694
30	19	14	0,598
34	19	15	0.521
39	19	16	0,458
43	19	17	0,406
49	19	18	0,362
55	19	19	0,325
60	19	20	0,293
66	37	15	0,268
75	37	16	0,235
95	37	18	0,186
118	37	20	0,151
142	37	22	0,125
156	37	23	0,114
184	37	25	0,097
199	37	26	0,089
231	37	28	0,077
265	37	30	0,067
304	61	25	0,059
405	127	20	0,044

Fils et câbles pour lampes à incandescence.

Conducteurs formés d'un fil de cuivre étamé de haute conductibilité recouvert d'une couche de caoutchouc pur et d'un guipage de coton.

Section en millimètres carrés	Diamètre du fil en millimètres
0,50	8/10
0,78	10/10
1,00	113/100
1,32	13/10
1,54	14/10
1,77	15/10
2,01	16/10
2,54	18/10
3,14	20/10

Résistance des métaux et alliages usuels
à la température de 0° C. (1)

Nature des conducteurs	Résistance spécifique en Microhms-centimètre (α)	Résistance de 1 mètre pesant 1 gramme	Résistance de 100 mètres de 1 millimètre de diamètre	Accroissement de résistance par degré centigrade vers 20° C.
		Ohms	Ohms	
Argent recuit . . .	1,492	0.1547	1,899	0,00377
— écroui . . .	1,620	0,1650	2,062	»
Cuivre recuit . . .	1,584	0,1415	2,017	0,00388
— écroui . .	1,621	0 1443	2,063	»
Or recuit. . . .	2,041	0,4007	2,598	0,00365
— écroui	2,077	0,4076	2,645	»
Aluminium recuit . .	2,889	0,0743	3,679	0,0039
Zinc comprimé . . .	5,580	0,3995	7,105	0,00365
Platine recuit . . .	8,981	1,9250	11,435	0,00247
Fer recuit	9,636	0,7518	12,270	0,00630
Nickel recuit . . .	12,356	1,0520	15,730	»
Etain comprimé. . .	13,103	0,9564	16,680	0,00365
Plomb comprimé . .	19,465	2,2170	24,780	0,00387
Antimoine comprimé .	35,210	2,3700	44,830	0,00389
Bismuth comprimé. .	130,100	12,8000	165,600	0,00354
Mercure liquide. . .	94,340	12,8260	120,120	0,00072
Alliage 2 Pt + 1 Ag .	24,187	2,9070	30,780	0,00031
— 2 Au + 1 Ag .	10,776	1,6380	13,720	0,00065
— 9 Pt + 1 Ir. .	21,633	4,6510	27,540	0,00133
Maillechort	20,760	1,8170	26,430	0,00044

Si nous voulons par exemple calculer la résistance de 15 mètres de fil de cuivre de 4 mm. de diamètre nous aurons :

$$R = \alpha \ \frac{l}{\dfrac{\pi \, d^2}{4}} = 1,6 \times \frac{1500}{\dfrac{\pi \, \overline{1,4}^2}{4}} = 19093 \ \text{microhms}.$$

ou   0,019093 ohm.

Influence de la température sur la résistance des métaux (Matthiessen).
— La résistance des métaux à une température quelconque t peut se représenter par la formule :

$$R_t = R_0 \ (1 + \alpha t + \beta t^2)$$

1. Robert P. Bouquet. — *Notes et Formules d'électricité industrielle.* — E. Bernard et Cie, éditeurs.

Rt résistance à la température t.

R$_0$ résistance à 0° C,

t température en degrés centigrades.

α et β coefficients numériques dont voici quelques valeurs:

	α	β
Métaux très purs	+ 0,003824	+ 0,00000137
Mercure	+ 0,0007485	— 0,000000398
Maillechort.	+ 0,0004433	+ 0,000000154
Alliage d'argent et de platine	+ 0,00031	

Résistance des métaux aux basses températures. — La résistance de la plupart des métaux purs peut être représentée approximativement par la formule:

R $=$ R$_0$ (1$+at$) pour des températures variant de de 0 à 100° C.

Argent.	0,00385	entre + 30°	et — 120°
Aluminium	0,00388	28	— 90
Magnésium	0,00390	0	— 88
Etain	0,00424	0	— 85
Cuivre.	0,00418	0	— 58
Cuivre.	0,00425	— 69	— 123
Fer.	0,00490	9	— 92
Platine	0,00342	0	— 95
Mercure solide	0,00407	— 40	— 92

α est exprimé en microhms-centimètre.

Application de l'électricité à l'assainissement des cales des navires.

A bord des navires, on emploie généralement pour la désinfection des cales et entreponts où existent des causes d'insalubrité, les agents chimiques désinfectants, tels que le chlore et les hypochlorites, les permanganates et les sels de fer; ou antiseptiques, tels que l'acide phénique, la créosote, le goudron et le camphre. Tous ces produits, excellents dans certains cas, n'assurent pas la salubrité complète et permanente dans toutes les parties du bâtiment.

Parmi les procédés employés jusqu'ici pour résoudre le problème de la salubrité à bord des navires, celui dû à M. E. Hermite, à Paris, au moyen de l'électricité, mérite d'être signalé.

Ce système consiste à distribuer dans toutes les parties d'un navire et d'une façon continue, à l'instar de l'eau ou de la vapeur, un liquide ayant un grand pouvoir désinfectant, de façon que l'on puisse le faire couler à tous les moments dans les endroits dangereux, simplement en tournant un robinet.

Le procédé Hermite est basé sur le principe suivant : quand on fait passer un courant électrique dans une dissolution aqueuse d'un chlorure, de préférence le chlorure de magnésium ou un mélange de chlorure de magnésium et de chlorure de sodium comme l'eau de mer, par exemple, ce chlorure est décomposé en même temps que l'eau : il se forme au pôle positif un composé oxygéné de chlore très instable et doué d'un grand pouvoir d'oxydation, et partant de désinfection. Au pôle négatif, il se forme un oxyde qui a le pouvoir de précipiter certaines matières organiques.

Par électrolyse on obtient donc, dans ces conditions, un liquide qui a les propriétés suivantes :

1º De détruire complètement les matières organiques résultant de la putréfaction, et aussi les gaz, tels que l'hydrogène sulfuré, le sulfhydrate d'ammoniaque, les carbures d'hydrogène, et aussi les germes ou microbes.

2º De précipiter certaines matières telles que les matières albuminoïdes, etc., et par conséquent de clarifier les eaux.

A bord des navires, la dissolution du chlorure dont on a besoin pour l'application du procédé Hermite est l'eau de mer. Le simple passage de l'eau de mer dans un appareil appelé *électrolyseur* suffit pour communiquer à cette eau des propriétés désinfectantes.

L'appareil électrolyseur breveté, Hermite, consiste en une cuve en fonte galvanisée ayant à la partie inférieure un tube perforé d'une quantité de trous et muni d'un robinet en zinc. C'est par ce tube que les eaux à désinfecter mélangées avec de l'eau de mer ou de l'eau de mer seule entrent dans l'électrolyseur. Le haut de la boîte, en fonte galvanisée, est muni d'un rebord formant canal: le liquide déborde dans ce canal et s'en va par un tuyau. On obtient ainsi une circulation continuelle.

Les électrodes négatives sont formées par un certain nombre de disques en zinc montés sur deux arbres qui tournent lentement.

Entre chaque paire de disques en zinc, sont placées les électrodes positives, dont la surface active est constituée par de la toile de platine maintenue par un cadre en ébonite qui donne la raideur nécessaire.

Chaque cadre ou électrode positive communique par une pièce de plomb à une barre de cuivre qui traverse l'électrolyseur; le contact est fait au moyen d'un écrou, et chaque électrode peut être enlevée en marche sans gêner le bon fonctionnement de l'appareil. Cette barre de cuivre, à laquelle sont fixées les électrodes positives, est en communication avec le pôle positif de la dynamo.

Le courant est distribué dans toutes les électrodes de platine, d'où il passe, en traversant le liquide, aux disques de zinc formant électrodes négatives, et communiquant par la boîte en fonte avec le pôle négatif de la dynamo.

Quand on emploie plusieurs électrolyseurs, on les monte en tension, c'est-à-dire que l'on fait communiquer le pôle positif du premier avec le pôle négatif du second, et ainsi de suite. On fait généralement passer dans les électrolyseurs un courant électrique de 1000 à 1200 ampères.

L'appareil complet formé de la dynamo, de l'électrolyseur et d'une pompe, est monté sur un bâti en fonte. Il suffit de commander la dynamo par une force quelconque pour que l'appareil complet soit en marche.

A l'aide de cet appareil, on peut donc électrolyser de l'eau de mer pour en obtenir un désinfectant énergique qui peut être envoyé ensuite en un endroit quelconque du navire, par une canalisation spéciale.

II. — Hydraulique.

La partie de la mécanique qui traite de l'équilibre des liquides prend le nom *d'hydrostatique*. Celle relative à l'équilibre des fluides élastiques, les gaz, est la *pneumatique*. *L'hydrodynamique* est réservée à la partie qui a pour but l'examen des fluides en mouvement.

La partie de l'hydrodynamique ayant exclusivement rapport aux liquides prend le nom *d'hydraulique*.

Les liquides ne se compriment que bien faiblement pour de très fortes pressions; c'est ce qui leur fait souvent donner le nom de *fluides incompressibles*.

Quand les liquides sont comprimés, si la pression cesse son action, ils reprennent exactement leur volume primitif. Ils ne jouissent pas, comme les gaz, de la faculté expansive à l'état libre.

D'après *le principe de l'égalité de pression*, de Pascal, toute pression exercée en un point d'un liquide en repos, se transmet également à ce liquide dans toutes les directions. La valeur absolue de cette pression est proportionnelle à l'étendue de la surface pressée que l'on considère.

De l'hypothèse de la fluidité parfaite des corps résulte que dans un fluide en repos, dont les parties ne sont sollicitées par aucune force extérieure autre que leur poids, une colonne verticale prismatique du fluide, ayant sa base supérieure sur la surface supérieure du liquide dans le vase, exerce sur sa base inférieure une pression égale au poids de la colonne, et en général la pression sur une section horizontale quelconque de cette colonne est égale au poids de la partie de colonne qui surmonte la section considérée. Ainsi la pression sur la base supérieure de la colonne est nulle, et elle augmente par chaque section horizontale proportionnellement à la profondeur de cette section au-dessous de la surface supérieure du liquide.

Cette pression est mesurée sur chaque unité de surface de la section du liquide et du vase, par une colonne du liquide, ayant pour base cette unité de surface, et pour hauteur la profondeur, mesurée verticalement, de la section au-dessous du point supérieur de la surface du liquide. Cette pression, en chaque point d'une section horizontale du liquide et de la paroi du vase, ne dépend nullement de la forme de ce vase, mais seulement de la profondeur verticale de la section au-dessous du point supérieur de la masse liquide.

La pression en un point quelconque d'une masse fluide et contre les parois du vase contenant le fluide se compose généralement de deux parties : 1o de la pression extérieure qui se transmet uniformément en tous les points du fluide et contre les parois; 2o de la pression due à l'action de la pesanteur sur le fluide.

Cette dernière est constante pour tous les points placés sur une même section horizontale et elle varie d'une section horizontale à une autre, proportionnellement à la profondeur de la section au-dessous du point le plus élevé du fluide supposé homogène.

Ainsi, ω étant le poids du mètre cube de fluide, la pression due à la pesanteur est ωh par mètre carré sur une couche horizontale située à la profondeur h au-dessous du niveau supérieur du fluide, et contre la partie de paroi située à la même profondeur.

Du principe de la transmission de pression des fluides, il résulte qu'un liquide placé dans un vase ouvert ne peut être en équilibre qu'autant que sa surface est horizontale.

Les surfaces de niveau, dans des vases communiquants, se trouvent dans un même plan horizontal.

Pression d'un liquide pesant homogène sur un plan. — Soient P la pression normale qui s'exerce sur une certaine portion de surface F de la paroi d'un vase, ω le poids de l'unité de volume du liquide et h la hauteur de colonne d'eau comptée depuis le centre de gravité S de la portion F de paroi jusqu'à la surface du niveau du liquide (fig. 482).

On a :
$$P = \omega F h$$

Si le fluide est en outre soumis à une pression étrangère de n kilos par mètre carré, la pression totale contre ce plan serait :
$$n F + \omega F h = P.$$

Pour obtenir la pression suivant une direction quelconque, sur des surfaces planes comme sur des surfaces courbes, il suffit de mettre pour F dans la formule précédente, la projection de ces surfaces sur un plan perpendiculaire à cette direction, et pour h la distance du centre de gravité de cette projection à la surface de niveau.

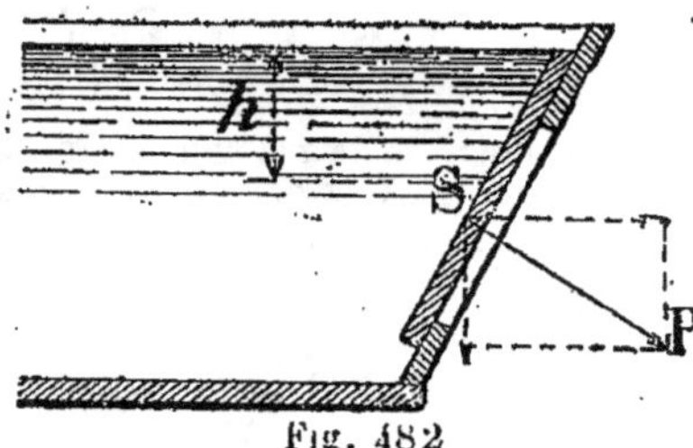

Fig. 482

Le point d'application de la résultante de toutes les pressions élémentaires qui agissent sur un plan se nomme le *centre de pression* ; il est placé au-dessous du centre de gravité, et sa distance Z au niveau du liquide est :

$$Z = \frac{\text{moment d'inertie de la surface}}{\text{moment statique de la surface}} \times \sin \alpha.$$

α est l'angle que fait le plan avec le niveau du liquide.

Pour un rectangle dont l'un des côtés serait placé dans le plan du niveau, on aurait, si a est la hauteur du rectangle :

$$Z = \frac{\frac{1}{3} F a^2}{\frac{1}{2} F a} = \frac{2}{3} a.$$

c'est-à-dire que le centre de pression se trouverait placé aux $\frac{2}{3}$ de la hauteur du rectangle.

Tout corps plongé dans un liquide est soumis à l'action d'une force dirigée de bas en haut, et que l'on nomme *poussée*.

La valeur P de cette poussée est égale au poids du liquide déplacé, c'est-à-dire au produit du volume V de la partie immergée du corps par le poids spécifique ω du liquide, ou V ω.

Le *point d'application* de cette poussée est au centre de gravité de la partie de liquide déplacée.

Pressions exercées par un liquide contre une paroi courbe. — La somme des projections, sur un axe quelconque, des pressions exercées par un liquide sur une paroi courbe, est égale à la pression par unité de surface, multipliée par la projection de la paroi sur un plan perpendiculaire à l'axe considéré.

Ecoulement de l'eau.

La formule donnant la vitesse moyenne V avec laquelle l'eau s'écoule par un orifice de petites dimensions par rapport à celles du réservoir et à la pression sur son milieu, est :

$$V = \sqrt{2 g H}$$

dans laquelle,

H est la hauteur de la colonne d'eau comptée depuis le centre de gravité de la section inférieure de l'orifice, jusqu'au niveau du liquide. $g = 9^m,81$ vitesse due à la pesanteur à la fin de la première seconde de chute.

De cette formule, on tire :

$$H = \frac{V^2}{2 g}.$$

Le débit Q écoulé par un orifice de section S, est :

$$Q = SV = S \sqrt{2 g H}$$

En raison du frottement de l'eau contre les parois de l'orifice, on compte la *vitesse effective v* de l'écoulement, en prenant en moyenne : $v = 0,95$ de V, pour des orifices arrondis.

On appelle ce coefficient, *coefficient de réduction de la vitesse.*

Le débit effectif sera alors :

$$q = S v.$$

Le rapport $\dfrac{Q}{q}$ entre le débit théorique et le débit effectif, se nomme *coefficient de dépense*, il est aussi égal à 0,95.

Ecoulement de l'eau par des ajutages.

Lorsqu'un orifice circulaire est accompagné d'un ajutage cylindrique de même diamètre, le coefficient de dépense Q varie avec le rapport de la longueur l de l'ajutage, à son diamètre d.

pour $\dfrac{l}{d} =$	1	2 à 3	12	24	36	48	60
on a Q $=$	0.85	0.82	0 77	0.73	0.68	0.63	0.60

Pour des ajutages coniques convergents, la dépense effective varie avec l'angle de convergence des arêtes de l'ajutage ; elle est plus grande que celle de même orifice d'un ajutage cylindrique.

La dépense théorique se calcule en prenant pour surface d'orifice celle ab de l'extrémité de l'ajutage, et pour charge H celle H' $+$ h qui a lieu sur cette même extrémité. (Fig. 483). Alors la dépense effective et la vitesse de sortie s'obtiennent en multipliant la dépense théori-

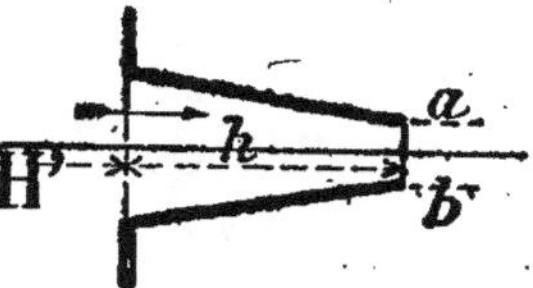

Fig. 483

que et la vitesse théorique $\sqrt{19,62 H}$ par les nombres indiqués au tableau suivant, dû à M. Castel, et relatif à des ajutages dont la longueur égale 2 fois 6 le diamètre à l'extérieur.

Dans les ajutages divergents, le coefficient de dépense est beaucoup plus petit que dans l'ajutage cylindrique de même orifice.

Angles de convergence	Coefficients de la		Angles de convergence	Coefficients de la	
	déponse	vitesse		dépense	vitesse
0°	0.829	0.830	13°24′	0.946	0.962
1°36′	0.866	0.866	14.28	0 941	0.966
3.10	0.894	0.894	16 36	0.938	0.971
4.10	0.912	0.910	19 28	0.924	0.970
5 26	0.924	0 920	21.	0.918	0.971
7.52	0.929	0.931	23.	0.913	0.974
8.58	0.934	0.942	29.58	0 896	0.975
10.29	0.938	0.950	40.20	0.869	0.980
12.40	0.942	0.955	48.50	0.847	0.984

Tuyaux de conduite

La charge H, dans les tuyaux de conduite à section circulaire constante, sans étranglement dans l'intérieur, et sans coudes brusques, est donnée par la formule :

$$H = \left(1 + f_1 + f\,\frac{l}{d} \right) \frac{V^2}{2g}$$

dans laquelle :

f est le coefficient de frottement de l'eau contre les parois des tuyaux, et égal en moyenne à 0,028.

f_1 est le coefficient de résistance à l'entrée de l'eau dans les conduites, et égal à 0,505.

l est la longueur de la conduite, à partir du réservoir d'alimentation.

d est le diamètre des tuyaux de la conduite.

V est la vitesse de l'eau par seconde.

Toutes les dimensions doivent être exprimées en mètres.

La hauteur de charge H correspond à la longueur l.

Dans cette formule,

$f_1 \dfrac{V^2}{2g}$ représente la *perte de charge* résultant de la contraction de l'eau à son entrée dans la conduite.

$f \dfrac{l}{d}\dfrac{V^2}{2g}$ est la *perte de charge* due au frottement de l'eau contre les parois du tuyau.

La pression P, en un point quelconque de la conduite, est :

$P = h - \dfrac{v^2}{2g}$, si le tuyau n'est pas trop long, en désignant par h la distance verticale entre le niveau du réservoir et le point considéré, et v la vitesse à ce même point.

Cette pression est négative quand $\dfrac{v^2}{2g}$ est plus grand que h, ou bien lorsque l'eau, au point considéré, coule avec une vitesse supérieure à $\sqrt{2gh}$.

Pour une section de forme quelconque de périmètre ou contour P, et de superficie S, on doit remplacer dans la formule (1) :

$$f\,\frac{l}{d} \quad \text{par} \quad \frac{fPl}{4S}$$

La *perte de charge*, due aux *coudes brusques*, est :

$$h_2 = f_2\,\frac{V^2}{2g} \quad \text{dans laquelle} \quad f^2 = 0{,}9457\,\sin^2\frac{\alpha}{2} + 2{,}047\,\sin^4\frac{\alpha}{2}$$

α est l'angle de déviation du tuyau.

Celle due aux *coudes arrondis* est :

$$h_3 = f_3\,\frac{V^2}{2g} \quad \text{dans laquelle} \quad f_3 = 0{,}131 + 1{,}847\left(\frac{d}{2r}\right)^{7/2}$$

d est le diamètre du tuyau, et r le rayon de courbure du coude.

S'il y a *rétrécissement* ou *étranglement brusque* de la conduite, on a :

$$h_4 = f_4\,\frac{V^2}{2g}$$

Pour les *valves tournantes* ou *papillons* (fig. 484) faisant avec l'axe du tuyau un angle α, la perte de charge $h_4 = f_4\,\dfrac{V^2}{2g}$ donne :

Fig. 484

pour $\alpha =$	10°	20°	30°	40°	50°	60°	70°	80°
on a $f_4 =$	0,52	1.54	3.91	10.8	32.6	118	751	∞

Pour les *vannes* placées dans des tuyaux cylindriques de section a, dans lesquels la section s d'obstruction subit un abaissement graduel, $h_4 = f_4\,\dfrac{V^2}{2g}$ donne (fig. 485) :

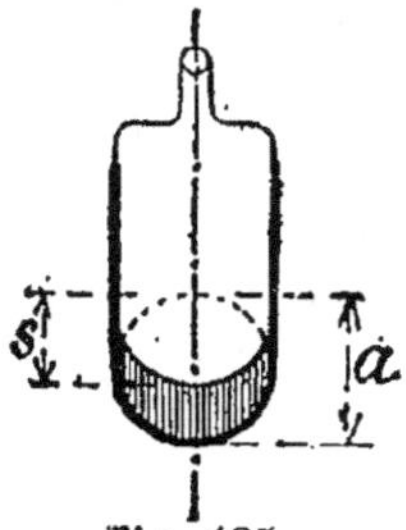

Fig. 485

pour $\frac{a}{s} =$	$\frac{1}{8}$	$\frac{2}{8}$	$\frac{3}{8}$	$\frac{4}{8}$	$\frac{5}{8}$	$\frac{6}{8}$	$\frac{7}{8}$
on a $f_4 =$	0,07	0.26	0.81	2.06	5.52	17.0	79.8

Pour les *robinets ordinaires*, placés dans les tuyaux cylindriques, $h_4 = f_4 \dfrac{V^2}{2g}$ donne (fig. 486) :

Fig. 486

position angulaire de la clef	10°	20°	30°	40°	50°	60°	65°	82° $^1/_2$
Valeur de f_4. . . .	0,29	1.56	5.47	17.3	52.6	206	485	∞

Application de l'hydraulique aux appareils auxiliaires des navires.

L'emploi de l'hydraulique à bord des navires tend à prendre, depuis quelques années, une certaine extension. La simplicité et le petit volume des machines hydrauliques, l'avantage de l'action directe de l'eau pressée qui rend les engrenages inutiles, et la très faible compressibilité de ce liquide transmettant, dans un tuyau, à quelque distance et quelque direction que ce soit, l'effort de compression reçu dans un réservoir, justifient le choix de l'eau comme intermédiaire.

Les navires de guerre utilisent depuis longtemps l'eau sous pression pour la manœuvre et le chargement des canons, le mouvement des tourelles, etc. Sur quelques navires de commerce, l'hydraulique est employée pour la manœuvre du gouvernail, du guindeau, des cabestans, le service des treuils, grues et monte-charges, etc.

A chacun de ces appareils est adaptée une presse hydraulique. L'eau sous pression est fournie par un jeu de pompes actionnées par un moteur à vapeur, qui approvisionnent un accumulateur chargé de manière à maintenir la pression voulue dans le réseau de conduites qui vont à tous les appareils. La manœuvre se fait par un jeu de robinets ou de tiroirs.

Dans l'accumulateur on emmagasine ainsi une force dont on ne se sert qu'en temps utile. Si on suppose un piston de poids P se mouvant d'une manière étanche dans un cylindre, et que l'on introduise au-dessous de l'eau refoulée par une pompe, le piston montera et on aura au-dessous de lui une réserve d'eau sous la pression P. Lorsque le piston sera arrivé au haut du cylindre, à une hauteur H au-dessus du fond, on aura emmagasiné dans ce cylindre un travail égal à $P \times H$.

Si maintenant on emprunte au cylindre une certaine quantité de l'eau qui se trouve sous pression, et qu'on la remplace immédiatement par une autre quantité refoulée par une pompe *ad hoc*, on transforme ce cylindre en *accumulateur* remplissant dans les appareils hydrauliques le rôle que joue le volant dans les machines.

Le mécanisme destiné à produire l'eau sous pression, et à la distribuer aux appareils hydrauliques du navire, se compose : de pompes de divers types, actionnées par des machines à vapeur ; d'une conduite d'eau sous pression et d'un accumulateur multiplicateur formant réservoir d'eau pressée ; d'un tuyautage conduisant cette eau aux divers appareils fixes ou mobiles du bord et la ramenant ensuite, sans pression, aux caisses-réservoirs d'aspiration des pompes.

Les pressions d'eau se font ordinairement à 55 kilogrammes par centimètre carré ; on les fait varier, selon les besoins, de 50 à 80 atmosphères. Les parois des presses et des conduites doivent être calculées pour résister à ces pressions.

Pour éviter les ruptures par la gelée, on additionne l'eau de glycérine.

Les appareils hydrauliques en usage sur quelques navires de commerce, sont de divers types, selon leurs constructeurs et leur disposition à bord. Leur emploi tend à se généraliser, car, avec ces appareils, on a l'avantage de pouvoir accumuler économiquement dans un cylindre une réserve de force disponible, que l'on restitue, au moment voulu, à l'aide de tuyaux et de robinets, en ne dépensant que la quantité d'eau pressée strictement nécessaire au travail.

Pour le service du gouvernail, par exemple, on peut transmettre, au moyen de l'eau sous pression, le mouvement de la barre de la passerelle, située sur l'avant du milieu du navire, à l'appareil placé à l'extrême arrière. On actionne de la passerelle deux pistons de pompes refoulant l'eau dans des conduites qui transmettent la pression à l'arrière à un accumulateur et à deux presses attelées à la mèche du gouvernail, et disposées de manière à donner à celle-ci un mouvement de rotation. On évite ainsi un renvoi de mouvement mécanique de la passerelle, souvent gênant pour les manœuvres du bord, et exigeant une plus grande force.

ÉLÉM DE MÉCAN.   57

Nous donnons ci-après (fig. 488 et 489), un type de mouvement de gouvernail hydraulique que la maison Bossière, au Havre, a fourni à la Compagnie des Chargeurs Réunis de cette ville, pour leurs paquebots " *Corsica* " et " *Colombia.* "

Cet appareil présente les particularités suivantes :

Presses. — Les presses consistent en deux corps de pompes munis de plongeurs, dont la partie centrale forme tête à rotule pour s'articuler en coulissant sur la barre fixée à la partie supérieure de la mèche du gouvernail. Des tubulures amènent dans ces corps de pompes l'eau sous la pression fournie par les moteurs.

Moteur hydraulique à vapeur. — La manœuvre à vapeur est assurée par un système de pompe composé de deux plongeurs mus par les pistons de deux cylindres à vapeur accolés. Chacun des cylindres à eau, muni de ses clapets d'aspiration et de refoulement, donne son eau dans une boîte générale dans laquelle se meut un tiroir asservi de distribution d'eau.

Le levier de manœuvre est relié à la tige du tiroir de distribution à l'aide d'un parallélogramme conjugué avec la mèche du gouvernail ; ce levier, mû dans le sens où doit abattre le navire, ouvre l'orifice correspondant à la presse qui doit recevoir l'eau sous pression, et met l'orifice allant à l'autre presse en communication avec l'aspiration des pompes. Le moteur se met en marche et déplace par suite le gouvernail dans le sens exigé.

Le stop est donné par le système de parallélogramme qui, en suivant le déplacement du gouvernail, vient remettre à mi-course le tiroir de distribution.

Ejecteur hydro-pneumatique « See », *de la maison Gleize-Hallier-Bossière, au Havre.* — Cet appareil, destiné à projeter en dehors du navire les cendres et escarbilles provenant de la combustion du charbon des générateurs, est fort employé depuis quelques années, et remplace avantageusement le treuil à escarbilles. Il opère sans bruit et très rapidement. Un seul éjecteur peut rejeter plus de 10 tonneaux d'escarbilles à l'heure ; ce qui permet de déblayer une puissante chaufferie en quelques minutes. La force vive de refoulement est obtenue par de l'eau sous pression.

L'appareil se compose d'une cuvette en fonte A (fig. 487), avec couvercle à charnière pouvant fermer automatiquement. Cette cuvette, de forme elliptique, est terminée par une partie cylindrique sur laquelle vient s'adapter une tubulure en fonte F, et sur cette tubulure un tuyau D, par lequel les escarbilles sont projetées en dehors du navire.

A l'extrémité inférieure de la tubulure F vient se fixer un tuyau tronconique B, près duquel est placé un robinet en communication avec le refoulement d'un cheval ou d'une pompe puissante. Une

soupape de sûreté et un manomètre doivent être placés sur le refoulement de la pompe.

L'appareil étant au repos, le couvercle fermé ainsi que le robinet
C, il suffit de mettre en.marche la pompe en question, et lorsque
la pression au manomètre indique 10 à 11 kilogrammes, d'ouvrir

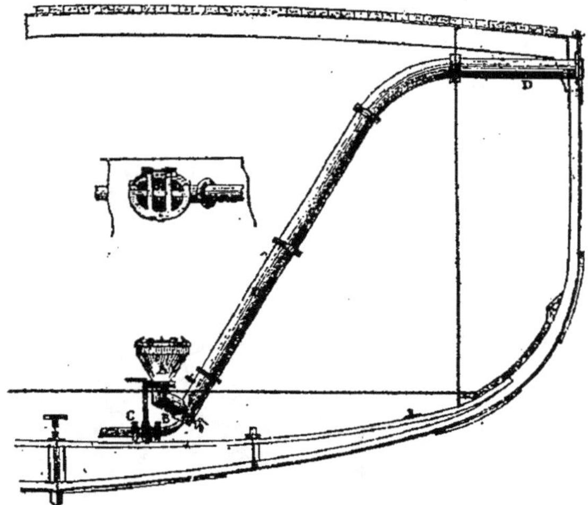

Fig. 487.

brusquement le robinet C puis le couvercle. Il ne reste plus qu'à
jeter les escarbilles dans la cuvette et elles sont immédiatement
entraînées par le courant et projetées à 5 ou 6 mètres en dehors
du navire.

Quand le travail est terminé il ne faut pas négliger de fermer les
robinets et la trémie.

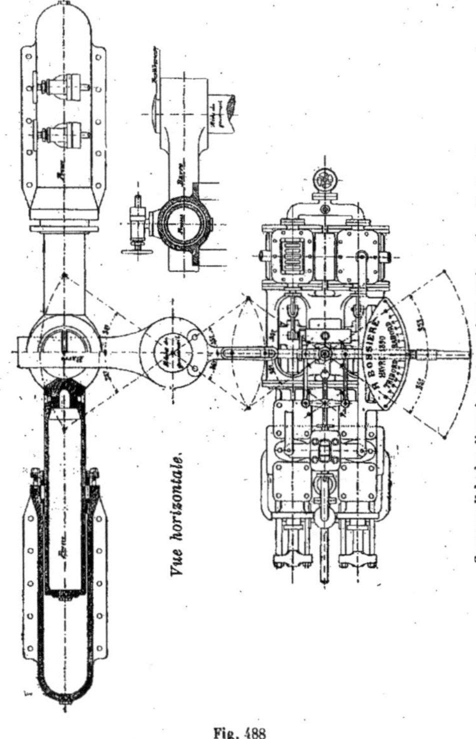

Fig. 488

Gouvernail hydraulique à mouvement asservi, système H. Bossière.

Coupe verticale.

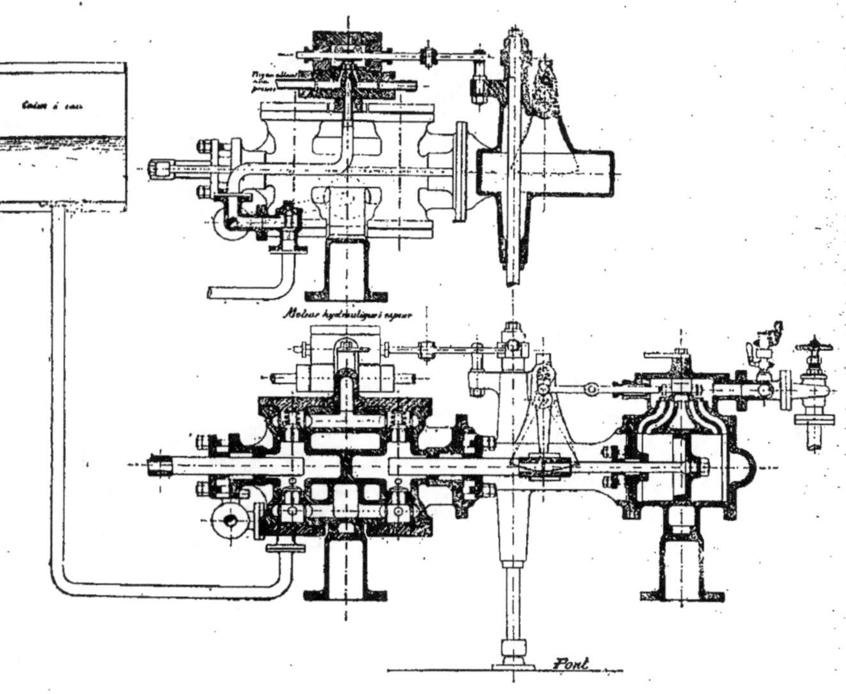

Gouvernail hydraulique à mouvement asservi.

Fig. 489

SIXIÈME PARTIE

NAVIGATION

Notions d'Astronomie.

L'astronomie est la science qui traite du mouvement des corps célestes.

L'univers astronomique se compose de *groupes* de corps célestes, portant le nom de *nébuleuses* ou *amas stellaires*, situés à des distances immenses les uns des autres, et dont le nombre est infini. Chaque amas stellaire est une réunion de *soleils* qui obéissent tous aux lois de la gravitation. Ces soleils portent le nom d'*étoiles*. Chaque étoile est le centre d'un système de corps célestes, appelés *planètes*, qui décrivent autour d'elle, supposée fixe, des sections coniques, suivant Klépor. Chaque planète peut être également le centre d'un système de corps appelés *satellites*, qui décrivent autour d'elle, supposée fixe, des ellipses, également d'après les lois de Klépor. La *terre*, la *lune*, le *soleil*, les planètes et la plupart des étoiles que nous apercevons font partie de notre amas stellaire.

Notre soleil est un immense globe lumineux qui échauffe et éclaire tous les corps qui se meuvent autour de lui. Il a la forme d'une sphère de 692.000 kilomètres de rayon. Autour de lui gravitent, à des distances inégales, un certain nombre de planètes (347 à la fin de 1899), dont les plus remarquables sont :

Mercure, Vénus, la Terre, Mars, Jupiter, Saturne, Uranus et *Neptune*.

Les plans des orbites des planètes se rapportent habituellement au plan de l'orbite de la terre, que l'on nomme *plan de l'écliptique*.

L'orbite d'une planète a généralement la forme d'une ellipse dont l'extrémité du grand axe, le plus près du soleil, se nomme *périhélie*, et l'autre, le plus éloigné, *aphélie*.

Sphéroïde terrestre. — *La Terre*, globe sensiblement sphérique, est isolée dans l'espace. De ce qu'elle est arrondie et limitée dans tous les sens, on conclut que les habitants, disséminés sur sa surface, doivent avoir la tête dirigée vers les différents points du ciel ; ils sont donc maintenus en contact avec le sol par une force attractive, résidant dans l'intérieur du globe, et que l'on nomme *pesanteur*.

La direction de la pesanteur dans un lieu s'appelle la *verticale* de ce lieu. Cette verticale, continuée par la pensée, vers la voûte céleste, dans un sens ou dans l'autre, donne un point idéal appelé *Zénith*, lorsqu'il est au-dessus de l'observateur, et *Nadir* lorsqu'il est au-dessous.

Deux points de la terre, diamétralement opposés, se nomment *antipodes*, et ont la même verticale.

Les points extrêmes de l'axe de rotation de la terre sont les *pôles*. Le plan perpendiculaire à cet axe est l'*équateur*. Les cercles passant par les pôles sont les *méridiens*. Le méridien d'un lieu est le cercle passant par ce lieu et les pôles.

Les *parallèles* sont des petits cercles de la sphère terrestre dont les plans sont parallèles au plan de l'équateur.

On appelle *latitude d'un lieu* l'angle formé dans le plan du méridien par la verticale du lieu et sa projection sur l'équateur.

Le complément de la latitude d'un lieu se nomme la *colatitude* de ce lieu : c'est la distance du pôle élevé au zénith.

La *longitude d'un lieu* est l'angle formé au pôle par le méridien du lieu et un méridien supérieur déterminé, nommé *premier méridien*. Cet angle se compte sur l'équateur de 0 à 180°.

Le *premier méridien* en France est celui de l'Observatoire de Paris. En Angleterre c'est celui de l'Observatoire de Greenwich.

Le plan tangent à un liquide en repos est ce que l'on appelle l'*horizon* du point de tangence. Le plan d'un grand cercle de la sphère céleste, perpendiculaire à la verticale, est ce qu'on nomme l'*horizon vrai, rationnel* ou *astronomique*, ou simplement *horizon*.

L'horizon qu'un observateur au-dessus de la terre, aperçoit autour de lui, ou la surface engendrée par le rayon visuel tangentiel à la terre, tournant autour de la verticale, prend le nom d'horizon *visuel* ou *visible*. L'*horizon sensible* ou *apparent* est le plan tangent à la surface de la mer, et perpendiculaire à la verticale du lieu.

La *distance zénithale apparente* d'un astre est l'angle formé, à l'œil de l'observateur, par la verticale du lieu et par la droite menée de l'œil au centre de l'astre. La *distance zénithale vraie* est l'angle formé, au centre de la terre, par la verticale de l'observateur et par la droite qui joint le centre de la terre au centre de l'astre.

La *hauteur apparente* d'un astre est le complément de la distance zénithale apparente. La *hauteur vraie* est le complément de la distance vraie.

La *hauteur d'un astre* est l'arc de son cercle vertical compris entre cet astre et l'horizon rationnel. Cet arc se compte de 0 à 90° à partir de l'horizon. Si l'astre est *au-dessus* de l'horizon, la hauteur est dite *positive* ; s'il est au-dessous, la hauteur est *négative*.

Quand on rapporte à l'équateur la position d'un astre, les deux coordonnées sphériques, qui servent à fixer la position de cet astre sur la sphère, sont sa *déclinaison* ou sa *distance polaire*, et son *ascension droite*.

La *déclinaison d'un astre* est la distance de cet astre à l'équateur ; elle correspond à la latitude et se compte depuis l'équateur jusqu'à 90° vers le pôle boréal ou vers le pôle austral.

L'*ascension droite d'un astre* est l'angle formé au pôle par le cercle de déclinaison de cet astre et un cercle de déclinaison qui passe par un point particulier de l'équateur, appelé *point vernal*.

Lorsqu'on rapporte la position d'un astre à l'*horizon rationnel* d'un lieu, les deux coordonnées qui servent à déterminer cette position sont la *hauteur* et l'*azimut* ou l'*amplitude*.

L'*azimut d'un astre* est l'angle formé au zénith par le méridien supérieur du lieu et le cercle vertical de l'astre. L'azimut se compte sur l'horizon de 0 à 180° à partir du méridien inférieur.

L'*amplitude* est l'angle formé au zénith par le vertical des points vrais, qu'on appelle *premier méridien*, et par le vertical de l'astre.

L'amplitude est le complément de l'azimut. Cet arc se compte à partir du point vrai, de 0 à 90° vers le nord ou vers le sud. D'où :

$$\text{Amplitude} = 90° - \text{azimut.}$$

Temps sidéral. — Le *jour sidéral* est une quantité constante divisée en 24 parties égales, appelées *heures sidérales*.

Le cercle de déclinaison d'un astre est appelé *plan horaire*.

La position de ce plan, par rapport au méridien du lieu, est fixée à l'aide de l'*angle horaire*, qui varie d'une manière uniforme, et dont la grandeur, proportionnelle au temps, mesure le mouvement du plan horaire, et, par suite, le temps écoulé.

L'*angle horaire civil* est l'arc de l'équateur compris entre le méridien supérieur si l'astre est dans l'ouest, ou le méridien inférieur dans le cas contraire, et le cercle de déclinaison de l'astre.

L'*angle horaire astronomique* est l'arc de l'équateur compris entre le méridien supérieur du lieu et le cercle horaire de l'astre, compté de 0 à 360° dans le sens du mouvement diurne, à partir du méridien supérieur.

Détermination de la longitude d'un lieu. — La *longitude d'un lieu* est égale à la différence entre les heures astronomiques

simultanées d'un *même* astre, comptées à partir de la *même
origine* de temps, sous le premier méridien et sous le méridien du
lieu. Cette longitude est *occidentale* ou *orientale*, selon que la
première heure est *plus forte* ou *plus faible* que la seconde.

Le *temps solaire* est le temps qui s'évalue à l'aide du mouvement du soleil.

On en distingue de deux sortes : le *temps vrai* et le *temps
moyen*, qui se comptent en *jours vrais* et en *jours moyens*.

Le *jour vrai* est l'intervalle de temps qui s'écoule entre deux
passages consécutifs du centre du soleil à un même méridien.

La durée du jour vrai est égale à celle du jour sidéral, augmentée
du mouvement diurne réduit en temps.

Le *jour moyen* est un jour solaire constant, qui a pour durée la
valeur moyenne des jours vrais.

Le *jour astronomique* commence à midi, et ses 24 heures se
comptent d'un midi au suivant sans interruption.

Équation du temps. — L'écart du soleil moyen et du soleil
vrai, projeté sur l'équateur, est appelé *équation du temps*.

On a :

Equation du temps = ascension droite vraie — ascension droite
moyenne ;

Equation du temps = ascension droite vraie — longitude
moyenne ;

Equation du temps = heure moyenne — heure vraie.

Relation entre le jour moyen et le jour sidéral.

1 jour moyen = 1 jour sidéral 002 738.
24 heures moyennes = 24 heures sidérales + $3^m 56^s 55$.
1 jour sidéral = 0 jour moyen 997 27.
24 heures sidérales = 24 heures moyennes $— 3^m 55^s 9$.
L'*année tropique* = 365 jours moyens, $5^h 48^m 47^s 5$.
L'*année sidérale* = 365 jours moyens, $6^h 9^m 10^s 8$.
L'*année anomalistique* = 365 jours moyens, $6^h 13^m 50^s 9$.

Connaissance des temps. — En vue d'abréger les calculs de
navigation, le *Bureau des Longitudes* publie chaque année, sous
le nom de *Connaissance des temps*, un volume de tables où les
éléments variables des principaux astres sont déterminés d'avance,
de jour en jour, à des époques rapportées au méridien de Paris.

Réfractions atmosphériques. — On appelle *réfraction atmosphérique* la déviation qu'éprouve tout rayon lumineux en entrant
dans notre atmosphère.

Tout rayon lumineux, qui passe d'un milieu dans un autre,
change de direction tout en restant dans le plan normal à la surface
de séparation des deux milieux, plan passant par la première direction du rayon lumineux.

Tout rayon lumineux qui arrive à l'œil d'un observateur, soit d'un astre ou d'un objet terrestre, traverse des couches atmosphériques d'inégales densités qui lui font éprouver une déviation qui prend le nom de *réfraction astronomique* dans le premier cas, et de *réfraction terrestre* dans le second.

La *réfraction astronomique* a lieu dans le sens vertical de l'astre, et a pour effet de le faire paraître plus élevé qu'il ne l'est. Cette réfraction est fonction de la *distance zénithale*, et est nulle pour tout astre situé au zénith.

Toute distance zénithale observée doit être augmentée de la réfraction qui convient à cette distance.

Tout rayon lumineux qui rencontre une surface, se nomme *rayon incident*, par rapport à cette surface. Si cette dernière est réfléchissante, le rayon lumineux est renvoyé suivant une nouvelle direction, qu'on appelle *rayon réfléchi*.

Les 2 lois fondamentales de la réflexion de la lumière sont :

1° Le plan de réflexion se confond avec le plan d'incidence ;

2° L'angle de réflexion est égal à l'angle d'incidence.

La réfraction de la lumière suit les mêmes lois.

Sextant. — Le *sextant* est un instrument à réflexion qui sert à mesurer la distance angulaire de deux objets, les distances lunaires, la hauteur des astres et la hauteur méridienne des astres.

Dépression. — On appelle *dépression* ou *inclinaison vraie de l'horizon de la mer* la différence entre la *hauteur observée* et la hauteur rapportée à *l'horizon apparent*.

Dépression près d'une côte. — En pleine mer on rapporte l'astre observé à l'horizon visuel. Près d'une côte, il n'en est pas ainsi, et si l'on ramène l'image de l'astre au point où son vertical rencontre la base apparente de ces côtes, on n'obtient la hauteur rapportée à l'horizon visuel qu'autant qu'on se trouve à une distance du rivage *au moins* égale à celle de la limite de cet horizon.

Horizon artificiel. — Lorsqu'on observe la hauteur d'un astre *à terre*, avec un instrument à réflexion, il est souvent impossible de se servir de la ligne de l'horizon de la mer. On emploie alors une surface plane réfléchissante et horizontale qui porte le nom d'*horizon artificiel*, et que l'on obtient au moyen d'un vase ouvert contenant du mercure, de l'huile ou du goudron.

Quelquefois, au lieu d'un horizon artificiel, on se sert d'un *horizon à glace.*

Parallaxe. — On appelle *parallaxe d'un astre*, à un moment donné, l'angle sous lequel on verrait le rayon de la terre qui passe par l'observateur, si l'on était situé au centre de l'astre.

La parallaxe horizontale se rapporte aux lieux situés sur l'Equateur, et porte le nom de *parallaxe équatoriale.*

(Traité d'Astronomie de Dubois).

Notions de Météorologie.

La *météorologie* a pour objet l'étude des phénomènes qui se produisent au milieu de l'atmosphère.

Ces phénomènes sont relatifs aux causes suivantes :

1º *Température de l'air*. — La température de l'air se mesure à l'aide de *thermomètres* placés à 2 mètres environ du sol, à l'ombre et exposés au nord.

En un même lieu, la température n'est pas la même pendant tout le jour. Cette variation provient du soleil, plus ou moins élevé au-dessus de l'horizon. La température moyenne d'un jour n'est pas la même aux différentes époques de l'année, en raison des inégalités des jours et des nuits.

La température moyenne varie d'un lieu à un autre. Cette variation dépend :

1º De la *latitude* du lieu, c'est-à-dire de sa distance aux pôles.

A mesure que la latitude augmente, la température diminue.

2º De l'*altitude* du lieu, c'est-à-dire de l'élévation au-dessus du niveau de la mer. Plus l'élévation est grande, plus la température moyenne de l'air est basse.

Vents. — On appelle *vent* un mouvement qui, par une cause quelconque, rompt l'équilibre de l'atmosphère.

Le Bureau central météorologique de France a établi les notations suivantes pour marquer la force du vent :

Chiffre	Désignation du vent	Observations			Vitesse en mètres par seconde	Pression en kil. et par mètre carré de surface
0	Calme	Toutes voiles dehors			0	»
1	Presque calme				1	»
2	Légère brise				2	»
3	Petite brise				4	1k87
4	Jolie brise				7	5,96
5	Bonne brise	Au plus près	Ris de chasse		11	15,27
6	Vent frais		2 ris		16	34,35
7	Vent grand frais		3 ris		22	»
8	Coup de vent	Tous les ris			28	95,40
9	Tempête	Coupe sèche			37	»

Hygrométrie.

L'atmosphère renforme toujours de la vapeur aqueuse en quantité très variable. *L'hygrométrie* traite de la détermination de cette quantité et les *hygromètres* sont des appareils à l'aide desquels on l'obtient.

L'état hygrométrique de l'air est le rapport existant entre la quantité de vapeur que contient un volume déterminé de cet air et celle qu'il contiendrait s'il était saturé à la même température.

A la surface de la terre, l'hygromètre marque rarement 100°, même lorsqu'il pleut ; jamais non plus il ne descend au-dessous de 40°. La moyenne annuelle de ses indications est d'environ 72°.

Météores aqueux.

Brouillards. — Les *brouillards* sont des amas de vapeur d'eau condensée, dans le voisinage du sol, en gouttelettes très fines qui rendent l'atmosphère plus ou moins opaque, et produits par le refroidissement d'une masse d'air voisine de son point de saturation.

Nuages. — Les *nuages* sont des brouillards parvenus dans les régions supérieures de l'atmosphère. Leur hauteur au-dessus du niveau de la mer est très variable. La région moyenne est comprise entre 500 et 1500 mètres.

On appelle *stratus* des nuages dispersés ayant la forme de bandes horizontales, longues et peu épaisses, effilées aux extrémités, qui apparaissent surtout au lever et au coucher du soleil. Les stratus rouges du soir annoncent généralement du beau temps.

Les *cirrus* sont des nuages ayant tantôt l'aspect de légers flocons, tantôt celui de filaments déliés, sans profondeur. Leur apparition précède souvent un changement de temps. En été ils annoncent la pluie, en hiver la gelée ou le dégel. Ils sont les premiers à se former dans un ciel pur après le beau temps et ils présagent du vent. Ils donnent quelquefois au ciel l'aspect *pommelé*. Les cirrus sont les nuages les plus élevés.

On appelle *cumulus* de gros nuages blancs, à contour arrondis, assez bas, qui s'entassent sur l'horizon pendant les chaleurs de l'été principalement. Disparaissant à la nuit, ils annoncent le beau temps. S'ils s'amoncellent et si leurs bords se frangent, ils présagent l'orage et le changement de temps.

Les *nimbus* sont des nuages sans forme caractéristique, tellement confondus ensemble qu'il est difficile de les distinguer l'un de l'autre. Ils ont une grande étendue et se résolvent ordinairement en pluie.

Pluie. — Quand la température d'un nuage s'abaisse, la condensation de la vapeur s'y produit et les vésicules se transforment en gouttes d'eau qui tombent vers la terre et constituent la *pluie*.

On se sert d'appareils appelés *udomètres* ou *pluviomètres* pour mesurer la quantité de pluie qui tombe dans un lieu déterminé.

Serein. — Le *serein* est une petite pluie extrêmement fine qui, en été, tombe quelquefois après le coucher du soleil, sans qu'il y ait de nuages au ciel. Cette petite pluie résulte du refroidissement produit dans l'air par la disparition du soleil, et de la condensation partielle de la vapeur d'eau atmosphérique.

Verglas. — On appelle ainsi la mince couche de glace qui couvre la terre lorsque la température de celle-ci étant au-dessous de zéro, la pluie vient la toucher.

Neige. — La *neige* provient de la solidification de la vapeur d'eau dans les régions élevées de l'atmosphère. Elle se forme en flocons composés de petits cristaux affectant les formes les plus variées.

Grésil. — Le *grésil*, formé de petites pelotes plus compactes que la neige, est dû à la congélation brusque de la vapeur vésiculaire se mélangeant avec un vent très froid et animé d'une grande vitesse.

Grêle. — La *grêle* qui accompagne souvent les pluies d'orage est formée de petits glaçons sphériques, dus à des phénomènes électriques.

Rosée. — On donne ce nom à des gouttelettes d'eau que l'on trouve sur la plupart des corps exposés à l'air libre, à la suite de nuits calmes et sereines.

Givre ou *gelée blanche.* — La *gelée blanche* se produit lorsque la température des corps à la surface desquels s'est formée la rosée, est assez basse pour que celle-ci se congèle.

Phénomènes lumineux.

Arc-en-ciel. — L'*arc-en-ciel* est produit par le passage des rayons solaires à travers des vésicules d'eau en suspension dans l'atmosphère, surtout en temps de pluie.

Les différentes couleurs qui composent la lumière blanche sont, à leur entrée dans chaque goutte d'eau, inégalement réfractées, et les rayons qui ont pénétré unis, sortent séparés et donnent l'impression des diverses couleurs dans l'ordre suivant :

Violet, indigo, bleu, vert, jaune, orangé, rouge.

Halos. — Lorsque des cirrus se trouvent dans certaines positions par rapport au soleil ou à la lune, et à l'observateur, la lumière émanant de ces astres est réfractée par les cristaux de glace ou de neige du nuage, de manière à former une image lumineuse, circulaire et concentrique à ces astres, appelée *halo*.

Les halos présagent souvent la pluie.

Lumière zodiacale. — On appelle *lumière zodiacale* une large lueur qui s'élève en forme de cône incliné sur l'horizon, à travers les constellations étoilées.

Elle est généralement visible :

Vers l'ouest, après le coucher du soleil, aux environs de l'équinoxe du printemps (mars et avril).

Vers l'est, avant le lever du soleil, aux environs de l'équinoxe d'automne (septembre et octobre).

Sous les tropiques elle est presque toujours visible.

La constitution physique de ce phénomène n'est pas encore nettement établie.

Mer de lait. — On appelle ainsi une phosphorescence de la mer dans certains parages, tels que le détroit de la Sonde, la côte orientale d'Afrique, la mer des Indes, etc., due à la présence d'innombrables animalcules phosphorescents.

Ouragans.

On désigne sous le nom d'*ouragans, tempêtes tournantes, typhons, cyclones,* des grandes perturbations atmosphériques, dues à des terribles coups de vent soufflant dans une direction assez régulière, selon un mouvement giratoire.

Les ouragans sévissent dans toutes les grandes mers du globe. Dans l'Océan Atlantique, le foyer est dans la région avoisinant les Antilles ; dans l'Océan indien, il est à l'est des îles Maurice et Réunion ; dans l'Océan Pacifique, il est aux environs de l'Archipel de Tonga ; dans les mers de Chine, il est aux environs des îles Formose et Luçon.

Dans son *Guide des Ouragans*, M. L. Roux dit que le diamètre du tourbillon, sa vitesse de rotation et de translation sont très variables et dépendent de l'intensité de la température. Le diamètre initial peut être de 50 à 100 milles. Ce diamètre paraît augmenter progressivement, à mesure que le tourbillon remonte vers les pôles ; il augmente surtout dans le parcours de la seconde branche de la parabole et peut atteindre à l'extrémité de 500 à 600 milles, quelquefois même de 1000 à 1500 milles.

Quant à la vitesse de rotation, c'est au centre du tourbillon, ou plutôt dans le voisinage du centre, qu'elle est la plus considérable ; au centre même, il fait calme. Près du centre, la vitesse peut être de 125 à 150 milles par heure. Elle va en diminuant à mesure que la tempête progresse.

La vitesse de translation est aussi en raison de l'intensité de la tempête. Dans les plus faibles ouragans observés elle n'a jamais été de moins de 5 milles par heure ; dans les plus violents, elle n'a jamais excédé 30 milles. Elle augmente à mesure que l'ouragan progresse.

Un des caractères particuliers de ces tempêtes consiste dans l'abaissement successif et extraordinaire de la colonne barométrique. Au contre, la pression atmosphérique descend souvent à 712 millimètres : c'est la plus faible.

Le double mouvement de translation et de rotation des ouragans donne lieu à un courant qui entraîne les navires et les maintient dans le cercle d'action de ces météores : il se produit comme une aspiration vers le centre.

Rose des vents cyclonomiques. — Dans l'hémisphère boréal, le mouvement giratoire étant de droite à gauche, de sens contraire à la marche des aiguilles d'une montre, le vent d'Est cyclonomique est perpendiculaire au rayon Nord du compas, le vent du Nord est perpendiculaire au rayon Ouest et ainsi de suite.

Dans l'hémisphère austral, au contraire, le mouvement giratoire s'effectuant de gauche à droite, dans le sens de la marche des aiguilles d'une montre, le vent d'Ouest cyclonomique est perpendiculaire au rayon Nord du compas, le vent du Nord est perpendiculaire au rayon Est, etc.

En donnant à chaque aire de vent cyclonomique la même dénomination que le rhumb du compas qui lui est parallèle, et en le substituant au lieu et place du rayon qu'il frappe perpendiculairement, on construit ce qu'on est convenu d'appeler indifféremment une *rose des vents cyclonomiques, carte des ouragans*, ou *rose des tempêtes*.

La rose cyclonomique n'est donc autre chose que la rose des vents ordinaires orientée de manière que pour l'hémisphère boréal, l'Est occupe la place du Nord, le Nord la place de l'Ouest, l'Ouest la place du Sud et le Sud la place de l'Est ; tandis que pour l'hémisphère austral, l'Ouest occupe la place du Nord, le Nord la place de l'Est, l'Est la place du Sud et le Sud la place de l'Ouest. Chaque hémisphère terrestre a donc sa rose des vents cyclonomiques qui lui est spéciale.

Signes précurseurs des ouragans. — D'après le même auteur M. Roux, de nombreux signes, qui se confirment les uns par les autres, indiquent la présence d'un ouragan dans les divers parages du globe. Plusieurs de ces signes sont donnés par des instruments, d'autres se lisent en traits éclatants dans le ciel ; la mer elle-même donne des indices non moins certains.

En général, quand on est menacé d'un ouragan, on est averti de son approche par des oscillations du baromètre. Le *sympiézomètre*, instrument très répandu dans la marine anglaise, espèce de baromètre à eau, est très précieux pour les régions tropicales, à cause de son extrême sensibilité. Ses oscillations à l'approche d'un cyclone se manifestent quelquefois vingt-quatre heures à l'avance.

L'aspect du ciel est caractérisé par des masses de nuages dont les formes changent continuellement, ou bien par une banquise de nuages éloignés, mais très noirs, dont les bords supérieurs reflètent une teinte cuivrée. Au coucher du soleil, les nuages sont vivement teintés en rouge, couleur lie de vin. On a reconnu également qu'à l'approche d'un cyclone, les étoiles scintillent d'une manière remarquable. Quelquefois le ciel est sillonné, presque sans interruption, par des éclairs d'une apparence toute particulière.

On est encore averti de l'existence ou de l'approche d'un cyclone par un état particulier de la mer, celui où les lames n'ont point de direction déterminée. C'est ce que les marins désignent communément par *mer tourmentée*. La soudaineté avec laquelle ces lames apparaissent et la durée avec laquelle elles frappent les flancs du navire par un temps sombre et de faibles brises, sont autant d'indices du voisinage d'un cyclone. Il se produit enfin, à l'approche d'un cyclone, un bruit tout particulier, qui a lieu par beau temps, et que les Anglais désignent sous le nom de *l'appel de la mer*. Ce bruit ressemble, par moments, au mugissement qu'on entend dans les vieilles maisons par des nuits d'hiver.

Manière de reconnaître sa position et de manœuvrer quand
on est surpris par un cyclone.
(D'après MM. L. Roux et Bridet.)

Dans l'hémisphère *nord* :
1° Si le vent varie de droite à gauche en sens inverse du mouvement des aiguilles d'une montre, le navire se trouvera placé à gauche du centre ; c'est-à-dire du côté *maniable*.

2° Si le vent varie de gauche à droite dans le sens du mouvement des aiguilles d'une montre, le navire sera placé à droite du centre, c'est-à-dire du côté *dangereux*.

3° Si le vent reste fixe et fraîchit de plus en plus, le navire se trouvera sur la ligne de translation.

Dans l'hémisphère *sud* :
1° Si le vent varie de gauche à droite, dans le sens du mouvement des aiguilles d'une montre, le navire sera placé à droite du centre, c'est-à-dire du côté *maniable* ;

2° Si le vent varie de droite à gauche, en sens inverse du mouvement des aiguilles d'une montre, le navire sera placé à gauche du centre, c'est-à-dire du côté *dangereux* ;

3° Si le vent reste fixe et fraîchit de plus en plus, il se trouvera sur la ligne de translation.

Si l'on est placé sur la ligne de translation, le baromètre baissera d'une manière continue à mesure que le centre se rapprochera. Dans la zone du calme central, il se maintiendra au minimum qu'il aura atteint durant la plus grande violence du vent ; il ne commencera à monter qu'après que l'on aura reçu la saute de vent.

Du côté maniable, comme du côté dangereux, le baromètre baisse tant que l'on se rapproche du centre. Dès que l'on s'en éloigne, il remonte peu à peu pour revenir à sa hauteur moyenne aussitôt que l'on est sorti du centre du cyclone.

Pour reconnaître pratiquement la position du centre d'un cyclone on se place dans la direction du vent qui souffle, de manière à lui faire face et qu'il vous frappe en plein visage.

Dans l'hémisphère nord, le centre du cyclone est sur la *droite* de l'observateur, à 90° de la direction du vent. En étendant le bras *droit* horizontalement et parallèlement à la surface du corps, on indique la position du centre.

Dans l'hémisphère sud, le centre du cyclone est sur la *gauche* de l'observateur, à 90° de la direction du vent. En étendant le bras *gauche* horizontalement et parallèlement à la surface du corps, on indique la position du centre.

Les termes *à gauche du centre, à droite du centre* doivent être entendus d'un observateur placé au centre du cercle d'un cyclone, et qui regarderait dans la direction vers laquelle la tempête marche.

Le centre d'un cyclone peut être comparé à un récif dangereux *qu'il faut fuir à tout prix*.

Dans l'hémisphère nord :

Un navire qui se trouve à gauche du centre, *côté maniable*, doit, pour s'éloigner le plus promptement possible du centre de l'ouragan, employer tous les moyens dont il dispose, ou du moins tous ceux dont la violence du vent permet l'usage. Si, par suite du voisinage d'une terre ou d'un récif, le navire ne peut suivre cette manœuvre, il doit mettre à la cape, *bâbord amures*.

Si le navire se trouve à droite du centre, côté *dangereux*, il doit, pour s'éloigner du centre, conserver autant de toile que possible, *au plus près tribord amures*, jusqu'au moment où la force du vent l'oblige à mettre la cape.

Si le navire se trouve sur le passage de l'ouragan, il n'a qu'une manœuvre à faire : fuir vent arrière.

Le côté maniable exige une manœuvre tout à fait inverse de celle qui est recommandée pour le côté dangereux.

Dans l'hémisphère sud, on doit suivre la marche contraire à celle de l'hémisphère nord, c'est-à-dire prendre *tribord amures*, si l'on est du côté maniable, et *bâbord amures* du côté dangereux.

Phases par lesquelles passe un navire dans un cyclone. — Soit un navire A, engagé dans un cyclone de 300 milles de diamètre, animé d'une vitesse de translation de 40 milles à l'heure dans le sens de la flèche FF' (hémisphère nord) (fig. 490). Dès que l'on ressent les effets des premiers vents cyclonomiques, on doit prendre les amures à *tribord* dans l'hémisphère nord, à *bâbord* dans l'hémisphère sud, et attendre la variation du vent pour être fixé sur la position que le navire occupe par rapport au centre, afin de manœuvrer en conséquence. Le navire A, naviguant avec une brise de l'arrière du travers, cap à l'E.-N.-E., ressent des vents de S.-

S.-E. au moment d'entrer dans le cercle d'action du cyclone ; il se
range en A' aussitôt, sous les amures convenables, pour attendre
la variation du vent. Au bout d'un certain temps, il est gagné de
vitesse par le cyclone et il y pénètre en se rapprochant du centre
jusqu'en A". Si, à ce moment, au lieu de fuir vent arrière, il se
laisse surprendre, il pénètre plus avant dans l'ouragan en A''', où
les variations du vent se succèdent avec une excessive rapidité. Il
sera ainsi amené à décrire la courbe A''', A^{iv}, A^{v}, où il essuiera
les effets de l'ouragan dans sa plus grande fureur. En arrivant à
A^{vi}, il se trouvera au milieu d'un calme relatif auquel on ne doit
pas accorder une sécurité trompeuse. S'il parcourt le cercle central
suivant une corde A^{vi}, A^{vii}, par exemple, au milieu d'une mer tourmentée et du silence le plus terrible, il doit s'attendre à une saute
de vent d'une violence extraordinaire qui peut lui faire courir les
plus grands dangers. En quittant le calme central, le navire

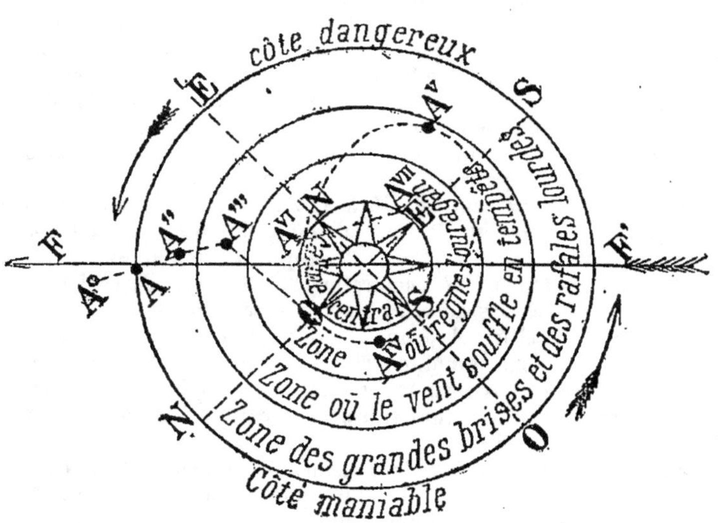

Fig. 490

retombe de nouveau au milieu des éléments en fureur et il est particulièrement frappé par des vents de la partie sud qui lui permettront de courir au nord ; mais alors il se trouvera dans le côté
dangereux, et il faudra *qu'à tout prix* il prenne la cape avec les
amures convenables, sans cela il ne reste plus qu'une chance de
salut pour lui, l'apaisement de la tempête.

Pour un navire à vapeur, toujours maître de sa manœuvre par
le moteur, les rafales et les sautes de vent sont à moins craindre que

pour un navire à voiles ; mais dès qu'il a pénétré quelque peu avant dans le cercle du cyclone et qu'il a à lutter contre une mer grosse, creuse et tourmentée qui ne lui permet pas d'utiliser efficacement son appareil moteur, il ne se trouve guère dans de meilleures conditions que le navire à voiles.

Si ce navire utilise toute la puissance de son moteur, en arrivant au *point d'aboutissement* qui est l'endroit par lequel un navire entre dans le cercle d'activité du cyclone, il adopte les *amures de prévoyance*, c'est-à-dire l'allure que doit prendre et conserver un navire tant qu'il n'a pas reconnu sa position par rapport au cyclone. Il continue à courir jusqu'au *point de reconnaissance* c'est-à-dire le point où il constatera le sens de la variation du vent, et à ce moment il doit abandonner les amures de prévoyance et faire route au plus près serré, tribord amures dans l'hémisphère Nord, bâbord amures dans l'hémisphère Sud, jusqu'à ce que les apparences du ciel et la hauteur barométrique indiquent que le cyclone est déjà loin du navire.

En faisant route avec des amures de prévoyance, du côté maniable aussi bien que du côté dangereux, les navires commencent à s'éloigner du centre, suivant une ligne droite qui se confond presque avec le rayon du cercle, et qu'à mesure que le vent varie, ils s'écartent de plus en plus de la trajectoire, ce qui a pour résultat final de leur faire décrire des courbes divergentes, des deux côtés du météore, dont la convexité regarde la trajectoire.

Lorsqu'on aura parcouru de 40 à 60 milles avec les amures de prévoyance, il suffira que le vent ait *adonné franchement d'un quart* qu'il ait *adonné de moins d'un quart*, qu'il ait *refusé de près d'un quart*, pour en conclure que l'on se trouve du côté dangereux, sur le parcours du centre, ou du côté maniable.

En résumé, la sollicitude d'un capitaine qui ressent les premières atteintes d'un cyclone devant tendre à reconnaitre avant toute chose de quel côté il se trouve par rapport au centre, il devra se conformer strictement à la règle qui suit pour obtenir ce premier résultat d'une importance capitale :

Commencer par déterminer la direction du premier vent cyclonomique, et courir ensuite de 40 à 60 milles à toute vitesse, voiles et vapeur, en se tenant constamment à 7 quarts du vent, tribord amures dans l'hémisphère Nord, et bâbord amures dans l'hémisphère Sud.

Paracyclone.

Le *Paracyclone* est un instrument de forme circulaire, qui étant orienté d'après le vent régnant, sert d'abord à faire connaître le relèvement du centre du météore, ainsi que la route et les amures qui conviennent à la phase d'attente ; il indique ensuite les diverses manœuvres que l'on doit faire en raison de la variation ou de la stabilité du vent.

Instruments nautiques. (¹)

Baromètre anéroïde.

Le *baromètre anéroïde* a pour organe principal une coquille métallique, ayant la forme d'un disque creux, dans laquelle on fait le vide. Cette coquille aplatie par la pression atmosphérique est liée à un ressort très énergique qui commande le mouvement d'une aiguille sur un cadran à la moindre variation de cette pression.

L'action de la température sur cet instrument dépend du degré de vide conservé dans la coquille. On arrive par tâtonnements à rendre cette action insensible.

Les indications de l'aiguille sont tracées par comparaison avec un baromètre à mercure.

Ce baromètre ne peut pas être utilisé pour mesurer les hauteurs par la variation de la pression atmosphérique.

Baromètre Marin.

Le *baromètre Marin* est un baromètre à mercure dont le tube est étranglé à sa partie inférieure pour diminuer la facilité d'écoulement du mercure, en vue de l'influence des mouvements du navire, qui tendent à faire osciller la colonne mercurielle.

Ce baromètre ne peut pas être utilisé pour mesurer de grandes variations de pression.

Baromètre enregistreur.

(Système Richard).

Cet instrument est composé de deux parties principales : *l'appareil barométrique* proprement dit et *l'appareil d'enregistrement.*

L'appareil barométrique est formé de 8 coquilles dans lesquelles on fait le vide.

La pression atmosphérique qui tend à écraser la coquille est équilibrée par un ressort.

Chaque coquille porte sur ses deux faces, deux pièces centrales formant vis et écrou, à l'aide desquelles, sous l'influence de la pression atmosphérique, elle se soulève ou s'aplatit de manière que la base de la colonne étant fixe, son sommet se soulève ou s'abaisse d'une quantité égale à la somme des augmentations ou des diminutions d'épaisseur de toutes ces coquilles.

L'organe enregistreur est formé d'un tambour vertical mobile autour de son axe, renfermant un mouvement d'horlogerie faisant

---

1. (Extrait de l'ouvrage *Description et usage des instruments nautiques* par M. E. Guyou, Capitaine de vaisseau, Chef du service des instruments nautiques au service hydrographique de la Marine. Imprimerie nationale, 1889).

tourner ce dernier autour duquel est enroulée une feuille de papier quadrillé. Une plume trace sur ce papier des lignes indiquant les pressions et les heures. Le tour entier du cylindre correspond à une semaine.

Le baromètre enregistreur doit être placé, à bord des navires, en un point où les secousses et les trépidations se font le moins sentir.

(Cet appareil est réglementaire à bord des navires de la marine militaire, par décision du Ministre de la Marine, en date du 7 juin 1887).

Thermomètre ordinaire.

Le *thermomètre ordinaire* à mercure est un tube en verre monté sur un cadre en bois de noyer. La graduation est portée par une plaque de porcelaine, à laquelle le tube est relié par deux attaches en laiton.

Thermomètre à boule mouillée.

Ce thermomètre se compose d'un cadre en un alliage de plomb et d'antimoine, portant une échelle en porcelaine. Au-dessous du réservoir est disposé un petit vase cylindrique en laiton dans lequel plonge un linge fin entourant le réservoir. Ce linge amène par capillarité l'eau sur le réservoir, dont l'évaporation abaisse la température. La différence entre la température du thermomètre sec et celle du thermomètre à boule mouillée augmente avec la sécheresse de l'air, et on peut, des deux températures, conclure l'état hygrométrique de l'atmosphère.

D'après Regnault, la formule qui donne la tension f de la vapeur d'eau serait, en désignant par t la température au thermomètre sec, t' celle au thermomètre mouillé, F' la tension maximum de la vapeur d'eau à la température t', et H la pression atmosphérique:

$$f = F' - A (t - t') H$$

A est un coefficient dont la valeur théorique est de 0,000635, mais dont la valeur réelle varie notablement avec les circonstances d'observations ; elle se rapproche d'autant plus de la précédente que l'air est plus agité.

Regnault a trouvé les résultats suivants :

Dans une chambre fermée   A = 0,00128
Dans une cour   A = 0,00074

Thermomètre plongeur.

Le *thermomètre plongeur* destiné à mesurer la température de la mer à la surface, se compose d'un tube en verre fixé sur une plaque en ivoire portant la graduation. Il est assujetti à l'aide de deux griffes et de ressorts dans un tube en laiton où est ménagée uno fonêtro vitréo pormottant do liro la températuro. Lo tubo on laiton ost étancho ot formé on haut ot on bas par doux garnituros on acior portant dos soupapos laissant ontror l'oau par lo bas ot la laissant évacuor par lo haut. Co tubo ost garanti contro los chocs par 5 tigos on laiton qui l'ontouront. Un annoau, placé à la partio supériouro do la monturo, sort à amarror l'apparoil à uno ligno pour lo jotor à la mor.

Aréomètre.

Cot apparoil ost dostiné à mosuror la donsité do l'oau do mor.

Colui omployé généralomont à bord dos naviros ost à poids constant, gradué on donsimètro. La graduation à laquollo il afflouro lorsqu'il ost plongé dans un liquido roprésonto lo nombro do grammos qu'il faut ajoutor à 1 kilogrammo pour obtonir lo poids d'un litro do co liquido.

Loch à moulinet.

Lo *loch à moulinet* do M. lo Capitaino do vaissoau Flouriais, ost uno application à la mosuro dos courants liquidos, du principo do l'anémomètro Robinson.

Loch à moulinet Fleuriais.

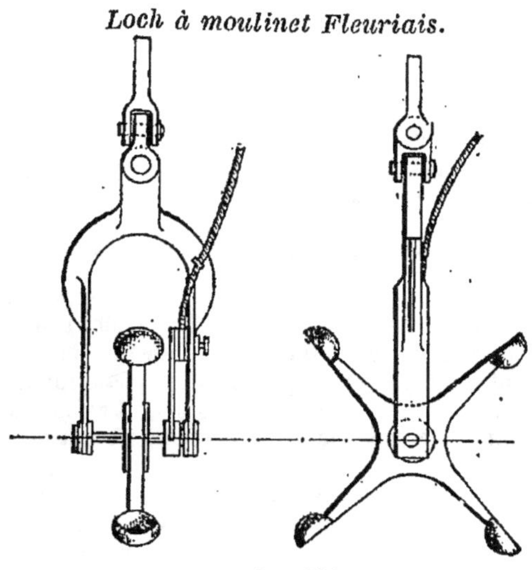

Fig. 491

Cot instrumont ost composé d'un moulinot do Robinson dont los branchos sont on bronzo ot los sphèros on laiton. L'axo ost indépondant du moulinot qui ost monté sur un arbro croux dont l'intériour ost on cuivro ot l'oxtériour garni do gaïac. Los coussinots do l'arbro sont oncastrés aux oxtrémités d'un étrior rolié à la romorquo par uno chaîno on cuivro terminéo par un annoau carré plat, qui s'introduit dans uno sorte d'annoau brisé.

Le conductour ost un câblo militairo Ménior réglomontairo à 7 fils. La remorquo ost un filin on 4 do 0^m,055 à 0^m,060 de circonféronco ot 100 mètros do long.

Lo loch ost mis on communication avoc uno *sonnerie électrique* à peu près du modèlo ordinairo du commorco, un *commutateur* ot uno *pile Leclanché* à deux élémonts.

On pout substituor à la sonnorio un cornot électriquo.

Lo *sablier* qui accompagno lo loch ost réglé à 40 socondos.

Usage de l'instrument. — Pour détorminor la vitosso du naviro on pousso la baguotto du commutatour do manièro à. établir la communication ; on rotourno lo sablier à l'instant d'un coup do timbro quolconquo on comptant 0, puis 1, 2, 3 ; los dizainos so marquont avoc los doigts.

A l'aido du nombro N do coups do timbro obtonu ot de la durée T du sablior, on obtiont la vitosso on nœuds par la formulo.

$$V = \frac{N \times 4,86}{T}.$$

Soit pour T = 40 socondos :

$$N \times 0^m,121 = V$$

onviron $\frac{1}{8}$ do nœud par coup do timbro.

Un *cinémographe* électriquo Richard, combiné avoc lo loch, pormet d'onrogistror la vitosso obtonuo.

Anémomètre Fleuriais.

Cot instrumont destiné à mosuror la vitosso du vont, ost un *ané-momètre* Robinson disposé on vuo do son omploi à bord dos naviros. Il so composo d'uno douillo on for, intorrompuo par uno boîto on bronzo contonant un interruptour. A la partio infériouro do la boîto so trouvo uno crapaudino dans laquollo tourno un arbro on acior qui so tormino par uno vis à laquollo s'adapto uno tigo do paratonnorro.

Au-dossous, l'arbro ost à pans carrés ot porto un potit épaulo-mont sur loquol viont roposor la pièco contralo d'un moulinot qui, actionné par lo vont, transmot la vitosso do colui-ci do la mêmo manièro quo pour lo loch à moulinot.

Anémomètre à main.

Cot instrumont, construit par MM. Richard frèros, 8, impasso Fossart, à Paris, pormot do fairo dos observations simplos. Il so composo d'un potit moulinot à ailottes on aluminium, assoz légor pour tournor pour dos vonts do 0,10 par socondo. Lo moulinot ost fixé sur un axe muni d'une vis sans fin qui, au moyen d'une roue dentée, transmet le nombre de tours à un petit compteur. Ce compteur est placé dans un boîtier de montre qu'on tient dans la main.

L'instrument est réglé directement au moyen d'un manège, et le cadran indique le nombre de mètres parcourus. Un simple bouton permet d'enclancher ou de déclancher le compteur.

Taximètre.

Le *taximètre* sert principalement à faciliter la mesure et la correction des relèvements des objets et des astres. C'est une sorte de compas dont la rose, identique comme graduation aux roses des compas ordinaires, ne porte pas d'aimant et peut être tournée dans une direction quelconque, et par conséquent de telle manière qu'elle indique les relèvements corrigés.

Les deux principaux types de taximètre sont : le *taximètre Santi* et le *taximètre Pagel*.

Navisphère de Magnac

Cet instrument se compose :

1º D'un globe céleste sur lequel sont représentés les pôles, les cercles horaires d'heure en heure, l'équateur céleste gradué en heures et minutes, l'écliptique gradué en degrés, et les étoiles de 1º, 2º et 3e grandeurs.

2º D'un *métrosphère* en cuivre nickelé formé d'un cercle horizontal et d'un cercle méridien.

2º D'un pied en fonte portant le globe.

Avec le *navisphère* on peut déterminer la variation du temps, reconnaître une étoile dont on a observé la hauteur par un ciel nuageux, choisir *a priori*, par une nuit claire, les étoiles qu'il convient d'observer pour obtenir une droite de hauteur de direction donnée.

On peut encore utiliser le navisphère pour les astres mobiles en marquant la position de ces astres sur le globe.

Sondeur Thomson

Le *sondeur Thomson* est disposé en vue de permettre à un navire marchant à une vitesse quelconque, d'obtenir les profondeurs par les fonds inférieurs à 200 mètres, sans stopper.

Il se compose d'une poulie en fonte sur laquelle sont enroulés 500 mètres environ de fil d'acier, pesant environ 350 à 400 grammes par 100 mètres, d'un diamètre de $0^m,00075$ et pouvant supporter, neuf, une charge de 100 kilogrammes sans se rompre. L'axe de la poulie est porté par un châssis auquel est adapté un compteur indiquant la longueur du fil dévidé.

Au sortir de la poulie, le fil vient passer dans une galoche fixée au couronnement du navire, et se termine par une manille en plomb portant uno ostropo à laquollo viont s'attacher la ligno qui porto lo plomb. Cotto ligno ost on filin blanc et trosséo commo los drissos do flammo. On lui fixo, à l'aido do doux briduros, l'étui on laiton porcé do trous pormottant à l'oau d'y pénétror ot do lo romplir. On introduit dans cot étui un tubo do soudo on vorro dont l'intériour ost bien calibré, ot formé à l'uno do sos oxtrémités par uno capsulo on cuivro colléo avoc do la gommo laquo ot onduit intériouromont d'uno coucho do chromato d'argont do coulour bruno.

Entro lo sol do l'oau-do mor et lo chromato d'argont, so produit la réaction suivanto : lo chloro du sol s'omparo do l'argont ot fait un chloruro blanc insolublo, qui transformo on uno coloration blancho la coloration bruno, dans touto la partio du tubo dans laquollo a pénétré l'oau do mor. L'acido chromiquo ot l'oxygèno do l'argont so combinant avoc lo sodium, formont un chromato do soudo solublo qui ost ontraîné par l'oau do mor lorsqu'ollo s'échappo du tubo.

Lo diamètro intériour do co dornior ost assoz potit pour quo lo niveau intériour do l'oau rosto généralomont normal à l'axo du tubo; la quantité d'oau qui y pénètro ost proportionnollo à la longuour do la partio décoloréo, ot, d'après la loi do Mariotto, cotto longuour ost ollo-mêmo proportionnollo à la prossion, c'ost-à-diro à la prossion atmosphériquo augmontéo do la prossion do la colonno d'oau.

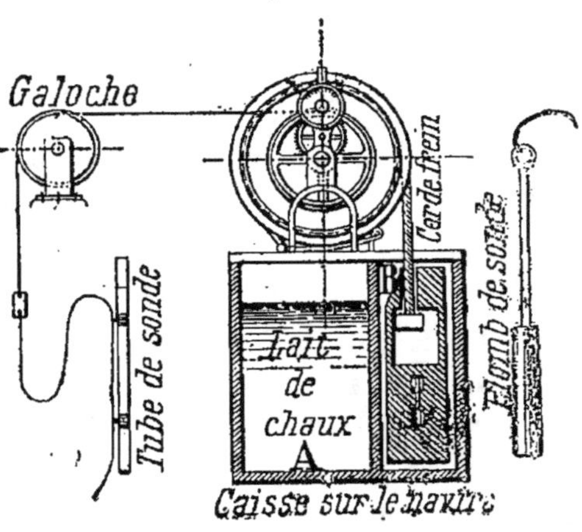

Fig. 492

La hauteur do la partio décoloréo du tubo do sondo ost mosuréo à l'aido d'uno échollo on bois, graduéo do manièro à fournir immédiatomont la profondour on mètros.

Si on appelle l la longueur en millimètres de la partie non décolorée dans le tube; H la pression atmosphérique à l'instant de l'observation, en centimètres de mercure ; L la profondeur en mètres, et si l'on prend 13,6 et 1,027 pour les densités du mercure et de l'eau de mer, on a, la longueur du tube étant de 0m,610 :

$$l = \frac{H \times 13,6 \times 610}{L \times 1,027 + H \times 13,6}$$

On voit, par conséquent, qu'à une même longueur l de la colonne d'eau correspond une profondeur L qui varie avec la pression atmosphérique H à l'instant de l'observation.

Le plomb de sonde est un poids en fer galvanisé de 1 mètre de long et pesant environ 10 k. 400.

L'appareil au repos est enfermé dans une caisse à deux compartiments ; le plus grand A forme une caisse étanche destinée à contenir le lait de chaux dans lequel la poulie doit rester plongée ; le second compartiment B contient un bloc de plomb destiné à charger le frein en corde lorsque l'appareil est en service (fig. 492).

Sextant.

Le *sextant* est un instrument à réflexion qui permet d'observer les distances angulaires jusqu'à 150° environ. Il se compose du *corps proprement dit* et de *l'alidade*.

Le *corps* de l'instrument a la forme d'un secteur circulaire de 80° environ.

Une poignée placée derrière sur des traverses, permet de le tenir à la main. Dans le limbe est incrustée une lame circulaire sur laquelle sont les graduations, en quinzaines et vingtaines de minutes. En dehors du rayon extrême, à gauche, perpendiculairement au plan du secteur, se trouve le petit miroir muni de deux mécanismes qui permettent de l'incliner et de le faire pivoter. Derrière et devant sont des verres colorés d'intensités différentes destinés, au besoin, à affaiblir les rayons de lumière directs et réfléchis. En dehors de l'autre rayon extrême, sur la droite, se trouve la *pinnule* munie d'une plaque à bascule percée de deux trous, dont le plus bas sert à faire la plupart des observations.

Lorsqu'on veut opérer avec une très grande exactitude, on substitue à la plaque une lunette astronomique qui se visse dans l'anneau de la pinnule.

L'alidade est une règle en métal, mobile autour du centre du secteur. Elle porte au-dessus de ce centre le *grand miroir* qui suit le mouvement de rotation de l'alidade, et, dans toutes ses positions, est *perpendiculaire* au plan de l'instrument. L'alidade est échancrée au-dessus de la graduation et est munie d'un vernier tracé le long de cette graduation et permettant d'évaluer des arcs plus petits que ceux du limbe.

Compas

Il existe plusieurs genres de *compas* :

1° *Compas de route de 0,25.* — On ne désigne sous ce nom que la cuvette du compas munie de son couvercle et de son cercle de suspension.

2° *Compas de relèvement de 0,20.* — La cuvette de ce compas offre une analogie complète avec celle du compas de route précédent; son diamètre est plus petit, le châssis de la glace supérieure est gradué de 0 à 360 vers la droite. La glace supérieure est percée d'un trou central, destiné au passage du pivot de la pinnule de relèvement.

3° *Compas liquide de relèvement de 0,20.* — (Divers modèles).

Les dispositions extérieures de tous les compas de relèvement de 0,20 sont les mêmes. L'instrument est renfermé dans une boîte en noyer, en général à 6 pans, portant une fenêtre latérale à laquelle s'adapte un fanal à huile; le liquide renfermé dans les cuvettes est un mélange de $\frac{2}{3}$ d'eau distillée et $\frac{1}{3}$ d'alcool : ce dernier destiné à empêcher la congélation.

Les cuvettes sont de deux sortes : la cuvette *Dumoulin-Froment*, dite *Cuvette compressible* et la cuvette *Portel-Vinay*.

Le couvercle de la boîte contient la pinnule pour relèvements.

4° *Compas liquides à flotteurs de 0,20.* — Cet instrument a une cuvette compressible de Dumoulin-Froment, du même modèle que celle du compas précédent, mais plus profonde.

La rose est à 4 aiguilles, et le poids de ces dernières est allégé par un frotteur cylindrique annulaire, afin d'annuler presque complètement le frottement sur le pivot.

5° *Compas liquide d'embarcation de 0,14.* — Ce compas est renfermé dans une boîte en noyer dont le couvercle porte une glace permettant de suivre les indications de la rose lorsque le temps oblige à couvrir l'instrument.

Cette boîte porte en outre une fenêtre latérale et des rainures pour le fanal d'éclairage. La rose a 2 aiguilles à flotteurs.

6° *Compas Thomson.* — La partie essentiellement originale du compas Thomson est sa rose. Indépendamment de la sensibilité et de la stabilité obtenues en allégeant la rose et en transportant à la périphérie le poids principal de la charpente, sir William Thomson a pu, en coupant les aiguilles et réunissant leurs tronçons dans un plateau de petit rayon, placer, dans l'habitacle lui-même, un système complet de compensateurs disposés conformément aux règles formulées par Archibald Smith et Evans dans le *Manuel de l'Amirauté Anglaise.*

L'instrument se compose d'un fût en bois portant, à sa partie supérieure, un manchon en cuivre auquel est suspendue la cuvette ; le tout est recouvert d'un capot portant deux fanaux éclairant la rose par dessus. La glace supérieure de la cuvette porte une pièce centrale percée à la partie supérieure d'un trou conique destiné à recevoir le déflecteur ou le miroir azimutal (fig. 494).

Suivant l'axe du fût en bois du compas, se trouve un tube cylindrique en cuivre dans lequel on peut faire monter ou descendre une gaine destinée à recevoir le barreau correcteur pour la bande ; pour les barreaux aimantés, des trous longitudinaux et transversaux sont ménagés dans le fût pour les recevoir. Ces trous portent des numéros proportionnels aux déviations produites par un même barreau, c'est-à-dire proportionnels à l'inverse des cubes des distances des extrémités des trous au centre du plateau des aiguilles. Deux potences en fonte douce sont disposées de chaque bord du fût pour recevoir les globes compensateurs. Le centre de ces sphères doit être à hauteur des plans des aiguilles, c'est-à-dire, à $0^m,023$ ou $0^m,024$ au-dessus de la pointe du pivot ou de l'axe des couteaux de la cuvette. Le compas est muni, en outre, d'une gaine en cuivre destinée au logement d'un barreau de Flinders.

7° *Compas de route, système Thomson.* — Cet instrument est un modèle simplifié en vue de la réduction du prix ; ses dispositions essentielles sont les mêmes que celles du grand modèle pour relèvements, sauf la suppression du barreau Flinders. Le capot, de forme plus simple, porte une seule lampe.

8° *Compas étalon de relèvement (de 0,20 ou de 0,25).* — Ces compas ont été exécutés en prenant pour modèle le compas de relèvement de sir William Thomson. Les modifications apportées ont été motivées par la difficulté qu'on éprouve à prendre des relèvements la nuit avec l'éclairage par dessus.

Le barreau pour la correction de l'erreur de bande a été supprimé : cette correction ne peut être qu'incomplète lorsque le bâtiment reste dans une même région ; il est en outre nécessaire de la reprendre constamment quand les conditions magnétiques terrestres changent. Ces considérations ont paru de nature à justifier le sacrifice qu'il a fallu faire de ce barreau pour faciliter l'usage du compas.

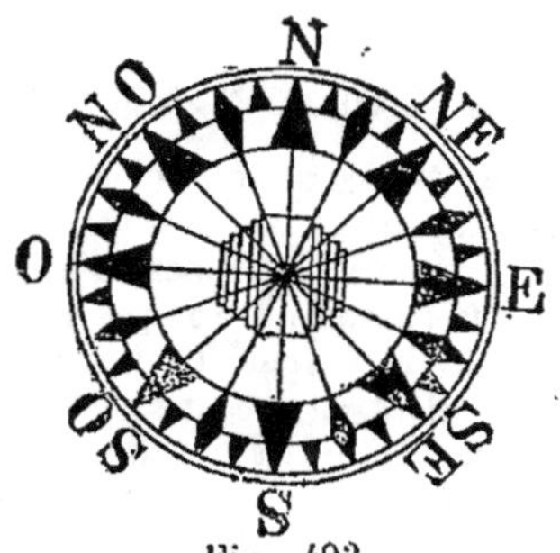

Rose du compas Thomson

Fig. 493

' L'éclairage a été disposé par dessous. Il est obtenu au moyen d'une bougie placée dans un porte-bougie à ressort qui maintient la flamme à une hauteur constante.

Compas de relèvement Thomson

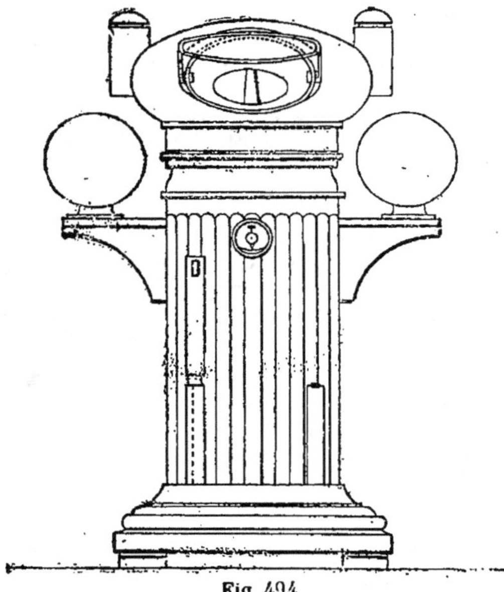

Fig. 494

Le miroir azimutal a été remplacé par une pinnule pour relèvements.

Compensation des compas

Sur les bâtiments en bois, les déviations sont en général assez faibles, du moins pour les compas éloignés des masses de fer importantes ; alors la compensation n'offre d'autre avantage que celui de rendre l'usage des compas plus facile. Mais sur les bâtiments en fer, les déviations atteignent des valeurs considérables, et il se présente alors un inconvénient de la plus haute gravité ; la force directrice qui agit sur l'aiguille aimantée subit de très grandes variations, et, à certains caps où les forces perturbatrices ont une résultante opposée à la direction du champ terrestre, la résultante est tellement affaiblie que la rose devient presque insensible.

Il est donc indispensable, sinon d'annuler les déviations, du moins de les réduire, de manière à égaliser sensiblement la force directrice à tous les caps. A égalité de valeur maximum, la déviation quadrantale présente des inconvénients beaucoup plus grands que la déviation semi-circulaire.

Pour compenser un compas, on commence par disposer les barreaux aimantés dans le voisinage, mais à une distance assez grande pour qu'ils soient sans effet sur la rose. On s'assure que le navire est droit et que les masses importantes de fer qui entrent dans l'armement sont à leurs postes respectifs. On met le cap au nord magnétique, on maintient le bâtiment à ce cap quelques instants, et avec un barreau transversal, on annule la déviation à ce cap, c'est-à-dire que l'on amène la rose à marquer le cap au nord.

On met le cap à l'est magnétique, et, avec une paire de barreaux longitudinaux, on annule la déviation à ce cap. Dans ces conditions, la déviation semi-circulaire est à peu près entièrement annulée.

On met ensuite le cap au S.-E.; on met en place une paire de globes transversaux que l'on approche ou que l'on éloigne jusqu'à ce que la déviation soit encore annulée à ce nouveau cap.

On met le cap au sud; s'il reste un peu de déviation, on en annule *la moitié* avec un barreau transversal.

On met le cap à l'ouest, on annule encore la moitié de la déviation, s'il y en a une, avec les barreaux longitudinaux.

Enfin, on met le cap au N.-O., et on rectifie la position des globes de manière à ne laisser à ce cap qu'une correction égale à la demi-somme des résidus laissés à l'est et au sud.

Rose des compas.

Les qualités principales d'une rose sont la *sensibilité* et la *stabilité*. Une rose est d'autant plus *sensible* qu'elle indique plus rapidement les embardées du bâtiment, et d'autant plus *stable* qu'elle est moins influencée par les mouvements du navire à la mer.

Il n'y a pas de roses d'une sensibilité absolue et d'une stabilité complète, parce qu'il impossible de soustraire cet instrument aux causes qui lui enlèvent ces propriétés; mais on peut arriver à atténuer l'influence de ces causes en lui donnant des dispositions convenables. Pour donner les meilleures dispositions à adopter, il suffit d'analyser l'effet des causes perturbatrices et des dispositions de la rose sur ces qualités.

En résumé, il faut que la rose soit légère, que son moment d'inertie autour de l'axe du disque soit le plus grand possible, que le poids de la charpente soit très faible relativement au poids des aiguilles; enfin, il faut que la période de balancement soit très courte. Toutes ces conditions théoriques ont été réalisées d'une façon remarquable dans la rose de sir William Thomson (fig. 493).

Barreaux aimantés

Les *barreaux aimantés* actuellement en usage dans la marine sont de deux espèces; les *barreaux* dits *faisceaux magnétiques* et les *barreaux cylindriques*.

Les barreaux de la première espèce ont les longueurs suivantes :

$$0^m,60 - 0^m,50 - 0^m,40 - 0^m,30 - 0^m,25 - 0^m,20$$

Ils sont formés de plusieurs lames d'acier superposées, et enfermées dans une gaine de laiton. Ces barreaux puissants sont destinés à la correction des roses à aiguilles de 0,20 à 0,25.

Les barreaux cylindriques ont les dimensions suivantes :

Pour les compas Thomson, de relèvement et de route, les compas étalons de relèvement de 0,25, et les habitacles en cuivre réglementaires.. ... $\left\{ \begin{array}{l} 0^m228 \times 0^m01 \\ 0^m228 \times 0.005 \end{array} \right.$

Pour certains compas Thomson, de route..... $\left\{ \begin{array}{l} 0.203 \times 0.01 \\ 0\ 203 \times 0\ 005 \end{array} \right.$

Pour les compas étalons de relèvement de 0,20 $\left\{ \begin{array}{l} 0.180 \times 0.01 \\ 0.180 \times 0.005 \end{array} \right.$

Pour compas système Collet................ ... | 0.152×0.01

Pour compas système Collet, et compas modèle 88 pour torpilleurs (système Thomson).........$\left\{ \begin{array}{l} 0.152 \times 0.005 \end{array} \right.$

Ces barreaux sont en acier d'Allovard, et peints en *rouge* à l'extrémité qui se dirige vers le Nord quand on suspend le barreau, c'est-à-dire à l'extrémité qui repousse la pointe nord de l'aiguille du compas, et en *bleu* à l'autre extrémité.

Globes compensateurs

Les *globes compensateurs* sont en fonte douce recuite; les dimensions en usage sont, pour les compas Thomson et les compas étalons de 0,25 et de 0,20 :

Diamètres en millimètres :	305	280	254	216	178
Epaisseurs »	15	14	13	11	9

Ces globes sont entaillés à leur base, ou munis d'un collet, suivant leur diamètre, de manière que leur centre soit à $0^m,127$ de la base. Les potences destinées à les supporter sont placées de façon que leurs surfaces supérieures soient à une distance constante de $0^m,127 + 0^m,023 = 0^m,150$ de la pointe du pivot ; la hauteur du plan des aiguilles au-dessous du pivot étant de $0^m,023$, le centre des sphères est sensiblement dans le plan des aiguilles.

Barreaux de Flinders

Les seuls compas qui reçoivent des *barreaux de Flinders* sont les compas de relèvement Thomson et les compas étalons de $0^m,20$ et de $0^m,25$.

Chaque barreau de Flinders se compose d'une série de 8 cylindres de fer doux, ayant les longueurs suivantes : 305 millimètres, 152, 76, 38, 19.

Les diamètres sont de 0m,076 pour les compas Thomson et les compas de relèvement de 0,25, et de 0m,060 pour les compas étalons de 0,20.

Boîtes de roses.

Boîtes de roses à 8 aiguilles de 0,20 et de 0,25. — Ces roses sont extrêmement délicates. La période d'oscillation de ces roses à Paris est de 19 à 20 secondes pour les roses de 0,25, et de 18 à 19 secondes pour les roses de 0,20 ; elles sont aimantées à saturation lors de leur confection.

En outre de ces boîtes, il existe encore les :

Boîtes de roses, système Thomson, pour compas de route et de relèvement ;

Boîtes de roses de 0,20 pour compas liquide ;

Boîtes de roses renversées pour compas de 0,14.

Variations.

Déclinaisons. — Déviations.

On appelle *variation* l'écart entre la direction de l'aiguille du compas et la direction du nord du monde.

La variation se compose de la *déclinaison* et de la *déviation*.

La *déclinaison* est l'écart entre la direction de l'aiguille aimantée et la direction du méridien à un même lieu. Cet écart, dû à l'influence du magnétisme terrestre, varie avec chaque lieu du globe ; mais il demeure sensiblement constant dans le même lieu.

La déclinaison magnétique n'éprouve que des changements qui s'opèrent avec une extrême lenteur et d'une façon continue.

Les cartes et les instructions donnent le sens et la grandeur de la déclinaison pour divers points du globe et pour l'année à laquelle elles se rapportent.

La *déviation* est l'angle qui a pour origine la direction du nord magnétique, et pour extrémité la direction de l'aiguille du compas. Cette déviation, produite sur le compas par l'influence du magnétisme du navire, se compte vers la droite pour un observateur debout au centre du compas. Elle se compose, d'une manière générale, de trois effets distincts, dus à des forces magnétiques, savoir :

1° L'*erreur quadrantale*, produite par la résultante, dans un plan parallèle à celui du compas, des actions qu'exercent sur ce dernier les diverses masses de fer doux que contient le navire;

2° L'*erreur semi-circulaire*, provenant de l'influence variable du bâtiment, considéré comme un aimant, dont l'énergie se modifie selon son orientation ;

3o *L'erreur de bande*, due à l'action magnétique de la terre, combinée avec l'influence exercée par le navire considéré comme aimant.

L'erreur quadrantale et l'erreur de bande se rectifient pratiquement à l'aide de tableaux numériques.

Avec le *compas Thomson*, on corrige : *l'erreur semi-circulaire* au moyen d'un système de quatre correcteurs, placés à bâbord et à tribord du compas ; *l'erreur quadrantale* à l'aide de deux *sphères de fer doux* placées à égale distance, de chaque côté du compas ; *l'erreur de bande* au moyen d'un aimant vertical placé au-dessous et à une faible distance du centre du compas.

La *recherche des déviations* s'obtient dans les ports en amarrant le navire à des coffres ou bouées fixes, d'orientation déterminée, et on lui faisant parcourir, de 5 ou de 10 en 10 degrés, tout le tour de la rose. A chaque cap, on prend au compas le relèvement d'un point déterminé. La déviation à un cap s'obtient, en grandeur et en signe, par différence algébrique :

Déviation = relèvement magnétique — relèvement au compas.

Ou encore :

Déviation = cap magnétique — cap au compas.

Le relèvement magnétique d'un objet ou d'un astre s'obtient par la différence algébrique :

Relèvement magnétique = relèvement vrai — déclinaison.

Les angles reçoivent le signe + quand ils sont comptés à droite, et le signe — quand ils sont comptés à gauche.

M. Guyou dit que les précautions à prendre, pour obtenir une bonne valeur de la déviation, sont les suivantes :

1o Il faut que le navire soit bien droit et immobile au cap où l'on observe ;

2o Il faut que l'objet ou l'astre relevé soit par moins de 25° de hauteur ;

3o Il faut enfin que l'objet soit assez éloigné pour que le déplacement du navire ne puisse pas altérer sensiblement la valeur du relèvement. On peut se guider pour cela sur cette remarque : qu'une longueur donnée est vue sous un angle de 1o à une distance environ 60 fois plus grande.

On place un observateur à chacun des compas que l'on a à considérer ; l'observateur du compas étalon, qui doit diriger l'opération, donne le signal à l'instant auquel on doit prendre le cap aux différents compas

On amène le navire successivement aux 32 aires de vent du compas étalon ; on le maintient pendant quelques minutes dans chaque position, et, à un instant où le bâtiment est bien immobile, tous les observateurs relèvent le cap au compas dont ils sont chargés.

Lorsqu'on a fait le tour complet, il est bon de le recommencer en sens inverse.

Ces résultats obtenus, on calcule les déviations du compas étalon, on en déduit le cap magnétique du navire, et, par comparaison avec le cap à chacun des autres compas, on obtient les déviations à ces compas.

De ce qui précède, on déduit les relations suivantes :

Variation = déclinaison + déviation.
Route vraie = route au compas + variation.
Route vraie = route magnétique + déclinaison.
Route magnétique = route au compas + déviation.

Les trois dernières équations s'appliquent à tous les problèmes de relèvements ; il suffit d'y remplacer le mot *route* par celui de *relèvement*.

Recherche de la variation. — Pour obtenir la *variation* correspondant à un cap donné, ou visé, avec l'alidade du compas, un objet ou un astre dont on a, par les cartes ou par l'observation astronomique, l'azimut ou le relèvement vrai.

Le signe de la variation s'obtient pratiquement de la manière suivante :

Si le cap vrai du bâtiment, supposé rapporté sur la division de la rose du compas qui lui correspond, tombe à *droite* du cap indiqué par le compas, pour un observateur placé au centre de la rose et regardant dans la direction du cap au compas, la variation est *positive* ou *Est*.

Quand, au contraire, ce cap vrai, ainsi rapporté et regardé tombe à *gauche* du cap indiqué par le compas, la variation est *négative* ou *Ouest*.

L'azimut d'un point se calcule de la manière suivante :

Soient P la position du pôle Nord terrestre, E le point ou l'objet dont on veut avoir le *relèvement* ou *l'azimut astronomique* x,

par rapport à un observateur placé en O, dont la verticale est OD et l'horizon le cercle ABC (fig. 495).

A une heure connue, on observe en même temps, du point O : la hauteur EB de l'objet au-dessus de l'horizon ; la hauteur aM d'un astre a connu, au-dessus de l'horizon ; la distance angulaire Ea de l'objet à cet astre a, et le relèvement de ce dernier au compas.

L'azimut x est l'angle PDB, c'est la *différence* des deux angles PDa et BDa que l'on peut avoir, le premier dans le triangle PDa, le second dans le triangle EDa.

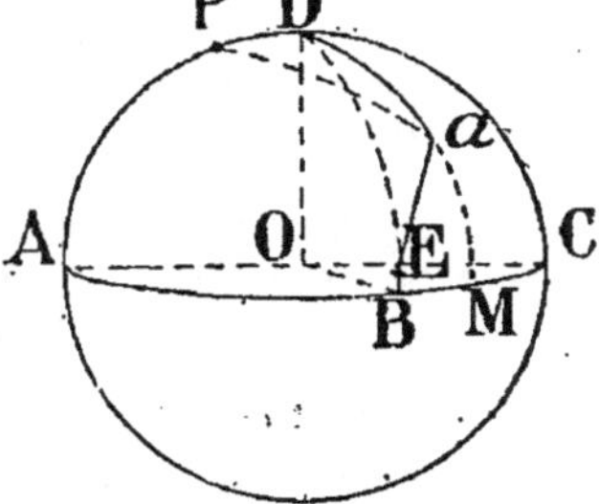

Fig. 495

Si l'astre est le *soleil*, pour avoir PDa, on a, dans le triangle de même nom, PD qui est le complément de la latitude connue du lieu d'observation ; le côté Da est le complément de la hauteur observée ; Pa est la distance polaire du soleil que l'on calcule au moyen de la *connaissance du temps*.

Si on appelle 2 s la somme PD + Da + Pa, on a dans le triangle PDa :

$$\cos. \tfrac{1}{2} P D a = \sqrt{\frac{\sin s \sin (s - P a)}{\sin PD \sin D a}}$$

Dans le triangle EDa, si on appelle 2n la somme Da + ED + Ea l'arc observé, on a, pour l'angle des deux verticaux :

$$\cos \tfrac{1}{2} E D a = \sqrt{\frac{\sin n . \sin (n - E a)}{\sin D a . \sin E D}}$$

Si l'astre observé est la lune, ou une planète, ou une étoile quelconque, on a, à l'instant de l'observation, la distance polaire Pa de l'astre par sa déclinaison pour l'heure donnée. La déclinaison des astres est donnée dans la *connaissance du temps* pour l'heure moyenne de Paris que l'on peut avoir exactement par les chronomètres du bord

L'*azimut vrai de l'objet* est la différence entre l'azimut astronomique de l'astre et l'angle des deux verticaux de l'astre et de l'objet. Cette différence se porte sur la rose, à droite ou à gauche du relèvement vrai de l'astre, suivant que l'objet est lui-même à droite ou à gauche de l'astre, au moment de l'observation.

Des tables calculées, les unes par M. Labrosse, les autres par M. Perrin, officiers de marine, donnent rapidement l'azimut vrai du soleil et des astres. Ces tables abrègent considérablement les calculs.

MM. Bretel, commandant aux Messageries maritimes, et Huc, professeur d'hydrographie, ont établi de nouvelles tables donnant les azimuts pour tous les astres et toutes les latitudes.

Détermination de l'azimut-vrai d'un astre par l'observateur de sa hauteur. — Pour déterminer l'azimut vrai d'un astre quelconque, lorsqu'il est à une certaine élévation au-dessus de l'horizon, on prend une hauteur de cet astre, en notant l'heure du chronomètre, et on en conclut la hauteur vraie h du centre dont le complément est la distance zénithale n. On connaît en outre la latitude l du navire ou la colatitude c, ainsi que la longitude. L'heure de Paris, temps moyen, peut s'obtenir, soit par la montre marine, soit par l'heure du bord combinée avec la longitude, et l'on calculera pour cette heure la déclinaison d de l'astre, afin d'avoir sa distance polaire δ.

On connaîtra donc les trois côtés du triangle PaD (fig. 495) comme pour le calcul d'angle horaire, et l'azimut vrai $PaD = Z$ sera donné par la formule :

$$\mathrm{Cos}\ Z = \frac{\cos \delta - \cos n \cos c}{\sin n \sin c} = \frac{\sin d - \sin h \sin l}{\cos h \cos l}.$$

La première valeur de cos Z, rendue logarithmique, donne :

$$\sin \frac{z}{2} = \sqrt{\frac{\sin \frac{1}{2}(\delta + n - c) \sin \frac{1}{2}(\delta + c - n)}{\sin n \cdot \sin c}}$$

$$\cos \frac{z}{2} = \sqrt{\frac{\sin \frac{1}{2}(\delta + n + c)\sin \frac{1}{2}(n + c - \delta)}{\sin n \cdot \sin c}}$$

En remplaçant n par $90^{\circ} - h$, c par $90^{\circ} - l$, et en posant : $h + l + \delta = 2\ s$, on a :

$\delta + n - c = 2\ (s - h)$; $\delta + c - n = 2\ (s - l)$; $\delta + n + c = 180^{\circ} - 2\ (s\ \delta)$; $n + c - \delta = 180^{\circ} - 2\ s.$

d'où

$$\sin \frac{1}{2} Z = \sqrt{\frac{\sin (s - h) \sin (s - l)}{\cos h \cos l}} \qquad \text{(Caillet)}$$

$$\cos \frac{1}{2} Z = \sqrt{\frac{\cos s \cos (s - \delta)}{\cos h \cos l}} \qquad \text{(Borda)}$$

Table pour la correction des déviations quadrantales de 1 à 16°.

Distance des points les plus rapprochés du globe au centre du compas, en millimètres — Diamètre des globes en millimètres

Déviations à corriger / Globes	254	229	216	203	190	178	165	152	140	127	114
1°	579	521	492	463	434	405	376	347	318	289	260
1 1/2	489	440	417	392	367	343	318	294	269	245	220
2	433	390	368	346	325	303	282	260	239	216	193
2 1/2	393	354	334	314	294	275	256	236	216	196	176
3	363	326	308	290	272	253	236	217	199	181	163
3 1/2	338	304	287	270	253	236	220	203	186	169	152
4	318	286	270	254	238	222	207	191	175	159	143
4 1/2	301	270	255	240	224	210	196	180	165	150	136
5	286	258	243	229	214	200	186	171	157	142	128
5 1/2	273	246	232	219	204	191	178	164	150	137	123
6	262	236	222	209	196	183	170	157	144	131	118
6 1/2	251	226	213	201	183	175	163	151	138	126	114
7	242	218	206	193	181	169	157	145	133	121	109
7 1/2	233	210	198	187	175	162	151	140	128	116	105
8	226	204	192	181	170	158	147	136	124	113	102
8 1/2	219	197	186	175	165	154	142	131	120	109	98
9	213	191	180	170	160	149	138	128	117	106	95
9 1/2	206	186	175	165	155	144	134	123	113	103	93
10	200	181	171	161	151	141	131	121	111	101	90
10 1/2	196	176	167	157	147	137	127	118	108	98	88
11	190	171	162	153	143	133	123	114	105	95	86
11 1/2	187	168	158	149	140	130	121	112	103	93	84
12°	182	163	155	146	136	127	118	109	100	91	82

Distance des points — Diam. des globes

Déviations à corriger Globes	305	280
12°	219 m/m	201
12 1/2	214	196
13	209	191
13 1/2	204	187
14	200	183
14 1/2	196	180
15	192	176
15 1/2	189	173
16°	185	170

Cette table est extraite de l'ouvrage *Description et usage des Instruments nautiques* par M. E. GUYOU, capitaine de vaisseau, au service hydrographique de la Marine.

Chronomètres ou montres marines.

Le but des *chronomètres* est de conserver à bord, et le plus exactement possible, l'heure du premier méridien pour les calculs du point.

En cours de navigation, ces instruments sont soumis à des influences diverses qui peuvent altérer la régularité de leur mécanisme, quelque perfectionné qu'il soit Il est donc indispensable de connaître à la mer si les marches des chronomètres ont éprouvé des variations ou des perturbations.

Si l'on n'a *qu'une* montre, il est impossible de constater ces variations.

Avec deux montres, on est averti de l'existence d'une perturbation, mais on ne peut savoir quel est le chronomètre qui l'a subie.

Avec trois montres, on connait exactement les unes et les autres, et la discussion des marches permet de se soustraire à l'influence des perturbations anormales. C'est le nombre minimum de chronomètres, nécessaire pour naviguer avec une grande exactitude.

D'après les opinions d'officiers de marine, l'influence de la *pression barométrique* sur la marche des chronomètres, est entièrement négligeable ; celle due à l'*état hygrométrique* de l'air est sans action sensible ; il en est de même de celle due au *magnétisme* ; l'influence de l'*électricité* est quelquefois très appréciable ; celle de la *température* se manifeste d'une manière régulière, ainsi que celle du *temps* sur le mécanisme, par l'usure des organes du mouvement. Ces dernières suivent des lois mathématiques parfaitement déterminées.

En outre de ces influences, les chronomètres peuvent être affectés par les effets de violents coups de roulis et de tangage, par une secousse quelconque anormale, un choc, altérant la valeur de leur marche.

Les trépidations dues au propulseur, sur des navires de petites dimensions, peuvent également avoir un effet sur les chronomètres.

Dès que les chronomètres sont embarqués, on doit commencer à les suivre en les comparant entre eux L'embarquement ne doit se faire qu'à la fin des travaux d'armement, pour éviter les effets des chocs et secousses du navire sur les montres.

Comparer des chronomètres entre eux, c'est déterminer par observation, au même instant, les heures correspondantes marquées par ces chronomètres. Les marches de départ ne restent pas constantes ; elles éprouvent, comme il est dit ci-dessus, des variations plus ou moins sensibles. Celles dues aux changements de température se corrigent au moyen des coefficients de température.

La correction de marche s'impose absolument pour ne pas avoir des résultats d'atterrissage différents de ceux prévus. Plusieurs méthodes ont été données pour cela.

Méthode de M. Fleuriais. — Soient m_0, m_1, les marches ; E_0, E_1, les états sur Paris en deux stations de longitudes connues ; t, le nombre de jours écoulés entre les observations, θ_0 et θ_1 les températures moyennes des relâches ; θ', celle de la traversée ; a, le coefficient d'accélération ; b, celui de la température ; on a les relations suivantes :

$$m_1 = m_0 + at + b\,(\theta_1 - \theta_0) \qquad (1)$$

$$E_1 - E_0 = m_0 t + at \left(\frac{t+1}{2}\right) + bt\,(\theta' - \theta_0) \qquad (2)$$

d'où l'on tire a et b.

On donne le nom d'*accélération* à la variation de marche : elle est tantôt positive, tantôt négative.

Le coefficient de température est la variation de la marche pour $+ 1^0$.

Ces coefficients obtenus, la formule (1) donne facilement une marche à une époque et à une température quelconques.

Dans cette méthode, les courbes des marches, des dates et des températures sont tracées sur du papier millimétré aux échelles suivantes :

Pour les dates. . . 1 millimètre par jour ;
Pour les températures 5 » par degré ;
Pour les marches . . 5 » par dixième de seconde.

Sur AB est l'échelle des dates. Sur AC sont les échelles des températures et des marches chronométriques (fig. 496).

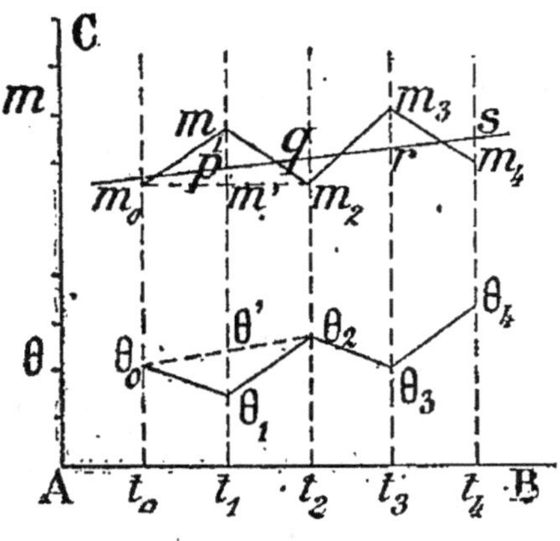

Fig. 496

Soient m_0, m_1, m_2, m_3... θ_0, θ_1, θ_2, θ_3... des marches et des températures pour une série d'observations faites en des temps t_0,

t_1, t_2, t_3, relevées et portées à l'échelle sur la figure ci-dessus. Si on joint m_0 m_1, θ_0 θ_2, on voit qu'à la température θ' correspond une marche m'. La variation de température $\theta' - \theta_1$ produit sur la marche une variation $m_1 - m'$. Le coefficient de température b_1 est alors :

$$b_1 = \frac{m_1 - m'}{\theta' - \theta_1}$$

En opérant ainsi sur les autres points observés, on obtient une série de coefficients de température dont on prend la moyenne b, pour établir que pour une marche quelconque m_n, correspondant à une température θn, on n'a qu'à multiplier $(\theta_n - \theta)$ par b pour avoir la correction à faire à m_n pour la ramener à la valeur qu'elle aurait à la température moyenne observée θ.

En appliquant à chacune des marches m_1, m_2, m_3 des corrections de la forme b $(\theta_1 - \theta)$, b $(\theta_2 - \theta)$, b $(\theta_3 - \theta)$ on obtiendra sur la courbe des marches, une série de points p q r s formant une courbe de marches *isothermes*. Cette courbe doit être sensiblement droite pour justifier l'exactitude des observations. Si elle a des inflexions, il y a lieu d'en découvrir la cause, et de voir si ces inflexions sont liées en grandeur et en signes aux différences $(\theta_0 - \theta)$; dans ce cas, la proportionnalité entre les variations de la marche et de la température ne peut être admise.

Méthode de M. Rouyaux. — Cette méthode a l'avantage de suivre de plus près la succession des perturbations chronométriques en substituant aux marches elles-mêmes, l'étude des courbes des *marches relatives* de différentes secondes, à cause de la plus grande approximation qu'elles fournissent pour l'estimation de la grandeur des perturbations, au lieu de n'apprécier ces dernières que par des *moyennes*. Les courbes de marches relatives se construisent en négligeant l'influence du temps ; elles portent pour cela le nom d'*isotemps* et elles ont la forme de paraboles, jouissant de la propriété suivante :

Deux paraboles isotemps, même éloignées comme époque, ne diffèrent que par la position de leur sommet et de leur axe. Elles sont identiques de forme et d'orientation.

Les isotemps se tracent sur des coordonnées rectangulaires : les marches sur l'axe vertical, les températures sur l'axe horizontal.

Soient 3 chronomètres A, B, C. Du registre des comparaisons, on extrait les valeurs moyennes des marches relatives de B et de C par rapport à A, et de B par rapport à C, en choisissant des périodes faisant ressortir les changements de température.

On porte sur les ordonnées, pour chaque groupe de marches relatives normales calculées à l'aide des comparaisons de *rade*, les points fournis par ces dernières, et en joignant ces points par un trait continu, on obtient trois branches d'isotemps sensiblement rectilignes.

En portant ensuite sur ces ordonnées, les points des marches relatives déduites, calculées à l'aide des comparaisons de *mer*, et en joignant ces points par un trait continu, on obtient les isotemps des marches relatives de mer.

En comparant les deux courbes isotemps de B — A, de C — A. de B — C, en rade et en mer, on a les variations subies par les montres pour les différentes marches.

Comparaisons des chronomètres. — Comparer des chronomètres entre eux c'est déterminer, par l'observation, les heures correspondantes marquées par ces instruments au même instant. Cette opération doit se faire chaque matin après le remontage.

Dons le cas de 3 chronomètres, le régulateur, qui est toujours celui qui paraît le meilleur, doit être placé au milieu des autres. Au moment de la comparaison on doit ne laisser ouverts que le régulateur et le chronomètre à comparer afin que l'oreille ne perçoive que le bruit de ces deux montres.

Si l'on a plus de 3 chronomètres, on emploie comme intermédiaire le compteur, s'il bat surtout la demi-seconde.

Si l'on suppose que le régulateur M marque une heure comprenant un nombre exact de minutes, que la montre A marque au même instant une heure, la montre B une autre, la montre C une troisième, on en conclue les différences :

M — A ; M — B ; M — C qui doivent être inscrites sur le registre des comparaisons, en même temps que la température. On déduit de ces différences : A — B, B — C etc.

Réglage des chronomètres pendant une relâche. (F. Légal). Les observations doivent être faites, autant que possible, à l'horizon artificiel, au moment des circonstances favorables, par le calcul de l'heure, et toujours du même côté du méridien.

Le mercure doit être préféré à l'huile, à cause de son extrême mobilité.

Il est important de choisir pour l'horizon artificiel un terrain solide éloigné de toutes causes de vibrations et à l'abri du vent.

L'erreur instrumentale sera soigneusement déterminée, avant et après les observations, en employant des bonnettes, seul moyen de se soustraire aux erreurs provenant des verres colorés. On adoptera la moyenne des résultats pour erreur instrumentale. On prendra 4 séries au moins, de 3 hauteurs chacune, en ayant soin de retourner le toit après les deux premières hauteurs de chaque série, quand les faces latérales de ces toits portent des glaces.

On observera la hauteur du bord inférieur le matin, celle du bord supérieur le soir, car le contact est plus facile à saisir quand les bords se séparent que quand ils se réunissent.

On inscrit sur le carnet les indications du baromètre et du thermomètre.

Pour déterminer les marches diurnes, on emploiera des états absolus, éloignés de 10 à 15 jours autant que possible.

L'état absolu d'un chronomètre, est la différence de l'heure de Paris à celle du chronomètre.

La *marche diurne* est la viariation du chronomètre dans les 24 heures.

La différence des états absolus, sur le temps moyen de deux lieux différents et à la même heure, est égale à la différence des longitudes.

On obtient l'état absolu d'un chronomètre sur le temps vrai ou sur le temps moyen du lieu, en comparant l'heure vraie ou l'heure moyenne de ce lieu avec l'heure que marque le chronomètre au même instant. On peut employer pour cela le *calcul d'angle horaire proprement dit*.

Un procédé commode pour obtenir à terre, l'avance ou le retard d'un chronomètre, consiste à observer l'heure qu'indique cet instrument au moment du passage apparent d'un astre au fil moyen d'une lunette méridienne. L'heure solaire de ce passage est midi vrai, si l'astre observé est le soleil ; pour tout autre astre cette heure s'obtient par le calcul de l'heure moyenne du passage apparent d'un astre à un méridien donné.

La *marche diurne* d'un chronomètre se détermine par la *comparaison* de plusieurs états absolus. Deux états absolus A, A' sur le temps moyen obtenu, à deux époques différentes T, T', donnent un moyen de déterminer la marche diurne par rapport à ce temps, car si T' est l'époque la plus avancée, la différence A' — A sera la marche du chronomètre dans l'espace de temps T — T' ; la marche d'un jour a sera donnée par la proportion :

$$\frac{a}{(A' - A)} = \frac{1 \text{ jour}}{(T' - T)} ; \quad \text{d'où } a = \frac{1 \text{ jour}}{(T' - T)} (A' - A)$$

La différence T' — T exprime la réduction en jours, et fractions décimales du jour, du nombre d'heures comprises entre les époques des deux états absolus.

La quantité cherchée a est une *avance* ou un *retard*, suivant que le signe du résultat numérique est *positif* ou *négatif*, et ce signe est le même que celui de la différence (A' — A).

On peut obtenir encore la marche diurne d'un chronomètre, sans chercher son état absolu, au moyen de deux passages d'un astre à un même vertical. Si ce vertical est le méridien du lieu, les passages du soleil peuvent être employés.

Si l'on suppose que l'astre observé est le soleil, on note les heures c, c' du chronomètre au moment des deux passages et l'on prend les valeurs E, E' de l'élément du temps, dans les éphémérides, pour les époques correspondantes de Paris. Si a représente la marche diurne du chronomètre sur le temps moyen, il s'écoulera dans un jour moyen :

Au chronomètre :

$$24\,h + a$$

En temps moyen :

$$24\ \text{heures}$$

On obtient a par la formule suivante :

$$a = \frac{c' - c\,(E' - E)}{n}$$

n, est le nombre exact de jours vrais écoulés d'un passage à l'autre.

Si l'astre observé est une *étoile*, n représentera le nombre de jours sidéraux exactement compris entre les deux passages. Le jour sidéral valant, en temps moyen 24 h + $5^m 55s9$ pendant que l'intervalle écoulé entre les observations reste toujours au chronomètre n 24 h + c' — c, il est, en temps moyen : n 24 h — $n \times 3^m 55s9$.

La valeur de a s'obtient alors par la formule suivante :

$$a = \left[\frac{c' - c}{n} + 3^m 55^s 9\right] + \frac{3^m 55^s 9}{24\,h.}\left[\frac{c' - c}{n} + 3^m 55^s 9\right]\quad \text{(V. Caillet)}$$

Rapporter l'état absolu au midi moyen de Paris.

Soient :

a la marche diurne d'un chronomètre, A son état absolu relatif à une certaine époque T, c'est-à-dire à l'heure t d'une date connue sur un méridien déterminé, dont on suppose, par exemple, la longitude $g°$ occidentale.

L'avance du chronomètre étant A à l'heure t du méridien g_0, son cadran marque t + A à ce moment ou à l'heure t + $g°$ de Paris ; et puisqu'il a dû marquer C_0, au midi moyen de Paris qui a précédé, il se sera écoulé entre ces deux moments : au chronomètre, $t + A — C_0$; en temps moyen, t + g_0. (C_0 est l'heure du chronomètre qu'il s'agit d'obtenir).

D'autre part, il s'écoule dans un jour moyen au chronomètre 24 h. + a, en temps moyen 24 heures, on a donc la formule suivante, d'après Caillet :

$$C_0 = A — g_0 — \frac{a}{24\,h.}\left(t + g_0\right)$$

Navigation par estime

Il ne suffit pas d'avoir la direction du navire, il faut connaître, en outre, le chemin qu'il parcourt, c'est-à-dire la vitesse avec laquelle il se meut.

On prend pour unité de distance à la mer, la *lieue marine* qu est la vingtième partie du degré de la circonférence de grand cercle de la terre, supposée parfaitement sphérique. Dans les petites distances, on se sert du *mille marin,* qui est le tiers de la lieue marine et qui *correspond à la minute de l'arc de grand cercle.*

La longueur moyenne du degré terrestre est d'environ 111 111 mètres 1.

On en déduit :

Lieue marine = 5 555 mètres 55.

Mille marin = 1 851 mètres 85.

Pour mesurer la vitesse du navire on se sert du *loch.*

Le compas de route indique l'angle que fait la direction suivie par le navire avec le méridien *magnétique,* et pour rapporter cette route au méridien *terrestre,* il faut la corriger de la variation ; cette correction doit également s'appliquer aux relèvements magnétiques des objets.

Pour passer d'une route vraie à celle qui correspond au compas, il suffit de compter sur la rose, à partir de la route vraie, un arc égal et *contraire* à la variation, et d'en faire autant pour la déviation s'il en existe une, à moins qu'on n'emploie de suite la variation déviée. C'est ce qu'on appelle *faire valoir une route vraie.*

Dérive. — L'orientation oblique des voiles fait que le vent arrive sur elles sous une inclinaison plus ou moins grande. La force mouvante, qui est la résultante des efforts partiels exercés par le vent en chaque point des voiles, suivant une normale à leur surface, forme alors un certain angle avec le plan de la quille et peut se décomposer en 2 autres : l'une dirigée dans ce plan et qui pousse le navire de l'avant, l'autre perpendiculaire à cette direction et qui entraîne le navire parallèlement à son grand axe, L'effet de cette dernière est de faire suivre au navire une route différente de celle indiquée au compas, et formant avec elle un angle plus ou moins fort, appelé *dérive.*

La dérive est une cause d'erreur à laquelle il faut remédier. On le compte comme si c'était une variation, et dans les calculs on l'ajoute ou la retranche à cette dernière, si elle est du même sens ou du sens contraire.

Courants. — Lorsque le sens et la vitesse d'un courant sont déterminés, il est facile d'y avoir égard en cherchant de combien ce courant a entraîné le navire suivant cette autre direction, et en traitant ce chemin comme une nouvelle route que le navire aurait parcourue, en outre de celles qu'il a faites d'après son propre mouvement.

Loxodromie — Lorsqu'on veut faire suivre à un navire un certain rhumb de vent du monde, on doit altérer cette direction des erreurs que produisent la variation, la déviation au compas, la dérive, et s'il est possible, les courants pris en sens inverse ; et l'on a ainsi la route au compas suivant laquelle il faut gouverner.

ÉLÉM. DE MÉCAN.   59.

Tant que le cap n'est pas changé, la ligne tracée par le navire sur la surface des mers, vient rencontrer les méridiens successifs du globe sous un angle constant appelé *angle de la route* ou du *rhumb du vent*, et elle forme, en général, une courbe à double courbure qui prend le nom de *loxodromie*.

Navigation par l'arc de grand cercle

Lorsqu'on navigue entre deux points ayant des latitudes peu différentes, mais des longitudes fort éloignées, on emploie la navigation par l'arc de grand cercle, qui consiste à trouver, à un moment donné, la route à faire pour suivre l'arc de grand cercle, et à tracer sur la carte l'arc à suivre.

La surface de la mer étant à peu près sphérique, l'arc loxodromique qu'on fait suivre au navire n'est pas le plus court chemin pour aller d'un lieu à un autre, et l'on doit, autant que possible, s'astreindre à parcourir l'arc de grand cercle mené par ces deux lieux.

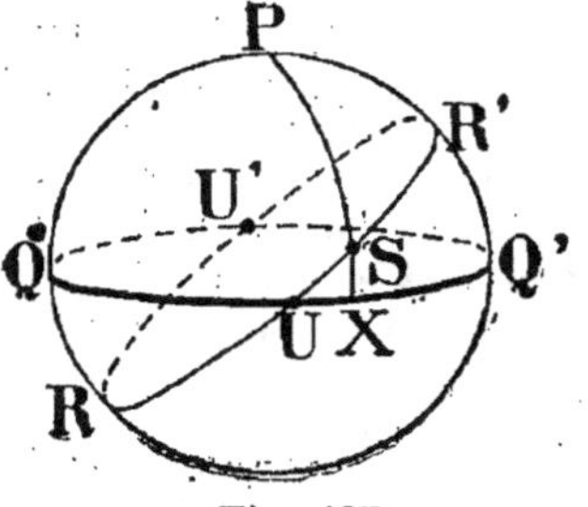

Fig. 497

Soient PQR le premier méridien, RR' un grand cercle coupant l'équateur à une distance $QU = \alpha$., suivant une inclinaison $R'UQ' = \beta$, et $QX = x, SX = y$ les coordonnées sphériques d'un point quelconque S de ce grand cercle (fig. 497).

Le triangle SUX, dans lequel on a $UX = x - \alpha$., donne l'équation :

$$\tang y = \tang \beta \sin (x - \alpha). \qquad (1)$$

Si l'on veut que le cercle passe par deux points donnés l, g et l', g', ces deux points devant satisfaire à l'équation du cercle, on aura :

$$\tang l = \tang \beta (\sin g - \alpha) \text{ et } \tang l' = \tang \beta \sin (g' - \alpha).$$

Ces deux équations ne renferment, pour inconnues, que les deux constantes α et β, particulières au cercle cherché. Pour dégager α on élimine B et on a :

$$\frac{\tang l'}{\tang l'} = \frac{\sin (g' - \alpha)}{\sin (g - \alpha)}$$

d'où :

$$\frac{\tang l' + \tang l}{\tang l' - \tang l} = \frac{\sin (g' - \alpha) + \sin (g - \alpha)}{\sin (g' - \alpha) - \sin (g - \alpha)}$$

c'est-à-dire :

$$\frac{\sin (l' + l)}{\sin (l' - l)} = \frac{\tang \left[\frac{1}{2} (g' + g) - \alpha\right]}{\tang \frac{1}{2} (g' - g)}$$

d'où :

$$\tang \left[\frac{1}{2} (g' + g) - \alpha\right] = \frac{\sin (l' + l)}{\sin (l' - l)} \tang \frac{1}{2} (g' - g) \qquad (2)$$

Connaissant $\frac{1}{2} (g' + g) - \alpha$, on en conclut α, et l'on trouve β par l'une des premières relations qui donnent :

$$\tang \beta = \frac{\tang l}{\sin (g - \alpha)} = \frac{\tang l'}{\sin (g' - \alpha)} \qquad (3)$$

Ainsi α et β seront déterminés, et l'équation (1) sera celle du cercle demandé ; de sorte qu'en donnant à x des valeurs successives, on en déduira les valeurs simultanées de y et l'on pourra tracer le cercle par points, au moyen de ces coordonnées, sur tout globe représentant la surface terrestre (Caillet).

Si l'on veut à un moment savoir la route à donner, il suffit de résoudre un triangle rectangle formé par l'équateur, l'arc de grand cercle et le méridien du point considéré. Dans ce cas, on a :

$$tg \; A \; \text{(angle de route cherchée)} = \frac{tg \, (\alpha - \text{longit. A})}{\sin (\text{latit. A})}$$

Si l'on veut tracer le grand cercle sur la carte réduite, puisque les longitudes conservent leurs valeurs propres sur cette projection et que les latitudes sont remplacées par leurs latitudes croissantes, après avoir déterminé plusieurs valeurs simultanées de x et de y, il suffit de porter sur la carte chacun de ces points d'après sa longitude et sa latitude croissante. En joignant tous les points marqués sur la projection par une ligne continue, on a la courbe demandée.

Calcul d'angle horaire

L'*angle horaire* est l'angle ZPA, formé au pôle P par le méridien supérieur du lieu PZ, et par le plan horaire PAD d'un astre A. Cet angle a pour mesure l'arc q'A du parallèle compris entre l'astre et son point culminant q', ou bien l'arc Q'D qui lui correspond sur l'équateur (fig. 498).

Z est le zénith ; H' H *l'horizon vrai* ; QQ' *l'équateur céleste*. L'angle PZA = HV est *l'azimut* de l'astre A. OZA est *l'amplitud* du point A.

L'angle horaire P de l'astre A peut s'obtenir, à un instant quelconque, par l'observation de la distance zénithale ZA de l'astre à ce

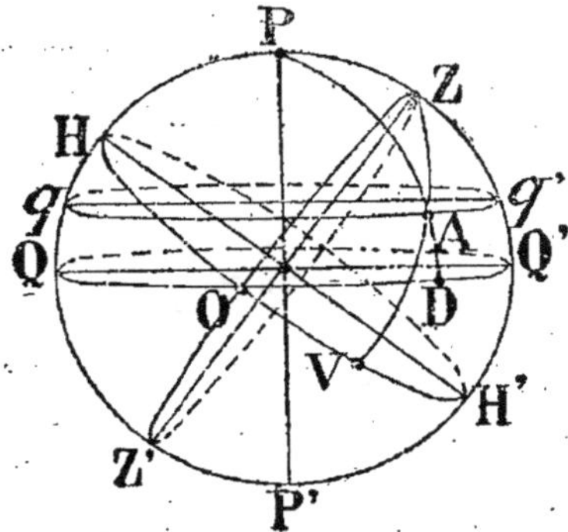

Fig. 498

moment, de la colatitude ZP, et de la distance polaire PA. Ces éléments déterminent les 3 côtés du triangle ZPA, lequel donne :

$$\text{Cos } ZA = \cos PZ \cos PA + \sin PZ \sin PA \cos ZPA,$$

d'où :

$$\text{Cos } ZPA = P = \frac{\cos ZA - \cos PZ \cos PA}{\sin PZ \sin PA}$$

En représentant par n la distance zénithale ZA ; par c la colatitude PZ ; par δ la distance polaire PA, on a la formule générale :

$$\text{Cos } P = \frac{\cos n - \cos c \cos \delta}{\sin c \sin \delta}$$

et si l'on observe que n est le complément de la hauteur vraie h de l'astre, c le complément de la latitude du lieu l, et δ le complément de la déclinaison d de l'astre au moment de l'observation, la formule ci-dessus peut s'écrire :

$$\text{Cos } P = \frac{\sin h - \sin l \sin d}{\cos l \cos d}$$

Cette valeur devient, quand on la rend logarithmique :

$$\text{Sin } \frac{1}{2} P = \sqrt{\frac{\cos S . \sin (S\,h)}{\cos l . \sin \delta}}, \text{ dans laquelle } S = \frac{h + l + \delta}{2}$$

Détermination de la « longitude » d'un lieu

On détermine la longitude d'un lieu :

1° *Par les montres marines.*

La longitude d'un lieu est égale à la différence des heures vraies ou moyennes que l'on compte, *au même instant physique*, sur le méridien de Paris et sur le méridien de ce lieu : les deux heures doivent être évaluées à partir de la même date ; la longitude est *occidentale* quand l'heure de Paris est *la plus forte*; et *orientale* dans le cas contraire.

L'heure du lieu s'obtient sans peine par un calcul d'angle horaire.

L'heure correspondante de Paris, se conclut de l'heure qu'indique au même moment, un chronomètre réglé sur le premier méridien. En prenant donc la différence de ces deux heures rapportées, l'une et l'autre, soit au temps moyen, soit au temps vrai, on aura la *longitude du lieu* de l'observation.

Les éléments de la *connaissance des temps*, nécessaires au calcul, se calculeront pour l'heure de Paris déduite du chronomètre.

2° *Par les distances lunaires.*

Les variations anormales et les perturbations que subissent quelquefois les chronomètres à la mer, quelque perfectionnés qu'ils soient, sont de nature à troubler les indications de la navigation en ne permettant plus la détermination de la longitude. Il est donc nécessaire d'avoir une autre ressource pour remédier à cet inconvénient. On a alors recours à la détermination de la longitude par les *distances lunaires* qui, en outre de pouvoir remplacer les chronomètres avariés à un moment donné, peuvent contrôler en tout temps les indications qu'ils fournissent.

Les observations relatives aux distances lunaires sont assez difficiles à obtenir à cause des difficultés de l'opération elle-même, des petites erreurs provenant de la connaissance encore incomplète de la lune et des tables basées sur la théorie de cet astre.

D'après des observations directes, l'erreur en ascension droite ne dépasse guère 10 secondes ; celle sur la longitude est en moyenne 50 fois celle commise sur la distance lunaire, laquelle est à peu près de 30 secondes en y comprenant l'erreur en ascension droite. Il en résulte que l'erreur totale sur la longitude peut être de 15'. Pour un observateur, exercé, cette valeur peut descendre à 8' environ.

Diverses méthodes sont employées pour la réduction des distances lunaires, c'est-à-dire pour déduire de la distance observée et des hauteurs des deux astres au même instant, la distance des centres telle qu'elle serait vue du centre de la terre. Ces méthodes se classent en méthodes *directe*, *indirecte* et *graphique*. (Voir Lediou, *les nouvelles méthodes de Navigation.*)

La méthode de Borda qui permet de calculer *directement* la distance lunaire vraie Δv, est la plus connue. Elle donne :

$$\mathrm{Sin}\ \frac{1}{2}\ \Delta v = \cos \frac{1}{2}(a' + b')\cos \varphi$$

φ est un angle auxiliaire déterminé par la relation suivante :

$$\text{Sin. } \varphi = \frac{\sqrt{\cos S \cos (S - \Delta_0) \dfrac{\cos a' \cos b'}{\cos a \cos b}}}{\cos \dfrac{1}{2} (a' + b')}$$

dans laquelle :

$$S = \frac{a + b + \Delta_0}{2}$$

a est la hauteur *apparente* du centre de la lune.

a' est la hauteur *vraie* —

b est la hauteur *apparente* du centre du soleil ou du 2e astre.

b' est la hauteur *vraie* — —

Δ_0 est la distance *apparente* des centres de la lune et d'un autre astre.

Δv est la distance *vraie* des centres de la lune et d'un autre astre.

La méthode *indirecte* a pour objet de faire connaître la *différence* entre la distance *vraie* et la distance *apparente* des centres des astres observés.

Les formules donnant ces distances Δ_0 et Δv, d'après les indications ci-dessus sont :

$$\text{Cos } \Delta_0 = \sin a \sin b + \cos a \cos b \cos Z.$$

$$\text{Cos } \Delta v = \cos (a' - b') - 2 \cos a', \cos b' \sin^2 \frac{1}{2} Z.$$

Z est l'angle au zénith commun aux 2 triangles, vrai et apparent.

La méthode *graphique*, dont la première idée appartient à La Caille, a reçu des perfectionnements de la part de M. Richer qui obtenait, par son moyen, la réduction de la distance à moins de 30"; ensuite de celle de M. Huo, avec son *planisphère* spécial. Ce dernier instrument, quoique ne donnant pas immédiatement la distance vraie, fait connaître très rapidement les éléments à l'aide desquels on calcule les corrections à apporter à la distance apparente pour la convertir en distance vraie.

Détermination de la « latitude » d'un lieu

On détermine la *latitude d'un lieu* :

1° *Par la hauteur méridienne d'un astre*. On calcule l'heure du passage de l'astre au méridien, qui est *midi vrai pour le soleil*, et quelques minutes avant ce passage, on se met en observation avec un instrument à réflexion, afin de mesurer la hauteur méridienne de l'astre. Cette hauteur, corrigée de toutes ses causes d'erreurs et retranchée de 90°, fait connaître la distance zénithale méridienne n à laquelle on donne la dénomination du pôle situé *derrière* l'observateur pendant l'opération. On calcule ensuite la déclinaison d pour l'heure de Paris correspondant à celle du bord et par une simple addition ou soustraction, on obtient la *latitude du lieu.*

2° *Par la hauteur d'un astre observé à une heure connue.*

Quand on observe la hauteur d'un astre A et que l'heure solaire est connue, on peut avoir d'une part, la hauteur vraie de l'astre $h = 90° - ZA$ et, de l'autre, son angle horaire, qui s'obtient, s'il s'agit d'un autre astre que le soleil, par la relation :

$$H_\times = H_m + AR_m - AR_\times.$$

$H_\times$ est l'heure astronomique de l'astre ; H_m est l'heure solaire moyenne ; AR_m est l'ascension droite moyenne du soleil ; $AR_\times$ est l'ascension droite de l'astre.

Calculant ensuite la déclinaison de l'astre pour l'heure correspondante de Paris, on en déduit la distance polaire $PA = \delta$, et dans le triangle ZPA on connaîtra : $ZPA = P$, $PA = \delta$, $ZA = n = 90° - h$ (fig. 499) ; on pourra donc calculer $PZ = c = 90° - l$ par les relations suivantes :

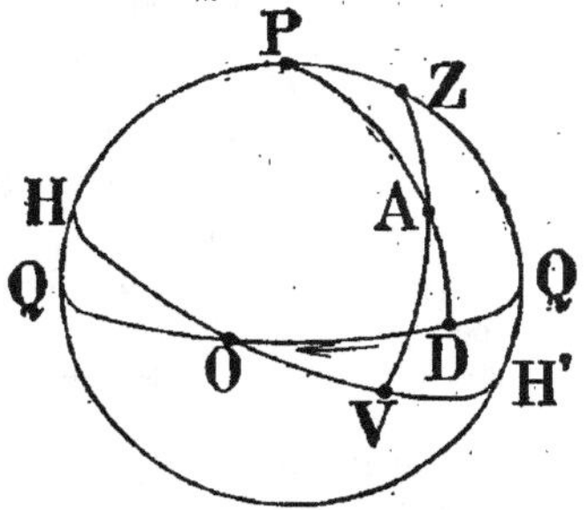

Fig. 499.

$$\text{Cos } n = \cos c \cos \delta + \sin c \sin \delta \cos P,$$

ou :

$$\text{Sin } h = \sin l \cos \delta + \cos l \sin \delta \cos P.$$

c'est-à-dire :

$$\text{Sin } h = \cos \delta (\sin l + \tan \delta \cos P \cos l).$$

On tire de là, en posant $\tan M = \tan \delta \cos P$ (M est un arc auxiliaire).

$$\text{Sin } h = \frac{\cos \delta \sin (l + M)}{\cos M}$$

d'où :

$$\text{Sin } (l + M) = \frac{\sin h \cos M}{\cos \delta}$$

Par les hauteurs de la polaire. — On peut appliquer avec avantage cette méthode à l'*étoile polaire.* On observe cette étoile en un lieu quelconque de son cours, et on note l'heure du chronomètre au même instant, pour en conclure l'heure solaire et, par suite, l'angle horaire de l'astre. Mais la distance polaire étant ici très petite, la différence entre la hauteur observée h et la latitude l sera toujours très faible, et, au lieu d'employer la formule ci-dessus, on préfère chercher directement cette différence x. (Les tables de M. Labrosse donnent les hauteurs calculées).

En posant $l = h - x$, on déduit, d'après ce qui est dit ci-dessus :

$$\operatorname{Sin} h = \sin (h - x) \cos \delta + \cos (h - x) \sin \delta \cos P$$

Les arcs h et δ étant très petits, on peut tirer :

$$x = \delta \cos P$$

et par suite :

$$l = h - \delta \cos P.$$

Par les hauteurs circumméridiennes. — Lorsque la hauteur est prise dans le voisinage du méridien, la méthode ci-dessus est applicable. Seulement la formule générale a besoin d'être transformée parce que l'angle P, engagé sous un cosinus, est alors très voisin de 0^h ou de 12^h.

2° *Par 2 hauteurs d'un même astre et l'intervalle de temps compris entre les 2 observations, ou par 2 hauteurs de 2 astres différents.*

Par 2 hauteurs du soleil. — On prend 2 hauteurs du soleil à une certaine distance l'une de l'autre, et l'on note les heures du chronomètre à chaque opération. Avec les heures correspondantes de Paris, on calcule les déclinaisons d, d' de l'astre et l'on en conclut les distances polaires δ et δ'. La différence des deux heures du chronomètre, convertie en intervalle de temps vrai, fait connaître l'angle t formé au pôle par les deux positions du plan horaire de l'astre. Enfin, les hauteurs observées, corrigées de toutes leurs causes d'erreurs, donnent les hauteurs vraies du centre $h = 90° - n$, $h' = 90° - n'$. (Voir pour plus de facilité les tables de M. Labrosse).

Par les hauteurs de deux astres quelconques. — Dans ce cas, l'angle t au pôle est égal à la différence des ascensions droites apparentes des deux astres si les hauteurs sont simultanées, ou bien égal à cette différence *augmentée* du temps écoulé réduit en temps sidéral, quand le *premier* astre observé est le *plus oriental*, et *diminuée* de cet intervalle dans le cas contraire. (Caillet, *Traité de Navigation*).

Détermination du point.

En cours de navigation, il est absolument nécessaire de se procurer à un moment quelconque les données indispensables pour déterminer la position astronomique du navire sur la surface du globe. Cette position ou *point* se trace sur la carte par l'intersection de lignes géométriques obtenues par des observations et des calculs. Les observations faites sont celles de hauteurs d'astres.

La hauteur d'un astre prise d'un point quelconque du globe, détermine sur la sphère céleste, un cercle qui a pour centre la projection de l'astre sur cette sphère, et pour rayon la distance zénithale de cette projection. Ce cercle est le lieu géométrique sur lequel se trouve le zénith du navire : c'est le *cercle de hauteur*. Son centre est à une distance du pôle égale à la distance polaire de l'astre ; sa longitude géographique est l'heure de l'astre par rapport au premier méridien.

Toute tangente menée au cercle de hauteur par la position du navire s'appelle *droite de hauteur*. Le point déterminatif de la droite de hauteur s'obtient à l'aide de la *latitude estimée* ou de la *longitude estimée* ou, suivant le procédé *Marcq Saint-Hilaire*, dit du *point rapproché*, qui les renferme toutes les deux.

On obtient le point déterminatif de la droite de hauteur à l'aide de la *latitude estimée* en cherchant l'intersection du parallèle correspondant à cette latitude avec le cercle de hauteur. Cette opération consiste à faire le calcul d'angle horaire avec la latitude estimée, et à en déduire la longitude du navire.

Ce point déterminatif s'obtient à l'aide de la *longitude estimée* en cherchant l'intersection du cercle de hauteur avec le méridien correspondant ; on calcule, au moyen de la longitude estimée, la latitude du navire, connaissant la distance zénithale de l'astre, sa distance polaire et l'angle au pôle. Ce dernier se déduit de la combinaison de la longitude estimée du lieu et de la longitude géographique de l'astre.

Le procédé *Marcq Saint-Hilaire* pour obtenir le point déterminatif de la droite de hauteur, consiste à trouver l'intersection R du cercle de hauteur avec le *vertical* $Z_c A$ mené par le point estimé Z_e du navire (fig. 499 *bis*).

C'est ce point d'intersection que l'on appelle *point rapproché*. On calcule d'abord la distance zénithale fictive $Z_c A$ du point estimé ou mieux son complément qui est la *hauteur estimée* H_c, au moyen d'un triangle de position déterminé par la distance polaire de l'astre, la colatitude estimée du navire et l'angle au pôle estimé. Ce calcul n'est autre que celui de la hauteur d'un astre à une heure connue, employé dans la réduction des distances lunaires, quand on a observé ces distances sans prendre de hauteur. On détermine ensuite l'azimut $PZ_c A$ qui correspond au zénith du point estimé Z_c

Enfin, on cherche les coordonnées géographiques de l'intersection R, en portant à partir de Z_e, dans la direction azimutale de l'astre, une longueur égale à la différence entre la hauteur vraie *réelle* et la hauteur estimée. (Voir Lodiou : *Les nouvelles méthodes de navigation*).

La hauteur *vraie* H d'un astre s'obtient par les relations fondamentales suivantes du triangle de position :

$$\sin H = \sin L \sin D + \cos L \cos P \cos D$$

ou $$\sin H = \sin L \sin D + \cos L \cos D \, (G_a - G)$$

dans lesquelles :

L est la latitude du navire, toujours regardée comme positive.

D est la déclinaison d'un astre, *positive* ou *négative* selon qu'elle est de *même nom* ou de *nom contraire* que la latitude.

P est l'angle au pôle, compté de 0 à 180° et *positif* quand il est Ouest, *négatif* quand il est Est.

G est la longitude du navire, considérée comme *positive* si elle est Ouest, négative si elle est Est.

Ga est la longitude géographique d'un astre, comptée comme G.

La hauteur estimée H$_e$ et le zénith estimé Z$_e$ se déduisent des équations ci-dessus, on posant :

$$\text{Sin } H_e = \frac{\sin D \sin (Le + \varphi)}{\cos. \varphi}$$

et

$$\text{Cos } Z_e = tg \, H_e \, \text{cotg.} \, (L_e + \varphi)$$

L$_e$ est la latitude *estimée* du navire ;

$$tg \, \varphi = \frac{\cos P}{tg \, D} \text{ ou } \frac{\cos (G_a - G_c)}{tg \, D}$$

Ge est la longitude *estimée* du navire, comptée comme G.

Pour les grandes hauteurs, il vaut mieux substituer une tangente au sinus pour calculer H$_e$ et Z$_c$.

On a alors :

$$tg \, Z_e = \frac{tq \, (Ga - Ge) \sin \varphi}{\cos (L_e + \varphi)}$$

et

$$tg \, H_e = tg \, (L_e + \varphi) \cos Z_e$$

Une fois H$_c$ et Z$_e$ connus, on prend la différence Z$_e$R entre la hauteur *estimée* He = (90° — Z$_c$A) et la hauteur *vraie réelle* H = (90° — RA).

Avec cette différence et l'azimut estimé, on détermine facilement avec un simple calcul d'estime, le point R du cercle de hauteur qui doit servir de *point déterminatif* de la *droite de hauteur*.

Après avoir déterminé ainsi 2 droites de hauteur par deux observations différentes, et les avoir ramenées au même lieu, il suffit pour achever graphiquement le problème de la *détermination complète du point*, de marquer sur la carte l'intersection de ces deux droites.

Cette détermination s'obtient aussi par le *calcul*, avec l'emploi du procédé Marcq.

Quand les deux points déterminatifs des *tangentes de hauteur* sont des points *rapprochés* R et R', on est en présence d'un quadrilatère Z$_e$RNR' bi-rectangle, dans lequel on connaît :

1º Deux côtés $RZ_c = h$ et $R'Z_e = h'$; h et h' étant, pour chaque observation, la différence entre la hauteur *réelle* et la hauteur *estimée*.

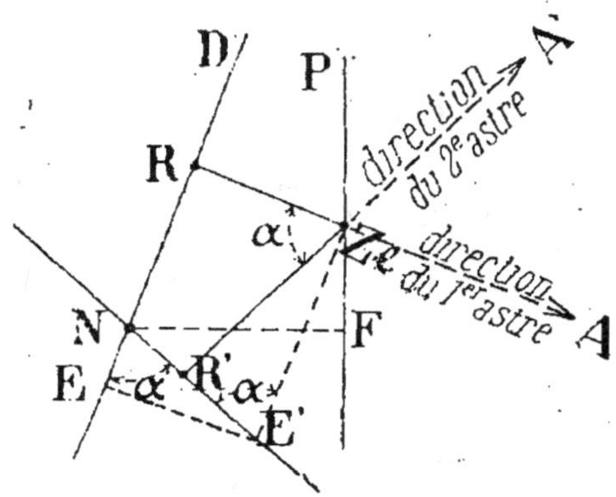

Fig. 499 *bis*

2º L'angle α compris entre ces deux côtés.

On a alors, en menant les lignes auxiliaires Z_cA' et E'E :

$$Z_e\,E' = a = \frac{h'}{\sin\alpha}\,; \qquad NE = b = \frac{h}{tg\,\alpha}\,; \quad RN = (a-b)$$

Quand la différence $(a-b)$ est négative, cela indique que le point cherché N tombe sur la portion de la droite de hauteur ED située du côté de D à partir du point R.

Une fois la longueur RN déterminée, on la regarde comme une route courue suivant sa propre direction qui est connue. Avec cette longueur on trouve, par un simple calcul d'estime, les changements en latitude et en longitude de N par rapport à R.

Méthode Lalande-Pagel pour la recherche du point observé.

Cette méthode, dite des *angles horaires*, consiste à déterminer par le calcul l'intersection Z de deux *sécantes* aux cercles de hauteur ZCB et ZC'B', avec l'emploi de *points déterminatifs* obtenus avec la latitude estimée (fig. 500).

Les points B, B' et C, C' sont ici deux à deux sur une même droite BB' ou CC', qui figure un parallèle. Les deux parallèles se trouvent distants entre eux de $bo = 1$ minute. D'autre part, la latitude estimée L_e servant de point de départ au problème, correspond aux points B et B' et diffère de $\Delta L_e = bN$ d'avec la latitude L du point d'intersection N des deux sécantes BC et B'C'. ΔL_e est la variation ou erreur sur une latitude.

De leur côté, les heures, en temps de l'astre ou des astres observés, relatives aux deux hauteurs et à la latitude L_e correspondent aux deux longitudes G_1 et G'_1 des points B et B', lesquelles diffèront respectivement de ΔG_1, (variation ou erreur sur une longitude) représenté par $\dfrac{Bb}{\cos\,L_e}$ et de $\Delta G'_1$ représenté par $\dfrac{B'b}{\cos\,L_e}$ d'avec la longitude G du point N.

Les différences $\dfrac{Co}{\cos\,L_e}$ et $\dfrac{C'o}{\cos\,L_e}$ en longitude des points C et C' d'avec N, valent ΔG_1 et $\Delta G'_1$ combinées respectivement avec les variations algébriques g_1 et g'_1 des longitudes des points B et B'. Les variations algébriques g_1 et g'_1 s'obtiennent soit en refaisant complètement les angles horaires, soit en les calculant à l'aide des

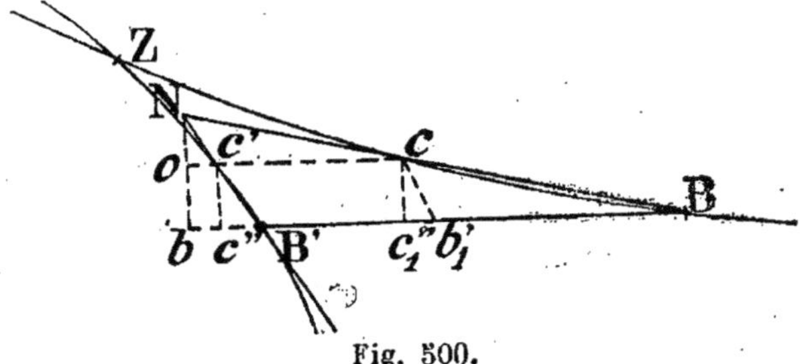

Fig. 500.

différences logarithmiques suivant le mode Pagel, soit en les déduisant des tables de M. Perrin.

En considérant la sécante BCN et les triangles qu'elle détermine, on a :

$$\frac{Bb}{bN} = \frac{(Bb - Co)}{bo}$$

soit :

$$\frac{\Delta G_1 \times \cos L_e}{\Delta L_e} = \frac{g_1 \times \cos L_e}{1'}$$

d'où :

$$\Delta G_1 = g_1\,\frac{\Delta L_e}{1'}$$

Par l'autre sécante B'C'N, on obtient :

$$\Delta G'_1 = g'_1\,\frac{\Delta L_e}{1'}$$

En exprimant de deux manières la longitude G de N, on a :

$$G = G_1 + \Delta G_1 = G_1 + g_1\,\frac{\Delta L_e}{1'}$$

$$G = G'_1 + \Delta G'_1 = G'_1 + g'_1\,\frac{\Delta L_e}{1'}$$

d'où l'on tire :

$$\frac{\Delta L_e}{1'} = \frac{(G'_1 - G_1)}{(g_1 - g'_1)}$$

et

$$L = L_e + 1' \frac{(G'_1 - G_1)}{(g_1 - g'_1)}$$

Puis :

$$\Delta G'_1 = g'_1 \frac{(G'_1 - G_1)}{(g'_1 - g_1)}$$

et

$$G = G'_1 + g'_1 \frac{(G'_1 - G_1)}{(g_1 - g'_1)}$$

$(G'_1 - G_1)$ est égal à la différence en *minutes de degré* entre l'intervalle temps moyen des deux observations, déduit du chrono-mètre, et l'écart des deux heures temps moyen déduit des calculs. (Extrait des *nouvelles Méthodes de navigation* par M. Lediou).

Coefficient Pagel. — L'erreur produite sur la longitude pour une minute d'erreur sur la latitude, est donnée par le *coefficient Pagel* qui est la variation en *secondes* de l'heure du lieu, en *temps de l'astre*, pour une variation de + 1' de la latitude.

Le point à midi. — La détermination de ce point s'obtient par la latitude déduite de la hauteur méridienne du soleil et de la longitude déduite des montres, prises le matin ou le soir, et ramenée à midi à l'aide de l'estime.

On observe généralement 3 hauteurs. Dans l'observation du milieu, on calcule la déclinaison et l'équation du temps. Ces données servent pour les autres hauteurs, ainsi que les corrections faites à cet instant.

L'intervalle écoulé entre l'observation du matin et le passage au méridien, permet de passer de la déclinaison du soleil obtenue le matin, à celle de cet astre à midi. On relève ensuite le point estimé de cet intervalle, et l'on calcule la *latitude à midi* aussitôt que l'on a la hauteur méridienne. On fait les 3 calculs d'angle horaire. La moyenne des longitudes, obtenues des différences des heures temps moyen du lieu avec les heures de Paris, ramenée à midi par le changement en longitude, est la *longitude cherchée*.

Hydrographie. — Cartes marines.

Dans la construction des *cartes marines* ou *hydrographiques* on a pour but de représenter la route du navire par la ligne la plus facile à tracer, c'est-à-dire par la ligne droite. Or, un arc loxodromique se confondant avec l'équateur ou un parallèle, toutes les fois que l'angle du rhumb de vent est de 90º, et avec un méridien, quand cet angle est nul, on en conclut que l'équateur et les parallèles devront être figurés par des droites parallèles entre elles, et les méridiens par des droites perpendiculaires aux premières. Alors, toute autre droite oblique viendra couper les méridiens successifs, suivant un angle constant ; et, par conséquent, cette ligne sera propre à représenter une route correspondante du navire sur la surface du globe.

Quant à l'écart des méridiens, considérés par exemple de degré en degré, ou de minute en minute, leur similitude de position conduit à les espacer également sur les cartes et il ne reste plus qu'à chercher à quelle distance de l'équateur il faudra tracer les différents parallèles.

Une courbe quelconque, tracée sur la surface du globe et reproduite sur la carte, forme, avec tout méridien qu'elle rencontre, le même angle sur la carte que sur le globe.

Connaissant la latitude et la longitude d'un point, marquer ce point sur la carte. — On cherche sur l'échelle des latitudes la division correspondant à la latitude du point et, par cette division, on mène une droite parallèle à l'échelle des longitudes ; c'est le *parallèle du point.*

On cherche semblablement sur l'échelle des longitudes la division correspondant à la longitude du point, et, par cette division, on mène une droite parallèle à l'échelle des latitudes qui donne le *méridien du point.* La rencontre des deux droites est le *point demandé.*

Déterminer la latitude et la longitude d'un point marqué sur une carte. — Par ce point, mener une parallèle à l'échelle des longitudes et la division où elle rencontre l'échelle des latitudes indique la *latitude demandée.* De même, par le point on trace une parallèle aux méridiens, et sa rencontre avec l'échelle des longitudes donne la *longitude du lieu.*

Par un point de la carte, tracer une ligne dans la direction d'un rhumb de vent donné. — On détermine d'abord l'angle du rhumb de vent corrigé de toutes ses causes d'erreurs. On place ensuite une règle sur le méridien du point donné, et posant le centre du rapporteur sur ce point, on met son diamètre le long de la règle, en soulevant cette dernière, s'il le faut, et on marque au crayon la division du limbe qui correspond à l'angle ; la ligne menée du point donné à cette division est la ligne cherchée.

On doit faire attention au sens vers lequel est dirigée cette ligne c'est-à-dire aux points cardinaux entre lesquels elle est comprise.

Trouver l'angle du rhumb de vent qui passe par 2 points donnés. — Après avoir placé le rapporteur comme ci-dessus, on enlève la règle et on la dirige sur les deux points ; la division du limbe qui correspond à l'arête, donne l'angle demandé.

Usage de la Carte près des côtes.

Lorsque le navire est en vue d'une côte, on doit chercher quelle est sa position sur la carte pour éviter tout accident.

Voici les différents moyens qu'on peut employer en pareil cas :
Trouver la position du navire.

1º *Par le relèvement de deux points de la côte.* — Lorsqu'on reconnaît deux points remarquables de la côte, portés sur la carte, on les relève au compas : on corrige ces relèvements de la variation et de la déviation relative au cap du navire, et l'on obtient les angles apparents que forment ces objets avec la méridienne du navire et qui portés sur la carte déterminent la position du navire.

En pratique, on mène sur la carte, par chacun des deux points remarquables, des rhumbs de vent *opposés* aux relèvements corrigés de la variation et de la déviation, et le point de rencontre détermine le *lieu du navire.*

2º *Par le relèvement d'un seul point dont on évalue la distance.* — En pratique, on trace, par le point relevé, une ligne suivant la direction *opposée* au relèvement corrigé de la variation et de la déviation ; prenant ensuite entre les branches d'un compas, sur l'échelle des latitudes et vis-à-vis le point, autant de minutes qu'on a évalué de milles de distance; on porte cette longueur, à partir du point, sur la ligne tracée, et l'on obtient le *lieu du navire.*

3º *Par des alignements.* — Lorsqu'on voit deux objets, marqués sur la carte, venir se présenter sur un même alignement, on traçant sur la carte une droite par ces deux objets, on a immédiatement une ligne qui contient le lieu du navire. Il suffira d'avoir, ensuite, soit la distance à l'un de ces points, soit le relèvement d'un troisième point, pour connaître sa position.

On obtient encore la position du navire :

4 — Par deux relèvements successifs et la route qu'a faite le navire dans l'intervalle ;

5 — Par la latitude combinée avec le relèvement, ou avec un alignement;

6 — Par la sonde ;

7 — Par les distances apparentes de trois objets en vue.

Levé rapide et Sondages.

Lorsqu'on dispose de très peu de temps pour faire un levé hydrographique, on peut employer le procédé de M. l'amiral Mouchez, qui permet de lever rapidement, et avec une exactitude plus que suffisante pour les besoins de la navigation, le plan d'une portion de côte, d'une baie, etc.

Cette méthode, dite des *hauteurs angulaires*, ou des *dépressions*, consiste à choisir un, deux, trois points élevés, suivant les distances à parcourir, d'où l'on puisse apercevoir le plus possible les détails de la côte, y observer au théodolite l'angle du sommet de la mâture et de la flottaison avec l'horizon ; puis, pour chaque point important en vue, on relève l'angle de dépression correspondant à ce point, et l'angle azimutal de la direction de ce point par rapport au point de départ. On observe ensuite la déclinaison à l'aide de l'aiguille aimantée, et l'on fait une observation d'azimut dans l'une des stations.

On trace à chaque station un croquis panoramique sur lequel les angles azimutaux et de dépression seront notés auprès de chaque point.

Avec des stations bien choisies, rien n'échappe à la lunette du théodolite ; elle fouille au pied des falaises ou des écueils les plus inaccessibles ; les moindres rochers, souvent un danger sous l'eau, lui accusent leur dimension et leur présence.

Le procédé donne donc des plans complets et avec une extrême rapidité.

Sondages. — Le but des sondages est de sillonner l'étendue d'eau que l'on doit fouiller, d'un réseau de lignes telles que les coups de plomb de sonde soient répartis à peu près également sur toute la surface.

Dans une baie, les lignes de sonde se font d'un bord à l'autre.

Si l'on veut sonder les bords d'un rocher, on place autour une sorte de rayon d'étoile.

Les combinaisons de sondage varient suivant les circonstances. En règle générale, on doit faire les lignes de sonde aussi droites que possible. On cherche à terre un alignement bien déterminé, et on s'y maintient. Pour reporter les lignes sur le plan, on fait sur chacune d'elles trois stations au moins. Pour faire une station, on arrête l'embarcation, et on prend des angles, trois au moins, au sextant, pour déterminer ensuite la position du point où l'on s'est arrêté ; l'embarcation ne doit pas bouger de place. On note avec soin tous les alignements, et l'on a alors un relevé complet des sondes.

On doit se munir, pour ces opérations : d'un compas, d'un sextant, de deux ou trois lignes de sonde (suivant la profondeur présumée), des plombs de sonde, de quelques gueuses avec fil de caret, ainsi que de petits morceaux de bois pour faire des bouées, d'une montre réglée sur le bord, et de jumelles pour reconnaître les signaux.

Notions sur les Marées.

Sur les côtes qui bordent les mers d'une grande étendue, on observe que la surface des eaux et de la mer est, alternativement, plus élevée et plus basse qu'une *hauteur moyenne*. Ce mouvement d'oscillation se produit deux fois dans 25 heures environ.

Lorsque la surface des eaux arrive à sa *plus grande* élévation, on dit qu'il y a *haute mer* ou *pleine mer*.

Lorsqu'elle arrive à son élévation *minimum*, on dit qu'il y a *basse mer*.

Dans l'intervalle de la *basse mer* à la *haute mer*, la surface des eaux éprouve un mouvement ascentionnel, que l'on nomme *flux* ou *flot*.

Dans l'intervalle de la *haute mer* à la *basse mer*, la surface des eaux éprouve un mouvement d'abaissement, que l'on nomme *reflux* ou *jusant*.

La surface des eaux reste quelques instants stationnaire avant de changer le sens de son mouvement ; on dit alors que la mer est *étale*.

La hauteur des eaux au moment de la *pleine mer n'est pas constamment la même*. On appelle *marée* la différence qui existe entre la hauteur de la surface des eaux quand la *mer est basse*, et cette hauteur quand la *mer est pleine*.

Le soleil, et surtout la lune, ont une influence considérable sur le phénomène des marées ; de la position de ces deux astres dans la voûte céleste résultent l'heure de la *pleine mer* et de la *grandeur de la marée*.

Lorsque la lune est à son *périgée*, les marées sont plus fortes qu'à toute autre époque, et elles sont plus faibles quand la lune est à son *apogée*.

Lorsque la *déclinaison de la lune* est près de zéro, les marées augmentent.

Dans chaque lunaison, les plus *fortes marées* arrivent aux époques des *syzygies*, et les *plus faibles* aux époques des *quadratures*.

On appelle *syzygies* les phases de la *nouvelle* et de la *pleine lune*.

On appelle *quadratures* les phases du *premier* et du *dernier quartier*.

Lorsque le soleil est à son *périgée*, c'est-à-dire vers la fin de décembre, on remarque une augmentation dans la marée.

Les plus grandes marées de l'année ont lieu vers les équinoxes, et elles sont d'autant plus grandes que la lune est plus près de l'équateur et plus voisine de son périgée.

Si l'action de la lune et du soleil produisait instantanément son effet sur les eaux de la mer, la pleine mer arriverait à fort peu près, dans un lieu, quand la lune passe au méridien de ce lieu. Or, l'observation prouve que cette plus haute mer n'arrive, pour les côtes de la Manche, par exemple, que 36 heures environ après le moment où les deux astres, à peu près en conjonction ou en opposition, passent au méridien. Donc, l'action du soleil et de la luno no produit pas son offot *instantanément* sur les moléculos aquousos du globo.

En dohors du rotard général do 36 houros quo l'on admot pour tous los lioux, *l'heure d'une pleine mer dans un lieu est une quantité toute locale.*

On appollo *grandeur de la marée*, la *différence* ontro la hauto ot la basso mor ; ollo ost très variablo avoc los localités.

L'Annuaire des Marées donno, pour tous los jours do l'annéo, los cocfficionts on contièmcs dos maréos, par losquols il faut multiplior l'unité do hautour dans lo port considéré, pour avoir la hautour do l'eau au-dossus du nivoau moyon.

Signaux de marée. — Cos signaux sont faits au moyon do ballons noirs ot d'un pavillon blanc à croix do Saint-André noiro avoc uno flammo noiro. Lo pavillon ot la flammo indiquont lo mouvomont do la maréo : ils sont hissés quand il y a 2 mètros d'eau ot amonés dès quo la mor ost rodosconduo à co mêmo nivoau.

Los indications do la hautour d'eau donnéos par los ballons sont consignéos dans lo tabloau (fig. 502), dos signaux do maréo vus du largo.

Signaux météorologiques.

Los grandos porturbations atmosphériquos sont annoncéos aux navires à l'aido do signaux spéciaux.

Cos signaux so font au moyon d'un cóno ot d'un cylindro qui, uno fois hissés, paraissont sous la formo d'un trianglo ot d'un carré, noir, tous los doux. Ils rostont hissés pondant 48 houros (fig. 501).

Lo cóno, la pointo on bas, indiquo la probabilité do forts vonts du sud (tournant par lo sud du S.-E. au N.-O).

Lo cóno, la pointo on haut, indiquo la probabilité do forts vonts du nord (tournant par lo nord du N.-O. au S.-E.).

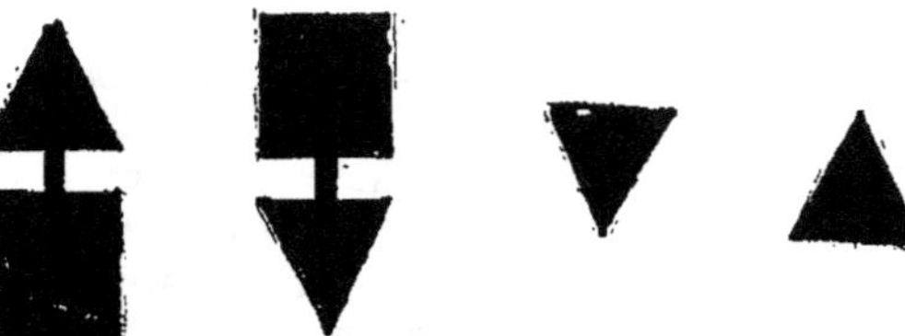

Fig. 501

Lo cylindro sur lo cóno, la pointo on bas, indiquo uno tompêto probablo do la partio sud.

Lo cylindro sous lo cóno, la pointo on haut, indiquo uno tompêto probablo do la partio nord.

On no fait jamais usago du cylindro sans lo cóno.

Chaquo signal vout diro : *Veillez ; le mauvais temps peut atteindre le lieu où vous êtes.*

Signaux de marée.

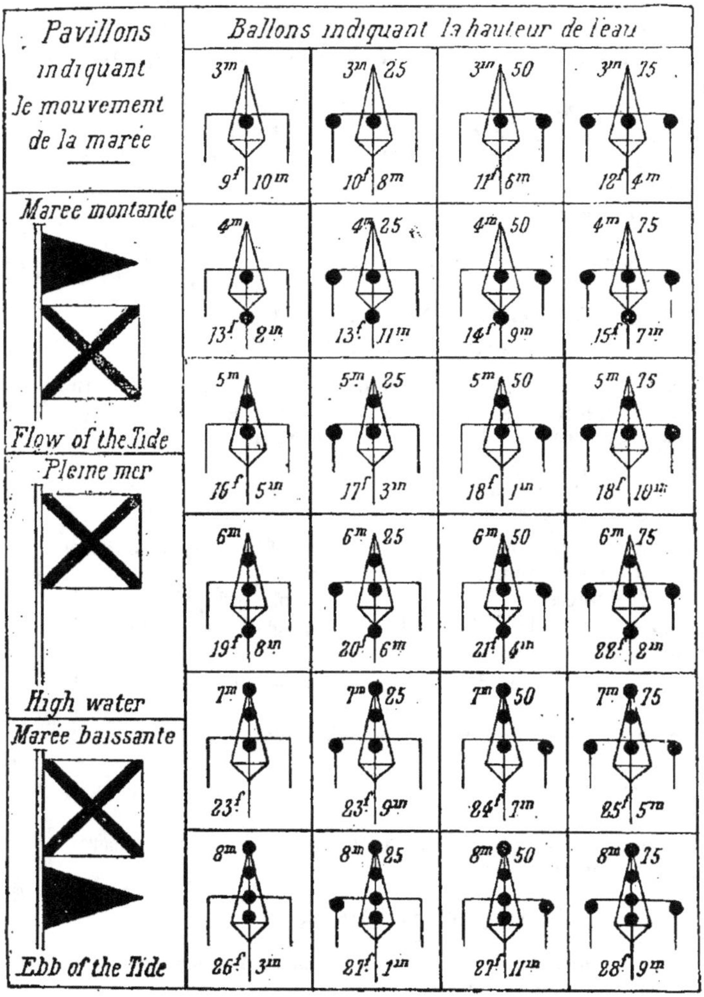

Fig. 502.

En Angleterre, les signaux se font de la même façon ; seulement le cône est quelquefois remplacé pendant la nuit par 3 feux disposés en triangle.

Signaux faits par les sémaphores et les ports, indiquant le temps qu'il fait au large.

1º *Pavillon quelle que soit la couleur.* — Temps douteux : le baromètre tend à baisser.

2º *Guidon quelle que soit sa couleur.* — Mauvaise apparence, mer grosse ; le baromètre baisse.

3º *Flamme quelle que soit sa couleur.* — Apparence de meilleur temps ; le baromètre monte.

4º *Pavillon supérieur au guidon.* — L'entrée du port devient mauvaise.

5º *Guidon supérieur au pavillon.* — Le bateau de sauvetage va sortir.

6º Pas de signal en cas de beau fixe.

Signaux des sémaphores en cas de sinistre.

Un pavillon noir (A), hissé en tête du mât de signaux indique un sinistre dans le voisinage immédiat du sémaphore.

Un pavillon noir (B), hissé à la corne, indique un sinistre à gauche du sémaphore, en regardant le large.

Un pavillon noir (C), à un bout de vergue, indique un sinistre à droite du sémaphore en regardant le large.

Signaux de détresse. — De jour. — 1º Coups de canon tirés à intervalles d'une minute environ.

2º Signal de détresse du code internationnal indiqué par N. C.

3º Signal de grande distance. Un pavillon carré avec une boule au-dessus ou au-dessous.

De nuit. — 1º Coups de canon tirés à intervalles d'une minute environ.

2º Flammes sur le navire produites avec du goudron, de l'huile, etc.

3º Bombes ou fusées quelconques lancées une à une à de courts intervalles.

Nota. — Des poursuites sont exercées contre quiconque userait mal à propos de ces signaux.

Bouées et Balises.

Toutes les *bouées* et *balises* des côtes de France sont soumises à un système uniforme de coloration.

En venant du large, toutes celles que les navigateurs doivent laisser à *tribord* sont peintes en *rouge* ; celles qu'ils doivent laisser à *bâbord* sont peintes en *noir*.

Celles que l'on peut laisser à bâbord ou à tribord, indifféremment, sont peintes en bandes horizontales alternativement *rouges* et *noires*. Cette dernière coloration n'est appliquée sur les balises qu'à partir du niveau des plus basses mers : au-dessus elles sont peintes en *blanc*.

Toutes les bouées de corps mort sont peintes en *blanc*.

Sur chaque bouée ou balise est écrit, en abrégé ou en entier, le nom de l'écueil ou du banc qu'elle signale. On donne une suite de numéros à celles qui appartiennent à une même passe. Ces numéros sont peints sur la face du large. Les numéros *pairs* sont sur les bouées ou les balises *rouges* que l'on doit laisser à tribord en venant du large. Les numéros *impairs* sont sur les bouées ou balises *noires*. Celles *noire* et *rouge* ne portent pas de numéros.

Les petites têtes de roches situées sur des passages sont quelquefois peintes de la même façon que les balises, dans la partie apparente.

En Angleterre, le balisage est différent.

En venant du large, le côté tribord du chenal est indiqué par des bouées d'une seule couleur, ou rouges, ou noires. Le côté bâbord par des bouées à raies verticales blanches et rouges ou blanches et noires, et par des bouées à damier.

Aux Etats-Unis, en Russie, en Italie, en Espagne et en Portugal, le balisage est généralement le système français.

En Hollande et en Belgique, les bouées sont *noires* à *bâbord* et *blanches* à *tribord*.

Télégraphe pour mouvement de gourvernail en français et en anglais

Français.	*Anglais*
Toute la barre à bâbord.	Hard port.
Barre droite.	Steady port.
Toute la barre à tribord.	Hard starboard.
Barre droite.	Steady starboard.

Appréciation des distances en mer.

La distance maximum à laquelle un objet est visible en mer, est donnée par la formule :

$$D = 2,23 \left(\sqrt{H} + \sqrt{h} \right)$$

dans laquelle,

D, est la distance en milles marins.

H, la hauteur de l'objet ;

h, la hauteur de l'observateur au-dessus du niveau de la mer, en mètres.

Table de la distance de l'horizon en fonction de l'élévation de l'œil au-dessus du niveau de la mer.

Élévation de l'œil	Distance de l'horizon	Élévation de l'œil	Distance de l'horizon
mètres	mètres	mètres	mètres
4	7100	18	15200
5	8000	19	15600
6	8700	20	16000
7	9500	21	16400
8	10100	22	16700
9	10700	23	17100
10	11300	24	17500
11	11800	25	17800
12	12300	26	18200
13	12900	27	18600
14	13400	28	18900
15	13800	29	19200
16	14300	30	19500
17	14700		

Table pour convertir les rhumbs principaux du compas et leurs fractions en degrés et minutes (A. Collet).

Quarts		Degrés et minutes	Quarts	
Nord		0° 0'	Sud	
N 1/2 E	N 1/2 O	5.37	S 1/2 O	S 1/2 E
N q. NE	N q. NO	15.15	S q. SO	S q. SE
NNE 1/2 N	NNO 1/2 N	16.52	S SO 1/2 S	S SE 1/2 S
NNE	NNO	22.30	S SO	S SE
NNE 1/2 E	NNO 1/2 O	28. 7	S SO 1/2 O	S SE 1/2 E
NE q. N	NO q. N	33.45	SO q. S	SE q. S
NE 1/2 N	NO 1/2 N	39.22	SO 1/2 S	SE 1/2 S
NE	NO	45. 0	SO	SE
NE 1/2 E	NO 1/2 O	50.37	SO 1/2 O	SE 1/2 E
NE q. E	NO q. O	56.15	SO q. O	SE q. E
E NE 1/2 N	O NO 1/2 N	61.52	O SO 1/2 S	E SE 1/2 S
E NE	O NO	67.30	O SO	E SE
E NE 1/2 E	O NO 1/2 O	73. 7	O SO 1/2 O	E SE 1/2 E
E q. NE	O q. NO	78 45	O q. SO	E q. SE
E 1/2 N	O 1/2 N	84.22	O 1/2 S	E 1/2 S
Est	Ouest	90. 0	Ouest	Est

*Table des méridiens de départ ou premiers méridiens
de diverses nations*

Nations	Latitude Nord	Longitude comptée du méridien de Paris
France (Observatoire de Paris).	48° 50' 11"	0° 0' 0"
Angleterre (Observ, de Greenwich)	51.28.38	2.20.14 O
Amérique (Observatoire national de Washington)	38.53.39	79.23. 5 O
Amérique (Observatoire de Cambridge)	42.22.49	74.27.38 O
Italie (Observatoire de Naples, Capo di Monte).	40.51.47	11.54.33 E
Russie (Académie des sciences, Saint-Pétersbourg)	59.56.30	27.58.13 E
Russie (Observ. de Pulkova) .	59.46.19	27.59.31 E
Espagne (Cadix, San Fernando)	36.27.42	8.32.26 O
Portugal (Lisbonne, Observatoire de la Marine)	38.42.28	11.26.30 O
Hollande (clocher d'Amsterdam)	52.22.30	2.32.54 E
Belgique (Observatoire de Bruxelles)	50.51.11	2. 2. 5 E
Danemark (Observatoire de Copenhague)	55.40.53	10.14.30 E
Suède (Observatoire de Stockholm).	59.20.34	15 43.20 E
Gottinger (nouvel Observatoire).	51 31.48	7.36.30 E
Ile de Fer (pointe Ouest) . .	27.45. 0	20.30 0 O

SEPTIÈME PARTIE

VOCABULAIRE DES PRINCIPAUX MOTS TECHNIQUES
de navires, machines et chaudières marines,
en français, anglais, allemand

FRANÇAIS	ANGLAIS	ALLEMAND
A		
Abatage.	Holding-up-hammer.	Vorhalter.
Abattre en carène.	Careening.	Kielholen.
Abord.	Aboard.	An bord.
About.	Butt.	Stoss.
Accastillage.	Upper-works.	Oberwerk.
Accorage.	Shoring.	Abstützen.
Accotar.	Cross-chock.	Querkalben.
Acculement d'une va- rangue.	Rise of a floor.	Auf kimmung einer Bo- denwrange.
Adent d'envergure.	Stop-cleat.	Nockklampe.
Aiguillot.	Rudder-pintle.	Ruderfingerling.
Aile d'hélice.	Propeller-blade.	Schraubenflügel.
Allège.	Lighter.	Leichter.
Allonge.	Futtock.	Auflanger.
Amarrage.	Seizing.	Bindsel.
Amarre.	Mooring-rope.	Vertäuungstau.
Ame d'un barrot.	Web of beam.	Steg.
Amure.	Tack.	Hals,
Ancre de bossoir.	Bower anchor.	Buganker.
Ancre de touée.	Stream anchor	Stromanker.
Anémomètre.	Anemometer.	Windmesser.
Anguiller.	Water course, limber hole.	Wasserlauf.
Anspect.	Handspike.	Handspake.
Antenne.	Lateen-yard.	Raa eines lateinischen Segels.
A pic.	Apeak.	Auf und nieder.
A poste.	Home.	Vor.
Apôtre,	Knighthead.	Ohrholz.
Appareil à gouverner.	Steering-gear.	Steuergeräth.
Appareil de changement de marche.	Reversing-engine.	Umsteuerungs-Maschine
Appontement.	Pier.	Hafendamm.
Approvisionnements.	Stores.	Ausrüstungsgegenstäu- de.
Arbre.	Shaft.	Welle.
Arbre à manivelle.	Crank-shaft.	Kurbelwelle.
Arbre creux.	Hollow-shaft.	Hohlwelle.
Arbre de butée.	Thrust-shaft.	Drucklagerwelle.
Arbre de relevage.	Weigh-shaft.	Umsteuerungswelle.
Arcasse	Stern-frame, transom.	Arcasse.
Arc-boutant.	Stay.	Strebe.

FRANÇAIS	ANGLAIS	ALLEMAND
Arceau de remorque.	Tow-rail.	Schleppbogen.
Archipompe.	Pump-well.	Pumpenkasten.
Arête d'about.	Butt-edge.	Kante eines Stosses.
Armement.	Outfit.	Ausrüstung.
Arqué.	Broken-backed.	Katzenrücken habend.
Arrière.	Aft, stern.	Hintertheil.
Arrimage.	Stowage, trimming.	Stauung.
Artimon (mât).	Mizen mast.	Kreuzmast.
Artimon (voile).	Mizen sail.	Besahn.
Assemblage à clin.	Lapped joint.	Klinkerweise verbunden.
Assemblage à franc-bord.	Flush joint.	Karvillweise verbunden.
Assiette (d'un navire)	Trim.	Trimm.
Assise.	Seating.	Fundament.
Aube.	Paddle.	Schaufel.
Au plus près	Close-hauled.	Beim Winde.
Aussière.	Hawser.	Kabeltau.
Autel (de foyer).	Fire-bridge.	Feuerbrücke.
Au vent.	Weather-side.	Wetterseite.
Avance du tiroir.	Lead.	Schiebervoreilung.
Avant.	Bow, forward.	Kopf.
Avant-cale.	Fore-hold.	Vorraum.
Aviron.	Oar, scull.	Riemen.
Axe.	Axle.	Achse.
Axe de cabestan.	Capstan-spindle.	Gangspillspindel.
Axiomètre.	Tell-tale apparatus.	Mecanischer Hubzahler.

B

FRANÇAIS	ANGLAIS	ALLEMAND
Bâbord.	Portside, larboard.	Backbord seite.
Bac, bâche.	Tank.	Tank.
Bague.	Bush.	Ring.
Baille.	Bucket tub.	Balje.
Balancine.	Lift.	Toppenant.
Balant (d'un cordage).	Bight.	Taubucht.
Baleinière.	Whaleboat.	Walboot.
Baleston.	Sprit.	Spriet.
Balise.	Beacon.	Bake.
Banc de nage.	Thwart.	Ruderducht.
Bande de fond.	Foot-lining.	Fussband.
Bardis.	Shifting-boards.	Getreideschott.
Barque.	Bark.	Bark.
Barre.	Helm, tiller.	Pinne.
Barreau de grille.	Fire-bar.	Roststab.
Barre d'arcasse.	Transom.	Worp; worpe.
Barre de gouvernail.	Tiller, yoke.	Ruderpinne.
Barre d'hourdi.	Wing-transom.	Heckbalken.
Barre sèche,	Hold-beam.	Raumbalken.
Barres (de mâts).	Cross-trees.	Sahling.

FRANÇAIS	ANGLAIS	ALLEMAND
Barrette.	Slide-valve-face.	Schieberfläche.
Barrot.	Beam.	Balken.
Barrotin.	Half-beam.	Halbbalken.
Bas-haubans.	Lower-rigging.	Unterwanten.
Bas-mât.	Lower-mast.	Untermast.
Basse-pression.	Low pressure.	Niederdruck.
Basse vergue.	Lower-yard.	Unterraa.
Basse voile.	Lower sail.	Untersegel.
Bastingage.	Topgallant-bulwark.	Oberschauzkleid.
Batayolle.	Stanchion.	Stütze.
Bâti (de machine).	Column, standard.	Maschinensaüle.
Bâton de foc.	Jib-boom.	Klüverbaum.
Bau.	Beam.	Balken.
Bauquière.	Stringer, clamp.	Unterschlag.
Beaupré.	Bowsprit.	Bugspriet.
Bec-de-Corbin.	Rave-hook.	Nahthaken.
Ber-Berceau.	Cradle.	Schlitten, Wiege.
Bielle.	Connecting-rod.	Plauelstange.
Bielle d'accouplement.	Coupling-rod.	Kupplungstange.
Bigue.	Sheer-legs.	Bock.
Bitord.	Spun-yarn.	Schiemannsgarn.
Bitte.	Bitt.	Beting, pollor.
Blin.	Boom-iron.	Baumbügel.
Boîte à feu.	Fire-box.	Feuerbüchse.
Boîte à tiroir.	Valve casing.	Schieberkasten.
Bôme.	Boom.	Baum.
Bonnette.	Studding sail.	Leesegel.
Bord (d'un navire).	Side.	Schiffsseite.
Bordage (de pont),	Deck plank.	Planke.
Bordé.	Skin, planking.	Beplankung.
Bossage.	Boss.	Nuss, Hülse.
Bosse.	Stopper.	Stopper.
Bossoir.	Cathead.	Krahmbalken.
Bossoir de capon.	Cat-davit.	Kattdavid.
Bossoir d'embarcation,	Boat-davit.	Bootsdavid.
Bossoir de traversière.	Fish-davit.	Fischdavid.
Bouchain.	Bilge.	Kimm.
Boucle.	Ring.	Ring.
Boudin.	Bulb-plate.	Wulstplatte.
Bouée.	Buoy.	Boje.
Bouge de pont.	Round of the deck, camber.	Bucht, Sprung eines Balkens.
Bouline.	Bowline.	Bulien.
Bourcet (voile).	Lug-sail.	Lugsegel.
Boussole.	Compass.	Kompass.
Bout-dehors.	Boom.	Baum.
Bouton de manivelle.	Crank-pin.	Kurbelzapfen.
Braie de mât.	Mast-coat.	Mastkragen.
Bras.	Backrope.	Backstag.

FRANÇAIS	ANGLAIS	ALLEMAND
Brasseyage (d'une ver- gue.	Quarter of a yard.	Raa-arm.
Bredindin.	Spanish-burton.	Staggarnat.
Brigantine.	Mizen.	Besahn.
Brion.	Gripe.	Greep.
Brise-lames.	Breakwater.	Brechwasser.
Broche.	Spindle, spigot.	Zapfen, Keil.
Buttée.	Thrust-block.	Drucklager.

C

FRANÇAIS	ANGLAIS	ALLEMAND
Cabestan.	Capstan.	Gangspill.
Cabillot.	Belaying-pin.	Coffeinagel.
Câble.	Cable.	Kabeltau.
Cabotage.	Cabotage, coasting.	Küstenfahrt.
Cacatois (mât).	Royal mast.	Royalstenge.
Cadène.	Chain-plate.	Rüsteisen.
Caillebotis.	Grating.	Rosterwerk.
Cale.	Hold.	Raum.
Cale à eau.	Water-ballast.	Wasserballast.
Calebas.	Tripping-line.	Aufholer.
Calfatage.	Caulking.	Kalfaterung.
Caliorne.	Winding-tackle.	Gien.
Calorie.	Thermal unit.	Wärmeeinheit.
Calorifuge.	Lagging.	Bekleidung.
Cambuse.	Steward's room.	Torrathskammer.
Can (d'un about),	Butt-edge.	Kante eines Stosses.
Canot de sauvetage.	Life boat.	Rettungsboot.
Cap de mouton.	Deadeye.	Jungfer.
Capon.	Cat block, cat tackle.	Ankerkatt, kattgien.
Capot d'échelle.	Companion.	Kappe.
Carcasse d'un navire.	Skeleton.	Schiffsgerippe.
Carène.	Careen, bottom.	Boden, schiffsboden.
Cargue.	Brail, garnet.	Dempgording.
Cargue-bouline.	Leechline.	Nockgording.
Cargue-fond.	Buntline.	Bauchgording.
Cargue-point.	Clewgarnet.	Geitau.
Carlingue.	Keelson, girder.	Kielschwein. Kelschwin.
Carlingue centrale.	Centre-line Keelson.	Mittelkielschwein.
Carlingue des bouchains.	Bilge Keelson.	Kimmkielschwein.
Carneau.	Flue.	Feuerrohr.
Carreau.	Sheerstrake.	Farbegang.
Cartahu.	Whip.	Jollentau.
Ceinture.	Rubbing-strake.	Abweiser.
Cendrier.	Ash-pit.	Aschfall.
Cercle de mât.	Mast-hoop.	Masthummer.
Cercle de racage.	Truss-hoop.	Rackband.
Chaîne de touée.	Stream-cable.	Stromankerkette.
Chaise de gabier.	Boatwain's chair.	Bootmannsstuhl.
Chaland.	Barge.	Leichter.

FRANÇAIS	ANGLAIS	ALLEMAND
Chaloupe.	Sloop.	Schlup
Chandelier.	Crutch.	Stütze.
Chanfrein.	Chamfered edge.	Schrägkante.
Chantier d'embarcation.	Boat-chock.	Bootsklampe.
Chapeau de cabestan.	Drum-head.	Gangspillkopf.
Chariot d'excentrique.	Eccentric-pulley.	Excentorscheibe.
Charnier.	Tub.	Balje.
Charte-partie.	Charter.	Charte partie.
Chasse-marée.	Lugger.	Lugger.
Chaudière.	Boiler.	Kessel.
Chambre de chauffe.	Stokehole.	Heizraum.
Chaumard.	Mooring chock, Knight.	Knecht.
Cheminée.	Tunnel, Funnel.	Schornstein.
Chemise de cylindre.	Jacket.	Mantel.
Cheval-vapeur.	Horse power.	Pferdestarke, Pferde- kraft.
Chevalet.	Standard.	Ständer.
Chevillage.	Fastening.	Verbolzung.
Cheville.	Bolt.	Bolzen.
Chevillot.	Belaying-pin.	Koviennagel.
Choquer.	To slip.	Schlippen.
Chouquet.	Cap.	Eselshaupt.
Chute (d'une voile).	Leech.	Seite.
Ciel (de boîte à feu).	Crown.	Decke.
Cigale (d'ancre).	Anchor ring.	Ankerring.
Claire-voie.	Skylight.	Oberlicht.
Clan.	Channel.	Scheibengatt.
Clapot.	Clack valve.	Klappenventil.
Clavette.	Cotter.	Keil.
Clef (de mât).	Fid.	Schlossholz.
Clin.	Edge.	Längsnaht.
Clin-foc.	Flying-jib.	Aussenklüver.
Clipper.	Clipper.	Klipper.
Cliquet à percer.	Ratchet brace.	Bohrknarre.
Cloison d'abordage.	Collision bulkhead.	Collisions Schott.
Cloison étanche.	Watertight bulkhead.	Wasserdichtes Schott.
Clouage.	Fastening.	Befestigung.
Cofferdam.	Cofferdam.	Kofferdamm.
Coffre à vapeur.	Dome.	Dom.
Coin de mât.	Mast-Wedges.	Mastkeile.
Collerette.	Flange.	Rand.
Collet.	Collar.	Ring.
Collier.	Strap.	Bügel.
Coaltar.	Coal-tar.	Kohlentheer.
Compas de relèvement.	Bearing compass.	Peilkompass.
Compas de route.	Steering compass.	Steuerkompass.
Compas renversé.	Cabin compass.	Kajütskompass,
Compteur à cadran.	Dial-counter.	Hubzähler mit Ziffer- blatt.

FRANÇAIS	ANGLAIS	ALLEMAND
Condensation à surface.	Surface condensation.	Oberflächers-Coudensation.
Condensation par mélange.	Condensation by injection.	Condensation durch Linspritzung.
Contre-arqué.	Sagged.	Durchgesack.
Contre-cacatois.	Skysail.	Scheisegel.
Contre-pression.	Back-pressure.	Gegendruck.
Contre-quille.	Rising-wood of a keel.	Gegenkiel.
Coque (d'un navire).	Hull.	Rumpf.
Coqueron.	Peak.	Piek.
Cordage.	Rope.	Tau.
Cordon ou liston.	Moulding, listing.	Streifen.
Corne.	Gaff.	Gaffel.
Cornière.	Angle.	Winkeleisen.
Cornière à boudin.	Bulbangle-bar.	Wulstwinkel.
Cornière renversée.	Reversed-angle-bar.	Gegenwinkel.
Corps de chaudière.	Boiler-shell.	Aeussere Kesselwandung
Corps de pompe.	Pump-barrel.	Pumpen-Cylinder.
Corps mort.	Bollard.	Pfahl.
Cosse.	Truck, thimble.	Kausche.
Cosse d'empointure.	Earing-thimble.	Nockhorn Kausche.
Côtre.	Cutter.	Kutter.
Couillard.	Bunt-gasket.	Bauchboschlagseising.
Coulisse.	Reversing-link.	Coulisse.
Coulisseau.	Block.	Stein.
Coupe au maître.	Midship section.	Querschnitt des Hauptspants.
Coupe-eau.	Stopwater.	Scheidenagel.
Coupée.	Break.	Erhohtes Deck.
Couple.	Frame, timber.	Spant.
Couple de levée.	Square-body-frame.	Richtspant.
Couple dévoyé.	Cant-frame.	Kantspant.
Courbe de barrot.	Beam-Knee.	Balkenknie.
Couronne de cabestan.	Capstan-pawl-rim.	Gangspill-pallring.
Course de piston.	Stroke.	Kolbenhub.
Coussinots.	Brasses.	Lagerschalen.
Couture.	Seam.	Naht.
Couture rabattue.	Flat-seam.	Doppelte Naht.
Couvercle.	Dead-light.	Schutzdeckel.
Couvre-joint.	Butt-strap.	Stossplate.
Crampon.	Catch.	Schnäpper.
Crapaudine.	Socket.	Spur.
Crémaillère.	Rack.	Recken.
Crépine.	Strum-box.	Saugekorb.
Creux de cale.	Depth of hold.	Tiefe des Raum's.
Creux sur quille.	Moulded-depth.	Tiefe von Kiel.
Croc à émerillon.	Swivel-Hook.	Warrelhaken.
Croissant de gouvernail.	Yoke.	Joch.
Cuisine.	Galley, Kitchen.	Kombüse. Kochhaus.

FRANÇAIS	ANGLAIS	ALLEMAND
Cul-de-porc.	Wal-knot.	Schauermanns Knoten.
Culotte de cheminée.	Uptake.	Rauchfang.
Cuvette de compas.	Bowl.	Gehäuse.
Cylindre à basse-pression.	Low-pressure-cylinder.	Niederdruckcylinder.
Cylindre à haute pression.	High-pressure-cylinder.	Hochdruckcylinder.
Cylindre à moyenne pression.	Intermediate-cylinder.	Mitteldruckcylinder.

D

FRANÇAIS	ANGLAIS	ALLEMAND
Dalot.	Scupper.	Speigat.
Dame.	Carrick-bitt.	Beting.
Davier.	Davit.	David.
Dé.	Dowel	Dübel.
Défenses.	Fender.	Freihalter.
Dégréer.	To unrig.	Abtakeln.
Déjauger.	Tipping.	Tipping.
Délester.	To unballast.	Ballast löschen.
Démâté.	Dismasted.	Entmastet.
Demi-clef.	Half-hitch.	Halbstich.
Demi-dunette.	Raised-quarter-deck.	Erhöhtes Quarterdeck.
Demi-gaillard.	Monkey-forecastle.	Versenkte Back.
Demi-nœud.	Overhand-Knot.	Gewöhnlicher Knoten.
Déraper.	Atrip.	Gesprungen.
Dérive.	Leeway.	Abtrift.
Désembrayage.	Disconnecting.	Entkupplung.
Désengrener.	To throw out of gear.	Ausrücken.
Désenverguer.	Unbending.	Abschlagen.
Détente.	Expansion.	Expansion.
Développement (d'un navire).	Girth.	Spantumfang.
Déversoir à escarbilles.	Ash-shoot.	Aschmauslauf.
Diable.	Hand-drill-machine.	Handbohrmaschine.
Diablotin.	Mizen-topmast-staysail.	Besahn-Stengestagsegel.
Diamant d'ancre.	Crown.	Ankerkreuz.
Diaphragme.	Sluice-valve.	Schleusenventil.
Dossier d'embarcation.	Back-board.	Lehnbrett.
Doublage de carène.	Bottom-sheathing.	Bodenbeschlag.
Double-fond.	Double-bottom.	Doppelboden.
Draille.	Stay.	Leiter.
Drisse.	Halliard.	Fall.
Drosse.	Steering-chain.	Ruderkette.
Dunette.	Poop.	Poop.

E

FRANÇAIS	ANGLAIS	ALLEMAND
Eau d'alimentation.	Feed-water.	Speisewasser.
Eau d'injection.	Injection water.	Injectionswasser.
Eau saturée.	Brine.	Salzwasser.

FRANÇAIS	ANGLAIS	ALLEMAND
Ecart.	Scarph.	Lasch.
Echancrure de fond.	Roach.	Fuss-Gilling.
Echantillons.	Scantling.	Materialstärke.
Echappement.	Escape.	Entweichung.
Echelle de coupée.	Accomodation-ladder.	Falreepstreppe.
Echelle en cordage.	Rope-ladder.	Sturmleiter.
Echouement.	Grounding.	Auf Grund kommen.
Ecope (d'embarcation).	Boat-baler.	Boots-Oesfass.
Ecoute.	Sheet.	Schote.
Ecoutille.	Hatchway, scuttle.	Luke.
Ecouvillon de tube.	Tube-brush.	Rohrbürste.
Ecran.	Screen.	Schutzschott.
Ecubier.	Hawse hole.	Klüse.
Ecubier d'embossage.	Stern-pipe.	Heckklüse.
Ecusson.	Escutcheon.	Ecusson.
Elingue.	Sling.	Stropp.
Elongis (de mât).	Trestle-tree.	Langsaling.
Embarcation à clin.	Clincher-built-boat.	Klinkerartig gebautes Boot.
Embarcation à franc bord.	Carvel-built-boat.	Karwehlartig gebautes Boot.
Embardée.	Lurching.	Plötzliches Ueberholen.
Embarquer.	Loading.	Ladung.
Embossure.	Spring.	Spring.
Embrayage.	Coupling.	Kupplung.
Emerillon de chaîne.	Swivel.	Ankerkettenwarrel.
Emerillon d'affourche.	Mooring-swivel.	Vertäuwirbel.
Emplanture.	Step.	Spur.
Empointure.	Earing.	Nockhorn.
Encâblure.	Cable-length.	Kabellänge.
Enclancher.	To throw into gear.	Einrücken.
Encoche.	Gab.	Auge.
En dérive.	Adrift.	Treibend.
Enfléchure.	Ratline.	Webeleine.
Engagé.	Choked.	Verstopft.
Entremise.	Carling.	Balkfüllung.
Entrepont.	Between deck.	Zwischendeck.
Entretoise.	Stay.	Stehbolzen.
Enveloppe.	Jacquet.	Mantel.
Enverguer.	To bend.	Anschlagen.
Envergure.	Head.	Kopf.
En vrac.	Bulk.	Sturzweize.
Epave.	Wreck.	Strandgut.
Eperon.	Ram.	Ramme.
Epissoir.	Splicing-fid.	Splisshorn.
Epissure.	Splice.	Splissung.
Epite.	Spile.	Spikerpinne.
Epontille.	Stanchion, pillar.	Stütze, Strebe.
Equarrissage.	Square.	Winkelmass.

FRANÇAIS	ANGLAIS	ALLEMAND
Equipage.	Crew.	Mannsschaft.
Erse.	Selvagee-strop.	Garnstropp.
Escarbilles.	Cinders.	Ausgebrannte Kohlen.
Espar.	Spar.	Spiere.
Estain.	Fashion-timber.	Randsomholz.
Estrope.	Strop.	Stropp.
Etai.	Stay.	Stag.
Etaler.	To stem.	Sich halten.
Etalingure.	Clinch.	Stich.
Etambot.	Stern post.	Hintersteven.
Etambrai.	Partner.	Fischung.
Etampe.	Swage.	Schlichthammer.
Etançon (de chaîne).	Stud.	Steg.
Etoupe.	Oakum.	Werg.
Etrangloir (de chaîne)	Chain cable compressor.	Ankerketten-stopper.
Etrave.	Stem.	Torsteven.
Evitage.	Swinging.	Schwaien.

F

FRANÇAIS	ANGLAIS	ALLEMAND
Façons d'arrière.	Run.	Seg.
Façons d'avant.	Entrance.	Scharf.
Fanal de côté.	Side-lantern.	Seitenlaterne.
Fanal de poupe.	Poop-lantern.	Hecklaterne.
Fardage.	Dunnage.	Garnirung.
Fargues.	Wash board, loose bulwark.	Lose Schanzkleid.
Faubert.	Swab.	Schwabber.
Fausse-quille.	False Keel.	Loser Kill.
Faux-bras.	Preventer-brace.	Borgbrasse.
Faux-pont.	Orlop-deck.	Orlopdeck.
Faux-tillac.	Grain-ceiling.	Getreide-Wegerung.
Fémelot (gouvernail).	Gudgeon.	Ruderosen.
Fer de calfat.	Caulking-iron.	Kalfateisen.
Ferlage (d'une voile).	Furling.	Festmachen.
Feu de bâbord.	Port-light.	Backbordlicht.
Feu de tête de mât.	Mast-head-light.	Topplicht.
Feu de tribord.	Starboard-light.	Steuerbordlicht.
Fouillard.	Hoop-iron.	Bandeisen.
Fouillure.	Rabbet.	Falz.
Fil à voile.	Sewing twine.	Segelgarn.
Fil de caret.	Rope-yarn.	Kabelgarn.
Fil de cuivre.	Copper-wire.	Kupferdraht.
Fil de fer.	Iron-wire.	Eisendraht.
Fil de laiton.	Brass-wire.	Messingdraht.
Filer.	To slack.	Loslassen.
Filière d'envergure.	Jackstay.	Jackstag.
Filin.	Rope.	Tau.
Filin en trois.	Three-stranded-rope.	Dreischäftiges Tau.
Fissure.	Crack.	Borst.

FRANÇAIS	ANGLAIS	ALLEMAND
Flamme.	Pendant.	Wimpel.
Flanc.	Broad-side.	Seite eines Schiffes.
Flèche (de mât).	Pole.	Flaggentopp.
Flèche en cul.	Jigger-gaff-topsail.	Jigger-Gaffeltoppsegel.
Flottabilité.	Buoyancy.	Schwimmfähigkeit.
Flottabilité réservée.	Reserve buoyancy.	Reserve-Schwimmfähig- keit.
Flux.	Flood.	Fluth.
Foc.	Jib.	Klüver.
Foc-ballon.	Balloon-jib.	Ballonklüver.
Foc-en-l'air.	Jib-topsail.	Jager.
Fond (d'un navire)	Bottom, hold.	Boden, Schiffsboden.
Fond (d'une voile).	Bunt.	Bauch.
Fond (d'un cylindre).	Cylinder-bottom.	Cylinderboden.
Force en chevaux.	Horse power.	Pferdestärke.
Force en » effectifs.	Effective - horse - power.	Effective Pferdestärke.
Force en » indiqués.	Indicated-horse-power.	Indicirte Pferdestärke.
Force en » nominaux.	Nominal-horse-power.	Nominelle Pferdestärke.
Foret.	Drill.	Bohrer.
Forme (bassin).	Graving-dock.	Trockendock.
Fourcat.	Cant-floor.	Piekstück.
Fourche (de bielle).	Fork.	Gabel.
Fourneau.	Furnace.	Feuerung.
Fourneau ondulé.	Corrugated-furnace.	Gewellte Feuerbüchse.
Fourrure.	Serving.	Bekleidung.
Fourrure de gouttière.	Waterway.	Wassergang.
Foyer.	Furnace.	Feuerbüchse.
Franc-bord.	Freeboard.	Freiboard.
Frein.	Brake.	Bremse.
Fret.	Freight.	Fracht.
Frette.	Ferrule.	Zwinge.
Fronteau de dunette.	Poop-bulkhead.	Frontschott der Poop.

G

FRANÇAIS	ANGLAIS	ALLEMAND
Gabarit.	Mould.	Mall.
Gabord.	Garboard.	Kielgang.
Gaffe d'embarcation.	Boat-hook.	Bootshaken.
Gaïac.	Lignum-Vitæ.	Pockholz.
Gaillard.	Forecastle.	Back.
Gaîne (d'une voile).	Tabling.	Saum.
Galet.	Roller.	Leitrolle.
Galhauban.	Backstay.	Pardune.
Galiote.	Galliot.	Kuff.
Galoche.	Chock.	Klampe.
Gambes de revers.	Futlocks.	Püttings.
Gamelle.	Kid.	Back.
Garant.	Fall, running.	Laufer.
Garcettes de ris.	Reef-points.	Reffseisings.
Garde.	Guard.	Sicherungsvorrichtung.

FRANÇAIS	ANGLAIS	ALLEMAND
Garde-corps.	Man rope.	Strecktau.
Gargouille.	Dipper.	Plump.
Garniture.	Packing.	Liderung.
Gatte.	Manger.	Schaafhock.
Genope.	Racking.	Kreuzbändsel.
Genou (courbe).	Knee.	Knie.
Gerçure.	Crack.	Riss.
Girouette.	Vane.	Windfahne.
Glace (de cylindre)	Cylinder-face.	Schieberfläche.
Glène (de cordage).	Coil of rope.	Rolle Tauwerk.
Glissière.	Guide-shoe.	Gleitschuh.
Godet graisseur.	Lubricator.	Schmiervorrichtung.
Godille.	Scull.	Wrickriemen.
Goëlette.	Schooner.	Schooner.
Goret.	Hog.	Spanischer Besen.
Gouge.	Hollow-chisel.	Hohlmeissel.
Goupille.	Spindle, pin.	Stift.
Gournable.	Tree nail.	Holznagel.
Gousset.	Bracket.	Stütz Platte.
Gouttière.	Water-way stringer.	Rinne.
Gouvernail.	Rudder, helm.	Ruder.
Grain (de pivot).	Neck-bush.	Grunding.
Graisseur (homme).	Greaser.	Maschinenschmierer.
Grand bras.	Main-brace.	Grossbrasse.
Grand foc.	Main-jib.	Grosser Klüver.
Grand hunier.	Maintopmast.	Gross-Marsstenge.
Grand mât.	Main mast.	Gross-Mast.
Grand perroquet.	Main top-gallant mast.	Gros-Bramstenge.
Grande vergue.	Main yard.	Grossraa.
Grand'voile.	Main sail.	Grossegel.
Grappin.	Grapnel.	Degranker.
Gratte.	Scraper.	Schraper.
Gréement.	Rigging.	Takelage.
Grelin.	Warp.	Warptross.
Griffe.	Claw.	Klaue.
Gril.	Gridiron.	Rost.
Grille.	Grating.	Rost.
Grue.	Crane.	Krahn.
Gui.	Boom.	Baum.
Guibre.	Cutwater.	Gallion.
Guide.	Guide.	Geradführung.
Guidon.	Pendant.	Wimpel.
Guindant (pavillon).	Hoist.	
Guindeau	Windlass.	Ankerspill.
Guinderesse.	Mast-rope; top-rope.	Windreep, jolle.
Guipon à brai.	Pitch-mop.	Pechquast
Guirlande.	Breast hook, crutch.	Bugband.

FRANÇAIS	ANGLAIS	ALLEMAND
H		
Habitacle.	Binnacle.	Nachthaus.
Hachette.	Hatchet.	Boil.
Halage.	Hauling.	Holen.
Hale-bas.	Down-haul.	Niederholer.
Hamac.	Hammock.	Hangematte.
Hameçon.	Fish-hook.	Angelhaken.
Hampe (de pavillon).	Flag staff.	Flaggenstock.
Hanche (d'un navire).	Quarter.	Quarter.
Hanet.	Reef-line.	Reffleine.
Harpon.	Harpoon.	Harpune.
Hauban.	Shroud.	Wantlau.
Haute pression.	High-pressure	Hochdruck.
Havre.	Haven.	Hafen.
Héler.	Hailing.	Preien.
Hélice amovible.	Auxiliary-propeller.	Hülfsschraube.
Hélice à pas à droite.	Right-handed-propeller	Rechtsdrehende Schraube.
Hélice à pas à gauche	Left-handed-prospeller.	Linksdrehende Schraube
Hiloire.	Carlings, headledge conning.	Sill, Süll.
Hisser.	Hoisting.	Heissen.
Houache (de loch).	Logline runner.	Vorlaufer der logleine.
Houle.	Swell.	Dünung
Hublot.	Scuttle.	Fensterloch.
Hune.	Top.	Mars.
Hunier (voile).	Top sail.	Marssegel.
I		
Inexplosible.	Inexplosive.	Nicht explodirbar.
Inflammable.	Inflammable.	Entzündbar.
Injecteur.	Injector.	Injektor.
Itague.	Tie.	Drehrep.
J		
Jambe de force.	Stay.	Stüze.
Jambette de pavois.	Bulwark-stanchion.	Relingstütze.
Jante (d'une roue).	Wheel-rim.	Radranz.
Jardin (de tambour).	Sponson.	Radkasten-Gallerie.
Jas (d'ancre).	Anchor stock.	Ankerstock.
Jaugeage (d'un navire).	Measurement.	Messen.
Jaumière.	Helmport.	Hennegatt.
Jet.	Jet.	Strahl.
Jetée.	Jetty.	Hafendamm.
Jeu de cylindre.	Clearance of piston.	Spielraum des Kolbens.
Jeu de voiles.	Set of sails.	Stell Segel.
Joint-jonction.	Joint.	Verdichtung.
Jottereaux (de mât).	Checks, hounds.	Mastbacke.
Joue (d'un navire).	Bow.	Bug.

FRANÇAIS	ANGLAIS	ALLEMAND
Joue de vache	Cheek-block.	Halber Block.
Jumeler.	To fish.	Fischen.
Jusant.	Ebb.	Ebbe.
K		
Kiosque de veille.	Chart-house	Kartenhaus.
L		
Laize.	Cloth.	Kleid; Bahn.
Lame d'eau (chaudière).	Water-space.	Wasserraum.
Lames.	Waves.	Wellen.
Lampe d'habitacle.	Binnacle-lamp.	Nachthauslamp.
Lancement.	Launching.	Ablaufen.
Lanterne de niveau d'eau.	Water-gauge-lamp.	Wasserstandslampe,
Largeur (d'un navire).	Breadth.	Breite.
Larguer.	To Start.	Abspringen.
Latte.	Batten.	Latte.
Lest.	Ballast.	Ballast.
Lest d'eau.	Water ballast.	Wasserballast.
Lève-nez.	Tracing line.	Aufholer.
Levier de changement de marche.	Reversing lever.	Umsteuerungshebel.
Levier d'embrayage.	Coupling-lever.	Kupplungshebel.
Levier de mise en train.	Starting lever.	Anlasshebel.
Liaison.	Connection.	Verbindung.
Lieu d'aisance.	Water-closet.	Wassercloset.
Ligne atmosphérique.	Atmospheric-line.	Atmosphärische Linie.
Ligne d'arbres.	Line of shafting.	Wellenleitung.
Ligne de flottaison.	Water-line.	Wasserlinie.
Ligne de loch.	Log-line.	Logleine.
Ligne de sonde.	Sounding line.	Lothleine.
Linguet.	Pawl.	Pallen.
Lisse.	Rail.	Reling.
Lisse de bastingage.	Top-gallant rail.	Finknetzreling.
Lisse de garde-corps.	Roughtree-rail.	Schanzkleidreling.
Lisse d'hourdi.	Wingtransom.	Heckbalken.
Lisse de pavois.	Main-rail.	Reling.
Liure (de beaupré).	Gammoning.	Sorring; Zurring.
Livarde.	Sprit.	Spriet.
Loch.	Log.	Log.
Lofer.	To Luff.	Luven.
Logement de l'équipage.	Crew-space.	Mannschaftsraum.
Lougre.	Lugger.	Lugger.
Louvoyer.	To beat.	Laviren.
Lumière d'admission.	Admission port.	Eintrittscanal.
Lunette d étambot.	Shaft-hole of propeller-post.	Auge des Schraubenstevens.
Lusin.	Houseline.	Hüsing.

FRANÇAIS	ANGLAIS	ALLEMAND
M		
Mâchefer.	Cinder.	Schlacke.
Machine à balancier.	Beam-engine.	Balancier-Maschine.
— fourreau.	Trunk-engine.	Trunk-Maschine.
— pilon.	Inverted-cylinder-engine.	Maschine mit umgekehrtem.
— vapeur.	Steam-engine.	Dampfmaschine.
— compound.	Compound-engine.	Compound-Maschine.
— oscillante.	Oscillating-engine.	Oscillirende Maschine.
— triple expansion.	Triple-expansion-engine.	Dreifache Expansions-Maschine.
Mâchoire de bielle.	Connecting-rod-jaw.	Pleyelstangengabel.
Mâchoire de corne.	Jaw of a gaff.	Gaffelklaue.
Maille (de membrure).		
Maillet à calfat	Caulking-mallet.	Kalfaterhammer.
Mailloche à fourrer.	Serving-mallet.	Kleidkeule.
Maillon de chaîne.	Link.	Ankerkettenglied.
Main-courante.	Handrail.	Handgeländer.
Maître-bau ou couple.	Main-beam.	Hauptspantbalken.
Maître d'équipage.	Boastwain.	Bootsmann.
Maître d'hôtel.	Steward.	Aufwärter.
Manche à vent.	Ventilator.	Ventilator.
Manchon d'accouplement.	Coupling-box.	Kupplungshülse.
Manchon d'embrayage.	Clutch.	Klaue.
Manchon de puits à chaînes.	Chain-pipe.	Deckklüse.
Mandrin.	Chuck.	Futter.
Manette,	Handle.	Handhabe.
Manille.	Shackle.	Schäkel.
Manivelle.	Crank	Kurbel.
Manœuvres courantes.	Running rigging.	Laufendes Tauwerk.
Manœuvres dormantes.	Standing rigging.	Stehendes Tauwerk.
Mantelet de sabord.	Port-lid.	Pfortendeckel.
Marchandises.	Merchandise.	Waaren; Waren.
Marche arrière.	Sternway.	Uebersteuergehen.
Marche avant.	Headway.	Fahrt.
Marchepied.	Foot-rope.	Pferd; peerd.
Marée basse.	Low-water.	Niedrigwasser.
Marée haute.	High-water.	Hochwasser.
Margouillet.	Bull's eye.	Hölzerne Kausche.
Marie-salope.	Hopper.	Baggerprahm.
Marionnette.	Nine-pin-block.	Leitblock.
Marque de tirant d'eau.	Draught-marks.	Ahning; Marken.
Marsouin arrière.	Sternson.	Hinterstev enknie.
Marsouin avant.	Stemson.	Vorstevenknie.
Martingale (de foc).	Jib-boom-stay.	Klüverstampfstag.
Masque à fumée.	Smoke-sail.	Rauchsegel.
Massif arrière.	After-deadwood.	Hinter-Todtholz.

FRANÇAIS	ANGLAIS	ALLEMAND
Massif avant.	Fore-deadwood.	Vor-Todtholz.
Mastic de fonte.	Rust putty.	Rostkitt.
Mât.	Mast.	Mast.
Mât à pible.	Polo mast.	Pfahlmast.
Mât d'artimon.	Mizen-mast.	Besahnmast.
Mât de beaupré.	Bowsprit.	Bugspriet.
— cacatois.	Royal-mast.	Royalstenge.
— flèche, de hune.	Topmast.	Marsstenge.
— misaine.	Fore mast.	Fockmast.
— perroquet.	Top-gallant-mast.	Bramstenge.
— perruche.	Mizen-top-gallant-mast	Kreuz-Bramstenge.
— senau.	Snow-mast.	Schnaumast.
— tapecul.	Jigger-mast	Treibermast.
Matage.	Caulking.	Abdichtung.
Matagot.	Rolling-cleat.	Rackklampe.
Matereau.	Small mast, rough spar.	Unbehauene.
Matoir.	Caulking-tool.	Stemmer.
Mâture.	Masts.	Bemastung.
Mèche de cabestan.	Capstan-spindle.	Gauspillspindel.
— gouvernail.	Main-piece of rudder.	Ruderschaft.
— d'un cordage.	Heart.	Herz ; Seele.
— d'un mât.	Spindle.	Herz ; Zunge.
Membrure.	Frame.	Spant.
Membrure dévoyée.	Caat timber.	Kantspant.
Membrure renversée.	Reversed frame.	Ungekehrte Spant.
Menottes.	Hand cuffs.	Handschellen.
Merlin	Marline.	Marlien.
Minahouet.	Serving-board.	Kleidspan.
Minot d'amure.	Bumpkin.	Auslieger des Fockhalses
Misaine (voile).	Fore sail.	Fock.
Misaine goëlette (voile).	Fore-trysail.	Vor-Treisegel.
Moine (soufflure).	Blister.	Blase.
Mollir.	To slack.	Fieren.
Montant de batayolle	Roughtree-stanchion.	Schanzkleidstütze.
Montant de tente.	Awning stanchion.	Sonnensegelstütze.
Monte-escarbilles.	Ash-hoist.	Aschheiss.
Moque.	Heart.	Doodshoofd.
Mortaise.	Mortise.	Zapfenlock.
Mou.	Slack.	Lose.
Moufle.	Tackle.	Flaschenzung.
Mouillage.	Anchorage.	Ankergrund.
Moulinet.	Reel.	Mühle.
Moyeu (d'une hélice).	Propeller-boss.	Schraubennabe.
Muraille (d'un bâtiment)	Side.	Schiffsseite.
Musoir.	Pier-head.	Kopf des Hafendamm's.

N

FRANÇAIS	ANGLAIS	ALLEMAND
Nable.	Plug-hole.	Schraubbolzen, Pfropfenloch.

FRANÇAIS	ANGLAIS	ALLEMAND
Nattes d'arrimage.	Dunnage-mats.	Garnirmatten.
Navigation de plaisance.	Yachting.	Lustfahren.
Navire en acier.	Steel vessel.	Stählernes Schiff.
Navire en bois.	Wooden vessel.	Hölzernes Schiff.
Navire en fer.	Iron vessel.	Eisernes Schiff.
Navire composite.	Composite vessel.	Composit-Schiff.
Niche à charbon.	Pocket-coal-bunker.	Taschenbunker.
Niche de tunnel.	Tunnel-recess.	Tunnelkammer.
Niveau d'eau (chaudière).	Water level.	Wasserlinie.
Nœud (amarrage).	Knot.	Knoten; Knopf.
Nœud (vitesse).	Knot (nautical).	Knoten.
Noix (d'un mât).	Mast-bound.	Masthummer.
Novice.	Ordinary seaman.	Leichtmatrose.

O

FRANÇAIS	ANGLAIS	ALLEMAND
Octant.	Quadrant.	Oc'ant.
Œil d'ancre.	Eye of the anchor.	Ankerauge.
Œillets.	Eyelet-holes.	Gatchen.
Œuvres mortes (navire).	Topside; deadworks.	Todtes Work.
Œuvres vives (navire).	Quick works.	Lebendes Work.
Office.	Pantry.	Bottlerei.
Oreille d'ancre.	Eye of the anchor.	Ankerauge.
Organeau d'ancre.	Anchor-ring.	Ankerring.
Orgue.	Scupper-pipe.	Speigatrohr.
Orienter.	To trim.	Trimmen; Kanten.
Orifice d'admission.	Admission-port.	Eintrittscanal.
Ouragan.	Hurricane.	Orkan.
Outils de chauffe.	Fire-tools.	Feuerungsgeschirr.
Outils de matage.	Caulking-tools.	Stemm-Werkzeug.
Ouverture.	Aperture.	Oeffnung.

P

FRANÇAIS	ANGLAIS	ALLEMAND
Paillet.	Mat.	Matte.
Palan.	Tackle; button; halliard.	Takel, Talje.
Palan à itague.	Runner and tackle.	Mantellakel.
Palan d'amure.	Tack-tackle.	Halstalje.
Palan de capon.	Cat-tackle.	Kattagel.
Palan d'embarcation.	Boat-tackle.	Bootstakel.
Palan de garde.	Vang.	Geerd.
Palanquin.	Reef-tackle.	Refftalje.
Palo	Paddle-wheel-float.	Radschaufel.
Palier d'arbre.	Shaft-bearing.	Wellenlager.
Palier de butée.	Thrust bearing.	Drucklager.
Panneau d'écoutille.	Hatch.	Lukendeckel.
Pantoire.	Pendant.	Hanger.
Papillon (registre)	Throttle valve.	Drosselklappe.
Paquebot.	Packet.	Packetboot.

FRANÇAIS	ANGLAIS	ALLEMAND
Paraclose.	Limber board.	Füllungen.
Parapluie (de cheminée).	Funnel-cape.	Schornsteinkragen.
Parc à moutons.	Sheep-pen.	Schaafhock.
Paré à virer.	Ready about.	Klar zum Wenden.
Parquet de chauffe.	Stokehole-flooring.	Heizraum-Plattform.
Parquet de manœuvre.	Engine-room-flooring.	Maschinenraum - Platt-form.
Pas de l'hélice.	Pitch.	Steigung.
Passerelle.	Bridge. walk.	Brücke.
Pataras (hauban).	Preventer-shroud.	Borgwant.
Pataraser (calfatage).	Horsing.	Klameien.
Patin.	Block.	Schuh.
Patte d'ancre.	Anchor-Arm.	Ankerarm.
— d'araignée.	Oil-groove.	Oelnute.
— de bouline.	Bowline-cringle.	Bulinlegel.
— de carguefond.	Bunt-line-cringle.	Bauchgordinglegel.
— d'empointure.	Earing-cringle.	Nockehrenlegel.
— de palanquin.	Reef-tackle-cringle.	Refftaljenlegel.
— de ris.	Reef cringle.	Refflegel.
— d'élingue.	Can-hooks.	Schenkelhaken.
— d'oie.	Bridle.	Sprut.
Paumelle	Palm.	Segelhandschuh.
Pavillon.	Flag, colours.	Flagge.
Pavois.	Bulwark.	Schanzkleid.
Payol.	Ceiling of double bot-tom.	Bauchwegerung.
Pelle d'aviron.	Oar-blade.	Riemenblatt.
Pendeur de caliorne.	Head-pendant.	Seitenhanger.
Penture.	Hinge.	Scharnier.
Perroquet (mât).	Top gallant mast.	Bramstenge.
— de fougue.	Mizen topsail.	Kreuzsegel.
— fixe.	Lower-topgallant-sail.	Unterbramsegel.
— volant.	Upper-topgallant-sail.	Oberbramsegel.
— (voile).	Topgallant-sail.	Bramsegel.
Perruche (mât).	Mizen topgallant-mast.	Kreuz-Bramstenge.
Petit cacatois.	Fore-royal.	Vor-Royal.
Petit cheval.	Donkey engine.	Hülfsmaschine.
Petit hunier.	Fore topmast.	Vor-Marsstenge.
Petit perroquet.	Fore topgallant mast.	Vor-Bramstenge.
Phare (feu).	Lighthouse.	Leuchtthurm.
Pic (d'une corne).	Peak.	Piek.
Pied-de-biche.	Pinch-bar.	Brechstange.
Pinasse.	Pinnace.	Pinasse.
Pistolet (d'amure).	Bumkin.	Ausleger des Fockhalses.
Piston.	Piston.	Kolben.
Piston à fourreau.	Trunk-piston.	Trunkkolben.
— compensateur.	Valve-balance-piston.	Schieberabbalancirungs kolben.
— d'indicateur.	Indicator-piston.	Indicator Kolben.

FRANÇAIS	ANGLAIS	ALLEMAND
Piston de pompe à air.	Air-pum-bucket.	Luftpumpenkolben.
— de pompe alimentaire.	Feed-pump-bucket.	Speisepumpenkolben.
— de pompe de cale.	Bilge-pump-bucket.	Lenz pumpen Kolben.
— de pompe de circulation.	Circulating-pump-bucket.	Circulations pumpen Kolben.
Piton.	Eye bolt.	Augbolzen.
Pivot (d'un compas).	Centre-pin.	Kompasspinne.
Plafond de ballast.	Top of tank.	Tankdecke.
Planche de roulis.	Wash-board.	Waschborde.
Plaque de chaudière.	Backplate.	Rückwand.
— de fondation.	Foundation plate, bed plate.	Fundamentplatte.
— de recouvrement.	Butt-plate.	Stossplate.
— tubulaire.	Tube-plate.	Rohrwand.
Platbord.	Covering board.	Schandeck.
Plateau à roulis.	Swinging-tray.	Schlingerbord.
Plateau d'assemblage.	Coupling-flange.	Kupplungsflansch.
Plateforme de cale.	Orlop-deck.	Orlopdeck.
Plomb de sonde.	Lead sounding.	Senkblei.
Plongeur de pompe.	Plunger.	Plunger.
Poignée d'aviron.	Oar handle.	Riemenheft.
Point d'amure.	Tack.	Hals.
— de drisse.	Throat.	Klauohr.
— d'écoute.	Clew.	Schothorn.
— mort.	Dead point.	Todter Punkt.
Pomme de mât.	Truck.	Flaggenknopf.
Pomme de racage.	Parrel-truck.	Rackklotje.
Pompe à air.	Air pump.	Luft pumpe.
— à bras.	Hand pump.	Hand pumpe.
— à eau douce.	Fresh-water-pump.	Frischwasserpumpe.
— à huile.	Oil pump.	Oelpumpe.
— à piston.	Piston-pump.	Kolbenpumpe.
— à vapeur.	Steam-pump.	Dampfpumpe.
— alimentaire.	Feed-pump.	Speisepumpe.
— aspirante.	Suction-pump.	Saugpumpe.
— centrifuge	Centrifugal-pump.	Centrifugalpumpe.
— de cale.	Bilge pump.	Lenzepumpe.
— d'étrave.	Head-pump.	Bugpumpe.
— foulante.	Force-pump.	Druckpumpe.
— pour lavage.	Deckwash-pump.	Deckwaschpumpe.
— rotative.	Rotary-pump.	Rotations pumpe.
Pont.	Deck.	Deck.
Pont-abri.	Awning deck ; shelter deck.	Sturmdeck; Schutzdeck.
Pont de tonnage.	Tonnage-deck.	Vermessungsdeck.
— inférieur.	Lower-deck.	Unterdeck.
— intermédiaire.	Middle-deck.	Zwischendeck.

FRANÇAIS	ANGLAIS	ALLEMAND
Pont principal.	Main deck.	Mitteldeck ; Hauptdeck.
— supérieur.	Upper deck.	Oberdeck.
— tente.	Shade-deck.	Schattendeck.
— promenade.	Promenade-deck ; Hurricane-deck.	Promenadendeck.
Pontée.	Deck-cargo.	Deckladung.
Ponton.	Pontoon.	Ponton.
Porque (navire en bois).	Rider.	Kattspor.
Porque (navire en acier).	Web-frame.	Rahmenspant.
Portage.	Bearing.	Lagerstelle.
Porte de foyer.	Fire-door.	Feuerthür.
Porte étanche.	Water-tight door.	Wasserdicht-Thür.
Porte-hauban.	Channel.	Rüste.
Porte-lof.	Boomkin.	Ausleger des Fockhalses.
Porte-voix,	Speaking-tube.	Sprachrohr.
Porte-manteau.	Boat davit.	Bootsdavid.
Pot à brai.	Pitch-pot.	Pechgrapen.
Poulie.	Block, pulley.	Block.
Poupe.	Stern.	Stern.
Poupée.	Warping-end.	Spillkopf ; Seilscheibe.
Préceinte.	Sheerstrake, wale.	Barkholz.
Prélart.	Tarpawling.	Presenning.
Prendre un ris.	Reefing.	Reffen ; Reefen.
Presse-étoupes.	Stuffing-box.	Stopfbüchse.
Prêt à la grosse.	Respondentia.	Respondentia.
Prise d'eau.	Inlet-valve.	Einlassventil.
Prisonnier.	Stud-bolt.	Stiftschraube.
Propulseur.	Propeller,	Schraube.
Proue.	Prow ; bow ; forepart.	Bug.
Provisions.	Provisions.	Proviant.
Puisard.	Well.	Sammelbrunnen.
Puissance.	Force ; power.	Kraft ; Stärke.
Puits à chaînes.	Chain locker,	Kettenkasten.
Puits de l'hélice.	Screw-well.	Schraubenbrunnen.
Pulsomètre.	Pulsometer.	Pulsometer.

Q

FRANÇAIS	ANGLAIS	ALLEMAND
Quadrant.	Quadrant.	Quadrant.
Quarantenier.	Ratline.	Webeleine.
Quart.	Watch.	Wache.
Quartier-maître.	Quartermaster.	Quartiermeister.
Quatre-mâts barque.	Four-mast-barque.	Viermast-bark.
— carré.	Four-mast-ship.	Viermast-Schiff.
Quatrième pont.	Orlop-deck.	Orlopdeck.
Quenouillette.	Counter timber.	Gillungholz.
Quête de l'étambot.	Rake of a stern-post.	Fall des Hinterstevens.
Queue de rat.	Round-file.	Runde Feile.
Quille.	Keel.	Kiel.

FRANÇAIS	ANGLAIS	ALLEMAND
Quille de roulis.	Bilge - Keel ; rolling - chock.	Kimmkiel; Schlinger-kiel.
Quille plate.	Flat-plate-keel.	Flacher Kiel.
R		
Raban.	Lacing.	Reihleine.
Raban d'envergure.	Lacing.	Lissleine.
Raban de ferlage.	Furling line.	Beschlagleine.
Râblure.	Rabbet.	Spündung.
Râblure de quille.	Keel-rabbet.	Kielspündung.
Racage.	Parrel ; truss.	Rack.
Racloir.	Scraper.	Schaber.
Radeau de sauvetage.	Life-raft.	Rettungsfloss.
Ralentir la marche.	To ease.	Langsamer gehen lassen.
Ralingue.	Bolt-rope.	Liek ; Leik.
Ralingue de fond.	Foot-rope.	Fussband.
Ralingue de point.	Clew-rope.	Schothornliek.
Rame (aviron).	Oar.	Boostriemen.
Rameur.	Oarsman.	Ruderer.
Rang de rivets.	Bow of rivets.	Nietenreihe.
Ras de marée.	Race.	Stromschnelle.
Râtelier d'armes.	Arm-rack	Gewehrgestell.
Râtelier pour seaux.	Bucket-rack.	Pützengestell.
Réa de poulie.	Sheave.	Scheibe.
Réchauffeur.	Heater.	Vorwärmer.
Recouvrement des tiroirs.	Lap of slide-valve.	Ueberdeckung des Schiebers.
Recouvrement des tôles.	Overlap of plating.	Ueberlappung der Beplattung.
Recuit.	Annealing.	Ausglühen.
Recul.	Slip.	Slip.
Reflux.	Ebb.	Ebbe.
Refouloir.	Ram.	Ramme.
Régates	Race.	Wettfahrt.
Registre de cheminée.	Damper in funnel.	Schornstein-registro.
Relevé d'une varangue.	Rise of a flor.	Auf Kimmung einer Bodenwrange.
Relèvement.	Bearing.	Peilung.
Remorqueur.	Tug boat.	Schlepper.
Remous.	Eddy-water.	Gegenströmung ; Noor.
Ronflement.	Bluff ; boss.	Nabe ; Verstarkung.
Renfort de voile.	Girth band.	Bauchband.
Reniflard.	Blow-valve ; snifting valve.	Schnüffelventil.
Renvoi de mouvement.	Gear.	Triebwerk.
Réparations.	Repairs.	Reparatur ; Zimmerung.
Réservoir à air.	Air vessel.	Windkessel.
Ressort à boudin.	Spiral-spring.	Spiralfeder.
Revêtement.	Lagging.	Bekleidung.

FRANÇAIS	ANGLAIS	ALLEMAND
Revêtement (d'un navire).	Shell.	Bekleidung.
Ribord.	Safety-keel.	Safety-Keel.
Ride.	Laniard.	Taljereep.
Rideau de tente.	Curtain.	Seitenkleid.
Ridoir à vis.	Stretching-screw.	Spannschraube.
Ringard.	Fire picker.	Feuerhaken.
Ris (d'une voile).	Reef.	Reff.
Rivet fraisé.	Countersunk rivet.	Versenkte Niet.
Rivetage.	Riveting.	Nietung.
Rivoir.	Riveting-hammer.	Niethammer.
Rocambeau de foc.	Jib-boom-traveller.	Ausholring des Klüvers.
Rôder (de navire).	To sheer.	Gieren.
Rôle d'équipage.	Articles.	Musterrolle.
Romaillet.	Graving-piece.	Spund ; Spunt.
Rondelle fusible.	Fusible-plug.	Leicht schmelzbarer. Pfropfen.
Rose des compas.	Rhumb-card.	Kompassrose.
Rouable.	Fire-rake.	Feuerkrücke.
Roue à aubes.	Paddle wheel,	Schaufelrad.
Roue striée.	Worm-wheel.	Schneckenrad.
Rouet.	Sheave.	Scheibe.
Rouffle.	Roof.	Hans ; Roof ; Dach.
Roulis.	Rolling.	Schlingern ; Rollen.
Rousture.	Woolding.	Wuhling.

S

FRANÇAIS	ANGLAIS	ALLEMAND
Sablier de loch.	Log-glass.	Logglas.
Sabord.	Port ; porthole.	Pforte.
Safran de gouvernail.	Back-piece.	Ruderblatt.
Saisine d'embarcation.	Boat-lashing.	Bootssorrung.
Sas.	Lock.	Schleusenfall.
Sasse d'embarcation.	Boat bailer.	Boots-Oesfass.
Sauvegarde.	Man-rope.	Manntau.
Savate d'ancre.	Anchor-shoe.	Ankerschuh.
Scorie.	Slag.	Schlacke.
Secteur de gouvernail.	Steering-quadrant.	Steuer-Quadrant.
Selle de calfat.	Caulking-box.	Kalfaterkiste.
Semelle d'étambot.	Sole piece.	Kielsohle.
Senau.	Snow.	Schnaue.
Serre de bouchains.	Bilge stringer	Kimmstringer.
Serre-bauquière.	Clamp.	Balkweger.
Serre-bosse (d'une ancre)	Shank-painter.	Rüstleine.
Serre-joint.	Rigging-screw.	Wantschraube.
Serres d'empature.	Thick-strakes of Ceiling.	Kimmweger ; Stossweger.
Servo-moteur.	Steering-engine.	Dampfsteuer-Maschine.
Siège de clapet.	Valve seat.	Ventilsitz.
Sifflet à vapeur.	Steam-whistle.	Dampfpfeife.

FRANÇAIS	ANGLAIS	ALLEMAND
Signal de brume.	Fog-signal.	Nebelsignal.
Sillage.	Wake.	Kielwasser.
Sirène.	Siren.	Sirene.
Sloop.	Sloop.	Schlup.
Soie de manivelle.	Crank-pin.	Kurbelzapfen.
Sole de foyer.	Dead-plate of a furnace.	Kopfplatte der Feuer-büchse.
Sommier.	Seating.	Lager.
Sonde.	Sounding-rod.	Peilstock.
Soudure.	Solder.	Loth.
Soufflage de carène.	Bottom-Sheathing.	Wurmhaut.
Soupape à clapet.	Clack-valve; hanging-valve.	Klappenventil.
— à papillon.	Butterfly-valve.	Schmetterlingschieber.
— à vapeur.	Steam-valve.	Dampfventil.
— atmosphérique	Air-valve.	Luftventil.
— d'admission.	Inlet-valve.	Einlassventil.
— d'arrêt.	Stop-valve.	Absperventil.
— de communi-cation.	Communication-valve.	Communicationsventil.
— de décharge.	Discharge-valve.	Ausgussventil.
— de détente.	Cut-off-valve.	Absperrventil.
— d'échappement	Escape-valve.	Ueberdruckventil.
— d'extraction.	Brine-valve.	Salzventil.
— d'injection.	Injection-valve.	Injectionsventil.
— de purge.	Blow-through-valve.	Durchblasventil.
— de refoulement	Outlet-valve.	Auslassventil.
—. de sûreté.	Safety-valve.	Sicherheitsventil.
Sous-barbe.	Bobstay.	Wasserstag.
Sous-marin.	Sub-marine.	Unterseeisch;
Soute à charbon.	Coal bunker.	Kohlenbunker.
Soutier.	Trimmer.	Kohlentrimmer.
Spardeck.	Spar-deck.	Spardeck.
Spinnaker.	Spinnaker.	Spinnaker.
Steamer.	Steam-vessel.	Dampfschiff.
Stopper.	To stop.	Stoppen.
Superstructure.	Erections.	Aufbaus.
Surbau.	Coaming; Coming.	Süll.
Surestarie.	Demurrage.	Extraliegetage.
Surface de chauffe.	Heating surface.	Heizfläche.
Surface de grille.	Grate-surface.	Rostfläche.
Suspente de vergue.	Sling.	Hanger.

T

FRANÇAIS	ANGLAIS	ALLEMAND
Table de cylindre.	Cylinder-face.	Schieberspiegel.
Tableau.	After part; taffrail.	Heck; Spiegel.
Tablier (d'une voile).	Top-lining.	Stosslapen.
Taille-mer.	Lace piece.	Gallion'sschegg.
Taille-vent.	Lug-mainsail.	Grossegel.

FRANÇAIS	ANGLAIS	ALLEMAND
Talon d'assemblage.	Keel-piece.	Kielstück.
Talon de gouvernail.	Rudder-heel.	Hacke eines Ruders.
Talonner.	Striking.	Stossen.
Tambour de roue.	Paddle-box.	Radkasten.
Tambour de treuil.	Barrel of a winch.	**Windentrommel.**
Tamis à huile.	**Oil-sieve.**	**Oelsieb.**
Tampon de choc.	Buffer.	Buffer.
Tampon de tube.	Tube plug.	Rohrstöpsel.
Tangage.	Pitching.	Stampfen.
Tangon.	Lower - studding - sail - boom ; swinging boom	Unterleesegelspiere ; Schwingbaum.
Tape d'écubier.	Hawse-plug.	Klüsenpfropfen.
Tape-cul (voile).	Lüg-mizen.	Treiber.
Taquet de tournage.	Cleat.	Klampe.
Taraud.	Screw-tap.	Gewindebohrer.
Tasseau.	Guard.	Sicherungsvorrichtung.
Té ; traverse.	Crosshead.	Kreuzkopf.
Tenailles.	Nippers.	Zange.
Tenon de mât.	Mast-tenon.	Mastzapfen.
Tente.	Awning.	Sonnensegel.
Tête d'allonge.	Timber-head.	Poller.
Tête de gouvernail.	Rudder-head.	Ruderkopf.
Tête de varangue.	Floor-head.	Ende einer Bodenwrange
Teugue.	Monkey-forecastle.	Halbdeck.
Tige d'excentrique.	Eccentric-rod.	Excenterstange.
Tige de piston.	Piston-rod.	Kolbenstange.
Tige de pompe.	Pump-rod.	Pumpenstange.
Tige de soupape.	Valve-rod.	Ventilspindel.
Tige de tiroir.	Slide-valve-rod.	Schieberstange.
Tige de vanne.	Sluice-valve-rod.	Schleusenventilstange.
Timonerie.	Wheel-house.	Ruderhaus.
Tins.	Keel-blocks.	Kielblöcke.
Tirage artificiel, forcé.	Forced-draught.	Künstlicher Zug.
Tirage naturel.	Draught ; drapft.	Zug.
Tirant d'eau.	Draught,	Tiefgang.
Tirant de chaudière.	Boiler-stay.	Kesselanker.
Tire-bout (cordage).	Outhaul.	Ausholer.
Tire-veilles.	Man-ropes.	Sceptertaue.
Tiroir (machine).	Slide-valve.	Schieber.
Tiroir de détente.	Starting-valve.	Absperventil.
Tiroir de mise en train.	Cut-of-valve.	Anlassventil.
Toc ou heurtoir.	Stop.	Knagge.
Toc d'excentrique.	Eccentric-stop.	Excenterknagge.
Toile à voile.	Canvas.	Segeltuch.
Tôle.	Plate.	Platte.
Tôle de cloison.	Bulkhead-plate.	Schottplatte.
Tôle de fondation.	Foundation-plate.	Fundamentplatte.
Tôles de roulis.	Wash-plates.	Schlingerplatten.

FRANÇAIS	ANGLAIS	ALLEMAND
Tôle gouttière.	Stringer-plate.	Stringerplatte.
Tolet (embarcation).	Thole-pin.	Bootsdolle.
Toletière (embarcation).	Thole-board.	Rojklampe.
Ton de mât.	Mast-head.	Mastlopp.
Tonnage brut.	Gross tonnage.	Brutto-Tonnengehalt.
Tonnage net.	Net tonnage; register tonnage.	Netto-Tonnengehalt; Register.
Tonnage sous le pont.	Tonnage under deck.	Tonnengehalt unter Deck
Tonture.	Sheer.	Spring; Sprung.
Toron (cordage).	Strand.	Ducht.
Touage.	Towage.	Bugsiron; Schleppen.
Touée (cordage).	Warping-line.	Verholtrosse.
Tour de loch.	Log-reel.	Logrolle.
Tourelle de fanaux.	Light-house.	Leuchtthurm.
Tourillon d'arbre.	Shaft-journal.	Lagerzapfen.
Tourmentin.	Fore-staysail.	Stagfock.
Tourne à gauche.	Top-wrench.	Windeisen.
Tournevire.	Messenger.	Kabelar.
Tourniquet.	Roller.	Rolle.
Tourteau d'assemblage.	Crank-boss.	Kurbelnabe.
Transfilage.	Lacing.	Schnürleine.
Travail (d'un navire).	Labouring.	Arbeiten.
Traverse de gouvernail.	Rudder-stay.	Strebe das Ruderrahmens.
Traverse de tige de piston.	Piston-rod-crosshead.	Kolbenstangen-Kreuzkopf.
Traversière.	Fish-pendant.	Fischreep.
Traversin (d'une tente).	Awning-Stretcher.	Sonnensegelstrebe.
Trélucher.	Jibing.	Giepen.
Trésillon.	Heaver.	Dreher.
Trosse en chanvre.	Gasket.	Geflochtene.
Treuil.	Winch.	Winde.
Tribord.	Starboard.	Steuerbord.
Tringle de drosse.	Steering-rod.	Steuerstange.
Trois-mâts barque.	Bark.	Bark.
— carré.	Full-rigged-ship	Vollschiff.
— goëlette.	Three-mast-topsail-schooner.	Dreimast-toppsegel-schooner.
Trou de chat.	Lubber-hole.	Soldatengat.
Trou d'écubier.	Hawse-hole.	Klüsenloch.
Trou d'homme.	Man-hole.	Mannloch.
Trou de visite.	Hand-hole.	Handloch.
Tube de chaudière.	Boiler-tube.	Kesselrohr.
Tube-tirant.	Stay-tube.	Ankerrohr.
Tubulure.	Nozzle.	Rohrmundstück.
Tunnel.	Tunnel.	Tunnel.
Tuyau à air.	Air-pipe.	Luftrohr.
— à vapeur.	Steam-pipe.	Dampfrohr.
— alimentaire	Feed-pipe.	Speiserohr.

FRANÇAIS	ANGLAIS	ALLEMAND
Tuyau d'arrosage.	Water-service-pipe.	Kühlwasserrohr.
— d'aspiration.	Suction-pipe.	Saugerohr.
— de cale.	Bilge-pipe.	Bilgerohr.
— de décharge.	Blow-off-pipe.	Abblasrohr.
— d'échappement.	Exhaust-pipe.	Dampfabzugsrohr.
— d'extraction.	Brine-pipe.	Salzrohr.
— de niveau d'eau.	Water-gauge-column.	Wasserstandsrohr.
— de purge.	Blow-through-pipe.	Durchblasrohr.
— de sonde.	Sounding-pipe.	Peilrohr.
Tuyère.	Nozzle.	Mundstück.

U

FRANÇAIS	ANGLAIS	ALLEMAND
Unité de chaleur.	Thermal unit.	Wärmeeinheit.
Ustensiles de chauffe.	Fire-tools.	Feuerungsgeschirr.

V

FRANÇAIS	ANGLAIS	ALLEMAND
Vaigrage.	Ceiling.	Wegerung.
Vaigres de fond.	Floor-ceiling.	Flachwegerung.
Vaigres d'empâture.	Thick-strakes of ceiling.	Kimmwegerung.
Vanne.	Sluice-valve.	Schleusenventil.
Varangue.	Floor.	Bodenwrange.
Veille.	Watch.	Wache.
Velture.	Spar-lashing.	Sperenlaschung.
Verge d'ancre.	Anchor-shank.	Ankerschaft.
Vergue.	Yard.	Raa.
Vergue barrée ou sèche.	Crossjack-yard.	Bagienraa.
— de hune.	Topsail-yard.	Marsraa.
— de perroquet.	Topgallant-yard.	Bramraa.
— de cacatois.	Royal-yard.	Royalraa.
— de bonnette.	Studdingsail-yard.	Leesegelraa.
Vérin.	Screw-jack.	Hebemaschine.
Vigie.	Look-out.	Ausguck.
Violons de beaupré.	Bees of a bowsprit.	Bugsprietviolinen.
Virer.	Heaving.	Winden.
Vireur.	Turning-wheel.	Drehrad.
Virole.	Ferrule.	Zwinge; Ring.
Virure.	Strake.	Gang.
Virure de bouchain.	Bilge-strake.	Kimmgang.
— d'hiloire.	Tie-plate.	Lukenstringer.
— de placage.	Inside-strake.	Anliegender Gang.
— de recouvre- ment.	Overlapping-strake.	Abliegender Gang. Verdoppelungs Gang.
— doublante.	Doubling-strake.	
Vis de pression.	Set-screw.	Presschraube.
Vis de ridage.	Rigging-screw.	Wantschraube.
Vivres.	Provisions.	Proviant.
Voie d'eau.	Leak.	Leck.
Voiles à baleston.	Spritsail.	Sprietsegel.
— à bourcet.	Lug-sail.	Luggersegel.

FRANÇAIS	ANGLAIS	ALLEMAND
Voiles à livarde.	Spritsail.	Sprietsegel.
— ballon.	Balloon-sail.	Ballonsegel.
— barrée.	Crossjack.	Kreuzsegel.
— de cape.	Storm-sail.	Sturmsegel.
— d'étai.	Staysail.	Stagsegel.
— de flèche.	Gaff-topsail.	Gaffeltoppsegel,
— de houari.	Sliding-gunter-sail.	Portugiesisches Segel.
— goëlette.	Trysail.	Treisegel,
Volant de pompe.	Fly-wheel.	Schwungrad.
Voûte.	Counter.	Gillung.
Vrille.	Gimblet.	Frittbohrer.

W

Water-ballast.	Water-ballast.	Wasserballast.
Water-closet.	Water-closet.	Wassercloset.

Y

Yole.	Dingy.	Jolle.
Youyou.	Gig.	Gig.

Types de Navires.

FRANÇAIS.	ANGLAIS.	ALLEMAND.
Navire en bois.	Wooden ship.	Holzernes schiff.
Navire en fer.	Iron ship.	Eisernes schiff.
Navire en acier.	Steel ship.	Stahlernes schiff.
Navire composite.	Composite ship.	Compositions schiff.
Navire à voiles.	Sailing vessel.	Segelschiff.
Navire à vapeur.	Steamer.	Damfer.
Navire à hélice.	Screw steamer.	Schraubendampfer.
Navire à roue.	Paddle steamer.	Raddampfer.
Paquebot.	Mail steamer.	Postdampfer.
Cargoboat.	Cargo steamer.	Transportdampfer.
Trois-mâts carrés.	Full rigged ship.	Vollschiff.
Trois-mâts barque.	Barque.	Bark.
Brick.	Brig.	Brigg.
Navire à 4 mâts.	Four-masted-ship.	Viermast-schiffe.
Navire à 3 ponts.	Three-decked vessel.	Dreidsck-schiffe.
Navire à spardeck.	Spardeck-vessel.	Spardeck-schiffe.
Navire à pont abri.	Awning-decked-vessel.	Sturmdeck-schiffe.
yacht.	Yacht.	Yackton.

Monnaies, Poids et Mesures
des Nations maritimes.

Allemagne

Monnaie de compte : Reichs-mark de 100 pfennigs = 1 fr. 2345 pair.

Or. — 20 Marks ou double couronne .   = 24 fr. 69.
       10 Marks ou couronne . . . = 12 fr. 35.
       5 Marks . . . . = 6 fr. 17.
Argent. — 5 Marks . . . . = 5 fr. 56.
       2 Marks . . . . = 2 fr. 22.
       1 Mark ou 100 pfennigs . = 1 fr. 11.
       1/2 Mark ou 50 pfennigs . = 0 fr. 56.
Bronze. — Pièces de 20. 10, 2 et 1 pfennig.

Mesures de poids

L'unité est le kilogramme = 2 livres (2 pfunds).
Neuloth = décagramme.
Pfund = demi-kilogramme.
Centner = 50 kilogrammes.
Tonne = 1000 kilogrammes.

Mesures de longueur

Stab = mètre.
Neuzoll = centimètre.
Strich = millimètre.
Ketto = décamètre.

Mesure de surface

Quadratstab = mètre carré.

Mesures de volume

Kubikstab = mètre cube.

Kanne = litre $\left(\dfrac{1}{1000} \text{ mètre cube.} \right)$

Schoppen = 1/2 litre.
Fass = hectolitre.
Scheffel = 50 litres.
Mille = 7500 mètres.

Angleterre

Monnaie de compte : Livre sterling de 20 shillings = 25 fr. 2213.
Or. — Souverain, livre sterling de 20 shillings. = 25 fr. 22.
   1/2 Souverain . . . . = 12 fr. 61.
   Guinée de 21 shillings . . . . . . = 26 fr. 48.

Argent. — Crown = (couronne) . . = 5 fr. 81.
    1/2 couronne . . . = 2 fr. 91.
    2 Florins = 4 shillings = 4 fr. 64.
    Florin = 2 shillings = 2 fr. 32.
    Shilling = 12 pence = 1 fr. 16.
    6 pence . . . . . . = 0 fr. 58.
    4 pence . . . . . . = 0 fr. 39.
    3 pence . . . . . . = 0 fr. 29.
    2 pence . . . . . . = 0 fr. 19.
    1 penny . . . . . . = 0 fr. 10.
Bronze. — 1 penny (au pluriel pence) ou denier = 0 fr. 10.
    Half penny. . . . . = 0 fr. 05.

Mesures de longueur

Fathom (brasse) = 2 yards = 1^m,829.
Yard (Imperial standard) = 3 pieds = 0^m,91438.
Pied (foot) = 12 pouces = 0^m,30479.
Pouce (inch) = 10 lignes = 0^m,025399.
Mile, dit *statute mile* 1760 yards = 1609^m,3149.
Lieue marine = 3 milles 454 = 5558 mètres.
Pole = 5 1/2 yards = 5^m,0291.
Furlong = 1/8 mile = 220 yards = 201^m,166.
1 Knot ou nœud (mesure nautique) = 1853 mètres.
1 League = 3 miles » = 4827 mètres.

Mesures de superficie

Square yard (yard carré) = 9 pieds carrés = 0^{m2},836097.
Square foot (pied carré) = 144 pouces carrés = 0^{m2},0929.
Square inch (pouce carré) = 0^{m2},0006457.

Mesures de capacité

Imperial Gallon (unité principale) = 4 lit. 5432.
Quart (1/4 de gallon) = 1 lit. 1358.
Pint (1/8 de gallon) = 0 lit. 5679.
Bushel (8 gallons) = 36 lit. 3460.
Peck (2 gallons) = 9 lit. 0865.
Sack (3 bushels ou 24 gallons) = 109 lit. 0410.
Barrel = 163 lit. 500.
Quarter (8 bushels ou 64 gallons) = 290 lit. 770.
Chaldron (12 sacks ou 288 gallons) = 1308 lit. 516.
Cubic foot (pied cube) = 0^{m3},028316.
Cubic inch (pouce cube) = 0^{d3},016387.
Cubic yard (yard cube) = 0^{m3},764534.
La tonne de déplacement d'un navire = 0^{m3},994062.

Mesures de poids

Pound ou livre avoir du poids = 0 k^g,453592.

Ounce ou once avoir du poids $\left(\frac{1}{16}\text{ de livre}\right)$ = 0 k^g,02835.

Drachm $\left(\frac{1}{16}\text{ d'once}\right)$ = 0 k^g,0017718.

Quarter (28 livres) = 12 k^g,70059.

Contweight ou hundredweight (quintal) = 50 k^g,80238.

Stone (pierre) = 14 livres = 6 k^g,35026.

Ton = 20 contweights = 2240 livres = 1016 k^g,048.

Arabie

La Monnaie de compte est la piastre de Moka = 4 fr. 40.

1 Kahik = 5 centimes 5.

Australie

Monnaies de la Métropole.

Autriche-Hongrie

Monnaie de compte : Florin de 100 kreutzers = 2 fr. 4691.

Or. — Quadruple Ducat = 47 fr. 41.

Ducat = 11 fr. 85.

8 Florins (20 francs) = 20 francs.

4 Florins (10 francs) = 10 francs.

Argent. — 2 Florins = 4 fr. 94.

1 Florin = 2 fr. 47.

1/4 Florin = 0 fr. 62.

10 Kreutzers = 0 fr. 15.

20 Kreutzers = 0 fr. 29.

Maria-Theresian-Thaler 1780, dits *Levantins*, monnaie de commerce = 5 fr. 20.

Mesures de Poids. (Système métrique français).

Sechzehntel = $\frac{1}{512}$ de livre = 1 gr. 09377.

Quentchen (gros) = $\frac{1}{128}$ de livre = 4 gr. 375094.

Loth = $\frac{1}{32}$ de livre = 1 gr. 500375.

Pfund (livre, unité) = 560 gr. 012.

Centner (quintal) = 56 k^g,0012.

Mesures de longueur

Linie (ligne) = $\frac{1}{144}$ de pied = 0^m,002495.

Zoll (pouce) = $\frac{1}{12}$ de pied = 0^m,026340.

Fuss (pied légal) = 0ᵐ,3160807.
Pas = 0ᵐ,758593.
Klafter (toise) = 1ᵐ,896484.
Faust (poing) = 4 pouces = 0ᵐ,1054.
Mille = 7 kᵐ,58593.
Poste = 2 milles.

Mesures de capacité

Toise cube = 216 pieds cubes = 6ᵐ³,8224.
Metze (boisseau) = 61 lit. 496.
Mass impérial = 1 lit. 415.
Eimer (seau) = 40 mass.
Fass (tonneau) = 10 eimer.

Mesures de superficie

Pouce carré = 6 centim.²,938.
Pied carré = 9 décim.²,9907.

Belgique

Mêmes mesures qu'en France.

Bolivie

On compte en piastres à 8 réales. La piastre = 5 fr. 40.
Or. — Once = 4 escudos d'or = 17 piastres = 91 fr. 80.
        Escudo d'or = 22 fr. 95.
Argent. — Piastre = 5 fr. 40.
        Bolivian = 1/2 piastre = 2 fr. 50.

Brésil

Monnaie de compte : Milreis = 2 fr. 8346.
1 Conto de reis = 1000 milreis.
Or. — 20 Milreis = 56 fr. 63.
       10 Milreis = 28 fr. 32.
       5 Milreis = 14 fr. 16.
Argent. — 2 Milreis = 5 fr. 19.
       Milroi = 2 fr. 60.
       500 Reis = 1 fr. 30.

Bulgarie

Monnaie de compte : Lew de 100 stotinkis = 1 franc.
Argent. — 5 Lova = 5 francs.
       2 Lova = 1 fr. 86.
       1 Lew = 0 fr. 93.
       50 Stotinkis = 0 fr. 46.

Canada

Le dollar d'or américain est l'unité monétaire = 5 fr. 1825.

ÉLÉM. DE MÉCAN.   62

Argent. — 50 cents = 2 fr. 39.
           25 cents = 1 fr. 19.
           10 cents = 0 fr. 48.
            5 cents = 0 fr. 24.

Chili

Monnaie de compte : Peso de 100 centavos = 5 francs.
Or. — Condor = 10 pesos = 47 fr. 28.
       Doblon = 5 pesos = 23 fr. 64.
       Escudo = 2 pesos = 9 fr. 45.
       Pesod'oro = 4 fr. 73.
Argent. — Peso = 5 francs.
       50 centavos = 2 fr. 50.
       20 centavos = 1 franc.
       Decimo = 0 fr. 50.
       1/2 Decimo = 0 fr. 25.

Chine

La monnaie courante dans les ports est la piastre mexicaine.

La seule monnaie représentée est la *sapèque* qui a la forme du sou français percé d'un trou carré au milieu. Le *tael* vaut en pratique 1500 sapèques.

Mesures de poids

1 li ou sapèque (cash).
10 li = 1 fon ou (candarine) = 0 gr. 378.
10 fon = 1 tsion ou (mace) = 3 gr. 7796.
10 tsion = 1 liang ou (tael) = 37 gr. 796.
16 liang = 1 kin ou catty = 604 gr. 736.
100 kin = 1 tau ou picul = 60 kil. 4736.
120 kin = 1 chih (stone anglais) = 73 kil. 5683.

Mesures de longueur

10 fon = 1 tsun = 0^m,035.
10 tsun = 1 chih = 0^m,358.
10 chih = 1 tchang = 3^m,581.

Le *li* vaut $\frac{1}{3}$ de mille anglais.

Mesures de capacité

19 koh = 1 ching.
10 ching = 1 tau.
5 tau = 1 hoh.
2 hoh = 1 chih.
1 fu = 6 tau 4 ching.
1 yu = 16 tau.
1 ping = 16 hoh.
1 tau = 10 catties.
1 chih = 10 tau = 100 catties = 1 picul.

Colombie

Monnaio do compto : Peso d'or = 5 francs.
Or. — Doublo condor = 20 pesos = 100 francs.
         Condor = 10 pesos = 50 francs.
Argent. — Poso = 5 francs.
         2 Decimos = 0 fr. 93.
         1 Decimo = 0 fr. 46.
         1/2 Decimo = 0 fr. 23.

Congo

Monnaie do compte : 1 franc do 100 coutimes.

Cuba (Havane)

Monnaie de compte : Piastro (peso ou dollar) = 5 fr. 33.
Or. — Onco d'or = 91 fr. 57.
Argent. — Piastre du Mexiquo = 5 fr. 418.

Danemark, Suède, Norvège

Monnaie de compte : Krone de 100 oro = 1 fr. 3888.
Or. — 10 Kronon = 13 fr. 89.
         20 Kronen = 27 fr. 776.
Argent. — 2 Kronon = 2 fr. 67.
         1 Krono = 1 fr. 33335.
         50 Oro = 0 fr. 67.
         40 Oro = 0 fr. 53.
         25 Oro = 0 fr. 32.
         10 Ore = 0 fr. 13.

Mesures de poids

Livro do commerco = 500 grammos.
Quintal = 100 livros = 50 kilogrammes.
Vage (pesée) = 36 livres = 18 kilogrammos.
Schiffpund (livre do navire) = 320 livros = 160 kilogrammos.
Last = 40 quintaux = 4.000 livres = 2.000 kilogrammos.
Last do naviro = 5.290 livros = 2.645 kilogrammos.

Mesures de longueur

Brasse (favn) = 1^m,883.
Piod = 0^m,31385.
Mül (lieuo) = 7 kil. 532.

Mesures de capacité

Pied cubo = 0^{m3},03092.
Fot = 0 lit. 96503.
Tonne (mosuro de blé) = 139,11.
Lasto = 22 tonnos = 30 hect. 600.
Kanno do vin = 1 lit. 9322.

Egypte

On compte en piastres et paras ou modini.
Monnaie de compte : Livre égyptienne = 25 fr. 6480.
Or. — 100 Piastres = 25 fr. 64.
      50 Piastres = 12 fr. 81.
      20 Piastres = 5 fr. 13.
      10 Piastres = 2 fr. 56.
       5 Piastres = 1 fr. 28.
Argent. — 20 Piastres = 5 fr. 18.
      10 Piastres = 2 fr. 59.
       5 Piastres = 1 fr. 29.
       2 Piastres = 0 fr. 52.
       1 Piastre = 0 fr. 26 = 40 paras.
    1/2 Piastre = 0 fr. 13.
    1/4 Piastre = 0 fr. 06.
La bourse (kiss) = 500 piastres.
10 piastres égyptiennes = 11 piastres turques.
Les monnaies étrangères ont le cours suivant :
Pièce de 20 francs de France = 79 piastres égyptiennes.
Pièce de 5 francs de France = 19 1/2 piastres égyptiennes.
Souverain anglais = 100 piastres égyptiennes.
Ducat   = 46 piastres égyptiennes.
Species allemands = 20 piastres égyptiennes.
Piastre espagnole = 21 piastres égyptiennes.

Equateur

Système métrique français. L'unité monétaire est la peso forte (piastre forte) en argent, comme la pièce de 5 francs française ; elle vaut 10 réales ou 100 centavos.
Monnaie de compte : Duro de 100 centavos. = 5 fr. 0960.
Argent. — Sucre   = 5 francs.
      Demi-Sucre = 2 fr. 50.
      2 Decimos = 1 franc.
      1 Decimo = 0 fr. 50,

Espagne

La monnaie de compte est la piastre forte valant 5 fr. 20.
Or. — Doublon de 10 escudos (écus) = 26 francs.
      4 Escudos = 10 fr. 40.
    25 Pesetas = 25 francs.
    20 Pesetas = 20 francs.
Argent. — Duro de 2 escudos = 5 fr. 19.
      Escudo de 10 reales = 2 fr. 60.
      5 Pesetas = 5 francs.
      2 Pesetas = 1 fr. 86.
      Peseta de 4 reales = 0 fr. 93.

1/2 Peseta = 0 fr. 46.
Réal   = 0 fr. 23.
Système métrique décimal français.

Etats-Unis de l'Amérique du Nord

Monnaie de compte : Dollar de 100 cents = 5 fr. 1825.
Or. — Double-Aigle = 20 dollars = 103 fr. 65.
    Aigle (eagle) = 10 dollars = 51 fr. 83.
1/2 Aigle   = 5 dollars = 25 fr. 91.
    3 Dollars = 15 fr. 55.
1/4 Aigle   = 2 doll. 1/2 = 12 fr. 95.
    Dollar d'or (unité monétaire) =   5 fr. 18.
Argent. — Dollar, 100 cents = 5 fr. 34.
    1/2 Dollar, 50 cents = 2 fr. 50.
    1/4 Dollar, 25 cents = 1 fr. 25.
    20 Cents = 1 franc.
Dime, 10 Cents = 0 fr. 50.
Les mesures de longueur, de superficie, de volume et de poids
sont les mêmes qu'en Angleterre.

Finlande

Monnaie de compte : Markkaa = 1 franc.
Or. — 20 Markkaa = 20 francs.
    10 Markkaa = 10 francs.
Argent. — 1 Markkaa = 0 fr. 99.
    2 Markkaa = 1 fr. 99.
    50 Pennis = 0 fr. 42.
    25 Pennis = 0 fr. 21.

Grèce

Or. — 100 Drachmes = 100 francs.
    50 Drachmes = 50 francs.
    20 Drachmes = 20 francs.
    10 Drachmes = 10 francs.
    5 Drachmes =   5 francs.
Argent. — 5 Drachmes . . . . . = 5 francs.
    2 Drachmes . . . . . = 2 francs.
    1 Drachmes = 100 lepta = 1 franc.
    50 Lepta . . . . . . = 0 fr. 50.
    20 Lepta . . . . . . = 0 fr. 20.
Bronze. — 1 Lepta . . . . . . = 0 fr. 01.

Guatémala

Monnaie de compte : Peso forte de 100 centavos.
Or — Once d'or ou quadruple = 8 escudos = 16 piastres =
    84 fr. 375.
    Piastre d'or ou $\frac{1}{2}$ escudo = 5 fr. 086.

Argent. — Piastre d'argent ou dollar = 5 fr. 418.

Côte de Guinée

La Monnaie courante est la piastre espagnole, divisée en 100 centimes.

Les indigènes comptent en macuta = 2,000 cauris = 47 centimes environ.

Haïti (Saint-Domingue)

On compte en piastre de 100 centavos.
La piastre = 5 fr. 25.
Monnaie de compte : Gourde = 5 francs (Argent).
Argent. — 50 centièmes = 2 fr. 32.
    20 centièmes = 0 fr. 93.
    10 centièmes = 0 fr. 46.

Hawaï

La Monnaie courante est celle des États-Unis de l'Amérique du Nord.

Hollande (Pays-Bas)

Monnaie de compte : Florin ou guldon de 100 cents = 2 fr. 10.
Or. — Double ducat = 23 fr. 66.
   Ducat = 11 fr. 83.
   Guillaume = 20 fr. 86.
   10 Florins = 20 fr. 83.
Argent. — Rixdaler = 5 fr. 25 = 2 fl. 1/2.
   Florin = 2 fr. 10.
   1/2 Florin = 1 fr. 05.
   25 Cents = 0 fr. 51.
   10 Cents = 0 fr. 20.
   5 Cents = 0 fr. 10.
Cuivre. — 1 Cent = 0 fr. 01.

Poids

Pond (livre) = 10 onsen = 1 kilogramme.
Ons (once) = 10 lood = 1 hectogramme.
Lood (gros) = 10 wigtges = 1 décagramme.
Wigtge (esterling) = 10 korrels = 1 gramme.
Korrel (grain) = 1 décigramme.

Mesures de longueur

Brasse (Wadem) = 1ᵐ,699.
El (auve) = 1 mètre.
Rœde (perche) = 10 ellen = 1 décamètre.
Mijl (mille) = 1000 ellen = 1 kilomètre.

Mesures de capacité

Cubieke el = 1 mètre cube.
Wisse = 1 stère.
Bat (Baril) = 100 kan = 1 hectolitre.

Kan (litron) = 100 maatjes = 1 litre.
Maatje = 100 vingerhœden = 1 décilitre.
Vingerhœd = 1 centilitre.
Last (matières sèches) = 30 hectolitres.
Mudde ou zak (matières sèches) = 1 hectolitre.
Schepel (boisseau) = 1 décalitre.
Kop (litre) = 1 litre.

Hong-Kong (Détroits)

Argent. — 50 Conts = 2 fr. 44.
   20 Conts = 0 fr. 96.
   10 Conts = 0 fr. 48.
    5 Conts = 0 fr. 24.

Indes Anglaises

Monnaie de compte : Roupie = 2 fr. 3757.
Or. — Mohur = 15 roupies = 36 fr. 83.
 2/3 Mohur = 10 roupies = 24 fr. 55.
 1/3 Mohur = 5 roupies = 12 fr. 28.
  Pagode = 9 fr. 20.
Argent. — Roupie = 2 fr. 38.
  1/2 Roupie = 1 fr. 19.
  1/4 Roupie = 0 fr. 59.
  1/8 Roupie = 0 fr. 30.
   2 Annas = 0 fr. 30.
Cuivre. — Pice = 0 fr. 123.

Inde Française

Monnaie légale de compte : Roupie = 2 fr. 50.
Pagode = 8 fr. 40.
Roupie = 2 fr. 40.
Fanon = 0 fr. 38.
Cache = 0 fr. 125.

Indo-Chine Française

Argent. — Piastre de commerce = 5 fr. 44.
  50 Centièmes de piastre = 2 fr. 72.
  20 Centièmes de piastre = 1 fr. 08.
  10 Centièmes de piastre = 0 fr. 54.

Italie

Mêmes monnaies et mesures qu'en France.
Argent. — 1 lire = 100 centisimi = 1 franc.

Japon

Unité monétaire : Yen = 5 fr. 1664 = 100 sen.
Or — 20 Yen = 103 fr. 33.
  10 Yen = 54 fr. 67.
   5 Yen = 25 fr. 83.

2 Yen = 10 fr. 33.
1 Yen = 5 fr. 17.

Argent. — 1 Yen = 5 fr. 39.
50 Sen = 2 fr. 22.
20 Sen = 0 fr. 89.
10 Sen = 0 fr. 44.
5 Sen = 0 fr. 22.

Poids

Mommo = 1 gr. 750.
Mommo = 10 pun = 100 rui.
Kivan-mé = 1000 mommos = 1 k⁵,770.
Kyah-mé = 100 mommos = 0 k⁵,175.
Kin (hero) = 160 mommos = 0 k⁵,280.
Condorni = 3 décigr. 69.
Pical = 58 k⁵,96.

Maroc

Monnaic de compte : 1 Once shraïa = 0 fr. 5822.
Or. — Madridia ou doublon = 52 fr. 50.
Bondoki ou bataka = 10 fr. 50.
Argent 10 Onces = 5 fr. 82.
5 Onces = 2 fr. 70.
2 1/2 Onces = 1 fr. 35.
1 Once = 0 fr. 54.
1/2 Once = 0 fr. 27.
Argent. — Metikal (1/2 piastre) = 2 fr. 63.
Blanquillo ou Muzuna = 0 fr. 06.

Ile Maurice

Argent. — 20 Cents = 0 fr. 44.
10 Cents = 0 fr. 20.

Mexique

Monnaic de compte : Peso de 100 centavos = 5 fr. 4308.
Or. — Once d'or ou quadruplo pistole = 84 fr. 38.
Pistole ou 4 piastres = 20 fr. 344.
20 Pesos = 101 fr. 99.
10 Pesos = 50 fr. 99.
5 Pesos = 25 fr. 49.
2 1/2 Pesos = 12 fr. 75.
1 Peso = 5 fr. 70.
Escudo de oro (1/2 pistole) = 10 fr. 172.
Escudillo (1/4 de pistole) = 5 fr. 086.
Argent. — Piastre = 8 Réales de la Plata = 5 fr. 418.
1/2 Piastre = 4 Réales = 2 fr. 709.
Peso = 5 fr. 43.
50 Centavos = 2 fr. 71.
25 Centavos = 1 fr. 35,
10 Centavos = 0 fr. 54.

5 Centavos = 0 fr. 27.
Real de Plata = 0 fr. 677.
Medio real = 0 fr. 338.
Cuivre. — Cuartillo ou 1/4 de real = 0 fr. 08.

Nicaragua

Monnaie de compte : Peso = 5 francs.
Argent. — 20 Cents = 0 fr. 89.
10 Cents = 0 fr. 45.
5 Cents = 0 fr. 22.

Paraguay

Monnaie de compte : Piastre de 8 réales = 4 fr. 66.
Once ou doublon d'or = 84 fr. 37.

Pérou

Monnaie de compte : Sol de 10 dineros ou 100 cents = 5 francs.
Or. — 20 Sols = 100 francs.
10 Sols = 50 francs.
5 Sols = 25 francs.
2 Sols = 10 francs.
1 Sol = 5 francs.
Argent. — 1 Sol = 5 francs.
1/2 Sol = 2 fr. 50.
1/5 Sol = 1 franc.
1 Dinero = 0 fr. 50.
1/2 Dinero = 0 fr. 25.

Perse

Or. — 2 Thomans = 17 fr. 66.
1 Thoman = 8 fr. 83.
1/2 Thoman = 4 fr. 42.
Argent. — Sachib-kéran de 20 Schahis = 2 fr. 08.
Banahat de 10 schahis = 1 fr. 04.
Abassis de 4 schahis = 0 fr. 416.

Iles Philippines

Or. — Doblon de oro (4 pesos) = 20 fr. 39.
Escudo de oro (2 pesos) = 10 fr. 20.
Escudillo de oro (1 peso) = 5 fr. 10.
Argent. — Pièce de 50 centavos = 2 fr. 60.
Pièce de 20 centavos = 1 fr. 04.
Pièce de 10 centavos = 0 fr. 52.

Portugal

La Monnaie de compte est le milrois = 5 fr. 60.
Or. — Couronne = 10 milrois = 56 francs.
1/2 Couronne = 5 milrois = 28 francs.
1/5 Couronne = 2 milrois = 11 fr. 20.
1/10 Couronne = 1 milrois = 5 fr. 60.

Argent. — 5 Testons = 500 reis = 2 fr. 55.
2 Testons = 200 reis = 1 fr. 02.
1 Toston = 100 reis = 0 fr. 51.
1/2 Toston = 50 reis = 0 fr. 25.

Poids

Livre = 459 grammes.
Marc = 229 gr. 50.

Mesures de longueur

Vare = 5 palmos = 1m,10.
Pied = 12 pouces = 0m,33.
Palmo = 8 pouces = 0m,22.
Pouce = 0m,0275.

République Argentine

Or. — Once ou doublon = 81 fr. 50.
Argentins = 5 pesos = 25 francs.
Medio-Argentins = 2 1/2 pesos = 12 fr. 50.
L'once d'or = 400 pesos-papel.
Argent. — Piastre forte = 10 décimos = 100 centavos = 5 fr. 40
Monnaie de compte : Peso = 5 francs.
50 Cents = 2 fr. 50.
20 Cents = 1 franc.
10 Cents = 0 fr. 50.
5 Cents = 0 fr. 25.

Cuivre. — Réal de cuivre = $\frac{1}{8}$ de peso-papel = 0 fr. 0275.

Roumanie

Monnaie de compte : Ley de 100 banis = 1 fr.
Or. — 20 Leys = 20 francs.
10 Leys = 10 francs.
5 Leys = 5 francs.
Argent. — 5 Leys = 5 francs.
2 Leys = 1 fr. 86.
1 Ley = 0 fr. 93.
1/2 Ley = 50 banis = 0 fr. 46.

Russie

Monnaie de compte : Rouble de 100 kopecks = 4 francs.
Or. — Impériale = 10 roubles = 40 francs.
1/2 Impériale = 5 roubles = 20 francs.
Argent. — Rouble = 100 kopecks = 4 francs.
50 Kopecks = 2 francs.
25 Kopecks = 1 franc.
20 Kopecks = 0 fr. 40.

15 Kopecks = 0 fr. 30.
10 Kopecks = 0 fr. 20.
 5 Kopecks = 0 fr. 10.
Poltinik = 50 kopecks = 1 fr. 978.
Tchetvertak = 25 kopecks = 0 fr. 989.
Abassis = 20 kopecks = 0 fr 453.
Fl. polonais = 15 kopecks = 0 fr. 34
Grivonik = 10 kopecks = 0 fr. 226.
Piotak = 5 kopecks = 0 fr. 113.

Poids

Doli = $\frac{1}{96}$ zolotnick = 0 gr. 0444.

Zolotnick = $\frac{1}{96}$ de livre = $\frac{1}{3}$ loth = 4 gr. 2657.

Lòth = $\frac{1}{32}$ livre = 12 gr. 797.

Founto (livre unité) = 0 kᵍ,4095.
Poudo = 40 livres = 16 kᵍ,330.
Berkowitz = 10 poudos = 163 kᵍ,805.
Tonneau de mer = 6 berkowitz = 982 kᵍ,500.
Lest de navire = 1965 kilogrammes.

Mesures de longueur

Linia (Ligne) = 0ᵐ,00254.
Duimo (pouce) = 0ᵐ,0254.

Fouto (pied) $\frac{1}{7}$ sagène = 0ᵐ,3048.

Archine (Aune) = 0ᵐ,7111.
Brasse = 2ᵐ,1335.
Sagène = 2ᵐ,1335.
Viersta (verste) = 500 sagènes = 1066ᵐ,780.

Serbie

Monnaie de compte : Dinar de 100 paras = 1 franc.
Or. — 20 Dinars = 20 francs.
        10 Dinars = 10 francs.
Argent. — 5 Dinars = 5 francs.
             2 Dinars = 1 fr. 86.
             1 Dinar = 0 fr. 93.
            50 Paras = 0 fr. 46.

Siam

Monnaie de compte : Dollar américain de 5 fr. 42.
Argent. — Tical = 3 fr. 25.
            Salung = 0 fr. 82.
            Fuang = 0 fr. 405.

Cuivre. — Pie   = 0 fr. 101.
Étain. — Att   = 0 fr. 05.
Le pical ou hap   = 50 changs = 13.000 francs.

Suisse

Monnaie française.

Ile de Terre-Neuve

Or. — 2 Dollars (200 cents ou 100 pence) = 10 fr. 51.
Argent. — 50 Cents = 2 fr. 42.
      20 Cents = 0 fr. 97.
      10 Cents = 0 fr. 48.
       5 Cents = 0 fr. 24.

Tunisie

Monnaie de compte : Piastre de Tunis = 0 fr. 626.
Or. —   5 Piastres = 3 fr. 01.
     10 Piastres = 6 fr. 02.
     25 Piastres = 15 fr. 07.
     50 Piastres = 30 fr. 14.
   100 Piastres = 60 fr. 29.
Argent. — 1 Piastre (rialoïn) = 0 fr. 62.
      2 Piastres = 1 fr. 25.
      3 Piastres = 1 fr. 87.
      4 Piastres = 2 fr 50.
      5 Piastres = 3 fr. 13.
      1 Rial   = 0 fr. 62.
Cuivre. — 1 Karub   = 0 fr. 04.

Poids

Rottel-attari   = 16 onces (uhic) = 506 gr. 90.
Rottel-souky   = 18 onces = 568 gr 45.
Rottel-kaddari = 20 onces = 639 gr. 45.

Mesures linéaires

Pik arab = 0^m,488.
Pik andalouk = 0^m,673.
Pik turc = 0^m,637.

Mesures de superficie

Mechia = reruidja kabyle = djebba arabe = 10 hectares environ.

Mesures de capacité

Kafis à 16 neba, à 12 saà = 5 hect. 284.
Mataro d'huile = 2 Mataros de vin = 19 lit. 690.

Turquie (Empire Ottoman)

Monnaies

Monnaie de compte : Piastre = 0 fr. 2278.

Or. — 500 Piastros (bourse) = 113 fr. 92.
      250 Piastros . . . = 56 fr. 96.
      100 Piastros (juslik) = 22 fr. 78 (livro turquo).
      50 Piastros (ollibik) = 11 fr. 39.
      25 Piastros = 5 fr. 70.
Argent. — 20 Piastros (jirmilik) = 4 fr. 44.
      10 Piastros (oulik) = 2 fr. 22.
      5 Piastros (boschlik) = 1 fr. 11.
      2 Piastros (jkilik) = 0 fr. 444.
      Piastro (kirk-para) = 0 fr. 222 = 40 paras.
      1/2 Piastro = 20 paras = 0 fr. 11.
Cuivre. — Pièces do 5 paras = 0 fr. 028.

Poids

Cantar (quintal) = 22 Choky = 56 kᵍ,408.
Choky = 2 okos = 2 kᵍ,564.
Oko = 400 drachmos = 1 kᵍ,2828.
Drachmo = 16 karats = 0 kᵍ,003.

Mesures de longueur

Archino = 0ᵐ,7577.
Pic archino halobi = 5ᵐ,6858.
Pic archino indasé = 0ᵐ,6525.

Uruguay

Monnaio do compto : Piastro ou poso = 5 francs.
Argent. — 1 Poso = 5 francs.
      1/2 Poso = 50 contosimos = 2 fr. 50.
      20 Contosimos = 1 franc.
      10 Contosimos = 0 fr. 50.

Vénézuela

Monnaies

Monnaio do compto : Bolivar = 1 franc.
Or. — 100 Bolivars = 100 francs.
      50 Bolivars = 50 francs.
      20 Bolivars = 20 francs.
      10 Bolivars = 10 francs.
      5 Bolivars = 5 francs.
Argent. — 5 Bolivars = 5 francs.
      2 Bolivars = 1 fr. 86.
      1 Bolivar = 0 fr. 97.
      50 Contavos = 0 fr. 48.
      20 Contavos = 0 fr. 19.

Zanzibar

Or. — 5 Dollars = 25 fr. 91
Argent. — 1 Dollar = 5 fr. 44.

Conversion des lignes, pouces et pieds anglais en mesures françaises

Lignes	Millim.	Poucos	Millim.	Poucos	Millim.
1	3.175	1"7/8	47.625	4"5/8	117.474
2	6.350	1 15/16	49.212	4 11/16	119.064
3	9.525	2"	50.800	4 3/4	120 649
4	12.699	2 1/16	52.387	4 13/16	122.236
5	15.875	2 1/8	53.975	4 7/8	123 824
6	19.050	2 3/16	55.562	4 15/16	125.411
7	22 225	2 1/4	57.149	5"	126.999
8	25 399	2 5/16	58.737	5 1/16	128.586
Poucos	**Millim.**	2 3/8	60.324	5 1/8	130.174
		2 7/16	61.912	5 3/16	131.764
		2 1/2	63.499	5 1/4	133.349
		2 9/16	65.087	5 5/16	134.936
1/128"	0.198	2 5/8	66.674	5 3/8	136.524
1/64	0 397	2 11/16	68.262	5 7/16	138 111
1/32	0.794	2 3/4	69.849	5 1/2	139.699
1/16	1.587	2 13/16	71.437	5 9/16	141.286
1/8 = 2/16	3.175	2 7/8	73.024	5 5/8	142.874
3/16	4.762	2 15/16	74.612	5 11/16	144.461
1/4 = 4/16	6 350	3"	76.199	5 3/4	146 049
5/16	7.937	3 1/16	77 787	5 13/16	147.636
3/8 = 6/16	9.525	3 1/8	79.374	5 7/8	149.224
7/16	11.112	3 3/16	80 962	5 15/16	150.811
1/2 = 8/16	12.700	3 1/4	82.549	6"	152.399
9/16	14.287	3 5/16	84.437	6 1/16	153 986
5/8 = 10/16	15.875	3 3/8	85.724	6 1/8	155.574
11/16	17 462	3 7/16	87 312	6 3/16	157.161
3/4 = 12/16	19.050	3 1/2	88.899	6 1/4	158.749
13/16	20.637	3 9/16	90.487	6 5/16	160.336
7/8 = 14/16	22.225	3 5/8	92.074	6 3/8	161.924
15/16	23.812	3 11/16	93.662	6 7/16	163.511
1 pouce	25.400	3 3/4	95.249	6 1/2	165.099
1"1/16	26.987	3 13/16	96.837	6 9/16	166.686
1 1/8	28.575	3 7/8	98.424	6 5/8	168.274
1 3/16	30 162	3 15/16	100.012	6 11/16	169.861
1 1/4	31.750	4"	101.599	6 3/4	171.448
1 5/16	33.337	4 1/16	103.187	6 13/16	173.036
1 3/8	34.925	4 1/8	104.774	6 7/8	174.623
1 7/16	36 512	4 3/16	106.362	6 15/16	176.211
1 1/2	38.100	4 1/4	107.949	7"	177.798
1 9/16	39.687	4 5/16	109.537	7 1/16	179.386
1 5/8	41.275	4 3/8	111.124	7 1/8	180.973
1 11/16	42 862	4 7/16	112.712	7 3/16	182.561
1 3/4	44.450	4 1/2	114.299	7 1/4	184 148
1 13/16	46.037	4 9/16	115.886	7 5/16	185.736

$$\frac{100 \text{ millim.}}{25 \text{ millim.,}4} = 3,937$$

Conversion des lignes, pouces et pieds anglais, etc. (suite)

Pouces	Millim.	Pouces	Millim.	Pouces	Millim.
7"3/8	187.323	10"3/16	258.760	28"	711.494
7 7/16	188.911	10 1/4	260.348	29	736.593
7 1/2	190.498	10 5/16	261.935	30	761.993
7 9/16	192.086	10 3/8	263.523	31	787.393
7 5/8	193.673	10 7/16	265.110	32	842.793
7 11/16	195.261	10 1/2	266.698	33	838.492
7 3/4	196.848	10 9/16	268.285	34	863.592
7 13/16	198.436	10 5/8	269.873	35	888.992
7 7/8	200.023	10 11/16	271.460	36	914.392
7 15/16	201.611	10 3/4	273.048	37	939.792
8"	203.198	10 13/16	274.635	38	965.191
8 1/16	204.786	10 7/8	276.223	39	990.591
8 1/8	206.373	10 15/16	277.810		
8 3/16	207.961	11"	279.397	Poucos	Mètres
8 1/4	209.548	11 1/16	280.986		
8 5/16	211.136	11 1/8	282.572		
8 3/8	212.723	11 3/16	284.160	40"	$1^{m}0160$
8 7/16	214.311	11 1/4	285.747	41	1.0414
8 1/2	215.898	11 5/16	287.335	42	1.0668
8 9/16	217.486	11 3/8	288.922	43	1.0922
8 5/8	219.073	11 7/16	290.510	44	1.1176
8 11/16	220.661	11 1/2	292.097	45	1.1430
8 3/4	222.248	11 9/16	293.685	46	1.1684
8 13/16	223.836	11 5/8	295.272	47	1.1938
8 7/8	225.423	11 11/16	296.860	48	1.2192
8 15/16	227.010	11 3/4	298.447	49	1.2446
9"	228.598	11 13/16	300.035	50	1.2700
9 1/16	230.185	11 7/8	301.622	51	1.2954
9 1/8	231.773	11 15/16	303.210	52	1.3208
9 3/16	233.360	12"	304.797	53	1.3462
9 1/4	234.948	13	330.497	54	1.3716
9 5/16	236.535	14	355.597	55	1.3970
9 3/8	238.123	15	380.997	56	1.4224
9 7/16	239.710	16	406.396	57	1.4478
9 1/2	241.298	17	431.796	58	1.4732
9 9/16	242.885	18	457.196	59	1.4986
9 5/8	244.473	19	482.596	60	1.5240
9 11/16	246.060	20	507.995	61	1.5494
9 3/4	247.648	21	533.395	62	1.5748
9 13/16	249.235	22	558.795	63	1.6002
9 7/8	250.823	23	584.195	64	1.6256
9 15/16	252.440	24	609.595	65	1.6510
10"	253.998	25	634.994	66	1.6764
10 1/16	255.585	26	660.394	67	1.7018
10 1/8	257.173	27	685.784	68	1.7272

Conversion des lignes, pouces et pieds anglais, etc. (suite)

Pouces	Mètres	Pieds	Mètres	Pieds	Mètres
69"	1ᵐ7526	1'	0ᵐ3048	47'	14.3255
70	1.7780	2	0.6096	48	14.6303
71	1.8034	3	0.9144	49	14.9351
72	1.8288	4	1.2192	50	15.2399

Vingtièmes de Pouce

Pouces	Mètres
1/20	1 m/m 27
2/20	2.54
3/20	3.81
4/20	5.08
5/20	6.35
6/20	7.62
7/20	8.89
8/20	10.16
9/20	11.43
10/20	12.70
11/20	13.97
12/20	15.24
13/20	16.51
14/20	17.78
15/20	19.05
16/20	20.32
17/20	21.59
18/20	22.86
19/20	24.13

Seizièmes de Pouce

Pouces	Mètres
1/16	1 m/m 6
2/16	3.2
3/16	4.8
4/16	6.3
5/16	7.9
6/16	9.5
7/16	11.1
8/16	12.7
9/16	14.3
10/16	15.9
11/16	17.5
12/16	19.0
13/16	20.6
14/16	22.2
15/16	23.8

Pieds	Mètres
5	1.5240
6	1.8288
7	2.1336
8	2.4384
9	2.7432
10	3.0480
11	3.3528
12	3.6576
13	3.9624
14	4.2672
15	4.5720
16	4.8768
17	5.1816
18	5.4864
19	5.7911
20	6.0959
21	6.4007
22	6.7055
23	7.0103
24	7.3151
25	7.6199
26	7.9247
27	8.2295
28	8.5343
29	8.8391
30	9.1439
31	9.4487
32	9.7535
33	10.0583
34	10.3631
35	10.6679
36	10.9727
37	11.2775
38	11.5823
39	11.8873
40	12.1919
41	12.4967
42	12.8045
43	13.1063
44	13.4111
45	13.7159
46	14.0207

Pieds	Mètres
51	15.5447
52	15.8495
53	16.1543
54	16.4591
55	16.7639
56	17.0686
57	17.3734
58	17.6782
59	17.9830
60	18.2878
61	18.5926
62	18.8974
63	19.2022
64	19.5072
65	19.811
66	20.116
67	20.421
68	20.726
69	21.030
70	21.335
71	21.640
72	21.945
73	22.249
74	22.554
75	22.859
76	23.164
77	23.469
78	23.774
79	24.078
80	24.383

$$\frac{1^{\mathrm{m}},000}{0^{\mathrm{m}},3048} = 3,2808$$

Conversion des pouces carrés, pouces cubes, pieds carrés, pieds cubes anglais en mesures françaises

Pouces	Pouces carrés	Pouces cubes	Pouces	Pouces carrés	Pouces cubes
	cent. carrés	cont. cubes		cont. carrés	cont. cubes
1"	6.45	16.39	41"	264.51	671.83
2	12.90	32.77	42	270.96	688.22
3	19.35	49.16	43	277.41	704.61
4	25.81	65.55	44	283.86	720 99
5	32.26	81.93	45	290.31	737.38
6	38.71	98.32	46	296.76	753.76
7	45.16	114.70	47	303.21	770 15
8	51.61	131.09	48	309.67	786.54
9	58 06	147.48	49	316.12	802.92
10	64.51	163.86	50	322 57	819.31
11	70.97	180.25	51	329.02	835.70
12	77.42	196.63	52	335.47	852.08
13	83.87	213.02	53	341.92	868.47
14	90.32	229.41	54	348.37	884.85
15	96.77	245.79	55	354 83	901.24
16	103.22	262.18	56	361.28	917.63
17	109.67	278.57	57	367.73	934.01
18	116.13	294.95	58	374.18	950.40
19	122.58	311.34	59	380.63	966 78
20	129.03	327.72	60	387.08	983.17
21	135.48	344.11	61	393.53	999 56
22	141.93	360.50	62	399.99	1015.94
23	148.38	376.88	63	406 44	1032.33
24	154.83	393.27	64	412.89	1048.72
25	161.28	409 65	65	419.34	1065.40
26	167.74	426.04	66	425.79	1081.49
27	174.19	442.43	67	432.24	1097.87
28	180.64	458 81	68	438.69	1114.26
29	187.09	475.20	69	445.14	1130.65
30	193.54	491.59	70	451.60	1447 03
31	199.99	507 97	71	458.05	1463.42
32	206.44	524 36	72	464 50	1479.80
33	212.90	540.74	73	470.95	1496.19
34	219.35	557.13	74	477.40	1512.58
35	225.80	573.52	75	483.85	1528.96
36	232.25	589.90	76	490.30	1545 35
37	238.70	606.29	77	496.75	1571.74
38	245.15	622.68	78	503.20	1578.13
39	251.60	639.06	79	509.66	1594 52
40	258.05	655.45	80	516.11	1610.91

$$\frac{1^{\mathrm{m2}},000}{0^{\mathrm{m2}},0929} = 10,764$$

Conversion des pouces et pieds carrés et cubes anglais en mesures françaises (suite)

Pouces	Pouces carrés	Pouces cubes
	cent. carrés	cent. cubes
81"	522.56	1327.30
82	529.01	1343.69
83	535.46	1360.08
84	544.91	1376.47

Pieds	Pieds carrés	Pieds cubes
	mèt. carrés	mèt. cubes
1'	0.0929	0.02832
2	0.1858	0.05663
3	0.2787	0.08495
4	0.3716	0.11326
5	0.4645	0.14158
6	0.5574	0.16989
7	0.6503	0.19821
8	0.7432	0.22652
9	0.8361	0.25484
10	0.9290	0.28315
11	1.0219	0.31147
12	1.1148	0.33978
13	1.2077	0.36810
14	1.3006	0.39641
15	1.3935	0.42473
16	1.4864	0.45305
17	1.5793	0.48136
18	1.6722	0.50968
19	1.7651	0.53799
20	1.8580	0.56631
21	1.9509	0.59462
22	2.0438	0.62294
23	2.1367	0.65125
24	2.2296	0.67957
25	2.3225	0.70788
26	2.4154	0.73620
27	2.5083	0.76451
28	2.6012	0.79283
29	2.6941	0.82114
30	2.7870	0.84946
31	2.8799	0.87778
32	2.9728	0.90609
33'	3.0657	0.93444
34	3.1586	0.96272
35	3.2515	0.99104
36	3.3444	1.01935
37	3.4373	1.04767
38	3.5302	1.07598
39	3.6231	1.10430
40	3.7160	1.13261
41	3.8089	1.16093
42	3.9018	1.18924
43	3.9947	1.21756
44	4.0876	1.24587
45	4.1805	1.27419
46	4.2734	1.30250
47	4.3663	1.33082
48	4.4592	1.35913
49	4.5521	1.38745
50	4.6450	1.41577
51	4.7379	1.44408
52	4.8308	1.47240
53	4.9237	1.50071
54	5.0166	1.52903
55	5.1095	1.55734
56	5.2024	1.58566
57	5.2953	1.61397
58	5.3882	1.64229
59	5.4811	1.67060
60	5.5740	1.6989
61	5.6669	1.7272
62	5.7598	1.7556
63	5.8527	1.7839
64	5.9456	1.8122
65	6.0385	1.8405
66	6.1314	1.8688
67	6.2243	1.8971
68	6.3172	1.9254
69	6.4401	1.9538
70	6.5030	1.9821
71	6.5959	2.0104
72	6.6888	2.0387
73	6.7817	2.0670
74	6.8746	2.0953
75	6.9675	2.1237

$$\frac{1^{m3},000}{0^{m3},02832} = 35,31$$

Conversion des mesures anglaises de capacité en mesures françaises

Quantités	Bushels	Gallons	Quantités	Bushels	Gallons
	mèt. cubes	décim. cub.		mèt. cubes	décim. cub.
1	0.0363	4 543	39	1.4176	177.196
2	0.0727	9.087	40	1 4539	181.739
3	0.1090	13.630	41	1.4903	186.283
4	0.1454	18.174	42	1.5266	190.826
5	0.1817	22 717	43	1 5630	195.370
6	0.2181	27.264	4ʟ	1.5993	199.913
7	0.2514	31.804	45	1 6356	204.457
8	0 2908	36 348	46	1.6720	209.000
9	0 3271	40.891	47	1 7083	213.544
10	0.3635	45 435	48	1.7447	218.087
11	0 3998	49.978	49	1.7810	222.031
12	0.4362	54 522	50	1.8174	227.174
13	0 4725	59.065	51	1.8537	231.717
14	0 5089	63 609	52	1.8901	236.261
15	0 5452	68.152	53	1.9264	240.804
16	0.5816	72.696	54	1.9628	245.348
17	0.6179	77 239	55	1 9991	249.891
18	0.6543	81.783	56	2 0355	254.435
19	0.6906	86.326	57	2.0718	258.978
20	0.7270	90.870	58	2 1082	263.522
21	0.7633	95.4.3	59	2 1445	268.065
22	0.7996	99.957	60	2.1809	272.609
23	0.8360	104.500	61	2.2172	277.152
24	0.8723	109.044	62	2.2536	281.696
25	0.9087	113.587	63	2.2899	286.239
26	0.9450	118 130	64	2.3263	290.783
27	0.9814	122.674	65	2 3626	295.326
28	1 0177	127.217	66	2.3989	299 870
29	1.0541	131.761	67	2.4353	304.413
30	1.0904	136.304	68	2.4716	308 957
31	1.1268	.40.848	69	2.5080	313.500
32	1 1631	145.391	70	2.5443	318.044
33	1.1995	149.935	71	2.5807	322 587
34	1 2358	154.478	72	2.6170	327.131
35	1.2722	159.022	73	2 6534	331.674
36	1.3085	163.565	74	2 6897	336.218
37	1.3449	168 109	75	2 7261	340.761
38	1.3812	172.652	76	2.7624	345.304

Conversion des poids anglais en kilogrammes

Onces (ounces avoir du poids)	Kilogram.	Livres (Pounds avoir du poids)	Kilogram.	Tons	Kilogram.
1	0 02835	20	9.07185	1	1016.048
2	0.05670	21	9.52545	2	2032.095
3	0.08505	22	9.97904	3	3048.143
4	0.11340	23	10.43263	4	4064 190
5	0.14175	24	10.88622	5	5080.238
6	0.17010	25	11.33982	6	6096.285
7	0.19845	26	11.79341	7	7112.333
8	0.22680	27	12.24700	8	8128.380
9	0.25515	28	12.70059	9	9144.428
10	0 28350			10	10160.48
11	0.31184	Quarters	kilogram.	11	11177
12	0.34019			12	12193
13	0.36854			13	13209
14	0.39689	1	12.70059	14	14225
15	0.42524	2	25.40119	15	15241
16	0.45359	3	38.10178	16	16257
		4	50.80238	17	17273
				18	18289
				19	19305
				20	20321
				21	21337
				22	22353
				23	23369
				24	24385
				25	25401
				26	26417
				27	27433
				28	28449
				29	29465
				30	30481

Livres (pounds avoir du poids)	Kilogram.	Cent-weights ou hundred weights	Kilogram.	Tons	Kilogram.
				31	31498
				32	32514
				33	33530
				34	34546
1	0.45359	1	50.80238	35	35562
2	0.90719	2	101.6018	36	36578
3	1.36078	3	152.4071	37	37594
4	1.81437	4	203.2095	38	38610
5	2.26796	5	254 0119	39	39626
6	2 72156	6	304.8143	40	40642
7	3.17515	7	355 6166	41	41658
8	3.62874	8	406.4190	42	42674
9	4.08233	9	457.2214	43	43690
10	4.53593	10	508.0238	44	44706
11	4.98952	11	558.8261	45	45722
12	5.44311	12	609.6285	46	46738
13	5.89670	13	660 4309	47	47751
14	6.35030	14	711 2333	48	48770
15	6.80389	15	762.0357	49	49786
16	7.25748	16	812.8380	50	50802
17	7.71108	17	863.6404		
18	8 16467	18	914.4428		
19	8.61826	19	965.2452		
1 kil. = 2.20556		20	1016.0475		
0k.,45359					

Conversion des unités anglaises de travail en kilogrammètres.

Inch-ton (tonneau pouce)
= 1015 kil. 649 $\times$ 0^m,02539 = 25 kilogmèt. 707.
Inch-pound (livre pouce)
= 0 kil. 4534 $\times$ 0^m,02539 = 0 kilogmèt. 0115
Foot-ton (tonneau pied)
= 1015 kil. 649 $\times$ 0^m,3048 = 309 kilogmèt. 564.
Foot-pound (livre pied)
= 0 kil. 4534 $\times$ 0^m,3048 = 0 kilogmèt. 1382.
1 kilogrammètre = 80 livres pouce 832 = 7 livres pied 236.
1 tonneau mètre = 38 tonnes pouce 752 = 3 tonnes pied 231.
Indicated-horse power (I. H. P.) cheval indiqué = 33000 foot-pounds par minute = 550 foot-pounds par seconde = 76 kilogrammètres 00884 par seconde.
Cheval-vapeur (indiqué) français = 75 kilogrammètres par seconde = 0,9867 d'un cheval indiqué anglais.

1 cheval anglais = 1,0138 cheval français.
2 chevaux anglais = 2,0277 chevaux français.
3 — = 3,0415 —
4 — = 4,0554 —
5 — = 5,0692 —
6 — = 6,0831 —
7 — = 7,0969 —
8 — = 8,1108 —
9 — = 9,1246 —
10 — = 10,1385 —

Conversion des pressions.

1 atmosphère = 29 pouces 905 de mercure = 76 centimètres de mercure.
La pression de l'atmosphère = 15 livres par pouce carré.
1 livre par pied carré
= 0 kil. 4534 $\times$ 10,764 = 4 kil. 881 par mètre carré.
1 livre par pouce carré
= 0 kil. 4534 : 6,4514 = 0 kil. 0703 par centimètre carré.

Comparaison des unités de travail de plusieurs puissances.

Le kilogrammètre vaut :

En Angleterre.	7 foot pounds	2361.
En Bavière	6 Püsspfünde	1184
Dans le duché de Bade	6 —	6666
En Hanovre	7 —	3197
En Autriche	5 —	6489
En Prusse.	6 —	8123

ÉLÉM. DE MÉCAN. 63.

Conversion des pressions. — *Livres par pouce carré en kilogrammes par centimètre carré.*

Livres	Kilogr.	Livres	Kilogr.	Livres	Kilogr.	Livres	Kilogr.	Livres	Kilogr.	Livres	Kilogr.	Livres	Kilogr.
1	0,070	23	1,616	45	3,164	67	4,710	89	6,256	155	10,897	265	18,625
2	0,140	24	1,686	46	3,234	68	4,780	90	6,327	160	11,249	270	18,975
3	0,211	25	1,758	47	3,301	69	4,850	91	6,397	165	11,600	275	19,325
4	0,281	26	1,828	48	3,374	70	4,921	92	6,467	170	11,952	280	19,676
5	0,352	27	1,898	49	3,444	71	4,991	93	6,537	175	12,303	285	20,027
6	0,422	28	1,968	50	3,515	72	5,061	94	6,607	180	12,655	290	20,379
7	0,492	29	2,038	51	3,585	73	5,131	95	6,679	185	13,006	295	20,730
8	0,562	30	2,109	52	3,655	74	5,201	96	6,749	190	13,358	300	21,092
9	0,633	31	2,179	53	3,725	75	5,273	97	6.819	195	13,710		
10	0,703	32	2,249	54	3,795	76	5,343	98	6,889	200	14,061		
11	0,773	33	2,319	55	3,867	77	5,413	99	6,959	205	14,413		
12	0,813	34	2,389	56	3,937	78	5,483	100	7,030	210	14,764		
13	0,913	35	2,461	57	4,007	79	5,553	105	7,382	215	15,116		
14	0,983	36	2,531	58	4,077	80	5,624	110	7,733	220	15,467		
15	1,055	37	2,601	59	4,147	81	5,694	115	8,085	225	15,819		
16	1,125	38	2,671	60	4,218	82	5,764	120	8,436	230	15,170		
17	1,195	39	2.741	61	4,288	83	5,834	125	8,788	235	16,522		
18	1.265	40	2,811	62	4,358	84	5,904	130	9,141	240	16,873		
19	1,335	41	2,881	63	4,428	85	5,976	135	9,491	245	17,225		
20	1,406	42	2,951	64	4,498	86	6,046	140	9,842	250	17,575		
21	1,476	43	3,021	65	4,570	87	6,116	145	10,194	255	17,925		
22	1,546	44	3,091	66	4,640	88	6,186	150	10,546	260	18,275		

Valeurs diverses du mille marin.

Le mille commun français, de 60 au degré, vaut.   1852 mètres.
Le mille anglais,   —   1609   —
Le mille autrichien,   —   758   —
Le mille de Hongrie,   —   835   —
Le mille de Bade   —   884   —
Le mille de Bavière,   —   742   —
Le mille métrique de Belgique,   —   1000   —
Le mille de Danemark,   —   753   —
Le mille d'Espagne,   —   636   —
Le mille romain,   —   1484   —
Le mille hollandais,   —   585   —
Le mille de Turquie,   —   167   —
Le mille de Prusse,   —   778   —
Le mille de Norvège,   —   1114   —
Le mille de Wurtemberg,   —   740   —
Le mille de Strabon,   valait   1532   —
Le mille de Russie (werste russe) 500 sagènes, vaut   1067   —

Mesures des Vitesses des Navires

1 nœud français = 1 knot anglais = 1851 mètres 851 = 6076 pieds.
1 mille français = 1852 mètres = 1 nœud.
1 mile anglais = 1609 mètres.

Conversion des miles anglais en kilomètres et en nœuds

Miles par heure	Kilomètres	Nœuds	Miles par heure	Kilomètres	Nœuds
1	1,6093	0,869	11	17,7025	9,559
2	3,2486	1,738	12	19,3118	10,428
3	4,8279	2,607	13	20,9211	11,297
4	6,4373	3,476	14	22,5304	12,166
5	8,0466	4,345	15	24,1397	13,035
6	9,6559	5,214	16	25,7490	13,904
7	11,2652	6,083	17	27,3584	14,774
8	12,8745	6,952	18	28,9677	15,643
9	14,4838	7,821	19	30,5780	16,512
10	16,0932	8,690	20	32,1863	17,384

Tableau de distances géographiques en milles marins
(L.-E. Bertin. — *Les Chaudières marines*)

De Cherbourg à			De Toulon à	
Brest.	189	1282 — Funchal	1316	1323 — Alexandrie.
Dunkerque	161	1498 — Santa-Cruz	1418	2535 — Massouah.
Wilhelmshaven	478	2271 — Saint-Louis	2159	4924 — Colombo.
Hambourg	524	2524 — Halifax.	3375	5282 — Saint-Pierre.
Christiania	760	3066 — New-York.	3384	5530 — Pondichéry.
Kiel	917	3950 — Fort-de-France	3950	7150 — Saïgon.
Dantzig	1118	5012 — Rio-de-Janeiro	5012	7885 — Hong-Kong.
Riga.	1303	5913 — Cape-Town	5913	9858 — Yokohama.
Cronstadt	1549	6012 — Buenos-Ayres	6012	9746 — Sydney.

De Toulon à San-Francisco { 13468 — par le Cap de Bonne-Espérance.
{ 13231 — par le détroit de Magellan.
De Brest à Nouméa 12759 — par le Cap de Bonne-Espérance.
De Dunkerque à Fou-Tchéou 13347 —　　—　　—

Dimensions du sphéroïde terrestre
(D'après Bessel)

Longueur d'un quadrant de méridien = 10.000.855.765 mètres
Rayon à l'équateur = 6.377.397,11 m. = 859,43 milles (de 15 au degré).
Rayon aux pôles = 5.356.078,96 mètres.
Circonférence de l'équateur = 40.070.368,097 m. = 5.400,00 milles.
Circonférence d'un méridien = 40.003.424,056 m.
Surface de la terre = 506.950.741,3 kmq.
Volume de la terre = 1.080.841.322.500 kmc.

Aplatissement $= \dfrac{1}{299,4} = 0,00334$.

La surface des eaux est à la surface de la terre ferme dans la proportion de 0,739 à 0,261.
Distance de la lune à la terre = 60 rayons terrestres.
Diamètre de la lune = 0,27234 du diamètre de la terre.
Surface de la lune = 1/14 de celle de la terre.
Volume de la lune = 0,0201111 de celle de la terre.
Distance du soleil à la terre = 153.468.700 kilom.
Diamètre du soleil = 112,05 diamètres terrestres.
Surface du soleil = 12557 fois celle de la terre.
Volume du soleil = 1.409.725 fois celui de la terre.

L'unité thermique anglaise ou *British thermal unit*, est la chaleur nécessaire pour élever d'un degré Fahrenheit la température d'une livre (pound) d'eau; elle est égale à une calorie française divisée par 3,97.

1 thermal unit = 0 calorie 252.

Conversion des British thermal units *en calories françaises*.

Thermal units	Calories	Thermal units	Calories
1	0,252	7	1,763
2	0,504	8	2,015
3	0,756	9	2,267
4	1,008	10	2,519
5	1,259	11	2,771
6	1,511	12	3,023

L'équivalent mécanique de la chaleur, déterminé par Joule, est égal à 772 livres-pied; il est égal à $\dfrac{772}{7,236} = 106,66$ kilogrammètres pour une unité thermale anglaise.

Pour une unité thermale française ou calorie, l'équivalent mécanique est égal à $\dfrac{772 \times 3,97}{7,236}$ 424 kilogrammètres.

Dans ces formules, 7,236 est le rapport de la livre-pied au kilogrammètre ; 3,97 est le rapport de l'unité thermale française à l'unité thermale anglaise $= 9/5$, rapport du degré centigrade au degré Fahrenheit $\times 2.2056$, rapport du kilogramme à la livre anglaise.

Conversion des consommations de charbon.

Charbon brûlé en livres par pied carré en kilogrammes par mètre carré.

Rapport du mètre carré au pied carré $= 10,7643$.

Rapport du kilogramme à la livre anglaise $= 2,20556$

$$\dfrac{10,7643}{2,20556} = 4,88.$$

Livres par pied carré	kilogrammes par mètre carré	Livres par pied carré	Kilogrammes par mètre carré
1	4,88	16	78,08
2	9,76	17	82,96
3	14,64	18	87,84
4	19,52	19	92,72
5	24,40	20	97,60
6	29,28	21	102,48
7	34,16	22	107,36
8	39,04	23	112,24
9	43,92	24	117.12
10	48,80	25	122,00
11	53,68	26	126,88
12	58,56	27	131,76
13	63,44	28	136,64
14	68,32	29	141,52
15	73,20	30	146,40

Echelles anglaises pour les dessins.

$\dfrac{1}{32}$ " par 1' $= \dfrac{1}{384}$ 　　　　1" par 1' $= \dfrac{1}{12}$

$\dfrac{1}{16}$ " par 1' $= \dfrac{1}{192}$ 　　　　1"$\dfrac{1}{4}$ par 1' $= \dfrac{5}{48}$

$\dfrac{1}{8}$ " par 1' $= \dfrac{1}{96}$ 　　　　1"$\dfrac{1}{3}$ par 1' $= \dfrac{1}{9}$

$\dfrac{1}{6}$ " par 1' $= \dfrac{1}{72}$ 　　　　1"$\dfrac{1}{2}$ par 1' $= \dfrac{1}{8}$

$$\frac{1}{12}\text{ '' par 1'} = \frac{1}{144} \qquad\qquad 1''\frac{3}{4}\text{ par 1'} = \frac{7}{48}$$

$$\frac{1}{4}\text{ '' par 1'} = \frac{1}{48} \qquad\qquad 2''\text{ par 1'} = \frac{1}{6}$$

$$\frac{1}{3}\text{ '' par 1'} = \frac{1}{36} \qquad\qquad 3''\text{ par 1'} = \frac{1}{4}$$

$$\frac{1}{2}\text{ '' par 1'} = \frac{1}{24} \qquad\qquad 4''\text{ par 1'} = \frac{1}{3}$$

$$\frac{3}{4}\text{ '' par 1'} = \frac{1}{16} \qquad\qquad 6''\text{ par 1'} = \frac{1}{2}$$

$$1\text{ pouce }\frac{1}{2}\text{ par pied} = 1''\frac{1}{2}\text{ par 12 pouces} = \frac{3}{2} : 12 = \frac{3}{24} = \frac{1}{8}$$

Densités correspondant à la graduation de l'aréomètre de Baumé

La table ci-dessous a été calculée à l'aide de la formule :

$$d = \frac{144.320}{144,32 - n}$$

n désigne le degré Baumé et d le poids spécifique.

Baumé	Poids spécifique	Baumé	Poids spécifique	Baumé	Poids spécifique
0	1000 »	24	1199,5	48	1498,3
1	1007 »	25	1209,5	49	1514,1
2	1014 »	26	1219,7	50	1530,1
3	1021 »	27	1230,1	51	1546,5
4	1028,5	28	1240,7	52	1563,3
5	1035,9	29	1251,5	53	1580,4
6	1045,4	30	1262,4	54	1597,9
7	1051 »	31	1273,6	55	1615,8
8	1058,7	32	1284,9	56	1634,1
9	1066,5	33	1296,4	57	1652,8
10	1074,4	34	1308,2	58	1671.9
11	1082,5	35	1320,2	59	1691,5
12	1090,7	36	1332,3	50	1711,6
13	1099,0	37	1344,8	61	1732,1
14	1107,4	38	1357,4	62	1753,2
15	1116,0	39	1370,3	63	1774,7
16	1124,7	40	1383,4	64	1796,8
17	1133,5	41	1396,3	65	1819,5
18	1142,5	42	1440,5	66	1842,7
19	1151,6	43	1424,4	67	1866,5
20	1160,9	44	1438,6	68	1891,0
21	1170,3	45	1453,1	69	1916,1
22	1179,9	46	1469,9	70	1941,9
23	1189,6	47	1482,9		

*Tableau comparatif des trois échelles thermométriques :
Centigrade, Réaumur et Fahrenheit*

Conti-grado	Réaumur	Fahren-heit	Conti-grado	Réaumur	Fahren-heit
— 40°	— 32°	— 40°	+ 14°	+ 11°2	+ 57°2
35	28	31	15	12 0	59.0
30	24	22	16	12.8	60.8
25	20	13	17	13.6	62.6
20	16	4	18	14.4	64.4
19	15.2	2.2	19	15 2	66.2
18	14.4	0.4	20	16.0	68.0
17	13.6	+ 1.4	21	16 8	69.8
16	12.8	3.2	22	17 6	71 6
15	12.0	5.0	23	18.4	73.4
14	11.8	6.8	24	19.2	75.2
13	10.4	8.6	25	20 0	77.0
12	9.6	10.4	26	20.8	78.8
11	8.8	12.2	27	21.6	80.6
10	8.0	14.0	28	22.4	82.4
9	7.2	15.8	29	23.2	84.2
8	6.4	17.6	30	24.0	86.0
7	5.6	19.4	31	24.8	87.8
6	4.8	21.1	32	25.6	89.6
5	4 0	23.0	33	26.4	91.4
4	3.2	24.8	34	27.2	93 2
3	2 4	26.6	35	28.0	95.0
2	1.6	28.4	36	28.8	96.8
1	0.8	30.2	37	29 6	98.6
0	0	32.0	38	30.4	100.4
Glace fondante			39	31.2	102.2
			40	32.0	104.0
+ 1°	+ 0°8	+ 33°8	45	36.0	113.0
2	1.6	35.6	50	40.0	122.0
3	2.4	37.4	55	44.0	131.0
4	3.2	39.2	60	48.0	140.0
5	4.0	41.0	70	56.0	158.0
6	4.8	42.8	80	64.0	176 0
7	5.6	44.6	90	72.0	194.0
8	6.4	46.4	100	80.0	242.0
9	7.2	48.2	Eau bouillante		
10	8.0	50.0	sous 76 cm de pression		
11	8.8	51.8			
12	9 6	53.6	150	120.0	302.0
13	10.4	55.4	200	160.0	392.0

F = Fahrenheit   R = Réaumur   C = Centigrade

$$C = \frac{5\,(F - 32)}{9} = \frac{5\,R}{4} \qquad R = \frac{4\,(F - 32)}{9} = \frac{4\,C}{5}$$

$$F = \frac{9\,R}{4} + 32 = \frac{9\,C}{5} + 32$$

Poids du mètre courant des cornières en fer ou en acier à branches égales

Dimensions en millimètres			Poids en kilos	Dimensions en millimètres			Poids en kilos
20 ×	20 ×	3	0ᵏ87	70 ×	70 ×	10	10ᵏ14
20	20	4	1,12	75	75	7	7,81
20	20	5	1,37	75	75	8	8,86
25	25	3	1,10	75	75	9	9,90
25	25	4	1,44	75	75	10	10,92
25	25	5	1,76	75	75	11	11,93
30	30	3	1,33	80	80	7	8,35
30	30	4	1,75	80	80	8	9,48
30	30	5	2,15	80	80	9	10,60
30	30	6	2,53	80	80	10	11,70
35	35	3	1,57	80	80	11	12,78
35	35	4	2,06	80	80	12	13,85
35	35	5	2,54	85	85	8	10,11
35	35	6	3,00	85	85	9	11,30
40	40	4	2,37	85	85	10	12,48
40	40	5	2,93	85	85	11	13,64
40	40	6	3,46	85	85	12	14,79
40	40	7	3,99	85	85	13	15,93
45	45	4	2,68	90	90	8	10,73
45	45	5	3,32	90	90	9	12,00
45	45	6	3,93	90	90	10	13,26
45	45	7	4,53	90	90	11	14,50
50	50	5	3,71	90	90	12	15,72
50	50	6	4,40	90	90	13	16,93
50	50	7	5,08	90	90	14	18,13
50	50	8	5,74	90	90	15	19,30
55	55	5	4,10	95	95	9	12,71
55	55	6	4,87	95	95	10	14,04
55	55	7	5,62	95	95	11	15,36
55	55	8	6,36	95	95	12	16,62
60	60	5	4,49	95	95	13	17,95
60	60	6	5,34	95	95	14	19,22
60	60	7	6,17	95	95	15	20,48
60	60	8	6,99	100	100	9	13,41
60	60	9	7,80	100	100	10	14,82
65	65	6	5,80	100	100	11	16,22
65	65	7	6,72	100	100	12	17,60
65	65	8	7,61	100	100	13	18,96
65	65	9	8,49	100	100	14	20,31
70	70	6	6,27	100	100	15	21,65
70	70	7	7,26	105	105	9	14,11
70	70	8	8,24	105	105	10	15,60
70	70	9	9,20	105	105	11	17,07

Poids du mètre courant des cornières en fer ou en acier à branches égales (suite)

Dimensions en millimètres			Poids en kilos	Dimensions en millimètres			Poids en kilos
105 ×	105 ×	12	18ᵏ53	130 ×	130 ×	16	30ᵏ45
105	105	13	19, 98	130	130	17	32, 22
105	105	14	21, 44	130	130	18	33, 98
105	105	15	22, 82	130	130	19	35, 72
110	110	10	16, 38	130	130	20	37, 44
110	110	11	17, 93	135	135	12	24, 15
110	110	12	19, 47	135	135	13	26, 06
110	110	13	20, 99	135	135	14	27, 96
110	110	14	22, 50	135	135	15	29, 84
110	110	15	23, 99	135	135	16	31, 70
110	110	16	25, 46	135	135	17	33, 55
115	115	10	17, 16	135	135	18	35, 38
115	115	11	18, 79	135	135	19	37, 20
115	115	12	20, 40	135	135	20	39, 00
115	115	13	22, 00	140	140	13	27, 07
115	115	14	23, 59	140	140	14	29, 05
115	115	15	25, 16	140	140	15	31, 00
115	115	16	26, 71	140	140	16	32, 94
115	115	17	28, 24	140	140	17	34, 87
120	120	11	19, 65	140	140	18	36, 78
120	120	12	21, 34	140	140	19	38, 68
120	120	13	23, 02	140	140	20	40, 56
120	120	14	24, 68	140	140	21	42, 42
120	120	15	26, 33	145	145	13	28, 09
120	120	16	27, 96	145	145	14	30, 14
120	120	17	29, 57	145	145	15	32, 48
120	120	18	31, 17	145	145	16	34, 20
120	120	19	32, 75	145	145	17	36, 20
120	120	20	34, 32	145	145	18	38, 19
125	125	11	20, 54	145	145	19	40, 16
125	125	12	22, 28	145	145	20	42, 12
125	125	13	24, 03	145	145	21	44, 06
125	125	14	25, 77	145	145	22	45, 99
125	125	15	27, 50	150	150	13	29, 10
125	125	16	29, 21	150	150	14	31, 23
125	125	17	30, 90	150	150	15	33, 35
125	125	18	32, 57	150	150	16	35, 45
125	125	19	34, 23	150	150	17	37, 53
125	125	20	35, 88	150	150	18	39, 59
130	130	12	23, 21	150	150	20	43, 68
130	130	13	25, 04	150	150	22	47, 70
130	130	14	26, 86	150	150	24	51, 67
130	130	15	28, 67	155	155	15	34, 52

Poids du mètre courant des cornières en fer ou en acier à branches égales (suite)

Dimensions en millimètres			Poids en kilos	Dimensions en millimètres			Poids en kilos
155 × 155 ×	17		38ᵏ85	170 × 170 ×	20		49ᵏ93
155	155	19	43,13	170	170	22	54,56
155	155	21	47,34	170	170	24	59,14
155	155	23	51,49	170	170	26	63,67
155	155	25	55,58	170	170	28	68,44
160	160	14	33,42	175	175	17	44,16
160	160	16	37,94	175	175	19	49,06
160	160	18	42,40	175	175	21	53,89
160	160	20	46,80	175	175	23	58,67
160	160	22	51,14	175	175	25	62,37
160	160	24	55,41	175	175	27	68,02
160	160	26	59,63	180	180	16	42,93
165	165	17	44,50	180	180	18	48,01
165	165	19	46,09	180	180	20	53,02
165	165	21	50,63	180	180	22	57,99
165	165	23	55,09	180	180	24	62,90
165	165	25	59,48	180	180	26	67,72
165	165	27	63,84	180	180	28	72,48
170	170	16	40,44	180	180	30	77,22
170	170	18	45,23				

Poids du mètre courant des cornières en fer ou en acier à branches inégales

Dimensions en millimètres			Poids en kilos	Dimensions en millimètres			Poids en kilos
15 × 20 ×	2,5		0ᵏ63	20 × 40 ×	4,5		1ᵏ96
15	20	3	0,75	25	30	3	1,22
15	25	2,5	0,73	25	30	4	1,58
15	25	3	0,87	25	30	5	1,95
20	25	3	0,98	25	35	3	1,33
20	25	3,5	1,13	25	35	4	1,75
20	25	4	1,28	25	35	5	2,15
20	30	3	1,10	25	40	3	1,45
20	30	3,5	1,27	25	40	4	1,90
20	30	4	1,44	25	40	5	2,34
20	35	3	1,22	25	45	3	1,57
20	35	3,5	1,42	25	45	4	2,06
20	35	4	1,59	25	45	5	2,54
20	40	3	1,33	30	35	4	1,90
20	40	4	1,75	30	35	5	2,34

Poids du mètre courant des cornières en fer ou en acier à branches inégales (suite)

Dimensions en millimètres	Poids en kilos	Dimensions en millimètres	Poids en kilos
30 × 35 × 6	2k76	50 × 70 × 6	5k34
30 40 4	2,06	50 70 8	6,99
30 40 5	2,54	50 80 6	5,80
30 40 6	3,00	50 80 8	7,61
30 45 4	2,22	50 90 6	6,27
30 45 5	2,73	50 90 8	8,24
30 45 6	3,23	55 65 7	6,17
30 50 4	2,37	55 65 9	7,80
30 50 5	2,93	55 75 7	6,72
30 50 6	3,46	55 75 9	8,49
35 40 4	2,22	55 85 7	7,26
35 40 5	2,73	55 85 9	9,20
35 40 6	3,23	55 95 7	7,81
35 45 4	2,37	55 95 9	9,90
35 45 5	2,93	60 70 7	6,72
35 45 6	3,46	60 70 9	8,49
35 50 5	3,12	60 80 7	7,26
35 50 6	3,69	60 80 9	9,20
35 50 7	4,26	60 90 7	7,81
35 60 5	3,54	60 90 9	9,90
35 60 6	4,16	60 100 7	8,35
35 60 7	4,80	60 100 9	10,60
40 50 5	3,32	60 100 11	12,78
40 50 6	3,93	60 110 7	8,90
40 50 7	4,53	60 110 9	11,30
40 55 5	3,51	60 110 11	13,64
40 55 6	4,16	65 115 7	9,45
40 55 7	4,80	65 115 9	12,00
40 60 5	3,71	65 115 11	14,50
40 60 6	4,40	70 80 8	8,86
40 60 7	5,08	70 80 10	10,92
40 60 8	5,74	70 80 12	12,92
40 65 5	3,90	70 90 8	9,48
40 65 7	5,35	70 90 10	11,70
40 70 5	4,10	70 90 12	13,85
40 70 7	5,62	70 100 8	10,11
45 60 5	3,90	70 100 10	12,48
45 60 7	5,35	70 100 12	14,79
45 65 5	4,10	70 110 8	10,73
45 65 7	5,62	70 110 10	13,26
45 70 5	4,29	70 110 12	15,72
45 70 7	5,90	70 120 8	11,36
45 80 6	5,56	70 120 10	14,04
45 80 8	7,31	70 120 12	16,66
50 60 5	4,10	70 130 9	13,41
50 60 7	5,62	70 130 11	16,22

Poids du mètre courant des cornières en fer ou en acier à branches inégales (suite)

Dimensions en millimètres	Poids en kilos	Dimensions en millimètres	Poids en kilos
70 × 130 × 13	18ᵏ96	90 × 150 × 16	27,96
70 × 140 × 9	14,11	90 × 160 × 12	22,28
70 × 140 × 11	17,07	90 × 160 × 14	25,77
70 × 140 × 13	19,98	90 × 160 × 16	29,21
70 × 150 × 10	16,38	100 × 110 × 11	17,07
70 × 150 × 12	19,47	100 × 110 × 13	19,98
70 × 150 × 14	22,50	100 × 110 × 15	22,82
80 × 90 × 8	10,11	100 × 120 × 11	17,93
80 × 90 × 10	12,48	100 × 120 × 13	20,99
80 × 90 × 12	14,79	100 × 120 × 15	23,99
80 × 100 × 8	10,73	100 × 130 × 11	18,79
80 × 100 × 10	13,26	100 × 130 × 13	22,00
80 × 100 × 12	15,72	100 × 130 × 15	25,16
80 × 110 × 9	12,71	100 × 140 × 12	21,34
80 × 110 × 11	15,36	100 × 140 × 14	24,68
80 × 110 × 13	17,95	100 × 140 × 16	27,96
80 × 120 × 9	13,44	100 × 150 × 12	22,28
80 × 120 × 11	16,22	100 × 150 × 14	25,77
80 × 120 × 13	18,96	100 × 150 × 16	29,21
80 × 120 × 15	21,65	100 × 160 × 12	23,21
80 × 130 × 9	14,11	100 × 160 × 14	26,86
80 × 130 × 11	17,07	100 × 160 × 16	30,45
80 × 130 × 13	19,98	100 × 170 × 12	24,15
80 × 130 × 15	22,82	100 × 170 × 14	27,96
80 × 140 × 10	16,38	100 × 170 × 16	31,70
80 × 140 × 12	19,47	100 × 180 × 13	27,07
80 × 140 × 14	22,50	100 × 180 × 15	31,00
80 × 140 × 16	25,45	100 × 180 × 17	34,87
80 × 150 × 10	17,16	110 × 120 × 11	18,79
80 × 150 × 12	20,40	110 × 120 × 13	22,00
80 × 150 × 14	23,59	110 × 120 × 15	25,16
90 × 150 × 16	26,71	110 × 130 × 11	19,65
90 × 110 × 10	14,82	110 × 130 × 13	23,02
90 × 110 × 12	17,60	110 × 130 × 15	26,33
90 × 110 × 14	20,31	110 × 140 × 11	20,51
90 × 120 × 10	15,60	110 × 140 × 13	24,03
90 × 120 × 12	18,53	110 × 140 × 15	27,50
90 × 120 × 14	21,44	110 × 150 × 12	23,21
90 × 130 × 11	17,93	110 × 150 × 14	26,86
90 × 130 × 13	20,99	110 × 150 × 16	30,45
90 × 130 × 15	23,99	110 × 160 × 12	24,15
90 × 140 × 11	18,79	110 × 160 × 14	27,96
90 × 140 × 13	22,00	110 × 160 × 16	31,70
90 × 140 × 15	25,16	110 × 170 × 12	25,08
90 × 150 × 12	21,34	110 × 170 × 14	29,05
90 × 150 × 14	24,68	110 × 170 × 16	32,94

Poids du mètre courant des cornières en fer ou en acier à branches inégales (suite)

Dimensions en millimètres			Poids en kilos
110 × 180 × 13			28k09
110	180	15	32,18
110	180	17	36,20
120	130	11	20,51
120	130	13	24,03
120	130	15	27,50
120	130	17	30,90
120	140	13	25,04
120	140	15	28,67
120	140	17	32,22
120	150	13	26,06
120	150	15	29,84
120	150	17	33,55
120	160	13	27,07
120	160	15	31,00
120	160	17	34,87
120	170	14	30,14
120	170	16	34,20
120	170	18	38,19
120	180	14	31,23
120	180	16	35,45
120	180	18	39,59
130	140	13	26,06
130	140	15	29,84
130	140	17	33,55
130	150	13	27,07
130	150	15	31,00
130	150	17	34,87
130	160	14	30,14
130	160	16	34,20
130	160	18	38,19
130	170	14	31,23
130	170	16	35,45
130	170	18	39,59
130	180	14	32,32
130	180	16	36,69
130	180	18	41,00
140	150	14	30,14
140	150	16	34,20
140	150	18	38,19
140	150	20	42,12
140	160	14	31,23
140	160	16	35,45
140	160	18	39,59
140	160	20	43,68
140	170	14	32,32

Dimensions en millimètres			Poids en kilos
140 × 170 × 16			36k69
140	170	18	41,00
140	170	20	45,24
140	180	15	35,69
140	180	17	40,18
140	180	19	44,64
140	180	21	48,98
140	190	15	36,86
140	190	17	41,50
140	190	19	46,09
140	190	21	50,63
150	160	14	32,32
150	160	16	36,69
150	160	18	41,00
150	160	20	45,24
150	170	14	33,42
150	170	16	37,94
150	170	18	42,40
150	170	20	46,80
150	180	15	36,86
150	180	17	41,50
150	180	19	46,09
150	180	21	50,63
150	190	15	38,03
150	190	17	42,84
150	190	19	47,59
150	190	21	52,25
150	200	16	44,68
150	200	18	46,62
150	200	20	51,48
150	200	22	56,29
160	170	16	39,49
160	170	18	43,80
160	170	20	48,37
160	170	22	52,87
160	180	16	40,44
160	180	18	45,23
160	180	20	49,93
160	180	22	54,56
160	190	18	46,62
160	190	20	51,48
160	190	22	56,29
160	200	18	48,04
160	200	20	53,02
160	200	22	57,99

Poids du mètre courant des profils à ⊤ en fer ou en acier

Dimensions en ᵐ/ₘ			Poids en kilogrammes	Dimensions en ᵐ/ₘ			Poids en kilogrammes	Dimensions en ᵐ/ₘ			Poids en kilogrammes	Dimensions en ᵐ/ₘ			Poids en kilogrammes
a	b	c		a	b	c		a	b	c		a	b	c	
20 × 15 × 2			0k 51	80 × 40 × 9			7k 80	120 × 80 × 12			17k 60	160 × 100 × 18			34k 00
20	15	4	1,00	80	50	8	7,61	120	80	14	20,31	170	100	15	29,85
30	15	3	0,98	80	50	10	9,38	130	70	13	18,97	170	100	17	33,55
30	15	5	1,59	90	40	7	6,72	130	70	15	21,65	170	110	17	34,88
30	20	3	1,10	90	40	9	8,49	130	80	14	21,42	170	110	19	38,70
30	20	5	1,78	90	50	8	8,24	130	80	16	24,24	180	100	16	32,95
40	20	3	1,33	90	50	10	10,14	130	90	15	24,00	180	100	18	36,79
40	20	5	2,15	90	60	8	8,86	130	90	17	26,92	180	120	18	39,60
40	25	3	1,45	90	60	10	10,93	130	100	16	26,72	180	120	20	43,70
40	25	5	2,35	100	50	7	7,81	130	100	18	29,78	190	110	19	41,66
50	30	4	2,38	100	50	9	9,90	140	80	12	19,48	190	110	21	45,70
50	30	6	3,46	100	60	8	9.48	140	80	14	22,50	190	130	19	44,61
50	40	4	2,74	100	60	10	11,70	140	90	15	25,16	190	130	21	48,99
50	40	6	3,93	100	70	9	11,30	140	90	17	28,25	190	150	20	49,95
60	30	5	3,33	100	70	11	13,64	140	100	15	26,34	190	150	22	54,57
60	30	7	4,53	100	80	8	10,73	140	100	17	29,59	200	100	17	37,53
60	40	5	3,71	100	80	10	13,27	150	90	14	24,69	200	100	19	41,64
60	40	7	5,08	110	60	6	8,91	150	90	16	27,96	200	120	18	42,41
70	30	6	4,40	110	60	8	10,12	150	100	15	27,50	200	120	20	46,80
70	30	8	5,75	110	70	9	12,00	150	100	17	30,90	200	140	18	45,25
70	40	6	4,86	110	70	11	14,50	150	110	16	30,46	200	140	20	49,95
70	40	8	6,38	110	80	10	14,05	150	110	18	34,00	200	140	22	54,57
80	30	7	5,63	110	80	12	16,67	160	90	16	29,22	200	160	20	53,03
80	30	9	7,14	120	70	11	15,35	160	90	18	32,59	200	160	22	58,00
80	40	7	6,17	120	70	13	17,95	160	100	16	30,45	200	160	24	62,90

Poids du mètre courant des profils à en fer ou en acier

— 1140 —

Dimensions en millimètres — Poids en kilogrammes

a	b	c	d	Poids en kilogrammes
80 × 100 × 10 et	8	13k 730
80	100	12	10	16,850
90	100	10	8	14,520
90	100	12	10	17,790
90	120	12	9	17,840
90	120	13	11	21,496
100	130	11	9	19,536
100	130	13	11	23,540
100	140	12	10	22,680
100	140	14	12	26,900
100	160	12	10	24,590
100	160	14	12	28,020
110	140	12	10	28,616
110	140	14	12	27,996
110	160	13	11	27,890
110	160	15	13	32,658
110	180	13	11	29,990
110	180	15	13	35,137
120	150	12	10	25,506
120	150	14	12	30,234
120	170	13	11	29,962
120	170	15	13	35,070
120	190	13	11	32,060
120	190	15	13	37,546
120	200	13	11	33,128

a	b	c	d	Poids en kilogrammes
120 × 200 × 15 et	13	40k 800
130	160	12	10	27,640
130	160	14	12	32,500
130	180	12	10	29,430
130	180	14	12	34,915
130	200	13	11	34,292
130	200	15	13	40,150
140	180	13	11	33,192
140	180	15	13	38,632
140	200	14	12	38,300
140	200	16	14	44,312
140	220	14	12	40,616
140	220	16	14	47,000
140	240	14	12	42,948
140	240	16	14	49,700
150	200	13	11	46,145
150	200	15	13	42,430
150	220	13	11	38,226
150	220	15	13	44,760
150	240	14	12	43,794
150	240	16	14	50,954
150	260	14	12	46,062
150	260	16	14	53,624
150	280	15	13	52,451
150	280	17	15	60,170

— 1141 —

Dimensions en millimètres — Poids en kilogrammes

a	b	c	d	Poids en kilogrammes
160 × 220 × 13 et	11	39k 236
160	220	15	13	45,934
160	240	13	11	41,326
160	240	15	13	48,402
160	260	14	12	47,154
160	260	16	14	54,869
160	280	14	12	49,450
160	280	16	14	57,559
160	300	14	12	54,902
160	300	16	14	60,248
170	240	13	11	42,530
170	240	15	13	49,572
170	260	13	11	44,475
170	260	15	13	52,303
170	280	14	12	50,536
170	280	16	14	58,807
170	300	14	12	53,084
170	300	16	14	64,496
180	240	14	12	47,070
180	240	16	14	54,698
180	260	15	13	53,473
180	260	17	15	64,280
180	280	15	13	55,964
180	280	17	15	64,149
180	300	15	13	58,472

a	b	c	d	Poids en kilogrammes
180 × 300 × 17 et	15	67k 044
180	310	16	14	64,090
180	310	18	16	72,838

Poids du mètre courant des profils à ⌐ *en fer ou en acier.*

Dimensions en millimètres			Poids en kilogrammes
a	b	c	
10 × 20 × 2			0ᵏ624
20	30	2	1,092
20	40	3	1,872
25	50	3	2,340
25	50	4	3,120
25	60	3	2,574
25	60	4	2,432
30	50	4,5	3,864
30	50	5,5	4,710
30	60	4	3,744
30	60	5	4,680
30	70	4	4,056
30	70	6	6,084
30	80	4	4,368
30	80	6	6,552
40	60	5	5,460
40	60	7	7,644
40	70	5	5,850
40	70	7	8,190
40	80	5	6,240
40	80	7	8,736
40	90	5	6,630
40	90	7	9,282
40	100	6	8,424
40	100	8	11,232

Dimensions en millimètres			Poids en kilogrammes
a	b	c	
50 × 80 × 6,5			9,126
50	80	8,5	11,034
50	90	6	8,892
50	90	8	11,856
50	100	7	10,900
50	100	9	14,130
50	120	8	13,728
50	120	10	17,160
50	140	8	14,976
50	140	10	18,720
60	100	7	12,012
60	100	9	15,444
60	120	9	16,848
60	120	11	20,592
60	140	8	16,224
60	140	10	20,280
70	120	9	18,252
70	120	11	22,308
70	140	8	17,472
70	140	10	21,840
70	160	9	21,060
70	160	11	25,740
70	180	9	22,464
70	180	11	27,456
70	200	10	26,520

⌐ *en fer ou en acier.*

Dimensions en millimètres			Poids en kilogrammes
a	b	c	
70 × 200 × 12			34ᵏ824
80	150	9	21,762
80	150	11	26,600
80	170	9	23,466
80	170	11	28,314
80	190	10	27,300
80	190	12	32,760
80	210	10	28,860
80	210	12	34,632
80	230	10	30,420
80	230	12	36,504
80	250	11	35,478
80	250	13	41,574
90	160	10	26,520
90	160	12	31,824
90	180	10	28,080
90	180	12	33,696
90	200	11	32,604
90	200	13	38,532
90	220	11	34,320
90	220	13	40,560
90	240	12	39,312
90	240	14	45,864
90	260	12	44,184
90	260	14	48,048

Dimensions en millimètres			Poids en kilogrammes
a	b	c	
90 × 280 × 13			46ᵏ644
90	280	15	53,820
90	300	13	48,672
90	300	15	56,160
100	180	10	29,640
100	180	12	35,568
100	200	11	34,320
100	200	13	40,560
100	220	11	30,036
100	220	13	42,588
100	240	12	44,184
100	240	14	48,048
100	260	12	43,056
100	260	14	50,232
100	280	12	44,928
100	280	14	52,416
100	300	13	50,700
100	300	15	58,500
120	250	13	49,686
120	250	15	57,330
120	270	13	54,714
120	270	15	59,600
120	300	14	58,968
120	300	16	67,392

Poids du mètre courant des profils à 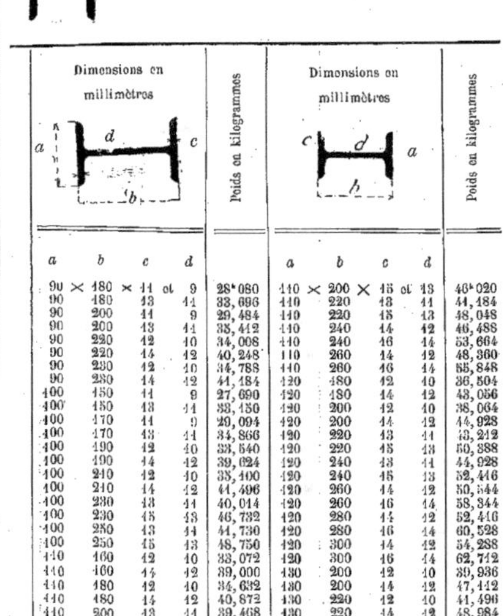 *en fer ou en acier*

Dimensions en millimètres — Poids en kilogrammes

a	b	c	d	Poids en kilogrammes
40 ×	80 ×	4 et	6	6ᵏ240
40	90	5	4	5,928
40	100	6	4	6,864
50	90	6	4	7,488
50	100	6	4	7,800
50	100	9	7	12,480
50	110	9	7	13,026
50	110	11	9	16,352
50	120	10	8	15,288
50	120	11	9	17,004
60	100	8	6	12,168
60	100	10	8	15,600
60	120	10	8	16,848
60	120	12	10	20,592
60	140	11	9	20,124
60	140	13	11	24,200
60	160	12	10	23,720
60	160	14	12	28,080
60	180	12	10	25,272
60	180	14	12	29,952
60	200	13	11	29,328
60	200	15	13	34,320
70	120	9	7	16,380
70	120	11	9	20,436
70	140	10	8	19,656

a	b	c	d	Poids en kilogrammes
70 ×	140 ×	12 et	10	24ᵏ024
70	160	13	11	27,930
70	160	15	13	32,604
70	180	13	11	29,644
70	180	15	13	34,632
70	200	14	10	30,888
70	200	16	14	39,312
70	220	14	10	32,448
70	220	16	14	41,500
80	130	9	7	18,330
80	130	11	9	22,854
80	150	10	8	21,860
80	150	12	10	26,676
80	170	10	8	23,088
80	170	12	10	28,236
80	190	11	9	27,066
80	190	13	11	32,526
80	210	11	9	28,470
80	210	13	11	34,242
80	230	12	10	32,946
80	230	14	12	39,000
90	140	10	8	22,776
90	140	12	10	27,768
90	160	10	8	24,024
90	160	12	10	29,328

a	b	c	d	Poids en kilogrammes
90 ×	180 ×	11 et	9	28ᵏ080
90	180	13	11	33,696
90	200	11	9	29,484
90	200	13	11	35,412
90	220	12	10	34,008
90	220	14	12	40,248
90	240	12	10	34,788
90	240	14	12	41,184
100	150	11	9	27,690
100	150	13	11	33,150
100	170	11	9	29,094
100	170	13	11	34,866
100	190	12	10	33,540
100	190	14	12	39,624
100	210	12	10	35,100
100	210	14	12	41,496
100	230	13	11	40,014
100	230	15	13	46,732
100	250	13	11	44,730
100	250	15	13	48,750
110	160	12	10	33,072
110	160	14	12	39,000
110	180	12	10	34,632
110	180	14	12	40,872
110	200	13	11	39,468

a	b	c	d	Poids en kilogrammes
110 ×	200 ×	15 et	13	46ᵏ020
110	220	13	11	44,184
110	220	15	13	48,048
110	240	14	12	46,488
110	240	16	14	53,664
110	260	14	12	48,360
110	260	16	14	55,848
120	180	12	10	36,504
120	180	14	12	43,056
120	200	12	10	38,064
120	200	14	12	44,928
120	220	13	11	43,212
120	220	15	13	50,388
120	240	13	11	44,928
120	240	15	13	52,446
120	260	14	12	50,544
120	260	16	14	58,344
120	280	14	12	52,416
120	280	16	14	60,528
120	300	14	12	54,288
120	300	16	14	62,712
130	200	12	10	39,936
130	200	14	12	47,412
130	220	12	10	41,496
130	220	14	12	48,984

Poids du mètre courant des profils à **H** *en fer ou en acier*

Dimensions en millimètres

a	b	c	d	Poids en kilogrammes
130 ×	240 ×	13 et	11	46k,960
130	240	15	13	54,756
130	260	13	11	48,672
130	260	15	13	56,784
130	280	14	12	54,600
130	280	16	14	63,024
130	300	14	12	56,472
130	300	16	14	65,208
140	200	13	11	45,552
140	200	15	13	53,040
140	220	13	11	47,268
140	220	15	13	55,068
140	240	14	12	53,040
140	240	16	14	61,152
140	260	14	12	54,912
140	260	16	14	63,336
140	280	15	13	59,124
140	280	17	15	69,888
140	300	15	13	63,480
140	300	17	15	72,228
150	220	14	12	53,352
150	220	16	14	61,464
150	240	15	13	59,436
150	240	17	15	67,800

Dimensions en millimètres

a	b	c	d	Poids en kilogrammes
150 ×	260 ×	15 et	13	64k,464
150	260	17	15	70,200
150	280	15	13	63,492
150	280	17	15	72,840
150	300	16	14	70,200
150	300	18	16	79,620
150	320	16	14	72,884
150	320	18	16	82,056
160	250	15	13	62,790
160	250	17	15	71,682
160	270	16	14	69,420
160	270	18	16	78,624
160	290	16	14	71,604
160	290	18	16	84,120
160	310	16	14	73,788
160	310	18	16	83,646
160	330	17	15	84,042
160	330	19	17	94,482
170	240	15	13	64,416
170	240	17	15	73,464
170	260	15	13	70,200
170	260	17	15	75,504
170	280	16	14	73,008
170	280	18	16	82,680

Dimensions en millimètres

a	b	c	d	Poids en kilogrammes
170 ×	300 ×	16 et	14	75k,192
170	300	18	16	85,476
170	320	17	15	82,524
170	320	19	17	92,820
170	340	18	16	90,468
170	340	20	18	100,776
180	250	16	14	72,228
180	250	18	16	81,744
180	270	16	14	74,412
180	270	18	16	84,240
180	290	17	15	81,666
180	290	19	17	91,806
180	310	17	15	84,006
180	310	19	17	94,458
180	330	18	16	91,728
180	330	20	18	102,492
180	350	18	16	94,924
180	350	20	18	105,300
200	280	18	16	91,404
200	300	20	18	104,520
200	320	20	18	107,328
200	340	21	19	115,908
200	360	21	19	118,872
200	380	22	20	127,920
200	400	22	20	131,040

Poids moyen, en kilogrammes, par mètre carré
des feuilles de divers métaux.

Épaisseur en mm	Tôle de fer	Fonte	Acier	Cuivre	Laiton	Plomb	Zinc environ
1	7,78	7,25	7,87	8,90	8,55	11,4	1,00
2	15,56	14,50	15,74	17,80	17,10	22,8	14.00
3	23,34	21,75	23,61	26,70	25,65	34,2	21,00
4	31,12	29,00	31,48	35,60	34,20	45,6	28,00
5	38,90	36,25	39,35	44,50	42,75	57,9	35,00
6	46,68	43,50	47,22	53,40	51,30	68,4	42,00
7	54,46	50,75	55,09	62,30	59,85	79,8	49,00
8	62,24	58,00	62,96	71,20	68,40	91,2	56.00
9	70,02	65,25	70,83	80,10	76,95	102,6	63,00
10	77,80	72,50	78,70	89,00	85,50	114,0	70,00
11	85,58	79,75	86,57	97,00	94,05	125,4	77,00
12	93,36	87,00	94,44	106,80	102,60	136,8	84,00
13	101,14	94,25	102,31	115,70	111,15	148,2	91,00
14	108,92	101,50	110,18	124,60	119,70	159,6	98,00
15	116,70	108,75	118,05	133,50	128,25	171,0	105,00
16	124,48	116,00	125,92	142,40	135,80	182,4	112,00
17	132,26	123,25	133,79	151,30	144,35	193,8	118,00
18	140,04	130,50	141,66	160,20	153,90	205,2	126,00
19	147,82	137,75	149,53	169,10	162,45	216,6	133,00
20	155,60	145,00	157,40	178,00	171,00	228,0	140,00

Fers plats.
Poids en kil. par mètre courant.

Épaisseur en mm	Largeur en mm									
	10	15	20	25	30	35	40	45	50	55
4	0,312	0,467	0,623	0,779	0,935	1,091	1,249	1,402	1,558	1,714
5	0,390	0,584	0,789	0,974	1,169	1,363	1,558	1,753	1,948	2,142
6	0,467	0,701	0,935	1,169	1,402	1,636	1 870	2,103	2,337	2,571
7	0,545	0,818	1,001	1,363	1,635	1,909	2,181	2,454	2,727	2,999
8	0,623	0,935	1,246	1,558	1,870	2,181	2,493	2,804	3,116	3,428
9	0,701	1,051	1,402	1,753	2,103	2,454	2,804	3,155	3,506	3,856
10	0,779	1,169	1,558	1,948	2,337	2,727	3,116	3,506	3,895	4,285
11	0,857	1,285	1,714	2,142	2,571	2,999	3,428	3,856	4,285	4,713
12	0,935	1,402	1,870	2,337	2,804	3,272	3,739	4,207	4,674	5,141
13	1,013	1,519	2,025	2,532	3,038	3,640	4,051	4,557	5,064	5,579
14	1,090	1,636	2,181	2,727	3,270	3,917	4,362	4,908	5,453	5,998
15	1,169	1,753	2,337	2,921	3,506	4,190	4,674	5,258	5,843	6,420
16	1,246	1 870	2,493	3,116	3,739	4,462	4 986	5 609	6,232	6,855
17	1,324	1,986	2,649	3,311	3,973	4,635	5,297	5,959	6,622	7,284
18	1,402	2,103	2,804	3,506	4,207	4,998	5,609	6,318	7,011	7,712
19	1,480	2,220	2,960	3,700	4,440	5,180	5,920	6,660	7,401	8,141
20	1,558	2,337	3,116	3,895	4,674	5,453	6,232	7,011	7,790	8,569
21	1,636	2,454	3,272	4,090	4,907	5,726	6,544	7,362	8,180	8,997
22	1,714	2,571	3,428	4,285	5,141	5,998	6,855	7,712	8,569	9,426
23	1,792	2,688	3 585	4,479	5,375	6,271	7,167	8,063	8,959	9 854
24	1,870	2,804	3 739	4,674	5,609	6,544	7,478	8,413	9 348	10,28
25	1,943	2,921	3,895	4,869	5,843	6,816	7,790	8,764	9,738	10,71
26	2,025	3,038	4,051	5,064	6,076	7,089	8,102	9,114	10,13	11,14
27	2,103	3,155	4,207	5,258	6,310	7,362	8,413	9,465	10,52	11,57
28	2,181	3,272	4,422	5,523	6,644	7,734	8,825	9,915	11.00	12.00
29	2 259	3,389	4,518	5,648	6,777	7,907	9,036	10,17	11,30	12,43
30	2,337	3,506	4,674	5,843	7,011	8,180	9,348	10,52	11,69	12,86
35	2 727	4,090	5,453	6,816	8,180	9,543	10,91	12,27	13,63	14,99
40	3,116	4,674	6,232	7,790	9,348	10,91	12,46	14,02	15,58	17,14
45	3,506	5,258	7,011	8,764	10,52	12,27	14,02	15,77	17,53	19,28
50	3,895	5,843	7 790	9,738	11,69	13,63	15,58	17,53	19,48	21,42

<table>
<tr><td rowspan="2">Épais.
en mm</td><td colspan="10" align="center">Largeur en mm</td></tr>
<tr><td>60</td><td>65</td><td>70</td><td>75</td><td>80</td><td>85</td><td>90</td><td>95</td><td>100</td><td>110</td></tr>
<tr><td>4</td><td>1,870</td><td>2,025</td><td>2.181</td><td>2,337</td><td>2,493</td><td>2,649</td><td>2,804</td><td>2,960</td><td>3,116</td><td>3,428</td></tr>
<tr><td>5</td><td>2,337</td><td>2,532</td><td>2,797</td><td>2,921</td><td>3,116</td><td>3,311</td><td>3,506</td><td>3,760</td><td>3,895</td><td>4,285</td></tr>
<tr><td>6</td><td>2,804</td><td>3,038</td><td>3,272</td><td>3,506</td><td>3,739</td><td>3,973</td><td>4,207</td><td>4,440</td><td>4,674</td><td>5,141</td></tr>
<tr><td>7</td><td>3,272</td><td>3 644</td><td>3,817</td><td>4,090</td><td>4,362</td><td>4,635</td><td>4,908</td><td>5,180</td><td>5,453</td><td>5,998</td></tr>
<tr><td>8</td><td>3,739</td><td>4 051</td><td>4,362</td><td>4,674</td><td>4 986</td><td>5,297</td><td>5,609</td><td>8,920</td><td>6,232</td><td>6,855</td></tr>
<tr><td>9</td><td>4,207</td><td>4,557</td><td>4,908</td><td>5,258</td><td>5,609</td><td>5 959</td><td>6,310</td><td>6,660</td><td>7,011</td><td>7,712</td></tr>
<tr><td>10</td><td>4,674</td><td>5,064</td><td>5,453</td><td>5,843</td><td>6,232</td><td>6.622</td><td>7,001</td><td>7,401</td><td>7,790</td><td>8,569</td></tr>
<tr><td>11</td><td>5,141</td><td>5.570</td><td>5,998</td><td>6,427</td><td>6,853</td><td>7,284</td><td>7.712</td><td>8,141</td><td>8 569</td><td>9,426</td></tr>
<tr><td>12</td><td>5,609</td><td>6,076</td><td>6,544</td><td>7,011</td><td>7,478</td><td>7,946</td><td>8,413</td><td>8,881</td><td>9,348</td><td>10,28</td></tr>
<tr><td>13</td><td>6,076</td><td>6,583</td><td>7,089</td><td>7.595</td><td>8,102</td><td>8,608</td><td>9,114</td><td>9,621</td><td>10,13</td><td>11,14</td></tr>
<tr><td>14</td><td>6,344</td><td>7,089</td><td>7,634</td><td>8 180</td><td>8.725</td><td>9,270</td><td>9,815</td><td>10,36</td><td>10,91</td><td>12,00</td></tr>
<tr><td>15</td><td>7 011</td><td>7,595</td><td>8,180</td><td>8.764</td><td>9,348</td><td>9,932</td><td>10,52</td><td>11 10</td><td>11,69</td><td>12,85</td></tr>
<tr><td>16</td><td>7.478</td><td>8,102</td><td>8,725</td><td>9,348</td><td>9,971</td><td>10,59</td><td>11,22</td><td>11,84</td><td>12,46</td><td>13,71</td></tr>
<tr><td>17</td><td>7,946</td><td>8 608</td><td>9,270</td><td>9 932</td><td>10.59</td><td>11,26</td><td>11,92</td><td>12,58</td><td>13,24</td><td>14,57</td></tr>
<tr><td>18</td><td>8,414</td><td>9,114</td><td>9,815</td><td>10 52</td><td>11,22</td><td>11,92</td><td>12,62</td><td>13.32</td><td>14 02</td><td>15,42</td></tr>
<tr><td>19</td><td>8.88</td><td>9 62</td><td>10,36</td><td>11.10</td><td>11,84</td><td>12,58</td><td>13,32</td><td>14,06</td><td>14,80</td><td>16,28</td></tr>
<tr><td>20</td><td>9,35</td><td>10,13</td><td>10,91</td><td>11,69</td><td>12,46</td><td>13.24</td><td>14,02</td><td>14,80</td><td>15,58</td><td>17,14</td></tr>
<tr><td>21</td><td>9,82</td><td>10,63</td><td>11,15</td><td>12,27</td><td>13.09</td><td>13.91</td><td>14,72</td><td>15,54</td><td>16,36</td><td>17,99</td></tr>
<tr><td>22</td><td>10,28</td><td>11,14</td><td>12,00</td><td>12,85</td><td>13,71</td><td>14,57</td><td>15,42</td><td>16,28</td><td>17,14</td><td>18,85</td></tr>
<tr><td>23</td><td>10.75</td><td>11,65</td><td>12,54</td><td>13,44</td><td>14,33</td><td>15,23</td><td>16.13</td><td>17,02</td><td>17,92</td><td>19,71</td></tr>
<tr><td>24</td><td>11.22</td><td>12,15</td><td>13 09</td><td>14,02</td><td>14 96</td><td>15,89</td><td>16,83</td><td>17.76</td><td>18,70</td><td>20,57</td></tr>
<tr><td>25</td><td>11.69</td><td>12,66</td><td>13,63</td><td>14 61</td><td>15,58</td><td>16,55</td><td>17,53</td><td>18,50</td><td>19,48</td><td>21,42</td></tr>
<tr><td>26</td><td>12,15</td><td>13,17</td><td>14,18</td><td>15,19</td><td>16,20</td><td>17,22</td><td>18,23</td><td>19,24</td><td>20,25</td><td>22,28</td></tr>
<tr><td>27</td><td>12,62</td><td>13,67</td><td>14,72</td><td>15,77</td><td>16,83</td><td>17,88</td><td>18,93</td><td>19,98</td><td>21,03</td><td>23,14</td></tr>
<tr><td>28</td><td>13,09</td><td>14.18</td><td>15,27</td><td>16,36</td><td>17,45</td><td>18,54</td><td>19,63</td><td>20,72</td><td>21,81</td><td>23,99</td></tr>
<tr><td>29</td><td>13.55</td><td>14,68</td><td>15,81</td><td>16,94</td><td>18.07</td><td>19,20</td><td>20,33</td><td>21,46</td><td>22,59</td><td>24,85</td></tr>
<tr><td>30</td><td>14,02</td><td>15.19</td><td>16,36</td><td>17,53</td><td>18,70</td><td>19,86</td><td>21,03</td><td>22 20</td><td>23,37</td><td>25,71</td></tr>
<tr><td>35</td><td>16,36</td><td>17,72</td><td>19,09</td><td>20,45</td><td>21,81</td><td>23,17</td><td>24.54</td><td>25,90</td><td>27,27</td><td>29,96</td></tr>
<tr><td>40</td><td>18,70</td><td>20 25</td><td>21,81</td><td>23,87</td><td>24,93</td><td>26,49</td><td>28.04</td><td>29,60</td><td>31,16</td><td>34,28</td></tr>
<tr><td>45</td><td>21,03</td><td>22,78</td><td>24,54</td><td>26,29</td><td>28,04</td><td>29,80</td><td>31,55</td><td>33,30</td><td>35,06</td><td>38,56</td></tr>
<tr><td>50</td><td>23,37</td><td>25,32</td><td>27,27</td><td>29,21</td><td>31,16</td><td>33,11</td><td>35,06</td><td>37,00</td><td>38,95</td><td>42,85</td></tr>
</table>

<table>
<tr><td rowspan="2">Épaisseur
en mm</td><td colspan="9" align="center">Largeur en mm</td></tr>
<tr><td>120</td><td>130</td><td>140</td><td>150</td><td>160</td><td>170</td><td>180</td><td>190</td><td>200</td></tr>
<tr><td>4</td><td>3,739</td><td>4,051</td><td>4,362</td><td>4,674</td><td>4,986</td><td>5,297</td><td>5,609</td><td>5,920</td><td>6,20</td></tr>
<tr><td>5</td><td>4,674</td><td>5,064</td><td>5,453</td><td>5,843</td><td>6,232</td><td>6,622</td><td>7,011</td><td>7,401</td><td>7,78</td></tr>
<tr><td>6</td><td>5,609</td><td>6,076</td><td>6,544</td><td>7,011</td><td>7,478</td><td>7,946</td><td>8,413</td><td>8,881</td><td>9,34</td></tr>
<tr><td>7</td><td>6,544</td><td>7,089</td><td>7,634</td><td>8,180</td><td>8,725</td><td>9,270</td><td>9,815</td><td>10,36</td><td>10,90</td></tr>
<tr><td>8</td><td>7,478</td><td>8,102</td><td>8,725</td><td>9,348</td><td>9,971</td><td>10,59</td><td>11,22</td><td>11,84</td><td>12,5</td></tr>
<tr><td>9</td><td>8,413</td><td>9,114</td><td>9,815</td><td>10,52</td><td>11,22</td><td>11,92</td><td>12,62</td><td>13,32</td><td>14,0</td></tr>
<tr><td>10</td><td>9,348</td><td>10,13</td><td>10,91</td><td>11,69</td><td>12,46</td><td>13,24</td><td>14,02</td><td>14,80</td><td>15,6</td></tr>
<tr><td>11</td><td>10,28</td><td>11,14</td><td>12,00</td><td>12,85</td><td>13,71</td><td>14,57</td><td>15,42</td><td>16,28</td><td>17,1</td></tr>
<tr><td>12</td><td>11,22</td><td>12 15</td><td>13,09</td><td>14,02</td><td>14,96</td><td>15,89</td><td>16,83</td><td>17,76</td><td>18,7</td></tr>
<tr><td>13</td><td>12,15</td><td>13,17</td><td>14,18</td><td>15,19</td><td>16,20</td><td>17,22</td><td>18,23</td><td>19,24</td><td>20,2</td></tr>
<tr><td>14</td><td>13,09</td><td>14,18</td><td>15,27</td><td>16,36</td><td>17,45</td><td>18,54</td><td>19,63</td><td>20,72</td><td>21,8</td></tr>
<tr><td>15</td><td>14,02</td><td>15,19</td><td>16,36</td><td>17,53</td><td>18,70</td><td>19,86</td><td>21,03</td><td>22,20</td><td>23,3</td></tr>
<tr><td>16</td><td>14,96</td><td>16,20</td><td>17,45</td><td>18.70</td><td>19,94</td><td>21,19</td><td>22,44</td><td>23,68</td><td>24,9</td></tr>
<tr><td>17</td><td>15,89</td><td>17,22</td><td>18.54</td><td>19,86</td><td>21,19</td><td>22,51</td><td>23,84</td><td>25,16</td><td>26,4</td></tr>
<tr><td>18</td><td>16,83</td><td>18,23</td><td>19,63</td><td>21,03</td><td>22,44</td><td>23,84</td><td>25,24</td><td>26,64</td><td>28,0</td></tr>
<tr><td>19</td><td>17,76</td><td>19,24</td><td>20,72</td><td>22,20</td><td>23,68</td><td>25,16</td><td>26,64</td><td>28,12</td><td>29,5</td></tr>
<tr><td>20</td><td>18,70</td><td>20,25</td><td>21,81</td><td>23,37</td><td>24,93</td><td>26,49</td><td>28,04</td><td>29,60</td><td>31,1</td></tr>
<tr><td>21</td><td>19 63</td><td>21,27</td><td>22,90</td><td>24,54</td><td>26,17</td><td>27,81</td><td>29,45</td><td>31,08</td><td>32,6</td></tr>
<tr><td>22</td><td>20,57</td><td>22 23</td><td>23,99</td><td>25,71</td><td>27,42</td><td>29,13</td><td>30,85</td><td>32,56</td><td>34,3</td></tr>
<tr><td>23</td><td>21,50</td><td>23,29</td><td>25,08</td><td>26,88</td><td>28,67</td><td>30,46</td><td>32,25</td><td>34,04</td><td>35,2</td></tr>
<tr><td>24</td><td>22,44</td><td>24,30</td><td>26,17</td><td>28,04</td><td>29,91</td><td>31,79</td><td>33,65</td><td>35,52</td><td>37,7</td></tr>
<tr><td>25</td><td>23,37</td><td>25,32</td><td>27,27</td><td>29,21</td><td>31,16</td><td>33,11</td><td>35,06</td><td>37,00</td><td>38,9</td></tr>
<tr><td>26</td><td>24,30</td><td>26,33</td><td>28,36</td><td>30,38</td><td>32,41</td><td>34,43</td><td>36,46</td><td>38,48</td><td>40,5</td></tr>
<tr><td>27</td><td>25,24</td><td>27,34</td><td>29,45</td><td>31,55</td><td>33,65</td><td>35,76</td><td>37,86</td><td>39,96</td><td>41,9</td></tr>
<tr><td>28</td><td>26,17</td><td>28,36</td><td>30,54</td><td>32,72</td><td>35,00</td><td>37,08</td><td>39,26</td><td>41,44</td><td>44,1</td></tr>
<tr><td>29</td><td>27,11</td><td>29,37</td><td>31,63</td><td>33,89</td><td>36,15</td><td>38,40</td><td>40,66</td><td>42,92</td><td>45,0</td></tr>
<tr><td>30</td><td>28,04</td><td>30,38</td><td>32,72</td><td>35,06</td><td>37,39</td><td>39,73</td><td>42,07</td><td>44,40</td><td>46,7</td></tr>
<tr><td>35</td><td>32,72</td><td>35,44</td><td>38,17</td><td>40,90</td><td>43,62</td><td>46,35</td><td>49,08</td><td>51,80</td><td>54,5</td></tr>
<tr><td>40</td><td>37,39</td><td>40,51</td><td>43,62</td><td>46,74</td><td>49,86</td><td>52,97</td><td>56,09</td><td>59,20</td><td>62,2</td></tr>
<tr><td>45</td><td>42,07</td><td>45,57</td><td>49,08</td><td>52,58</td><td>56,09</td><td>59,59</td><td>63,10</td><td>66,60</td><td>69,8</td></tr>
<tr><td>50</td><td>46,74</td><td>50,64</td><td>54,53</td><td>58,43</td><td>62,32</td><td>66,22</td><td>70,11</td><td>74,01</td><td>77,6</td></tr>
</table>

Poids des tôles d'acier, la densité étant prise à 7. 8.

Epaisseur	Poids par mètre carré	Epaisseur	Poids par mètre carré	Epaisseur	Poids par mètre carré
1/10 de mm	0k,78	7mm	54,6	22	171,6
2/10	1,56	8	62,4	23	179,4
3/10	2,34	9	70,2	24	187,2
4/10	3,12	10	78,0	25	195,0
5/10	3,90	11	85,8	26	202,8
6/10	4,68	12	93,6	27	210,6
7/10	5,46	13	101,4	28	218,4
8/10	6,24	14	109,2	29	226,2
9/10	7,02	15	117,0	30	234,0
10/10	7,8	16	124,8	31	241,8
2	15,6	17	132,6	32	249,6
3	23,4	18	140,4	33	257,4
4	31,2	19	148,2	34	265,2
5	39,0	20	156,0	35	273,0
6	46,8	21	163,8		

Fers carrés et ronds

Poids par mètre courant en kilogrammes.

Diamètre ou côté mm	Fer carré kil.	Fer rond kil.	Diamètre ou côté mm.	Fer carré kil.	Fer rond kil.	Diamètre ou côté mm.	Fer carré kil.	Fer rond kil.	Diamètre ou côté mm.	Fer carré kil.	Fer rond kil.
5	0,195	0,153	24	4,481	3,520	43	14,39	11,30	110	93,16	73,9
6	0,280	0,220	25	4,863	3,819	44	14,90	11,83	115	102,9	80,84
7	0,381	0,299	26	5,259	4,131	45	15,75	12,37	120	112,0	88,01
8	0,498	0,391	27	5,672	4,455	46	16,46	12,93	125	121,6	95,40
9	0,630	0,495	28	6,100	4,791	47	17,19	13,30	130	131,5	103,38
10	0,778	0,611	29	6,543	5,139	48	17,93	14,08	135	141,8	111,4
11	0,931	0,739	30	7,002	5,499	49	18,68	14,67	140	152,5	119,8
12	1,120	0,880	31	7,477	5,872	50	19,45	15,28	143	163,6	128,5
13	1,315	1,033	32	7,967	6,257	55	23,28	18,48	150	175,1	137,5
14	1,525	1,198	33	8,382	6,654	60	28,01	22,00	155	186,9	146,8
15	1,751	1,375	34	8,994	7,064	65	32,87	25,82	160	199,2	156,4
16	1,992	1,566	35	9,531	7,485	70	38,12	29,04	165	209,6	166,4
17	2,248	1,766	36	10,08	7,919	75	43,76	34,37	170	224,8	176,6
18	2,521	1,980	37	10,65	8,365	80	49,79	39,11	175	238,3	187,1
19	2,800	2,206	38	11,23	8,823	85	56,21	44,15	180	252,1	198,0
20	3,112	2,444	39	11,93	9,294	90	63,02	49,49	185	266,3	209,1
21	3,422	2,665	40	12,45	9,776	95	70,21	55,15	190	280,9	220,6
22	3,726	2,957	41	13,08	10,27	100	77,80	61,10	195	295,9	232,3
23	4,116	3,232	42	13,69	10,78	105	85,55	67,37	200	311,2	244,3

Poids des feuilles courantes de zinc
(densité moyenne 7,00)

Numéros	Épaisseur	Pour doublage de navires		Pour toitures et autres emplois			Poids du mètre carré
		(0,35/1,45) Ancien 13/42 (Océan)	(0,40/1,30) Ancien 14/48 Méditerranée	(0,50/2,00) Ancien 18/72	(0,63/2,00) Ancien 24,72	(0,80/2,00) Ancien 30,72	
	mm	kg.	kg.	kg.	kg.	kg.	kg.
9	0,45	»	»	2,90	3,70	4,60	2,90
10	0,51	»	»	3,45	4,45	5,50	3,45
11	0,60	»	»	4,05	5,30	6,50	4,05
12	0,69	»	»	4,65	6,10	7,50	4,65
13	0,78	»	»	5,30	6,90	8,50	5,30
14	0,87	»	»	5,95	7,70	9,50	5,95
15	0,96	2,65	3,50	6,55	8,55	10,50	6,55
16	1,10	3, »	3,90	7,50	9,75	12, »	7,50
17	1,23	3,40	4,40	8,45	10,95	13,50	8,45
18	1,36	3,75	4,90	9,35	12,20	15, »	9,35
19	1,48	4,15	5,35	10,30	13,40	16,50	10,30
20	1,66	4,55	5,85	11,25	14,60	18, »	11,25
21	1,85	»	»	12,50	16,25	20, »	12,50
22	2,02	»	»	13,75	17,90	22, »	13,75
23	2,19	»	»	15, »	19,50	24, »	15, »
24	2,37	»	»	16,25	21,10	26, »	16,25
25	2,56	»	»	17,50	22,75	28, »	17,50
Surface.		0,402m2	0,520m2	1,000m2	1,300m2	1,600m2	

Le zingage augmente le poids d'un objet, tôle, cornière, etc., de 600 grammes par mètre carré. L'épaisseur approximative du zinc déposé sur l'objet est de 0mm,1 environ.

Poids des tuyaux
Poids en kilogrammes de 1 mètre de longueur.
Tuyaux en fer étiré.

Diamètre intérieur, mm	Épaisseurs des parois en mm.								
	2	3	4	5	6	7	8	9	10
10	0,59	0,95	1,37	1,82	2,34	2,90	3,50	4,16	4,87
15	0,83	1,32	1,85	2,44	3,07	3,75	4,48	5,26	6,09
20	1,07	1,68	2,34	3,05	3,80	4,60	5,45	6,35	7,30
25	1,32	2,05	2,83	3,65	4,53	5,45	6,43	7,45	8,52
30	1,56	2,41	3,31	4,26	5,26	6,30	7,40	8,55	9,74
40	2,05	3,14	4,29	5,48	6,72	8,01	9,35	10,73	12,18
50	2,53	3,87	5,26	6,70	8,18	9,72	11,30	12,93	14,61
60	3,02	4,59	6,23	7,92	9,64	11,42	13,25	15,12	17,05
70	3,50	5,33	7,20	9,13	11,10	13,12	15,20	17,31	19,48
80	4,00	6,06	8,18	10,35	12,57	14,83	17,14	19,50	21,92

Tuyaux en plomb.

Diamètre intérieur	Epaisseur en mm								
mm	2	3	4	5	6	7	8	9	10
10	0,86	1,39	2,00	2,68	3,43	4,25	5,14	6,10	7,13
13	1,07	1,71	2,43	3,21	4,07	5,00	6,90	7,06	8,20
15	1,21	1,93	2,71	3,57	4,50	5,50	6,57	7,71	8,91
20	1,57	2,46	3,43	4,46	5,57	6,74	8,00	9.31	10,70
25	1,93	3,00	4,14	5.35	6,63	7,98	9,42	10,91	12,48
30	2,28	3,53	4,85	6,24	7,70	9,24	10,85	12,52	14,26
40	3,00	4,60	6,28	8,03	9,84	11,73	13,70	15,73	17,83
50	3,71	5,67	7,71	9,81	11,98	14,23	16,55	18,94	21,39
60	4,42	6,74	9,13	11,59	14,12	16,73	19,41	22,15	24,96
70	5,14	7,81	10,56	13,37	16,96	19,22	22,26	25,36	28,52

Poids du mètre courant des tuyaux brasés, en cuivre rouge
en longueurs de 3ᵐ,30 ou 4 mètres

Diam. intér. en millimètres.	Épaisseur, en millimètres								
	1	1 1/4	1 1/2	1 3/4	2	2 1/2	3	4	5
10	0ᵏ304	0ᵏ393	0ᵏ483	0ᵏ572	0ᵏ663	0ᵏ870	1ᵏ078	1ᵏ548	2ᵏ073
15	0.442	0.566	0.691	0.815	0.939	1.216	1.492	2.101	2.464
20	0.580	0.739	0.898	1.057	1.216	1.562	1.907	2 654	3 455
25	0.719	0 912	1.105	1.299	1.492	1.908	2.322	3.207	4.146
30	0 857	1.085	1.313	1.541	1.769	2.254	2.737	3 760	4.837
35	0.895	1.258	1 520	1.783	2 045	2.599	3.150	4.343	5 528
40	1.134	1.431	1.728	2.025	2.322	2.944	3.566	4.866	6.219
45	1.272	1.604	1.935	2.267	2.598	3.289	3.981	5.419	6 910
50	1.410	1.776	2.143	2 509	2.875	3 634	4.396	5.972	7.601
55	1.590	1.949	2.350	2.751	3.151	3.979	4.810	5.525	8.292
60	1.714	2.122	2.557	2 993	3.428	4.324	5.225	7.078	8.993
65	1.895	2.295	2 765	3.253	3.704	4.669	5 640	7.631	8.674
70	2.450	2.468	2.972	3.477	3 981	5 018	6 055	8.814	10.365
75	2 228	2.641	3.180	3.719	4.257	5.361	6.469	8.732	11.058
80	2.407	2.814	3.387	3.961	4.534	5.707	6.884	9.289	11.749
85	2.518	2.987	3.695	4.203	4.810	6.053	7.299	9 842	12 440
90	2.995	3.160	3.802	4.445	5 087	6.399	7 714	10.385	13.131
95	3 085	3.333	4.010	4.887	5.363	6.745	8.128	10 948	13.822
100	3.148	3.406	4.217	5.229	5.640	7.091	8 543	11.501	14.513
105	3.321	3.771	4.424	5.640	6.916	7.437	8.958	12.054	15.204
110	3.520	4.052	4 995	5 772	6.193	7.883	9.373	12.607	15.896
115	4.015	4 418	5.320	6.049	6.469	8.129	9.787	13.160	16.587
120	4.442	4 957	5.832	6.350	6 746	8.478	10.201	13.713	17.278

Poids du mètre courant des tubes sans soudure en cuivre rouge.

Diamètre intérieur	Épaisseur en mm											
	1	1 1/4	1 1/2	1 3/4	2	2 1/4	2 1/2	2 3/4	3	3 1/2	4	5
	kil.	kil.	kil.	kil.	kil.	kil.	kil.	kil.	kil.	kil.	kil.	kil.
10	0 305	0 390	0 479	0 571	0 667	0 766	0 868	0 974	1 084	1 313	1 556	2 085
11	0 333	0 425	0 521	0 620	0 722	0 828	0 938	1 051	1 167	1 411	1 668	2 224
12	0 361	0 460	0 563	0 639	0 778	0 891	1 007	1 127	1 251	1 508	1 779	2 363
13	0 389	0 495	0 604	0 717	0 834	0 953	1 077	1 204	1 334	1 605	1 890	2 502
14	0 417	0 529	0 646	0 766	0 889	1 016	1 146	1 280	1 417	1 702	2 001	2 641
15	0 444	0 564	0 688	0 814	0 945	1 079	1 216	1 357	1 501	1 800	2 113	2 780
16	0 472	0 599	0 729	0 863	1 000	1 141	1 285	1 433	1 584	1 897	2 224	2 919
17	0 500	0 634	0 771	0 912	1 056	1 204	1 355	1 509	1 668	1 994	2 335	3 058
8	0 528	0 669	0 813	0 960	1 112	1 266	1 424	1 586	1 751	2 092	2 446	3 197
19	0 556	0 703	0 854	1 009	1 167	1 329	1 494	1 662	1 835	2 189	2 557	3 336
20	0 583	0 738	0 896	1 058	1 223	1 391	1 563	1 739	1 918	2 286	2 669	3 475
25	0 722	0 912	1 105	1 301	1 501	1 704	1 911	2 121	2 335	2 713	3 225	4 170
30	0 861	1 086	1 313	1 544	1 779	2 017	2 259	2 503	2 752	3 199	3 781	4 865
35	1 000	1 259	1 522	1 788	2 057	2 330	2 606	2 836	3 169	3 686	4 337	5 560
40	1 139	1 433	1 730	2 031	2 335	2 643	2 954	3 268	3 586	4 173	4 893	6 255
45	1 278	1 607	1 939	2 274	2 613	2 955	3 301	3 650	4 003	4 659	5 449	6 950
50	1 417	1 781	2 147	2 517	2 891	3 268	3 649	4 033	4 420	5 146	6 005	7 645
55	1 556	1 954	2 356	2 761	3 169	3 581	3 996	4 413	4 837	5 632	6 561	8 340
60	1 695	2 128	2 564	3 004	3 447	3 894	4 344	4 797	5 254	6 119	7 117	9 035
65	1 835	2 302	2 773	3 247	3 735	4 206	4 691	5 179	5 671	6 605	7 673	9 731
70	1 974	2 476	2 981	3 491	4 003	4 519	5 039	5 562	6 088	7 092	8 229	10 425
75	1 113	2 649	190	3 734	4 281	4 832	5 386	5 944	6 505	7 578	8 785	11 121

Tubes à recouvrement pour chaudières (en fer ou acier)
Poids du mètre courant

Diamètre extérieur en m/m	Epaisseur en millimètres	Poids du mètre courant	Diamètre extérieur en m/m	Epaisseur en millimètres	Poids du mètre courant
25 mm	2 mm	1ᵏ13	165	4,5	17.69
30	2	1.37	170	4,5	18.24
35	2	1.62	175	4,5	18.79
40	2	1.86	180	4,5	19.34
45	2	2.11	185	5	22.04
50	2,5	2.91	190	5	22.65
55	2,5	3.21	195	5	23.27
60	3	4.19	200	5	23.88
65	3	4.55	205	5	24.49
70	3	4.92	210	6	29.98
75	3	5.29	215	6	30.71
80	3,5	6.56	220	6	31.45
85	3,5	6.99	225	6	32.18
90	3,5	7.41	230	6	32.92
95	3,5	7.84	235	6	33.65
100	3,5	8.27	240	6	34.39
105	3,5	8.70	245	6	35.12
110	3,5	9.13	250	6	35.86
115	3,5	9.56	255	6	36 59
120	4	11.36	260	6	37.32
125	4	11.85	265	6	38.06
130	4	12.34	270	6	38.79
135	4	12.83	275	6	39.53
140	4,5	14.93	280	6	40 26
145	4,5	15.48	285	6	41.00
150	4,5	16.04	290	6	41.73
155	4,5	16.59	295	6	42.47
160	4,5	17.14	300	6	43.20

Tuyaux en laiton, sans soudure.

Diamètre extérieur	Épaisseurs en mm.								
	1	1 1/4	1 1/2	1 3/4	2	2 1/4	2 1/2	2 3/4	3
mm	kil.	kil.	kil.	kil.	kil.	kil.	kil.	kil.	kil.
10	0 240	0 292	0 340	0 385	0 427	»	»	»	»
15	0 373	0 458	0 540	0 619	0 694	0 766	0 834	0 899	0 961
20	0 507	0 625	0 741	0 852	0 961	1 066	1 168	1 126	1 361
25	0 640	0 792	0 941	1 086	1 228	1 366	1 502	1 633	1 762
30	0 774	0 959	1 141	1 320	1 495	1 667	1 835	2 001	2 162
35	0 907	1 126	1 341	1 533	1 762	1 967	2 169	2 368	2 563
40	1 041	1 293	1 542	1 787	2 029	2 268	2 503	2 735	2 964
45	1 174	1 460	1 742	2 021	2 296	2 568	2 837	3 102	3 364
50	1 308	1 627	1 942	2 254	2 563	2 868	3 171	3 469	3 765
55	1 441	1 794	2 142	2 488	2 830	3 169	3 504	3 836	4 165
60	1 575	1 961	2 343	2 722	3 097	3 469	3 838	4 204	4 566
65	1 709	2 127	2 543	2 955	3 364	3 770	4 172	4 571	4 966
70	1 843	2 294	2 743	3 189	3 631	4 070	4 506	4 938	5 367
75	1 976	2 461	2 944	3 423	3 898	4 371	4 840	5 305	5 767
80	2 109	2 628	3 144	3 656	4 165	4 671	5 173	5 672	6 168
85	2 243	2 795	3 344	3 890	4 432	4 971	5 507	6 040	6 569
90	2 376	2 962	3 544	4 124	4 700	5 272	5 841	6 407	6 969
95	»	»	3 745	4 357	4 967	5 572	6 175	6 774	7 370
100	»	»	»	4 591	5 234	5 873	6 509	7 141	7 770

Tuyaux en fonte.

Diamètre intérieur, en mm	Épaisseurs des parois en mm.							
	5	10	15	20	25	30	35	40
25	3,417	7,975	13,67	20,50	28,47	37,58	47,83	59,22
30	3,987	9,113	15,38	22,78	31,32	41,00	51,81	63,77
35	4,557	10,25	17,08	23,61	34,17	44,41	55,80	68,32
40	5,126	11,39	18,79	27,33	37,01	47,83	59,78	72,88
45	5,695	12,53	20,50	29,61	38,86	51,24	63,77	77,43
50	6,254	13,67	22,21	31,89	42,70	54,66	67,75	81,98
60	7,402	15,94	25,62	36,44	48,39	61,49	75,74	91,12
70	8,540	18,22	29,04	40,99	54,10	68,34	83,71	100,2
80	9,679	20,50	32,46	45,56	59,79	75,16	91,68	109,3
90	10,82	22,78	35,88	50,11	65,49	82,00	90,65	118,4
100	11,96	25,06	39,29	54,66	71,17	88,83	107,6	127,5
125	14,80	30,75	47,83	66,04	85,40	105,9	127,5	150,3
150	17,65	36,45	56,38	77,44	99,65	123,0	147,5	173,1
175	20,50	42,14	64,91	88,83	113,8	140,0	167,4	195,9
200	23,34	47,82	73,45	100,2	128,1	157,1	187,3	218,7
225	26,19	53,53	82,00	111,6	142,3	174,2	207,3	241,4
250	29,04	59,22	90,53	122,8	156,6	191,3	227,2	264,2
275	31,89	64,92	99,8	134,3	170,8	208,4	247,2	287,0
300	34,73	70,61	107,6	145,7	185,0	225,5	267,0	309,7
325	37,58	76,30	116,1	157,2	199,3	242,5	287,0	332,6
350	20,42	82,00	124,7	168,5	213,5	259,7	307,0	355,3
375	43,28	87,72	133,2	179,9	227,8	276,6	326,8	378,2
400	46,11	93,38	141,8	191,3	241,9	293,8	346,4	400,8

Tableau du retrait des métaux fondus, et du rapport de volume entre le modèle et la pièce obtenue

DÉSIGNATION DU MÉTAL	RETRAIT			Le volume du modèle étant 1. Le volume de la pièce obtenue est $1 - \dfrac{3}{\alpha}$
	en longueur $\dfrac{1}{\alpha}$	en surface $\dfrac{2}{\alpha}$	en volume $\dfrac{3}{\alpha}$	
Fonte de fer (machines)	$^{1}/_{96} = 0,0104$	$^{1}/_{48} = 0,0208$	$^{1}/_{32} = 0,0312$	$^{31}/_{32} = 0,9688$
Acier fondu	$^{1}/_{72} = 0,0139$	$^{1}/_{36} = 0,0278$	$^{1}/_{24} = 0,0416$	$^{23}/_{24} = 0,9584$
Fonte malléable	$^{1}/_{48} = 0,0208$	$^{1}/_{24} = 0,0416$	$^{1}/_{16} = 0,0624$	$^{15}/_{16} = 0,9376$
Laiton	$^{1}/_{65} = 0,0154$	$^{1}/_{32} = 0,0308$	$^{1}/_{22} = 0,0424$	$^{21}/_{22} = 0,9545$
Bronze des canons et fonte rouge	$^{1}/_{134} = 0,0075$	$^{1}/_{67} = 0,0149$	$^{1}/_{44} = 0,0224$	$^{43}/_{44} = 0,9776$
Métal des cloches	$^{1}/_{63} = 0,0159$	$^{1}/_{31} = 0,0323$	$^{1}/_{22} = 0,0476$	$^{21}/_{22} = 0,9545$
Zinc	$^{1}/_{62} = 0,0161$	$^{1}/_{31} = 0,0323$	$^{1}/_{21} = 0,0484$	$^{20}/_{21} = 0,9524$
Étain	$^{1}/_{128} = 0,0078$	$^{1}/_{64} = 0,0156$	$^{1}/_{43} = 0,0234$	$^{42}/_{43} = 0,9766$
Plomb	$^{1}/_{92} = 0,0109$	$^{1}/_{46} = 0,0217$	$^{1}/_{31} = 0,0323$	$^{30}/_{31} = 0,9678$

Le poids d'une pièce moulée à obtenir se détermine en multipliant le poids du modèle par le nombre correspondant de la table ci-après.

*Tableau du rapport du poids du modèle
et de la pièce obtenue.*

Modèle en	NATURE DE LA MATIÈRE FONDUE			
	Fonte de fer et étain	Laiton et bronze	Zinc	Plomb
Pin, sapin, aulne	13	16	12	20
Sapin et pin rouge	15	18,5	14,5	25,5

Poids de 100 boulons.

Dimensions	Poids	Dimensions	Poids	Dimensions	Poids	Dimensions	Poids
diam. long.		diam. long.		diam. long.		diam. long.	
6 × 20	1,50	12 × 35	8,70	15 × 35	15,50	18 × 70	29
7 × 25	2	12 × 40	9	15 × 40	16	18 × 80	31,50
8 × 25	2,50	12 × 45	9,30	15 × 50	17	18 × 90	33
8 × 30	3	12 × 50	9,80	15 × 60	18,50	20 × 50	37
8 × 35	3,50	12 × 60	10,80	15 × 70	20	20 × 60	39,50
9 × 30	3,80	13 × 30	10	15 × 75	20,50	20 × 70	42
9 × 35	4,30	13 × 40	10,50	16 × 40	19	20 × 80	44,50
9 × 40	4,50	13 × 50	11	16 × 50	20,50	20 × 90	46,50
10 × 25	5	13 × 60	12	16 × 60	21,50	20 × 100	49,50
10 × 35	5,40	14 × 40	13	16 × 70	22,50	22 × 70	53,50
10 × 40	5,80	14 × 50	14	16 × 80	25	22 × 80	57,50
10 × 45	6,30	14 × 60	15	18 × 40	25	22 × 90	61,10
10 × 50	6,50	14 × 70	16	18 × 50	26	22 × 100	63
12 × 30	8			18 × 60	28		

Jauge des fils métalliques.

La Société d'Encouragement pour l'Industrie nationale a proposé l'adoption de la jauge décimale métrique. D'après ce système, les numéros des fils expriment leurs diamètres en dixièmes de millimètres.

C'est ainsi que le n° 7 a pour diamètre 0^{mm},7.

Le tableau de la page 1159 donne approximativement les poids par mètre des fils de *fer*, *cuivre* et *laiton* de cette jauge, correspondant aux numéros de la jauge de Paris 1857, qui est la plus usitée en France.

Jauge de Limoges.

Nᵒˢ	mm	Nᵒˢ	mm	Nᵒˢ	mm	Nᵒˢ	mm
0	0,39	7	1,12	13	1,91	19	3,95
1	0,45	8	1,24	14	2,02	20	4,50
2	0,56	9	1,35	15	2,14	21	5,10
3	0,67	10	1,46	16	2,25	22	5,65
4	0,79	11	1,68	17	2,84	23	6,20
5	0,90	12	1,80	18	3,40	24	6,80
6	1,01						

Jauge carcasse ou du commerce.

Nᵒˢ	mm	Nᵒˢ	mm	Nᵒˢ	mm
1ᵖ	0,50	24	0,29	38	0,11
12	0,47	26	0,26	40	0,10
14	0,44	28	0,22	42	0,09
6	0,40	30	0,20	44	0,08
18	0,37	32	0,17	46	0,07
20	0,34	34	0,14	48	0,06
22	0,32	36	0,12	50	0,05

Jauge de Birmingham ou B. W. G.

Nᵒˢ	mm	Nᵒˢ	mm	Nᵒˢ	mm
0000	11,531	11	3,048	25	0,508
000	10,795	12	2,769	26	0,457
00	9,652	13	2,413	27	0,406
0	8,636	14	2,108	28	0,356
1	7,620	15	1,829	29	0,330
2	7,213	16	1,651	30	0,305
3	6,579	17	1,473	31	0,254
4	6,045	18	1,245	32	0,229
5	5,588	19	1,067	33	0,203
6	5,154	20	0,889	34	0,178
7	4,572	21	0,813	35	0,127
8	4,191	22	0,711	36	0,102
9	3,759	23	0,635		
10	3,404	24	0,559		

Jauge de Paris	Diamèt. en 1/10 de mil.	Poids en gr. de 1 m. de fil			Jauge de Paris	Diamèt. en 1/10 de mil.	Poids en gr. de 1 m. de fil			Jauge de Paris	Diamèt. en 1/10 de mill.	Poids en gr. de 1 m. de fil		
		Fer	Cuivre	Laiton			Fer	Cuivre	Laiton			Fer	Cuivre	Laiton
		gr.	gr.	gr.			gr.	gr.	gr.			gr.	gr.	gr.
5 P	1	0,06	0,07	0,07	14	22	29,46	33,45	32,08	19	43	112,55	127,79	122,57
4 P	2	0,24	0,28	0,27	»	23	32,20	36,55	35,07	20	44	1.7.84	138,81	128,33
3 P	3	0,55	0,62	0,60	15	24	35,06	39,81	38,18	»	45	123,26	139,86	134,28
PP	4	0,97	1,11	1,06	»	25	38,04	43,20	41,43	»	46	128,80	146,25	140,26
P	5	1,52	1,73	1,66	»	26	41,15	46,70	44,81	»	47	134,46	152,28	146,43
1	6	2,19	2,49	2,39	16	27	44,37	50,38	48,32	»	48	140,24	158,24	152,73
2	7	2,98	3,39	3,25	»	28	47,72	54,19	51,97	21	49	146,15	164,95	159,16
3	8	3,90	4,42	4,24	»	29	51,19	58,13	55,75	»	50	152,17	172,79	165,72
4	9	4,93	2,60	5,37	17	30	54,78	62,20	59,66	»	51	158,32.	179,77	172,41
5	10	6,09	6,91	6,63	»	31	58,49	66,42	63,78	»	52	164,39	186,89	179,23
6	11	7,37	8,36	8,02	»	32	62,33	70,77	67.88	»	53	170,98	194,14	186,26
7	12	8,77	9,95	9,55	»	33	66,29	75,27	71,19	22	54	177,49	201,54	193,29
8	13	10,29	11,68	11,20	18	34	70,36	79,90	76,63	»	55	184,13	209,07	200,52
9	14	11,93	13,55	12,99	»	35	74,56	84,67	81,20	»	56	190,88	216,74	207,83
10	15	13,70	15,55	14,91	»	36	78,89	89,57	86,61	»	57	197,76	224,55	215,83
11	16	15,58	17,69	16,90	»	37	83,33	94,62	91,45	»	58	204,76	232,50	223,99
»	17	17,59	19,97	19,16	»	38	87,89	99,80	96.42	23	59	211,88	242,69	230,77
12	18	19,72	22,39	21,48	19	39	92,58	105,12	101,52	»	60	219,13	248,81	238,64
»	19	21,97	24,95	23,93	»	40	97,39	110,58	106.06	»	61	226,49	257,18	246,66
13	20	24,35	27,65	26,52	»	41	102,32	116,18	111,42	»	62	237,88	265,68	254,81
»	21	26,84	30,48	29,23	»	42	107,37	121,92	116,93	»	63	241,59	214,82	263,10

Jauge de Paris	Diamèt. en 1/10 de mill.	Poids en gr. de 1 m. de fil		
		Fer	Cuivre	Laiton
		gr.	gr.	gr.
24	64	249,32	283,10	271,51
»	65	257,17	292,01	280,C7
»	66	265.14	301,07	288,75
»	67	273,24	310,26	297,57
»	68	281,46	319,59	306,51
»	69	289,79	329,06	315,60
25	70	298,26	338,66	324,81
»	71	306,84	348,41	334,16
»	72	315,54	358,29	343,63
»	73	324,37	368,31	358,25
»	74	333,32	378,47	362,99
»	75	342,48	388,77	372,87
26	76	351,58	389,21	382,88
»	77	360,89	409,78	393,02
»	78	370,32	420,50	403,29
»	79	379,88	431,35	413,70
»	80	389 56	442,34	424,24
»	81	399.86	453,46	434,91
27	82	409,28	464,73	445,72
»	83	419,32	476,13	456,66
»	84	429,29	487,68	467,73

Jauge de Paris	Diamèt. en 1/10 de mill.	Poids en gr. de 1 m. de fil		
		Fer	Cuivre	Laiton
		gr.	gr	gr.
27	85	439,77	499,36	478,93
»	86	450,18	511,17	490.26
»	87	460,71	523,13	501,73
28	88	471,36	535,23	513,33
»	89	432,14	547,50	525,06
»	90	493,03	559,83	536,93
»	91	504,05	572,34	548,93
»	92	515,19	585,99	561,06
»	93	526,45	598,78	573,32
29	94	537,83	611,70	585,72
»	95	549,34	624,76	598,25
»	96	560,96	637,96	610,91
»	97	572,71	651,30	623,70
»	98	584,58	664,78	636.63
»	99	596,57	677,40	649,68
30	100	608,68	691,15	662,88
»	101	620,92	705,04	676,20
»	102	633.27	719,07	689,66
»	103	645,75	733,24	703,25
»	104	658,35	747,55	716,97
»	105	671,07	761,99	730,82

Jauge de Paris	Diamèt. en 1/10 de mill.	Poids en gr. de 1 m. de fil		
		Fer	Cuivre	Laiton
		gr.	gr.	gr.
30	106	683,92	776,58	744,81
»	107	696,88	791.30	758,93
»	108	710,97	806,16	773,18
»	109	723,18	821,1C	787,56
31	110	736,51	836,29	802,08
32	120	877	995	855
33	130	1,029	1,168	1,120
34	140	1,193	1,355	1,299
35	150	1,370	1,555	1,491
36	160	1,558	1,769	1,697
37	170	1,759	1,997	1,916
38	180	1,972	2,239	2,148
39	190	2,197	2,495	2.398
40	200	2,437	2,765	2,652
Densités moyennes ..		7,75	8,80	8,44

British Standard wire gauge (S. W. G.).

Numéros	Diamètres en mils ou millièmes de pouce	Diamètre en millim.	Numéros	Diamètres en mils ou millièmes de pouce	Diamètre en millim.
7/0	500	12,5	14	80	2,0
6/0	464	11,6	15	72	1,8
5/0	432	10,8	16	64	1,6
4/0	400	10,0	17	56	1,4
3/0	372	9,3	18	47	1,2
2/0	348	8,7	19	40	1,0
0	324	8,1	20	36	0,9
1	300	7,4	21	32	0,8
2	276	6,9	22	28	0,7
3	252	6,3	23	24	0,6
4	232	5,8	24	22	0,55
5	212	5,3	25	20	0,50
6	192	4,8	26	18	0,45
7	176	4,4	27	16,4	0,41
8	160	4,0	28	14,8	0,37
9	144	3,8	29	13,4	0,34
10	128	3,2	30	12,6	0,31
11	116	2,9	31	11,6	0,29
12	104	2,6	32	10,8	0,27
13	92	2,3	33	10,0	0,25

Alphabet Grec.

A — α — Alpha.		N — ν — Nu.
B — β — Bêta.		Ξ — ξ — Xi.
Γ — γ — Gamma.		O — o — Omicron.
Δ — δ — Delta.		Π — π — Pi.
E — ε — Epsilon.		P — ρ — Rho
Z — ζ — Zêta.		Σ — σ — Sigma.
H — η — Eta.		T — τ — Tau.
Θ — θ — Thêta.		Υ — υ — Upsilon.
I — ι — Iôta.		Φ — φ — Phi.
K — k — Kappa.		X — χ — Chi.
Λ — λ — Lambda.		Ψ — ψ — Psi.
M — μ — Mu.		Ω — ω — Oméga.

Tableau indiquant les dimensions des boulons et écrous (Système français).

Numéros $n = 2(p-1)$	Pas p millimètres	Diamètre des boulons $d = p\frac{p+8}{1,3} - 1,5$	Largeur des écrous $e = 1,5\,d$	Diamètre de la circonférence circonscrite $D = 1,155\,e$	Hauteur des écrous $H = d$	Hauteur des têtes de boulons $h = 0,8\,d$	Diamètre au fond du filet $d' = d - 1,3\,p$	Section au fond du filet $S = \frac{\pi d'^2}{4}$	Nombre de filets par longueur égale au diamètre $d : p$	Charge pratique des boulons $k = 4\ kos\ par\ ^m/^2$ $S\,k$	Diamètre extérieur du filet pour les boulons sans jeu
		mm	mm	mm	mm	mm	mm	mmc		kil.	mm
0	1	6	12	13,8	6	5	4,7	17,35	6	70	5,8
»	»	8	16	18,5	8	6	6,7	35,25	8	140	7,8
1	1,5	10	20	23,1	10	8	8,05	50,89	6,6	200	9,7
»	»	12	24	27,7	12	10	10,05	79,32	8	320	11,7
2	2	14	24	27,7	14	11	11,4	102,07	7	410	13,6
»	»	16	28	32,3	16	13	13,4	140,02	8	560	15,6
3	2,5	18	28	32,3	18	14	14,75	170,87	7,2	680	17,5
»	»	20	32	36,9	20	16	16,75	220,35	8	880	19,5
»	»	22	36	41,6	2½	18	18,75	276,11	8,8	1100	21,5
4	3	24	36	41,6	24	19	20,1	317,31	8	1270	23,4
»	»	:6	40	46,2	26	21	22,1	383,60	8,6	1530	25,4
»	»	28	44	50,8	28	22	24,1	456,17	9,3	1620	27,4
5	3,5	32	48	55,4	32	26	27,45	591,49	9,1	2370	31,3
6	4	36	56	64,6	36	29	30,8	745,06	9	2980	35,2
»	»	40	60	69,3	40	32	34,8	951,15	10	3800	39,2
7	4,5	44	68	78,5	44	35	38,15	1143,08	9,7	4570	43,1
8	5	48	72	83,1	48	38	41,5	1352,65	9,6	5400	47
»	»	52	80	92,4	52	42	45,5	1625,97	10,4	6500	51
9	5,5	56	84	97,0	56	45	48,8	1874,21	10,2	7590	55
»	»	60	92	106,2	60	48	52,8	2193,71	10,9	8770	59
10	6	64	96	110,8	64	51	56,2	24N0,63	10,6	9920	63
»	»	68	100	115,5	68	54	60,2	2846,32	11,3	11380	67
11	6,5	72	105	121,3	72	58	63,55	3171,91	11,1	12690	71
»	»	76	115	132,8	76	61	67,55	3583,78	11,7	14830	75
12	7	80	120	138,6	80	64	70,9	3948,05	11,4	15790	79
»	»	84	125	144,4	84	67	74,9	4406,10	12	17620	83
13	7,5	88	130	150,1	88	70	78,25	4809,05	11,7	19240	87
»	»	93	140	161,7	92	73	82,25	5313,28	12,2	21250	91
14	8	96	145	167,4	96	77	85,6	5754,90	12	23020	95
»	»	100	150	173,2	100	80	89,6	6305,31	12,5	25220	99
15	8,5	110	165	190,5	110	88	98,9	7682,16	13	30730	109
16	9	120	180	207,9	120	96	108,3	9211,87	13,3	36850	119
17	9,5	130	195	225,2	130	104	147,6	10861,89	13,7	43450	129
18	10	140	210	242,5	140	112	127,0	12667,71	14	50670	138
19	10,5	150	225	259,8	150	120	136,3	14590,91	14,3	58360	148
20	11	160	240	277,2	160	128	145,7	16672,85	14,5	66690	158
21	11,5	170	255	294,5	170	136	155,0	18869,23	14,8	75480	168
»	»	180	270	311,8	180	144	165,0	21382,51	15,6	85530	178
22	12	190	285	329,2	190	152	174,4	23888,22	15,8	95550	188
23	12,5	200	300	346,5	200	160	183,7	26503,08	16	106010	198
24	13	210	315	363,8	210	168	193,1	29285,6	16,1	117140	208
»	»	220	330	381,1	220	176	203,1	32397,4	16,9	129590	218
25	13,5	230	345	398,4	230	184	212,4	35432,3	17	141730	228
26	14	240	360	415,8	240	192	221,8	38637,9	17,1	154550	238
27	14,5	250	375	433,1	250	200	231,1	41946,0	17,3	168780	248
»	»	260	390	450,4	260	208	241,1	45654,7	17,9	182620	258
28	15	270	405	467,8	270	216	250,5	49284,0	18	197140	268
29	15,5	280	420	485,1	280	224	259,8	53011,4	18,1	212040	278
»	»	290	435	502,4	290	232	269,8	57170,8	18,7	228680	288
30	16	300	450	519,7	300	240	279,2	61224,0	18,8	244900	298

Adoption de la jauge décimale
par le Ministère de la Marine.

Paris, le 11 février 1895.

Le Ministre de la Marine,

A Messieurs les Vice-Amiraux, Commandant en chef, Préfets maritimes et les Directeurs des Établissements hors des ports.

Direction du matériel { 1er bureau. — Constructions navales.
{ 2e bureau. — Travaux hydrauliques.
Direction de l'Artillerie | 1er bureau. — Bureau administratif.
| 2e bureau. — Bureau technique.
Service des défenses sous-marines.

Paris, 11 février 1895.

Adoption, dans la marine, du nouveau système de filetage dit « système français » et du système de jauge décimale métrique, pour les fils métalliques, d'après les règles établies par la Société d'encouragement pour l'Industrie nationale.

Messieurs,

La Société d'encouragement pour l'Industrie nationale, après avoir examiné les observations qui lui ont été présentées par les grandes administrations publiques et les compagnies industrielles qu'elle avait consultées sur son projet d'unification des filetages, a établi récemment les règles qui lui paraissent pouvoir être admises pour un système uniforme de filetages.

La Marine a un intérêt tout particulier à l'adoption de mesures tendant à unifier, en France, l'outillage et les procédés de fabrication des pièces de machines comportant des filetages, les divers services techniques des ports et établissements, consultés à cet égard par une circulaire du 16 septembre 1893, ont unanimement souhaité la réalisation, à bref délai, de la réforme projetée.

Aussi j'ai l'honneur de vous faire savoir qu'après avoir pris sur cette question l'avis de M. l'Inspecteur général du Génie Maritime, j'ai décidé d'adopter, en principe, le nouveau système de filetages dit « système français. SF. » établi par la Société d'encouragement pour l'Industrie nationale, et la jauge décimale métrique, pour les fils métalliques

L'application de ces deux systèmes au matériel de la Marine aura lieu dans les conditions suivantes :

1o Les règles formulées ci-après ne s'appliquent qu'aux seules *vis mécaniques*, c'est-à-dire aux vis métalliques de diamètre égal ou supérieur à 6 millimètres destinées à l'assemblage des pièces de machines et aux constructions mécaniques.

Ces règles ne s'appliquent pas aux très petites vis, dites *vis horlogères*, aux vis découpées sur des tubes, aux vis spéciales qui servent soit aux transmissions de mouvement dans les tours et autres machines-outils, soit aux mesures micrométriques, soit à des usages particuliers exigeant certaines dispositions qui ne peuvent rentrer dans un système uniforme de filetage ; enfin elles ne s'appliquent pas aux vis à bois qui pratiquent elles-mêmes leur logement dans une matière relativement molle.

2° Rien n'est changé dans les usages de la Marine relativement aux filetages pour « constructions en fer » établis par M. l'ingénieur Godron (Lorient, 17 février 1884) et rendus réglementaires le 26 août 1885.

Ces filetages, complétés par l'introduction du calibre de 6 millimètres, figurent dans l'atlas d'Indret (22 janvier 1886).

3° *Nature du filet.* — Le tracé des vis mécaniques est déterminé par l'enroulement en hélice *à droite* d'un filet simple obtenu par la troncature d'un triangle primitif, placée parallèlement à l'axe de la vis, et égale au pas de la vis.

4° *Jeux entre les vis pleines et les vis creuses.* — Les vis pleines et les vis creuses ou écrous qui se correspondent, ont, en principe, même filet ; mais afin de tenir compte des tolérances d'exécution, indispensables dans la pratique, tolérances qui doivent varier selon les circonstances, le profil fixé est un *profil limite* pour la vis pleine comme pour la vis creuse ; cette limite est prévue *par excès* pour la vis pleine et *par défaut* pour la vis creuse, en d'autres termes, la vis pleine doit toujours rester à *l'intérieur* du profil limite et la vis creuse *à l'extérieur* de ce même profil.

Les écarts entre la surface théorique commune et les surfaces réalisées sur la vis pleine et sur son écrou déterminent le *jeu* que présenteront les deux pièces montées l'une sur l'autre. Aucune valeur n'est fixée pour ce jeu, chaque constructeur restant juge des tolérances admissibles, suivant la destination des vis et suivant l'outillage employé pour la fabrication.

5° *Forme du filet.* — Le triangle primitif du filet est un *triangle équilatéral*, dont le côté égale le pas ; ce triangle est tronqué par deux parallèles à la base menées respectivement au 1/8 de la hauteur à partir du sommet de la base. (Sur ce point rien n'est changé aux usages de la Marine).

6° *Arrondis que peuvent présenter les angles dans l'exécution.* — Dans la pratique et suivant le degré de fini dans l'exécution, les angles vifs saillants et rentrants du profil se trouvent arrondis, plus ou moins légèrement, mais de telle sorte que ni la vis pleine, ni la vis creuse ne dépassent leur surface limite commune fixée suivant la règle indiquée plus haut.

7° *Diamètre des vis.* — Le diamètre des vis se mesure sur

l'extérieur des filets *après troncature*. Cette règle est une innovation importante ; la marine définissant jusqu'ici le calibre des vis par le diamètre du cylindre fictif sur lequel se trouvent les pointes tronquées des filets.

8° Le tableau ci-après renferme les vis réglementaires adoptées dans la Marine : il comprend la *série normale de vis principales* établie par la Société d'encouragement et complétée par l'intercalation d'un certain nombre de vis intermédiaires, conformes aux règles admises par cette Société.

Par l'addition de ces vis intermédiaires, la Marine sera en possession d'une série aussi complète que celle en usage.

Tableau des filetages réglementaires

(système français. — SF)

(Les calibres soulignés appartiennent à la *Série normale des vis principales* du SF).

Calibres	Pas	Calibres	Pas
6 $^{m}/_{m}$	1 $^{m}/_{m}$	36 $^{m}/_{m}$	4
8	1	42	4,5
10	1,5	48	5
12	1,5	56	5,5
14	2	64	6
16	2	72	6,5
18	2,5	80	7
20	2,5	88	7,5
22	2,5	96	8
24	3	106	8,5
26	3	116	9
28	3	126	9,5
30	3,5	136	10
32	3,5	148	10,5

Si l'on est amené exceptionnellement à faire usage d'un calibre ne figurant pas sur le tableau ci-dessus, on devra adopter un nombre pair de millimètres pour le calibre et comme pas celui de la vis principale immédiatement inférieure.

9o *Diamètre du corps des boulons.* — Le corps des boulons ou des vis peut avoir un diamètre un peu supérieur à celui de la partie filetée. L'excès du diamètre du corps ne devra pas dépasser :

$0^{mm},5$ pour les vis de 6 à 14 millimètres
1 mil.   —   16 à 48 millimètres.
2 mil.   —   de plus de 48 millimètres.

Les diamètres des trous traversés par les boulons seront fixés en conséquence de manière à toujours rester au-dessus de ces limites.

10o *Têtes de boulons et écrous.* — Les *têtes* de boulons et les *écrous* de formes usuelles, hexagonales et carrées, s'inscrivent dans un cercle dont le rayon est égal au diamètre de la vis.

L'inclinaison des *têtes coniques* sera de 9 de base sur 10 de hauteur (comptée parallèlement à l'axe de la vis) ce qui correspond pour le cône à un angle au sommet de 84o environ.

La hauteur des têtes et des écrous ne paraît pas susceptible d'être fixée d'une manière générale : on peut toutefois considérer comme valeur normale de cette hauteur le diamètre de la vis.

De même, les dimensions des trous des goupilles, des ergots, des fentes pour recevoir les tournevis, peuvent varier beaucoup ; on recommande toutefois de fixer à deux fois le pas la largeur de ces fentes et le diamètre des trous des goupilles, et de prendre, pour les dimensions des ergots, des multiples entiers du pas.

11o *Vis horlogères.* — Aucune règle n'est imposée pour l'établissement des vis horlogères, c'est-à-dire des vis de calibres inférieurs à 6 millimètres.

Toutefois, dans le but de pousser à l'unification, la Société d'encouragement préconise l'emploi de la *série dite Thury*, adoptée en divers pays, sur la proposition de la Société des Arts de Genève.

Jusqu'à nouvel ordre, la Marine ne peut que suivre les usages des constructeurs spécialistes qui, en France, ne semblent pas disposés à modifier leurs errements.

12o *Jauge décimale métrique.* — Les différentes jauges en usage ne reposant sur aucune base méthodique, ne doivent plus être employées ; elles seront remplacées par la *jauge décimale métrique* dans laquelle on désigne le calibre des fils métalliques par la valeur même de leurs diamètres exprimée en *dixièmes de millimètres*.

Comme on le voit par l'exposé qui précède, la Marine en adoptant les règles formulées par la Société d'encouragement pour l'Industrie nationale, s'est imposée certains sacrifices. C'est ainsi, qu'en premier lieu, elle abandonne la règle, en vigueur depuis longtemps, relative à la définition du calibre des vis.

Cette modification aux usages des arsenaux maritimes est la plus sérieuse de celles qu'entraîne l'introduction dans l'outillage de la Marine du nouveau système de filetages ; elle aura en effet, pour conséquence obligatoire, le renouvellement presque intégral de l'outillage en tarauds et filières.

L'adoption, par la Société d'encouragement, du profil de filets en usage dans la marine (triangle équilatéral tronqué au 1/8 de la hauteur) atténue, il est vrai, mais dans une faible mesure, les conséquences du changement de calibre.

Pour réaliser, dans les conditions les plus économiques, la transformation dont il s'agit, il ne sera procédé que progressivement au renouvellement de l'outillage.

J'ai décidé, à cet effet, qu'à partir du 1er janvier 1896, les commandes de machines de toute nature, devront spécifier que les vis, boulons etc., seront établis conformément aux règles du système français, tel qu'il est adopté par la Marine.

En outre, les établissements d'Indret et de Guérigny devront prévoir l'application du nouveau système à tous les appareils dont la construction sera entreprise à partir de cette même date du 1er janvier 1896 ; ces établissements devront, d'ici à cette date, être outillés en conséquence.

Recevez, Messieurs, l'assurance de ma considération la plus distinguée.

Signé : BESNARD.

Scaphandre

Le *scaphandre* est un appareil qui sert à exécuter des travaux sous-marins. Il se compose de deux appareils bien distincts : la *pompe* et le *vêtement*. Il existe plusieurs systèmes de scaphandre.

Le système *Cabirol* comporte (fig. 503) :

1o Un accoutrement destiné à envelopper complètement un homme et à lui permettre, grâce à un refoulement incessant d'air, de descendre dans l'eau.

Il se compose d'un vêtement, de brodequins plombés, d'une pélerine et d'un casque métallique.

Le vêtement est confectionné en coton ou en toile doublée de caoutchouc, de manière à être imperméable. Le plongeur qui le revêt doit d'ailleurs porter un costume complet en laine épaisse, et sur les épaules un coussin annulaire appelé à supporter le poids de la pélerine et du casque. Le vêtement est d'un seul morceau.

La pélerine et le casque sont en cuivre étamé et forment deux pièces distinctes. La première de ces pièces se fixe à une collerette en cuir à l'aide de boulons que l'on serre au moyen d'écrous à oreille. Le haut de la pélerine porte une partie filetée sur laquelle se visse le casque. Celui-ci porte sur la face avant 4 glaces, garanties par des grillages en cuivre, permettant au plongeur de voir dans tous les sens sans tourner le corps.

Sur le dessus du casque, un peu à gauche, se trouve l'arrivée de l'air. Ce conduit renferme une soupape maintenue sur son siège par un ressort à boudin et s'ouvrant du dehors au dedans. Il se bifurque dans l'intérieur en 3 canaux plats venant déboucher de façon telle que le courant d'air vienne devant les glaces donner de l'air frais en face du nez et de la bouche, et en même temps entraîner la vapeur provenant de l'haleine de l'homme.

L'extrémité du conduit situé en dehors du casque, communique, à l'aide de tuyaux confectionnés en fil de fer étamé, en caoutchouc et en toile, avec une pompe foulante à air, à triple corps.

Le gaz qui provient de la respiration du plongeur, ainsi que l'air en excès fourni par la pompe, s'échappent du casque à travers une soupape s'ouvrant de dedans en dehors et maintenue sur son siège par un ressort à boudin.

Cette soupape est située un peu sur l'arrière du casque, à portée de la main droite du plongeur. Elle est disposée de façon que l'on puisse modifier l'étendue de son soulèvement, suivant la profondeur où il s'agit de travailler.

Il existe encore sur le casque en face la bouche du plongeur, une espèce de soupape-robinet, dit *robinet de secours*, se manœuvrant à l'aide d'un bouton à vis et permettant au plongeur, pendant qu'il est au fond de l'eau, de donner une nouvelle issue à l'air en cas de nécessité. 2 cœurs en plomb, un sur le dos, l'autre sur la poitrine, permettent à l'homme de pencher la tête en avant ou en arrière, sans craindre que le poids du casque lui fasse perdre l'équilibre.

Le plongeur porte une ceinture en cuir. Le tuyau d'arrivée d'air avant d'aller se visser au casque, passe sous le bras gauche de l'homme. Dans un anneau de la ceinture, à droite, est amarrée une corde de signal au moyen de laquelle s'établit la communication entre le plongeur et les personnes qui sont à la surface de l'eau. On convient de la signification à donner à chaque nombre déterminé de coups tirés sur la corde.

2° *Pompe*. — La pompe à air se compose de 3 cylindres communiquant entre eux par la partie inférieure. Au bas de chacun de ces cylindres se trouve une soupape maintenue sur son siège par un ressort, et s'ouvrant de haut en bas. Les pistons sont garnis de cuir et possèdent aussi une soupape s'ouvrant de haut en bas. Les cylindres sont enfermés dans une caisse en tôle, dans laquelle se trouve de l'eau pour empêcher l'échauffement des cylindres. Cette eau est renouvelée à l'aide d'une pompe articulée sur l'arbre qui donne le mouvement aux pistons.

L'arbre comporte 3 manivelles calées à 120°. On manœuvre la pompe à l'aide de 2 manivelles à main. Il y a aussi un volant servant à régulariser le mouvement. La pompe comporte aussi un manomètre gradué en atmosphères et en mètres de profondeur.

Précautions à prendre. — L'homme qui se dispose à plonger ne doit pas avoir mangé depuis 2 heures au moins. Il ne doit pas être en transpiration. Il doit d'abord revêtir le vêtement de dessous, puis le vêtement imperméable d'une seule pièce des pieds aux épaules. Des manchettes en caoutchouc pressent les poignets. On place ensuite sur les épaules un coussin destiné à supporter la pèlerine en cuivre sur laquelle on capèle la bande de cuir du vêtement, sur les boulons ; puis les segments en cuivre pressés par les écrous à oreilles appuient sur le cuir et font le joint. On chausse ensuite les brodequins que l'on maintient par des courroies. On présente ensuite le casque, la vitre devant la bouche, dévissée, et on le visse lentement et avec précaution à la pèlerine. On passe la ceinture autour de la taille et on met en place les plombs. Ces opérations terminées on visse au casque le bout libre du tuyau d'air. A ce moment, on peut faire fonctionner la pompe et régler la soupape d'évacuation.

On ne doit visser la glace de la face que lorsque le plongeur est immergé jusqu'au cou et qu'il s'est assuré que le joint du vêtement et de la pèlerine est étanche. Le plongeur doit descendre lentement et régler la soupape d'échappement de façon à l'entendre battre sur son siège. Une descente trop brusque fait éprouver un bourdonnement dans les oreilles.

Les signaux se font généralement avec la corde : 1 coup signifie *cela va bien* ; 2 coups, *pas assez d'air* ; 3 coups, *trop d'air* ; 4 coups, *je monte* ; plusieurs coups précipités, *remontez-moi*.

Ces signaux doivent être répétés par l'homme qui est en rapport avec lui. Si le plongeur veut remonter vivement, il ferme la soupape d'évacuation et se tient couché sur le dos; l'ascension se fait rapidement.

Lorsqu'un appareil a servi, il faut, avant de le renfermer, le nettoyer avec soin et le faire sécher dans un endroit sec et à l'ombre. Il ne faut pas graisser le cuir de la collerette, car la graisse pourrait attaquer le caoutchouc.

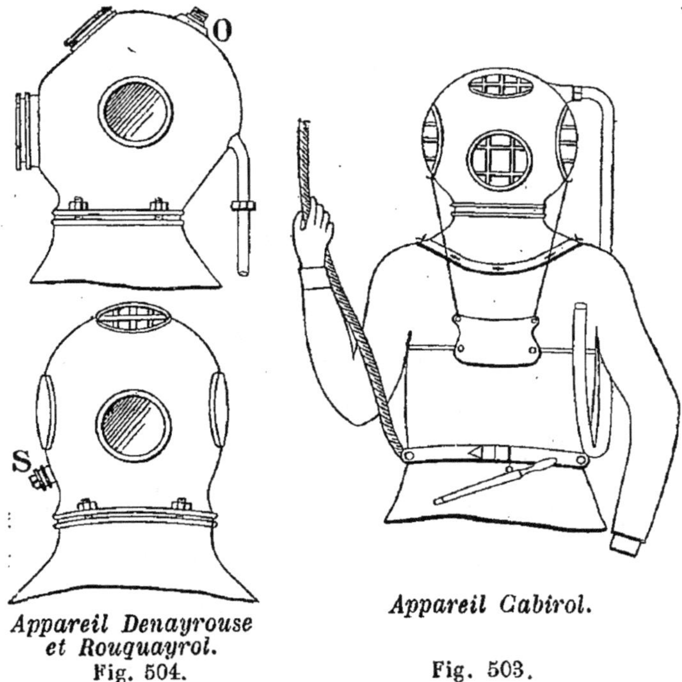

Appareil Denayrouse et Rouquayrol.
Fig. 504.

Appareil Cabirol.
Fig. 503.

Scaphandre Denayrouse et Rouquayrol,

L'appareil pour envoyer l'air au plongeur se compose de 2 corps de pompe à simple effet. Les pistons sont articulés à leur partie inférieure sur le plateau de la pompe, et ce sont les cylindres qui se meuvent.

Le *vêtement* ne diffère du système Cabirol que par la collerette en caoutchouc épais portant 3 oreilles.

. Le rebord de la pèlerine affecte la même forme et c'est au moyen de 3 boulons que l'on fait le joint.

Le casque porte 4 verres, celui de dessus est seul grillagé, l'épaisseur des verres offrant assez de solidité. Il porte une soupape s s'ouvrant de dedans en dehors. Le plongeur peut l'ouvrir en appuyant sur l'extrémité de la tige à l'aide de la tête, et il peut la tenir fermée en appuyant à l'extérieur (fig. 504).

Ce dispositif permet au plongeur de conserver la quantité d'air qu'il désire.

Il y a en outre un porte-voix qui vient se visser sur une tubulure o, pour correspondre avec la surface de l'eau. Dans ce cas le plongeur laisse évacuer une partie de l'air contenue dans le vêtement, ce qui lui permet d'entendre plus distinctement. On arrête ou diminue aussi le fonctionnement de la pompe pendant quelques instants, car l'air du réservoir à air de la pompe suffit à l'homme. Il faut parler fort, mais bref, d'un ton de commandement militaire. Quand le plongeur parle, l'homme qui est à la surface n'a qu'à appliquer l'embouchure à l'oreille, et il n'est alors pas nécessaire de modifier l'envoi de l'air au plongeur.

Ce système de scaphandre a le principal avantage d'être moins volumineux, et le vêtement plus facile à endosser, que celui du système Cabirol.

Nœuds et amarrages en usage dans les arsenaux

Le *nœud simple* et le *nœud en huit* se pratiquent sur le garant d'un cordage pour prévenir son passage dans la chape d'une poulie.

Le *nœud plat* s'emploie fréquemment pour mettre, bout à bout, deux cordages que l'on veut réunir.

Le *demi-nœud* sert pour saisir à volonté un objet quelconque, mais on a soin de lier les deux bouts par un amarrage.

Le *nœud coulant* sert à opérer un serrage facile.

Le *nœud de vache* sert, comme le nœud plat, à réunir bout à bout, plusieurs cordages.

Le *nœud d'étalingure* sert à fixer un cordage à un anneau, piton, etc.

Le *nœud de bouline* sert à fixer la branche de bouline.

Le *nœud de drisse* sert à fixer, autour d'une barre de bois ou d'un espar, l'extrémité d'une drisse.

Le *nœud d'écoute* sert à frapper les écoutes sur les points des voiles.

Le *nœud de cabestan* forme au bout d'un cordage, une boucle qui ne peut ni glisser, ni se serrer.

Le *nœud d'ancre* sert à fixer une corde à un anneau.

Le *nœud d'anguille* sert pour saisir et élever des objets d'un poids médiocre.

Le *nœud de bois* sert pour embrasser une pièce de bois qu'on veut haler ou traîner.

Les *nœuds d'agui* servent à hisser les matelots à la tête des mâts.

Nœud simple

Fig. 505.

nœud en huit

Fig. 506.

nœud plat

Fig. 507.

demi-nœud

Fig. 508.

nœud coulant

Fig. 509.

nœud de vache

Fig. 510.

nœud
d'étalingure

Fig. 511.

nœud
de bouline

Fig. 512.

nœud
de drisse

Fig. 513.

nœud
d'écoute

Fig. 514.

nœud de cabestan

Fig. 515.

nœud d'ancre

Fig. 516.

nœud d'anguille

Fig. 517.

nœud de bois

Fig. 518.

nœud d'agui simple

Fig. 519.

nœud d'agui double

Fig. 520.

nœud de jambe de chien

Fig. 521.

nœud de hauban

nœud de batelier

nœud de pêcheur

Fig. 522.

Fig. 523.

Fig. 524.

Pattes de chat

demi-clef

élingue

Fig. 525.

Fig. 526.

Fig. 527.

double élingue

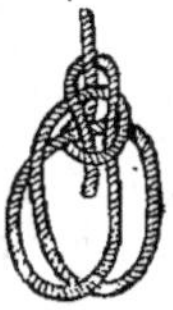

cul de porc simple

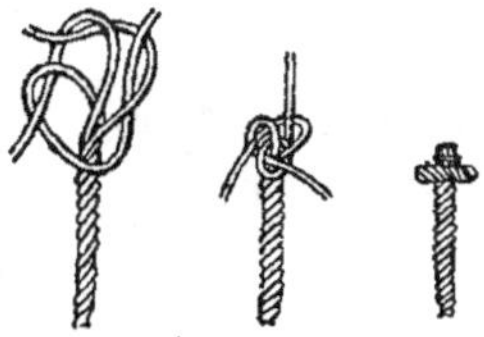

cul de porc
avec tête de mort

Fig. 528.

Fig. 529 à 531.

Fig. 532.

cul de porc
avec
tête d'alouette

tour-
mort

nœud
de bosse

queue
de rat

épissure

Fig. 533.

Fig. 534.

Fig. 535.

Fig. 536.

Fig. 537

nœud de gueule de raie

tour sur taquet

nœud d'enfléchures

Fig. 538.

Fig. 539.

Fig. 540

Le *nœud de jambe de chien* est celui dont on se sert pour raccourcir une manœuvre trop longue et que l'on ne veut pas couper.

Le *nœud de hauban* sert à rejoindre les deux parties d'un cordage, haubans, galhaubans et autres manœuvres dormantes, rompu par un accident quelconque.

Le *nœud de bâtelier* sert à enrouler un cordage autour d'une pièce de bois.

Le *nœud de pêcheur* sert à fixer une corde autour d'un poteau.

La *patte de chat* sert à saisir un crochet à l'aide d'un double nœud qui ne peut se serrer.

La *demi-clef* sert à arrêter un cordage autour d'un espar.

L'*élingue* forme un nœud coulant autour d'un objet, et une boucle s'accrochant à une poulie ou à la chaîne d'un treuil.

La *double élingue* sert à élever de lourds fardeaux.

Les *culs de porc* sont des nœuds pratiqués à l'extrémité des cordages pour les empêcher de se dépasser d'un objet quelconque.

Le *tour mort* est un double tour fait avec un cordage sur un objet quelconque et que l'on arrête par une demi-clef ou par un amarrage ou étrive.

Le *nœud de bosse* s'emploie pour frapper un cordage ou un palan à fouet sur un cordage déjà tendu.

On appelle *queue de rat* une espèce de pointe que l'on fait à l'extrémité des cordages afin de les introduire plus facilement dans les poulies.

L'*épissure* sert à joindre, bout à bout, deux cordages ou les extrémités d'un même cordage, d'une manière solide et sans nœuds.

Le *nœud de gueule de raie* sert à frapper un palan à croc sur une ride de hauban que l'on veut raidir.

Tourner une manœuvre sur un taquet.

Les *nœuds d'enfléchures* servent à tenir l'enfléchure toujours serrée contre le hauban. Ce nœud consiste en deux demi-clefs.

nœud d'aussière   nœud de galère   nœud d'arrêt

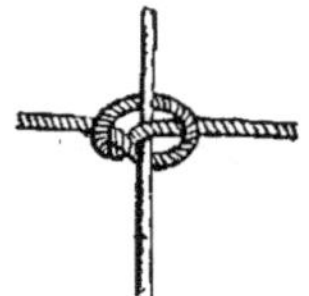

Fig. 541   Fig. 542   Fig. 543

Le *nœud d'aussière* s'emploie pour opérer la réunion de lourdes aussières.

Le *nœud de galère* permet de donner une tension énergique à une corde au moyen d'un bâton.

Le *nœud d'arrêt* sert à réunir avec sécurité deux anneaux ou boucles.

Tableau des proportions des objets de Tonnellerie en usage dans la Marine

NOMENCLATURE	Longueur	Diamètre Supérieur	Diamètre Inférieur	Diamètre Au bouge	Largeur du jable	Épaisseur des douves aux extrémités	Épaisseur des douves au bouge	Épaisseur des fonds	Cercles en fer Nombre	Cercles en fer Largeur	Cercles en fer Épaisseur
	m	m	m	m	m/m	m/m	m/m	m/m		m/m	m/m
Pièces de 4. — Barrique de 1000 litres	1, 47	0, 97	0, 97	1, 13	60	35	30	35	8	54	6
— 3. — — 750 —	1, 43	0, 84	0, 84	0, 99	54	33	27	33	8	47	5
— 2. — — 500 —	1, 30	0, 70	0, 70	0, 86	50	30	24	30	8	40	3
— 1. — — 250 —	0, 97	0, 60	0, 60	0, 75	46	24	20	24	8	34	3
Tierçons	0, 87	0, 49	0, 49	0, 60	42	23	19	23	8	34	2
Barils à huile de 80 litres	0, 73	0, 39	0, 39	0, 48	36	15	10	15	8	27	2
— 60 —	0, 68	0, 35	0, 35	0, 43	34	15	10	15	8	27	2
— 40 —	0, 62	0, 29	0, 29	0, 35	32	12	8	12	8	27	2
— 20 —	0, 50	0, 24	0, 24	0, 29	30	10	6	10	6	27	2
Barils à eau ou de galère	0, 59	0, 25	0, 25	0,325	»	15	12	15	6	27	2
Barils plats de 80 litres	0, 75	0,490 / 0,325	0,440 / 0,325	0,560 / 0,390	36	15	10	15	8	34	2
— 60 —	0, 68	0,450 / 0,270	0,430 / 0,270	0,490 / 0,330	34	15	10	15	8	27	2
— 40 —	0, 62	0,330 / 0,220	0,350 / 0,220	0,400 / 0,270	32	12	8	12	8	27	2
— 26 —	0, 59	0,300 / 0,190	0,300 / 0,190	0,340 / 0,230	30	10	6	10	8	27	2
Charniers ronds de 1000 litres	1, 26	0, 96	1, 18	»	45	32	32	32	5	54	6
— 750 —	1, 16	0, 87	1, 05	»	40	30	30	30	5	47	5
Charniers ronds de 500 —	1, 05	0, 73	0, 95	»	40	28	28	28	5	40	3
— 250 —	0, 90	0, 57	0, 75	»	35	25	25	25	5	34	3
Charniers ovales de 1000 litres	1, 50	1, 30 / 0, 80	1, 38 / 0, 88	» / »	45	32	32	32	5	54	6
— 750 —	1, 27	1, 20 / 0, 70	1, 27 / 0, 70	» / »	40	30	30	30	5	47	5
— 500 —	1, 15	0, 95 / 0, 70	1, 00 / 0, 75	» / »	40	28	28	28	5	40	3
— 250 —	0, 90	0, 75 / 0, 50	0, 80 / 0. 60	» / »	35	25	25	25	5	34	3
Bailles rondes à lessiver — 125 litres	0,475	0,760	0,740	»	35	25	»	25	3	34	2
— 101 —	0,430	0,700	0,650	»	30	25	»	23	3	34	2
— 76 —	0,485	0,640	0,580	»	»	20	»	20	3	34	2
— 51 —	0,345	0,560	0,520	»	»	16	»	16	3	27	2
— 26 —	0,310	0,490	0,453	»	»	12	»	12	3	27	2
Filtres simples	0,900	0,700	0,602	»	42	30	»	30	5	40	3
Baquets	0, 29	0, 36	0, 34	»	»	16	»	16	»	34	2
Bailles rondes	0, 24	0, 46	0, 40	»	»	16	»	16	2	27	2
Bailles ovales	0, 20	0, 59 / 0, 35	0. 55 / 0, 34	»	»	16	»	16	7	27	2
Gamelles	0, 19	0, 30	0, 25	»	»	12	»	12	2	27	2
Bidons	0, 25	0, 19	0, 29	»	»	12	»	12	3	27	2
Gamelots	0,465	0, 20	0,165	»	»	14	»	11	2	27	2
Seaux pour pompes 1	0, 38	0, 26	0,335	»	»	16	»	16	3	27	2
— — 2	0, 34	0, 29	0, 26	»	»	12	»	12	3	27	2
Seaux à main	0, 27	0, 28	0,225	»	»	12	»	12	2	27	2
Entonnoirs	0, 25	0, 37	0, 45	»	»	16	»	16	2	27	2
Crachoirs	0, 09	0,285	0,263	»	»	11	»	11	2	20	1, 5

Nota. — Le *jable* est la distance verticale comprise entre le plan ou bord supérieur de la futaille et la face extérieure du fond.

Circulaire ministérielle du 15 mai 1886
sur l'affrètement des navires à vapeur.

Renseignements généraux.

Les entreponts, ayant une hauteur inférieure à 1^m,80, sont considérés comme non logeables ; dans le cas où des conditions spéciales d'aération permettraient de les accepter, ils ne recevraient qu'un seul plan de couchettes.

Pour que l'entrepont inférieur puisse être habité dans de bonnes conditions, le chargement du navire (en plus des passagers, approvisionnements, charbon, etc.), devra être limité par cette condition : que les hublots de cet entrepont soient au moins à 1^m,20 au-dessus de l'eau.

Chaque place à table est d'au moins 0,^m60 mesuré sur le bord de la table.

Le volume d'air, pour un local habité quelconque, s'obtient en multipliant la surface effective du pont par la hauteur d'entrepont sous bordé, et en divisant le produit par le nombre de couchettes, après déduction du volume de la literie.

La surface effective du pont s'obtient en retranchant de la surface totale du pont la surface de l'emplanture des mâts, des bases d'archipompes, des entourages des machines et chaudières, et de toutes les parties supprimant un cube d'air égal à leur volume.

Le nombre de places à table, pour sous-officiers passagers, doit être égal à la moitié au moins du nombre de sous-officiers, afin que ceux-ci puissent manger en deux bordées au plus.

Il doit exister au moins un lavabo par 5 sous-officiers.

Le volume d'air par sous-officier passager ne doit pas être au dessous de 3^{m3},500 dans l'entrepont inférieur, et 3^{m3} dans les autres entreponts.

Si le navire ne doit transporter que des hommes valides, on doit toujours ménager un local isolé pouvant renfermer un nombre de malades égal aux $\frac{2}{100}$ du nombre des passagers valides. —Dans le cas où le bâtiment devrait recevoir des malades, un local semblable devra néanmoins être installé ; il servira à isoler les malades atteints d'affections contagieuses. Ce local sera alors calculé pour un nombre de malades égal aux $\frac{4}{100}$ au moins des passagers alités.

Les alités ne pourront jamais être logés au-dessous du premier entrepont. Le pont formant plafond des alités devra, s'il est en fer, être bordé en bois.

Les couchettes pour hommes valides seront disposées sur deux plans au plus ; le plan inférieur étant à 0^m,20 au moins, et à 0^m,40 au plus, au-dessus du pont, et la couchette supérieure à 0^m,80 de la couchette inférieure ; chaque couchette aura 0^m,60 de largeur et 1^m,80 de longueur. Dans chaque plan, les couchettes seront dis-

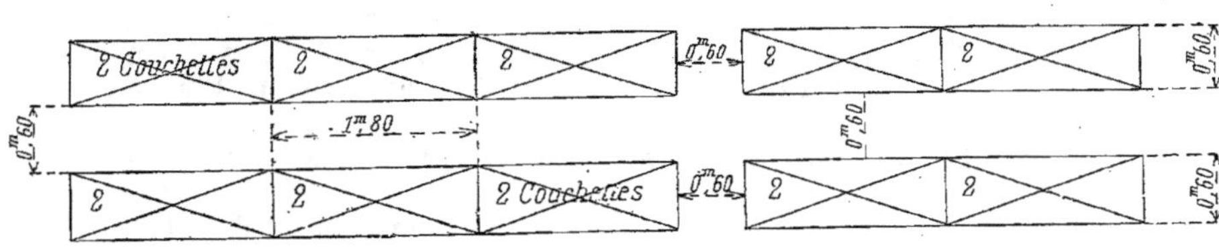

Fig. 544.

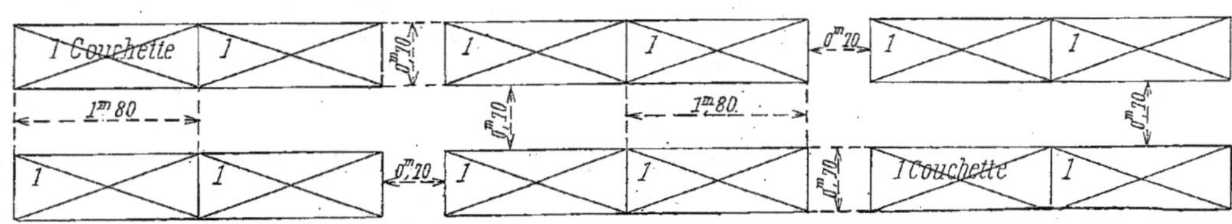

Fig. 545.

posées par files de deux seulement, de façon à ce que chacune
d'elles soit accessible latéralement. Les files comprendront dans
la longueur un nombre quelconque de couchettes, sous la seule condition de ménager, de distance en distance, des coursives pour la
circulation ; toutes les coursives entre les files auront au moins
0^m,60 (fig. 544).

Il y a un grand intérêt : 1° à avoir dans les cloisons étanches
des ouvertures avec portes étanches, afin d'assurer la circulation
de l'air d'un compartiment à l'autre ; 2° à faire établir des manches à air supplémentaires avec conduits sous barrots, à tous les
angles des panneaux où cela sera possible.

Les corneaux, en forme de bancs creux, doivent être calculés à
raison de 0^m,50 au moins par 40 hommes valides transportés.

Les couchettes pour alités seront disposées sur un seul plan, à
0^m,60 du pont, et devront avoir 1^m,80 sur 0^m,70. Elles seront par
groupes de quatre au plus, formant deux files, comme l'indique la
figure 545.

Les coursives de séparation des groupes auront au moins 0^m,70
de largeur.

Dans le nombre de couchettes par compartiment des alités, on
ne doit pas compter les couchettes de l'hôpital isolé.

Le volume d'air effectif par alité, dans chaque compartiment, ne
doit pas être inférieur à 6 mètres cubes.

Si l'on est conduit à faire sur le pont diverses installations (parc
à bœufs, corneaux, etc), réduisant la surface libre du pont, il est
bon d'établir, au-dessus de ces constructions, des promenoirs de
surface égale à la surface supprimée du pont.

Dans les stalles à chevaux, il doit y avoir une séparation au
moins tous les 6 chevaux ; la longueur totale des stalles, man-
geoires comprises, est de 2^m,40 ; la largeur par cheval doit être
de 0^m,50 pour la cavalerie légère, et de 0^m,60 pour la grosse cavalerie. La hauteur sous barrots doit être de 2 mètres ; une coursive de 0^m,50 au minimum devra être ménagée derrière chaque file
de stalles.

Le volume d'air effectif par cheval, dans chaque compartiment,
ne doit pas être inférieur à 11 mètres cubes.

<h3 style="text-align:center">Décret du 15 mars 1861
pour l'exécution de la loi du 18 juillet 1860
sur l'émigration.</h3>

Art. 5. — Il est alloué à chaque passager, à bord d'un bâtiment
affecté au transport des émigrants :

1° Un mètre trente décimètres carrés, si la hauteur du pont est
de 2^m,28 et plus ;

2° Un mètre trente-trois décimètres carrés, si la hauteur du
pont est de 1^m,83 et plus ;

3º Et un mètre quarante-neuf décimètres carrés, si la hauteur du pont est de $1^m,66$ et plus ;

Les enfants au-dessous d'un an ne sont pas comptés dans le calcul du nombre des passagers à bord, et deux enfants âgés de plus d'un an et de moins de 8 ans seront comptés pour un passager.

Art. 6. — Les navires affectés au transport des émigrants devront avoir un entrepont, soit à demeure, soit provisoire, présentant au moins $1^m,66$ de hauteur.

Lorsque les navires recevront un nombre de passagers suffisant pour occuper l'espace déterminé d'après les bases énoncées dans l'article précédent ($1^m,30$, $1^m,33$ et $1^m,49$ par passager), l'entrepont sera laissé entièrement libre, sauf les parties ordinairement occupées par le logement du capitaine, des officiers et de l'équipage.

Lorsque le chiffre des passagers sera inférieur à la capacité réglementaire du navire, l'espace inoccupé pourra être affecté au placement des provisions (la viande et le poisson exceptés), des bagages et même d'une certaine quantité de marchandises, le tout réglé proportionnellement à la diminution du nombre des passagers qui auraient pu être embarqués.

Art. 7. — Il est interdit de charger, à bord d'un navire affecté au transport des émigrants, toute marchandise qui serait reconnue dangereuse ou insalubre, et entre autres : les chevaux, les bestiaux, la poudre à tirer, le vitriol, les allumettes chimiques, le guano, les peaux vertes, les produits chimiques inflammables et les fromages, excepté ceux durs et secs ne portant aucune odeur.

Art. 8. — Les approvisionnements, soit qu'ils aient été embarqués par les émigrants eux-mêmes, soit qu'ils doivent être fournis par le capitaine du navire, seront faits en prévision de la plus longue durée probable du voyage.

Art. 9. — Les qualités, quantités et espèces de vivres dont l'émigrant ou l'entrepreneur devra s'approvisionner, seront vérifiées et fixées pour chaque destination par le commissaire de l'émigration.

Art. 10. — Le navire sera pourvu des ustensiles de cuisine, de combustible et de la vaisselle nécessaires. Il y aura une balance, des poids et des mesures de capacité, dont il sera fait usage à la réquisition des passagers.

Art. 11. — Les couchettes devront avoir intérieurement $1^m,83$ de longueur et $0^m,50$ de largeur. Il n'y aura, en aucun cas, plus de deux rangées de couchettes.

Le fond des couchettes inférieures devra être élevé au moins de $0^m,14$ au-dessus des bordages du pont inférieur, et le fond des couchettes supérieures devra être à la moitié de la distance qui sépare le pont supérieur des couchettes inférieures, mais sans que la moitié de cette distance puisse jamais être moindre de 760 millimètres.

Les objets de couchage seront, chaque jour, exposés à l'air, sur le pont, lorsque le temps le permettra.

L'entrepont sera purifié avec du lait de chaux au moins une fois par semaine.

Les couchettes seront, autant que possible, données : celles de l'arrière aux jeunes filles ou femmes seules, celles du milieu aux familles, et celles de l'avant aux hommes.

Art. 12. — Le navire aura sur le pont et sur l'avant au moins deux lieux d'aisances destinés à l'usage des passagers. Il y aura en outre un cabinet d'aisances à l'usage exclusif des femmes.

Dans le cas où le nombre des émigrants embarqués dépasserait le chiffre de cent, un cabinet d'aisances sera ajouté par chaque groupe en plus de cinquante émigrants.

Art. 13. — Le navire devra être muni d'une chaloupe proportionnée à son tonnage et de canots en nombre suffisants pour les éventualités de la traversée, eu égard au nombre des émigrants embarqués.

Il sera pourvu de pièces à eau, de manches à vent et autres appareils propres à assurer la ventilation.

Loi Américaine
pour le transport des passagers, émigrant par mer, sur des navires à vapeur ou autres.

Acte du congrès des Chambres des États-Unis, à Washington, le 26 juin 1884, approuvé le 19 juin 1886.

Dans un navire à vapeur, les compartiments ou espaces, non occupés par des marchandises et des provisions, devront être de dimensions suffisantes pour donner à chaque passager embarqué un volume de 100 pieds cubes (2^{m3},832), si le compartiment ou espace est situé dans le 1er ou le 2e entrepont, à partir du pont supérieur, et de 120 pieds cubes (3^{m3},398), dans le 3e entrepont.

Dans un navire à voiles, les passagers ne pourront être logés plus bas que le 2e entrepont (à condition que le 3e pont ne soit pas un faux pont), ou dans une dunette ou construction du pont principal. Le compartiment ou espace affecté aux passagers devront être de dimensions suffisantes pour donner à chaque passager embarqué un volume de 110 pieds cubes (3^{m3},115).

Les passagers ne pourront être logés dans les entreponts, compartiments ou espaces, que si la hauteur de plancho en plancho est supérieure à 6 pieds (1^{m},829).

Dans le nombre des passagers, les enfants au-dessous d'un an ne sont pas comptés ; et deux enfants entre un et huit ans sont comptés pour un passager. Dans le cours du voyage, toute personne embarquée, provenant d'un naufrage ou recueillie en mer, c'est pas comprise dans cette nomenclature.

Sur ces navires, à vapeurs ou à voiles, il ne peut y avoir, dans chaque compartiment ou espace réservé aux émigrants, que deux rangées de couchettes superposées. Les lits devront être séparés par des cloisons et devront avoir au moins 6 pieds (1^m,829), de long, sur 2 pieds (0^m,61) de large. L'intervalle entre le plancher du pont inférieur et le dessous de la couchette de la rangée basse ne devra pas être inférieur à 6 pouces (0^m,152) ; l'intervalle entre chaque rangée de couchettes, et l'intervalle entre la rangée supérieure et le dessous du pont au-dessus ne devront pas être inférieurs à 2 pieds 6 pouces (0^m,76). Chaque couchette ne pourra être occupée que par un passager au-dessus de 8 ans d'âge ; mais une couchette double, de largeur double de la dimension ci-dessus, pourra être construite pour deux femmes seulement, ou une femme et deux enfants au-dessous de 8 ans, ou un mari et sa femme, ou un homme et deux de ses enfants au-dessous de 8 ans, ou par deux hommes se connaissant.

Tous les passagers mâles au-dessus de 14 ans qui n'occupent pas de lits avec leurs femmes seront logés à l'avant du navire, dans un compartiment séparé des autres passagers par une cloison fermée ; les femmes seules et les jeunes filles seront logées dans un compartiment séparé des espaces occupés par les autres passagers par une cloison fermée, et dont l'accès sera indépendant des autres locaux. Les familles, cependant, ne seront séparées qu'avec leur consentement.

Il y aura dans tout compartiment pouvant recevoir 50 passagers, deux manches à air de 0^m,305 de diamètre au moins, l'une à l'avant, l'autre à l'arrière du compartiment. Dans les compartiments contenant plus de 50 émigrants, il y aura deux manches à air de 0^m,305 par 50 passagers. Chaque manche à air sera au moins à 6 pieds (1^m,830) au-dessus du pont le plus élevé.

Chaque compartiment à passagers aura sur le pont supérieur une claire-voie élevée de 6 pouces au moins (0^m,152) au-dessus du pont, et munie d'un capot de descente avec échelle et main courante.

Le navire à émigrants doit avoir au moins deux water-closets, et un supplémentaire par 100 passagers mâles ou 50 femmes, à l'usage exclusif de chacune de ces catégories de passagers. La nourriture doit être basée sur une fois et demie la ration des marins de l'État, par passager ; il doit y avoir 3 repas par jour avec 4 quarts d'eau douce, au moins, par jour et par passager. Les mères ayant de jeunes enfants devront pouvoir avoir du lait, frais ou condensé, en quantité suffisante pour les besoins de leurs nourrissons.

Il y aura deux hôpitaux ; un pour les hommes, l'autre pour les femmes. Ces hôpitaux ne seront pas situés plus bas que le pont immédiatement au-dessous du pont principal ; ils auront une superficie de 18 pieds carrés (1^{m2},67) par 50 émigrants. Il y aura un médecin à bord dès qu'il y aura cinquante émigrants, ou passagers autres que ceux des cabines.

Le capitaine devra maintenir une bonne discipline et de bonnes habitudes de propreté parmi les émigrants ; il devra, de temps à autre, désinfecter au chlorure de chaux, ou par tout autre moyen, les locaux à passagers. Chaque fois que le temps le permettra, il devra faire monter sur le pont supérieur les objets de couchage et les exposer à l'air.

Il est interdit de charger, à bord des navires à émigrants, des matières explosibles ou dangereuses, telles que la dynamite, la nitro-glycérine. le vitriol, la poudre à canon (excepté celle pour l'usage du navire), ou toute autre marchandise qui par sa nature, sa quantité, le mode d'arrimage à bord, ensemble ou séparément, pourrait être nuisible à la santé des passagers ou à la sécurité du navire. Les chevaux, le bétail, ou les autres animaux embarqués ne pourront être placés sur un pont au-dessous de celui sur lequel sont logés les émigrants, ni dans un compartiment voisin, excepté dans les navires en acier ou en fer dont les compartiments sont séparés par des cloisons étanches montant jusqu'au pont supérieur.

Loi du 30 janvier 1893 sur la marine marchande.

TITRE PREMIER. — *Définitions.*

Article premier. — La navigation marchande se divise en navigation au long cours, au cabotage international et au cabotage français.

Sont réputés voyages au long cours, ceux qui se font au delà des limites ci-après déterminées :

Au Sud, le 30e degré de latitude nord ;

Au Nord, le 72e degré de latitude nord ;

A l'Ouest, le 15e degré de longitude du méridien de Paris ;

A l'Est. le 44e degré de longitude du méridien de Paris.

Sont réputés voyages au cabotage international, ceux qui se font en deçà des limites assignées aux voyages au long cours, s'ils ont lieu entre les ports français, y compris ceux de l'Algérie, et les ports étrangers, ainsi qu'entre les ports étrangers.

Sont réputés voyages au cabotage français, ceux qui se font de ports français à ports français, y compris ceux de l'Algérie.

TITRE DEUXIÈME. — *Construction maritime.*

Art. 2. — En compensation des charges que le tarif des douanes impose aux constructeurs de bâtiments de mer, il leur est attribué les allocations suivantes :

Par tonneau de jauge brute totale, calculée conformément aux articles 1 à 12 du décret du 24 mai 1873 et à l'article premier du décret du 7 mars 1889 ;

Pour les navires à vapeur ou à voiles, en fer ou en acier, 65 francs ;

Pour les navires en bois de 150 tonneaux ou plus, 40 francs ;

Pour les navires en bois de moins de 150 tonneaux, 30 francs.

Sont considérés comme navires en bois les navires bordés exclusivement en bois.

Toute transformation d'un navire, ayant pour résultat d'en accroître la jauge, donne droit à une prime calculée conformément au tarif ci-dessus d'après le nombre des tonneaux d'augmentation de la jauge.

Art. 3. — En compensation des mêmes charges, il est attribué aux constructeurs de machines les allocations suivantes :

Pour les machines motrices et les appareils auxiliaires tels que pompes à vapeur, servo-moteurs, dynamos, treuils, ventilateurs mus mécaniquement, placés à l'état neuf à bord des navires tant à voiles qu'à vapeur, ainsi que pour les chaudières à vapeur neuves qui les alimentent et leur tuyautage, 15 francs par 100 kilogrammes (1).

La prime est accordée pour les machines motrices et les appareils auxiliaires mis en place à l'état neuf, ainsi que pour les parties neuves des machines qui subiraient des transformations ou des réparations pendant l'existence du navire.

Lors du changement des chaudières, la compensation est fixée à 15 francs par 100 kilogrammes de chaudières neuves de construction française

Art. 4. — Les primes déterminées par les articles 2 et 3 ne sont définitivement acquises que lorsqu'il est justifié de la francisation du navire.

En ce qui concerne les navires construits en France pour les marines marchandes de l'étranger, les primes ne sont acquises que lorsque le navire a pris ses expéditions.

Un règlement d'administration publique déterminera les vérifications auxquelles il devra être procédé par une Commission technique, pour s'assurer que le navire pour lequel la prime est réclamée est susceptible de faire un service régulier à la mer par ses propres moyens.

TITRE TROISIÈME. — *Navigation maritime.*

Art. 5. — A titre de compensation des charges imposées à la marine marchande pour le recrutement et le service de la marine militaire, il est accordé, à partir de la promulgation de la présente loi, une prime de navigation à tous les navires de construction française de plus de 80 tonneaux bruts de jauge pour les na-

---

1. Les tuyaux amenant la vapeur de la chaudière à la machine sont primés (*Lettre administrative* du 14 septembre 1893). — Les étuves de désinfection sont exclues de la prime (*Lettre administrative* du 11 août 1893).

vires à voiles et de plus de 100 tonneaux bruts de jauge pour les navires à vapeur.

Cette prime s'appliquera pendant dix années, à partir de leur francisation, aux navires construits en France pendant la durée de la présente loi.

Elle est attribuée exclusivement à la navigation au long cours et à celle au cabotage international.

Sont exceptés de la prime : les navires affectés au cabotage français, à la grande et à la petite pêche, aux lignes subventionnées par l'État et à la navigation de plaisance.

Toutefois, tant que les nations qui bénéficient d'un traitement de faveur seront admises à faire naviguer leurs navires entre la France et les ports d'Algérie ou *vice-versa*, les navires français qui effectueront cette navigation auront droit aux avantages stipulés dans la présente loi en faveur du cabotage international.

Sont également exclus de la prime : les navires se livrant au cabotage français qui touchent à des ports étrangers, sans y débarquer ou embarquer des marchandises représentant en tonneaux d'affrètement le tiers au moins de leur tonnage net, ainsi que les navires exécutant un parcours entre un port français et un port étranger distant de moins de 120 milles.

Art. 6. — La prime aux navires construits à l'étranger est et demeure supprimée.

La prime déterminée par l'article 5 est fixée par tonneau de jauge brute totale, calculée conformément aux articles 1 à 12 du décret du 24 mai 1873 et à l'article 1er du décret du 7 mars 1889, et par 1.000 milles parcourus, pour tous les navires de construction française :

A 1 fr. 10 pour les navires à vapeur, par décroissance annuelle à partir de leur construction de :

0 fr. 06 pour les navires en bois ;

0 fr. 04 pour les navires en fer ou en acier;

Et à 1 fr. 70 pour les navires à voiles, avec décroissance annuelle à partir de leur construction de :

0 fr. 08 pour les navires en bois ;

0 fr. 06 pour les navires en fer ou en acier.

Les navires francisés avant la promulgation de la loi du 29 janvier 1881 sont assimilés, pour la prime, aux navires de construction française.

Les navires de construction étrangère francisés après la promulgation de la loi du 29 janvier 1881 et avant le 1er janvier 1893, ne recevront que la moitié de la prime.

Les navires faisant la navigation au cabotage international ne reçoivent que les deux tiers de la prime. Les navires faisant cette navigation et francisés avant le 1er janvier 1893 sont assimilés pour cette prime aux navires de construction française.

Le nombre des milles parcourus est évalué d'après la distance comprise de port à port entre les points de départ et d'arrivée, mesurée sur la ligne maritime la plus directe, suivant les méthodes de calcul et avec le degré d'approximation qui seront déterminés par un règlement d'administration publique.

Art. 7. — La prime est augmentée de 25 % pour les navires à vapeur construits sur des plans préalablement approuvés par le Département de la Marine.

En cas de guerre, les navires de commerce peuvent être réquisitionnés par l'Etat.

Tout capitaine de navire recevant l'une des primes fixées par l'article 6 de la présente loi, est tenu de transporter gratuitement les dépêches, et en général tous les objets de correspondance qui lui seront confiés par le Ministre du Commerce pour le service des postes ; il fera prendre et remettre les dépêches dans les bureaux de poste du lieu de son départ ou des ports d'escale de sa route, ainsi qu'au lieu de sa destination. Ces transports seront gratuits.

Le capitaine sera tenu également de se charger des colis postaux, dans les conditions prévues par les lois et règlements sur la matière. Il encourra, à l'occasion de ces transports, la même responsabilité, envers l'Administration des postes, que cette Administration elle-même vis-à-vis du public.

Si un agent des postes est désigné pour accompagner les dépêches, il sera également transporté gratuitement sur tout le parcours, ainsi qu'entre les lieux d'embarquement et de débarquement, et les bureaux où s'effectue l'échange des dépêches.

Un local convenablement approprié sera mis à sa disposition pour le travail des correspondances en route.

TITRE QUATRIÈME. — *Dispositions diverses.*

Art. 8. — La franchise du pilotage est accordée à tous les navires français à voiles ne jaugeant pas plus de 80 tonneaux et aux navires français à vapeur dont le tonnage ne dépasse pas 100 tonneaux, lorsqu'ils font habituellement la navigation de port en port et qu'ils pratiquent l'embouchure des rivières.

Toutefois, sur la demande des chambres de commerce ou des intéressés, et après une instruction faite dans les formes ordinaires, des règlements d'administration publique détermineront les améliorations qu'il y aura lieu d'apporter aux règlements actuels dans l'intérêt de la navigation.

Art. 9. — Pour les navires au long cours, la visite prescrite par l'article 225 du Code de commerce, pour un chargement nouveau pris en France, ne sera obligatoire que s'il s'est écoulé plus d'un an depuis la dernière visite, à moins toutefois qu'ils n'aient subi des avaries.

Art. 10. — Les actes ou procès-verbaux constatant les mutations de propriété des navires, soit totales, soit partielles, ne seront passibles à l'enregistrement que du droit fixe de 3 francs. L'articlo 5, n° 2, do la loi du 28 février 1872 ost abrogé en co qu'il a do contrairo à la présente disposition (1). Les dispositions du présent article sont applicables aux ventes de bateaux de toute nature sorvant à la navigation intérieure.

Art. 11. — Le paragraphe 3 de l'article 4 de la loi du 19 mai 1866 sur la marine marchande est modifié ainsi qu'il suit :

» Art. 4, § 3. — Des décrets rendus en la forme des règlements d'Administration publique, sur le rapport du Ministre du Commerce, de l'Industrie et des Colonies, après enquête et après avis des Ministres des Travaux publics et des Finances, peuvent établir dans un port maritime des péages locaux temporaires pour assurer le service des emprunts contractés par un département, une commune, une chambre de commerce ou tout autre établissement public, en vue de subvenir à l'établissement, à l'amélioration ou au renouvellement des ouvrages ou de l'outillage public d'exploitation de ce port et de ses accès, ou au maintien des profondeurs de ses rados, passes, chenaux et bassins. »

« Ces péages sont payables par les navires tant français qu'étrangers, en raison de leur tonnage de jauge, des quantités de marchandises et du nombre de voyageurs embarqués et débarqués ; ils ne peuvent dépasser un franc (1 franc) par tonneau de jauge nette légale ; un franc (1 franc) par voyageur et cinquante centimes (0 fr. 50) par tonneau d'affrètement ou par tonne métrique de marchandises. »

« Les tarifs peuvent comprendre des péages par tonneau de jauge gradués suivant l'espèce du navire, son tirant d'eau, la durée de son stationnement dans le port, le genre de navigation, l'éloignement du pays d'expédition ou de destination, la nature de la cargaison du navire, les opérations faites par lui dans le port au cours d'une escale. Ils peuvent établir des prix réduits d'abonnement ou des exemptions totales ou partielles en faveur de certaines catégories déterminées de navires tant français qu'étrangers. »

« Ils peuvent spécifier des péages par unité de trafic, différents à l'embarquement et au débarquement, suivant les diverses natures de marchandises ou les diverses catégories de voyageurs. »

« Les tarifs de péage institués conformément au présent article ou des péages similaires en vigueur peuvent être modifiés avec ou sans conditions, dans les limites des maxima fixés par les décrets ou les lois qui les ont institués, sur la proposition des établissements publics au profit desquels il sont perçus. »

1. L'article 5, n° 2 de la loi du 28 février 1872 disait :
« Art. 5. — Sont soumis au droit proportionnel, d'après les tarifs en vigueur :
« 2. — Les mutations de propriété de navires soit totales, soit partielles. Le droit est perçu soit sur l'acte ou le procès-verbal de vente, soit sur la déclaration faite pour obtenir la francisation ou l'immatricule au nom du nouveau possesseur. »

« Les tarifs modifiés ne peuvent entrer en vigueur qu'après avoir été portés à la connaissance du public pendant un mois par voie d'affiches et lorsqu'ils ont été homologués par le Ministre du Commerce, après avis des Ministres des Travaux publics et des Finances. »

« Les péages locaux sont recouvrés par l'Administration des douanes. »

« Ils sont assimilés aux droits de douane pour la forme des déclarations, le mode de perception et notamment le recouvrement par voie de contrainte, le mode de répression des contraventions, les règles de compétence et de procédure en cas de contestation sur l'application des tarifs. Toute contravention donnera lieu au paiement d'une amende égale au double du péage compromis. »

« Les frais de perception et de procédure sont prélevés sur le produit des péages. » (¹)

Art. 12. — Il est prélevé sur le montant des primes instituées par les articles 2, 3, 6 et 7 de la présente loi, une retenue de 4 °/₀ qui sera versée à la caisse des Invalides de la Marine.

Le produit de cette retenue sera affecté :

1° A l'allocation de secours aux marins français victimes des naufrages et autres accidents, ou à leurs familles ;

2° A des subventions aux chambres de commerce ou à des établissements d'utilité publique, pour la création et l'entretien, dans les ports français, d'hôtels de marins destinés à faciliter à la population maritime le logement, l'existence et le placement, ou de toutes autres institutions pouvant leur être utiles.

Art. 13. — La durée de la présente loi est fixée à dix années à partir de sa promulgation.

Un règlement d'administration publique déterminera les conditions de son application.

Fait à Paris, le 30 janvier 1893.

1. L'article 4 de la loi du 19 mai 1866 sur la marine marchande disait :

« Art. 4. — Les droits de tonnage établis pour les navires étrangers entrant dans les ports de l'Empire seront supprimés à partir du 1ᵉʳ janvier 1867.

Les droits de tonnage actuellement perçus tant sur les navires français que sur les navires étrangers, et affectés, comme garantie, au paiement des emprunts contractés pour travaux d'amélioration dans les ports de mer français, sont maintenus.

Des décrets impériaux, rendus sous forme de règlements d'administration publique, pourront, en vue de subvenir à des dépenses de même nature, établir un droit de tonnage qui ne pourra excéder deux francs cinquante centimes par tonneau, décime compris, et qui portera à la fois sur les navires français et étrangers. »

Arrêté du Ministre de la Marine, en date du 27 septembre 1893, fixant les conditions générales auxquelles doivent satisfaire les navires de commerce pour recevoir la surprime de 25 %, prévue par la loi sur la marine marchande du 30 janvier 1893.

Les conditions auxquelles doivent satisfaire les navires de commerce, pour être admis à recevoir l'augmentation de 25 % de la prime à la navigation, due aux termes de la loi du 30 janvier 1893, sur la marine marchande, aux navires à vapeur construits sur des plans préalablement approuvés par le Département de la marine, sont les suivantes :

Article premier. — La surprime de navigation de 25 % n'est accordée qu'aux bâtiments construits en France, à la condition que des officiers et des ingénieurs de la marine, spécialement désignés par le Ministre, auront certifié, à la suite d'un examen approfondi, que ces navires offrent toutes les garanties nécessaires à une bonne et sûre navigation, au point de vue de leur construction, de leur appareil moteur, et de leurs installations, et notamment que les chaudières peuvent supporter à froid, sans déformations sensibles, la charge d'épreuve en usage dans la marine militaire.

Ces certificats sont valables pour une période indiquée par le Ministre. Ils doivent être renouvelés à la fin de cette période, et, en outre, toutes les fois que les bâtiments auront subi des réparations ou des modifications importantes dans leurs coques, leurs machines, leurs chaudières ou leurs installations.

Art. 2. — Les proportions du navire, ses dispositions et les hauteurs des centres de gravité de la coque, des appareils moteurs et évaporatoires, et de l'armement militaire complet, doivent être telles que le navire se trouve, en toutes circonstances, dans des conditions convenables de navigabilité. Pour s'en assurer, des calculs de stabilité et d'assiette, pour le cas de l'armement militaire complet, tel qu'il est défini par les articles 6 et suivants, et pour le cas de l'armement militaire, après consommation des vivres et du charbon, seront présentés à l'ingénieur de la marine, et contrôlés par lui.

Art. 3. — Les navires doivent être pourvus d'un système de cloisons étanches, tel que l'un quelconque des compartiments, formés par ces cloisons, étant envahi par l'eau, flotte encore avec sécurité ; les cloisons doivent être prolongées jusqu'à leur jonction avec un pont situé au-dessus de la flottaison. Lorsque ce pont est établi à une hauteur telle que le remplissage d'un compartiment l'amène à être voisin de la flottaison, il doit être étanche, et tous les panneaux dont il est percé doivent être munis de surbaux étanches assez élevés pour que l'eau, remplissant un compartiment, ne puisse pas se déverser dans les autres. Des dispositions doivent être prises pour assurer convenablement l'épuisement de l'eau dans les différents compartiments. Lorsque les cloisons étanches sont percées d'ouvertures les appareils, servant à la manœuvre des portes ou vannes, doivent être tels que la fermeture puisse être opérée rapidement, et lors même que le compartiment qu'il s'agit d'isoler serait envahi par l'eau.

Art. 4. — Les représentants du Département de la marine doivent toujours être convoqués quand on procède à l'essai des cloisons étanches ; pour cet essai, on remplit d'eau jusqu'à hauteur de la flottaison en charge un ou plusieurs, ou tous les compartiments du navire, au choix du représentant de la Marine.

Toutefois, l'emploi des batardeaux pour l'essai des cloisons étanches des grands compartiments pourra être autorisé par le représentant de la Marine. L'essai d'étanchéité à la pompe à incendie, à la lance ne peut remplacer les essais par remplissage définis ci-dessus.

Art. 5. — Les navires doivent être capables de réaliser, dans les conditions de pleine charge correspondant à l'armement militaire défini dans les articles suivants, une vitesse de dix-sept nœuds et demi pendant un essai sur bases de quatre heures. Le Ministre de la marine doit être toujours avisé de l'époque de ces essais et peut s'y faire représenter. Les appareils moteurs et évaporatoires doivent offrir, par leurs proportions et leur bonne exécution, toutes les garanties désirables au point de vue de leur invulnérabilité et de la durée de leur bon fonctionnement.

Art. 6. — L'exposant de charge des navires et leurs dispositions intérieures doivent être tels qu'ils puissent recevoir un approvisionnement de charbon suffisant pour parcourir une distance de 6.500 milles à la vitesse de 10 nœuds.

Art. 7. — Lorsque les parties supérieures des appareils moteurs ou évaporatoires se trouvent au-dessus de la flottaison, ou lorsque, restant en dessous de la flottaison, elles en sont très rapprochées, les dispositions des soutes et des cales ou des localités en général doivent permettre de constituer, avec du charbon de réserve, un rempart d'épaisseur et de hauteur convenables, protégeant les parties exposées des appareils moteurs et évaporatoires. Le propulseur doit être sous-marin.

Art. 8. — L'artillerie se composera de canons de 14 centimètres et de canons de petit calibre dont le modèle et le nombre seront déterminés par le Ministre de la marine d'après la grandeur du navire, lors de l'examen des plans et devis.

Les appareils de production d'électricité, s'il en existe à bord, devront être susceptibles de pouvoir alimenter au besoin deux projecteurs fonctionnant à 60 ampères.

L'emplacement des deux projecteurs, si le bâtiment peut en recevoir, sera déterminé lors de l'examen des plans du bâtiment.

Ces projecteurs seront disposés, en général, l'un à l'avant, l'autre à l'arrière et devront avoir leur champ d'éclairage convenablement dégagé. Ces projecteurs seront préparés par la marine militaire.

Les sabords en pavois des gaillards, aux emplacements déterminés, devront être installés d'avance, de manière à assurer le libre pointage des pièces, et les ponts, s'il y a lieu, seront consolidés d'une façon convenable. Les douilles pour chevilles ouvrières, les sellettes et circulaires ainsi que les ferrements indispensables pour l'amarrage ou la manœuvre des pièces, devront être placés à demeure, dans tous les cas où il n'en résultera aucune gêne pour le service habituel du bord. Les objets qui ne pourraient être mis en place définitivement, ainsi que les supports pour canons de petit calibre, seront préparés par la marine militaire, en même temps que les canons et leurs affûts, et conservés autant que possible à bord des bâtiments.

Les soutes à munitions seront établies en tenant compte à la fois des exigences du service commercial et militaire du bâtiment. Leurs dispositions définitives seront arrêtées par le Ministre après entente entre le constructeur et l'Administration de la Marine. Des passages directs seront prévus et disposés pour assurer le service rapide des poudres et projectiles, depuis les locaux désignés d'avance par le Ministre de la marine pour contenir ces munitions jusqu'aux pièces des divers calibres. Les treuils à vapeur du bord devront, autant possible, être utilisés pour le hissage des munitions au moyen de plateaux ou de bennes.

L'approvisionnement d'eau devra être calculé au minimum pour un personnel de cent hommes pendant un mois. Le bâtiment devra présenter en outre un appareil distillatoire fournissant au minimum 10 tonneaux d'eau par jour.

Art. 9. — Toutes les installations prévues par les articles ci-dessus doivent être exécutées et vérifiées avant la mise en service du navire.

Art. 10. — Les plans que les armateurs doivent adresser au Ministre seront aux échelles réglementaires dans la marine militaire ; ils devront être produits dans un délai maximum de six mois à compter de la date du contrat passé pour la construction du navire.

Fait à Paris, le 27 septembre 1893.

Signé : RIEUNIER.

TABLEAU

Indiquant la Composition du Tonneau d'affrètement pour l'exécution des articles 3 et 6 de la loi du 3 Juillet 1861, et des décrets des 25 août 1861 et 24 Septembre 1864.

Marchandises	Poids du tonneau de mer	Observations
	kil.	
Abaca, chanvre de Manille	»	Voir Chanvre
» cordages en glènes	»	Voir Cordages
Absinthe, en balles	200	
Acide borique	800	
» citrique, muriatique, nitrique, sulfurique	800	Ou au Cubage
Acier	1.000	
Agaric, en balles	350	
Ail, en grenier	500	
» en paniers	450	
» en fûts	400	
Albâtre, brut	1.000	
» ouvré	»	Au Cubage
Alizari d'Avignon, en balles pressées avec cercles en fer . .	500	
» » en balles rondes . .	300	
» de Naples, en balles pressées avec cercles en fer . . .	800	
» de Chypre, en balles	400	
» autres sortes, en balles	500	
» autres sortes, en fûts	400	
Aloès, en fûts ou en caisses	800	
Alpiste	»	Voir Graine longue
Alquifoux (mine de plomb)	1.000	
Alun	1.000	
Amadou	250	
Amandes cassées, en balles, quel que soit l'emballage .	800	
» » en fûts	700	
» dures, en coques	600	
» tendres, en coques	550	
» demi-fines ou fines	450	
Ambre brut, en caisses	600	
» » en fûts	500	
Ambrette	750	
Amidon, en poudre	1.000	
» en branches, en fûts	700	
» » en caisses . . .	800	
» » en grains	750	

Marchandises	Poids du tonneau de mer	Observations
	kil.	
Ammoniaque.	500	
Amurca (marc d'huile).	1.000	
Anchois, en fûts	800	
» en flacons, en caisses	700	
Ancres.	1.000	
Anis étoilé, en caisses ou en balles . .	500	
» » en fûts	400	
» vert, en balles.	600	
» » en fûts	500	
Anisette.	»	Voir Boissons
Antimoine	1.000	
Arachides, en cosses, en grenier. . . .	500	
» » en sacs.	450	
» écossées, en grenier. . . .	700	
» » en sacs.	650	
» » en fûts	600	
Ardoises.	1.000	
Argent et argenterie.	»	Voir Métaux précieux
Argent-vif.	1.000	
Argile.	1.000	
Aristoloche	700	
Armes.	1.000	Ou au Cubage
Arrow-root, en caisses.	600	
» en fûts	500	
Arsenic	1.000	
Asphalte.	1.000	
Aspic, en balles	250	
Assa-Fœtida.	700	
Avelanedes, en balles	500	
» en fûts	400	
Avirons de 2 à 3 mètres.	»	Nombre 70
» 3 à 4 »	»	— 60
» 4 à 5 »	»	— 40
» 5 à 6 »	»	— 25
» 6 à 7 »	»	— 20
» 7 à 8 »	»	— 15
Avoine, en grenier ou sacs.	700	
» en fûts.	600	
Azur	1.000	
Bablah, en balles.	400	
Badiane.	»	Voir Anis étoilé
Baies de genièvre, en balles	600	
» de laurier, en balles	500	
Balais non emmanchés.	»	Nombre 350
» emmanchés	»	— 250
Ballotages.	»	Au Cubage
Bambous	400	

Marchandises	Poids du tonneau de mer	Observations
	kil.	
Barbançons, pleins ou vides, c'issés ou non	»	300 Litres
Barille, ou soude	1 000	
Barriques bordelaises	»	Voir Futailles en Boltes
Basane	600	Ou au Cubage
Bassins de cuivre	750	
Bastin, non fabriqué, en balles pressées	500	
» filé, en paquets	350	
» cordé, en glènes	»	Voir Cordages
Baume de Copahu, du Canada et du Pérou	750	
Benjoin	800	
Beurre, en pots	800	
» en fûts	1 000	
» en flacons ou boîtes	»	Voir Caissages
Bière	»	Voir Boissons
Bijouterie d'or et d'argent (1)	»	A la Valeur
Biscuits, en caisses	600	
» en fûts	500	
Bismuth ou étain de glace	1.000	
Bitume	1.000	
Blanc de baleine (spermaceti)	1.000	
Blanc d'Espagne et de Meudon	1 000	
» de zinc	1.000	
Blé, en grenier ou en sacs	1.000	
» en fûts	900	
Bleu de Prusse, en caisses	800	
» en fûts	700	
Bœuf salé	1.000	
Bois d'acajou de Cuba ou de Santo-Domingo	1.000	
» de la République d'Haïti, de Honduras, de la Côte-Ferme et de l'Amérique Centrale	800	
Bois de buis, cailcédra, Calliatour, Campêche, Coupe d'Espagne, Ebène, Érable, Espeuille, Gaïac, Grenadille, Teck, Palissandre jaune et autres bois durs, de teinture et d'ébénisterie en bûches régulières	1.000	
» de Campêche, Haïti, Lima, Pernambuco, Sassafras, et Sainte-Marthe	800	
» de laurier-rose, Sandal, Sapan et Violet	700	
» de Cèdre à crayons	600	

(1) Pour la Bijouterie fausse, voir Mercerie.

Marchandises	Poids du tonneau de mer	Observations
	kil.	
Bois de Cèdre, autres sortes	800	
» de réglisse, en balles ou paquets .	550	
» de brésillet, fustet et Nicaragua. .	500	
» de fustet, en sacs.	400	
» de teinture moulu, en balles . . .	500	
» » en fûts . . .	400	
» de construction, chêne, teck, etc .	»	Au Stère
» à bâtir, poutres, poutrelles, soliveaux, etc	»	Au Stère
» à bâtir, planches, sap.	»	Au Cubage
» à brûler, orme, etc	»	Au Stère
» de marqueterie, en lames	»	Au Cubage
Boissellerie	»	Au Cubage
Boissons et autres liquides : En bordelaises. .	»	4 Barriques
» En gros et en petits fûts. . .	»	900 Litres
» En gros et en petits fûts doubles. . .	»	550 —
» En dames-jeannes .	»	450 —
En bouteilles, en caisses en paniers et en futailles . . .	»	324 Bouteilles ou au Cubage
Bombes, boulets et autres projectiles .	1.000	
Borax brut et raffiné	1.000	
Boucauts, en bottes	»	Voir Futailles en Bottes
Bouchons de liège, en balles	150	
» en caisses.	»	Au Cubage
Bougie	700	Ou au Cubage
Bourre ou poils d'animaux, en balles non pressées.	200	Ou au Cubage
» » en balles pressées .	400	Ou au Cubage
» de soie, en balles pressées . .	400	Ou au Cubage
Bouteilles vides, en vrac, avec paille d'un litre	»	700 Bouteilles
Bouteilles vides, en vrac, avec pailles, autres au-dessous d'un litre	»	900 —
Bouteilles vides, en vrac, avec paille, demi-bouteilles.	»	1400 Demi-Bouteilles

Marchandises	Poids du tonneau de mer	Observations
	kil.	
Bouteilles vides, emballées.	»	Au Cubage
Brai gras ou sec, en balles ou en fûts .	1.000	
Briques, de toutes espèces	1.000	
Bronze	1.000	
Brosseries, en caisses ou paniers . . .	»	Au Cubage
Brou (écorce de noix), en sacs	600	
Brun-rouge.	1.000	
Cabillaud	»	Voir Morue verte
Câbles et grelins, blancs.	500	
» goudronnés.	600	
Cacao, en sacs ou en balles	700	
» en fûts	600	
» en grenier	750	
Cachou	800	
Café, en sacs ou en balles.	900	
» en fûts.	800	
» en couffins	800	
Caissages	»	Au Cubage
Camphre brut, en caisses	600	
» en fûts	500	
Camphre raffiné, en caisses.	800	
» en fûts	700	
Canéfice ou Casses, en balles, sacs ou		
caisses	450	
» en fûts.	350	
Canelle, en caisse.	350	
» en ballots ou paquets	300	
Canons ou caronades	1.000	
Cantharides, en balles ou caisses . . .	400	
» en fûts	350	
Caoutchouc (gomme élastique) en balles	450	
ou caisses.		
» » en fûts . . .	350	
« » en planches.	700	
» » ouvré. . .	»	Au Cubage
Câpres, en barils	900	
» en flacons ou caisses	600	
Cardamone.	400	
Caret (écaille de tortue) en caisses. .	500	
» » en fûts . .	400	
Carreaux de marbre, de terre cuite et		
de pierre. . . .	1.000	
Cartes à jouer	800	
Carton	700	
Casaques en balles, caisses ou fûts . .	»	Au Cubage
Cascarille	500	
Cassave (farine de manioc)	700	

Marchandises	Poids du tonneau de mer	Observations
	kil.	
Cauris.	1 000	
Cendres ou charrée	1.000	
Cercles	»	Tarif conditionnel
Céruse.	1.000	
Cévadille	800	
Chaînes	1.000	
Chaises	»	Tarif conditionnel
Chandelles, en caisses.	700	Ou au Cubage
Chanvre, en grenier.	400	
» en balles pressées.	500	
» de Calcutta (jute) et chanvre de Manille, en balles pressées et cordées.	600	
» en balles non pressées. . . .	»	Au Cubage
Chapeaux	»	Au Cubage
Charbons de bois.	600	
» de terre, en grenier	1.000	
» de terre, en fûts.	900	
» de terre, en briquettes, en vrac	1.000	
Chardons	»	Au Cubage
Châtaignes (marrons) en grenier . . .	900	
» » en sacs.	800	
» » en fûts.	700	
Chaudières à sucre	900	
» pour machines à vapeur.	1.000	
Chaudrons.	750	
Chaux	1.000	
Chènevis.	»	Voir Graines de Chanvre
Chicorée moulue	700	
Chiendent, en balles.	250	
Chiffons, en balles	500	
Chiques (marbre à jouer)	1.000	
Chocolat.	900	
Choucroute	800	
Chromate	1.000	
Cidre	»	Voir Boissons
Cierges	800	
Cigares	»	Au Cubage
Ciment	1.000	
Cinabre	1.000	
Cirage liquide, en bouteilles de grès ou en fûts	600	
» en boîtes ou caisses. .	1.000	
Cire brute, en caisses, balles ou pains.	900	
» en fûts.	800	
Citrons, en caisses	»	Au Cubage

Marchandises	Poids du tonneau de mer	Observations
	kil.	
Clous de cuivre, de fer ou de zinc. . .	1.000	
» de girofle.	»	Voir Girofle
Coaltar	1.000	
Cochenille, en caisses ou en surons de cuir	600	
» en surons de latanier . . .	500	
» en fûts	400	
Cocos à tourner et autres grains durs à tailler, en grenier.	1.000	
Cocos à tourner et autres grains durs à tailler, en balles.	900	
Cocos à tourner et autres grains durs à tailler, en fûts	800	
Cocos frais.	400	
Coke, en grenier	500	
» en fûts	400	
Colle de poisson, en balles.	600	
» en fûts.	500	
Colle forte, en balles	600	
» en fûts	500	
Coloquinte.	200	
Confitures, en caisses	»	Au Cubage
Conserves alimentaires	1.000	Ou au Cubage
Coprahs (amandes de coco), en grenier	650	
» en robins ou sacs.	600	
Coques de Cacao, en balles.	300	
» du Levant, en balles	600	
Coquillages.	»	Au Cubage
Corail de jardin	400	
Cordages blancs	700	
» goudronnés	800	
» d'Alger, sparte, jute, abaca, pite, bastin.	500	
» vieux, en grenier	800	
Coriandre, en balles.	400	
Cornes de bœuf et buffle, en grenier. .	800	
» » en balles . .	500	
» » en fûts. . .	400	
» de cerf entières	300	
» » chapées	350	
» de mouton, en grenier	500	
» » en balles.	450	
» » en fûts	400	
Côtes de tabac	»	Voir Tabac
Coton, en balles carrées, pressées et cordées	500	
» en balles rondes, pressées et cordées.	400	

Marchandises	Poids du tonneau de mer	Observations
	kil.	
Coton en balles rondes non pressées .	300	
» de l'Inde, en balles carrées, pressées et cordées	600	
» des mers du Sud, Porto-Rico, Cuba et Côte-Ferme, en balles carrées, pressées cordées ou cerclées	450	
» du Brésil, en balles.	450	
» de Cayenne, de la Martinique et de la Guadeloupe, en balles rondes et non pressées.	300	
» d'Haïti en balles carrées, pressées, cordées	450	
» » en balles rondes, pressées cordées.	400	
» » en balles non pressées .	300	
» filé, en balles pressées. . . .	300	Ou au Cubage
» » non pressées . .	600	Ou au Cubage
Couperose	1.000	
Couffes, Couffins et Cabas	»	Tarif conditionnel
Craie	1.000	
Crayons, garnis de bois, en caisses . .	500	Ou au Cubage
» » en fûts . . .	400	Ou au Cubage
Crème de tartre	1.000	
Creusets.	500	
Crins de Russie ou tout autre provenance, tordus ou tressés en balles	500	Ou au Cubage
» » non tordus ni tressés, en balles	400	Ou au Cubage
» » de la Plata et d'ailleurs en balles pressées. . .	700	Ou au Cubage
Cubèbe, en balles	500	
» en fûts	400	
Cuirs de Buenos-Ayres et autres, de 12 kilogrammes et au-dessus. . . .	800	
» de la Côte-Ferme et autres, de 8 à 12 kilogrammes exclusivement.	600	
» au-dessous de 8 kilogrammes . .	500	
» tannés, en rouleaux	700	
» verts ou salés, en paquets . . .	1.000	
» corroyés, en balles, caisses ou malles	600	
Cuivre.	1.000	
» vieux en paquets ou en vrac. .	1.000	
» fûts ou en caisses	900	
Cumin de Malte	750	

Marchandises	Poids du tonneau de mer	Observations
	kil.	
Curcuma, en balles	750	
» en fûts.	650	
Cylindres (ou tubes etc.) en cuivre, fonte, fer, etc.	1.000	Ou au Cubage
Dames-jeannes, vides	»	500 Litres
Dattes, en couffes ou en caisses. . . .	700	
» en fûts.	600	
Dégras de peau.	1.000	
Demittes (toile de coton)	750	Ou au Cubage
Dents d'éléphant ou d'hippopotame, en grenier.	1.000	
» en balles ou caisses.	800	
» en fûts	700	
Derle	1.000	
Dividi, en graines, en grenier et en sacs	500	
» moulu, en sacs.	800	
» » en fûts.	700	
Douvelles	800	
Drap de laine, en balles ou en caisses.	500	Ou au Cubage
Drilles.	»	Voir Chiffons
Eau de Cologne et eau de senteur, en caisses.	»	Au Cubage
Eau de fleurs d'oranger, en caisses . .	»	Au Cubage
Eau-de-vie.	»	Voir Boissons
Eau-forte	»	Voir Acide nitrique
Eau minérale.	»	Voir Boissons
Ecaille de tortue	»	Voir Caret
Echalas.	800	
Ecorces à Tan, non moulues, en grenier ou en paquets.	500	
» » moulues en sacs. . . .	600	
» de grenade, d'orange et de citron, en balles	500	
» de grenade, d'orange et de citron, en fûts	400	
Edredon.	»	Au Cubage
Effets à usage	»	Au Cubage
Ellébore (racine d').	500	
Emeri.	1.000	
Encens ou Oliban, en balles ou caisses	900	
» » en fûts.	800	
Enclumes	1.000	
Encre à écrire, en bouteilles de grés, enfutaillées.	600	
Engrais, en fûts	900	
» en grenier ou sacs	1.000	
Epingles.	1.000	

Marchandises	Poids du tonneau de mer	Observations
	kil.	
Eponges brutes, en balles	300	
» lavées, on balles	200	
» en paniers	»	Au Cubage
Esprit-de-vin.	»	Voir Boissons
Essence de parfumerie, en estagnons ou caisses	»	Au Cubage
» de térébenthine, eu touques . .	800	
» » en fûts . . .	1.000	
» » en bonbonnes	»	Au Cubage
Essieux on fer	1.000	
Etain.	1.000	
Etaux.	1.000	
Etoffes	»	Au Cubage
Etoupes de cordages, blanches ou goudronnées en paquets.	400	
» » blanches ou goudronnées en balles pressées. . .	500	
Euphorbe	800	
Extrait de sumac liquide.	»	Voir Boissons
Faïence, en grenier	»	Tarif conditionnel
» en harasses ou caisses. . . .	»	Au Cubage
Faitières en terre	1.000	
Fanons de baleine	800	
Farine, en sacs.	1.000	
» en barils	800	Soit 8 Barils
Faux et faucilles	1.000	
Fauteuils	»	Tarif conditionnel
Fèces d'huile	1.000	
Fécule de pommes de terre, en balles .	900	
» » en fûts. .	800	
Fenouil	700	
Fer, en massiaux, en barres et non ouvré	1.000	
» blanc, en feuilles et en caisses . .	1.000	
Ferraille.	1.000	
Ferrements.	1.000	Ou au Cubage
Feuillards de bois, en paquets . . .	»	Au Cubage
» de fer	1.000	
Feuilles de laurier, en balles. . . .	250	
Feutre à doublage, goudronné . . .	600	
» » non goudronné . .	500	
Fèves en grenier.	900	
» en fûts ou en sacs	800	
Féverolles	»	Voir Fèves
Ficelles, en paquets ou en fûts . . .	600	

Marchandises	Poids du tonneau de mer	Observations
	kil.	
Figues.	900	
Fil de chanvre et de lin, en balles	600	
» de chèvre, en balles	500	
» de fer et de laiton.	1.000	
Filasse, en balles.	400	
Filets de pêche.	400	
Fleur de Cannelle, en caisses ou balles.	700	
» en fûts.	600	
Fleur de Lavande, tilleul et tamarin, en caisses ou balles.	400	
Fleur de Lavande, tilleul et tamarin, en fûts	350	
Fleur de soufre en balles	900	
» en fûts	800	
Fleurs artificielles.	»	Au Cubage
Foin, en balles pressées.	400	Ou au Cubage
Follicules de sené, en balles pressées	500	
Fonte brute	1.000	
» ouvrée.	1.000	Ou au Cubage
Formes à sucre en terre cuite.	700	
Frisons de soie (silk chassum).	600	
Fromage de Hollande, en grenier	800	
» » en caisses ou en fûts.	700	Ou au Cubage
» de Gruyère, en cuveaux d'un fromage.	700	Ou au Cubage
» » en fûts.	800	Ou au Cubage
» autres sortes.	»	Au Cubage
Froment.	»	Voir Blé
Fruits confits.	700	Ou au Cubage
Fusils de traite, en caisses.	900	
Futailles, en boîtes.	800	
» vides.	»	900 Litres
Galanga, en balles	500	
» en fûts	450	
Galbanum	800	
Galipot	1.000	
Galles (Noix de) lourdes du Levant, en balles.	1.000	
» » en fûts.	800	
» légères de Provence, en balles	400	
» » en fûts.	350	
» d'Istrie, en balles	900	
» » en fûts	700	
Gambier de l'Inde, pressé	1.000	
» non pressé	600	Ou au Cubage

Marchandises	Poids du tonneau de mer	Observations
	kil.	
Ganterie.	»	Au Cubage
Garance moulue, en fûts.	800	
» sèche (alizari) en balles . . .	»	Voir Alizari
Garancine, en fûts	600	
Gaude	200	
Gélatine, en boîtes, en caisses.	800	
Genièvre.	»	Voir Boissons
Gentiane, en balles.	500	
» en fûts	450	
Gingembre, en balles	800	
» en fûts.	700	
Ginseng, en balles.	700	
» en fûts	600	
Girofle (clous de), en balles	500	
» » en fûts	400	
» (griffes de), en balles. . . .	400	
» » en fûts	350	
Gomme ammoniaque, en caisses . . .	800	
» d'Arabie, Sénégal, en balles. .	1.000	
» » » en caisses .	900	
» » » en fûts. . .	800	
» Copal, en balles.	800	
» » en caisses.	800	
» » en fûts	700	
» élastique	»	Voir Caoutchouc
» gutte.	1.000	
» laque, en balles ou caisses . .	700	
» » sur bâtons, en sacs . .	650	
» » en fûts. . .	600	
» de sandaraque, en fûts. . . .	800	
Goudron	1.000	
Grabeau de séné et de cochenille . . .	500	
Grains.	»	Voir Blé, Orge, Seigle, Maïs, etc.
Graines de chanvre (chènevis), en balles ou caisses.	700	
» » » en fûts. . .	600	
» de colza, en grenier	900	
» » en sacs.	800	
» » en fûts	700	
» de coton, nettes, en grenier. .	850	
» » » en sacs. .	800	
» » » en fûts . . .	700	
» » non dépouillées, en grenier	750	
» » » en sacs .	700	
» » » en fûts. .	600	
» de genièvre, en sacs, balles ou caisses.	600	

Marchandises	Poids du tonneau de mer	Observations
	kil.	
Graines de coton, en fûts	500	Ces deux chiffres ne sont qu'approximatifs. L'article se règle aussi au Cubage ou au Tarif conditionnel
» de jardin, en balles ou caisses.	700	
» » en fûts	600	
» jaunes, en balles ou caisses. .	800	
» » en fûts	700	
» de lin, en grenier ou sacs. . .	900	
» » en balles ou caisses. .	800	
» » en fûts	700	
» longues (escayolles) en balles et sacs.	1.000	
» » en fûts .	800	
» luzernes, en grenier	1.000	
» » en sacs ou en caisses.	900	
» » en fûts.	800	
» de moutarde, en grenier. . . .	800	
» » en balles ou en caisses.	700	
» » en fûts	600	
» de navette, en grenier	900	
» » en sacs	800	
» » en fûts	700	
» d'œillette et de pavot, en grenier ou sacs.	800	
» » » en fûts.	700	
» de pastel, en balles, caisses ou fûts.	450	Chiffre moyen approximatif. Cet article se règle habituellement au Cubage ou au Tarif conditionnel. Voir Graines de jardin
» de pourpier.	»	
» de psilium, en balles ou caisses.	900	
» » en fûts	800	
» de ravison, en grenier ou sacs.	1.000	
» » en fûts.	800	
» de sésame, en grenier	900	
» » en sacs	850	
» » en fûts	750	
» de trèfle, en grenier	1.000	
» » en sacs ou caisses. .	900	
» » en fûts.	800	
» non dénommées	700	Chiffre approximatif. Cet article se règle habituellement au Tarif conditionnel

Marchandises	Poids du tonneau de mer	Observations
	kil.	
Grainettes (fruits du lycium)	700	
Grains de verre ou rassade	1.000	
Graisse, en caisses	900	
» en boîtes de fer-blanc ou caisses	900	
» en fûts	800	
» en pots	700	
Grapins	800	
Griffes de girofle	»	Voir Girofle
Grilles de raffinerie et autres, en fer, fonte, etc.	1.000	
Groisil (verre cassé)	1.000	
Gruau	700	
Guano du Chili et du Pérou	1.000	
» de Patagonie	800	
» d'autres provenances	900	
Guède	»	Voir Pastel naturel
Gueuses en fonte	1.000	
Guinée de l'Inde en balles pressées	700	Chiffre approximatif. Cet article se règle habituellement au Cubage
Gutta-Percha	»	Traité comme Caoutchouc
Harasses de faïence, poterie, verrerie	»	Au Cubage
Harengs salés, en barils	1.000	
» saures, en feuillettes	400	
Haricots secs	»	Voir légumes secs
Herbes sèches et de capillaire	250	
Houblon, en balles	300	
Houille	»	Voir Charbon de terre
Huile de poisson, de pied de bœuf et de suif	1.000	
» de palme et de coco, en fûts	900	
» de pétrole	800	
» de vitriol ou acide sulfurique	»	Voir Acides
» autres de toutes espèces (olives, graines, palma, christi, aspic, etc...)	»	Voir Boissons
Indigo, en caisses	700	Ou au Cubage
» en fûts ou surons	500	
Ipécacuana, en balles ou caisses	500	
» en fûts	400	
Iris, en balles ou caisses	700	
» en fûts	600	
Itztle	600	
Ivoire	»	Voir Dents d'éléphant
» végétal	»	Voir Noix de Corozo
Jalap, en caisses, fûts ou surons	800	Ou au Cubage
Jambons, en grenier	900	

Marchandises	Poids du tonneau de mer	Observations
	kil.	
Jambon en caisses.	800	
» en fûts	750	
Jarres.	»	900 litres
Jarrosses, en grenier ou sacs.	1.000	
» en fûts.	900	
Jaune de Chrome, en caisses ou en fûts.	1.000	
» de Naples.	1.000	
Joncs et Roseaux.	400	
Jujubes, en balles ou en caisses. . . .	500	
Jus de citron, en fûts.	900	
» en bouteilles	»	Comme Boissons
Jus de réglisse, en caisses	800	
Jute.	»	Voir Chanvre
Kermès, en caisses	600	
» en fûts	500	
Lac-dye.	900	
Laine filée, en balles	300	
» surge (en suint) en balles pressées et cerclées de fer.	500	
» » » en balles pressées et non cerclées.	400	
» » « en balles non pressées.	»	Au Cubage
» lavée en balles.	250	
Langues de bœuf, fumées	500	
» de morue	1.000	
Laque plate	»	Voir Gomme laque
Lard, en planches, en caisses	800	
» en saumure	»	Voir Porc salé
Latanier ou feuilles de palmier, en paquets ou en vrac.	300	
Lattes.	»	Tarif conditionnel
Laudanum.	1.000	
Laurier pour cannes	500	
Légumes confits ou marinés, en barils.	750	
» » » en caisses.	»	Au Cubage
» secs, en grenier.	1.000	
» » en sacs	900	
» » en fûts	800	
Lentilles.	»	Voir Légumes secs
Librairie, en caisses.	»	Au Cubage
Lichen	400	
Lie d'huile ou de vin, liquide ou sèche.	1.000	
Liège, en balles	200	
» en planches	250	
Limes.	1.000	
Lin, en balles pressées	500	

Marchandises	Poids du tonneau de mer	Observations
	kil.	
Liqueurs.	»	Voir Boissons
Litharge.	1.000	
Lycopodium (ou lycophodium)	1.000	
Macaroni, en caisses	400	
» en corbeilles	300	
Machines	1.000	Ou au Cubage, ou au Tarif
Macis.	400	conditionnel
Magnésie (carbonate de).	250	
Maïs, en grenier	950	
» en sacs	900	
» en fûts.	800	
Manganèse.	1.000	
Maniguettes (graines de paradis) . .	500	
Manioc (farine de).	»	Voir Cassave
Manne, en caisses et fûts.	800	
» pour curaçao	500	
Maquereau salé.	»	Voir Poisson salé
Marbre brut et ouvré	1.000	Ou au Cubage
» à jouer.	»	Voir Chiques
Marc d'huile.	1.000	
Marmites de fonte	500	
Maroquin	»	Au cubage
Marrons.	»	Voir Châtaignes
Mastic en larmes	1.000	
Mâture	»	Tarif conditionnel
Médicaments composés	»	Au Cubage
Mélasse	1.000	
Mercerie.	»	Au Cubage, comme caissages
Mercure.	1.000	et balloltages
Merrains.	»	Voir Douvelles
Métaux précieux	»	A la valeur
Meubles.	»	Au Cubage
Meules à aiguiser.	1.000	
» autres	1.000	Ou au Tarif conditionnel
Miel	800	
Mil (graine de)	»	Voir Graines
Mine de plomb.	1.000	
Minerai	1.000	
Minium	1.000	
Mitrailles	1.000	
Modes	»	Au Cubage
Momie (cire noire)	800	
Morfil.	»	Voir Dents d'Eléphant
Morue verte	1.000	
» sèche	800	
Mouches cantharides	»	Voir Cantharides
Mousse, en balles pressées	400	

Marchandises	Poids du tonneau de mer	Observations
	kil.	
Moutarde, en poudre, en caisses. . . .	800	
» en pots, en caisses.	800	
Musc	500	
Muscade.	500	
Myrrhe	»	Voir Encens
Nacre, en grenier.	900	
» en caisses	800	
» en fûts	700	
Nankin	500	Ou au Cubage
Natron (sel)	1.000	
Nattes.	»	Au Cubage
Nerprun ou nerprum	600	
Noir de fumée, en balles	500	
Noir d'ivoire ou d'os de raffinerie ou animal, en grenier.	1.000	
» » » en fûts. .	900	
» résidu de raffinerie, en grenier. .	1.000	
» » » en boucauts.	900	
Noix et noisettes, en grenier	700	
» » en balles	600	
» » en fûts	500	
» de Corozo, en grenier.	1.000	
» » en balles	900	
» » en fûts.	800	
» de Galles.	»	Voir Galles
» muscades.	»	Voir Muscades
» vomiques, en balles	700	
Noves de morues.	1.000	
Noyaux cassés, en balles.	700	
» » en fûts	600	
Ocre	1.000	
Œufs en caisses ou en paniers	»	Au Cubage
Oignons de toutes sortes, en grenier. .	800	
» » en caisses ou paniers. .	700	
» » en fûts . . .	600	
» de fleurs.	»	Au Cubage
Oing	»	Voir Graisse
Oliban ou encens	»	Voir Encens
Olives, en barriques.	800	
» en barils, emballées	700	
» en flacons, en caisses	700	Ou au Cubage
Onglons, en grenier.	600	
» en sacs	500	
» en fûts	400	
Opium	1.000	

Marchandises	Poids du tonneau de mer	Observations
	kil.	
Or	»	Voir Métaux précieux
Oranges	»	Au Cubage
Orangettes en balles.	800	
» en fûts	700	
Orcanette, en balles.	700	
» en fûts.	600	
Oreillons et rognures de peaux	500	
Orge, en grenier ou sacs.	800	
» en fûts.	700	
» mondé ou perlé	1.000	
Orpiment ou Orpin	1.000	
Orseille naturelle ou licken	400	
» » » en balles pressées.	500	
« préparée ou en pâte.	1.000	
Orties de Chine.	350	
Os ordinaires, en grenier.	600	
» pour tabletterie, en grenier	900	
» » en fûts ou sacs. .	800	
Osier brut.	350	
» blanc	250	
Paille en bottes.	»	Tarif conditionnel
» en balles pressées.	350	Ou au Cubage
Paniers	»	Tarif conditionnel
Papier à écrire, à impression, à enveloppes.	800	
» brouillard, gris et roux	700	
Papier à doublage de navire	600	
» de Chine, de soie.	500	
Parchemin.	700	
Parfumerie	»	Au Cubage
Pastel en pâte, en futailles.	700	
» naturel, en balles.	450	
Pavés en terre cuite	1.000	
» en grès.	1.000	
Peaux de bœuf, buffle, cheval, vaches et peaux vertes	»	Voir Cuirs
» diverses, en balles	»	Au Cubage
Peinture préparée.	1.000	
Pelleteries fines, en balles	500	
» » en fûts	400	
Pelure de Cacao	»	Voir Coques de Cacao
Perlasse.	1.000	
Phormium tenax	»	Voir Chanvre
Pierres à feu.	1.000	
» brutes, de taille et de marbre.	1.000	Ou au Tarif conditionnel
» meulières	1.000	Ou au Tarif conditionnel

Marchandises	Poids du tonneau de mer	Observations
	kil.	
Pierre ponce, en balles ou caisses	500	
» » en fûts	400	
Pignons, en balles	800	
» en fûts	700	
Piment, en balles ou caisses	500	
» en fûts	400	
Pipes à fumer, de terre	500	Ou au Cubage
» » du Levant	700	Ou au Cubage
Pistaches, en balles ou couffes	500	
» en fûts	400	
Pite, en balles pressées	500	
Planches de sapin	»	Voir Bois à bâtir
Plâtre	1.000	
Plomb	1.000	
Plombagine	1.000	
Plumes d'oie, à écrire	200	
» à lit, de parure et autres	»	Au Cubage
Poêles à frire et autres articles de chaudronnerie analogues	750	
Poil d'animaux	»	Voir Bourre
Poires sèches, en balles	500	
» » en fûts	450	
» tapées, en paniers emballés	»	Au Cubage
» vertes, en grenier	900	
» » en fûts	800	
Pois	»	Voir Légumes secs
» chiches	»	Voir Légumes secs
Poisson salé	1.000	
Poivre en grenier	800	
» en balles ou sacs	700	
» en fûts	600	
» en robins	650	
Poix	1.000	
Pommes de terre, en grenier	1.000	
» » en balles paniers ou sacs	900	
» » en fûts	800	
» sèches en balles	500	
» » en fûts	450	
» » en paniers	»	Au Cubage
» vertes, en grenier ou sacs	800	
» » en fûts	700	
Porc salé en fûts	1.000	
Porcelaine	»	Au Cubage
Potasse	1.000	
Poterie, en harasses	»	Au Cubage
» en grenier	»	Tarif conditionnel

Marchandises	Poids du tonneau de mer	Observations
	kil.	
Potiches.	»	Tarif conditionnel
Potin	1.000	
Pots de Raffinerie.	»	Tarif conditionnel
Poudre à canon, en barils simples . .	700	
» » en barils doubles . .	600	
» de marbre.	1.000	
Poudrette sèche.	1.000	
Poutres et Poutrelles	»	Voir Bois à bâtir
Pozzolane (Pouzollane)	1.000	
Prunes sèches en caisses.	1.000	
» » en barils	900	
» » en paniers	700	
Quercitron en écorce, en fûts.	500	
» en poudre	600	
» en sacs.	500	
Queues de Girofle.	»	Voir Girofle
Quincaillerie	1.000	Ou au Cubage
Quinquina, en balles ou caisses. .	500	
Quinquina en fûts ou surons	400	
Racines d'Alizari	»	Voir Alizari
» de Gentiane.	»	Voir Gentiane
» de Réglisse	»	Voir Bois de Réglisse
Raisins de Corinthe, Zante et Lipari, en		
barils ou caisses.	900	
» secs, autres.	750	
Rassades	»	Voir Graines de Verre
Ratafia	»	Voir Boissons
Ray-Gras, en balles	500	Ou au Cubage
Redoul, en feuilles, en balles. . . .	300	
Résine	1 000	
Rhubarbe, en balles ou caisses. . .	600	
» en fûts	500	
Rhum et tafia	»	Voir Boissons
Riz avec ou sans pellicule, en grenier		
ou sacs	1.000	
» en fûts	900	
» en paille, en grenier.	800	
» » en sacs.	700	
» » en fûts.	600	
Rocou.	900	Ou 4 Barriques bordelaises
Rognures de papier	»	Au Cubage
» de peaux	»	Comme Oreillons
Rogues de morue.	1.000	
Roseaux.	»	Voir Joncs
Rotins.	»	Voir Joncs
Sable	1.000	
Sabots.	»	Au Cubage

Marchandises	Poids du tonneau de mer	Observations
	kil.	
Sacs de toile, vides	»	Au Cubage
Safran.	400	
Safranum, en ba'les pressées	600	
» » non pressées . . .	400	
Sagon, en balles ou caisses	700	
» en fûts.	600	
Saindoux	»	Voir Graisse
Salep	1.000	
Salpêtre.	1.000	
Salsepareille	400	
Sandaraque	»	Voir Gomme
Sang-de-Dragon, en masse, ou caisses	800	
» » en fûts . .	700	
» » en réseaux, en surons.	250	
Sanguine.	1.000	
Sardines confites, en boîtes, en caisses.	1.000	
» pressées, en barils.	900	
Sarrasin, en grenier.	850	*Le Moniteur* indique 800
» en sacs	800	
Saumon confit, en boîtes, en caisses. .	1.000	
» » en fûts.	900	
Savon.	1.000	
Scammonée	500	
Scille	»	Voir Oignons
Sébadille.	»	Voir Cévadille
Sébeste (Cordia officinalis, petite prune d'Egypte)	700	
Seigle, en grenier.	850	
» en sacs	800	
Sel	1.000	
Sellerie	»	Au Cubage
Semen-Contra	700	
Semoule, en sacs.	900	
» en fûts	700	
Sené en feuilles, en balles ou fardes. .	400	
Serpentaire de Virginie	400	
Simarouba.	400	
Sirops, en caisses.	»	Au Cubage
» ou Mélasse	»	Voir Mélasse
Soie écrue ou grège, en balles	400	
Soies de porc, en balles pressées . . .	500	
» » non pressées .	300	
» en caisses.	800	
» en fûts	700	
Soierie	»	Au Cubage
Solives ou Soliveaux de chêne ou sapin	»	Voir Bois à bâtir

Marchandises	Poids du tonneau de mer	Observations
	kil.	
Son.	300	
Soude.	1.000	
Soufre brut ou en canons, en grenier	1.000	
» » en caisses ou en fûts. .	900	
» (Fleur de).	»	Voir Fleur de Soufre
Souliers.	»	Au Cubage
Sparterie	»	Au Cubage
Spermaceti.	»	Voir Blanc de Baleine
Spiritueux	»	Voir Boissons
Squine	500	
Stockfish, en grenier ou balles. . .	600	
Storax, liquide.	800	
» en paniers.	600	
Suc de réglisse	»	Voir Jus de Réglisse
Sucre brut, et terré.	1.000	
» raffiné, en pains, en vrac. . . .	900	
» » » en fûts ou en caisses	700	
» » pilé	1.000	
» candi, en caisses.	900	
» » en fûts.	800	
Suif fondu, en caisses ou en fûts . . .	1.000	
» » en surons	900	
Sulfates	1.000	
Sumac en feuilles, en balles	400	
» en poudre, en balles.	800	
Tabac de Virginie, en boucauts. . . .	800	
» de Kentucky, en boucauts . . .	700	
» de Maryland et Ohio	500	
» du Brésil, en balles pressées. .	600	
» de Hongrie et du Levant, en balles.	500	
» de l'Inde, en balles	600	
» de Hollande, Belgique et Palatinat, en balles pressées.	700	
» de la Havane, de Haïti et autres provenances, en balles non pressées.	350	
» (Côtes de) en balles.	500	
» en poudre	800	
» en carottes et figues.	900	
» de Chine.	»	Au Cubage
Tafia	»	Voir Boissons
Talc.	1.000	
Tamarins confits, en fûts	1.000	
Tan ou écorce moulue, en sacs	600	
Tan ou écorce non moulue, en grenier ou paquets	500	

Marchandises	Poids du tonneau de mer	Observations
	kil.	
Tapioca.	700	
Tartre.	1.000	
Térébenthine en pâte ou liquide . . .	800	
Terre d'ombre, de Sionne, etc	1.000	
» de pipe et à poterie	1.000	
Thé.	400	Ce chiffre n'est qu'une moyenne approximative. Le Thé présente de grandes variations dans le poids et se tarifie au Cubage
Thon mariné.	800	
Tissus.	»	Au Cubage
Toiles et Toileries diverses.	»	Au Cubage
Tôle.	1.000	
Tourbes ou mottes à brûler	»	Tarif conditionnel
Tournesol, en pains.	500	
Tourteaux de graines, en grenier . .	1.000	
» » en fûts	800	
Tripoli	1.000	
Truffes	»	Au Cubage
Tubéreuses.	500	
Tufeaux.	1.000	
Tuiles.	1.000	
Turbith	800	
Tuyaux de terre cuite	»	Tarif conditionnel
Vanille	350	
Veau ciré, en caisses ou malles. . . .	»	Au Cubage
Verdet ou Vert-de-gris.	1.000	
Vermicelle, en caisses.	400	
» en corbeilles	300	
Vermillon, en poudre	1.000	
Vernis.	1.000	
Verre à vitres	1.000	
» cassé ou groisil	»	Voir Groisil
Verrerie, en caisses ou harasses. . . .	»	Au Cubage
Verroterie » »	»	Voir Grains de Verre
Vesces, en grenier ou sacs	1.000	
» en fûts.	900	
Vétyver, en balles	200	Ou au Cubage
Viande conservée ou marinée.	»	Voir Conserves
» fumée.	800	
» salée	»	Voir Bœuf et Lard
Vif-Argent.	»	Voir Argent vif
Vin.	»	Voir Boissons
Voitures.	»	Au Cubage ou Tarif conditionnel
Zadorica.	500	
Zinc.	1.000	

Nota. — Le tonneau non spécifié doit s'entendre : De mille kilogrammes bruts, s'il s'agit du tonneau au poids ; de un mètre cube quarante-quatre centièmes, s'il s'agit du tonneau au cubage.

Transport des militaires et chevaux en Méditerranée.

Dans les navires de la Méditerranée, qui font le transport des militaires et des chevaux pour le compte de la Guerre, la commission de surveillance admet :

1º 3 hommes par 2 mètres carrés de la surface libre du pont, après avoir prélevé sur cette dernière une surface de coursive de 60 centimètres de large pour le service du bord.

2º 1 mètre de large et 2 mètres de long (extérieur tout) d'une stalle pour les chevaux de grosse cavalerie ;

3º 0m,90 de large et 2 mètres de long (extérieur tout) d'une stalle pour les chevaux de cavalerie légère ou mulets

Dans ce dernier cas, le nombre maximum de passagers du pont est diminué à raison de 1 homme par cheval ou mulet.

Arrimage des marchandises à bord des navires de commerce.

Décret du 1er décembre 1893.

Article premier. — Les règles suivantes sont applicables à l'arrimage des marchandises à bord des navires de commerce, à moins de conventions contraires.

TITRE PREMIER. — *Marchandises de toute nature, à l'exception des grains en vrac et des liquides.*

Art. 2. — Toutes les marchandises craignant l'humidité devront être protégées par des greniers et garnitures ayant au moins les dimensions suivantes :

1º Pour les marchandises en fûts, futailles, boucauts ou caisses, sauf pour les savons, le grenier devra avoir 17 centimètres à partir du vaigrage dans les fonds du navire, 17 centimètres à la couche ou ventrière, et une garniture de 3 centimètres en abord ;

2º Pour les marchandises en sacs, balles ou ballots, le grenier devra avoir au moins 25 centimètres dans les fonds et la couche et la garniture 5 centimètres en abord ;

3º Pour les savons, il suffira d'un grenier de 4 centimètres dans les fonds et aux ventrières, et d'une garniture de 3 centimètres en abord.

Exception est faite pour les navires à double fond ou à water-ballast, pour lesquels il ne sera exigé dans les fonds qu'un grenier en bois de 10 centimètres.

Le faux tillac non calfaté est réputé grenier pourvu qu'il ait la hauteur de 16 centimètres dans les fonds.

Dans les navires en bois la garniture en abord est comptée à partir du vaigrage ; dans les navires en fer elle est comptée à partir de l'arête intérieure de la membrure.

Art. 3. — Dans les entreponts calfatés et sur les planchers des faux-ponts également calfatés, la circulation de l'eau devra être assurée partout par un grenier de 3 centimètres mis en travers ou en long, mais avec des coupures en travers, avec des orgues tribord et bâbord pour l'écoulement des eaux

Art. 4. — Tout logement d'équipage, cambuse ou emménagement intérieur devra être bien calfaté et avoir des orgues tribord et bâbord pour l'écoulement de l'eau, et à la cloison une tringle de 8 centimètres de hauteur, calfatée, pour empêcher l'eau de se rendre dans l'entrepont ou dans la cale.

Art. 5. — Les bois servant au fardage ou grenier devront être secs ; ceux de ces bois qui seront disposés en abord devront être fixés contre le vaigrage de façon à ne pas glisser dans les mouvements du navire.

Tout corps spongieux ou lest susceptible d'avarier les marchandises n'est pas réputé grenier. Tel est le cas, notamment, des sables, terres, charbons, argile, chaux, sels, phosphates et autres. Une séparation en bois de 7 centimètres est alors obligatoire. Dans le cas où le lest sera formé de sable ou de terre, le vaigrage devra être calfaté ou les joints garnis de lattes ou lambourdes jusqu'à une hauteur suffisante pour empêcher le sable ou la terre de tomber dans les mailles.

Les bois de campêche ou autres analogues, dents d'éléphants, fibres de coco, etc., ne pourront pas servir de fardage ou de garniture ; ils devront être préservés comme il est d'usage de le faire pour les marchandises sèches.

Art. 6. — Les cloisons d'emménagement et les épontilles métalliques devront être revêtues de nattes, toiles ou autres garnitures ; les mâts, bittes, archipompes et puits aux chaînes, devront être recouverts avec du bois de 3 centimètres d'épaisseur.

Art. 7. — Les marchandises qui peuvent se détériorer par contact direct ou indirect ne pourront être arrimées l'une au-dessus de l'autre ou l'une à côté de l'autre.

Toute marchandise sèche arrimée sur des barriques, barils ou fûts contenant du liquide devra en être séparée par un fardage en bois de 3 centimètres d'épaisseur.

Toutes les marchandises dégageant des émanations susceptibles d'avarier les marchandises voisines, telles que certaines essences végétales et minérales, les bois créosotés, etc., ne pourront être chargées que dans un emplacement séparé.

Art. 8. — Les cuirs salés devront être arrimés par couches horizontales, tête, ventre et queue en abord avec un grenier de 25 centimètres. Ils devront être saturés de saumure. Il est fait exception pour les cuirs reçus en paquets qui seront rendus tels qu'ils auront été reçus.

Les cuirs secs devront être arrimés, tête, ventre et queue en abord sur un grenier de 25 centimètres sur le fond et à la couche; aucun cuir du chargement ne pourra servir comme garniture.

Les cuirs secs ou toute marchandise craignant l'humidité, chargés au-dessus des cuirs salés, devront en être séparés par un fardage en bois de 15 centimètres.

Les os employés comme fardage devront être recouverts de planches de 3 centimètres au moins d'épaisseur.

Art. 9. — Les compartiments dits cales à eau ne devront recevoir de marchandises que s'ils sont garnis intérieurement d'un fardage de 3 centimètres d'épaisseur et après avoir été convenablement nettoyés et asséchés.

Art. 10. — Dans les navires à vapeur, les cloisons séparant les chambres des machines et chaudières des cales à marchandises ou des soutes utilisées comme cales devront être éloignées des marchandises au moyen de cloisons pleines en bois régnant sur toute la hauteur et séparées de la tôle par un espace vide, de manière que la marchandise soit distante de la tôle de 20 centimètres pour les chaudières et de 10 centimètres pour les machines.

L'évacuation de l'air chaud de l'espace vide devra être assurée par l'installation de cheminées d'appel convenablement disposées de chaque bord.

Les mêmes dispositions devront être adoptées pour les entreponts au passage des cheminées, sous la réserve que l'espace vide prévu sera réduit à 10 centimètres.

Art. 11. — Les marchandises susceptibles d'être endommagées par les poussières ne devront pas être chargées dans les soutes à charbon.

Art. 12. — Les rails et fers en barres, plats ou profilés, devront être arrimés en grillage et la muraille du navire devra être protégée par une forte garniture, soit en fer, soit en bois, si les quantités embarquées comportent ces précautions.

Le ripage devra être prévenu en empêchant le glissement fer sur fer par l'interposition d'un certain nombre de lattes en bois réparties sur la hauteur du chargement.

Tous les espaces vides en abord devront être remplis par du bois convenablement serré, et l'ensemble du chargement devra être coincé sous les barrots par des épontilles volantes, placées de distance en distance sur des madriers en travers.

Dans le cas où des rails ou fers en barres, plats ou profilés, seraient chargés sur barrots en fer, lesdits barrots devront être isolés par du bois, de façon à ne pas supporter directement les fers arrimés au-dessus.

TITRE II. — *Grains et graines de toute nature en vrac.*

Art. 13. — Tout navire d'au moins 400 tonneaux de jauge, chargeant des grains ou graines en vrac, devra avoir une archipompe do dimensions suffisantes pour donner accès à un homme et lui permettre d'y travailler.

On devra pouvoir y pénétrer soit par un trou d'homme dans le pont supérieur, soit par un couloir libre dans l'entrepont, à partir de l'écoutille de l'arrière, mais dans aucun cas par le grand panneau.

Art. 14. — Le grenier devra avoir une hauteur de 27 centimètres au-dessus du vaigrage dans les fonds, 27 centimètres aux ventrières, avec garniture de 3 centimètres en abord.

Art. 15. — Les greniers et garnitures devront être entièrement recouverts de toile ou de nattes, de manière à empêcher que le grain ne passe au travers.

Art. 16. — Dans les navires ayant un vaigrage à claire-voie, les intervalles de ce vaigrage devront être exactement remplis et recouverts d'une natte, toile ou autre garniture, pour empêcher le passage du grain et assurer la circulation de l'eau aux pompes.

Dans les navires à vaigrage plein il sera exigé en abord contre la garniture une natte ou toile jusqu'au pont supérieur.

Art. 17. — Les chambres des machines et chaudières des navires à vapeur, chargés de grains ou graines, devront être isolées du chargement conformément à l'art. 10.

Art. 18. — L'aération des cales renfermant des grains ou graines devra être assurée par des manches à vent ou des ventilateurs fixes ou mobiles dans tout navire de 400 tonneaux de jauge et au-dessus.

TITRE III. — *Vins, alcools, huiles et généralement toutes les matières liquides.*

Art. 19. — Les fûts contenant des liquides, s'ils sont d'égales dimensions, devront être arrimés par plans horizontaux, la bonde en dessus, de manière que les douves des fonds se trouvent dans une position verticale.

Les fûts devront avoir le bouge libre, tant sur le fond que dans les abords et être saisis par quatre bons coins au collet, tous les vides en abord étant remplis. Il est interdit d'arrimer bouge sur bouge. Chaque fût du premier plan dans la cale ou dans les entreponts reposera sur deux cadastres, ou deux traverses munies de coins, afin que le bouge ne supporte pas le poids de la cargaison superposée.

Lorsque les fûts seront de dimensions inégales, ou lorsque la finesse des formes du navire s'y opposera d'une manière absolue l'arrimage horizontal ne sera pas exigé, mais les autres règles ci-dessus détaillées devront être observées.

Art. 20. — Sous le pont, les fûts ne devront pas être arrimés sous plus de :

6 plans			jusqu'à 249 litres.
5 —	pour		de 250 à 399 —
4 —	une contenance		de 400 à 699 —
3 —	s'élevant		à 700 litres et au-dessus.

Après trois, quatre, cinq et six plans, suivant la distinction ci-dessus, l'établissement d'entreponts fixes ou mobiles sera obligatoire dans toute la longueur des cales, même sous les panneaux.

Art. 21. — Les chambres des machines et des chaudières des navires à vapeur chargés de liquides devront être séparées du chargement suivant les prescriptions de l'art. 10.

Art. 22. — Dans le cas où des fûts seraient placés sur le pont, soit debout, soit couchés, en vertu du consentement écrit du chargeur prévu par l'art. 229 du code de commerce, ils devront être arrimés sur un plan unique et solidement saisis entre eux, sans que rien soit chargé par dessus. Les fûts couchés seront élevés sur des cales permettant l'écoulement facile des eaux en dessous.

Dans les spardecks ou faux-ponts, les fûts pourront être arrimés debout, à la condition qu'ils ne forment qu'un plan unique et que rien ne soit chargé par-dessus.

Aucun chargement de liquides en fûts ne sera autorisé sur le pont du spardeck.

Art. 23. — Dans les cales, tout fût debout ou en travers sera considéré comme mal arrimé.

TITRE IV. — *Mesures générales.*

Art. 24. — Les marchandises pour lesquelles le présent règlement ne contient pas de prescriptions spéciales seront arrimées avec tous les soins et précautions nécessités par leur nature.

Art. 25. — Le capitaine est obligé, suivant les circonstances, de tenir ses panneaux solidement fermés, recouverts de deux prélarts fixés d'une façon rigide contre les hiloires, soit en les clouant, soit en les maintenant par des tringles.

Règlement relatif aux appareils à vapeur
des
bateaux naviguant dans les eaux maritimes.

Décret du 1ᵉʳ Février 1895. — Promulgué au Journal Officiel *du 6 Février 1895.*

Le Président de la République française.

Sur le rapport du Ministre des Travaux publics.

Vu l'ordonnance du 17 janvier 1846, relative aux bateaux à vapeur français qui naviguent sur mer ;

Vu la loi du 21 juillet 1856, concernant les contraventions aux règlements sur les appareils et bateaux à vapeur ;

Vu l'avis de la commission mixte spéciale chargée d'étudier la révision de l'ordonnance ci-dessus visée ;

Vu les avis des Ministres de la marine, des finances, des affaires étrangères, du commerce, de l'industrie et des colonies ;

Le Conseil d'Etat entendu,

Décrète :

Article premier. — Sont assujettis aux dispositions du présent décret les bateaux français à bord desquels se trouvent des appareils à vapeur et qui naviguent sur mer, sur les étangs d'eau salée et dans la partie maritime des fleuves, en aval d'une limite déterminée, pour chaque fleuve, par décret rendu, après enquête, sur le Rapport du Ministre des travaux publics et du Ministre de la marine.

TITRE PREMIER

DES PERMIS DE NAVIGATION

SECTION PREMIÈRE. — *Formalités préliminaires.*

Art. 2. — Aucun bateau à vapeur ne peut être mis en service sans un permis de navigation délivré après vérification de l'état des générateurs de vapeur et de l'appareil moteur, sans préjudice de l'exécution des conditions imposées à tous les navires de commerce français, tant par le Code de commerce que par les lois et règlements sur la navigation.

Toute demande en permis de navigation est adressée par le propriétaire du bateau au préfet du département où se trouve le port d'armement de ce bateau.

Art. 3. — Dans sa demande, le propriétaire fait connaître :

1° Le nom du bateau, son port d'armement et son port d'attache ;

2° Ses principales dimensions, son tirant d'eau, lège et au maximum de charge, et le déplacement qui ne doit pas être dépassé, exprimé en tonneaux de mille kilogrammes (1000 kil.) ;

3° Les hauteurs de la ligne de flottaison, correspondant au déplacement maximum, rapportées à des points de repère invariablement établis au-dessus de cette flottaison, à l'avant, à l'arrière et au milieu du bateau ;

4° Le service auquel le bateau est destiné (transport des passagers ou marchandises, remorquage, etc.) et le genre de navigation qu'il est appelé à desservir (long cours, cabotage, bornage, etc.) ;

5° Le nombre maximum des passagers qui pourront être reçus dans le bateau ;

6° Le nom et le domicile du vendeur des chaudières, ou l'origine de ces appareils, la nature des matériaux employés pour la construction de leurs diverses parties ;

7° Les surfaces de grille et de chauffe et la capacité des chaudières, ainsi que les volumes d'eau et de vapeur dont la somme forme cette capacité ;

8° Le numéro du timbre exprimant en kilogrammes par centimètre carré, la pression effective maximum sous laquelle ces appareils doivent fonctionner ;

9° Un numéro d'ordre distinctif par chaque chaudière, si le bateau en porte plusieurs ;

10° Le nombre et la définition des soupapes de sûreté ;

11° Le système des machines et leur puissance en chevaux de soixante-quinze kilogrammètres par seconde, indiqués sur les pistons ;

12° Les dispositions générales de l'appareil moteur ;

13° S'il y a lieu, le nombre, la capacité et le timbre des récipients de vapeur placés à bord.

Cette demande est accompagnée d'un dessin détaillé et coté des chaudières et des soupapes de sûreté et d'un plan d'ensemble du bateau, figurant les soutes à marchandises et à charbon, avec indication de leur capacité, et les aménagements affectés aux passagers.

Elle est envoyée par le préfet à la commission de surveillance compétente, conformément à l'article 35 du présent décret.

SECTION II. — *Des visites et des essais des bateaux à vapeur*.

Art. 4. — La commission de surveillance visite le bateau à vapeur à l'effet de s'assurer :

1° Si les chaudières et les récipients ont été soumis aux épreuves voulues, et si ces appareils sont pourvus des moyens de sûreté prescrits par le présent décret ;

2° Si les chaudières, à raison de leur forme, du mode de jonction de leurs diverses parties, de la nature des matériaux employés ou autres conditions de leur construction, ne présentent aucune cause particulière de danger ;

3° Si l'on a pris toutes les précautions nécessaires, d'une part, pour prévenir les chances d'incendie, et, d'autre part, dans le cas spécial où le bateau serait destiné à un service de passagers, pour éviter tous autres accidents qui pourraient être causés par l'appareil moteur.

Art. 5. — Indépendamment de la visite, la commission assiste à un essai dont elle trace le programme en se conformant aux conditions qui seront définies par une instruction ministérielle ; elle en constate les résultats et détermine notamment la puissance des machines motrices

Le propriétaire fournit le personnel et le matériel nécessaires pour cet essai et en supporte tous les frais.

Art. 6. — La commission dresse un procès-verbal de ses opérations et l'envoie immédiatement au préfet du département, avec ses propositions motivées concluant à la délivrance, à l'ajournement ou au refus du permis.

SECTION III. — *Délivrance des permis de navigation*.

Art. 7. — Sur le vu de ce procès-verbal et dans un délai maximum de huit jours à dater de sa remise, le préfet statue, s'il adopte l'avis de la commission. Lorsque cet avis est favorable, il délivre le permis de navigation; lorsque l'avis est défavorable, il notifie au demandeur une décision motivée portant refus ou ajournement, sauf recours devant le Ministre des travaux publics.

Si le préfet n'adopte pas l'avis de la commission, il défère la décision au Ministre des travaux publics dans le même délai de huit jours et en informe le demandeur.

Le Ministre saisi de la question, soit par le préfet en cas de désaccord entre celui-ci et la commission, soit par le demandeur formant recours contre la décision du préfet, statue après avoir pris l'avis de la commission centrale des machines à vapeur.

Art. 8. — Dans le permis de navigation sont énoncés :

1° Les déclarations faites par le propriétaire, conformément aux cinq premiers paragraphes de l'article 3 ci-dessus;

2e Les surfaces de grille et de chauffe et la capacité des chaudières, ainsi que les volumes d'eau et de vapeur dont la somme forme cette capacité ;

3° Le numéro du timbre exprimant, en kilogrammes par centimètre carré, la pression effective maximum sous laquelle ces appareils doivent fonctionner ;

4° Le nombre et la définition des soupapes de sûreté, ainsi que les conditions auxquelles elles doivent satisfaire, conformément à l'article 18 ;

5° Le système des machines et leur puissance en chevaux de soixante-quinze kilogrammètres par seconde, indiquée sur le piston telle qu'elle résulte de l'essai prévu à l'article 5 ;

6° S'il y a lieu, le nombre, la capacité et le timbre des récipients de vapeur placés à bord.

Art. 9. — Le permis de navigation cesse d'être valable et doit être renouvelé, soit en cas de changement de nature à faire modifier les énonciations mentionnées à l'article 8, soit en cas d'inobservation, par le fait du propriétaire, des prescriptions des articles 13 et 37 ci-après. Le renouvellement du permis a lieu dans les mêmes formes que sa délivrance : toutefois, l'essai prévu à l'article 5 ci-dessus pourra ne pas être renouvelé.

Art 10. — Le permis de navigation peut être suspendu ou révoqué par le préfet, dans les cas prévus par l'article 39.

Art. 11. — Si le bateau a été construit et mis en état de naviguer ailleurs que dans son port d'armement, le propriétaire doit obtenir du préfet du département une autorisation provisoire de navigation pour faire arriver le bateau au port d'armement. La commission de surveillance compétente, aux termes soit du présent décret, soit du décret du 9 avril 1883, est consultée sur la demande.

Cette autorisation provisoire ne dispense pas le propriétaire du bateau de l'obligation d'obtenir un permis définitif dans le port d'armement.

TITRE II

ÉPREUVES ET MESURES DE SURETÉ RELATIVES AUX APPAREILS A VAPEUR.

SECTION PREMIÈRE. — *Epreuves des chaudières à vapeur.*

Art. 12. — Aucune chaudière à vapeur ne peut être mise en service si elle n'a subi la double épreuve ci-après :

L'une chez le constructeur, par le service de la surveillance des appareils à vapeur du département ;

L'autre à bord, par les soins de la commission de surveillance, après que la chaudière a été entièrement montée et munie de tous ses accessoires.

Toute chaudière de l'étranger est éprouvée en France par la commission de surveillance, avant et après sa mise à bord. Toutefois, si la mise à bord a lieu à l'étranger, la double épreuve est faite dans les conditions prévues à l'article 43 ci-après.

Art. 13. — L'épreuve est renouvelée périodiquement, de manière que l'intervalle entre deux épreuves consécutives ne soit pas supérieur à une année.

Avant l'expiration de ce délai, le propriétaire doit lui-même demander l'épreuve.

Elle est renouvelée également :

1° Lorsque la chaudière ou une partie de la chaudière a subi des changements ou des réparations notables ;

2° Lorsque, par suite d'une nouvelle installation, d'un chômage prolongé ou d'un incident quelconque, il y a lieu d'en suspecter la solidité.

Le propriétaire est tenu d'aviser le préfet de toute circonstance de nature à motiver une épreuve exceptionnelle. La commission peut, au besoin, en provoquer une d'office. Dans l'un et l'autre cas, le préfet statue sur les propositions de la commission de surveillance, le propriétaire entendu, sauf recours au ministre.

Le renouvellement a lieu par les soins de la commission de surveillance dans le port de laquelle la nécessité en a été constatée.

Art. 14. — L'épreuve consiste à soumettre les chaudières à une pression hydraulique supérieure à celle qui ne doit pas être dépassée dans le service.

Pour les chaudières neuves, remises à neuf ou refondues, la surcharge d'épreuve est égale à la pression effective indiquée par le timbre, sans jamais être inférieure à un demi-kilogramme (0,50) ni supérieure à six kilogrammes (6 kil.).

Dans les autres cas prévus par l'article 13, la surcharge d'épreuve est égale à la moitié de la pression effective indiquée par le timbre, sans jamais être inférieure à un quart de kilogramme (0,25), ni supérieure à trois kilogrammes (3 kil.).

Art. 15. — La pression d'épreuve est maintenue pendant le

Réserve des règlements des ports.

Art. 30. — Rien dans ces règles ne doit entraver l'application des règles spéciales, dûment édictées par l'autorité locale, relativement à la navigation dans une rade, dans une rivière ou dans une étendue d'eau intérieure quelconque.

SIGNAUX DE DÉTRESSE

Signaux de détresse.

Art. 31. — Lorsqu'un bâtiment est en détresse et demande des secours à d'autres navires ou à la terre, il doit faire usage des signaux suivants, ensemble ou séparément, savoir :

Pendant le jour.

1o Coups de canon ou autres signaux explosifs tirés à intervalles d'une minute environ ;

2o Le signal de détresse du code international indiqué par les signes N C ;

3o Le signal de grande distance consistant en un pavillon carré ayant au-dessus ou au-dessous un ballon ou quelque chose ressemblant à un ballon ;

4o Un son continu produit par un appareil quelconque pour signaux de brume ;

Pendant la nuit.

1o Coups de canon ou autres signaux explosifs tirés à intervalles d'une minute environ ;

2o Flammes sur le navire, telles qu'on peut en produire en brûlant un baril à goudron, à huile, etc.

3o Fusées ou bombes projetant des étoiles de toutes couleurs et de tous genres, ces fusées ou bombes lancées une à une à de courts intervalles ;

4e Un son continu produit par un appareil quelconque pour signaux de brume.

Commandements bâbord et tribord
pour les navires du Commerce.

Un décret du 2 septembre 1874 dit qu'à bord des navires de commerce, les commandements *bâbord* et *tribord* et les signes et signaux servant à confirmer et à répéter ces commandements indiquent le bord sur lequel le bâtiment doit venir, et non la position à donner à la barre.

Signal d'appel des pilotes.

Pendant le jour. — Une circulaire ministérielle du 3 juin 1879 a décidé que pour appeler un pilote pendant le jour, les capitaines devront se borner à hisser, en tête du mât de misaine, un pavillon blanc bordé de bleu ou, à défaut, leur pavillon national.

Pendant la nuit. — Un décret du 30 juin 1874 dit que les signaux d'appel des pilotes pendant la nuit sont fixés de la manière suivante pour les bâtiments à la mer comme au mouillage :

Un feu blanc montré au-dessus des bastingages et caché plusieurs fois, à quinze secondes d'intervalle, pendant une minute, accompagné, s'il y a lieu, de feux de Bengale brûlés à intervalles d'environ quinze minutes.

En réponse au signal d'appel, les pilotes montreront et cacheront plusieurs fois, à quinze secondes d'intervalle, pendant une minute, le feu blanc qu'ils doivent déjà montrer tous les quarts d'heure, conformément aux prescriptions de l'article 8 du décret du 25 octobre 1862.

Notions de droit maritime (¹)

Transports maritimes. — Les transports maritimes sont ceux qui s'effectuent par mer. N'est pas maritime le transport qui se fait sur les fleuves, rivières et canaux. Mais un transport ne cesse pas d'être maritime parce qu'il s'effectue en partie sur un fleuve, si pour le surplus il a lieu par mer. Ainsi, le transport de Bordeaux à Rouen est un transport maritime.

Navire ou bâtiment de mer. — Les navires ou bâtiments de mer sont seuls appelés à effectuer un transport maritime. On entend par *navires* ou *bâtiments de mer* les bâtiments qui, quelles que soient leurs dimensions et dénominations, remplissent avec un armement et un équipage qui leur sont propres un service spécial, et suffisent à une industrie particulière.

L'expression « navire » ne désigne donc pas les canots et embarcations affectés au service d'un bâtiment plus important, ni les dragues, porteurs de vase, etc., qui non seulement ne voyagent pas, mais même n'ont rien de ce qui pourrait les mettre à même de voyager.

Le mot navire, quand il est employé par la loi, ne désigne pas seulement la coque du navire, mais encore ses agrès et apparaux.

Les navires sont des meubles, mais des meubles soumis à des règles particulières dont certaines même les rapprochent des immeubles. Sous certains rapports ils sont en quelque sorte traités comme des personnes : ils ont une nationalité, un nom, une sorte

---

1. *Les Transports maritimes*, par MM. A. Haumont et A. Lévarey, avocats.

de domicile connu sous le nom de *port d'attache*, et une sorte d'acte de naissance destiné surtout à constater leur nationalité et appelé *acte de francisation*.

On devient propriétaire d'un navire, soit en le faisant construire, soit en l'achetant tout construit. Un navire ne peut être acheté que de son propriétaire ou du fondé de pouvoirs de ce dernier. La vente d'un navire doit être constatée par écrit.

Tout acte de vente de bâtiment ou de partie de bâtiment doit contenir :

1º Le nom et la désignation du navire.

2º La date et le numéro de l'acte de francisation.

3º La copie *in-extenso* des extraits dudit acte relatifs au port d'attache, à l'immatriculation, au tonnage, à l'identité, à la construction et à l'âge du navire.

Après la rédaction de l'acte de vente, il y a lieu de remplir la formalité de la *mutation en douane*. L'acte de vente une fois dressé, les parties doivent le présenter à l'administration des douanes qui, 1º en transcrit l'analyse sur ses registres ; 2º en fait mention au dos de l'acte de francisation. Cette formalité est ce qu'on appelle la mutation en douane.

Francisation des navires. — Pour qu'un navire soit français, il faut :

1º Que le navire appartienne pour moitié au moins à des Français.

2º Que le capitaine, les officiers et les trois quarts au moins de l'équipage soient français.

Les navires construits en France, pour naviguer comme navires français, sont placés, tantôt sous l'autorité de l'administration de la marine, et tantôt sous l'autorité de l'administration des douanes. En ce qui concerne la francisation, c'est l'administration des douanes qui est compétente, et c'est à elle qu'on doit s'adresser.

Le navire construit, le propriétaire produit au bureau des douanes un certificat du constructeur qui contient la description du navire, énonce ses dimensions, sa capacité ; en même temps il fait connaître le nom de son navire et le port d'attache qu'il lui destine. Alors l'administration des douanes en fait vérifier la description et opérer le jaugeage.

L'acte de francisation est la pièce constatant le droit du navire de porter le pavillon français et lui assurant les avantages réservés à la navigation nationale.

La loi du 19 mai 1866 a permis la francisation des navires étrangers moyennant le paiement d'un droit d'importation qui, après certaines variations, a été fixé par la loi du 11 janvier 1892 à 2 francs (tarif minimum) et à 5 francs (tarif maximun). Sont dispensés d'acte de francisation :

1º Les canots et chaloupes dépendant d'un navire français

dans l'inventaire duquel ces canots et chaloupes sont mentionnés ;

2º Les embarcations qui naviguent dans l'intérieur d'une même rade ;

3º Les embarcations de deux tonneaux et au-dessous employées à la pêche du poisson frais ou à la récolte des amendements marins ;

4º Les embarcations de deux tonneaux et au-dessous appartenant à des habitants voisins de la côte qui ne s'en servent qu'à l'exclusion de tout transport de marchandises ;

5º Les bateaux de plaisance de dix tonneaux et au-dessous. Les yachts et embarcations de plaisance non dispensés reçoivent un acte de francisation spécial.

Congé. — Aucun navire français ne peut prendre la mer sans un *congé*. Le congé est l'attestation donnée par la douane que le navire est toujours en droit de se prévaloir de la nationalité française. Il affirme l'identité du navire qui l'a obtenu avec celui qui est désigné dans l'acte de francisation. Il n'est valable que pour un an ou pour la durée du voyage, si le voyage se prolonge au delà de ce terme.

Différentes espèces de navigation. — On distingue 3 espèces de navigation : le *bornage*, le *long cours* et le *cabotage* qui se divise lui-même en *grand* et en *petit cabotage*, en *cabotage international* et en *cabotage français*.

Bornage. — On entend par bornage la navigation faite par une embarcation jaugeant 25 tonneaux au plus avec faculté d'escales intermédiaires entre son port d'attache et un autre point déterminé, mais qui n'en doit pas être distant de plus de 15 lieues marines, (la lieue marine et de 5 k. 555).

Long cours. — Sont réputés voyages au long cours ceux qui se font au delà des limites ci-après déterminées :

Au Sud, le 30ᶜ degré de latitude Nord ;

Au Nord, le 72ᵉ degré   »   » ;

A l'Ouest, le 15ᶜ degré de longitude du méridien de Paris ;

A l'Est, le 44ᶜ degré   »   »   »

Cabotage. — La navigation au cabotage est celle qui ne dépasse pas les limites ci-dessus, sans tomber dans celles du bornage. Le mot à une autre acception en matière de douane.

Le cabotage se subdivise en grand et petit cabotage. Sont de petit cabotage les voyages :

1º De Bretagne, Normandie, Picardie et Flandres pour Ostende, Bruges, Newport, l'Angleterre, l'Ecosse et l'Irlande ;

2º Des ports français de l'Océan jusques et y compris l'Escaut;

3º De Bayonne et Saint-Jean-de-Luz à Saint-Sébastien et à la Corogne en Espagne ;

4º Des ports français de la Méditerranée jusqu'à Naples à

l'Est, jusques et y compris Malaga, les Iles Baléares, la Corse et la Sardaigne à l'Ouest.

Dans les colonies, les limites du petit cabotage sont déterminées par l'ordonnance du 31 août 1828, et en Algérie, par le décret du 15 avril 1880.

La loi du 30 janvier 1893 distingue encore le cabotage international et le cabotage français.

Sont réputés voyages au *Cabotage international*, ceux qui se font en deçà des limites assignées aux voyages au long cours, s'ils ont lieu entre les ports français, y compris ceux de l'Algérie, et les ports étrangers, ainsi qu'entre les ports étrangers.

Sont réputés voyages au *Cabotage français*, ceux qui se font de ports français à ports français, y compris ceux de l'Algérie.

Armement du navire. — Armer un navire, c'est le munir du personnel et du matériel nécessaires pour qu'il puisse prendre et tenir la mer. L'armement comprend : 1° l'engagement du capitaine ; 2° l'engagement de l'équipage ; 3° la réunion du matériel nécessaire.

Pour commander des navires au long cours ou au cabotage, il faut remplir certaines conditions d'âge et de navigation, et avoir subi avec succès des examens à la suite desquels un brevet est délivré par le Ministre de la marine.

Pour commander au bornage, il suffit d'avoir 60 mois de navigation et d'être âgé de 24 ans. Pour commander au bornage un bateau à vapeur il faut justifier par un examen de notions pratiques sur le fonctionnement et la conduite des machines à vapeur.

Rôle d'équipage. — Le mode normal de constatation des conditions d'engagement pour l'armement d'un navire est le *rôle d'équipage.* Le rôle d'équipage est la liste générale des hommes de l'équipage dressée par les commissaires de l'inscription maritime ou, à leur défaut, par les syndics de gens de mer et contenant la mention de leurs grades, emplois, appointements et salaires.

Affrètement. — L'affrètement est la location du navire. Il prend aussi le nom de *nolissement* et de *charte-partie.* Mais, de ces trois expressions, la première est seule universellement usitée.

L'expression « charte-partie » sert surtout à désigner l'écrit dressé pour constater le contrat ; quant au mot « nolissement, » il n'est usité que dans les ports de la Méditerranée.

Le locateur se nomme *fréteur*; le locataire prend le nom d'*affréteur*.

L'affrètement est un acte de commerce pour le fréteur ; mais pour l'affréteur, il n'est pas nécessairement par lui-même un acte de commerce. Il n'a ce caractère qu'autant qu'il est pour l'affréteur un élément d'une opération commerciale. Ainsi, celui qui fait transporter par mer son mobilier personnel ne fait pas acte de commerce.

L'affrètement peut être total ou partiel. Il est total lorsque le fréteur loue la totalité de son navire et en confère à l'affréteur la jouissance exclusive. L'affrètement partiel peut se présenter sous deux formes : 1° le fréteur loue une partie déterminée du navire, le premier ou le deuxième pont, la cale d'arrière ou la cale d'avant. Il y a alors affrètement total d'une partie du navire ; 2° le capitaine ou l'armateur peut prendre l'engagement de transporter une certaine quantité de marchandises sans conférer à l'affréteur droit à aucune partie déterminée du navire.

L'affrètement partiel peut être *pur et simple* ou à *cueillette*. Il est pur et simple quand le fréteur s'engage ferme à transporter les marchandises. Il est à cueillette lorsque le fréteur ne s'engage que conditionnellement ; c'est-à-dire subordonne son engagement à la condition qu'il trouvera dans un certain délai des marchandises pour compléter son chargement.

Fret. — Le fret est le loyer du navire. Au point de vue de la détermination du fret, l'affrètement peut être conclu au voyage, au mois, au tonneau ou au quintal : c'est ce dernier mode qui est le plus usité.

Le tonneau dont il est ici question est le *tonneau d'affrètement* (voir page 317) et non le tonneau de jauge. Quant au quintal, ce n'est pas le quintal métrique de 100 kilogrammes, mais d'après l'usage, l'ancien quintal de 50 kilogrammes.

Quand l'affrètement est conclu au poids, le fret doit être calculé sur le poids brut, contenu et contenant, et non sur le poids net contenu seulement.

Pour certaines marchandises, le fret est souvent établi d'après le nombre des objets transportés, quelquefois même à raison de tant pour 100 de leur valeur.

Il est quelquefois stipulé, en sus du fret, tant pour 100 pour frais de navigation ou pour peines et soins. Dans ce dernier cas, ce supplément est ce qu'on appelle le *chapeau*.

Charte-partie. — Le contrat d'affrètement doit être constaté par écrit. L'écrit destiné à constater le contrat d'affrètement porte le nom de *charte-partie*. L'affrètement n'est guère constaté par une charte-partie que quand il est total.

Pour les affrètements partiels, la charte-partie se trouve généralement remplacée par le *connaissement*. Le connaissement étant la reconnaissance que délivre le capitaine des marchandises qu'il reçoit à son bord implique en effet un affrètement antérieur.

La charte-partie doit contenir :

1° Le nom et le tonnage du navire ;

2° Le nom du capitaine ;

3° Les noms du fréteur et de l'affréteur ;

4º Le lieu et le temps convenus pour la charge et pour la décharge ;

5º Le prix du fret ou nolis ;

6º Si l'affrètement est total ou partiel ;

7º L'indemnité convenue pour les cas de retard.

Durée du chargement, jours de planche ou staries, surestaries et contre-surestaries.

Les chartes-parties fixent généralement un délai pendant lequel le navire doit demeurer à la disposition de l'affréteur pour opérer le chargement. Ce délai a reçu le nom de *jours de planche* ou *staries*.

Lorsque, à l'expiration des jours de planche, le chargement n'est pas terminé, l'affréteur qui retarde ainsi le départ du navire est tenu d'indemniser le capitaine, et l'indemnité qu'il lui doit porte le nom de *surestaries*.

Lorsque la convention est muette sur la durée des jours de surestaries, le navire continue indéfiniment à demeurer sous le régime des surestaries. Mais souvent la charte-partie, après avoir précisé la durée des jours de planche, précise aussi la durée des surestaries. Dans ce cas, si à l'expiration des surestaries, le chargement n'est pas terminé, on entre dans une nouvelle période, celle des *contre-surestaries*. L'indemnité stipulée pour cette nouvelle période de retard est généralement plus forte que celle qui est stipulée pour la période des surestaries.

Connaissement. — Lorsque le capitaine a pris livraison des marchandises, il doit en fournir à l'affréteur une reconnaissance appelée *connaissement.*

Le connaissement présente une grande importance. Il est destiné à prouver le fait du chargement, d'abord pour déterminer ce qui doit être délivré au destinataire, à l'arrivée du navire, et ensuite pour déterminer, en cas de perte, les objets dont l'assurance, si une assurance a été contractée, doit rembourser la valeur.

En principe, la délivrance du connaissement est obligatoire.

Cependant, certaines tolérances sont admises pour les petits bâtiments faisant de courtes traversées.

Le connaissement doit contenir des énonciations pouvant se ramener à trois idées principales. Les unes se rapportent aux marchandises, d'autres aux parties, d'autres enfin aux conditions du transport.

Les mentions relatives aux marchandises font connaître :

1º La nature des objets à transporter ;

2º Leur quantité, indiquée par leur nombre, leur poids ou leur volume, suivant les marchandises ;

3º Leurs espèces et qualités.

4º Les marques et numéros de la marchandise.

Les mentions relatives aux parties font connaître :

1° Le nom du chargeur ;

2° Le nom et l'adresse de celui à qui l'expédition est faite ;

3° Le nom et le domicile du capitaine.

Les mentions relatives aux conditions du transport font connaître :

1° Le nom et le tonnage du navire ;

2° Le lieu de départ et de destination ;

3° Le prix du fret.

Le connaissement doit être rédigé en originaux : Un pour le chargeur, un pour le destinataire, un pour le capitaine et un pour l'armateur. Ce nombre est minimum.

Arrimage des marchandises. — Lorsque les marchandises sont embarquées, le capitaine doit les faire arrimer convenablement à bord, c'est-à-dire les disposer et les assembler de telle sorte qu'elles courent le moins de risques de détérioration possible. Les règles de l'arrimage sont des règles techniques et non des règles de droit : elles sont de la compétence du praticien et non du jurisconsulte.

Cependant certaines règles de droit doivent être posées en cette matière.

Le capitaine n'a pas le droit de charger des marchandises sur le tillac (pont supérieur de son navire) sans le consentement par écrit du chargeur. Au tillac du navire il faut assimiler les constructions couvertes édifiées sur le pont, mais qui ne font pas corps avec la membrure du navire. Cette prohibition n'est pas applicable au petit cabotage.

Les règles proprement dites d'arrimage indiquent que le capitaine doit arrimer les marchandises de telle sorte que leur stabilité soit assurée et puisse résister au roulis et au tangage, qu'il doit éviter de juxtaposer des marchandises dont les unes risqueraient par leur voisinage de détériorer les autres, etc.

Assurance. — L'assurance maritime est le contrat par lequel l'un des contractants (*l'assureur*) s'oblige envers l'autre (*l'assuré*) moyennant une rémunération (*prime* ou *coût de l'assurance*), à l'indemniser de la perte pouvant résulter des risques de mer.

L'assureur pourra prendre à sa charge les risques courus soit par le navire, soit par la cargaison. Dans le premier cas, l'assurance est dite *assurance sur corps*, et s'étend à tous les accessoires du navire, quille, mâts, agrès, apparaux, victuailles, etc. L'assurance des marchandises est souvent désignée par les mots : *assurance sur facultés*.

Parfois enfin, l'assurance est faite à la fois sur corps et facultés, et elle s'étend alors au navire et à son chargement.

On distingue deux grandes catégories d'assurances : les *assurances à primes* et les *assurances mutuelles*.

L'assurance à prime est le contrat par lequel un individu, ou une compagnie, s'engage à supporter les conséquences des risques auxquels une chose est exposée, moyennant un prix déterminé à l'avance ou une *prime* fixe.

Il y a *assurance mutuelle* lorsque plusieurs propriétaires s'associent et s'engagent réciproquemment les uns envers les autres à supporter en commun la perte ou la détérioration survenue à la propriété de l'un deux, de sorte qu'ils se garantissent réciproquement par l'obligation de contribuer, chacun dans une proportion déterminée, au moyen d'une *cotisation*, au dommage éprouvé par l'un d'eux.

L'assurance maritime est un contrat commercial sans qu'il y ait à établir entre les assurances à primes et les assurances mutuelles une distinction dont le Code de commerce ne parle point.

Pour être valablement formé, le contrat d'assurance doit réunir les éléments suivants :

1° Consentement et capacité des parties ;

2° Une chose assurée ;

3° Des risques auxquels cette chose est soumise ;

4° Une somme assurée ;

5° Une prime ou rémunération stipulée, encore appelée coût de l'assurance.

Réassurance. — La réassurance est un contrat par lequel, moyennant une certaine prime, l'assureur se décharge sur autrui des risques maritimes dont il avait assumé la responsabilité, mais dont il continue cependant d'être tenu vis-à-vis de l'assuré primitif.

Baraterie de patron. — On entend par baraterie de patron toutes les espèces de dol ou même de simple imprudence, défaut de soins et impérities imputables tant au capitaine qu'aux gens de l'équipage.

Classement des navires pour les assurances. — Pour la commodité des assureurs et des affréteurs, de grandes administrations tenues exactement au courant du genre de construction des navires, de leurs avaries et réparations, ont entrepris de classer les navires suivant leur âge, leur solidité et leurs qualités nautiques. Telle est en France l'administration du *Veritas,* en Angleterre, celle du *Lloyd's shipping Register.*

Quand on propose une assurance, l'assureur se reporte à ces registres et fixe les conditions de l'assurance suivant l'âge et la cote du navire.

Expédition et départ du navire. — Expédier un navire, c'est remplir les formalités nécessaires pour que ce navire puisse prendre la mer.

Le capitaine doit remettre à la douane son manifeste. Ce dernier est la nomenclature, l'inventaire des marchandises chargées, indiquant la nature, l'origine et la destination de ces marchandises. En même temps qu'il présente son manifeste, le capitaine doit présenter ses connaissements pour le visa de la douane et doit se faire délivrer par cette dernière : 1º L'acte de francisation ; 2º le congé ; 3º le manifeste ci-dessus, visé ; 4º L'inventaire du mobilier ; 5º Les passavants et acquits-à-caution.

Le capitaine doit se faire délivrer, par l'administration de la marine : 1º Un rôle d'équipage ; 2º Certains documents concernant divers règlements ; par l'autorité sanitaire du port, une patente de santé.

Le navire peut et doit partir à l'époque convenue entre le fréteur et l'affréteur. Le code de commerce exige que le capitaine soit, en partant, muni des pièces suivantes :

1º L'acte de propriété du navire ;

2º L'acte de francisation ;

3º Le rôle d'équipage ;

4º Les connaissements et les chartes-parties ;

5º Une expédition des procès-verbaux de visite ;

6º Les acquits de paiement et à caution de la douane ;

7º Le congé ;

8º Le livre de bord, ou livre-journal, sur lequel le capitaine doit relater tout ce qui concerne le fait de sa charge, tout ce qui peut donner lieu à un compte à rendre ou à une demande à former ;

9º Le manifeste de sortie ;

10º La patente de santé ;

11º Le permis de navigation, si le navire est à vapeur;

12º Différentes pièces, comme le livre de punitions, etc., d'ordre secondaire ;

13º Un exemplaire de certains règlements, tels que registre des traversées, etc.

Visite du navire. — Avant le départ, il importe de faire constater l'état de navigabilité du navire. A cet effet, le capitaine doit, avant de prendre charge, faire visiter son navire par une commission d'anciens navigateurs (ou charpentiers) désignés annuellement par le tribunal de commerce et connus sous le nom de *capitaines visiteurs*.

Assistance d'un pilote. — Tout capitaine entrant dans un port ou en sortant doit avoir un pilote, sous peine d'être responsable des évènements ; si un pilote se présente et que le capitaine le refuse, le capitaine est tenu de le payer comme s'il s'en était servi.

Le capitaine est tenu de déclarer au pilote combien son navire tire d'eau, quelle est sa marche, quelles sont ses qualités et ses défauts.

Sont affranchis de l'obligation de prendre un pilote les navires à voile ne jaugeant pas plus de 80 tonneaux, et les navires à vapeur ne jaugeant pas plus de 100 tonneaux, lorsqu'ils pratiquent l'embouchure des rivières.

Traversée du navire. — Le capitaine est tenu de se diriger vers le port de destination par la route la plus directe que comportent les nécessités de la navigation. Il ne doit pas s'arrêter sans nécessité.

En ce qui concerne la conduite nautique du navire, le capitaine est investi d'un pouvoir absolu, sauf à répondre ultérieurement de ses fautes. La présence du propriétaire du navire ne diminuerait pas les pouvoirs du capitaine ; le propriétaire ne serait qu'un simple passager à bord.

Pour assurer la conduite nautique du navire, il faut que le capitaine soit obéi. Pour qu'il soit obéi, la loi met en ses mains des moyens coercitifs immédiats, afin qu'il puisse vaincre, au moment où elles se produisent, les résistances qu'il peut rencontrer. Si le navire court un danger, le capitaine et l'équipage doivent demeurer à bord jusqu'à la dernière extrémité. Le capitaine ne peut abandonner son navire pendant le voyage, pour quelque danger que ce soit, sans l'avis des principaux de l'équipage.

Lorsque le navire et la cargaison sont exposés à un péril commun, le capitaine peut, après délibération des principaux de l'équipage, faire les sacrifices nécessaires, jeter des marchandises à la mer, couper des mâts, relâcher, etc. Ces sacrifices sont ce qu'on appelle des *avaries grosses.*

Si le navire se perd près d'une côte, et qu'il soit possible d'en sauver une partie, le capitaine et l'équipage doivent s'employer à en sauver le plus qu'ils peuvent.

Avaries. — On appelle *avaries grosses* ou *communes* les avaries qui doivent être supportées en commun par les propriétaires du navire et de la cargaison. On appelle *avaries simples* ou *particulières* celles qui doivent être supportées exclusivement par le propriétaire de la chose qui a essuyé le dommage ou occasionné la dépense, (sauf recours contre l'assureur, s'il y en a un). En principe, le dommage subi par une chose ou la dépense faite à l'occasion de cette chose est à la charge exclusive de son propriétaire. L'avarie simple est donc la règle et l'avarie grosse l'exception.

Pour qu'il y ait avarie grosse, il faut qu'il y ait un acte de volonté, une résolution prise par le capitaine de faire un sacrifice, et qu'entre le dommage éprouvé (ou la dépense faite) et la résolution prise, il y ait un rapport de cause à effet. Il faut que le dommage ou la dépense soit une conséquence de la décision arrêtée, et que le sacrifice volontaire soit fait pour le bien et le salut commun, et qu'il ait donné un résultat utile, qu'il ait sauvé tout ou partie de ce qu'il était destiné à sauver.

Echouement. — Les avaries résultant de l'échouement sont de deux sortes :

1° Dommages causés directement au navire et aux marchandises par le fait même de l'échouement ;

2° Frais faits pour soustraire le navire et les marchandises aux conséquences de l'échouement, notamment frais de renflouement du navire.

L'échouement d'un navire entraîne généralement des détériorations matérielles du navire. Ces dommages sont, suivant les circonstances, avaries grosses ou avaries particulières.

Si l'échouement est fortuit, ces dommages sont avaries particulières.

Lorsqu'un navire est inévitablement jeté à la côte, et que le capitaine le dirige volontairement vers l'endroit le moins périlleux de cette côte, il y a avarie grosse.

La relâche est, suivant le cas, tantôt une avarie grosse et tantôt une avarie particulière. La *quarantaine* étant de sa nature un évènement fortuit, constitue une avarie particulière.

Mais si une quarantaine est la conséquence d'une avarie grosse antérieure, elle emprunte le caractère de cette avarie.

Incendie. — L'incendie est une avarie particulière. Mais comme cette avarie met en péril commun le navire et son chargement, elle peut donner lieu à des mesures de préservation qui constituent des avaries grosses. Ces avaries consistent surtout dans le dommage causé aux marchandises par l'eau qui sert à l'extinction du feu. Mais le dommage causé par l'eau aux objets déjà atteints par le feu est généralement considéré comme n'étant pas une avarie commune.

Les *frais de sauvetage* sont avarie simple s'ils ont été faits pour le navire seul, ou pour les marchandises seules. Ils deviennent avaries communes s'ils ont été faits dans l'intérêt du navire et du chargement.

Arrivée du navire au port de destination ou dans un port de relâche. — A l'entrée au port, le capitaine doit, comme au port de départ, être présent à bord et assisté d'un pilote.

Si le port de destination est un port français, il y a lieu d'appliquer purement et simplement ce qui sera dit pour la rentrée du navire au port d'armement (Voir ci-après). Si le port de destination est un port étranger, le capitaine doit, après avoir pourvu à la sécurité de son navire, se présenter devant le consul et lui faire son rapport. Ce rapport doit contenir :

1° Les renseignements relatifs au navire et à son chargement ;

2° Les renseignements sur les circonstances de la navigation effectuée ;

3° Les renseignements sur tout ce que le capitaine a pu appren-

dre en route et qui est de nature à intéresser le service de l'Etat et
et la prospérité du commerce français.

Si le navire entre dans un port de relâche, le capitaine doit le
plus tôt possible, sinon dans les 24 heures, faire la déclaration
des causes de sa relâche, en France, au président du tribunal de
commerce ou au juge de paix ; à l'étranger au consul ou au vice-
consul, et se faire délivrer une expédition en règle de cette déclaration, afin d'en justifier en temps et lieu.

Rentrée du navire au port d'armement. — Le capitaine, à
la rentrée au port, comme au départ, doit être assisté d'un
pilote.

Le navire, dès qu'il se présente dans l'avant-port, est accosté
par l'embarcation du service sanitaire dont le préposé fait subir au
capitaine un interrogatoire sur ce qui s'est passé pendant le voyage.
S'il y a des causes de suspicion, le médecin monte à bord et procède à une visite médicale du navire et de l'équipage. C'est à la
suite de ces opérations que le service sanitaire décide si le navire
doit être admis à la libre pratique.

Le capitaine doit, dans les 24 heures de son arrivée, faire au
bureau des douanes la déclaration, *en gros*, de son chargement.
Il doit, dans le même délai, présenter ses connaissements, remettre son acte de francisation et son congé, l'inventaire du mobilier
du navire, son rapport spécial à la douane sur tout ce qui peut
intéresser cette administration, et faire viser son livre de bord.

Auprès de l'administration de la Marine, le capitaine doit également-
ment, dans les 24 heures de son arrivée, déposer son rôle d'équipage et une copie de son rapport de mer, faire un rapport spécial
sur les faits qui peuvent intéresser l'administration de la marine,
faire viser son journal de machine, présenter au commissaire de
l'Inscription maritime son registre des traversées.

Auprès du tribunal de commerce, le capitaine doit, dans le
même délai, faire viser son livre de bord par l'autorité compétente pour recevoir le rapport de mer, faire son rapport au greffe
du tribunal et devant le président de ce tribunal. Ce rapport doit
énoncer le lieu et le temps du départ, la route tenue, les hasards
courus, les désordres arrivés dans le navire et toutes les circonstances de la navigation. Le capitaine doit faire vérifier l'exactitude
de son rapport par les marins de son équipage et, s'il est possible
par les passagers.

C'est seulement après avoir fait son rapport et déposé son
manifeste que le capitaine peut procéder au déchargement de son
navire.

Contrat ou prêt à la grosse. — Le *prêt à la grosse* est un
prêt qui, consenti le plus souvent en vue d'une expédition maritime, présente des caractères particuliers. D'une part en effet, le
prêteur y trouve une garantie spéciale par l'affectation du navire

ou de son chargement, ou de quelque autre valeur, au remboursement de la somme par lui avancée et de l'intérêt stipulé par son avance ; mais, d'autre part, capital et intérêt ne pourront être par lui recouvrés que jusqu'à concurrence de la valeur estimée, au retour de l'expédition, des mêmes objets affectés au paiement.

Cette stipulation s'appelle encore *contrat* ou *prêt à retour de voyage*, parce que, le plus souvent, la somme n'est remboursable, avec le profit maritime, qu'au retour du navire sur lequel le prêt est fait.

Les parties contractantes sont désignées indifféremment par les noms de *prêteur* ou *donneur à la grosse*, et *emprunteur* ou *preneur à la grosse*.

Le contrat à la grosse est un contrat réel et unilatéral. Il est à titre onéreux, puisque chacune des parties se propose d'y réaliser un bénéfice. Il est aléatoire et constitue par lui-même un acte de commerce.

Divers éléments sont essentiels à la validité du prêt à la grosse.

Outre le consentement et la capacité des parties, il faut :

Un objet affecté à la garantie du prêt ; une chose prêtée ; des risques auxquels est soumis l'objet affecté ; un profit maritime représentant pour le prêteur, outre l'intérêt de son capital, l'équivalent des risques dont il se charge.

Ce contrat doit être écrit sur timbre et être enregistré.

Délivrance des marchandises. — Avant de procéder au déchargement des marchandises, le capitaine doit, s'il est prudent, faire constater le bon arrimage des marchandises.

Après que le manifeste est déposé en douane, c'est-à-dire après que la déclaration *en gros* de son chargement a été faite par le capitaine, les réclamateurs doivent faire, chacun en ce qui le concerne, ce qu'on appelle la déclaration *de détail*, c'est-à-dire que chacun doit faire à la douane la déclaration détaillée des marchandises qu'il se propose d'enlever, et présenter le connaissement à l'appui. Ces déclarations doivent être faites, dans les trois jours de l'arrivée, par écrit et en double. Elles doivent être datées et signées, contenir le nom du navire et du capitaine et les indications nécessaires pour l'application des droits.

Si les marchandises doivent être débarquées pour être livrées à la consommation, le destinataire fait à la douane la déclaration de son intention de débarquer de tel navire ayant tel capitaine, telles marchandises qu'il détaille et dont il s'engage à payer les droits.

Si les marchandises doivent être mises en *entrepôt réel* au lieu même du débarquement, le capitaine fait à la douane la déclaration de son intention de mettre en entrepôt réel les marchandises qu'il détaille, venues de tel endroit, par tel navire, ayant tel capitaine, entré dans le port à telle date. Le receveur signe le permis de débarquer tel nombre de colis détaillés à la déclaration, lesquels, dit le permis, seront immédiatement conduits à la visite.

« On appelle *entrepôt* un magasin dans lequel les marchandises étrangères sont admises avec dispense provisoire des droits d'entrée, qui ne sont dus que lorsque les marchandises en sortent pour être livrées à la consommation en France. Par suite, la réexportation de ces marchandises les affranchit définitivement du paiement des droits. »

« L'entrepôt peut être *réel* ou *fictif*. L'entrepôt *réel* est un magasin où les marchandises sont déposées sous la clef de la douane. L'*entrepôt fictif* est un magasin privé, où certaines marchandises peuvent être déposées avec dispense provisoire du paiement des droits. Comme l'entrepôt fictif présente moins de garanties que l'entrepôt réel, puisque les marchandises peuvent en être facilement enlevées et livrées à la consommation, le réclamateur doit prendre l'engagement, solidairement avec une caution, de conserver la marchandise dans le magasin désigné, de la représenter à toute réquisition des employés des douanes, de la réexporter ou de la livrer à la consommation, en payant les droits dans le délai légal, qui est en principe d'un an. »

« *L'admission temporaire* est un bénéfice accordé à certaines matières premières, passibles de droits d'entrée, d'entrer cependant en franchise, à condition d'être réexportées sous forme d'objets fabriqués. »

Si les marchandises doivent être réexpédiées par mer soit à l'étranger, soit dans un autre port français en franchise des droits. le réclamateur fait à la douane la déclaration de son intention de faire transborder de tel navire, de telle nationalité, ayant tel capitaine, arrivé de tel endroit, sur tel navire, de telle nationalité, ayant tel capitaine, telles marchandises qu'il détaille ; il s'engage en outre par cette déclaration, solidairement avec une caution, à faire conduire ces marchandises à tel bureau de douanes dans un certain délai et à rapporter dans le même délai sa déclaration au bureau où elle a été faite, revêtue des visas réglementaires etc.

Si les marchandises doivent être réexpédiées en franchise par toute autre voie que la voie de mer, soit à l'étranger, soit en France dans un entrepôt, c'est l'hypothèse du transit. Les formalités diffèrent suivant que la réexpédition doit être faite sous le régime, soit du *transit ordinaire*, soit du *transit international*. Il existe entre ces deux transits les différences suivantes :

Le *transit ordinaire* peut s'effectuer par toutes les voies, la voie de mer exceptée, tandis que le *transit international* ne peut avoir lieu que par chemin de fer. Dans le transit ordinaire, les marchandises voyagent sous la responsabilité des expéditeurs qui se trouvent débiteurs des droits et passibles des amendes encourues, si les marchandises disparaissent en cours de route. Dans le transit international, les marchandises voyagent, au point de vue de la douane, sous la responsabilité des compagnies de chemin de fer ; elles sont dans des wagons plombés par la douane, et il n'est pas à craindre, dès lors, que les expéditeurs puissent les faire retirer en cours de route. Dans le transit ordinaire, l'expéditeur ayant la possibilité de faire retirer la marchandise pendant le trajet, et restant ainsi responsable des droits et amendes, doit prendre l'engagement, garanti par une caution, de faire conduire, sous les peines de droit, la marchandise au bureau frontière qui constatera la sortie, ou au bureau du lieu de l'entrepôt. A cause de la possibilité d'enlever les marchandises en cours de route, les marchandises voyageant sous le régime du transit ordinaire doivent être plombées afin d'empêcher la substitution, aux marchandises chargées, d'autres marchandises similaires ayant déjà acquitté les droits ; cette substitution permettrait à l'expéditeur de livrer à la consommation, sans payer les droits, les marchandises chargées. Dans le transit international, les marchandises voyageant dans des wagons plombés, ce qui rend cette substitution impossible, les marchandises elles-mêmes ne sont pas plombées.

Lorsque les marchandises sont expédiées sous le régime du transit ordinaire, le réclamateur fait la déclaration à la douane de son intention de faire débarquer de tel navire, ayant tel capitaine, et faire expédier sur tel bureau (bureau frontière, s'il s'agit de marchandises expédiées à l'étranger, bureau du lieu de l'entrepôt, si les marchandises sont expédiées sur un entrepôt de l'intérieur) telles marchandises détaillées.

Lorsque la marchandise doit être expédiée sous le régime du transit international, le réclamateur fait à la douane la déclaration de son intention de conduire au chemin de fer, pour être expédiées sur tel entrepôt, ou à l'étranger sur tel bureau, telles marchandises qu'il détaille, venues de tel port, par tel navire, ayant tel capitaine, entré à telle date.

Abordages. — L'abordage est, d'une manière générale, le choc d'un navire contre un corps quelconque, navire, jetée, estacade, épave, etc. Mais au point de vue de l'application des règles du code de commerce, le mot abordage désigne exclusivement le choc entre deux navires.

Lorsque l'abordage a pour cause la faute d'un des deux capitaines, tout le dommage éprouvé par l'un et l'autre navire est à la charge du capitaine en faute. Mais le propriétaire de ce navire est responsable vis-à-vis des tiers (propriétaire de l'autre navire, propriétaires des marchandises chargées à bord de l'un et l'autre navire), des fautes de son capitaine, sauf son recours contre ce dernier, et sauf la faculté de faire abandon.

Lorsque l'abordage a pour cause une faute commune aux deux capitaines, ces derniers doivent être tous deux déclarés responsables des suites de l'abordage.

S'il y a doute sur les causes de l'abordage, le dommage subi par les deux navires est réparé à frais communs, par égale portion entre eux.

Si l'abordage est fortuit, comme par exemple, deux navires étant bien ancrés dans une rade, un cyclone les jette l'un sur l'autre, il n'y a aucun recours, aucune responsabilité ; propriétaires des navires, chargeurs, etc., chacun supporte seul le préjudice subi par lui.

Hypothèque maritime. — L'hypothèque maritime est un droit réel sur des navires affectés à la garantie d'une obligation : c'est une garantie donnée à un créancier d'un propriétaire du navire.

L'hypothèque maritime confère au créancier qui en est investi un double avantage :

1º Elle lui confère un droit de préférence sur le navire, c'est-à-dire qu'elle lui donne le droit de se faire payer sur le prix de ce navire par préférence aux créanciers du propriétaire autres que les créanciers privilégiés ;

2º Elle lui confère un droit de suite, ce qui signifie que le navire reste soumis à l'hypothèque même après qu'il a cessé d'être la propriété de celui qui a constitué l'hypothèque.

Peuvent être seuls hypothéqués les navires, c'est-à-dire les bâtiments de mer appelés à effectuer un transport maritime ; et encore tous les bâtiments de mer ne sont pas susceptibles d'hypothèque ; ceux-là seuls peuvent être hypothéqués qui jaugent au moins 20 tonneaux.

L'hypothèque maritime peut être constituée soit sur le navire entier, soit sur une portion du navire, un tiers, une moitié, etc ; elle porte non seulement sur le corps, c'est-à-dire sur la coque du navire, mais encore sur ses accessoires, agrès, machines, apparaux etc. L'hypothèque peut-être constituée sur un navire en construction.

Un navire ne peut être hypothéqué que par son propriétaire ou par un mandataire justifiant d'un pouvoir spécial.

Le contrat d'hypothèque doit être constaté par écrit. Aussitôt l'hypothèque constatée par écrit, le créancier doit s'empresser de la rendre publique, car si plusieurs créanciers ont hypothéqué sur le même navire, et que le prix de ce navire soit insuffisant pour les désintéresser tous, ils ne viennent pas sur le prix au marc le franc, mais successivement les uns après les autres.

La publicité de l'hypothèque consiste dans une *inscription.*

L'inscription est une mention sommaire de l'hypothèque sur un registre spécial tenu par le receveur principal des douanes.

Lorsque l'hypothèque n'a plus de cause, elle doit être radiée.

La radiation ne constate pas dans la radiation matérielle de l'inscription, mais dans une annotation faite en marge de l'inscription, annotation énonçant que cette inscription doit être considérée comme n'existant plus.

Abandon. — Le propriétaire d'un navire peut s'affranchir de la responsabilité des faits et engagements du capitaine en faisant *abandon* aux créanciers du navire et du fret.

C'est ce qu'on exprime souvent en disant que le propriétaire n'est tenu que sur sa fortune de mer et non sur sa fortune de terre.

En principe, l'abandon peut être fait pour toutes les dettes contractées par le capitaine, qu'elles résultent de ses engagements ou de ses faits ; mais cependant l'abandon n'est pas permis quand le propriétaire a participé aux engagements contractés par le capitaine ou aux fautes commises par ce dernier.

L'abandon ne peut être fait que par le propriétaire. Ce dernier doit abandonner le navire et le fret. Aucune limitation de durée n'est apportée par la loi à la faculté de faire abandon.

Saisie et vente forcée des navires. — Les navires peuvent être saisis non seulement par les créanciers du propriétaire actuel, mais encore par les créanciers de précédents propriétaires. Les créanciers ont donc un droit de suite. Ce droit de suite est soumis à certaines causes d'extinction :

1° La vente sur saisie ; alors le droit des créanciers est transporté du navire sur son prix ;

2° En cas de vente volontaire du navire, un voyage en mer de ce navire sous le nom et aux risques de l'acheteur sans opposition des créanciers du vendeur.

En principe, le bâtiment prêt à faire voile n'est pas saisissable, et le navire doit être considéré comme prêt à faire voile quand le capitaine est muni de ses expéditions pour son voyage.

La vente est annoncée par des affiches apposées au grand mât du bâtiment ou sur la partie la plus apparente, à la porte principale du tribunal, dans la place publique et sur le quai du port où le bâtiment est amarré, ainsi qu'à la Bourse de commerce, s'il y en a une, et en outre par une insertion dans un des journaux du lieu où siège le tribunal.

La vente a lieu 15 jours après l'apposition des affiches et l'insertion dans les journaux.

Si au jour fixé pour la vente aucun enchérisseur ne se présente, le tribunal ordonne une nouvelle mise en vente sur une mise à prix inférieure à la première.

L'adjudication met fin aux pouvoirs du capitaine, sauf à lui à se pourvoir en dédommagement contre qui de droit.

L'adjudicataire est tenu, dans les 24 heures de l'adjudication, de verser son prix au greffe du tribunal de commerce s'il n'existe pas d'inscription sur le navire, et s'il existe des inscriptions, à la caisse des dépôts et consignations.

(Pour plus de détails, voir l'ouvrage " *Les Transports maritimes* ", par MM. Haumont et Levarey, avocats, professeurs à l'Ecole supérieure de commerce du Havre. Librairie Berger-Levrault, 5, rue des Beaux-Arts, à Paris.

APPENDICE

Détermination de la ligne de charge des navires. Calculs du Franc-bord.

Les indications données page 321 et suivantes, sur la détermination du franc-bord des navires, pour la fixation de la ligne de charge, nous ayant paru nécessiter un plus grand développement, eu égard à l'importance qu'a dans le commerce maritime cette question du maximum de chargement que l'on peut *sans danger* assigner aux navires destinés au transport des marchandises, nous avons jugé à propos de donner dans cet appendice quelques exemples calculés du *franc-bord*, pour les divers types de navires envisagés par le « Board of Trade », en Angleterre, dans ses Règlements de chargement, les seuls en usage actuellement, aussi bien en Angleterre qu'en France.

Ces exemples permettront de résoudre, avec l'aide des instructions du « Board of Trade » et les tables du franc-bord qui les accompagnent, toutes les questions relatives à la détermination de la ligne de charge maximum d'un navire quelconque.

Les tables du « Board of Trade » sont établies pour 4 catégories de bâtiments :

La table A comprend les navires à vapeur, en fer ou en acier n'ayant ni spardeck, ni awningdeck.

La table B comprend les navires à vapeur, en fer ou en acier, de la classe dite à *spardeck*.

La table C comprend les navires à vapeur, en fer ou en acier, de la classe dite à *awningdeck* (Voir, page 311 et suivantes, la description de ces divers types de navires).

La table D comprend les navires à voiles, en fer ou en acier, en bois et composites.

Les tables A, C et D donnent les hauteurs de franc-bord et un pourcentage du volume brut du navire au-dessous du pont supérieur ou du pont principal, appelé *réserve de flottabilité (reserve buoyancy)*, pour les navires à vapeur à *flushdeck*, c'est-à-dire, sans superstructures, n'ayant ni spardeck, ni awningdeck, pour ceux de la classe à *awningdeck* et pour les navires *à voiles* à flushdeck, de toutes catégories et de toutes dimensions.

La table B, pour les navires de la classe à *spardeck*, ne donne que le franc-bord.

Dans tous les cas présentés, les francs-bords donnés par les tables sont établis pour des navires à flushdeck, sans superstructures. Des réductions de franc-bord sont allouées aux navires à vapeur n'ayant ni spardeck ni awningdeck, ainsi qu'aux navires à voiles, pourvus de superstructures de quelque importance, suivant certaines conditions que spécifient les instructions d'août 1890 du « Board of

Trade » et le Mémorandum d'octobre 1892. (Voir ces brochures. Eyre et Spottiswoode, éditeurs à Londres, Prix 0ᶠ,40).

Aucune réduction de franc-bord n'est allouée pour les superstructures des navires des classes dites à *spardeck* et à *awningdeck*, sauf dans le cas où il y aurait un château central (bridge house) sur un spardeck.

Les tables donnent le minimum de franc-bord pour les navires en fer ou en acier dont la structure correspond à la première cote de la classe 100 A du « Lloyd's Register ». Pour les autres navires en fer ou en acier, classés 90 A et 80 A, le franc-bord est réglé suivant un tableau spécial donné à la page 2 du Mémorandum d'octobre 1892.

Les explications et calculs qui vont suivre s'appliquent également à tous les autres navires de résistance équivalente, classés par d'autres bureaux, comme le « *Véritas* » ou la « *British Corporation* », ou même non classés.

Exemples de calculs pour la détermination du franc-bord

Les calculs à faire pour la détermination du franc-bord par les Règles du « Board of Trade », et dont nous avons donné un résumé, page 526, sont les suivants :

Établir d'abord les dimensions principales du navire et le tonnage brut officiel, ou de douane, au-dessous du pont supérieur ou du pont principal (deuxième pont) selon le cas. (Nous avons donné pages 323 et 324 les indications nécessaires pour l'établissement de ces dimensions qui servent à déterminer le coefficient de finesse). Le paragraphe 4 des Règles précitées indique ce qu'il y a à faire pour déterminer ce coefficient de finesse lorsque le navire est pourvu d'un double-fond cellulaire régnant sur toute la longueur, ou de varangues surélevées, ou qu'il possède des doubles-fonds partiels.

Chercher ensuite dans les tables respectives des navires, selon la catégorie à laquelle ils appartiennent, les francs-bords correspondant aux creux sur quille et aux coefficients de finesse. Les calculs des tables A, B et D sont basés sur le creux sur quille des navires au *pont supérieur* ; ceux de la table C sont basés sur le creux sur quille au *pont principal* (deuxième pont), et c'est à partir de ces ponts que se mesure le franc-bord déterminé par les Règles. Pour les navires à spardeck et à awningdeck, c'est le creux sur quille au *pont principal* qui sert d'indication pour la détermination du franc-bord, comme on le remarquera sur les tables B et C.

Lorsque le navire étudié a une longueur qui n'est pas exactement celle qui correspond au creux sur quille de la table, il y a lieu de faire une correction de longueur consistant dans une diminution ou une augmentation du franc-bord, basée sur une certaine quantité par 10 pieds de longueur en plus ou en moins.

Les paragraphes 11, 12, 13, 14 et 15 des Règles donnent les indications les plus détaillées pour les corrections à faire au franc-bord, et au pourcentage en réserve de flottabilité des vapeurs autres que ceux à spardeck et à awningdeck, ainsi que des voiliers, dues aux superstructures dont peuvent être pourvus ces navires.

Le paragraphe 16 donne une table de tonture des navires, pour certaines longueurs. (Voir page 325.) Lorsque le navire étudié n'a pas la tonture moyenne indiquée sur cette table, pour la longueur correspondante, il y a lieu de faire une correction : le franc-bord est diminué ou augmenté d'une certaine quantité selon que la tonture moyenne du navire est supérieure ou inférieure à celle du tableau. Aucune diminution de franc-bord due à l'excès de tonture n'est allouée aux navires à spardeck et à awningdeck.

Le paragraphe 17 donne la correction à faire au pourcentage en réserve de flottabilité et au franc-bord dans le cas où le navire étudié aurait un bouge de bau différent de celui qui est basé sur une valeur de un quart de pouce par pied de la largeur du navire au point considéré, ($0^m,02$ par mètre).

Les exemples qui suivent complètent les indications ci-dessus et serviront de guide à toute étude pour la détermination de la ligne de charge maximum d'un navire à marchandises, à vapeur ou à voiles, à coque métallique ou à coque en bois, d'après les Règles du « Board of Trade » d'août 1890 et d'octobre 1892.

L'exemple I est relatif à un navire à vapeur en acier à trois ponts avec superstructures. (Table A).

L'exemple II a trait à un navire à vapeur, en acier à spardeck. (Table B).

L'exemple III à un navire à vapeur, en acier, à awningdeck. (Table C).

L'exemple IV est relatif à un voilier en acier, avec superstructures peu importantes. (Table D).

Remarque. — Les chiffres de la table B s'appliquent aux navires à spardeck dans lesquels la hauteur en abord entre le spardeck et le maindeck (pont principal) est égale à 7 pieds ($2^m,134$) de dessus du barrot en dessus du barrot ; quand cette hauteur est plus grande ou plus petite que 7 pieds, le franc-bord au spardeck exige une modification. (Cette dernière est détaillée à la page 10 du mémorandum du 6 octobre 1892).

EXEMPLE I. — *Navire à vapeur n'ayant ni spardeck, ni awningdeck, avec une dunette, un château central et une teugue ou gaillard.*

	Pieds	Mètres
Longueur du navire entre perpendiculaires, à la flottaison	234	71,32
Largeur du navire hors bordé, au fort.	29	8,84
Creux sur quille au livet du pont supérieur	17	5,18
Creux de cale.	16	4,88
Tonnage brut officiel, sous le pont supérieur	782 tonnes	782 tonnes.

TABLE A. — *Navires à vapeur, à marchandises, n'ayant ni spardeck ni awningdeck*

Table de la réserve de flottabilité et du franc-bord pour les navires à vapeur en fer et en acier naviguant en mer
(Calculs en eau salée)

Coefficients de finesse	Pourcentages en réserve de flottabilité (Hiver)				
	25,0	25,2	25,5	25,7	26,0
	Hauteurs correspondantes du franc-bord, au milieu de la longueur du navire (Hiver) Mesurées du dessus du pont en abord				
	Creux sur quille et longueurs des navires, en pieds et en pouces				
	17',0"	17' 6"	18' 0'	18',6"	19',0"
	204 pieds	210 pieds	216 pieds	222 pieds	228 pieds
	pieds pouces	pieds pouces	pieds pouces	pieds pouces	pieds pouces
0,68	2 — 10	2 — 11,5	3 — 1	3 — 2,5	3 — 4
0,70	2 — 10,5	3 — 0	3 — 1,5	3 — 3	3 — 4,5
0,72	2 — 11	3 — 0,5	3 — 2	3 — 3,5	3 — 5,5
0,74	2 — 11,5	3 — 1	3 — 2,5	3 — 4	3 — 6
0,76	3 — 0	3 — 1,5	3 — 3	3 — 5	3 — 6,5
0,78	3 — 0,5	3 — 2	3 — 4	3 — 5,5	3 — 7,5
0,80	3 — 1	3 — 2,5	3 — 4,5	3 — 6	3 — 8
0,82	3 — 1,5	3 — 3	3 — 5	3 - 6,5	3 — 8,5
Correction en pouces pour un changement de 10 pieds dans la longueur	1",1	1",1	1",1	1",1	1"1
Déduction en pouces pour les voyages d'été	2"	2"	2"	2"	2'
Addition en pouces pour les voyages d'hiver dans l'Atlantique Nord	3"	3"	3"	3",5	3",5

$$\text{Coefficient de finesse} = \frac{782 \times 100}{234 \times 29 \times 16} = 0,72 \text{ (mesures anglaises)}$$

$$\text{Coefficient de finesse} = \frac{782 \times 2,83}{71,32 \times 8,84 \times 4,58} = 0,72 \text{ mesures françaises)}$$

Franc-bord donné par la table A des Règles du « Board of Trade » pour un navire ayant 17 pieds de creux sur quille (moulded depth), et une longueur de 204 pieds, avec un coefficient de finesse égal à 0,72. . . . . 2 pieds 11 pouces.

Le navire-exemple ayant 30 pieds de longueur de plus que le chiffre du tableau, il y a lieu d'ajouter au franc-bord ci-dessus 1 pouce 1 par 10 pieds de longueur en plus, soit $1,1 \times 3 = 3$ pouces 3, ce qui donne un franc-bord de $2'11'' + 3''3 = 2'14''3 = 3'2''3$. Si la différence en longueur avait été en moins, le franc-bord aurait été diminué de 3 pouces 3.

Remarque I. — « Dans les tables du « Board of Trade » c'est le creux sur quille qui sert de base à la détermination du franc-bord, comme on vient de le voir. Dans le cas où le chiffre de ce creux serait compris entre 2 colonnes du tableau il faudrait opérer par interpolation. Ainsi, si au lieu de 17 pieds de creux on avait eu 17'3'', le franc-bord aurait été la moyenne entre $2'11''$ et $3'0''5$ du tableau. »

La tonture du navire-exemple est de 4 pieds 6 pouces ($1^m,371$) à l'avant, et de 2 pieds 1 pouce ($0^m,612$) à l'arrière : moyenne 3 pieds 3 pouces 5 (1^m003). La tonture moyenne réglementaire donnée par le tableau de la page 325, pour un navire à flushdeck, c'est-à-dire sans constructions sur le pont, est de $0^m,762$ pour une longueur de $60^m,96$, et de $0^m,889$ pour une longueur de $76^m,20$. Le navire-exemple ayant $71^m,32$ de longueur, on obtient la tonture réglementaire, par interpolation, en posant :

$$76,20 - 60,96 = 15^m,24 \qquad 0,889 - 0,762 = 0^m,127$$

$$\frac{0,127}{15,24} = 8 \text{ mill. } 33$$

$$71,32 - 60,96 = 10^m,36 \qquad 10,36 \times 8,33 = 86 \text{ millimètres.}$$

$$0^m,762 + 0^m,086 = 0^m,848 \qquad \text{Tonture réglementaire du navire-exemple.}$$

La tonture vraie du navire étant de $1^m,003$, c'est-à-dire, supérieure de $0^m,155$ à la tonture réglementaire, il y a lieu de *diminuer* le franc-bord d'une quantité égale au quart de cette différence,

soit : $\dfrac{0,155}{4} = 38$ millimètres 7, ou 1 pouce 5 environ.

Le franc-bord devient donc : $3'2''3 - 1''5 = 3'0''8$. Si la tonture du navire-exemple avait été inférieure à la tonture réglementaire, il aurait fallu *augmenter* le franc-bord du quart de cette différence.

Remarque II. — « Cette correction de tonture, d'après les chiffres du tableau de la page 325, s'effectue dans les conditions suivantes :

Dans les navires à flush-deck et dans ceux dont les constructions supérieures comportent soit un gaillard d'avant et une longue dunette, ou un pont surelevé relié à un château central, soit une teugue, une dunette et un château central, formant constructions limitées par des cloisons, lorsque la tonture moyenne est supérieure ou inférieure à celle des chiffres du tableau précité, et est *régulière de l'avant à l'arrière* (d'un *gradual character*), on divise par 4 la différence entre cette dernière et celle relevée sur le navire, et le résultat indique la quantité dont est diminué ou augmenté le franc-bord, suivant que la tonture du navire est plus grande ou plus petite que celle du tableau. Lorsque la tonture n'est pas régulière de l'avant à l'arrière, si elle se relève brusquement aux extrémités, ou si elle ne se maintient pas dans les conditions normales, les Règles du « Board of Trade » donnent les corrections à faire selon le cas (voir la page 9 du mémorandum du 6 octobre 1892).

Dans les navires ayant un gaillard court et une dunette courte, ou un gaillard court seulement, la correction de tonture s'effectue d'après la longueur du navire limitée entre ces constructions supérieures, comme l'indiquent les désignations du tableau de la page 325. Dans ce cas, comme dans le premier, la correction est basée sur le quart de la différence entre la tonture mesurée sur le navire et celle du tableau ».

Les constructions supérieures modifient le franc-bord et la réserve de flottabilité dans des conditions spéciales, selon leur importance et leur disposition à bord. Les règlements du « Board of Trade » prévoient tous les cas. (Voir les instructions précitées d'août 1890 et celles du mémorandum d'octobre 1892).

Dans notre navire-exemple, la dunette, le château central et la teugue forment 3 constructions séparées, fermées par des cloisons, dont la longueur totale est de 120 pieds. L'article 12 des Règles du franc-bord dit que lorsque cette longueur combinée, des constructions sur le pont, est égale à $\frac{5}{10}$ de la longueur du navire il y a lieu de déduire $\frac{2}{5}$ de la différence entre les francs-bords de la table **A** (après correction de la tonture et de la longueur) et de la table **C**, (après correction de la longueur), comme si le navire était à awningdeck complet. Dans ces conditions, pour notre navire-exemple, la longueur de 120 pieds des constructions sur le pont étant sensiblement égale aux $\frac{5}{10}$ de la longueur du navire (234' $\times$ 0,5 = 117'), il y a lieu de faire les corrections suivantes :

Le franc-bord de la table **A**, après correction de la tonture et de la longueur, est de 3'0''8, comme nous venons de le voir.

Le franc-bord de la table C pour un navire à awningdeck, de même dimension que le navire-exemple, de 17' de creux, 204' de long et 0,72 de finesse, est de 1'4"5. La correction due aux 30 pieds de plus de longueur donne 0"5 par 10 pieds, soit 1"5 pour 30 pieds, et un franc-bord de 1'4"5 + 1"5 = 1'6".

La différence : 3'0"8 — 1'6" = 18"8, dont les $\frac{2}{5}$ égalent 7"5. Le franc-bord trouvé plus haut est diminué de cette quantité et devient :

$$3'0"8 — 7"5 = 2'5"3 — (0^m,744);$$

Ce franc-bord *définitif* est celui d'hiver, en eau salée. Celui d'été, en eau salée, est égal, d'après la table A, à :

$$2'5"3 — 2" = 2'3"3 — (0^m,693)$$

Celui d'hiver, dans l'Atlantique-Nord, est :

$$2'5"3 + 3" = 2'8"3 — (0^m,820)$$

Ce franc-bord est mesuré du dessus du pont en bois en abord jusqu'à la flottaison. Les tirants d'eau correspondant aux chiffres ci-dessus s'établissent de la manière suivante pour notre navire-exemple.

Le creux sur quille est égal à $5^m,180$. Si nous ajoutons à ce chiffre : $0^m,200$, hauteur de quille, et $0^m,090$ épaisseur du bordé en bois du pont supérieur, nous obtenons $5^m,470$, qui est la distance verticale entre le dessus du bordé en bois du pont supérieur en abord et le dessous de quille. Dans ces conditions, les tirants d'eau cherchés sont :

Navire en eau salée, hiver :

$$5^m,470 — 0^m,744 = 4^m,726$$

Navire en eau salée, été :

$$5^m,470 — 0^m,693 = 4^m,777$$

Navire en eau salée, hiver, dans l'Atlantique-Nord :

$$5^m,470 — 0^m,820 = 4^m,650$$

Remarque III. — « D'après les règlements, le franc-bord, comme on vient de le voir, est mesuré en abord, au milieu de la longueur du navire, du dessus du pont en bois à la flottaison (page 322). Dans les navires à flushdeck, c'est-à-dire, sans constructions sur le pont, autres que ceux à spar et awning deck, et sur ceux dont les constructions sont moindres que $\frac{4}{10}$ de la longueur du navire, si le pont supérieur est métallique et non recouvert de bois, on doit déduire du creux sur quille, pour la détermination du franc-bord, une quantité égale à l'épaisseur habituelle du bois, que l'on fait, en moyenne, égale à 4 pouces (10 millimètres). Ainsi, si un navire à flushdeck a 19 pieds 10 pouces de creux, et un pont supérieur en fer ou en acier non recouvert de bois, on déduit 4 pouces de ce creux, et l'on se base sur le chiffre de 19 pieds 6 pouces pour la détermination du franc-bord par les tables. Ce franc-bord est alors mesuré du dessus du métal du pont supérieur, en abord.

Dans les navires dont les constructions supérieures ont de $\frac{4}{10}$ à $\frac{6}{10}$ de la longueur du navire, et sur ceux à spardeck, ayant le *pont supérieur* en fer ou en acier non recouvert de bois, et dans les navires à awningdeck ayant le *pont principal* (2ᵉ pont) dans les mêmes conditions, le franc-bord exigé par les tables est mesuré comme si les ponts étaient recouverts de bois ; c'est-à-dire, que l'épaisseur ordinaire d'un pont en bois, diminuée de l'épaisseur de la tôle gouttière, est déduite du franc-bord. Dans ce cas, il n'y a pas lieu de réduire la hauteur du creux sur quille. (Voir pages 3 et 4 du mémorandum précité).

Ainsi, pour notre navire-exemple, si le pont supérieur n'était pas recouvert de bois, comme les constructions supérieures représentent environ les $\frac{5}{10}$ de la longueur du navire, le franc-bord trouvé plus haut, 2'5"3, serait diminué de $\left(4"\ (\text{bois}) - 0"5\ (\text{épaisseur de gouttière}\right) = 3"5.$

Dans le cas où les $\frac{6}{10}$ du pont supérieur sont couverts de constructions, la déduction de franc-bord s'effectue sur la base de $\frac{6}{10}$ de l'épaisseur d'un pont en bois diminuée de l'épaisseur de la tôle gouttière. Il en est de même pour les fractions au-dessus »,

Nota : La longueur des constructions supérieures est proportionnée à la longueur du navire à la flottaison en charge; par conséquent toute portion de ces constructions à l'avant de l'étrave ou à l'arrière de l'étambot, sur la ligne de flottaison en charge, n'est pas mesurée pour les déductions.

Remarque IV. — « La réduction de franc-bord pour les voyages d'été des ports de l'Europe et de la Méditerranée est faite d'avril en septembre inclusivement. Dans les autres parties du monde, la réduction de franc-bord est faite pendant les mois correspondants d'été ou reconnus tels.

L'addition de franc-bord pour les voyages dans l'Atlantique Nord s'applique aux navires faisant voile de ou pour un port Européen ou de la Méditerranée, ainsi que ceux de ou pour les ports de la Nouvelle-Bretagne dans le Nord de l'Amérique, ou les ports orientaux des Etats-Unis, au Nord et y compris Baltimore, d'octobre à mars inclusivement.

Uno réduction double de franc-bord est allouée pour les voyages de la belle saison dans les mers de l'Inde, entre les limites de Suez et de Singapore. »

Remarque V. — « Les navires chargés en eau douce peuvent avoir moins de franc-bord que ceux naviguant en eau salée. Le paragraphe 19 des Règles du « Board of Trade » donne un tableau de réduction de franc-bord pour ces navires, d'après leur creux sur quille. »

Observation importante. — Les explications données dans les remarques ci-dessus, sont un résumé de celles données par le « Board of Trade » dans ses règlements. La forme des œuvres mortes des navires, leur résistance longitudinale, la diversité des constructions supérieures, soit par leur disposition particulière, ou leur importance, soit par leur élévation au-dessus du pont, entraînent une foule de considérations qu'il eût été trop long d'énumérer ici, mais que le lecteur peut aisément trouver dans les Instructions du « Board of Trade ». Le Mémorandum d'octobre 1892, surtout, rédigé deux ans après l'établissement des premières règles, détaille bien tous les cas qui peuvent se présenter dans les divers types de navires, et nous prions le lecteur de se munir de ces deux documents lorsqu'il aura à calculer le franc-bord d'un navire, avec l'appui des exemples que nous donnons ici.

EXEMPLE II. — *Navire à vapeur à spardeck, avec roof central.*

	Pieds	Mètres
Longueur entre perpendiculaires, à la flottaison.	320	97,54
Largeur hors bordé, au fort	34	10,36
Creux sur quille au livet du pont supérieur.	26	7,92
Creux sur quille au livet du pont principal.	19	5,79
Creux de cale au pont supérieur	24,2	7,37
Tonnage brut officiel, sous le pont supérieur.	2160 tonnes	2160 tonnes

$$\text{Coefficient de finesse} = \frac{2160 \times 100}{320 \times 34 \times 24,2} = 0,82 \text{ (mesures anglaises)}$$

$$\text{Coefficient de finesse} = \frac{2160 \times 2,83}{97,54 \times 10,36 \times 7,37} = 0,82 \text{ (mesures françaises)}$$

Franc-bord donné par la table B des règles du « Board of Trade » pour un navire ayant 19 pieds de creux sur quille au pont principal et une longueur de 312 pieds, avec un coefficient de finesse égal à 0,82. 6'11"5.

Table B. — *Navires à vapeur, à marchandises, à spardeck*

Table du franc-bord pour les navires à vapeur en fer et en acier naviguant en mer (Calculs en eau salée)

Coefficients de finesse	Hauteurs du franc-bord, au milieu de la longueur du navire (Hiver) Mesurées du dessus du spardeck en abord					
	Creux sur quille au pont principal et longueurs					
	19'0"	19'6"	20'0"	20'6"	21'0"	21'6"
	312 pieds	318 pieds	324 pieds	330 pieds	336 pieds	342 pieds
0,68	6' — 7"5	6' — 9"	6' — 11"	7' — 0"5	7' — 2"5	7' — 4'5
0,70	6 — 8,5	6 — 10	7 — 0	7 — 1,5	7 — 3,5	7 — 5,5
0,72	6 — 9	6 — 10,5	7 — 0,5	7 — 2	7 — 4	7 — 6
0,74	6 — 9,5	6 — 11	7 — 1	7 — 3	7 — 5	7 — 7
0,76	6 — 10	6 — 11,5	7 — 1,5	7 — 3,5	7 — 5,5	7 — 7,5
0,78	6 — 10,5	7 — 0	7 — 2	7 — 4	7 — 6	7 — 8
0,80	6 — 11	7 — 0,5	7 — 2,5	7 — 4,5	7 — 6,5	7 — 8,5
0,82	6 — 11,5	7 — 1	7 — 3	7 — 5	7 — 7	7 — 9
Correction en pouces pour un changement de 10 pieds dans la longueur	1",1	1",1	1",1	1",1	1",1	1",2
Déduction en pouces pour les voyages d'été	3",5	3",5	3",5	4"	4"	4"
Addition en pouces pour les voyages d'hiver dans l'Atlantique-Nord	4",5	4",5	4",5	4",5	5"	5"

Correction due à l'excès de longueur sur le chiffre du tableau correspondant au creux de 19 pieds : 320' — 312' = 8 pieds ; 1 pouce 1 par 10 pieds de plus de longueur donne $\dfrac{1,1 \times 8}{10} = 0"88.$

Franc-bord corrigé = 6'11"5 — 0"88 = 6'10"62.

Le navire étant à spardeck, il n'y a pas lieu de faire de correction pour la tonture et les superstructures. Le bouge de bau est conforme au règlement

Le roof central ne régnant pas sur toute la largeur du navire pour constituer un château central ou *bridge house*, il n'y a pas lieu d'appliquer les corrections de la page 2 du mémorandum d'octobre 1892).

Le franc-bord définitif est donc, d'après la table B :

En hiver, eau salée :

$$6'10"62 \ (2^m 099).$$

En été, eau salée :

$$6'10"62 + 3"5 = 7'2"12 \ (2^m,187).$$

En hiver, eau salée, dans l'Atlantique-Nord :

$$6'10"62 — 4"5 = 6'6"12 \ (1^m,984)$$

Les tirants d'eau correspondants se déterminent comme dans l'exemple I, le franc-bord étant mesuré du dessus du bordé en bois du spardeck, en abord, et au milieu de la longueur du navire.

EXEMPLE III. — *Navire à awningdeck.*

	Pieds	Mètres
Longueur entre perpendiculaires, à la flottaison	210	64,00
Largeur hors bordé, au fort . . .	30	9,14
Creux sur quille au livet du pont supérieur	22	6,70
Creux sur quille au livet du pont principal	14'6"	4,42
Creux de cale au pont principal. .	12'6"	3,81
Tonnage brut officiel sous le pont principal.	610 tonnes	610 tonnes

$$\text{Coefficient de finesse} = \frac{610 \times 100}{210 \times 30 \times 12,5} = 0,774 \ (\text{mesures anglaises})$$

$$\text{Coefficient de finesse} = \frac{610 \times 2,83}{64 \times 9,14 \times 3,81} = 0,774 \ (\text{mesures françaises})$$

Franc-bord donné par la table C des Règles du « Board of Trade » pour un navire ayant 14 pieds 6 pouces de creux sur quille au pont

TABLE C. — *Navires à vapeur, à marchandises, à awningdeck*

Table de la réservo de flottabilité et du franc-bord pour les navires à vapeur en fer et en acier naviguant en mer
(Calculs en eau salée)

Coefficients de finesse	Pourcentages ou réserve de flottabilité au pont principal (Hiver)					
	15,0	15,1	15,2	15,3	15,4	15,5
	Hauteurs correspondantes du franc-bord, au milieu de la longueur du navire (Hiver) Mesurées du dessus du pont principal en abord					
	Creux sur quille au pont principal et longueurs					
	14',0"	14',6	15',0"	15',6"	16",0"	16',6"
	168 pieds	174 pieds	180 pieds	186 pieds	192 pieds	198 pieds
0,66	1' — 0"	1' — 0",5	1' — 1"	1' — 1",5	1' — 2"	1' — 2",5
0,68	1 — 0	1 — 0,5	1 — 1	1 — 1,5	1 — 2	1 — 2,5
0,70	1 — 0,5	1 — 1	1 — 1,5	1 — 2	1 — 2,5	1 — 3
0,72	1 — 0,5	1 — 1	1 — 1,5	1 — 2	1 — 3	1 — 3,5
0,74	1 — 1	1 — 1,5	1 — 2	1 — 2,5	1 — 3	1 — 3,5
0,76	1 — 1	1 — 1,5	1 — 2	1 — 2,5	1 — 3,5	1 — 4
0,78	1 — 1,5	1 — 2	1 — 2,5	1 — 3	1 — 4	1 — 4,5
0,80	1 — 1,5	1 — 2	1 — 2,5	1 — 3	1 — 4	1 — 4,5
Correction en pouces pour un changement de 10 pieds dans la longueur	0",5	0",5	0",5	0",5	0",5	0",5
Déduction en pouces pour les voyages d'été	2"	2"	2"	2"	2"	2",5
Addition en pouces pour les voyages d'hiver dans l'Atlantique-Nord	3"	3"	3"	3"	3"	3",5

principal (main deck) et une longueur de 174 pieds, avec un coefficient de finesse égal à 0,77 . . . . 1'1"75·

Correction due à l'excès de longueur : 210' — 174' = 36 pieds ; 0"5 par 10 pieds de plus de longueur donne : $\dfrac{0,5 \times 36}{10} = 1"8$.

Franc-bord corrigé = 1'1"75 + 1"80 = 1'3"55.

Le navire étant à awningdeck, il n'y a pas lieu de faire de correction pour la tonture et les superstructures. Le bouge de bau est conforme au règlement.

Le franc-bord définitif est donc :

En hiver, eau salée :

$$1'3"55 \ (0^m,395)$$

En été, eau salée :

$$1'3"55 — 2" = 1'1"55 \ (0^m,344)$$

En hiver, eau salée, dans l'Atlantique-Nord :

$$1'3"55+3" = 1'6"55 \ (0,471).$$

Ce franc-bord est mesuré du dessus du bordé en bois du pont *principal* (2º pont), en abord et au milieu de la longueur du navire.

Dans le navire-exemple, ce deuxième pont est en acier non recouvert de bois. D'après les règlements du « Board of Trade » (voir page 3 du Mémorandum), il n'y a pas lieu d'en tenir compte, et le franc-bord est mesuré comme si ce pont était recouvert d'un pont en bois, c'est-à-dire que l'épaisseur ordinaire d'un pont en bois, diminuée de l'épaisseur de la tôle-gouttière, est déduite du franc-bord. Ainsi dans notre cas, l'épaisseur du bois du pont principal devrait être de 80 millimètres ; si nous déduisons de ce chiffre 10 millimètres de l'épaisseur de la tôle gouttière, nous obtenons 70 millimètres, ou 2",75, et le franc-bord trouvé plus haut est diminué de cette quantité.

Les tirants d'eau correspondant aux francs-bords définitifs sont :

En hiver, eau salée :

$$4^m,42 + 0,200 \ (quille) = 4^m,620 — 0^m,325 = 4^m,295$$

En été, eau salée :

$$4^m,620 — 0^m,274 = 4^m,346$$

En hiver, dans l'Atlantique-Nord :

$$4^m,620 — 0^m,401 = 4^m,219$$

La réserve de flottabilité au pont principal est égale à 15,1 º/o du volume total du navire au-dessous de ce pont.

Exemple IV. — *Navire à voiles, en acier, avec une dunette courte et un gaillard court.*

	Pieds	Mètres
Longueur entre perpendiculaires, à la flottaison	270	82,30
Largeur hors bordé, au fort	40	12,19
Creux sur quille au livet du pont supérieur	25'7"	7,80
Creux de cale au pont supérieur	24'2"	7,37
Tonnage brut officiel sous le pont supérieur	1910 tonnes	1910 tonnes.

$$\text{Coefficient de finesse} = \frac{1910 \times 100}{270 \times 40 \times 24,17} = 0,73 \text{ (mesures anglaises)}$$

$$\text{Coefficient de finesse} = \frac{1910 \times 2,83}{82,30 \times 12,19 \times 7,37} = 0,73 \text{ (mesures françaises).}$$

Franc-bord donné par la table D des Règles du « Board of Trade » pour un navire ayant 25'6" de creux sur quille au pont supérieur et une longueur de 255 pieds, avec un coefficient de finesse de 0,72 . . . . 5'8"5

Pour 25'7" de creux et un coefficient de finesse de 0,73, on a, par interpolation. . . . . 5'9"08

Correction due à l'excès de longueur. 270' — 255' = 15 pieds

$$\frac{1"3 \times 15}{10} = 1"95$$

Franc-bord corrigé : 5'9"08 + 1,95 = 5'11".

Correction due aux superstructures. — Le navire exemple a un gaillard de 9^m,30 et une dunette de 12 mètres, soit au total 21^m,30 ou 70 pieds, représentant sensiblement les $\frac{2}{8}$ de la longueur du navire. $\left(\frac{2}{8} \text{ de } 270' = 68'\right)$.

Le paragraphe 14 des Règles précitées dit que lorsque les constructions supérieures d'un navire consistent en une dunette courte et un gaillard court (cette dunette fermée sur la façade avant par une cloison), et que la longueur combinée de ces deux constructions est égale aux $\frac{2}{8}$ de la longueur totale du navire, il y a lieu de déduire 6 % de la réserve de flottabilité ou 8 % du franc-bord exigé pour le navire semblable à flushdeck après correction de la longueur.

Le 6 % de la réserve de la flottabilité est sensiblement égal à :

$$\frac{6 \times 30,2}{100} = 1,8 \%$$

TABLE D. — *Navires à voiles, en bois, composites, en fer ou en acier*

Table de la réserve de flottabilité et du franc-bord pour les navires à voiles naviguant en mer (Calculs en eau salée)

Coefficients de finesse			Pourcentages en réserve de flottabilité (Navires en fer ou en acier)					
			29,7	29,9	30,1	30,3	30,5	30,7
			Hauteurs correspondantes du franc-bord, au milieu de la longueur du navire Mesurées du dessus du pont en abord					
			Creux sur quille et longueurs					
Navires en bois	Navires composites	Navires en fer ou en acier	24'6"	25'0"	25'6"	26'0"	26'6"	27'0"
			245 pieds	250 pieds	255 pieds	260 pieds	265 pieds	270 pieds
—	—	0,64	5' — 1"5	5' — 3"5	5' — 5"5	5' — 7"5	5' — 9"5	5' — 11"5
—	0,64	0,66	5 — 2	5 — 4	5 — 6	5 — 8	5 — 10	6 — 0,5
—	0,66	0,68	5 — 3	5 — 5	5 — 7	5 — 9	5 — 11	6 — 1,5
0,64	0,68	0,70	5 — 3,5	5 — 5,5	5 — 7,5	5 — 9,5	5 — 11,5	6 — 2
0,66	0,70	0,72	5 — 4,5	5 — 6,5	5 — 8,5	5 — 10,5	6 — 0,5	6 — 3
0,68	0,72	0,74	5 — 5	5 — 7	5 — 9	5 — 11	6 — 1	6 — 3,5
0,70	0,74	—	5 — 6	5 — 8	5 — 10	6 — 0	6 — 2	6 — 4,5
0,72	—	—	5 — 7	5 — 9	5 — 11	6 — 1	6 — 3	6 — 5,5
Correction en pouces pour un changement de 40 pieds dans la longueur............			1"3	1"3	1"3	1"3	1"3	1"4
Addition en pouces pour les voyages d'hiver dans l'Atlantique-Nord................			5"	5"	5"	5"	5"	5"5

Le pourcentage en réserve de flottabilité devient donc égal à : $30,2 - 1,8 = 28,4\,°/_o$ du volume brut total au-dessous du pont supérieur.

Le $8\,°/_o$ du franc-bord du navire considéré à flushdeck après correction de la longueur est égal à :

$$\frac{8 \times 5'11''}{100} = 5''68$$

Le franc-bord définitif après corrections de la longueur et des superstructures est donc égal à : $5'11'' - 5''68 = 5'5''32$.

Correction due à la tonture. — D'après les indications de la page 325, le navire ayant une dunette courte et un gaillard court, il y a lieu de mesurer la tonture à une distance de chaque extrémité égale au $\frac{1}{8}$ de longueur. Ce $\frac{1}{8}$ est égal à $\frac{270}{8} = 34$ pieds environ, ou $10^m,36$. La tonture relevée à ces points est : à l'avant $0^m, 804$, à l'arrière $0^m,500$; moyenne $0^m,652$.

La distance entre ces points est égale à $82^m,30 - 2$ fois $10^m,36$, soit $61^m,58$.

La table de la page 325 donne pour la tonture moyenne réglementaire :

Pour $60^m,96$ de longueur. $0^m,559$ de tonture
Pour $76\ ,20$ — $0\ ,660$ —

Différences : $15^m,24$ $0^m,101$

$$61^m,58 - 60^m,96 = 0^m,62$$
$$\frac{0\ ,101 \times 0\ ,62 = 0\ ,004}{15^m,24}$$

Tonture réglementaire sur une longueur de $61^m,58$:

$$0^m,559 + 0,004 = 0^m,563$$

La tonture du navire-exemple, sur une longueur de $61^m,58$ étant égale à $0^m,652$, la différence entre ces deux tontures est :

$$0^m,652 - 0,563 = 0^m,089.$$

Le paragraphe 16 des Règles du franc-bord alloue, alinéa *b*, une réduction de $\frac{1}{4}$ de cette différence sur le franc-bord ci-dessus. L'on a donc : $\frac{0,089}{4}\ 0^m,022 = 0''87 =$ réduction due à l'excès de tonture.

Le franc-bord définitif, après corrections dues à la longueur, aux superstructures et à la tonture est égal à :

$$5'5''32 - 0''87 = 5'4''45.$$

Le bouge de bau étant égal à $0^m,02$ par mètre, et, par suite, étant réglementaire, il n'y a pas lieu d'en tenir compte.

Le paragraphe 17 dit que lorsque ce bouge de bau est supérieur ou inférieur à la quantité ci-dessus, on diminue ou on augmente le franc-bord de la moitié de la différence entre les deux bouges.

Le franc-bord définitif est donc pour notre navire-exemple :

En hiver et en été, eau salée :

$$5' \ 4'' \ 45 \ (1^m,637)$$

En hiver, dans l'Atlantique-Nord :

$$5' \ 4'' \ 45 + 5'' = 5' \ 9'' \ 45 \ (1^m,764)$$

Les tirants d'eau correspondants sont :

$7^m,80 + 0^m,220$ (quille) $+ 0^m,095$ (bordé en bois du pont supérieur) $= 8^m,115$.

Tirant d'eau en hiver et en été, en eau salée :

$$8^m,115 - 1^m,637 = 6^m,478$$

Tirant d'eau en hiver dans l'Atlantique-Nord ;

$$8,115 - 1,764 = 6^m,351.$$

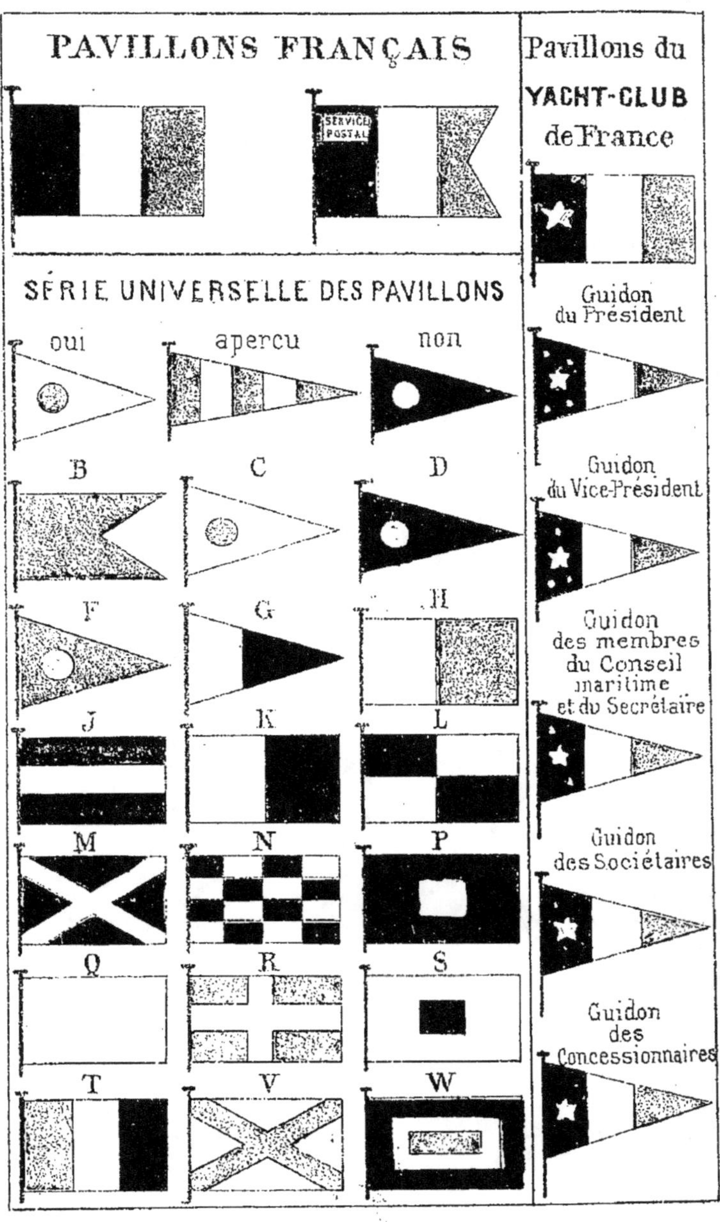

PAVILLONS FRANÇAIS
SERVICE POSTAL
SÉRIE UNIVERSELLE DES PAVILLONS
oui
apercu
non
B
C
D
F
G
H
J
K
L
M
N
P
Q
R
S
T
V
W
Pavillons du
YACHT-CLUB
de France
Guidon
du Président
Guidon
du Vice-Président
Guidon
des membres
du Conseil
maritime
et du Secrétaire
Guidon
des Sociétaires
Guidon
des
Concessionnaires

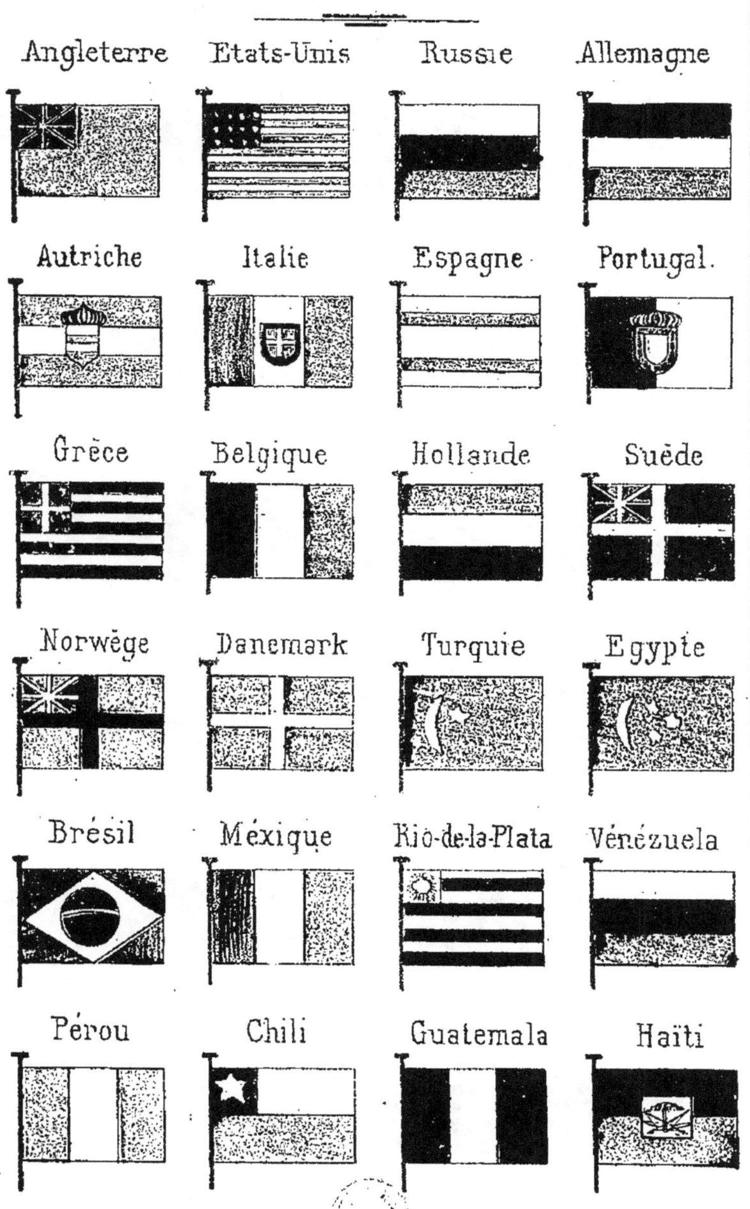

PAVILLONS DES NATIONS MARITIMES
Angleterre
Etats-Unis
Russie
Allemagne
Autriche
Italie
Espagne
Portugal.
Grèce
Belgique
Hollande
Suède
Norwège
Danemark
Turquie
Egypte
Brésil
Méxique
Rio-de-la-Plata
Vénézuela
Pérou
Chili
Guatemala
Haïti